2026 대비판

산업안전지도사 1차대비
최신 기출문제풀이집

기출문제 완전분석 합격 비서!

안전무재해 전문 지도위원
공학박사 · 기술사 · 지도사

권오운 편저

- ✓ 최신 개정 법령의 필수사항 반영 해설
- ✓ 과년도 기출문제 전체 수록 핵심 해설
- ✓ 최근 법령 및 이론에 따른 고득점 해설
- ✓ 25여년간 안전 무재해 지도 경험 반영

도서출판 **정일**

낭비한 시간에 대한 후회는
더 큰 시간낭비이다.
- 메이슨 쿨리 -

"산업안전지도사 1차대비 최신 기출문제풀이집"을 발간하면서

이 책을 쓰게 된 동기는 대한민국의 산업경쟁력 향상을 위한 원동력은 바로 그 근간이 되는 무재해 사업장을 확보하는 것이 중요하므로, 필자가 25여년간 산업현장에서 제조업 경쟁력 향상을 위한 컨설팅(교육 및 지도)을 수행해 오면서 경험한 우수한 무재해 달성의 이론 및 기법, 사례들을 바탕으로 산업안전지도사 자격증의 단기 취득에 도움을 주기 위해 집필하게 되었습니다.

사업장에서 무재해를 추진하고 달성하기 위해서는 이론과 실무 측면에서 전문가적 식견을 바탕으로 추진해야 올바른 성과를 도출시킬 수 있기에, 무재해를 통한 산업경쟁력 확보에 중추적으로 지도자 역할을 하게 될 산업안전지도사 자격증을 가진 전문가가 매우 필요한 실정입니다.

산업안전지도사 자격증을 취득하기 위해서는 1차시험(3과목-산업안전보건법령, 산업안전일반, 기업진단·지도, 5지택일형 객관식), 2차시험(전공 1과목, 논술형), 3차시험(면접, 구술형)의 3단계 과정을 통과해야 하는데 매우 어렵고 수준이 높은 시험으로 알려져 있습니다.

본 교재에서는 산업안전지도사 자격증을 단기간에 취득하기 위한 기출문제의 출제 유형에 대비하고, 기출 문제의 완벽한 이해와 응용력이 생길 수 있도록 관련 법령 및 법규, 이론, 실무들을 논리성이 있게 정리 해설함으로써 논리적 비약없는 학습을 할 수 있도록 기획하였습니다.

본 산업안전지도사 최신 1차 기출문제풀이집에서는 2013년부터 2024년까지 치러진 시험에 대한 전체 문제에 대한 문제의 의도에 맞는 완벽한 해설을 통해 빠짐없이 해설함으로써 단기간에 올바른 학습법을 터득하고 이해를 할 수 있도록 하였습니다.

본 교재의 해설에 대한 특징은 다음과 같습니다.
1. 출제된 모든 문제에 대하여 출제된 문제의 의도에 맞는 필수·핵심 풀이법을 제시하였다.
2. 기출문제 해설은 법령 및 이론 등 근거를 함께 밝혀, 공신력있는 해설이 되도록 하였다.
3. 산업안전보건법령의 명칭을 간략화 표기하고, 기타 법령·출처는 원문으로 표기했습니다.
    가. **산**업**안**전보건**법** → 산안법
    나. **산**업**안**전보건법 시행**령** → 산안령
    다. **산**업안전보건법 **시**행**규**칙 → 산시규
    라. **산**업안전보건**기**준에 관한 **규**칙 → 산기규
4. 법령 등은 항상 개정이 되고 있으므로 현행 법령을 기준하여 개정된 정보로 제시하였다.
5. 지난 25여년간 안전무재해 추진 제조산업 컨설팅을 통한 경험을 반영하여 집필하였다.

이 책을 통한 효과적 학습으로 시험에 대비중이신 모든 분들에게 조기에 시험 합격이라는 목적달성과 시험대비의 고통에서 해방되고, 향후 산업안전지도사로서 대성공하시기를 기원드립니다.

아울러 본 교재가 출판될 수 있도록 많은 도움과 용기를 주시고, 여러 출판기술을 접목하여 좋은 교재로 거듭나게 할 수 있도록 필자의 과거 여러 출판 교재에서도 세심하게 지원해 주셨던 전통있는 "도서출판 정일"의 이병덕 사장님과 여러 직원분들께도 이 자리를 빌어 깊은 감사의 인사 말씀을 전해 드립니다.

편저자 공학박사·기술사·지도사 권오운 배상

☆ 편저자 약력 : 공학박사·기술사·지도사 권오운

- ○ 소속 : ㈜ATPM컨설팅(www.atpm.co.kr) 대표컨설턴트/사장
  국가기술자격취득 e-학원 CP에듀(www.cpedua.com) 원장
  ☆전문: 기술사(품질/공장)/지도사(안전/경영/기술)/기사(QM)
- ○ 경력 : 대우조선해양 QA/QC과장, 한국표준협회 수석전문위원/팀장
- ○ 학력 : 공학박사(산업공학; 고려대), 공학석사(산업경영공학; 연세대)
  공학사(기관공학; 한국해양대학), 학군 ROTC 해군장교(기관)
- ○ 자격 : 기술사(품질관리), 기술지도사(생산관리/기술혁신관리), 선박기관사(갑종1등)
  에너지관리기사(취득시: 열관리기사1급), 품질경영기사
  산업안전지도사 1차합격(01070559)/2차합격(기계;01220256)(제13회)/단기고득점
- ○ 저서 : [최신]산업안전지도사 도서 총 6권 저술(1차&2차 2024년 R1판, 3차 2024 초판)
  　　　☆기출문제풀이집/산안법령/산안일반/기업진단지도/기계안전공학/면접실전연습
  [최신]품질관리기술사 도서 총 3권 저술(품질경영 등 3권, ATPM, 2024 14판)
  [최신]공장관리기술사 도서 총 3권 저술(생산시스템 등 4권, ATPM, 2024 14판)
  [최신]경영지도사(생관) 도서 총 3권 저술(경영과학 등 3권, ATPM, 2024년 7판)
  [최신]기술지도사(생관) 도서 총 3권 저술(생산관리 등 3권, ATPM, 2021년 6판)
  　　　기술지도사(기술혁신) 도서 총 3권 저술(재료역학 등 3권, 2024년, 3판)
  [최신]품질경영기사 도서 총 6권 저술(신뢰성관리 등 6권, 정일출판, 2021 6판)
  　　　[종합] 품질경영기사 필기(증보5판), 실기(증보2판)(성안당→ATPM, 2024)
  [최신]품경산업기사 도서 총 5권 저술(통계적품질 등 6권, 정일출판, 2021 6판)
  　　　[종합] 품질경영산기 필기(증보5판), 실기(증보2판)(성안당→ATPM, 2024)
  　　　혁신활동 단행본 저서 총 6권 공동저술(품질경영추진론, 차별화경영, e-Biz 등)
  　　　TPM혁신활동 저서 총 19권 저술(최신 TPM종합실무, 영문판 상·하 TPM실무 등)
- ○ 논문 : 이익이 나는 TPM의 효율적 추진방안 연구 등 10여편 (1996년~현재)
- ○ 기고 : TPM 도입 기업의 6시그마, TPS의 통합추진 방안 등 27건(KSA, 1996~현재)
- ○ 실적 : 삼성계열사(7개사), 두산계열사(7개사), LG/현대 계열사 등 대기업 60여개사 및
  　　　중소기업 220개사 무재해, TPM, 품질혁신, 원가혁신 등 기업혁신 교육 및 지도
- ○ 진흥 : 산업자원부 주관 국가품질경영상(품질·생산·TPM분야) 대통령상 심사위원 역임
  　　　국가품질망 웹구성설계 단독 수주 및 설계(www.q-korea.net) (KSA, 2005) 등
- ○ 수상 : 대한민국 인물 大賞(권오운)(한경BUSINESS), 대한민국 우수브랜드 大賞(CP에듀)
  　　　한국소비자만족도 평가1위(공장관리기술사 교육)(한국브랜드진흥협회) 권오운
  　　　대한민국 우수기업 브랜드 大賞(국가자격 총6종 교육)(주최: 한국브랜드진흥협회)
  　　　한국경제신문사장賞(공로상), 한국표준협회장賞(공로상), 대우조선 사장賞(공로상)

◈ 산업안전지도사 정보 및 시험 출제기준 ◈

□ 자격증 기본정보

○ 자격개요 :
  외부전문가인 지도사의 객관적이고도 전문적인 지도·조언을 통하여 사업장 내에서의 기존의 안전상의 문제점을 규명하여 개선하고 생산라인 관계자에게 생산현장의 생산방식이나 공법도입에 따른 안전대책수립에 도움을 주기 위함
○ 수행직무 :
  - 유해위험방지계획서, 안전보건개선계획서, 공정안전보고서, 물질안전보건자료작성지도
  - 산업안전분야에 대한 안전성 평가 및 기술지도
○ 소관부처 : 고용노동부(산업보건과)

□ 시험과목 및 방법

구분	시험과목	문항수	시험시간	시험방법
제1차시험	1. 공통필수Ⅰ (산업안전보건법령) 2. 공통필수Ⅱ (산업안전일반) 3. 공통필수Ⅲ (기업진단·지도)	과목 당 25문항 (총 75문항)	90분	객관식 5지택일형
제2차시험 (전공필수 - 택1)	1. 기계안전분야 2. 전기안전분야 3. 화공안전분야 4. 건설안전분야	논술형 4문항 (3문항 작성, 필수 2/택1) 및 단답형 5문항(전항 작성)	100분	논술형
제3차시험	면접시험: 전문지식과 응용능력, 산업안전·보건제도에 대한 이해 및 인식 정도, 지도·상담 능력 등		1인당 20분 내외	면접

□ 합격기준

구분	합격결정 기준
제1,2차 시험	매 과목 100점을 만점으로 하여 매 과목 40점 이상, 전 과목 평균 60점 이상 득점한 자
제3차 시험	10점 만점에 6점 이상 득점한 자

□ 자격시험의 일부면제 (산업안전보건법 시행령 제104조)
  ○ 다음 각 호의 어느 하나에 해당하는 사람에 대한 시험의 면제는 해당 분야의 업무영역별 지도사 시험에 응시하는 경우로 한정함
  1) 「국가기술자격법」에 따른 건설안전기술사, 기계안전기술사, 산업위생관리기술사, 인간공학기술사, 전기안전기술사, 화공안전기술사 : 별표32에 따른 전공필수·공통필수Ⅰ 및 공통 필수Ⅱ 과목
     ※ 인간공학기술사는 공통필수Ⅰ 및 공통필수Ⅱ과목만 면제하고 전공필수(제2차 시험)는 반드시 응시

2) 「국가기술자격법」에 따른 건설 직무분야(건축 중 직무분야 및 토목 중 직무분야로 한정한다), 기계 직무분야, 화학 직무분야, 전기·전자 직무분야(전기 중 직무분야로 한정한다)의 기술사 자격 보유자 : 별표32에 따른 전공필수 과목
3) 「의료법」에 따른 직업환경의학과 전문의 : 별표32에 따른 전공필수·공통필수I 및 공통필수II 과목
4) 공학(건설안전·기계안전·전기안전·화공안전 분야 전공으로 한정한다), 의학(직업환경의학 분야 전공으로 한정한다), 보건학(산업위생분야 전공으로 한정한다) 박사학위 소지자 : 별표32에 따른 전공필수 과목
5) 제2호 또는 제4호에 해당하는 사람으로서 각각의 자격 또는 학위 취득 후 산업안전·산업보건 업무에 3년 이상 종사한 경력이 있는 사람 : 별표32에 따른 전공필수 및 공통필수II 과목

   ※ 산업안전·보건업무는 다음의 업무에 한하여 인정

   ┌───┐
   │ ① 안전·보건 관리자로 실제 근무한 기간
   │ ② 산업안전보건법에 따라 지정·등록된 산업안전·보건 관련 기관 종사자의 실제 근무한 기간
   │   ※ 안전·보건관리전문기관, 재해예방지도기관, 안전·보건진단기관, 작업환경측정기관,
   │   특수건강진단기관 등
   │ ③ 기업체에서 실제 안전관리 또는 보건관리 업무를 수행한 기간
   │   ※ 품질·환경 업무, 시설(안전)점검 등 산업안전보건법상의 안전·보건관리 업무와 무관
   │   한 경력기간은 제외하고, 경력증명서상에 '안전관리' 또는 '보건관리'라고 기재되어 있
   │   으며 수행기간이 구체적으로 기재되어 있을 경우에 한해 인정
   └───┘

6) 「공인노무사법」에 따른 공인노무사 : 별표32에 따른 공통필수I 과목
7) 산업안전보건법 제143조 제1항에 따른 지도사 자격 보유자로서 다른 지도사 자격 시험에 응시하는 사람 : 별표 32에 따른 공통필수I 및 공통필수III 과목
8) 산업안전보건법 제143조 제1항에 따른 지도사 자격 보유자로서 같은 지도사의 다른 분야 지도사 자격시험에 응시하는 사람 : 별표32에 따른 공통필수I, 공통필수II 및 공통필수III 과목
○ 산업안전보건법 시행령 제103조 제3항에 따른 제1차 필기시험 또는 제2차 필기시험에 합격한 사람에 대해서는 다음 회의 자격시험에 한정하여 합격한 차수의 필기시험을 면제한다.

■ 지도사의 업무 영역별 업무 범위
(산업안전보건법 시행령 제102조 제2항 관련 별표 31)

1. 법 제145조 제1항에 따라 등록한 산업안전지도사(기계안전·전기안전·화공안전분야)
   가. 유해위험방지계획서, 안전보건개선계획서, 공정안전보고서, 기계·기구·설비의 작업계획서 및 물질안전보건자료 작성 지도
   나. 다음의 사항에 대한 설계·시공·배치·보수·유지에 관한 안전성 평가 및 기술 지도
      1) 전기 2) 기계·기구·설비 3) 화학설비 및 공정
   다. 정전기·전자파로 인한 재해의 예방, 자동화설비, 자동제어, 방폭전기설비 및 전력시스템 등에 대한 기술 지도
   라. 인화성 가스, 인화성 액체, 폭발성 물질, 급성독성 물질 및 방폭설비 등에 관한 안전성 평가 및 기술 지도

마. 크레인 등 기계·기구, 전기작업의 안전성 평가
　　바. 그 밖에 기계, 전기, 화공 등에 관한 교육 또는 기술 지도
　2. 법 제145조 제1항에 따라 등록한 산업안전지도사(건설안전 분야)
　　가. 유해위험방지계획서, 안전보건개선계획서, 건축·토목 작업계획서 작성 지도
　　나. 가설구조물, 시공 중인 구축물, 해체공사, 건설공사 현장의 붕괴우려 장소 등의 안전성 평가
　　다. 가설시설, 가설도로 등의 안전성 평가
　　라. 굴착공사의 안전시설, 지반붕괴, 매설물 파손 예방의 기술 지도
　　마. 그 밖에 토목, 건축 등에 관한 교육 또는 기술 지도

■ 출제 영역
□ 자격명 : 산업안전지도사 제1차 시험 세부내용

과목명	주요항목	세부항목
산업안전보건 법령	1. 산업안전보건법 2. 산업안전보건법 시행령 3. 산업안전보건법 시행규칙 4. 산업안전보건기준에 관한 규칙 5. 산업안전보건법령 관련 고시	1. 총칙 등에 관한 사항 2. 안전·보건관리체제 등에 관한 사항 3. 안전보건관리규정에 관한 사항 4. 유해·위험 예방조치에 관한 사항 　(산업안전보건기준에 관한 규칙 포함) 5. 근로자의 보건관리에 관한 사항 6. 감독과 명령에 관한 사항 7. 산업안전지도사 및 산업위생지도사에 관한 사항 8. 보칙 및 벌칙에 관한 사항
산업안전일반	1. 산업안전교육론	1. 교육의 필요성과 목적 2. 안전·보건교육의 개념 3. 학습이론 4. 근로자 정기안전교육 등의 교육내용 5. 안전교육방법(TWI, OJT, OFF.J.T 등) 및 교육평가 6. 교육실시방법 　(강의법, 토의법, 실연법, 시청각교육법 등)
	2. 안전관리 및 손실방지론	1. 안전과 위험의 개념 2. 안전관리 제이론 3. 안전관리의 조직 4. 안전관리 수립 및 운용 5. 위험성평가 활동 등 안전활동 기법
	3. 신뢰성공학	1. 신뢰성의 개념 2. 신뢰성 척도와 계산 3. 보전성과 유용성 4. 신뢰성 시험과 추정 5. 시스템의 신뢰도

산업안전일반	4. 시스템안전공학	1. 시스템 위험분석 및 관리 2. 시스템 위험분석기법(PHA, FHA, ETA, CA 등) 3. 결함수분석 및 정성적·정량적 분석 4. 안전성평가의 개요 5. 신뢰도 계산 6. 위해위험방지계획
	5. 인간공학	1. 인간공학의 정의 2. 인간-기계체계 3. 체계설계와 인간요소 4. 정보입력표시(시각·청각·촉각 등의 표시장치) 5. 인간요소와 휴먼에러 6. 인간계측 및 작업공간 7. 작업환경의 조건 및 작업환경과 인간공학 8. 근골격계 부담 작업의 평가
	6. 산업재해조사 및 원인분석	1. 재해조사의 목적 2. 재해의 원인분석 및 조사기법 3. 재해사례 분석절차 4. 산재분류 및 통계분석 5. 안전점검 및 진단
기업진단·지도	1. 경영학(인적자원관리, 조직관리, 생산관리)	1. 인적자원관리의 개념 및 관리방안에 관한 사항 2. 노사관계관리에 관한 사항 3. 조직관리의 개념에 관한 사항 4. 조직행동론에 관한 사항 5. 생산관리의 개념에 관한 사항 6. 생산시스템의 설계, 운영에 관한 사항 7. 생산관리 최신이론에 관한 사항
	2. 산업심리학	1. 산업심리 개념 및 요소 2. 직무수행과 평가 3. 직무태도 및 동기 4. 작업집단의 특성 5. 산업재해와 행동 특성 6. 인간의 특성과 직무환경 7. 직무환경과 건강 8. 인간의 특성과 인간관계
	3. 산업위생개론	1. 산업위생의 개념 2. 작업환경노출기준 개념 3. 작업환경 측정 및 평가 4. 산업환기 5. 건강검진과 근로자건강관리 6. 유해인자의 인체영향
자료출처	담당부서: 한국산업인력공단 인문교육출제부, 자료실 등록일 : 2023.03.09	

□ 지도사 자격시험 중 제1차 및 제2차 시험의 업무 영역별 과목 및 범위

(산업안전보건법 시행령 별표 32) (1차 : 공통필수 3과목, 2차 : 전공필수 1과목)

구분			산업안전지도사			
			기계안전 분야	전기안전 분야	화공안전 분야	건설안전 분야
전공필수	과목		기계안전공학	전기안전공학	화공안전공학	건설안전공학
	시험범위		- 기계·기구·설비의 안전 등(위험기계·양중기·운반기계·압력용기 포함) - 공장자동화 설비의 안전기술 등 - 기계·기구·설비의 설계·배치·보수·유지기술 등	- 전기기계·기구 등으로 인한 위험방지 등(전기방폭설비포함) - 정전기 및 전자파로 인한 재해예방 등 - 감전사고 방지기술 등 - 컴퓨터·계측제어 설비의 설계 및 관리기술 등	- 가스·방화 및 방폭설비 등, 화학장치·설비안전 및 방식기술 등 - 정성·정량적 위험성 평가, 위험물누출·확산 및 피해예측 등 - 유해위험물질 화재폭발 방지론, 화학공정 안전관리 등	- 건설공사용 가설구조물·기계·기구 등의 안전기술 등 - 건설공법 및 시공방법에 대한 위험성평가 등 - 추락·낙하·붕괴·폭발 등 재해 요인별 안전대책 등 - 건설현장의 유해·위험요인에 대한 안전기술 등
공통필수Ⅰ			산업안전보건법령			
	시험범위		「산업안전보건법」,「산업안전보건법 시행령」,「산업안전보건법 시행규칙」,「산업안전보건기준에 관한 규칙」			
공통필수Ⅱ			산업안전 일반			
	시험범위		산업안전교육론, 안전관리 및 손실방지론, 신뢰성공학, 시스템안전공학, 인간공학, 위험성평가, 산업재해 조사 및 원인분석 등			
공통필수Ⅲ			기업진단·지도			
	시험범위		경영학(인적자원관리, 조직관리, 생산관리), 산업심리학, 산업위생개론			

□ 자격명 : 산업안전지도사 제3차 시험 세부내용

과목명	평정내용	시험방법
면접시험	1. 전문지식과 응용능력 2. 산업안전·보건제도에 관한 이해 및 인식 정도 3. 상담·지도능력	평정내용에 대한 질의·응답

성공하는 미래는 꿈의 아름다움을
믿는 도전자의 성과이다!
- 엘리너 루즈벨트 -

산업안전지도사 1차대비 최신 기출문제풀이집

차례

제1장 2013년 1차 기출문제	1
제2장 2014년 1차 기출문제	59
제3장 2015년 1차 기출문제	107
제4장 2016년 1차 기출문제	153
제5장 2017년 1차 기출문제	191
제6장 2018년 1차 기출문제	235
제7장 2019년 1차 기출문제	273
제8장 2020년 1차 기출문제	313
제9장 2021년 1차 기출문제	355
제10장 2022년 1차 기출문제	397
제11장 2023년 1차 기출문제	439
제12장 2024년 1차 기출문제	477
제13장 2025년 1차 기출문제	517

행동의 가치는 그 행동을
끝까지 이루는 데 있다!
- 칭기스 칸 -

제1장

2013년 1차 기출문제

제1과목 : 산업안전보건법령 / 2

제2과목 : 산업안전일반 / 28

제3과목 : 기업진단·지도 / 42

국가기술자격 필기시험문제 | 2013년 산업안전지도사 1차시험 | 시험시간 : 90분

제1과목 : 산업안전보건법령

01 산업안전보건기준에 관한 규칙상 안전난간과 안전방망의 설치요건에 관한 설명이다. ( )안에 들어갈 숫자로 옳은 것은?

> ㉠ 안전난간 중 상부 난간대를 120센티미터 이상 지점에 설치하는 경우에는 중간 난간대를 (A)단 이상으로 균등하게 설치하고 난간의 상하 간격은 (B)센티미터 이하가 되도록 할 것
>
> ㉡ 추락방호망은 수평으로 설치하고, 망의 처짐은 짧은 변 길이의 (C)퍼센트 이상이 되도록 할 것

① A : 2, B : 60, C : 10   ② A : 2, B : 60, C : 12   ③ A : 2, B : 75, C : 10
④ A : 3, B : 75, C : 10   ⑤ A : 3, B : 75, C : 12

해설 ㉠ 안전난간 중 상부 난간대를 120cm 이상 지점에 설치하는 경우에 중간 난간대를 2단 이상으로 설치하고 난간의 상하 간격은 60cm 이하가 되도록 할 것(산기규 제13조).

㉡ 추락방호망은 수평으로 설치하고, 망의 처짐은 짧은 변 길이의 12% 이상이 되도록 할 것(산기규 제42조).

02 산업안전보건기준에 관한 규칙상 폭발·화재 및 위험물누출에 의한 위험방지에 관한 설명으로 옳은 것만을 모두 고른 것은?

> ㄱ. 사업주는 금속의 용접·용단 또는 가열에 사용되는 가스 등의 용기를 취급하는 경우에는 용기의 온도를 섭씨 40도 이하로 유지해야 한다.
> ㄴ. 사업주는 위험물질을 제조하거나 취급하는 경우 적절한 방호조치를 하지 않고 급성 독성 물질을 누출시키는 등으로 인체에 접촉시키는 행위를 해서는 아니된다.
> ㄷ. 사업주는 고열의 금속찌꺼기를 물로 처리하는 피트에 대하여 수증기폭발을 방지하기 위해 작업용수 또는 빗물 등이 내부로 새어 드는 것을 방지할 수 있는 격벽 등의 설비를 주위에 설치하여야 한다.
> ㄹ. 폭발·화재 및 위험물누출에 의한 위험방지를 하여야 할 조치의 내용은 사업장 규모별로 다르게 규정되어 있다.

① ㄱ, ㄴ   ② ㄱ, ㄷ   ③ ㄱ, ㄹ   ④ ㄴ, ㄷ   ⑤ ㄷ, ㄹ

정답 01. ② 02. ①

해설 ㉠ [○] 사업주는 금속의 용접·용단 또는 가열에 사용되는 가스 등의 용기를 취급하는 경우에 용기의 온도를 섭씨 40°(도) 이하로 유지할 것(산기규 제234조)

㉡ [○] 사업주는 위험물질을 제조하거나 취급하는 경우에 폭발·화재 및 누출을 방지하기 위한 적절한 방호조치를 하지 아니하고 부식성 물질 또는 급성 독성물질을 누출시키는 등으로 인체에 접촉시키는 행위를 해서는 아니 된다(산기규 제225조).

㉢ 사업주는 용융한 고열의 광물을 취급하는 피트(고열의 금속찌꺼기를 물로 처리하는 것은 제외)에 대하여 수증기 폭발을 방지하기 위하여 작업용수 또는 빗물 등이 내부로 새어 드는 것을 방지할 수 있는 격벽 등의 설비를 주위에 설치하여야 한다(산기규 제248조).

㉣ 폭발·화재 및 위험물누출에 의한 위험방지를 하여야 할 조치의 내용은 작업별로 다르게 규정되어 있다(산기규 제225조~제231조).

03 산업안전보건법령상 건강진단에 관한 설명으로 옳지 않은 것은?

① 사무직 종사 근로자 외의 근로자는 1년에 1회 이상 일반건강진단을 실시하여야 한다.
② 상시 사용하는 근로자 중 사무직에 종사하는 근로자란 공장 또는 공사현장과 같은 구역에서 서무·인사·경리·판매·설계 등의 사무업무에 종사하는 근로자를 말하며, 판매업무에 직접 종사하는 근로자는 제외한다.
③ 학교보건법에 따른 건강검사를 받은 근로자는 산업안전보건법 시행규칙에 따른 일반건강진단을 실시한 것으로 본다.
④ 사업주는 본인의 동의없이는 개별 근로자의 건강진단 결과를 공개하여서는 아니 된다.
⑤ 사업주는 일반건강진단 또는 특수건강진단을 정기적으로 실시하도록 하되, 건강진단의 실시시기를 안전보건관리규정 또는 취업규칙에 명기하여야 한다.

해설 ② [×] 상시 사용하는 근로자 중 사무직에 종사하는 근로자는 공장 또는 공사현장과 같은 구역에 있지 않은 사무실에서 서무·인사·경리·판매·설계 등의 사무업무에 종사하는 근로자를 말하며, 판매업무 등에 직접 종사하는 근로자는 제외한다(산시규 제197조).

① 사무직 종사 근로자 외의 근로자에 대해서는 1년에 1회 이상 일반건강진단을 실시해야 한다(산시규 197조).

③ 학교보건법에 따른 건강검사를 받은 근로자는 산업안전보건법 시행규칙 따른 일반건강진단을 실시한 것으로 본다(산시규 제196조).

④ 개별 근로자의 건강진단 결과는 본인 동의없이 공개해서는 안 된다(산안법 제132조).

⑤ 일반건강진단을 실시해야 할 사업주는 일반건강진단 실시 시기를 안전보건관규정 또는 취업규칙에 규정하는 등 일반건강진단이 정기적으로 실시되도록 노력해야 한다(산시규 제197조).

정답 03. ②

04 산업안전보건법령상 석면에 관한 설명으로 옳지 않은 것은?

① 석면해체·제거작업의 완료 후 해당 작업장의 공기 중 석면농도는 1cm³당 0.01개 이하이어야 한다.
② 석면을 사용하는 작업장소의 바닥재료는 불침투성 재료를 사용하고 청소하기 쉬운 구조로 하여야 한다.
③ 근로자가 석면을 뿜어서 칠하는 작업을 할 경우 사업주는 석면이 흩날리지 않도록 습기를 유지하거나 밀폐 또는 국소배기장치설치 등 필요한 대책을 강구해야 한다.
④ 석면 취급작업을 마친 근로자의 오염된 작업복은 석면 전용 탈의실에서만 벗도록 하여야 한다.
⑤ 석면을 사용하는 장소는 다른 작업장소와 격리하여야 한다.

해설 ③ [×] 사업주는 근로자가 석면을 뿜어서 칠하는 작업에 종사하도록 해서는 안 된다(산기규 제481조). 사업주는 석면을 사용하거나 석면이 붙어 있는 물질을 이용하는 작업을 하는 경우에 석면이 흩날리지 않도록 습기를 유지하여야 한다. 다만, 작업의 성질상 습기를 유지하기 곤란한 경우에는 석면으로 인한 근로자의 건강장해 예방을 위하여 밀폐설비나 국소배기장치의 설치 등 필요한 보호대책을 마련한 후 작업하도록 하여야 한다(산기규 제481조).

① 석면해체·제거업자는 석면해체·제거작업이 완료된 후 해당 작업장의 공기 중 석면농도가 cm³당 0.01개(0.01개/cm³) 이하가 되도록 하고 그 증명자료를 고용노동부장관에게 제출하여야 한다(산시규 제182조, 산안법 제124조).
② 사업주는 석면을 사용하는 작업장소의 바닥재료는 불침투성 재료를 사용하고 청소하기 쉬운 구조로 하여야 한다(산기규 제478조).
④ 사업주는 석면 취급작업을 마친 근로자의 오염된 작업복은 석면 전용의 탈의실에서만 벗도록 하여야 한다(산기규 제483조).
⑤ 사업주는 석면분진이 퍼지지 않도록 석면을 사용하는 장소를 다른 작업장소와 격리하여야 한다(산기규 제477조).

05 다음 내용 중 산업안전보건법령상 산업안전지도사가 타인의 의뢰를 받아 수행할 수 있는 직무인 것은 모두 몇 개인가?

> ㉠ 유해·위험의 방지대책에 관한 평가·지도
> ㉡ 공정상의 안전에 관한 평가·지도
> ㉢ 작업환경 개선과 관련된 계획서 및 보고서의 작성
> ㉣ 작업환경의 평가 및 개선 지도 ㉤ 안전보건개선계획서의 작성

① 1개   ② 2개   ③ 3개   ④ 4개   ⑤ 5개

정답 04. ③   05. ③

[해설] ③ [○] 현행 법령에 따른 산업안전지도사의 직무로는 ㉠, ㉡, ㉤항이 해당한다.
○ 산업안전지도사의 직무 (산안법 제142조, 산안령 제101조)
   1. 공정상의 안전에 관한 평가·지도
   2. 유해·위험의 방지대책에 관한 평가·지도
   3. 제1호 및 제2호의 사항과 관련된 계획서 및 보고서의 작성
   4. 위험성평가의 지도   5. 안전보건개선계획서의 작성
   6. 그 밖에 산업안전에 관한 사항의 자문에 대한 응답 및 조언
○ 산업보건지도사의 직무 (산안법 제142조)
   1. 작업환경의 평가 및 개선 지도
   2. 작업환경 개선과 관련된 계획서 및 보고서의 작성
   3. 근로자 건강진단에 따른 사후관리 지도
   4. 직업성 질병 진단(의사인 산업보건지도사만 해당한다) 및 예방 지도
   5. 산업보건에 관한 조사·연구
   6. 그 밖에 산업보건에 관한 사항으로서 대통령령으로 정하는 사항

06 산업안전보건기준에 관한 규칙상 소음에 의한 건강장해예방조치를 규정한 내용으로 옳지 않은 것은?

① "소음작업"이란 1일 8시간 작업을 기준으로 85데시벨 이상의 소음이 발생하는 작업을 말한다.
② 100데시벨 이상의 소음이 1일 2시간 이상 발생하는 작업은 "강렬한 소음작업"이다.
③ 소음이 1초 이상의 간격으로 발생하는 작업으로서 120데시벨을 초과하는 소음이 1일 1만회 이상 발생하는 작업은 "충격소음작업"이다.
④ 사업주는 근로자가 소음작업, 강렬한 소음작업 또는 충격소음작업에 종사하는 경우 청력보호구를 지급하고 착용하도록 하여야 한다.
⑤ 소음의 작업환경측정 결과 소음수준이 90데시벨을 초과하는 사업장의 사업주는 청력보존 프로그램을 수립하여 시행하여야 한다.

[해설] ⑤ [×] 소음의 작업환경 측정 결과 소음의 노출기준을 초과(즉, 85dB 초과)하는 사업장, 로 인하여 근로자에게 건강장해가 발생한 사업장인 경우에 청력보존 프로그램을 수립야 한다(산기규 제517조). <개정 2024. 6. 28>

① 소음작업 : 1일 8시간 작업을 기준으로 85dB 이상의 소음이 발생하는 작업을 말한다(산기규 제512조).
② 100dB 이상의 소음이 1일 2시간 이상 발생하는 작업은 "강렬한 소음작업(90dB~115dB)"이다(산기규 제512조).
  (강렬한 소음작업 : 90dB→8시간 이상, 95dB→4시간 이상, …, 115dB 15분 이상)

[정답] 06. ⑤

③ 충격소음작업(소음이 1초 이상의 간격으로 발생하는 작업으로서 120dB를 초과하는 소음이 1일 1만회 이상 발생하는 작업을 말한다(산기규 제512조). 120~140dB

④ 사업주는 근로자가 소음작업, 강력한 소음작업 또는 충격소음작업에 종사하는 경우에 근로자에게 청력보호구를 지급하고 착용하도록 하여야 한다(산기규 제516조).

07 산업안전보건법령상 산업재해 발생 보고 및 기록에 관한 설명으로 옳은 것은?

① 사업주는 산업재해로 3일 이상의 요양이 필요한 부상을 입은 사람이 발생한 경우에는 해당 산업재해가 발생한 날부터 15일 이내에 산업재해조사표를 작성하여 제출하여야 한다.
② 사업주는 산업재해가 발생한 때에는 근로자의 인적사항, 재해 발생의 원인 및 과정 등을 기록·보존하여야 하는데, 재발방지계획은 거기에 포함되지 않는다.
③ 근로자가 산업재해보상보험법에 따른 요양급여를 신청한 경우라도 사업주는 관할 지방고용노동관서의 장에게 산업재해조사표를 제출하여야 한다.
④ 건설업을 영위하는 사업주는 산업재해조사표에 근로자 대표의 확인을 받아야 하며, 그 기재 내용에 대하여 근로자 대표의 이견이 있는 경우에는 그 내용을 첨부하여야 한다.
⑤ 사망자 1명과 직업성질병자가 동시에 5명 발생한 산업재해의 경우 사업주는 재해발생의 개요 및 피해 상황 등을 지체 없이 관할 지방고용노동관서의 장에게 보고하여야 한다.

해설 ⑤ [○] 사업주는 중대재해가 발생한 사실을 알게 된 경우에는 지체 없이 재해발생의 개요 및 피해 상황 등을 사업장 소재지를 관할하는 지방고용노동관서의 장에게 전화·팩스 또는 그 밖의 적절한 방법으로 보고해야 한다(산시규 제67조).
① 사업주는 산업재해로 사망자가 발생하거나 3일 이상의 휴업이 필요한 부상을 입거나 질병에 걸린 사람이 발생한 경우에는 해당 산업재해가 발생한 날부터 1개월 이내에 산업재해조사표를 작성하여 관할 지방고용노동관서의 장에게 제출해야 한다(산시규 제73조).
② 사업주는 산업재해가 발생한 때에는 근로자의 인적사항, 재해 발생의 원인 및 과정, 재해 재발방지 계획 등을 기록·보존해야 한다(산시규 제72조).
③ 「산업재해보상보험법」에 띠라 요양급여의 신청을 받은 근로복지공단은 지방고용노동관서의 장 또는 공단으로부터 요양신청서 사본, 요양업무 관련 전산입력자료, 그 밖에 산업재해예방업무 수행을 위하여 필요한 자료의 송부를 요청받은 경우에는 이에 협조해야 한다(산시규 제73조). 근로자가 산업재해보상보험법에 따른 요양급여를 근로복지공단에 신청한 경우에는 요양급여를 신청하기 이전에 사업주는 관할 지방고용노동관서의 장에게 산업재해조사표를 제출하여야 하고, 추가로 자료를 제출할 필요는 없다.

정답 07. ⑤

④ 사업주는 산업재해조사표에 근로자대표의 확인을 받아야 하며, 그 기재 내용에 대하여 근로자대표의 이견이 있는 경우에는 그 내용을 첨부해야 한다. 다만, 근로자대표가 없는 경우에는 재해자 본인의 확인을 받아 조사표를 제출할 수 있다(산시규 제73조).

08 산업안전보건법령상 물질안전보건자료 및 경고표시에 관한 설명으로 옳은 내용인 것은?

① 대상화학물질을 양도하거나 제공하는 자는 물질안전보건자료 제공의무가 없다.
② 약사법에 따른 의약품은 물질안전보건자료의 작성 대상이다.
③ 탱크로리, 파이프라인에 의하여 대상화학물질을 양도하거나 제공하는 경우에는 경고표시 기재 항목을 적은 자료를 제공할 필요가 없다.
④ 사업주는 새로운 대상화학물질이 도입된 경우 근로자에게 물질안전보건자료에 관한 교육을 매번 실시할 필요가 없다.
⑤ 사업주는 물질안전보건자료에 관한 교육을 할 때 유해성·위험성이 유사한 대상 화학물질을 그룹별로 분류하여 교육할 수 있다.

해설
⑤ [○] 사업주는 교육을 하는 경우에 유해성·위험성이 유사한 물질안전보건자료대상물질을 그룹별로 분류하여 교육할 수 있다(산시규 제169조).
① 물질안전보건자료대상물질을 양도하거나 제공하는 자는 이를 양도받거나 제공받는 자에게 물질안전보건자료를 제공하여야 한다(산안법 제111조).
② 약사법에 따른 의약품은 물질안전보건자료의 작성 제외 대상이다(산안령 제86조).
③ 물질안전보건자료대상물질을 양도하거나 제공하는 자는 고용노동부령으로 정하는 방법에 따라 이를 담은 용기 및 포장에 경고표시를 하여야 한다(산안법 제115조).
④ 사업주는 새로운 물질안전보건자료대상물질이 도입된 경우에는 작업장에서 취급하는 물질안전보건자료대상물질의 물질안전보건자료에서 별표 5에 해당하는 내용을 근로자에게 교육해야 한다(산시규 제169조).

09 산업안전보건법령상 안전보건관리책임자가 총괄·관리해야 할 업무에 해당하는 것만을 모두 고른 것은?

> ㄱ. 산업재해 예방계획의 수립에 관한 사항
> ㄴ. 산업재해의 원인 조사 및 재발 방지대책 수립에 관한 사항
> ㄷ. 자율안전확인대상 기계·기구 등의 사용 여부 확인에 관한 사항
> ㄹ. 건설업의 경우 수급인의 산업안전보건관리비의 집행 감독 및 그 사용에 관한 수급인 간의 협의·조정에 관한 사항

① ㄱ, ㄴ   ② ㄱ, ㄷ   ③ ㄱ, ㄹ   ④ ㄴ, ㄷ   ⑤ ㄷ, ㄹ

정답 08. ⑤   09. ①

해설 ① [○] (ㄱ), (ㄴ)이 안전보건관리책임자가 총괄·관리해야 할 직무에 해당한다.
[ㄷ], (ㄹ)은 건설업에 관련되는 경우로서, 안전보건총괄책임자의 직무에 해당한다.

○ 안전보건관리책임자의 총괄·관리 업무 (산안법 제15조)
1. 사업장의 산업재해 예방계획의 수립에 관한 사항
2. 안전보건관리규정의 작성 및 변경에 관한 사항
3. 안전보건교육에 관한 사항
4. 작업환경측정 등 작업환경의 점검 및 개선에 관한 사항
5. 근로자의 건강진단 등 건강관리에 관한 사항
6. 산업재해의 원인 조사 및 재발 방지대책 수립에 관한 사항
7. 산업재해에 관한 통계의 기록 및 유지에 관한 사항
8. 안전장치 및 보호구 구입 시 적격품 여부 확인에 관한 사항
9. 그 밖에 근로자의 유해·위험 방지조치에 관한 사항으로서 고용노동부령으로 정하는 사항(㉠ 위험성평가의 실시에 관한 사항, ㉡ 안전보건규칙에서 정하는 근로자의 위험 또는 건강장해의 방지에 관한 사항(산시규 제9조))

10 산업안전보건법령상 유해·위험방지계획서 또는 공정안전보고서에 관한 설명으로 옳은 것은?

① 전기장비 제조업으로서 전기 계약 용량이 200킬로와트 이상인 사업은 유해·위험 방지계획서 제출 대상 업종에 포함되어 있다.
② 깊이 5m 이상의 굴착공사를 하는 경우 사업주는 건설안전 분야 산업안전지도사의 의견을 들은 후 유해·위험방지계획서를 제출하여야 한다.
③ 유해·위험방지계획서에 대한 심사결과 사업주는 지방고용노동관서의 장으로부터 공사착공중지명령 또는 계획변경명령을 받은 경우에는 계획서를 보완하거나 변경하여 한국산업안전보건공단에 제출하여야 한다.
④ 사업주는 공정안전보고서 심사결과를 근로자에게 알려 주어야 한다.
⑤ 사업주는 유해·위험설비의 설치·이전 또는 주요 구조부분의 변경공사의 착공일전까지 공정안전보고서를 2부 작성하여 한국산업안전보건공단에 제출하여야 한다.

해설 ③ [○] 사업주는 지방고용노동관서의 장으로부터 공사착공중지명령 또는 계획변경명령을 받은 받은 경우에는 유해위험방지계획서를 보완하거나 변경하여 공단에 제출해야 한다(산시규 제45조).
① 전기부품 제조업으로서 전기 계약 용량이 300킬로와트 이상인 사업은 유해위험방지계획서 제출 대상 업종이다(산안령 제42조).
② 깊이 10m 이상의 굴착공사를 하는 경우 사업주는 건설안전분야 산업안전지도사의 의견을 들은 후 유해위험방지계획서를 제출하여야 한다(산안령 제42조).

정답 10. ③

④ 고용노동부장관은 제출된 유해위험방지계획서를 고용노동부령으로 정하는 바에 따라 심사하여 그 결과를 사업주에게 서면으로 알려 주어야 한다(산안법 제42조).

⑤ 사업주는 유해하거나 위험한 설비를 설치·이전하거나 고용노동부장관이 정하는 주요 구조부분을 변경할 때에는 고용노동부령으로 정하는 바에 따라 공정안전보고서를 작성하여 고용노동부장관에게 제출해야 한다(산안령 제45조).

○ 유해위험방지계획서 제출 대상 업종(산안령 제42조) (단, 전기계약용량 300kW 이상)

  1. 금속가공제품 제조업 : 기계 및 가구 제외
  2. 비금속 광물제품 제조업   3. 기타 기계 및 장비 제조업
  4. 자동차 및 트레일러 제조업   5. 식료품 제조업
  6. 고무제품 및 플라스틱제품 제조업 7. 목재 및 나무제품 제조업
  8. 기타 제품 제조업   9. 1차 금속 제조업
  10. 가구 제조업   11. 화학물질 및 화학제품 제조업
  12. 반도체 제조업   13. 전자부품 제조업

○ 유해위험방지계획서 제출 대상 기계·기구 및 설비 (산안령 제42조)

  1. 금속이나 그 밖의 광물의 용해로   2. 화학설비
  3. 건조설비   4. 가스집합 용접장치
  5. 근로자의 건강에 상당한 장해를 일으킬 우려가 있는 물질로서 고용노동부령으로 정하는 물질의 밀폐·환기·배기를 위한 설비

○ 유해위험방지계획서 제출 대상 건설공사 (산안령 제42조)

  1. 다음 어느 하나에 해당하는 건축물 또는 시설 등의 건설·개조 또는 해체 공사
    가. 지상높이가 31m 이상인 건축물 또는 인공구조물
    나. 연면적 3만m² 이상인 건축물
    다. 연면적 5천m² 이상인 시설로서 다음의 어느 하나에 해당하는 시설
        1) 문화 및 집회시설(전시장 및 동물원·식물원은 제외한다)
        2) 판매시설, 운수시설(고속철도의 역사 및 집배송시설은 제외한다)
        3) 종교시설   4) 의료시설 중 종합병원   5) 숙박시설 중 관광숙박시설
        6) 지하도상가 7) 냉동·냉장 창고시설
  2. 연면적 5천m² 이상인 냉동·냉장 창고시설의 설비공사 및 단열공사
  3. 최대 지간(支間)길이(다리의 기둥과 기둥의 중심사이의 거리)가 50m 이상인 다리의 건설 등 공사
  4. 터널의 건설 등 공사
  5. 다목적댐, 발전용댐, 저수용량 2천만톤 이상의 용수 전용 댐 및 지방상수도 전용 댐의 건설 등 공사
  6. 깊이 10m 이상인 굴착공사

11 산업안전보건기준에 관한 규칙상 근골격계부담작업으로 인한 건강장해 예방에 관한 설명으로 옳지 않은 것은?

① 사업주는 유해요인 조사를 하는 경우에 근로자와의 면담, 증상 설문조사, 인간공학적 측면을 고려한 조사 등 적절한 방법으로 하여야 한다.
② 사업주는 근골격계부담작업을 하는 경우에 근골격계질환 발생 시의 대처요령에 대해 근로자에게 알려야 한다.
③ 사업주는 근골격계질환 예방관리 프로그램을 작성·시행할 경우에 근로자대표의 동의를 받아야 한다.
④ 사업주는 유해요인 조사에 근로자대표 또는 해당 작업 근로자를 참여시켜야 한다.
⑤ 사업주는 근로자가 5킬로그램 이상의 중량물을 들어 올리는 작업을 하는 경우에 주로 취급하는 물품에 대하여 근로자가 쉽게 알 수 있도록 물품의 중량과 무게중심에 대하여 작업장 주변에 안내표시를 하여야 한다.

해설 ③ [×] 사업주는 근로자가 근골격계부담작업을 하는 경우에 근골격계질환 예방에 필요한 사항에 대해 노사협의를 거쳐야 하고(산기규 제662조), 근로자에게 알려야 한다(산기규 제661조). 동의는 불요.
① 사업주는 유해요인 조사 결과 근골격계질환이 발생할 우려가 있는 경우에 인간공학적으로 설계된 인력작업 보조설비 및 편의설비를 설치하는 등 작업환경 개선에 필요한 조치를 하여야 한다(산기규 제659조).
② 사업주는 근골격계부담작업을 하는 경우에 근골격계질환 발생 시의 대처요령에 대해 근로자에게 알려야 한다(산기규 제661조 제1항 제3호).
④ 사업주는 유해요인 조사에 근로자 대표 또는 해당 작업 근로자를 참여시켜야 한다(산기규 제657조).
⑤ 사업주는 근로자가 5kg 이상의 중량물을 들어 올리는 작업을 하는 경우에 주로 취급하는 물품에 대하여 근로자가 쉽게 알 수 있도록 물품의 중량과 무게 중심에 대하여 작업장 주변에 안내표시를 하여야 한다(산기규 제665조).

12 산업안전보건기준에 관한 규칙상 밀폐공간 내 작업에 관한 설명으로 옳은 내용인 것은?

① "산소결핍"이란 공기 중의 산소농도가 18퍼센트 미만인 상태를 말한다.
② 밀폐공간 보건작업 프로그램에는 작업시작 전·후 공기상태가 적정한지를 확인하기 위한 측정·평가, 방독마스크의 착용과 관리에 대한 내용이 포함되어야 한다.
③ 근로자가 밀폐공간에서 작업을 하는 경우 밀폐공간 보건작업 프로그램을 수립하여 시행하여야 하는 주체는 보건관리자 선임의무가 있는 사업주에 한한다.

정답 11. ③   12. ①

④ 사업주는 근로자가 밀폐공간에서 작업을 하는 경우 상시 작업상황을 감시할 수있는 감시인을 지정하여 밀폐공간 내부에 배치하여야 한다.
⑤ 사업주는 밀폐공간에 종사하는 근로자에 대하여 응급처치 등 긴급 구조훈련을 1년에 1회 이상 주기적으로 실시하여야 한다.

해설 ① [○] "산소결핍"이란 공기 중의 산소농도가 18% 미만인 상태를 말한다. "적정공기"란 산소농도의 범위가 18% 이상 23.5% 미만, 탄산가스의 농도가 1.5% 미만, 일산화탄소의 농도가 30ppm 미만, 황화수소의 농도가 10ppm 미만인 수준의 공기를 말한다(산기규 제618조).
② 밀폐공간 작업 프로그램에는 밀폐공간 작업 시 사전 확인이 필요한 사항에 대한 확인절차 등에 대한 내용이 포함되어야 한다(산기규 제619조).
③ 근로자가 밀폐공간에서 작업을 하는 경우 밀폐공간 작업 프로그램을 수립하여 시행하여야 하는 주체는 관리감독자 선임의무가 있는 사업주에 한한다(산기규 제619조).
④ 사업주는 근로자가 밀폐공간에서 작업을 하는 경우 근로자에게 관리감독자, 근로자, 감시인 등 작업자 정보를 확인 후에 근로자가 안전한 상태에서 작업하도록 하여야 한다(산기규 제619조).
⑤ 사업주는 밀폐공간 종사 근로자에 대하여 밀폐공간 내 질식·중독 등을 일으킬 수 있는 유해·위험 요인의 파악 및 관리 방안을 수립하여 시행해야 한다(산기규 제619조).

13 산업안전보건법령상 안전·보건교육에 관한 설명으로 옳은 것은?
① 사무직 종사 근로자는 정기교육 대상이 아니다.
② 관리감독자의 지위에 있는 사람은 연간 8시간 이상의 교육을 받아야 한다.
③ 작업내용 변경시 일용근로자를 제외한 근로자의 안전·보건교육은 1시간 이상 실시하여야 한다.
④ 채용 시 근로자에 대한 안전·보건교육은 고용형태에 관계없이 교육시간이 동일하다.
⑤ 안전보건관리책임자도 고용노동부장관이 실시하는 안전·보건에 관한 직무교육으로서 신규교육과 보수교육을 받아야 한다.

해설 ⑤ [○] 안전보건관리책임자는 신규교육 6시간 이상, 보수교육 6시간 이상 받아야 한다.
① 사무직 종사 근로자는 매반기 6시간 이상 정기교육을 받아야 한다(개정 2023년).
② 관리감독자의 지위에 있는 사람은 연간 16시간 이상의 교육을 받아야 한다.
③ 작업내용 변경시 일용근로자 및 근로계약기간이 1주일 이하인 기간제근로자를 제외한 근로자의 안전보건교육은 2시간 이상 실시하여야 한다.
④ 채용 시의 근로자에 대한 안전·보건교육은 1시간 이상(일용근로자 및 근로계약기간이 1주일 이하인 기간제근로자), 4시간 이상(근로계약기간이 1주일 초과 1개월 이하인 기간제근로자), 8시간 이상(그 밖의 근로자)으로 구분 실시된다.

정답   13. ⑤

○ 안전보건교육 교육과정별 교육시간 (산시규 별표 4) <개정 2023. 9. 27.>
  1. 근로자 안전보건교육 (제26조 제1항, 제28조 제1항 관련)

교육과정	교육대상		교육시간
가. 정기교육	1) 사무직 종사 근로자		매반기 6시간 이상
	2) 그 밖의 근로자	가) 판매업무에 직접 종사하는 근로자	매반기 6시간 이상
		나) 판매업무에 직접 종사 근로자 외 근로자	매반기 12시간 이상
나. 채용 시 교육	1) 일용근로자 및 근로계약기간이 1주일 이하인 기간제근로자		1시간 이상
	2) 근로계약기간이 1주일 초과 1개월 이하인 기간제근로자		4시간 이상
	3) 그 밖의 근로자		8시간 이상
다. 작업내용 변경시 교육	1) 일용근로자 및 근로계약기간이 1주일 이하인 기간제근로자		1시간 이상
	2) 그 밖의 근로자		2시간 이상
라. 특별교육	1) 일용근로자 및 근로계약기간이 1주일 이하인 기간제근로자 : 별표 5 제1호 라목(제39호 타워크레인 신호업무 작업은 제외한다)에 해당 작업 종사 근로자에 한정한다.		2시간 이상
	2) 일용근로자 및 근로계약기간이 1주일 이하인 기간제근로자 : 별표 5 제1호 라목 제39호에 해당하는 작업에 종사하는 근로자에 한정한다.		8시간 이상
	3) 일용근로자 및 근로계약기간이 1주일 이하인 기간제근로자를 제외한 근로자: 별표 5 제1호 라목에 해당하는 작업에 종사하는 근로자에 한정한다.		가) 16시간 이상(최초 작업 종사 전 4시간 이상 실시하고 12시간은 3개월 이내에서 분할하여 실시 가능) 나) 단기간 작업 또는 간헐적 작업인 경우 2시간 이상
마. 건설업 기초 안전·보건교육	건설 일용근로자		4시간 이상

  ○ 1의 2. 관리감독자 안전보건교육 (제26조 제1항 관련)

교육과정	교육시간
가. 정기교육	연간 16시간 이상
나. 채용 시 교육	8시간 이상
다. 작업내용 변경 시 교육	2시간 이상

라. 특별교육	16시간 이상(최초 작업에 종사하기 전 4시간 이상 실시하고, 12시간은 3개월 이내에서 분할하여 실시 가능)
	단기간 작업 또는 간헐적 작업인 경우에는 2시간 이상

2. 안전보건관리책임자 등에 대한 교육 (제29조 제2항 관련)

교육대상	교육시간	
	신규교육	보수교육
가. 안전보건관리책임자	6시간 이상	6시간 이상
나. 안전관리자, 안전관리전문기관의 종사자	34시간 이상	24시간 이상
다. 보건관리자, 보건관리전문기관의 종사자	34시간 이상	24시간 이상
라. 건설재해예방전문지도기관의 종사자	34시간 이상	24시간 이상
마. 석면조사기관의 종사자	34시간 이상	24시간 이상
바. 안전보건관리담당자	-	8시간 이상
사. 안전검사기관, 자율안전검사기관의 종사자	34시간 이상	24시간 이상

3. 특수형태근로종사자에 대한 안전보건교육 (제95조 제1항 관련)

교육과정	교육시간
가. 최초 노무제공 시 교육	2시간 이상(단기간 작업 또는 간헐적 작업에 노무를 제공하는 경우에는 1시간 이상 실시하고, 특별교육을 실시한 경우는 면제)
나. 특별교육	16시간 이상(최초 작업에 종사하기 전 4시간 이상 실시하고 12시간은 3개월 이내에서 분할하여 실시 가능)
	단기간 작업 또는 간헐적 작업인 경우에는 2시간 이상

4. 검사원 성능검사 교육 (제131조 제2항 관련)

교육과정	교육대상	교육시간
성능검사 교육	-	28시간 이상

14 산업안전보건법령에 규정된 용어에 관한 설명으로 옳은 것은?

① "근로자"란 직업의 종류를 불문하고 임금·급료 기타 이에 준하는 수입에 의하여 생활하는 자를 말한다.
② "작업환경측정"이란 작업환경 실태를 파악하기 위하여 해당 근로자 또는 작업장에 대하여 고용노동부장관이 지정하는 자가 측정계획을 수립하여 시료를 채취하고 분석·평가하는 것을 말한다.
③ 2개월 이상의 요양이 필요한 부상자가 동시에 3명이상 발생한 재해는 "중대재해"에 포함된다.

정답 14. ④

④ "안전・보건진단"이란 산업재해를 예방하기 위하여 잠재적 위험성을 발견하고 그 개선대책을 수립할 목적으로 고용노동부장관이 지정하는 자가 하는 조사・평가를 말한다.
⑤ "사업주"란 근로기준법상의 사용자를 말한다.

[해설] ④ [○] 안전보건진단 : 산업재해를 예방하기 위하여 잠재적 위험성을 발견하고 그 개선대책을 수립할 목적으로 조사・평가하는 것을 말한다(산안법 제2조).
① 근로자 : 직업의 종류와 관계없이 임금을 목적으로 사업이나 사업장에 근로를 제공하는 사람을 말한다(산안법 제2조).
② 작업환경측정 : 작업환경 실태를 파악하기 위하여 해당 근로자 또는 작업장에 대하여 사업주가 유해인자에 대한 측정계획을 수립한 후 시료를 채취하고 분석・평가하는 것을 말한다(산안법 제2조).
③ 중대재해 : 사망자가 1명 이상 발생한 재해, 3개월 이상의 요양이 필요한 부상자가 동시에 2명 이상 발생한 재해, 부상자 또는 직업성 질병자가 동시에 10명 이상 발생한 재해가 포함된다(산시규 제3조).
⑤ 사업주 : 근로자를 사용하여 사업을 하는 자를 말한다(산안법 제2조).

15 산업안전보건법령상 제조・수입・양도・제공 또는 사용이 금지되는 유해물질이 아닌 것은?

① 염화비닐   ② 청석면 및 갈석면   ③ 베타-나프틸아민과 그 염
④ 폴리클로리네이티드터페닐(PCT)
⑤ 악티노라이트석면, 안소필라이트석면 및 트레모라이트석면

[해설] ① [×] 염화비닐은 허가 대상 유해물질이다(산안령 제88조).
○ 제조 등이 금지되는 유해물질 (산안령 제87조)
1. β-냐프틸아민과 그 염(β-NaphthyIamins and its salts)
2. 4-니트로디페닐]과 그 염(4-Nitrodiphenyl and its salts)
3. 백연을 포함한 페인트(포함된 중량의 비율이 2% 이하인 것은 제외)
4. 벤젠을 포함하는 고무풀(포함된 중량의 비율이 6% 이하인 것은 제외)
5. 석면(Asbestos)
6. 폴리클로리네이티드 터페닐(Polychlorinated terphenyls)
7. 황린 성냥(Yellow phosphorus match)
8. 제1호, 제2호, 제5호 또는 제6호에 해당하는 물질을 포함한 혼합물(포함된 중량의 비율이 1% 이하인 것은 제외)
9. 「화학물질관리법」에 따른 금지물질
10. 그 밖에 보건상 해로운 물질로서 산업재해보상보험및예방심의위원회의 심의를 거쳐 고용노동부장관이 정하는 유해물질

[정답] 15. ①

16 다음의 경우 산업안전보건법령상 사업장에 선임하여야 할 안전·보건관리자에 관한 설명으로 옳지 않은 것은?

> 상시근로자 400명을 고용하여 1차금속 제조업을 영위하는 A사는 같은 업종의 B사와 C사를 사내 하도급업체로 두고 있으며, B사와 C사는 각각 상시근로자 100명씩을 고용하여 사업을 운영하고 있다.

① 도급인 A와 수급인 B, 수급인 C는 각각 안전관리자 1명씩 총 3명의 안전관리자를 선임하는 것이 원칙이다.
② 도급인 A가 자신의 근로자수 400명에 대한 안전관리자 1명과 수급인 B·C의 근로자 수 200명에 대한 안전관리자 1명을 추가로 선임하였다면 수급인 B·C는 별도의 안전관리자를 선임하지 않아도 된다.
③ 도급인 A와 수급인 B, 수급인 C는 각각 보건관리자 1명씩 총 3명의 보건관리자를 선임하는 것이 원칙이다.
④ 도급인 A가 자신의 근로자수 400명에 대한 보건관리자 1명과 수급인 B·C의 근로자 수 200명에 대한 보건관리자 1명을 추가로 선임하였다면 수급인 B·C는 별도의 보건관리자를 선임하지 않아도 된다.
⑤ 위 ①항의 경우 도급인 A와 수급인 B·C가 안전관리자를 선임할 때 건설안전기사 자격을 가진 사람을 안전관리자로 선임하여서는 아니 된다.

해설 2013년 출제당시는 ④항이 답, 2023년 법규상 ②, ④이 정답으로 봄.
② [×] 1차 금속 제조업을 영위하는 사업장은 상시근로자 50명 이상 500명 미만인 경우 안전관리자 1명을 선임하여야 한다. A사업장 1명, 도급사업에서 관계수급 사업장인 B, C사업장 각 1명, 총 3명의 안전관리자를 선임해야 한다(산안령 별표 3).
④ [×] 1차 금속 제조업을 영위하는 사업장은 상시근로자 50명 이상 500명 미만인 경우 보건관리자 1명을 선임하여야 한다. A사업장 1명, 도급사업에서 관계수급 사업장인 B, C사업장 각 1명, 총 3명의 보건관리자를 선임해야 한다(산안령 별표 5).
○ 안전관리자의 선임 등 (산안령 제16조)
  1. 안전관리자를 두어야 하는 사업의 종류와 사업장의 상시근로자 수, 안전관리자의 수 및 선임방법은 별표 3과 같다.
  2. 안전관리자의 선임 등에서 "대통령령으로 정하는 사업의 종류 및 사업장의 상시근로자 수에 해당하는 사업장"이란 제1항에 따른 사업 중 상시근로자 300명 이상을 사용하는 사업사업장[건설업의 경우에는 공사금액이 120억원(단, 토목공사업의 경우에는 150억원) 이상인 사업장]을 말한다.
  3. 도급인의 사업장에서 이루어지는 도급사업의 공사금액 또는 관계수급인의 상시근로자는 각각 해당 사업의 공사금액 또는 상시근로자로 본다.

정답 16. ②, ④

○ 같은 사업주가 경영하는 둘 이상의 사업장이 다음 각 호의 어느 하나에 해당하는 경우에는 그 둘 이상의 사업장에 1명의 안전관리자를 공동으로 둘 수 있다. 이 경우 해당 사업장의 상시근로자 수의 합계는 300명 이내[건설업의 경우에는 공사금액의 합계가 120억원(단, 토목공사업의 경우에는 150억원) 이내]이어야 한다.
  1. 같은 시·군·구(자치구를 말한다) 지역에 소재하는 경우
  2. 사업장 간의 경계를 기준으로 15km 이내에 소재하는 경우

○ 안전관리자를 두어야 하는 사업의 종류, 사업장의 상시근로자 수, 안전관리자의 수 및 선임방법 (산안령 별표 3) <개정 2022. 8. 16.>

사업의 종류	사업장의 상시근로자 수	안전관리자의 수
1. 토사석 광업	상시근로자 50명 이상 500명미만	1명 이상
2. 식료품 제조업, 음료 제조업 3. 섬유제품 제조업 4. 목재 및 나무제품 제조업 5. 펄프, 종이 및 종이제품 제조업 6. 코크스, 연탄 및 석유정제품 제조업 7. 화학물질 및 화학제품 제조업 8. 의료용 물질 및 의약품 제조업 9. 고무 및 플라스틱제품 제조업 10. 비금속 광물제품 제조업 11. **1차 금속 제조업** 12. 금속가공제품 제조업 13. 전자부품, 컴퓨터, 영상, 음향 및 통신장비 제조업 14. 의료, 정밀, 광학기기·시계 제조업 15. 전기장비 제조업 16. 기타 기계 및 장비 제조업 17. 자동차 및 트레일러 제조업 18. 기타 운송장비 제조업 19. 가구 제조업 20. 기타 제품 제조업 21. 산업용 기계 및 장비 수리업 22. 서적, 잡지 및 기타 인쇄물 출판업 23. 폐기물 수집, 운반, 처리 및 원료 재생업 24. 환경 정화 및 복원업 25. 자동차 종합 및 전문 수리업 26. 발전업 27. 운수 및 창고업	상시근로자 500명 이상	2명 이상

28. 농업, 임업 및 어업	상시근로자 50명 이상 1천명미만	1명 이상
29. 제2호부터 제21호까지의 사업을 제외한 제조업	상시근로자 1천명 이상	2명 이상
30. 전기, 가스, 증기 및 공기조절공급업		
31. 수도, 하수 및 폐기물 처리, 원료 재생업		
32. 도매 및 소매업		
33. 숙박 및 음식점업		
34. 영상·오디오 기록물 제작·배급업		
35. 방송업		
36. 우편 및 통신업		
37. 부동산업		
38. 임대업; 부동산 제외		
39. 연구개발업		
40. 사진처리업		
41. 사업시설 관리 및 조경 서비스업		
42. 청소년 수련시설 운영업		
43. 보건업		
44. 예술, 스포츠 및 여가 서비스업		
45. 개인 및 소비용품수리업		
46. 기타 개인 서비스업		
47. 공공행정		
48. 교육서비스업 중 초등·중등·고등 교육기관, 특수학교·외국인학교 및 대안학교		
49. 건설업	공사금액 50억원 이상(관계수급인은 100억원 이상) 120억원 미만(토목공사업은 15억원 미만)	1명 이상
	공사금액 120억원 이상(토목공사업은 150억원 이상) 800억원 미만	
	공사금액 800억원 이상 1,500억원 미만	2명 이상
	공사금액 1,500억원 이상 2,200억원 미만	3명 이상
	공사금액 2,200억원 이상 3천억원 미만	4명 이상
	공사금액 3천억원 이상 3,900억원 미만	5명 이상
	공사금액 3,900억원 이상 4,900억원 미만	6명 이상
	공사금액 4,900억원 이상 6천억원 미만	7명 이상
	공사금액 6천억원 이상 7,200억원 미만	8명 이상
	공사금액 7,200억원 이상 8,500억원 미만	9명 이상
	공사금액 8,500억원 이상 1조원 미만	10명 이상
	1조원 이상	11명 이상

○ 보건관리자를 두어야 하는 사업의 종류, 사업장의 상시근로자수, 안전관리자의 수 및 선임방법 (산안령 별표 5) <개정 2020. 9. 8.>

사업의 종류	사업장의 상시근로자 수	보건관리자의 수
1. 광업 2. 섬유제품 염색, 정리 및 마무리 가공업 3. 모피제품 제조업 4. 그 외 기타 의복액세서리 제조업 5. 모피 및 가죽 제조업 6. 신발 및 신발부분품 제조업 7. 코크스, 연탄 및 석유정제품 제조업 8. 화학물질 및 화학제품 제조업 9. 의료용 물질 및 의약품 제조업 10. 고무 및 플라스틱제품 제조업 11. 비금속 광물제품 제조업 12. **1차 금속 제조업** 13. 금속가공제품 제조업 14. 기타 기계 및 장비 제조업 15. 전자부품, 컴퓨터, 영상, 음향, 통신장비 16. 전기장비 제조업 17. 자동차 및 트레일러 제조업 18. 기타 운송장비 제조업 19. 가구 제조업 20. 해체, 선별 및 원료 재생업 21. 자동차 종합 수리업, 자동차전문 수리업 22. 고용노동부장관이 특히 보건관리를 할 필요가 있다고 인정하여 고시하는 사업	상시근로자 50명 이상 500명 미만	1명 이상
	상시근로자 500명이상 2천명 미만	2명 이상
	상시근로자 2천명이상	2명 이상
23. 2.부터 22.까지의 사업을 제외한 제조업	상시근로자 50명이상 1천명 미만	1명 이상
	상시근로자 1천명이상 3천명 미만	2명 이상
	상시근로자 3천명이상	2명 이상
24. 농업, 임업 및 어업 25. 전기, 가스, 증기 및 공기조절공급업 26. 수도, 하수 및 폐기물 처리, 원료 재생업 27. 운수 및 창고업 28. 도매 및 소매업 29. 숙박 및 음식점업 30. 서적, 잡지 및 기타 인쇄물 출판업 31. 방송업 32. 우편 및 통신업 33. 부동산업 34. 연구개발업	상시근로자 50명이상 5천명 미만	1명 이상
	상시 근로자 5천명 이상	2명 이상

35. 사진 처리업 36. 사업시설 관리 및 조경 서비스업 37. 공공행정 38. 교육서비스업 중 초등·중등·고등 교육 　　기관, 특수학교·외국인학교 및 대안학교 39. 청소년 수련시설 운영업 40. 보건업 41. 골프장 운영업 42. 개인 및 소비용품수리업 43. 세탁업		
44. 건설업	공사금액 800억원 이상(토목공사업에 속하는 공사의 경우에는 1천억 이상) 또는 상시 근로자 600명 이상 [비고] 공사금액 800억원 (토목공사업은 1천억원)을 기준으로 1,400억원이 증가할 때마다 또는 상시 근로자 600명을 기준으로 600명이 추가될 때마다 1명씩 추가한다.	1명 이상

17 산업안전보건법령상 안전보건관리규정에 대한 설명으로 옳은 것은?

① 안전보건관리규정 중 당해 사업장에 적용되는 단체협약 및 취업규칙에 반하는 부분에 관하여는 안전보건관리규정을 우선 적용한다.
② 안전보건관리규정에는 하도급 사업장에 대한 안전·보건관리에 관한 사항이 포함되어야 한다.
③ 사업주는 안전보건관리규정을 작성하여야 할 사유가 발생한 날부터 60일 이내에 안전보건관리규정을 작성하여야 한다.
④ 사업주는 안전보건관리규정을 변경하여야 할 사유가 발생한 경우 해당 사유가 발생한 날부터 60일 이내에 안전보건관리규정을 변경하여야 한다.
⑤ 사업주가 안전보건관리규정을 작성하거나 변경할 때에 산업안전보건위원회가 설치되어 있지 아니한 사업장의 경우에는 근로자대표에게 통보만 하면 된다.

해설　② [○] 안전보건관리규정에는 작업장에 대한 안전·보건관리에 관한 사항이 포함되어야 한다(산안법 제25조).
　　　○ 안전보건관리규정의 작성시 포함 사항 (산안법 제25조)
　　　　　1. 안전 및 보건에 관한 관리조직과 그 직무에 관한 사항
　　　　　2. 안전보건교육에 관한 사항
　　　　　3. 작업장의 안전 및 보건 관리에 관한 사항

정답　17. ②

4. 사고 조사 및 대책 수립에 관한 사항
5. 그 밖에 안전 및 보건에 관한 사항

① 안전보건관리규정은 단체협약 또는 취업규칙에 반할 수 없다. 이 경우 안전보건관리규정 중 단체협약 또는 취업규칙에 반하는 부분에 관하여는 그 단체협약 또는 취업규칙으로 정한 기준에 따른다(산안법 제25조).
③, ④ 사업의 사업주는 안전보건관리규정을 작성해야 할 사유가 발생한 날부터 30일 아내에 별표 3의 내용을 포함한 안전보건관리규정을 작성해야 한다. 이를 변경할 사유가 발생한 경우에도 또한 같다(산시규 제25조).
⑤ 사업주는 안전보건관리규정을 작성하거나 변경할 때에는 산업안전보건위원회의 심의·의결을 거쳐야 한다. 다만, 산업안전보건위원회가 설치되어 있지 아니한 사업장의 경우에는 근로자대표의 동의를 받아야 한다(산안법 제26조).

18 산업안전보건법령상 안전검사에 관한 설명으로 옳지 않은 것은?

① 프레스, 전단기 등 유해·위험기계 등을 사용하는 사업주는 유해·위험기계 등의 안전에 관한 성능이 검사기준에 맞는지에 대하여 안전검사를 받아야 한다.
② 위 ①항의 경우 유해·위험기계 등을 사용하는 사업주와 소유자가 다른 경우에는 해당 유해·위험기계 등을 사용하는 사업주가 안전검사를 받아야 한다.
③ 안전검사 대상인 크레인, 리프트 및 곤돌라의 검사주기는 사업장에 설치가 끝난 날부터 3년 이내에 최초 안전검사를 실시하되, 그 이후부터 2년마다 실시하여야 한다.
④ 위 ③항의 안전검사 대상 기계·기구를 건설현장에서 사용하는 경우에는 최초로 설치한 날부터 6개월마다 안전검사를 실시하여야 한다.
⑤ 안전검사 대상인 프레스, 전단기의 검사주기는 사업장에 설치가 끝난 날부터 3년 이내에 최초 안전검사를 실시하되, 그 이후부터 2년마다 실시하여야 한다.

해설 ② [×] 안전검사대상기계 등을 사용하는 사업주와 소유자가 다른 경우에는 안전검사대상기계 등의 소유자가 안전검사를 받아야 한다(산안법 제93조).
① 프레스, 전단기 등 유해·위험기계 등을 사용하는 사업주는 안전검사대상기계 등의 전에 관한 성능이 검사기준에 맞는지에 대해 안전검사를 받아야 한다(산안령 제78조).
○ 안전검사대상기계 등 (산안령 제78조)
1. 프레스 2. 전단기 3. 크레인(정격 하중이 2톤 미만인 것은 제외한다)
4. 리프트 5. 압력용기 6. 곤돌라 7. 국소 배기장치(이동식은 제외한다)
8. 원심기(산업용만 해당한다) 9. 롤러기(밀폐형 구조는 제외한다)
10. 사출성형기[형 체결력(型 締結力) 294킬로뉴턴(KN) 미만은 제외한다]
11. 고소작업대(「자동차관리법」에 따른 화물자동차 또는 특수자동차에 탑재한 고소작업대로 한정한다)
12. 컨베이어 13. 산업용 로봇

정답 18. ②

③ 안전검사 대상인 크레인, 리프트 및 곤돌라의 검사주기는 사업장에 설치가 끝난 날부터 3년 이내에 최초 안전검사를 실시하되, 그 이후부터 2년마다 실시하여야 한다(산시규 제126조).
④ 안전검사대상기계 등을 건설현장에서 사용하는 경우에는 최초로 설치한 날부터 6개월마다 안전검사를 실시하여야 한다(산시규 제126조).
⑤ 안전검사 대상인 프레스 전단기의 검사주기는 사업장에 설치가 끝난 날부터 3년 이내에 최초 안전검사를 실시하되, 그 이후부터 2년마다 실시해야 한다(산시규 제126조).

19 산업안전보건기준에 관한 규칙상 근로자의 추락위험 예방에 관한 설명으로 옳지 않은 것은?

① 안전방망의 설치위치는 가능하면 작업면으로부터 가까운 지점에 설치하여야 하며, 작업면으로부터 망의 설치지점까지의 수직거리는 10미터를 초과하지 아니하여야 한다.
② 안전난간은 상부 난간대, 중간 난간대, 발끝막이판 및 난간기둥으로 구성하여야 한다.
③ 안전난간은 구조적으로 가장 취약한 지점에서 가장 취약한 방향으로 작용하는 50킬로그램 이상의 하중에 견딜 수 있는 구조이어야 한다.
④ 사업주는 높이 1미터 이상인 계단의 개방된 측면에 안전난간을 설치하여야 한다.
⑤ 사업주는 높이 또는 깊이 2미터 이상의 추락할 위험이 있는 장소에서 작업하는 근로자에게 안전대를 지급하고 착용하도록 하여야 한다.

해설 ③ [×] 안전난간은 구조적으로 가장 취약한 지점에서 가장 취약한 방향으로 작용하는 100kg 이상의 하중에 견딜 수 있는 튼튼한 구조일 것(산기규 저113조).
① 추락방호망의 설치위치는 가능하면 작업면으로부터 가까운 지점에 설치하여야 하며, 작업면으로부터 망의 설치지점까지의 수직거리는 10m를 초과하지 아니할 것(산기규 제42조).

○ 추락방호망의 설치 (산기규 42조)
사업주는 작업발판을 설치하기 곤란한 경우 다음 각 호의 기준에 맞는 추락방호망을 설치해야 한다. 다만, 추락방호망을 설치하기 곤란한 경우에는 근로자에게 안전대를 착용하도록 하는 등 추락위험을 방지하기 위해 필요한 조치를 해야 한다.
1. 추락방호망의 설치위치는 가능하면 작업면으로부터 가까운 지점에 설치하여야 하며, 작업면으로부터 망의 설치지점까지의 수직거리는 10m을 초과하지 아니할 것
2. 추락방호망은 수평으로 설치하고, 망의 처짐은 짧은 변 길이의 12% 이상이 되도록 할 것
3. 건축물 등의 바깥쪽으로 설치하는 경우 추락방호망의 내민 길이는 벽면으로부터 3m 이상 되도록 할 것. 다만, 그물코가 20mm 이하인 추락방호망을 사용한 경우에는 낙하물 방지망을 설치한 것으로 본다.

정답 19. ③

② 안전난간은 상부 난간대 중간 난간대, 발끝막이판 및 난간기둥으로 구성할 것(산기규 제13조).
④ 사업주는 높이 1m이상인 계단의 개방된 측면에 안전난간을 설치한다(산기규 제30조).
  ○ 안전난간의 구조 및 설치요건 (산기규 제13조)
  1. 상부 난간대, 중간 난간대, 발끝막이판 및 난간기둥으로 구성할 것. 다만, 중간 난간대, 발끝막이판 및 난간기둥은 이와 비슷한 구조와 성능을 가진 것으로 대체할 수 있다.
  2. 상부 난간대는 바닥면·발판 또는 경사로의 표면으로부터 90cm 이상 지점에 설치하고, 상부 난간대를 120cm 이하에 설치하는 경우에는 중간 난간대는 상부 난간대와 바닥면 등의 중간에 설치하여야 하며, 120cm 이상 지점에 설치하는 경우에는 중간 난간대를 2단 이상으로 균등하게 설치하고 난간의 상하 간격은 60cm 이하가 되도록 할 것. 다만, 계단의 개방된 측면에 설치된 난간기둥 간의 간격이 25cm 이하인 경우에는 중간 난간대를 설치하지 아니할 수 있다.
  3. 발끝막이판은 바닥면 등으로부터 10cm 이상의 높이를 유지할 것. 다만, 물체가 떨어지거나 날아올 위험이 없거나 그 위험을 방지할 수 있는 망을 설치하는 등 필요한 예방 조치를 한 장소는 제외한다.
  4. 난간기둥은 상부 난간대와 중간 난간대를 견고하게 떠받칠 수 있도록 적정한 간격을 유지할 것
  5. 상부 난간대와 중간 난간대는 난간 길이 전체에 걸쳐 바닥면 등과 평행을 유지할 것
  6. 난간대는 지름 2.7cm 이상의 금속제 파이프나 그 이상 강도가 있는 재료일 것
  7. 안전난간은 구조적으로 가장 취약한 지점에서 가장 취약한 방향으로 작용하는 100kg 이상의 하중에 견딜 수 있는 튼튼한 구조일 것
⑤ 사업주는 높이 또는 깊이 2m 이상의 추락할 위험이 있는 장소에서 작업하는 근로자에게 안전대를 지급하고 착용하도록 하여야 한다(산기규 제32조).

20 산업안전보건법령상 명예산업안전감독관에 대한 설명으로 옳지 않은 것은?
① 고용노동부장관은 산업안전보건위원회 설치 대상 사업의 근로자 중에서 근로자대표가 사업주의 의견을 들어 추천하는 사람을 명예산업안전감독관으로 위촉할 수 있다.
② 위 ①항의 명예산업안전감독관은 법령 및 산업재해 예방정책 개선을 건의할 수 있다.
③ 명예산업안전감독관의 임기는 2년으로 하되, 연임할 수 있다.
④ 고용노동부장관은 명예산업안전감독관의 활동을 지원하기 위하여 수당 등을 지급할 수 있다.
⑤ 고용노동부장관은 근로자대표가 사업주의 의견을 들어 위촉된 명예산업안전감독관의 해촉을 요청한 경우 그를 해촉할 수 있다.

정답 20. ②

해설 ② [×] 근로자대표가 사업주의 의견을 들어 추천하는 사람인 명예산업안전감독관은 법령 및 산업재해 예방정책의 개선을 건의할 수 없다(산안령 제32조).

① 고용노동부장관은 산업안전보건위원회 설치 대상 사업의 근로자 중에서 근로자대표가 사업주의 의견을 들어 추천하는 사람을 명예산업안전감독관으로 위촉할 수 있다(산안령 제32조).

③ 명예산업안전감독관의 임기는 2년으로 하되, 연임할 수 있다(산안령 제32조).

④ 고용노동부장관은 명예산업안전감독관의 활동을 지원하기 위하여 수당 등을 지급할 수 있다(산안령 제32조).

⑤ 고용노동부장관은 근로자대표가 사업주의 의견을 들어 위촉된 명예산업안전감독관의 해촉을 요청한 경우 그를 해촉할 수 있다(산안령 제33조).

○ 명예산업안전감독관의 업무 : 근로자대표의 추천으로 위촉된 명예산업안전감독관의 업무 범위는 해당 사업장에서의 업무(제8호 제외)로 한정하며, 관련 단체추천으로 위촉된 명예산업안전감독관의 업무 범위는 제8호부터 제10호까지의 규정에 따른 업무로 한정한다.

1. 사업장에서 하는 자체점검 참여 및 「근로기준법」에 따른 근로감독관이 하는 사업장 감독 참여
2. 사업장 산업재해 예방계획 수립 참여 및 사업장에서 하는 기계·기구 자체검사 참석
3. 법령 위반 사실이 있는 경우 사업주에 대한 개선 요청 및 감독기관에의 신고
4. 산업재해 발생의 급박한 위험이 있는 경우 사업주에 대한 작업중지 요청
5. 작업환경측정, 근로자 건강진단 시의 참석 및 그 결과에 대한 설명회 참여
6. 직업성 질환의 증상이 있거나 질병에 걸린 근로자가 여러 명 발생한 경우 사업주에 대한 임시건강진단 실시 요청
7. 근로자에 대한 안전수칙 준수 지도
8. 법령 및 산업재해 예방정책 개선 건의
9. 안전·보건 의식을 북돋우기 위한 활동 등에 대한 참여와 지원
10. 그 밖에 산업재해 예방에 대한 홍보 등 산업재해 예방업무와 관련하여 고용노동부장관이 정하는 업무

21 산업안전보건법령상 작업환경측정에 대한 설명으로 옳은 것은?

① 작업환경측정 대상 작업장은 작업환경측정 대상 유해인자가 존재하는 작업장을 말한다.
② 작업환경측정을 할 때에는 모든 측정은 반드시 개인 시료채취방법으로 하여야 한다.
③ 작업장 또는 작업공정이 신규로 가동되거나 변경되어 작업환경측정 대상 작업장이 된 경우에는 지체없이 작업환경측정을 하여야 한다.

정답 21. ⑤

④ 발암성물질인 화학적 인자의 측정치가 노출기준을 초과하는 경우 해당 사업장 전체에 대하여 그 측정일부터 3개월에 1회 이상 작업환경측정을 하여야 한다.

⑤ 사업주는 작업환경측정 결과 노출기준을 초과한 작업공정이 있는 경우 개선 등 적절한 조치를 하고 시료채취를 마친 날부터 60일 이내에 해당 작업공정의 개선을 증명할 수 있는 서류 또는 개선계획을 관할 지방고용노동관서의 장에게 제출하여야 한다.

해설 ⑤ [○] 사업주는 작업환경측정 결과 노출기준을 초과한 작업공정이 있는 경우에는 해당 시설·설비의 설치·개선 또는 건강진단의 실시 등 적절한 조치를 하고 시료채취를 마친 날부터 60일 이내에 해당 작업공정의 개선을 증명할 수 있는 서류 또는 개선 계획을 관할 지방고용노동관서의 장에게 제출해야 한다(산시규 제188조).

① 작업환경측정 대상 작업장은 작업환경측정 대상 유해인자에 노출되는 근로자가 있는 작업장을 말한다(산시규 제186조).

② 모든 측정은 개인 시료채취방법으로 하되, 개인 시료채취방법이 곤란한 경우에는 지역 시료채취방법으로 실시할 것. 이 경우 그 사유를 작업환경측정 결과표에 분명하게 밝혀야 한다(산시규 제189조).

③ 작업장 또는 작업공정이 신규로 가동되거나 변경되는 등으로 작업환경측정 대상 작업장이 된 경우에는 그 날부터 30일 이내에 작업환경측정을 하고, 그 후 반기에 1회 이상 정기적으로 작업환경을 측정해야 한다(산시규 제190조).

④ 화학적 인자(고용노동부장관이 정하여 고시하는 물질만 해당한다)의 측정치가 노출기준을 초과하는 경우 해당하는 작업장 또는 작업공정은 해당 유해인자에 대하여 그 측정일부터 3개월에 1회 이상 작업환경측정을 해야 한다(산시규 제190조).

22 산업안전보건법령상 근로자대표의 자료요청에 대하여 사업주가 응하지 않아도 되는 것만을 모두 고른 것은?

> ㄱ. 산업안전보건위원회가 의결한 사항
> ㄴ. 도급사업에 있어서의 도급 사업주의 안전·보건조치 사항
> ㄷ. 안전·보건교육 실시 결과에 관한 사항
> ㄹ. 공정안전보고서의 작성 및 확인에 관한 사항
> ㅁ. 근로자 건강진단에 관한 사항
> ㅂ. 작업환경측정에 관한 사항

① ㄱ, ㄴ, ㄷ   ② ㄱ, ㅁ, ㅂ   ③ ㄴ, ㄷ, ㄹ   ④ ㄷ, ㄹ, ㅁ   ⑤ ㄹ, ㅁ, ㅂ

해설 ④항의 (ㄷ), (ㄹ), (ㅁ)은 법령에 규정된 것이 아니며, 사업주가 응하지 않아도 된다.

○ 근로자대표의 통지 요청 산안법 제35조) : 근로자대표는 사업주에게 다음의 사항을 통지하여 줄 것을 요청할 수 있고 사업주는 이에 성실히 따라야 한다.

정답 22. ④

1. 산업안전보건위원회(노사협의체를 구성·운영하는 경우에는 노사협의체를 말한다)가 의결한 사항
2. 안전보건진단 결과에 관한 사항
3. 안전보건개선계획의 수립·시행에 관한 사항
4. 도급인의 이행 사항
5. 물질안전보건자료에 관한 사항
6. 작업환경측정에 관한 사항
7. 그 밖에 고용노동부령으로 정하는 안전 및 보건에 관한 사항

23 산업안전보건법령상 산업안전보건위원회에 대한 설명으로 옳지 않은 것은?

① 산업안전보건위원회의 위원장은 위원 중에서 호선(互選)하며, 이 경우 근로자위원과 사용자위원 중 각 1명을 공동위원장으로 선출할 수 있다.
② 근로자위원 중 근로자대표는 근로자의 과반수로 조직된 노동조합이 있는 경우에는 그 노동조합의 대표자를 말한다.
③ 위 ②항의 경우 근로자의 과반수로 조직된 노동조합이 없는 경우에는 근로자의 과반수를 대표하는 사람을 말한다.
④ 유해·위험사업의 대표자가 사용자위원을 지명하는 경우에는 해당 사업장의 해당 부서의 장을 반드시 사용자위원으로 지명하여야 한다.
⑤ 산업안전보건위원회의 회의는 근로자위원 및 사용자위원 각 과반수의 출석으로 시작하고 출석위원 과반수의 찬성으로 의결한다.

해설 ④ [×] 유해·위험사업의 대표자가 사용자위원을 지명하는 경우에는 해당 사업장의 해당부서의 장을 반드시 사용자위원으로 지명해야 하는 것은 아니다(단서조항에 의거 300명 이하 사업장인 경우 제외 가능). 유해·위험사업의 대표자가 사용자위원을 지명하는 경우에는 도급인 대표자, 관계수급인의 각 대표자 및 안전관리자를 사용자위원으로 구성할 수 있다(산안령 제35조).

① 산업안전보건위원회의 위원장은 위원 중에서 호선한다. 이 경우 근로자위원과 사용자위원 중 각 1명을 공동위원장으로 선출할 수 있다(산안령 제35조).
② 근로자대표가 근로자위원을 지명하는 경우에 근로자대표는 조합원인 근로자와 조합원이 아닌 근로자의 비율을 반영하여 근로자위원을 지명하도록 노력해야 한다(산시규 제24조).
③ 근로자의 과반수로 조직된 노동조합이 없는 경우에는 근로자의 과반수를 내표하는 사람을 말한다(산시규 제24조 관련 유추 가능).
⑤ 회의는 근로자위원 및 사용자위원 각 과반수의 출석으로 개의하고 출석위원 과반수의 찬성으로 의결한다(산안령 제37조).

정답 23. ④

24 산업안전보건법령상 근로자의 보건관리에 관한 설명으로 옳지 않은 것은?

① 사업주는 감염병, 정신병 또는 근로로 인하여 병세가 크게 악화될 우려가 있는 질병으로서 고용노동부령으로 정하는 질병에 걸린 자에게는 의사의 진단에 따라 근로를 금지하거나 제한하여야 한다.
② 사업주는 근로가 금지되거나 제한된 근로자가 건강을 회복하였을 때에는 지체 없이 취업하게 하여야 한다.
③ 사업주는 정신신경증, 알코올중독, 신경통, 그 밖의 정신신경계의 질병이 있는 사람은 근로를 금지시켜야 한다.
④ 사업주는 근로를 금지하거나 근로를 다시 시작하도록 하는 경우에는 미리 의사인 보건관리자, 산업보건의 또는 건강진단을 실시한 의사의 의견을 들어야 한다.
⑤ 관할 지방고용노동관서의 장이 역학조사의 필요성을 인정하는 경우에는 산업안전보건위원회의 의결이나 상대방의 동의 없이 역학조사를 할 수 있다.

해설 ③ [×] 사업주는 전염될 우려가 있는 질병에 걸린 사람, 조현병(정신분열병)·마비성 치매에 걸린 사람, 심장·신장·폐 등의 질환이 있는 사람으로서 근로에 의하여 병세가 악화될 우려가 있는 사람은 근로를 금지시켜야 한다(산시규 제220조).

① 사업주는 감염병, 정신질환 또는 근로로 인하여 병세가 크게 악화될 우려가 있는 질병으로서 고용노동부령으로 정하는 질병에 걸린 사람에게는 의사의 진단에 따라 근로를 금지하거나 제한하여야 한다(산안법 제138조).

② 사업주는 근로가 금지되거나 제한된 근로자가 건강을 회복했을 때에는 지체 없이 근로를 할 수 있도록 하여야 한다(산안법 제138조).

④ 사업주는 근로를 금지하거나 근로를 다시 시작하도록 하는 경우에는 미리 보건관리자(의사인 보건관리자만 해당한다), 산업보건의 또는 건강진단을 실시한 의사의 의견을 들어야 한다(산시규 제220조).

⑤ 사업주 또는 근로자대표가 역학조사를 요청하는 경우에는 산업안전보건위원회의 의결을 거치거나 각각 상대방의 동의를 받아야 한다. 다만, 관할 지방고용노동관서의 장이 역학조사의 필요성을 인정하는 경우에는 그러하지 않다(산시규 제222조).

○ 질병자의 근로금지 (산시규 제220조)
1. 전염될 우려가 있는 질병에 걸린 사람. 다만, 전염을 예방하기 위한 조치를 한 경우는 제외한다.
2. 조현병, 마비성 치매에 걸린 사람
3. 심장·신장·폐 등의 질환이 있는 사람으로서 근로에 의하여 병세가 악화될 우려가 있는 사람
4. 제1호부터 제3호까지의 규정에 준하는 질병으로서 고용노동부장관이 정하는 질병에 걸린 사람

정답 24. ③

25 산업안전보건기준에 관한 규칙상 근로자의 위험을 예방하기 위하여 규정된 내용으로 옳은 것은?

① 거푸집 동바리로 사용하는 파이프서포트를 2개 이상 이어서 사용하지 않도록 하여야 한다.
② 콘크리트를 타설하는 경우에는 지지강도가 높게 나오게 중앙부위에 집중적으로 타설하여야 한다.
③ 흙막이 등 기울기면의 붕괴방지 조치를 하지 않고 풍화암으로 이루어진 지반을 굴착하는 경우 굴착면의 기울기는 1 : 0.5에 맞도록 하여야 한다.
④ 위 ③항의 경우 습지인 보통 흙으로 이루어진 지반을 굴착하는 경우에는 굴착면의 기울기는 1 : 0.5 ~ 1 : 1에 맞도록 하여야 한다.
⑤ 흙막이 등 기울기면의 붕괴방지 조치를 하지 않은 상태에서 굴착면의 경사가 달라서 기울기를 계산하기 곤란한 경우 해당 굴착면에 대하여 굴착면의 기울기 기준에 따라 붕괴의 위험이 증가하지 않도록 해당 각 부분의 경사를 유지하여야 한다.

해설 ⑤ [○] 굴착면의 경사가 달라서 기울기를 계산하기가 곤란한 경우에는 해당 굴착면에 대하여 붕괴의 위험이 증가하지 않도록 해당 각 부분의 경사를 유지하여야 한다(산기규 제338조).

① 거푸집 동바리로 사용하는 파이프서포트를 3개 이상 이어서 사용하지 않도록 하여야 한다(산기규 제332조).
② 콘크리트를 타설하는 경우에는 편심이 발생하지 않도록 골고루 분산하여 타설하여야 한다(산기규 제334조).
③ 흙막이 등 기울기면의 붕괴방지 조치를 하지 않고 풍화암으로 이루어진 지반을 굴착하는 경우 굴착면의 기울기는 1 : 1.0에 맞도록 하여야 한다(산기규 별표 11).
④ 위 ③항의 경우 습지인 보통 흙으로 이루어진 지반을 굴착하는 경우에는 굴착면의 기울기는 1 : 1 ~ 1 : 1.5에 맞도록 하여야 한다(산기규 별표 11).
  ○ 굴착면의 기울기 기준 (산기규 별표 11) <개정 2021. 11. 19.>

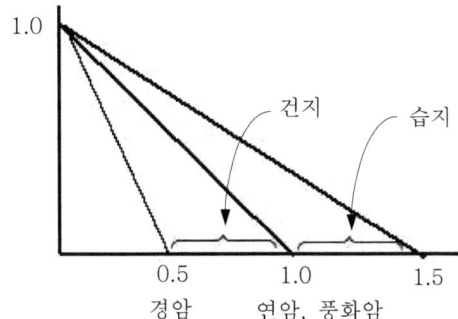

구분	지반의 종류	기울기
보통흙	습지	1 : 1~1 : 1.5
	건지	1 : 0.5~1 : 1
암반	풍화암	1 : 1.0
	연암	1 : 1.0
	경암	1 : 0.5

제2과목 : 산업안전일반

26. 인간-기계시스템은 수동시스템, 기계화시스템 및 자동화시스템으로 분류할 수 있다. 다음 설명 중 옳지 않은 것은?

① 자동화시스템에서는 기계가 의사결정을 한다.
② 수동시스템에서는 인간의 통제를 받아 제품을 생산하는 것이 기계의 기능이다.
③ 기계화시스템에서는 인간의 통제를 받아 제품을 생산하는 것이 기계의 기능이다.
④ 기계화시스템에서 표시장치로부터 정보를 얻어 조종장치를 통해 기계를 통제하는 것은 인간의 기능이다.
⑤ 빨래를 하는 경우 수동시스템은 사람이 직접 하는 것이고, 자동화시스템은 사람이 물과 세제를 세탁기에 넣어 주면 자동으로 세탁하고 탈수하는 것이다.

해설 ⑤ [×] 사람이 물과 세제를 세탁기에 넣어 주는 것은 기계화시스템(반자동시스템)이고, 사람이 물과 세제를 세탁기에 넣어 주지 않아도 자동으로 세탁하고 탈수하는 것이 자동화시스템이다.

27. 국제노동기구(ILO)의 산업재해 정도에 따른 분류에 관한 설명으로 옳지 않은 것은?

① "영구 전노동 불능"은 부상의 결과로 근로의 기능을 완전히 영구적으로 잃는 상해를 말하며, 신체장애 등급은 1~3등급에 해당된다.
② "일시 일부노동 불능"은 의사의 진단으로 일정 기간 정규 노동에는 종사할 수 없으나 휴무 상태가 아닌 일시 가벼운 노동에 종사할 수 있는 상해를 말한다.
③ "일시 전노동 불능"은 의사의 진단으로 일정 기간 정규 노동에 종사할 수 없는 상해를 말한다.
④ "영구 일부노동 불능"은 부상의 결과로 신체의 일부가 영구적으로 노동 기능을 상실한 상해를 말하며, 신체장애 등급은 4~16등급에 해당된다.

⑤ "구급(응급)조치"는 응급처치 또는 1일 미만의 자가 치료를 받고, 그 후부터 정상작업에 임할 수 있는 상해를 말한다.

해설 ④ [×] 영구 일부노동 불능은 산업재해 중에서 신체의 일부분이 상실되거나 또는 신체 일부분이 생리기능을 영구히 불가능하게 된 것을 말하는 것으로, 산재보상법에서 제시한 신체 장애등급표 중 제4급에서 제14급에 해당한다.

○ 인명손상을 기준으로 한 ILO의 상해 분류
① 사망 : 안전사고로 죽거나 혹은 사고 시 입은 부상의 결과 일정기간 내에 생명을 잃은 것
② 영구 전노동 불능 상해 : 부상의 결과로 근로의 기능을 완전 영구적으로 잃는 상해 정도(신체장애 등급 1급~3급)
③ 영구 일부노동 불능 상해 : 부상의 결과로 신체의 일부가 영구적으로 노동기능을 상실한 상해 정도(신체장애 등급 4급~14급)
④ 일시 전노동 불능 상해 : 의사의 진단에 따라 일정 기간 정규노동에 종사할 수 없는 상해 정도
⑤ 일시 일부노동 불능 상해 : 의사의 진단으로 일정 기간 정규노동에 종사할 수 없으나, 휴무상태가 아닌 일시 가벼운 노동에 종사할 수 있는 상해 정도
⑥ 구급처치 재해 : 응급처리, 자가치료를 받고 정상작업에 임할 수 있는 상해 정도

28 A 회사의 검사자는 이산적 직무인 부품의 내경검사 작업을 하루에 300개씩 실시하고 있다. 이 검사에서 불량품을 10개 발견하여 290개를 원청회사에 납품하였고, 원청회사에서의 입고검사에서 30개가 더 발견되었다고 통보가 왔다. 원청회사에서의 검사가 완벽하다고 가정할 경우에 이 검사자의 인간신뢰도(human reliability)는 얼마인가? (단, 소수점 셋째 자리에서 반올림한다.)

① 0.10 ② 0.13 ③ 0.87 ④ 0.90 ⑤ 0.93

해설 ○ HEP(Human Error Probability)는 인간오류의 발생 확률이다.

④ HEP(Human Error Probability) = $\dfrac{\text{오류의 수}}{\text{전체 오류발생 기회의 수}} = \dfrac{30}{300} = 0.10$

$R(t)$ = 1−HEP = 1−0.1 = 0.9

29 신뢰성시험에 있어 가속수명시험에 관한 설명으로 옳은 것은?

① 가속수명시험 시간이 와이블(Weibull) 분포를 따르는 경우, 가속계수의 값만 알면 가속시험 데이터에서 구한 평균고장률로부터 정상조건에서의 평균고장률을 구할 수 있다.
② 가속시험 데이터가 대수정규분포를 따른다면, 가속시험 때와 정상시험 때의 형상모수는 다르게 되므로 형상모수에 가속계수를 곱하여야 한다.

정답 28. ④ 29. ③

③ 주기적으로 스트레스를 증가시키면서 가급적 모든 샘플이 고장이 날 때까지 행하는 가속수명시험을 계단형 스트레스(step stress) 시험이라 한다.
④ 온도 외에 전압 또는 습도 등 다른 스트레스까지 포함시킨 모델로는 아레니우스(Arrhenius) 모델이 있다.
⑤ 스트레스로서 온도만을 고려하는 대표적인 모델로는 아이링(Eyring) 모델이 있다.

해설 ③ [○] 계단형은 모든 시험품을 낮은 단계의 스트레스 수준에서 시작하여 일정 시간이 지난 후 또는 일정 수의 고장발생 후 고장나지 않은 전 제품을 보다 높은 단계의 스트레스 수준으로 시험한다.

① 가속수명시험 데이터의 해석에 와이블분포가 사용되는 경우 가속계수 A, 형상모수 m, 척도모수 η를 알면 가속시험 데이터에서 구한 평균고장률 $\lambda_s(t)$에 의거 $\lambda_n(t)$를 구할 수 있다. 즉, $\lambda_n(t) = (1/A^m) \times \lambda_s(t)$ (여기에서, $\lambda_n(t)$는 정상조건에서의 고장률, A는 가속계수, m은 형상모수, $\lambda_s(t)$는 가속조건에서의 고장률)에 의거 정상조건에서의 고장률을 추정할 수 있다.

② 가속시험 데이터가 대수정규분포를 따른다면, $\theta_n = A \times \theta_s$ (여기에서, θ_n는 정상조건에서의 수명, θ_s는 가속조건에서의 수명, A는 가속계수를 의미)에 의해 구해지고, 형상모수 m과는 무관하게 수명추정이 가능하다.

④ 온도 외에 전압 또는 습도 등 다른 스트레스까지 포함시킨 모델은 아이링(Eyring) 모델이다.

⑤ 스트레스로서 온도만을 고려하는 모델로는 아레니우스(Arrhenius)모델이다. 대표적인 신뢰성시험 모델로 알려져 있다.

30 A 회사에서 생산하는 전자부품의 전자회로는 시스템의 안전을 위하여 그림과 같이 5개의 부품 중 3개만 작동하면 시스템이 정상적으로 가동되는 구조를 갖추고 있다. 동일하고 상호독립적인 각 부품의 고장률을 λ라고 할 때, 다음 중 신뢰도를 구하는 모델로 옳은 것은?

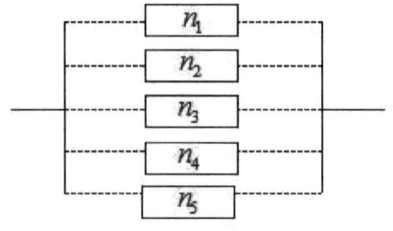

정답 30. 답이 없음

① $R(t) = \sum_{3}^{5} \binom{5}{3} [e^{-\lambda t}]^3 [1-e^{-\lambda t}]^2$ ② $R(t) = \sum_{3}^{4} \binom{4}{3} [e^{-\lambda t}]^4 [1-e^{-\lambda t}]^3$

③ $R(t) = \sum_{5}^{3} \binom{3}{5} [e^{-\lambda t}]^3 [1-e^{-\lambda t}]^5$ ④ $R(t) = \sum_{3}^{5} \binom{5}{3} [e^{-\lambda t}]^5 [1-e^{-\lambda t}]^3$

⑤ $R(t) = \sum_{3}^{5} \binom{5}{3} [e^{-\lambda t}]^5 [1-e^{-\lambda t}]^2$

[해설] 정답은 ①로 되어 있으나, 모두 틀린 내용들이고 답이 없는 오류 문제이다.

5개의 부품 중 3개만 작동하면 시스템이 정상적으로 가동되는 구조이고, n 중 k 시스템 중 5 중 3 시스템으로서 다음과 같이 계산된다. $i = 3, 4, 5$일 때 값들의 합으로 계산.

$$R(t) = \sum_{i=k}^{n} {}_nC_i R^i (1-R)^{n-i} = \sum_{i=3}^{5} {}_5C_i R^i (1-R)^{5-i} = \sum_{i=3}^{5} {}_5C_i [e^{-\lambda t}]^i (1-e^{-\lambda t})^{5-i}$$

$$= {}_5C_3 [e^{-\lambda t}]^3 (1-e^{-\lambda t})^2 + {}_5C_4 [e^{-\lambda t}]^4 (1-e^{-\lambda t})^1 + {}_5C_5 [e^{-\lambda t}]^5 (1-e^{-\lambda t})^0$$

$$= {}_5C_3 [e^{-\lambda t}]^3 (1-e^{-\lambda t})^2 + {}_5C_4 [e^{-\lambda t}]^4 (1-e^{-\lambda t}) + {}_5C_5 [e^{-\lambda t}]^5$$

○ n 중 k (k out of n) 시스템 신뢰도

n개 중 k개만 작동하면($1 \leq k \leq n$) 시스템이 작동하는 경우 각 구성품의 신뢰도를 R이라 하면 시스템의 신뢰도 R_S는 다음과 같다. $R_S = \sum_{i=k}^{n} \binom{n}{i} R^i (1-R)^{n-i}$

31. 다음은 결함수분석(FTA)법에 의한 재해 사례 연구에 관한 내용이다. 연구 절차를 올바른 순서대로 나열한 것은?

> ㄱ. 문제점의 중요도 및 우선순위를 결정한다.
> ㄴ. 톱(top)사상의 재해원인을 결정한다.
> ㄷ. 전체의 결함수(FT)도를 완성한다.
> ㄹ. 안전성이 있는 개선안을 검토하고 결정한다.

① ㄱ → ㄴ → ㄷ → ㄹ ② ㄱ → ㄷ → ㄴ → ㄹ ③ ㄴ → ㄱ → ㄷ → ㄹ
④ ㄴ → ㄱ → ㄹ → ㄷ ⑤ ㄷ → ㄱ → ㄹ → ㄴ

[해설] ① [○] 결함수분석(FTA)법의 연구순서 : top 사상의 선정 → 사상마다 재해원인 규명 → FT도 작성 → 개선계획의 작성

32 파레토(Pareto)도에 대한 설명으로 옳은 것만을 모두 고른 것은?

> ㄱ. 가로축에는 항목별 막대그래프를 왼쪽부터 큰 순서로 기입하고, 세로축에는 그 비율을 나타내는 도표이다.
> ㄴ. 데이터를 재해 원인별 혹은 현상별로 분류하여 막대그래프와 누적꺾은선 그래프를 함께 표시한 도표이다.
> ㄷ. 여러 가지 원인 및 대책에 있어서 집중적으로 관리하여야 하는 대상을 선정하기에 편리하다.

① ㄱ   ② ㄱ, ㄴ   ③ ㄱ, ㄷ   ④ ㄴ, ㄷ   ⑤ ㄱ, ㄴ, ㄷ

[해설] ⑤ [○] 파레토도로는 (ㄱ), (ㄴ), (ㄷ) 모두 옳은 내용이다.

○ 파레토도(Pareto Diagram)
1. 가로축에는 항목별 막대그래프를 왼쪽부터 큰 순서로 기입하고, 세로축에는 좌측에는 발생건수, 우측에는 비율을 나타내는 도표이다.
2. 사고의 유형이나 기인물 등의 분류항목이 큰 것부터 작은 순서대로 도표화한 것
3. 데이터를 재해 원인별 혹은 현상별로 분류하여 막대그래프와 누적 꺾은선그래프를 함께 표시한 도표이다.
4. 여러 가지 원인 및 대책에 있어서 집중적으로 관리하여야 하는 대상을 선정하기에 편리하다.
5. 파레토도는 ① 중점문제 파악, ② 원인조사, ③ 보고(대책 전·후), ④ 기록 등에 활용도된다.

33 C/R비(Control-Response Ratio)에 관한 설명으로 옳지 않은 것은?

① C/R비의 값은 화면상의 이동거리와는 반비례한다.
② C/R비의 값이 크다는 것은 조종장치가 민감하다는 의미이다.
③ 인간-기계시스템을 설계할 때에는 조종장치의 이동시간과 조종시간을 고려해야 한다.
④ C/R비의 값이 작으면 조종장치의 조종시간이 많이 소요되고 이동시간은 적게 소요된다.
⑤ C/R비는 모니터를 보면서 조종장치를 사용하는 작업에 적용한다.

[해설] ② [×] C/R비가 크면 조종장치 움직인 거리가 표시장치의 반응거리보다 커서 둔감하다. C/R비가 작으면 조종장치 움직인 거리가 표시장치의 반응거리보다 작아 민감하다.

① C/R비의 값은 화면상의 이동거리와는 반비례한다. C/R에서 R↑ → C/R↓의 관계이다. 여기서, C는 조종장치(Control)의 이동거리, R은 표시장치 반응(Response) 거리의 의미이다. '화면상의 이동거리=반응거리'이다.

정답 32. ⑤   33. ②

34. 안전교육의 3단계 중에서 2단계에 해당되는 교육과 그 특성이 올바른 것은?

① 안전기능교육 : 습관과 형성
② 안전기능교육 : 경험과 적응
③ 안전지식교육 : 습득과 전달
④ 안전지식교육 : 경험과 적응
⑤ 안전태도교육 : 습관과 형성

해설 ② [○] 안전교육의 3단계 중 제2단계는 기능교육이다.

○ 안전교육의 3단계
1단계 지식교육 : 강의, 시청각 교육을 통한 지식의 전달
2단계 기능교육 : 시범 실습을 통찬 경험의 체득과 적응
3단계 태도교육 : 생활지도와 작업지도를 통한 안전의 습관화

35. 안전과 위험에 대한 개념 설명으로 옳지 않은 것은?

① 안전이란 재해와 위험이 없는 바람직한 상태에 도달하는 것을 말한다.
② 재해가 발생하는 것은 위험에 의한 결과적인 현상을 말한다.
③ 위험이란 근로자가 작업장소에서 접촉하는 물건 또는 환경과의 상호관계를 나타내는 것으로 그 결과로 부상이 발생하는 것이다.
④ 안전에 대응하는 반대 개념은 재해가 발생하는 것이다.
⑤ 안전은 상해, 손실, 위해 또는 위험에 노출되는 것으로부터의 자유를 말한다.

해설 ④ [×] 안전에 대응하는 반대 개념은 위험이며, 사고 가능성이 있는 것이다.

36. 안전교육방법에 관한 설명으로 옳은 것은?

① ATT(American Telephone & Telegram Co.)는 대상 계층이 한정되어 있고, 먼저 훈련을 받은 자는 직급에 관계없이 훈련을 받지 않은 자에 대하여 지도자가 될 수 있다.
② OJT(On the Job Training)는 외부 전문가를 강사로 초빙하여 직장의 설정에 맞게 실제적 훈련이 가능하다.
③ Off JT(Off the Job Training)는 훈련에만 전념하게 하고 교육훈련 목표에 대해 집단적 노력을 모을 수 있다.
④ TWI(Training Within Industry)는 주로 제일선 감독자를 교육대상자로 하며, 교육내용은 작업방법훈련, 작업지도훈련, 인간관계훈련, 작업안전훈련이 있다.
⑤ MTP(Management Training Program)는 TWI 보다 약간 낮은 계층을 목표로 하고, TWI와는 달리 관리문제에 보다 더 치중하고 있다.

해설 ④ [○] TWI(Training Within Industry)는 주로 제일선 감독자를 교육대상자로 하며, 교육내용은 작업방법 기법 JMT, 작업지도 기법 JIT, 부하통솔법 JRT, 작업안전 기법 JST 등이다.

① ATT(American Telephone & Telegram Co.)는 대상계층이 한정되어 있지 않고, 훈련을 먼저 받은 사람은 직급에 관계없이 훈련 지도원이 될 수 있다.
   * 1차 훈련과 2차 훈련으로 진행된다.
   * 1차 과정 : 1일 8시간씩 2주간, 2차 과정 : 문제가 발생할 때마다
   * 훈련내용 : 계획적 감독, 작업의 계획 및 인원배치, 작업의 감독, 공구 및 자료보고 기록, 개인작업의 개선, 종업원의 향상, 인사관계, 훈련, 고객관계, 안전, 부대군인의 복무조정 등
② OJT(On the Job Training)는 현장이나 직장에서 직속상사가 업무와 관련된 지식, 기능, 태도 등을 교육하는 것이다.
③ Off JT(Off the Job Training)는 한 번에 다수의 대상으로 일괄적인 교육을 할 수 있으나 교육훈련 목표에 대해 집단적 노력이 흐트러질 수 있다.
⑤ MTP(Management Training Program)는 교육대상자는 TWI 보다 약간 높은 계층의 관리자인 중간관리자이고, 관리문제에 주로 치중한다. 훈련 과정은 2시간씩 총 20회로 총 40시간 교육이 진행되며, 한 그룹에 10~15명으로 편성 실시된다. 훈련 내용은 조직의 운영, 조직의 원칙, 관리의 기능, 시간관리, 학습의 원칙 등이다.

37. 조명에 관한 용어의 설명으로 옳지 않은 것은?

① 광도(luminous intensity)는 단위 입체각당 광원에서 방출되는 광속으로 측정한다.
② 휘도(luminance)는 단위 면적당 표면에 반사 또는 방출되는 빛의 양을 말한다.
③ 조도(illuminance)는 어떤 물체의 표면에서 내는 빛의 양을 말한다.
④ 반사율(reflectance)은 휘도와 조도의 비를 말한다.
⑤ 대비(luminance contrast)는 과녁의 휘도와 배경의 휘도 차를 말한다.

해설 ③ [×] 조도(illuminance)는 어떤 면이 받는 빛의 밝기, 즉 광원으로부터 진행된 빛이 특정한 면의 면적에 도달하는가를 나타내며, 단위는 럭스(Lux)이고, 기호는 lx이다.
조도=광도/거리^2

38. 재해 발생 관련 이론에 관한 설명으로 옳은 것은?

① 자베타키스(Zabetakis)의 사고연쇄성이론 5단계 중에서 2단계는 '작전적 에러'이고, 3단계는 '전술적 에러'이다.
② 웨버(Weaver)의 사고연쇄성이론 5단계 중에서 2단계는 '인간의 결함'을 정의하고, '무엇이 재해를 일으켰는지'를 찾으려고 하는 것이다.
③ 아담스(Adams)의 사고연쇄성이론 5단계 중에서 3단계는 '에너지 및 위험물의 예기치 못한 폭주'이다.

정답 37. ③ 38. ②

④ 버드(Bird)의 사고연쇄성이론 5단계 중에서 1단계는 '사회적 환경과 유전적 요소'이다.
⑤ 하인리히(Heinrich)의 재해발생이론에서 1단계는 '제어의 부족'이다.

[해설] ② [○] 웨버(Weaver)의 사고연쇄성이론 5단계 중에서 2단계는 '인간의 결함'을 정의하고, '무엇이 재해를 일으켰는지'를 찾으려고 하는 것이다.

① 자베타키스(Zabetakis)의 사고연쇄성이론 5단계 중에서 2단계는 '불안전한 행동과 불안전한 상태'이고, 3단계는 '물질에너지의 기준 이탈'이다.
○ 자베타키스(Zabetakis)의 사고연쇄성이론 5단계
제1단계(개인과 환경) → 제2단계(불안전한 행동과 불안전한 상태) → 제3단계(물질 에너지의 기준 이탈) → 제4단계(사고) → 제5단계(구호)

③ 아담스(Adams)의 사고연쇄성이론 5단계 중에서 3단계는 '전술적 에러'이다.
④ 버드(Bird)의 사고연쇄성이론 5단계 중에서 1단계는 '전문적 관리 부족'이다.
⑤ 하인리히(Heinrich)의 재해발생이론에서 1단계는 '사회적 환경과 유전적 요소'이다.

39 어떤 설비의 평균고장률이 0.0125회/시간이고, 이 설비에 고장이 발생하면 수리하는데 소요되는 평균시간은 40시간이라고 한다. 다음 설명 중 옳은 것은? (단, 사후보전만 실시한다.)

① 이 설비의 평균수리율은 0.025회/시간이다.   ② 이 설비의 가동성은 0.5이다.
③ 이 설비의 수명은 지수분포를 따르지 않는다.
④ 이 설비를 평균수명만큼 사용한다면 고장이 발생하지 않을 확률은 약 63%이다.
⑤ 이 설비를 1,000시간 동안 사용한다면 평균 15회의 고장이 발생하며, 사후수리를 받게 된다.

[해설] ① [○] 평균수리시간 $MTTR = \frac{1}{\mu}$, 평균수리율 $\mu = \frac{1}{MTTR} = \frac{1}{40} = 0.0125$(회/시간)이다.

② $MTBF = \frac{1}{\lambda} = \frac{1}{0.0125} = 80$(시간), $A(가동성) = \frac{MTBF}{MTBF + MTTR} = \frac{80}{80+40} = 0.67$

③ 평균수리율(μ)과 평균고장률(λ)은 지수분포를 따른다.

④ 고장이 발생하지 않을 확률인 신뢰도 $R(t) = e^{-\lambda t} = e^{-\frac{t}{MTBF}} = e^{-1} = \frac{1}{e} = 0.37$이다.

⑤ 평균고장률 $\lambda = \frac{r}{T} = \frac{고장건수}{가동시간}$ → $0.0125 = \frac{r}{1,000}$ → $r = 12.5$회이므로 13회 고장이 발생

정답 39. ①

40 다음 중 감성공학에 관한 설명으로 옳지 않은 것은?

① 사람의 느낌(이미지)을 고객이 요구하는 제품의 품질특성으로 변환시키고, 이를 물리적 설계요소로 번역시키는 기술이다.
② 일본의 스포츠카인 '미야타'는 최초의 감성공학 설계가 반영된 제품이다.
③ 인간-기계시스템에서 인간과 기계 사이에 정보를 주고받는 휴먼인터페이스 설계가 주요 문제로 대두되고 있다.
④ 소비자의 감성에 호소하는 제품을 설계하기 위해서 소비자의 감성적 특성을 반영하는 것이지 신체적 특성을 반영하는 것은 아니다.
⑤ 감성공학 기법으로는 기능전개형, 다변량해석형, 가상현실형이 있다.

해설 ④ [×] 감성공학(感性工學)은 인체의 특징과 감성을 제품설계에 최대한 반영시키는 기술로, "인간이 가지고 있는 소망으로서의 이미지나 감성을 구체적인 제품설계로 실현해 내는 공학적인 접근방법"이라고도 정의된다. 소비자의 감성에 호소하는 제품을 설계하기 위해서 소비자의 감성적 특성을 반영하고 신체적 특성도 반영하는 것이다.

41 NIOSH 들기지침에 관한 설명으로 옳지 않은 것은?

① OWAS, RULA, REBA 등이 평가기법으로 사용된다.
② 초기에는 양손 대칭 작업에만 적용할 수 있었으나, 그 이후에는 비대칭작업, 커플링(coupling) 효과가 추가되었다.
③ 이 가이드는 역학적(epidemiological), 생체역학적(biomechanical), 생리학적(physio-logical), 심물리학적(psychophysical) 기준에 근거하여 개발되었다.
④ 권장무게한계(Recommended Weight of Limit)를 계산하여 제시하여 준다.
⑤ 들기작업지수(Lifting Index)를 계산하는데 LI는 실제 작업물의 무게와 권장무게 한계의 비율이며, LI값이 1.0보다 작아야 안전하다.

해설 ① [×] OWAS, RULA, HEBA 등은 근골격계부담작업의 유해요인 평가기법으로 사용된다. NIOSH 들기지침은 초기에는 양손 대칭 작업에만 적용할 수 있었으나, 그 이후에는 비대칭작업, 경합(coupling) 효과가 추가되었고, 역학적(epidemiolonical), 생체역학적(biomechanical), 생리학적(physiologicaI), 심물리학적(psychophysical) 기준에 근거하여 개발되었다. 들기작업의 최대권장하중은 23kg이다.

○ NIOSH(National Institute of Occupational Safety & Health)에서 제안한 기법으로, NIOSH 들기식(NIOSH Lifting Equation)이 활용된다.

$$RWL(kg) = LC \times HM \times VM \times DM \times AM \times FM \times CM$$

여기서, LC Load constant : 23kg
HM 수평계수(Horizontal Multiplier)
VM 수직계수(Vertical Multiplier)

DM 거리계수(Distance Multiplier)
AM 비대칭계수(Asymmetric Multiplier)
FM 빈도계수(Frequency Multiplier)
CM 결합계수(Coupling Multiplier)
LI = 실제작업무게 / 권장무게한계(RWL)

들기지수(LI : Lifting Index)는 실제 작업물의 무게와 RWL의 비(ratio)로서, 특정 작업에서의 육체적 스트레스의 상대적인 양이다. LI가 1.0보다 크면 작업 부하가 권장치보다 크다고 판단한다.

42 어떤 근로자가 빈 드럼통 위에 서서 구조물에 용접작업을 하던 중 용접불똥이 비산되어 열려 있는 드럼통 속으로 들어가 잔류 가스가 폭발하였고, 이로 인하여 근로자가 3m 아래로 떨어져 척추를 다쳤다. 다음 중 불안전한 행동에 해당하는 것은?

① 작업 중에 드럼통 속으로 용접불똥이 튀어 들어갔다.
② 드럼통의 마개가 열려있는 채로 방치해 놓았다.
③ 드럼통 속에 잔류 가스가 남아 있었다.
④ 근로자가 3m 아래로 떨어져 척추를 다쳤다.
⑤ 드럼통 속의 내용물을 확인하지 않고 빈 드럼통 위에 서서 용접작업을 하였다.

해설 ⑤ [○] 불안전한 행동은 재해발생의 직접원인인 인적행동 원인이 해당된다.
○ 불안전한 행동 (재해발생의 직접원인인 인적원인)
1. 위험한 장소 접근   2. 안전장치의 기능 제거
3. 복장, 보호구의 미착용, 잘못 사용   4. 기계·기구의 잘못 사용
5. 운전 중인 기계장치의 손질   6. 불안전한 속도 조작
7. 위험물 취급 부주의   8. 불안전한 상태 방치
9. 불안전한 자세 동작   10. 감독 및 연락 불충분

43 사상나무분석(ETA)에 대한 의사결정나무(decision tree)가 다음과 같을 때 A, B, C, D, E에 해당하는 값으로 옳지 않은 것은?

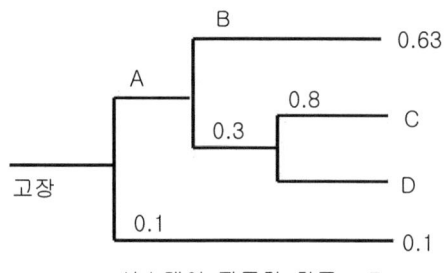

정답 42. ⑤ 43. ⑤

① A=0.9   ② B=0.7   ③ C=0.216   ④ D=0.054   ⑤ E=0.9

해설 ⑤ [×] 시스템이 작동할 확률 E=(1-0.1)×(1-0.3)=0.9×0.7=0.63
② B+0.3=1 → B=1-0.3=0.7   ③ C=A×0.3×0.8 → C=0.216
④ D=A×0.3×(1-0.8) → D=0.054   ① A+0.1=1 → A=1-0.1=0.9
○ ETA에서 S(성공)+F(실패)=1.0, 각 대응체계에 대한 확률조합은 각 단계별 곱이다.
각 대응체계의 최종 확률값을 모두 합하면 1이 된다.

44 고용노동부 고시 「사업장 위험성평가에 관한 지침」에서의 위험성평가 방법으로 옳지 않은 것은?

① 안전보건관리책임자는 위험성평가의 실시를 총괄 관리한다.
② 안전관리자, 보건관리자는 위험성평가의 실시를 관리한다.
③ 안전관리자, 보건관리자는 유해·위험요인의 파악, 위험성의 추정, 결정, 위험성 감소대책의 수립·실행을 한다.
④ 해당 작업에 종사하는 근로자는 특별한 사정이 없는 한 해당 작업에 대한 유해·위험요인을 파악하거나 감소대책을 수립하는데 참여한다.
⑤ 기계·기구, 설비 등과 관련된 위험성평가에는 해당 기계·기구, 설비 등에 전문지식을 갖춘 사람을 참여시킨다.

해설 ③ [×] 관리감독자는 유해·위험요인의 파악, 위험성의 추정, 결정, 위험성 감소대책의 수립·실행을 한다.
○ 위험성평가 방법 (사업장 위험성평가에 관한 지침 제7조)
1. 안전보건관리책임자 등 해당 사업장에서 사업의 실시를 총괄 관리하는 사람에게 위험성평가의 실시를 총괄 관리하게 할 것
2. 사업장의 안전관리자, 보건관리자 등이 위험성평가의 실시에 관하여 안전보건관리책임자를 보좌하고 지도·조언하게 할 것
3. 관리감독자가 유해·위험요인을 파악하고 그 결과에 따라 개선조치를 시행하게 할 것
4. 기계·기구, 설비 등과 관련된 위험성평가에는 해당 기계·기구, 설비 등에 전문 지식을 갖춘 사람을 참여하게 할 것
5. 안전·보건관리자의 선임의무가 없는 경우에는 제2호에 따른 업무를 수행할 사람을 지정하는 등 그 밖에 위험성평가를 위한 체제를 구축할 것
○ 위험성평가의 절차 (사업장 위험성평가에 관한 지침 제8조)
상시근로자수 20명 미만 사업장(총 공사금액 20억원 미만의 건설공사)의 경우에는 3항을 생략할 수 있다.
1. 평가대상의 선정 등 사전준비
2. 근로자의 작업과 관계되는 유해·위험요인의 파악

정답 44. ③

3. 파악된 유해·위험요인별 위험성의 추정 <삭제됨, 2024. 12.18>
4. 추정한 위험성이 허용 가능한 위험성인지 여부의 결정
5. 위험성 감소대책의 수립 및 실행   6. 위험성평가 실시내용 및 결과에 관한 기록

45 고용노동부 고시「사업장 위험성평가에 관한 지침」에서의 위험성평가 인정신청에 대한 설명으로 옳은 것은?

① 1년 중 사업수행 기간이 6개월 미만인 일시적인 사업 또는 계절사업을 하는 사업장은 인정신청을 할 수 있다.
② 건설업 중 잔여공사기간이 6개월 미만인 건설공사는 인정신청을 할 수 있다.
③ 수급사업장이 산업안전보건법상 안전관리자 또는 보건관리자 선임대상인 경우에는 인정신청에서 수급사업장을 제외할 수 있다.
④ 사업의 일부 또는 전부를 도급에 의하여 행하는 사업장은 도급사업장의 사업주가 수급사업장을 일괄하여 인정을 신청할 수 없다.
⑤ 중대재해 등으로 인정이 취소된 날부터 1년이 경과하지 아니한 사업장이라도 인정신청을 할 수 있다.

해설 ③ [○] 수급사업장이 인정을 별도로 받았거나, 안전관리자 또는 보건관리자 선임대상인 경우에는 인정신청에서 해당 수급 사업장을 제외할 수 있다(사업장 위험성평가에 관한 지침 제16조).
① 상시 근로자 수 100명 미만 사업장은 인정신청을 할 수 있다(사업장 위험성평가에 관한 지침 제16조).
② 건설업 중 총 공사금액 120억원 미만인 건설공사는 인정신청을 할 수 있다(사업장 위험성평가에 관한 지침 제16조).
④ 작업의 일부 또는 전부를 도급에 의하여 행하는 사업장의 경우에는 도급사업장의 사업주가 수급사업장을 일괄하여 인정을 신청하여야 한다(사업장 위험성평가에 관한 지침 제16조).
⑤ 중대재해 등으로 인정이 취소된 날부터 1년이 경과하지 아니한 사업장인 경우 인정신청을 할 수 없다(사업장 위험성 평가에 관한 지침 제16조).
○ 다음 각 항의 어느 하나에 해당하는 사업장은 인정신청을 할 수 없다.
1. 인정이 취소된 날부터 1년이 경과하지 아니한 사업장
2. 최근 1년 이내에 다음 어느 하나에 해당하는 사유가 있는 사업장
   1) 직·간접적인 법령 위반에 기인하여 다음의 중대재해가 발생한 사업장
      가. 사망재해
      나. 3개월 이상 요양을 요하는 부상자가 동시에 2명 이상 발생
      다. 부상자 또는 직업성질병자가 동시에 10명 이상 발생
   2) 근로자의 부상(3일 이상의 휴업)을 동반한 중대산업사고 발생사업장

정답 45. ③

3) 산안법에 따른 산업재해 발생건수, 재해율 또는 순위 등이 공표된 사업장
4) 사업주가 자진하여 인정 취소를 요청한 사업장
5) 그 밖에 인정취소가 필요하다고 공단 광역본부장·지역본부장 또는 지사장이 인정한 사업

46 교육심리학의 기본이론 중 학습지도의 원리에 해당하지 않는 것은?

① 학습자 스스로 학습에 자발적으로 참여하여야 한다는 원리
② 학습은 계속 이루어져야 한다는 원리
③ 학습자가 지니고 있는 각자의 요구와 능력 등에 알맞게 학습활동의 기회를 마련해 주어야 한다는 원리
④ 학습을 총합적인 전체로 지도하자는 원리
⑤ 구체적인 사물을 직접 제시하거나 경험을 통해 학습효과를 거둘 수 있다는 원리

해설 ② [×] "학습은 계속 이루어져야 한다"는 원리는 학습경험 조직(체계화)의 원리 중 하나이다. 타일러(Tyler)는 교육내용의 조직 원칙으로 계속성, 계열성, 통합성을 제시했다.
○ 학습지도의 원리 : 자발성의 원리, 개별화의 원리, 사회화의 원리, 통합성의 원리, 직관의 원리, 목적의 원리, 과학성의 원리

47 연평균근로자수가 250명인 A 사업장의 연간재해발생건수는 75건, 이로 인한 재해자수가 90명이고, 총휴업일수는 3,345일이 발생하였다. 이 사업장의 재해 통계에 대한 설명으로 옳은 것은? (단, 근로자는 1일 8시간씩 연간 280일을 근무하였다.)

① 강도율은 5.97이다. ② 도수율은 160.71이다.
③ 연천인율은 360이다. ④ 종합재해지수는 29.92이다.
⑤ 이 사업장에서 연천인율과 도수율과의 관계에는 2.4의 상수값이 적용된다.

해설 ③ [○] 연천인율 = $\frac{연간재해자 수}{연평균 근로자수} \times 1,000 = \frac{90}{250} \times 1,000 = 360$

① 강도율 = $\frac{근로손실일수}{연근로시간수} \times 1,000 = \frac{3,345 \times \frac{280}{365}}{560,000} \times 1,000 = 4.58$

여기서, 연근로시간수 = 250×8×280 = 560,000

② 도수율 = $\frac{재해건수}{연근로시간수} \times 1,000,000 = \frac{75}{560,000} \times 1,000,000 = 133.9$

④ 종합재해지수 = $\sqrt{도수율 \times 강도율} = \sqrt{133.9 \times 4.58} = 24.76$

⑤ 이 사업장에서 연천인율과 도수율과의 관계에는 2.24의 상수값이 적용된다.

이 사업장에서는 연천인율과 도수율의 관계에서 상수값 $= \dfrac{8 \times 280}{1,000} = 2.24$ 가 적용된다.

여기서, 일반적으로 "연천인율=도수율×2.4 → 상수값$== \dfrac{8 \times 300}{1,000} = 2.4$"가 되나,

이 사업장에서는 300 : 2.4 = 280 : x → x=2.24가 얻어진 것임

48 근로자 40명이 근무하는 사출성형제품 생산 공장에 가장 적합한 안전 조직은?

① 안전관리의 계획부터 실시까지 모든 안전업무가 생산라인을 통해 직접적으로 적용되는 조직
② 안전업무를 관장하는 참모를 두고, 안전관리 계획·조사·검토 등의 업무와 현장에 기술지원을 담당하도록 편성된 조직
③ 안전업무 전담 참모를 두고, 생산라인에서도 부서장으로 하여금 안전업무를 수행하게 하는 조직
④ 산업안전보건위원회를 활성화한 조직
⑤ 정보수집과 사업장 특성에 적합한 안전기술 연구개발을 할 수 있는 조직

해설 ① [○] 라인형은 100명 미만 조직에 적합한 조직으로 안전관리의 계획부터 실시까지 모든 안전업무가 생산라인을 통해 직접적으로 적용되는 조직이다. 스태프형 조직은 100명 이상 1,000명 미만의 중간 규모의 사업장에 적합하고, 라인-스태프형 조직은 1,000명 이상의 대규모 사업장에 적합하다.

49 교육훈련기법에 관한 설명으로 옳지 않는 것은?

① 강의법은 안전지식의 전달방법으로 초보적인 단계에서 효과가 큰 방법이며, 단시간에 많은 내용을 교육하는 경우에 적합하다.
② 시범은 어떤 기능이나 작업과정을 학습시키기 위해 필요로 하는 분명한 동작을 제시하는 방법이다.
③ 반복법은 이미 학습한 내용이나 기능을 반복해서 이야기하거나 실연하도록 하는 방법이다.
④ 토의법은 쌍방적 의사전달방식에 의한 교육으로 적극성·협동성을 기르는데 유효하다.
⑤ 실연법은 실제의 장면이나 상태와 극히 유사한 상태를 인위적으로 만들어 그 속에서 학습하도록 하는 방법이다.

해설 ⑤ [×] 문항의 제시된 내용은 모의법(시뮬레이션)의 설명이다. 실연법은 수업에서 학습자가 설명을 듣거나 시범을 보고 일차 획득한 지적 기능이나 운동기능을 익히기 위해서 적용 또는 연습해 보는 학습활동 또는 교수방법이다.

정답 48. ①   49. ⑤

50 재해사례 연구방법의 각 단계를 올바르게 설명한 것은?

① "사실의 확인"은 파악된 사실로부터 기준에서 벗어난 문제점을 적출하고 그것이 문제로 된 이유를 분명히 한다.
② "문제점의 발견"은 문제점이 된 사실을 재해요인으로 분석, 검토하고 재해와 관계되는 영향의 정도를 평가한다.
③ "근본적 문제점의 결정"은 관리자, 감독자 및 작업자의 권한, 책임 및 직무로 보아 누가 할 것인가, 기준대로 하였는가를 평가하고 판단하여 결정한다.
④ "대책의 수립"은 문제점 가운데 재해의 중심이 된 사항과 재해원인을 결정하고 보고한다.
⑤ "대책의 수립"은 사례연구의 전제조건과 재해 상황의 주된 항목에 관하여 파악한다.

해설 ② [○] "문제점의 발견"은 문제점이 된 사실을 재해요인으로 분석, 검토하고 재해와 관계되는 영향의 정도를 평가한다.
① "사실의 확인"은 재해와 관련이 있는 사실과 재해요인으로 알려진 사실을 객관적으로 실태를 확인한다.
③ "근본적 문제점의 결정"은 문제점 가운데 중심이 되는 근본적인 문제점을 결정하고 보고한다.
④, ⑤ "대책의 수립"은 사례를 해결하기 위한 대책을 수립한다.

제3과목 : 기업진단·지도

51 재고의 기능에 따른 분류에 관한 설명으로 옳지 않은 것은?

① 안전재고 : 제품 수요, 리드타임 등의 불확실한 수요에 대비하기 위한 재고
② 분리재고 : 공정을 기준으로 공정 전·후의 재고로 분리될 경우의 재고
③ 파이프라인 재고 : 공장에서 물류센터, 물류센터에서 대리점 등으로 이동 중의 재고
④ 투기재고 : 원자재 고갈, 가격인상 등에 대비하여 미리 확보해 두는 재고
⑤ 완충재고 : 생산계획에 따라 주기적인 주문으로 주문기간 동안 존재하는 재고

해설 ⑤ [×] 생산 계획에 따라 주기적인 주문으로 주문기간 동안 존재하는 재고는 주기재고를 말한다. 주기재고란 재고관리비용을 감소시키기 위해 보유하는 재고이다. 완충재고는 경기가 불안정한 데에서 오는 충격을 완화하는 재고로 생산이 많아서 가격이 떨어질 때는 그 생산물(부품 등)을 사들이며, 가격이 오르면 재고품(생산제품 등)을 판매해서 가격의 안정과 수요를 조절한다.

정답 50. ② | 51. ⑤

52. 테일러(Taylor)의 과학적 관리법(scientific management)에 관한 설명으로 옳은 것만을 모두 고른 것은?

> ㄱ. 부품을 표준화하고, 작업이 동시에 시작하여 동시에 끝나므로 동시관리라고도 한다.
> ㄴ. 과업중심의 관리로 인간의 심리적, 사회적 측면에 대한 문제의식이 부족하다.
> ㄷ. 동일작업에 대하여 과업을 달성하는 경우 고임금, 달성하지 못하는 경우에는 저임금을 지급한다.
> ㄹ. 작업을 전문화하고 전문화된 작업마다 직장(foreman)을 두어 관리하게 한다.
> ㅁ. 작업환경에 관계없이 작업자의 동기부여가 작업능률을 증가시키는 결과를 보여 주었다.

① ㄱ, ㅁ ② ㄷ, ㄹ ③ ㄴ, ㄷ, ㄹ ④ ㄴ, ㄹ, ㅁ ⑤ ㄱ, ㄷ, ㄹ, ㅁ

해설 ③ [○] 테일러의 과학적 관리법에 대한 것으로 맞는 내용은 (ㄴ), (ㄹ), (ㄷ)이다.

- (ㄴ) [○] 과업 중심의 관리가 중시되는 과학적 관리법(scientific management)은 인간의 심리적·생리적·사회적 측면에 대한 고려를 하지 않았다.
- (ㄷ) [○] 과학적 관리법(scientific management)은 노동생산성 향상에 따라 근로자는 고임금을 받게 되고, 기업주는 일정 금액에 대한 생산량 증가에 기반한 저노무비의 달성을 추구하였다. 이는 "고임금 저노무비의 원칙"이라고 한다.
- (ㄹ) [○] 과학적 관리법(scientific management)은 작업방법을 지휘·감독하기 위하여 종래의 직계식 관리조직을 개혁하여 기능으로 구분한 기능적 직장제도를 활용하였다. Taylor는 시간 및 원가계, 지시계, 작업계획계, 징계계, 준비계, 진도계, 수선계, 검사계와 같은 8사람의 전문적 직장을 두어 작업자를 지휘·감독하도록 하였다.
- (ㄱ) 부품을 표준화하고, 컨베이어 시스템 도입 운영에 의한 작업이 동시에 시작하여 동시에 끝나므로 동시관리라고도 하는 시스템은 포드 시스템에 관한 내용이다.
- (ㅁ) 단순화, 전문화, 표준화를 통한 작업능률을 증가시키는 결과를 보여 준 것은 포드 시스템이다.

53. 생산 시스템에 관한 설명으로 옳지 않은 것은?

① 모듈생산시스템(MPS : modular production system)은 단납기화 요구 강화와 원가절감을 위하여 부품 또는 단위의 조합에 따라 고객의 다양한 주문에 대응하는 생산 시스템이다.
② 자재소요계획(MRP : material requirements planning)은 주일정계획(기준생산일정)을 기초로 하여 완제품 생산에 필요한 자재 및 구성부품의 종류, 수량 시기 등을 계획하는 시스템이다.

정답 52. ③ 53. ④

③ 적시생산시스템(JIT : just in time)은 제품생산에 요구되는 부품 등 자재를 필요한 시기에 필요한 수량만큼 적기에 생산, 조달하여 낭비요소를 근본적으로 제거하려는 생산시스템이다.
④ 유연생산시스템(FMS : flexible manufacturing system)은 CAD, CAM 및 MRP 등의 기술을 도입, 생산 설비를 빠르게 전환하여 소품종 대량생산을 효율적으로 행하는 시스템이다.
⑤ 셀생산시스템(CMS : cellular manufacturing system)은 숙련된 작업자가 컨베이어라인이 없는 셀(cell) 내부에서 전체공정을 책임지고 완수하는 사람중심의 자율 생산 시스템이다.

해설 ④ [×] 유연생산시스템(FMS : flexible manufacturing system)은 다품종소량 제품을 높은 생산성으로 유연하게 제조하는 것을 목적으로 한다. 이를 위해 생산에 필요한 하드웨어와 소프트웨어를 자동화한다. 즉, 여러 대의 공작기계(CNC)와 산업용로봇, 가공물의 자동착탈장치, 자동공구교환장치, 자동운반시스템, 자동창고시스템 등의 자동생산기술과, 이들을 종합적으로 관리·제어하는 컴퓨터와 소프트웨어 등의 생산관리기술을 하나의 시스템으로 결합한 자동생산시스템이다.
○ FMS의 구성요소는 ㉠ 컴퓨터 : 부품이동과 기계가동의 통제, ㉡ 자동공작기계, ㉢ 자동운반차(AGV : automatic guided vehicle), ㉣ 정거장 등으로 구성된다.

54 커뮤니케이션과 의사결정에 관한 설명으로 옳은 것은?
① 암묵지를 체계적, 조직적으로 형식지화 한다고 하여도 의사결정의 가치창출 수준은 높아지지 않는다.
② 커뮤니케이션 효과를 높이기 위하여 메시지 전달자는 공식 서신, 전자우편, 전화, 직접 대면 등 다양한 방식 중 한 가지 방식에 집중할 필요가 있다.
③ 커뮤니케이션의 문제 상황이 복잡한 경우 공식적인 수치와 공식적 서신이 소통방식으로 적합하다.
④ 공식적인 서신과 공식적인 수치는 대면적 의사소통에 비하여 의미있는 정보를 전달할 잠재력이 높다.
⑤ 제한된 합리성이론에 따르면 "의사결정자가 현 상태에 만족한다면 새로운 대안모색에 나서지 않는다"라고 한다.

해설 ⑤ [○] 제한된 합리성이론은 현실적으로 만족스러운 대안을 선택한다는 의사결정 모형으로서, "의사결정자가 현 상태에 만족한다면 새로운 대안 모색에 나서지 않는다"라고 한다.
① 암묵지는 학습과 경험을 통해 개인에게 체화되어 있지만 겉으로 드러나지 않는 지식으로 이를 체계적·조직적으로 형식지화 하면 의사결정의 가치창출 수준은 높아진다.

정답 54. ⑤

② 커뮤니케이션 효과를 높이기 위하여 메시지 전달자는 공식 서신, 전자우편, 전화, 직접 대면 등 다양한 방식을 채택할 필요성이 있다.
③ 커뮤니케이션의 문제 상황이 복잡한 경우 공식적인 수치와 서신보다는 비공식적인 소통방식이 더 적합하다.
④ 공식적인 서신과 공식적인 수치는 대면적 의사소통에 비하여 의미있는 정보를 전달할 잠재력이 낮은 것이 일반적이다.

55 프로젝트 관리에 활용되는 PERT(program evaluation & review technique)와 CPM(critical path method)의 설명으로 옳은 것은?
① PERT는 개개의 활동에 대해 낙관적 시간치, 최빈 시간치, 비관적 시간치를 추정한 후 그들이 정규분포를 이룬다고 가정하여 평균기대 시간치를 구한다.
② CPM은 프로젝트의 완성시간을 앞당기기 위해 최소비용법을 활용하여 주공정상에 위치하는 작업들의 비용관계를 분석하여 소요시간을 줄인다.
③ 과거자료나 경험을 기초로 한 PERT는 활동중심의 확정적 시간을 사용하고, 불확실한 작업을 기초로 한 CPM은 단계중심의 확률적 시간 추정치를 사용한다.
④ PERT/CPM은 활동의 전후 관계를 명확히 하고 체계적인 일정 및 예상통제로 효율적 진도관리를 위해 간트(Gantt)차트와 같은 도식적 기법을 활용한다.
⑤ PERT/CPM은 TQM(total quality management)과 연계되어 있어 제품 및 서비스에 대한 고객만족 프로세스를 지향하는 프로젝트 관리도구로 적합하다.

해설 ② [○] CPM은 네트워크를 중심으로 한 논리 구성으로 프로젝트를 일정 기일 내에 완성시키고 해당 계획이 원가의 최솟값에 의해 보증되는 최적 스케줄을 구하는 관리 방법을 말한다.
① PERT는 개개의 활동에 대해 낙관적 시간치, 최빈 시간치, 비관적 시간치를 추정한 후 그들이 베타(β)분포를 이룬다고 가정하여 평균기대 시간치를 구한다.

○ 기대시간(t_e)의 계산식

* 특정활동을 완성하는데 소요되는 기대시간(t_e)은 활동시간이 β분포를 이룬다는 가정 하에 다음 식으로 계산된다.

$$t_e = \frac{t_o + 4t_m + t_p}{6} = \frac{a + 4m + b}{6}$$

여기서, 활동시간 추정은 낙관시간치(t_o 또는 a), 정상시간치(t_m 또는 m), 비관시간치(t_p 또는 b), 관계는 $t_o \leq t_m \leq t_p$ (또는 $a \leq m \leq b$)이다.

* 참고로 첨자 o는 optimistic, m은 most likely, p는 pessimistic의 두문자이다.

정답 55. ②

③ 과거자료나 경험을 기초로 한 CPM은 활동중심의 확정적 시간을 사용하고, 불확실한 작업을 기초로 한 PERT는 단계중심의 확률적 시간 추정치를 사용한다.

④ PERT/CPM은 활동의 전후 관계를 명확히 하고, 체계적인 일정 및 예상통제로 효율적 진도관리를 위해 AOA, AON 네트워크와 같은 도식적 기법을 활용한다.

　○ 활동간의 관계를 표현하는 AOA 및 AON 접근법
　　* 프로젝트를 네트워크로 나타내려면 활동들간의 관계를 나타내는 마디와 가지로 구성된 네트워크도표로 선후관계를 표현한다.
　　* 네트워크 도표를 그리는 방법에는 두 가지 접근법이 있다.
　　　① AOA(activity-on-arc) 네트워크는 활동을 가지로 표현하고 사상을 마디로 표현한다. AOA는 활동간 연결점을 중시하므로 사상지향적(event oriented)이라고 한다.
　　　② AON(activity-on-node)네트워크는 마디로 활동을 표시, 가지로 선후관계를 나타낸다. 이 접근법은 활동지향적(activity oriented)이다.
　　* 다음 도표는 활동간의 관계를 표현하는 AOA 및 AON 접근법의 사례이다.

AOA	AON	활동상관관계
(a) ①→S→②→T→③→U→④	S→T→U	S는 T에 선행하고, T는 U에 선행한다.
(b) ①S↘③→U→④ ②T↗	S↘U T↗	S와 T가 완료되어야 U를 시작할 수 있다.
(c) ①→S→②→T→③ ②→U→④	S→T S→U	S가 완료되어야 T와 U를 시작할 수 있다.

⑤ PERT/CPM은 TQM(total quality management)과 연계되어 있어 제품 및 서비스에 대한 납기달성, 납기단축을 지향하는 프로젝트 관리도구로 적합하다.

56 임금관리 공정성에 관한 설명으로 옳은 것은?

① 내부공정성은 노동시장에서 지불되는 임금액에 대비한 구성원의 임금에 대한 공평성 지각을 의미한다.

② 외부공정성은 단일 조직 내에서 직무 또는 스킬의 상대적 가치에 임금 수준이 비례하는 정도를 의미한다.

③ 직무급에서는 직무의 중요도와 난이도 평가, 역량급에서는 직무에 필요한 역량 기준에 따른 역량 평가에 따라 임금수준이 결정된다.

정답 56. ③

④ 개인공정성은 다양한 직무 간 개인의 특질, 교육정도, 동료들과의 인화력, 업무몰입수준 등과 같은 개인적 특성이 임금에 반영되는 정도를 의미한다.
⑤ 조직은 조직구성원에 대한 면접조사를 통하여 자사 임금수준의 내부·외부 공정성 수준을 평가할 수 있다.

해설 ③ [O] 직무급은 직무의 중요성·난이도, 역량급은 역량기준에 따른 역량 평가에 따라 임금수준이 결정된다.
① 외부공정성은 노동시장에서 지불되는 임금액에 대비한 구성원의 임금에 대한 공평성 지각을 의미한다. 내부공정성은 단일 조직 내에서 가치가 같은 직무에 대하여 동일한 임금을 지급하고, 가치가 서로 다른 직무에 대하여 합당한 임금의 차이를 둠으로써 이루어지는 공정성이다.
② 내부공정성은 단일 조직 내에서 직무 또는 스킬의 상대적 가치에 임금 수준이 비례하는 정도를 의미한다.
④ 개인공정성은 동일조직 내 동일직무를 담당하고 있는 종업원들간 연공, 공헌, 성과 등 개인적 특성차이에 따른 임금격차에 의해 지각되는 공정성이다.
⑤ 조직은 조직구성원에 대한 객관적 자료를 통하여 자사 임금수준의 내부·외부 공정성 수준을 평가할 수 있다.

57 막스 베버(M. Weber)가 제시한 관료제의 특징은?
① 조직의 활동을 합리적으로 조정하기 위해서는 업무처리를 위한 절차가 명확하게 규정되어야 한다.
② 조직구성원 간 의사소통의 활성화를 위해 수평적 조직구조를 선호한다.
③ 환경에 대한 적절한 대응을 위해 조직구성원 간의 정보공유를 중시한다.
④ '기계적 관료제'라 불리며, 복잡한 환경의 대규모 조직에 효과적이다.
⑤ 하급자는 상급자의 감독과 통제 하에 놓이게 되나 성과 평가를 할 때에는 하급자도 상급자의 평가과정에 참여한다.

해설 ① [O] 막스 베버(M. Weber)가 제시한 관료제는 직무의 범위인 책임과 권한의 범주가 명확히 한정되어 있어야 하며, 직무상의 지휘나 명령 계통이 계층을 통해 확립되어 있어야 한다고 주장한다.
② 조직구성원 간 의사소통의 활성화를 위해 위계질서의 수직적 조직구조를 선호한다.
③ 환경에 대한 적절한 대응을 위해 조직구성원 간의 분업화를 통한 능률의 극대화를 중시한다.
④ 규칙과 절차로 인하여 대규모 조직에는 적합하지 못하다.
⑤ 하급자는 상급자의 감독과 통제 하에 놓이게 되며, 성과평가를 할 때 하급자는 상급자의 평가과정에 참여할 수 없다.

정답 57. ①

58 직무와 관련된 설명으로 옳은 것은?

① 직무충실화는 허즈버그(F. Herzberg)가 2요인 이론을 직무에 구체적으로 적용하기 위하여 제창한 것이다.
② 직무분석에는 서열법, 분류법, 점수법, 요소비교법 등의 방법들이 활용된다.
③ 직무기술서에는 직무수행에 요구되는 기능, 지식, 육체적 능력과 교육수준이 기술되어 있다.
④ 직무명세서에는 직무가치와 직무확대에 대한 구체적인 지침이 제시되어 있다.
⑤ 직무평가의 1차적 목적은 직무기술서나 직무명세서를 작성하는 것이며, 2차적으로는 조직, 인사관리를 위한 자료를 제공하는 것이다.

해설 ① [○] 직무충실화는 허즈버그(Herzberg)의 2요인 이론(two-factor theory)에 기반을 두고 있다. 즉, 직무충실화 이론은 2요인 이론을 바탕으로 하여 성취감, 타인의 인정, 도전감 등의 동기요인을 충족시키는 직무설계방법이다.
② 직무평가에는 서열법, 분류법, 점수법, 요소비교법 등의 방법들이 활용된다.
③ 직무기술서란 어떠한 직무에 대해 직무분석을 통하여 해당직무의 성격이나 직무개요, 요구되는 자질, 직무내용, 직무방법 및 절차, 작업조건 등을 알아낸 후, 분석한 직무에 대한 수요사항 등을 정리, 기록한 문서이다.
④ 직무명세서는 직무분석을 통하여 나타난 해당직무의 특성에 적합한 작업자를 선출하기 위해 작업자의 인적요소를 중점적으로 파악하여 효율적 인적관리수단으로 사용하는 문서이다.
⑤ 직무평가의 1차 목적은 각 직무 상호간의 비교에 의하여 상대가치를 결정하는 일이다.

59 BSC(Balanced Score Card)에 관한 설명으로 옳지 않은 것은?

① 내부 프로세스 관점과 학습 및 성장 관점도 평가의 주요 관점이다.
② 재무적 관점 이외에 고객관점도 평가의 주요 관점이다.
③ 로버트 카플란(R. Kaplan)과 노튼(D. Norton)이 제안한 성과 평가 방식이다.
④ 균형잡힌 성과 측정을 위한 것으로 대개 재무와 비재무지표, 결과와 과정, 내부와 외부, 노와 사 간의 균형을 추구하는 도구이다.
⑤ 전략 모니터링 또는 전략 실행을 관리하기 위한 도구로 활용하는 경우에는 성과평가 결과를 보상에 연계시키지 않는 것이 바람직하다는 견해가 있다.

해설 ④ [×] 균형성과표(balanced score card : BSC)는 전통적인 회계나 재무시각만으로 기업경영을 보지 않고, ㉠ 재무, ㉡ 고객, ㉢ 내부 프로세스, ㉣ 학습 및 성장 등 네 가지 관점간 균형이 잡힌 시각에서 기업경영을 바라보아야 한다는 성과관리 시스템이다.

60 A과장은 근무평정을 할 때 자신의 부하직원 B가 평소 성실하다는 이유로 자신이 직접 관찰하지 않아서 잘 모르는 B의 창의성, 도덕성, 기획력 등을 모두 높게 평가하였다. 이러한 경우 A과장은 어떤 평정오류를 범하고 있는가?

① 관대화오류   ② 후광오류   ③ 엄격화오류   ④ 중앙집중오류
⑤ 대비오류

해설 ② [○] 후광오류(후광효과)란 일반적으로 어떤 사물이나 사람에 대해 평가를 할 때 그 일부인 주로 긍정적 특성에 주목으로 인해 전체적인 평가에 영향을 주어 대상에 대한 비객관적인 판단을 하게 되는 인간의 심리적 특성을 말한다. 후광효과와 반대되는 개념이 '뿔효과(horn effect)'로서, 하나의 단점을 보고 그 대상의 모든 것을 부정적으로 평가하는 경향을 말한다. 도깨비 뿔처럼 못난 것 한 가지만 보고 그 사람의 전부를 나쁘게 평가하는 오류이다.

① 관대화오류 : 근무 성과나 능력을 평정할 때, 평가자가 관대한 평가를 내려서 피평가자의 평정 결과가 우수한 쪽에 집중되는 오류를 말한다.

③ 엄격화오류 : 평가자가 피평가자인 부하에 대해서 기대 수준이 높거나, 평가자와 피평가자 간의 관계가 좋지 않아서 낮은 평가점수를 부여하는 오류를 말한다.

④ 중앙집중오류 : 양 극단 점수를 회피하고 대체로 중앙에 평점을 많이 주는 오류이다.

⑤ 대비오류 : 절대적인 기준 없이 평가자가 자기 자신 또는 누군가를 기준으로 하여 피평가자를 평가하는 오류를 말한다.

61 직무만족의 선행변인에 관한 설명으로 옳은 것은?

① 통제소재에서 내재론자들은 외재론자들보다 자신들의 직무에 대해 더 만족한다.
② 직무특성과 직무만족간의 상관은 질문지로 측정한 연구에서는 나타나지 않았다.
③ 집단주의적 아시아 문화권에서는 직무특성과 직무만족간에 상관이 높게 나타났다.
④ 급여만족은 분배공정성보다 절차공정성이 더 밀접한 관련이 있다.
⑤ 직무특성 차원과 직무만족간의 상관을 산출해 본 결과 직무만족과 가장 낮은 상관을 나타내는 직무특성은 기술다양성이었다.

해설 ① [○] 통제소재에서 내재론자들은 외재론자들보다 자신들의 직무에 대해 더 만족한다.
② 직무특성과 직무만족간의 상관은 질문지로 측정한 연구에서 나타났다.
③ 집단주의적 아시아 문화권에서는 직무특성과 직무만족간에 상관이 서양보다 낮은 것으로 나타났다.
④ 급여만족은 절차공정성보다 분배공정성에 더 밀접한 관련이 있다.
⑤ 직무만족과 가장 낮은 상관, 즉 연관성이 적거나 반비례 관계를 나타내는 직무특성은 업무부하이었다.

62 사회적 권력(social power)의 유형에 대한 설명으로 옳지 않은 것은?

① 합법권력 : 상사의 직책에 고유하게 내재하는 권력
② 강압권력 : 상사가 징계 해고 등 부하를 처벌할 수 있는 능력
③ 보상권력 : 상사가 부하에게 수당, 승진 등 보상해 줄 수 있는 능력
④ 전문권력 : 상사가 보유하고 있는 지식과 전문기술 등에 근거하는 능력
⑤ 참조권력 : 상사가 부하에게 규범과 명확한 지침을 전달하고, 문제발생 시 도움을 줄 수 있는 능력

해설   ⑤ [×] 상사가 부하에게 규범과 명확한 지침을 전달하고, 문제발생 시 도움을 줄 수 있는 능력은 전문성권력이다. 참조권력은 구성원들이 권력자를 동일시하거나 그를 매력적으로 느껴 존경함에서 비롯된 영향력이다.

63 와르(Warr)의 정신 건강 구성요소에 대한 설명으로 옳지 않은 것은?

① 정서적 행복감 : 쾌감과 각성이라는 두 가지 독립된 차원을 가지고 있다.
② 결단 : 환경적 영향력에 저항하고 자신의 의견이나 행동을 결정할 수 있는 개인의 능력을 의미한다.
③ 역량 : 생활에서 당면하는 문제들을 효과적으로 다룰 수 있는 충분한 심리적 자원을 가지고 있는 정도를 의미한다.
④ 포부 : 포부수준이 높다는 것은 동기수준과 관계가 있으며, 새로운 기회를 적극적으로 탐색하고, 목표 달성을 위하여 도전하는 것을 의미한다.
⑤ 통합된 기능 : 목표달성이 어려울 때 느끼는 긴장감과 그렇지 않을 때 느끼는 이완감 사이에 조화로운 균형을 유지할 수 있는 정도를 의미한다.

해설   ③ [×] 자율 : 생활에서 당면하는 문제들을 효과적으로 다룰 수 있는 충분한 심리적 자원을 가지고 있는 정도를 의미한다.
○ 와르(Warr)의 정신 건강 구성요소
1. 정서적 행복감 : 쾌감과 각성이라는 두 가지 독립된 차원을 가진다.
2. 역량 : 생활에서 당면하는 문제들을 효과적으로 다룰 수 있는 충분한 심리적 자원을 가지고 있는 정도를 의미한다.
3. 자율 : 환경적 영향력에 저항하고, 자신의 의견이나 행동을 결정할 수 있는 개인의 능력을 말한다.
4. 포부 : 포부수준이 높다는 것은 동기수준과 관계가 있으며, 새로운 기회를 적극적으로 탐색하고, 목표 달성을 위하여 도전하는 것이다.
5. 통합된 기능 : 목표달성이 어려울 때 느끼는 긴장감과 그렇지 않을 때 느끼는 이완감 사이에 조화로운 균형을 유지할 수 있는 정도를 의미한다.

64 직무분석에 대한 설명으로 옳지 않은 것은?

① 특정직무에 대한 훈련 프로그램을 개발하기 위해서는 직무의 속성과 요구하는 기술을 알아야 한다.
② 효과적인 수행을 하기 위한 직무나 작업장을 설계하는데 도움을 준다.
③ 작업시 시간과 노력의 낭비를 제거할 수 있고 안전 저해요소나 위험요소를 발견할 수 있다.
④ 특정직무에 대한 직무분석을 하는 기법으로 면접법, 질문지법, 관찰법, 행동기법, 중대사건기법, 투사기법 등이 있다.
⑤ 과업수행에 사용되는 도구, 기구, 수행목적, 요구되는 교육훈련, 임금수준 및 안전저해요소 등에 대한 정보가 포함되어 있다.

해설 ④ [×] 직무특성에 대한 직무분석을 하는 기법에는 면접법, 질문지법, 관찰법, 경험법, 중대사건기법, 종합법 등이 있다. 투사기법은 사람들이 여러 가지의 방식으로 해석될 수 있는 자극에 자유롭게 반응하게 해서 그들의 특성을 확인하려는 이론에 기초하여 개인특성을 측정하기 위한 기법이다.

65 호프스테드(Hofstede)의 문화간 차이를 이해하는 4가지 차원에 속하지 않는 것은?

① 불확실성 회피   ② 개인주의-집합주의   ③ 남성성-여성성
④ 신뢰-불신   ⑤ 세력차이

해설 ④ [×] 신뢰-불신 : 해당 사항이 아니다.
○ 호프스테드(Hofstede)의 문화의 4차원 : 호프스테드는 각 나라의 문화적 차이를 나타내는 기본적인 축으로서 네 가지 차원(dimensions)을 제시하였다. 문화간 차이를 이해하는 4가지 차원은 불확실성 회피, 개인주의-집합주의, 남성성-여성성, 세력차이(권력거리, 권력격차)이다.
① 불확실성 회피 : 한 사회가 과거의 전통, 관습, 규칙에 의거하여 미래의 불확실성을 회피하고 안전을 보장받고 싶어하는 정도를 나타낸다.
② 개인주의-집단주의 : 한 사회에서 개인이 집단에 대한 책임과 개인의 자유 가운데 어느 것을 더 중시하는가를 나타내는 척도로서 개인주의의 정도를 측정한다.
③ 남성성-여성성 : 한 사회가 남녀간의 역할을 명확히 구분하고 물질적 부, 권력, 스포츠, 성과와 경력, 성공과 성취 등 남성적 가치를 강조하는 정도를 나타낸다.
⑤ 세력차이 : 한 사회에서 계층간의 권력의 격차(또는 집중)를 나타내는 척도로서 권력분포의 불평등 관계, 즉 중앙집권적 전제적 권력의 허용 정도를 나타낸다.

정답   64. ④   65. ④

66 작업장 스트레스의 대처방안 중 조직차원의 기법에 해당하는 것만을 모두 고른 것은?

> ㄱ. 바이오 피드백 ㄴ. 작업 과부하의 제거 ㄷ. 사회적 지지의 제공
> ㄹ. 이완훈련 ㅁ. 조직분위기 개선

① ㄱ, ㄴ, ㄷ ② ㄱ, ㄷ, ㄹ ③ ㄴ, ㄷ, ㅁ ④ ㄴ, ㄹ, ㅁ ⑤ ㄷ, ㄹ, ㅁ

해설 ③ [○] (ㄴ), (ㄷ), (ㅁ)은 조직적 차원의 기법들이고, (ㄱ), (ㄹ)은 개인적 차원의 기법들이다. 바이오 피드백, 이완훈련, 명상, 체중조절, 긍정적인 사고, 적절한 휴식 등은 개인적인 기법에 속한다.

○ 작업장 스트레스 대처방안 중 조직차원(회사차원)의 기법
1. 조직분위기 개선
2. 작업 과부하의 제거
3. 적절한 작업과 휴식시간
4. 개인별 특성을 고려한 근로환경 조성
5. 작업계획을 수립할 때 근로자의 참여
6. 개인에게 재량권 부여

67 심리검사 결과를 분석할 때 상관계수를 이용하여 검증하는 타당도(validity)를 모두 고른 것은?

> ㄱ. 구성 타당도 ㄴ. 내용 타당도 ㄷ. 준거관련 타당도 ㄹ. 수렴 타당도
> ㅁ. 확산 타당도

① ㄱ, ㄴ, ㄹ ② ㄱ, ㄴ, ㅁ ③ ㄷ, ㄹ, ㅁ ④ ㄱ, ㄴ, ㄷ, ㄹ
⑤ ㄱ, ㄷ, ㄹ, ㅁ

해설 ⑤ [○] 타당도(validity)의 종류에서, 요인과 결과의 상관 정도를 나타내는 상관계수를 이용하여 검증하는 타당도에는 (ㄱ), (ㄷ), (ㄹ), (ㅁ)이 해당하고, (ㄴ)는 해당이 없다.

(ㄴ) 내용 타당도는 검사를 구성하고 있는 문항들의 타당성으로서, 전체내용 영역의 문항들을 얼마나 잘 반영하는가의 정도가 상관계수에 의거 제시되는 것은 아니다.

○ 타당도(validity)의 종류 : 구성 타당도(수렴 확산), 내용 타당도, 준거관련 타당도, 안면타당도

정답 66. ③ 67. ⑤

68 우리나라와 세계적으로 널리 인용되고 있는 노출기준에 대해 명칭과 제정기관이 옳은 것만을 모두 고른 것은?

보기	노출기준의 명칭	제정기관(국가)
ㄱ	PEL	HSE(영국)
ㄴ	REL	OSHA(미국)
ㄷ	TLV	ACGIH(미국)
ㄹ	WEEL	NIOSH(미국)
ㅁ	허용기준	고용노동부(대한민국)

① ㄱ, ㄴ   ② ㄱ, ㄷ   ③ ㄷ, ㄹ   ④ ㄷ, ㅁ   ⑤ ㄹ, ㅁ

해설 ④ [○] 미국(ACGIH) : TLV, 한국 : 허용기준(TLV-TWA, STEL, C)이 맞는 내용이다.
○ 미국(OSHA) : PEL, 미국(NIOSH) : REL, 미국(ACGIH) : TLV, 영국(HSE) : WEL, 독일 : MAK, 프랑스 : OEL, 일본 : 관리농도, 권고농도, 한국 : 허용기준(TLV-TWA, STEL, C)

69 작업자의 수행을 평가할 때 평가자에 의한 관대화 오류가 가장 많이 발생할 수 있는 방법은?
① 종업원 순위법   ② 강제배분법   ③ 도식적 평정법
④ 정신운동능력 평정법   ⑤ 행동기준 평정법

해설 ③ [○] 도식평정법(graphical rating scales)은 인사고과방법 중에서 가장 오래되고 가장 널리 이용되고 있는 방법 중에 하나가 도식평정척도법이다. 이는 사전 결정된 평정요소마다 각 종업원이 지니고 있는 특성과 직무수행에서 나타난 실적의 정도에 따라 체크할 수 있는 척도(1~10)를 마련하고, 고과자가 해당 사항을 체크할 수 있도록 하는 방법이다. 이 방법은 작업자의 수행을 평가할 때 평가자에 의한 관대화 오류가 가장 많이 발생한다.

70 작업환경 측정방법에 관한 설명으로 옳은 것은?
① 일반적으로 입자상 물질의 측정결과 단위는 mg/m^3 또는 ppm으로 표기한다.
② 시너와 같은 비극성 유기용제를 공기 중에서 시료채취하기 위해서는 실리카겔관을 매체로 사용한다.
③ 일반적으로 실내에서 온열환경을 측정하기 위해서는 자연습구온도(NWBT)와 흑구온도(GT)만 측정한다.

정답 68. ④   69. ③   70. ③

④ 작업장 근로자의 소음 노출수준을 측정하기 위해 사용하는 지시소음계는 'fast' 모드로 설정하여 측정하여야 한다.
⑤ MCE 여과지를 이용하여 석면을 포집하기 전·후에 실시하는 시료채취펌프의 유량보정을 실제보다 낮게 평가했다면 최종 측정결과인 공기 중 석면농도는 과소평가하게 된다.

|해설| ③ [○] 실내에서의 온열환경을 측정하기 위해서는 자연습구온도(NWBT)와 흑구온도(GT)만 측정한다. 실외는 자연습구온도(NWBT)와 흑구온도(GT), 건구온도(DT)로 측정한다.

○ 습구흑구 온도지수(WBGT) 산출 : 옥내인 경우 → 0.7NWB+ 0.3GT
　　　　　　　　　　　　　　　　　　옥외인 경우 → 0.7NWB+ 0.2GT+ 0.1DT

① 물질의 측정결과 단위는 mg/m³이다(작업환경 측정 및 정도관리 규정 제20조). 가스나 증기는 ppm으로 표기한다.
② 시너와 같은 비극성 유기용제를 공기 중에서 시료채취하기 위해서는 활성탄관을 매체로 사용한다.
④ 작업장 근로자의 소음 노출수준을 측정하기 위해 사용하는 지시소음계는 작업장의 소음수준에 따라 'fast'나 'slow' 모드로 설정하여 측정하는 동특성 조절기로 조절한다.
⑤ 시료채취펌프의 유량보정을 실제보다 낮게 평가했다면 최종 측정결과인 공기 중 석면농도는 과대평가하게 된다.

71 축전지 제조 작업장에서 측정된 5개의 공기 중 카드뮴 시료의 농도가 0.02, 0.08, 0.05, 0.25, 0.01mg/m³일 때, 다음 중 옳은 것은?

① 측정치들은 정규분포를 하고 있다.　② 대표치는 노출기준을 초과하였다.
③ 측정치의 변이가 너무 커서 재측정하여야 한다.
④ 측정치의 대표치인 기하평균(GM)은 0.082mg/m³이다.
⑤ 측정치의 변이인 기하표준편차(GSD)는 약 0.098이다.

|해설| ② [○] 카드뮴의 노출기준이 0.03mg/m³, 기하평균이 0.045로 노출기준을 초과하였다.

기하평균 $G = \sqrt[5]{0.02 \times \cdots \times 0.01} = (0.02 \times \cdots \times 0.01)^{1/5} = 0.045$ 이다.

① 5개로 정규분포를 말하기 어렵다. n이 30미만은 중심극한정리의 적용이 곤란하기 때문이다.
③ 측정치의 변이를 구할 수 있으나, 판단기준이 없다. 변이계수는 $CV = \dfrac{s}{\bar{x}} = \dfrac{\sqrt{V}}{\bar{x}}$ 이다.
④ 측정치의 대표치인 기하평균(GM)은 0.045mg/m³이고, 산술평균은 0.082mg/m³이다.

정답　71. ②

⑤ $GSD = \sqrt{\dfrac{\sum (\log x_i - \log GM)^2}{n-1}}$

$= \sqrt{\dfrac{(\log 0.02 - \log 0.045)^2 + \cdots + (\log 0.01 - \log 0.045)^2}{5-1}} = 1.60$

72 국소배기시스템에 관한 설명으로 옳은 것은?

① 후드 개구면에서 유해물질까지의 거리를 가깝게 하면 필요환기량이 증가한다.
② 외부식 포집형 후드(capture type hood)의 제어속도를 측정하는 대표적인 기구는 피토관(pitot tube)이다.
③ 후드에서 덕트로 공기가 유입될 때의 속도압이 같다면 유입계수(Ce)가 큰 후드일수록 후드정압이 더 커진다.
④ 베르누이 정리는 덕트내에서 유체가 흐를 때, 에너지 손실은 유체밀도, 유체의 속도 및 관의 직경에 비례하며, 유체의 점도에는 반비례한다는 것을 의미한다.
⑤ 사업장에서 탈지제로 사용되는 사염화에틸렌에 대한 국소배기시스템을 설계할 때는 공기보다 비중이 높다는 점을 고려할 필요없이 후드는 기준면에 대한 높이에 대해 정상적으로 설치하면 된다.

해설 ⑤ [○] 사업장에서 탈지제로 사용되는 사염화에틸렌에 대한 국소배기시스템을 설계할 때는 공기보다 비중이 높다는 점을 고려할 필요없이 후드는 정상적으로 상부에 설치하면 된다.
① 후드 개구면에서 유해물질까지의 거리를 가깝게 하면 제거가 잘 되어 필요환기량이 감소한다.
② 피토관은 흐르고 있는 유체 내부에 설치하여 그 유체의 속도를 알아내는 장치이다.
③ 후드에서 덕트로 공기가 유입될 때의 속도압이 같다면 유입계수(Ce)가 커질수록 유입손실이 작아지므로, 동압이 커지고 상대적으로 후드정압은 작아진다.
④ 베르누이 정리는 유체의 점도와 무관하다. $p + \dfrac{\rho v^2}{2} + \rho g h = \text{constant}$

73 다음 작업에서 발생하는 유해요인과 건강장애가 옳게 짝지어진 것은?

① 유리가공작업 - 적외선 - 백내장(cataract)
② 페인트칠작업 - 카드뮴 - 백혈병(leukemia)
③ 금속세척작업 - 노말헥산 - 진폐증(pneumoconiosis)
④ 굴착작업 - 진동 - 사구체신염(glomerular nephritis)
⑤ 목재가공작업 - 목분진 - 간혈관육종(hepatic angiosarcoma)

정답 72. ⑤   73. ①

[해설] ① [○] 유리가공작업 - 적외선 - 백내장(cataract)
② 페인트칠작업 - 카드뮴 - 진폐증(pneumoconiosis)
③ 금속세척작업 - 노말헥산 - 앉은뱅이 증후군
④ 굴착작업 - 진동 - 백색수지증, 레이노증후군(진동신경병)
⑤ 목재가공작업 - 목분진 - 진폐증
○ 백혈병 : 아직까지 원인에 대해 정확히 밝혀진 것은 없으나, 암유전자, 염색체이상, 방사선, 화학물질(특히 벤젠) 등이 원인으로 알려져 있다.

74 유해인자별 건강장애에 관한 설명으로 옳은 것은?

① 아세톤에 만성적으로 노출되면 다발성 신경염이 발생한다.
② 크롬은 손톱 및 구강점막의 색소침착, 모공의 흑점화, 간장애를 일으킨다.
③ 삼염화에틸렌은 스펀지의 원료로 사용되며, 화재시 치명적인 가스를 발생시켜 폐수종을 일으킨다.
④ 라돈은 방사성 물질 중 유일한 기체상의 물질이며, 폐포나 기관지에 침착되어 β-입자를 방출한다.
⑤ 납에 의한 건강상의 영향은 신경독성, 복통, 혈색소 합성이 저해되어 나타나는 빈혈 증상 등을 들 수 있다.

[해설] ⑤ [○] 납에 의한 건강상의 영향은 신경독성, 복통, 혈색소 합성이 저해되어 나타나는 빈혈 증상 등을 들 수 있다.
① 아세톤에 만성적으로 노출되면 천식, 신장염, 폐암 등이 발생한다.
② 크롬은 비중격천공증, 폐암 등을 일으킨다.
③ 삼염화에틸렌(트리클로로에틸렌)은 스티븐존슨 증후군을 일으킨다. 스티븐존슨 증후군은 독성 표시괴사용해증으로서 약물에 의해 발생한다.
④ 라돈은 α 입자를 방출하며, 각종의 암을 유발시킨다. 2018년 대진침대 라돈 기준치 초과 사건은 사회적 이슈가 된 사건이었다.

75 산업위생과 관련된 설명 중 옳은 것은?

① 작업환경 중 유해요인으로부터 근로자의 건강을 보호하기 위해 국제적으로 통일하여 제정한 노출기준은 MAK이다.
② 최근 사업장에 도입되고 있는 위험성 평가(risk assessment)는 산업위생 분야의 작업환경측정과는 관련성이 없는 제도라고 할 수 있다.
③ 산업위생은 근로자 개인위생을 기본으로 하고 있으며, 개인의 생활습관 및 체력관리를 통하여 건강을 유지·관리하는 것을 최우선으로 하고 있다.

[정답] 74. ⑤ 75. ④

④ 산업위생의 궁극적 목적은 근로자의 건강을 보호하기 위한 대책을 강구하는 것으로 일반적인 대책 우선순위는 제거-대체-공학적개선-행정적개선-개인보호구착용 순이다.
⑤ 작업환경 중 건강 유해요인은 크게 물리적, 화학적, 생물학적, 육체적 또는 정신적 부담 요인으로 나눌 수 있으며, 이 중에서 산업위생분야는 정신적 부담 요인을 제외한 나머지를 관리대상으로 한다.

해설 ④ [○] 대책의 우선순위는 우선적인 것부터 "제거→대체→공학적개선→행정적개선→개인보호구 착용"의 순서이다.
① 작업환경 중 유해요인으로부터 근로자의 건강을 보호하기 위해 국가마다 노출기준을 상이하게 설정하고 있다. MAK는 독일의 기준이다.
② 위험성 평가(risk assessment)는 산업위생 분야의 작업환경측정과 관련성이 있는 제도이다.
③ 산업위생은 사업장에서 발생하는 유해인자로부터 근로자를 보호를 최우선으로 한다.
⑤ 산업위생분야는 정신적 부담 요인도 포함하여 관리대상으로 한다.

행운은 100% 노력한 뒤에
남는 것이다!
- 랭스턴 콜만 -

제2장

2014년 1차 기출문제

제1과목 : 산업안전보건법령 / 60

제2과목 : 산업안전일반 / 80

제3과목 : 기업진단·지도 / 94

| 국가기술자격 필기시험문제 | 2014년 산업안전지도사 1차시험 | 시험시간 : 90분 |

제1과목 : 산업안전보건법령

01 산업안전보건법령상 유해·위험한 작업의 도급에 대한 다음 내용에 관한 설명으로 옳지 않은 것은?

> A사는 정밀기계제조업을 영위하는 업체이다. B사는 A사의 공장 내에서 A사의 작업설비를 사용하여 업무를 수행하는 하도급업체이다. B사는 A사와 동일한 정밀기계제조업을 하고 있으며, 공정의 마무리 단계에서 정밀기계의 부식방지를 위한 도금작업이 포함되어 있다. B사는 도금업을 전문적으로 해 온 C사에게 도금작업 부분만을 하도급하고자 한다.

① 도금작업은 안전·보건상 유해하거나 위험한 작업에 해당하므로, 이를 분리하여 하도급을 주는 경우에는 인가를 받아야 한다.
② B사는 C사에 대한 도급인가를 받기 위하여 관할 지방고용노동관서의 장에게 도급인가 신청서를 제출하여야 한다.
③ B사는 도급인가 신청서를 제출할 때 도금작업을 포함한 전체 작업의 공정도와 도급계획서를 첨부하여야 한다.
④ 지방고용노동관서의 장은 도급인가 신청서가 접수된 날부터 14일 이내에 신청서를 반려하거나 인가증을 신청자에게 발급하여야 한다.
⑤ 지방고용노동관서의 장은 도급인가를 신청한 사업장이 유해하거나 위험한 작업의 도급 시 지켜야 할 안전·보건조치의 기준을 지키고 있는지 확인할 필요가 있는 경우에는 한국산업안전보건공단으로 하여금 기술적 사항을 확인하게 할 수 있다.

해설 ③ [×] B사는 도급승인 신청서를 제출할 때 도급대상 작업의 공정 관련 서류 일체(기계·설비의 종류 및 운전조건, 유해·위험물질의 종류·사용량, 유해·위험요인의 발생실태 및 종사 근로자 수 등에 관한 사항이 포함되어야 한다(산시규 제75조).
① 도금작업은 안전·보건상 유해하거나 위험한 작업에 해당하므로 이를 분리하여 하도급을 주는 경우에는 승인을 받아야 한다(산안법 제58조).
② 승인, 연장승인 또는 변경승인을 받으려는 자는 도급승인 신청서, 연장신청서 및 변경신청서를 관할 지방고용노동관서의 장에게 제출해야 한다(산시규 제75조).
④ 도급승인 신청을 받은 지방고용노동관서의 장은 도급승인 기준을 충족한 경우 신청서가 접수된 날부터 14일 이내에 승인서를 신청인에게 발급해야 한다(산시규 제75조).

정답 01. ③

⑤ 지방고용노동관서의 장은 필요한 경우 승인, 연장승인 또는 변경승인을 신청한 사업장이 도급승인 기준 준수 여부를 공단으로 하여금 확인하게 할 수 있다(산시규 제75조).

02 산업안전보건법령상 안전보건관리책임자 등에 대한 직무교육으로 옳은 것은?
① 보건관리자가 의사인 경우는 선임된 후 1년 이내에 직무를 수행하는 데 필요한 신규교육을 받아야 한다.
② 안전보건관리책임자로 선임된 자는 6개월 이내에 직무를 수행하는 데 필요한 신규교육을 받아야 한다.
③ 안전관리자로 선임된 자는 신규교육을 이수한 후 매 2년이 되는 날을 기준으로 전후 6개월 사이에 고용노동부장관이 실시하는 안전·보건에 관한 보수교육을 받아야 한다.
④ 기업활동 규제완화에 관한 특별조치법에 따라 안전관리자로 채용된 것으로 보는 사람은 신규교육이 면제된다.
⑤ 직무교육기관의 장은 직무교육을 실시하기 10일 전까지 교육 일시 및 장소 등을 직무교육 대상자에게 알려야 한다.

해설 ① [○] 보건관리자에 해당하는 사람은 해당 직위에 선임(위촉의 경우를 포함한다)되거나 채용된 후 3개월(보건관리자가 의사인 경우는 1년을 말한다) 이내에 직무를 수행하는 데 필요한 신규교육을 받아야 한다(산시규 제29조).
② 안전보건관리책임자로 선임된 자는 3개월 이내에 직무를 수행하는 데 필요한 신규교육을 받아야 한다(산시규 제29조).
③ 안전관리자로 선임된 자는 신규교육을 이수한 후 매 2년이 되는 날을 기준으로 전후 3개월 사이에 고용노동부장관이 실시하는 안전보건에 관한 보수교육을 받아야 한다(산시규 제29조).
④ 안전관리자로 채용된 것으로 보는 사람은 직무교육 중 보수교육을 면제한다(산시규 제130조).
⑤ 직무교육기관의 장은 직무교육을 실시하기 15일 전까지 교육 일시 및 장소 등을 직무교육 대상자에게 알려야 한다(산시규 제35조).

03 산업안전보건법령상 도급사업 시의 안전보건조치의 설명으로 옳지 않은 것은?
① 제조업의 사업주가 사업의 일부를 도급한 경우 도급인인 사업주는 1주일에 1회 이상 작업장을 순회점검하여야 한다.
② 건설업의 사업주가 안전·보건에 관한 협의체를 구성한 경우 그 협의체에 근로자위원으로서 도급 또는 하도급 사업을 포함한 전체 사업의 근로자대표, 명예산업안전감독관 및 근로자대표가 지명하는 해당 사업장의 근로자를 포함한 산업안전보건위원회를 구성할 수 있다.

정답 02. ① 03. ①

③ 안전·보건에 관한 협의체는 도급인인 사업주 및 그의 수급인인 사업주 전원으로 구성하여야 한다.
④ 안전·보건에 관한 협의체는 매월 1회 이상 정기적으로 회의를 개최하고 그 결과를 기록·보존하여야 한다.
⑤ 도급인인 사업주는 수급인인 사업주가 실시하는 근로자의 해당 안전·보건교육에 필요한 장소 및 자료의 제공 등 필요한 조치를 하여야 한다.

[해설] ① [×] 도급인은 ㉠ 건설업, 제조업, 토사석 광업, 서적·잡지 및 기타 인쇄물 출판업, 음악 및 기타 오디오물 출판업, 금속 및 비금속 원료 재생업은 2일에 1회 이상, ㉡ 그 이외의 사업은 1주일에 1회 이상 작업장 순회점검을 실시해야 한다(산시규 제80조).
② 건설공사도급인이 노사협의체를 구성·운영하는 경우에는 산업안전보건위원회 및 안전 및 보건에 관한 협의체를 각각 구성·운영하는 것으로 본다(산안법 제75조).
③ 안전 및 보건에 관한 협의체는 도급인 및 그의 수급인 전원으로 구성해야 한다(산시규 제79조).
④ 협의체는 매월 1회 이상 정기적으로 회의를 개최하고 그 결과를 기록·보존해야 한다(산시규 제79조).
⑤ 작업을 도급하는 자는 그 작업을 수행하는 수급인 근로자의 산업재해를 예방하기 위하여 고용노동부령으로 정하는 바에 따라 해당 작업 시작 전에 수급인에게 안전 및 보건에 관한 정보를 문서로 제공하여야 한다(산안법 제65조).

04 산업안전보건법령상 사업주가 근로자에 대하여 실시하는 안전·보건교육의 교육대상, 교육과정 및 교육시간의 조합으로 옳은 것은?
① 일용근로자를 제외한 근로자에 대한 작업내용변경 시의 교육 - 2시간 이상
② 밀폐공간에서의 작업에 종사하는 근로자에 대한 특별안전·보건교육 - 8시간 이상
③ 건설 일용근로자에 대한 건설업 기초안전·보건교육 - 2시간
④ 관리감독자의 지위에 있는 사람에 대한 정기교육 - 연간 12시간 이상
⑤ 판매업무에 직접 종사하는 근로자에 대한 정기교육 - 매분기 2시간 이상

[해설] ① [○] 일용근로자를 제외한 근로자에 대한 작업내용변경 시의 교육 - 2시간 이상
② 밀폐공간에서의 작업에 종사하는 근로자에 대한 특별안전·보건교육 - 16시간 이상
③ 건설 일용근로자에 대한 건설업 기초안전·보건교육 - 4시간
④ 관리감독자의 지위에 있는 사람에 대한 정기교육 - 연간 16시간 이상
⑤ 판매업무에 직접 종사하는 근로자에 대한 정기교육 - 매반기 6시간 이상(개정 2023)

정답 04. ①

○ 근로자 안전보건교육 (산시규 별표 4) <개정 2023. 9. 27.>

교육과정	교육대상		교육시간
가. 정기교육	1) 사무직 종사 근로자		매반기 6시간 이상
	2) 그 밖의 근로자	가) 판매업무에 직접 종사하는 근로자	매반기 6시간 이상
		나) 판매업무에 직접 종사 근로자 외 근로자	매반기 12시간 이상
나. 채용 시 교육	1) 일용근로자 및 근로계약기간이 1주일 이하인 기간제근로자		1시간 이상
	2) 근로계약기간이 1주일 초과 1개월 이하인 기간제근로자		4시간 이상
	3) 그 밖의 근로자		8시간 이상
다. 작업내용 변경시 교육	1) 일용근로자 및 근로계약기간이 1주일 이하인 기간제근로자		1시간 이상
	2) 그 밖의 근로자		2시간 이상
라. 특별교육	1) 일용근로자 및 근로계약기간이 1주일 이하인 기간제근로자 : 별표 5 제1호 라목(제39호 타워크레인 신호업무 작업은 제외한다)에 해당 작업 종사 근로자에 한정한다.		2시간 이상
	2) 일용근로자 및 근로계약기간이 1주일 이하인 기간제근로자 : 별표 5 제1호 라목 제39호에 해당하는 작업에 종사하는 근로자에 한정한다.		8시간 이상
	3) 일용근로자 및 근로계약기간이 1주일 이하인 기간제근로자를 제외한 근로자: 별표 5 제1호라목에 해당하는 작업에 종사하는 근로자에 한정한다.		가) 16시간 이상(최초 작업 종사 전 4시간 이상 실시하고 12시간은 3개월 이내에서 분할하여 실시 가능) 나) 단기간 작업 또는 간헐적 작업인 경우 2시간 이상
마. 건설업 기초 안전·보건교육	건설 일용근로자		4시간 이상

05 산업안전보건법령상 안전인증에 관한 설명으로 옳지 않은 것은?

① 안전인증을 받은 자는 안전인증을 받은 제품에 대하여 고용노동부령으로 정하는 바에 따라 제품명·모델·제조수량·판매수량 및 판매처 현황 등의 사항을 기록·보존하여야 한다.

② 안전인증이 취소된 자는 취소된 날부터 1년 이내에는 같은 규격과 형식의 유해·위험한 기계·기구·설비 등에 대하여 안전인증을 신청할 수 없다.

정답 05. ④

③ 고용노동부장관이 정하여 고시하는 안전인증기준에 맞지 아니하게 된 안전인증대상 기계·기구 등을 사용한 자는 3년 이하의 징역 또는 3천만원 이하의 벌금에 처해지게 된다.
④ 거짓이나 부정한 방법으로 안전인증을 받은 경우 3년 이내의 기간 동안 안전인증표시의 사용이 금지된다.
⑤ 수출을 목적으로 제조하는 안전인증대상 기계·기구 등은 안전인증이 전부 면제된다.

|해설| ④ [×] 거짓이나 그 밖의 부정한 방법으로 안전인증을 받은 경우에는 안전인증을 취소하여야 한다(산안법 제86조).

○ 안전인증의 취소 등 (산안법 제86조)
고용노동부장관은 안전인증을 받은 자가 다음 각 호의 어느 하나에 해당하면 안전인증을 취소하거나 6개월 이내의 기간을 정하여 안전인증표시의 사용을 금지하거나 안전인증기준에 맞게 시정하도록 명할 수 있다. 다만, 제1호의 경우에는 안전인증을 취소하여야 한다.
1. 거짓이나 그 밖의 부정한 방법으로 안전인증을 받은 경우
2. 안전인증을 받은 유해·위험기계 등의 안전에 관한 성능 등이 안전인증기준에 맞지 아니하게 된 경우
3. 정당한 사유 없이 제84조 제4항에 따른 확인을 거부, 방해 또는 기피하는 경우

① 안전인증을 받은 자는 안전인증을 받은 안전인증대상기계 등에 대하여 고용노동부으로 정하는 바에 따라 제품명·모델명·제조수량·판매수량 및 판매처 현황 등의 항을 기록하여 보존하여야 한다(산안법 제84조).
② 안전인증이 취소된 자는 안전인증이 취소된 날부터 1년 이내에는 취소된 유해·위험기계 등에 대하여 안전인증을 신청할 수 없다(산안법 제86조).
③ 고용노동부장관이 정하여 고시하는 안전인증기준에 맞지 아니하게 된 안전인증 대상 기계·기구 등을 사용한 자는 3년 이하의 징역 또는 3천만원 이하의 벌금에 처한다 (산안법 제169조 제4항). <개정 2020. 3. 31>
⑤ 연구·개발을 목적으로 제조·수입하거나 수출을 목적으로 제조하는 경우 안전인증의 전부 또는 일부를 면제할 수 있다(산안법 제84조).

06 산업안전보건법령상 자율안전확인대상 기계·기구 등만으로 짝지어진 것은?
① 휴대형 연삭기 - 동력식 수동대패용 칼날 접촉 방지장치 - 안전화
② 파쇄기 - 롤러기 급정지장치 - 보안면(용접용 보안면 제외)
③ 산업용 로봇 - 양중기용 과부하방지장치 - 잠수기
④ 사출성형기 - 산업용 로봇 안전매트 - 방진마스크
⑤ 전단기 및 절곡기 - 교류 아크용접기용 자동전격방지기 - 보안경

정답 06. ②

해설 (문제 오류) 확정답안 발표시 모두 정답처리. 현행 법규 기준으로 학습 요함.
② [○] 2025년 1월 기준으로 자율안전확인대상 기계·기구 등만으로 짝지어진 것이다.
○ 자율안전확인대상기계 등 (산안령 제77조)
① 다음 각 호의 어느 하나에 해당하는 기계 또는 설비
1. 연삭기(研削機) 또는 연마기(휴대형은 제외한다)
2. 산업용 로봇 3. 혼합기 4. 파쇄기 또는 분쇄기
5. 식품가공용 기계(파쇄·절단·혼합·제면기만 해당한다)
6. 컨베이어   7. 자동차정비용 리프트
8. 공작기계(선반, 드릴기, 평삭·형삭기, 밀링만 해당한다)
9. 고정형 목재가공용 기계(둥근톱, 대패, 루타기, 띠톱, 모떼기 기계만 해당)
10. 인쇄기
② 다음 각 호의 어느 하나에 해당하는 방호장치
1. 아세틸렌 용접장치용 또는 가스집합 용접장치용 안전기
2. 교류 아크용접기용 자동전격방지기
3. 롤러기 급정지장치   4. 연삭기 덮개
5. 목재 가공용 둥근톱 반발 예방장치와 날 접촉 예방장치
6. 동력식 수동대패용 칼날 접촉 방지장치
7. 추락·낙하 및 붕괴 등의 위험 방지 및 보호에 필요한 가설기자재(가설기자재는 제외한다)로서 고용노동부장관이 정하여 고시하는 것
③ 다음 각 호의 어느 하나에 해당하는 보호구
1. 안전모(안전인증대상 보호구인 안전모는 제외한다)
2. 보안경(안전인증대상 보호구인 보안경은 제외한다)
3. 보안면(안전인증대상 보호구인 보안면은 제외한다)

07 산업안전보건법령상 방호조치에 대한 근로자의 준수사항 및 사업주의 조치사항으로 옳지 않은 것은?

① 근로자는 방호조치를 해체하려는 경우에는 사업주의 허가를 받아 해체하여야 한다.
② 근로자는 방호조치를 해체한 후 그 사유가 소멸된 경우에는 지체 없이 원상으로 회복시켜야 한다.
③ 근로자는 방호조치의 기능이 상실된 것을 발견한 경우에는 지체 없이 사업주에게 신고하여야 한다.
④ 사업주는 방호조치가 정상적인 기능을 발휘할 수 있도록 상시 점검 및 정비를 하여야 한다.
⑤ 사업주는 방호조치의 기능상실 신고가 있으면 충분한 검토를 통해 적절한 조치 계획을 수립한 후 수리, 보수하여야 한다.

정답 07. ⑤

해설 ⑤ [×] 사업주는 방호조치의 기능상실 신고가 있으면 즉시 수리, 보수 및 작업중지 등 적절한 조치를 해야 한다(산시규 제99조).

① 근로자는 방호조치를 해체하려는 경우에는 사업주의 허가를 받아 해체하여야 한다(산시규 제99조).

② 근로자는 방호조치 해제 사유가 소멸된 경우에는 지체 없이 원상으로 회복시켜야 한다(산시규 제1항 제2호).

③ 근로자는 방호조치의 기능이 상실한 것을 발견한 경우에는 지체 없이 사업주에게 신고하여야 한다(산시규 제99조).

④ 사업주는 방호조치가 정상적인 기능을 발휘할 수 있도록 방호조치와 관련되는 장치를 상시적으로 점검하고 정비하여야 한다(산안법 제80조).

08 산업안전보건법령상 안전검사에 관한 설명으로 옳은 것은?

① 유해·위험기계 등이 고용노동부령이 정하는 다른 법령에 따라 안전성에 관한 검사나 인증을 받은 경우라 하더라도 안전검사를 실시하여야 한다.

② 건설현장에서 사용하는 크레인은 최초로 설치한 날부터 1년마다 안전검사를 받아야 한다.

③ 고용노동부장관은 안전검사 업무를 위탁받아 수행할 기관을 지정할 수 있다.

④ 공정안전보고서를 제출하여 확인을 받은 압력용기는 3년마다 안전검사를 받아야 한다.

⑤ 안전검사에 합격한 유해·위험기계 등을 사용하는 사업주는 그 유해·위험기계 등이 안전검사에 합격한 것임을 나타내는 표시를 하지 않아도 된다.

해설 ③ [○] 고용노동부장관은 안전검사 업무를 위탁받아 수행하는 기관을 안전검사기관으로 지정할 수 있다(산안법 96조).

① 안전검사대상기계 등이 다른 법령에 따라 안전성에 관한 검사나 인증을 받은 경우로서 고용노동부령으로 정하는 경우에는 안전검사를 면제할 수 있다(산안법 제93조).

② 건설현장에서 사용하는 것은 최초로 설치한 날부터 6개월마다 안전검사를 받아야 한다(산시규 제93조).

④ 공정안전보고서를 제출하여 확인을 받은 압력용기는 4년마다 안전검사를 받아야 한다(산시규 제126조). ← 단서에서 2년마다가 아닌 4년마다로 되어 있고, 완화된 것임.

⑤ 안전검사합격증명서를 발급받은 사업주는 그 증명서를 안전검사대상기계 등에 붙여야 한다(산안법 제94조).

정답 08. ③

09 산업안전보건법령상 건축물이나 설비를 철거하거나 해체하는 경우 기관석면 조사를 실시하여야 할 대상으로 옳은 것은?

① 주택의 연면적 합계가 200m² 이상이면서, 그 주택의 철거·해체하려는 부분의 면적 합계가 150m² 이상인 경우

② 건축물(주택 제외)의 연면적 합계가 50m² 이상이면서, 그 건축물의 철거·해체하려는 부분의 면적 합계가 50m² 이상인 경우

③ 철거·해체하려는 부분에 실링(sealing)재를 사용한 부피의 합이 0.5m³ 이상인 경우

④ 철거·해체하려는 부분에 단열재를 사용한 면적의 합이 10m² 이상인 경우

⑤ 파이프 길이의 합이 80m 이상이면서, 그 파이프의 철거·해체하려는 부분의 보온재로 사용된 길이의 합이 60m 이상인 경우

해설 ② [○] 건축물(주택은 제외한다)의 연면적 합계가 50m² 이상이면 그 건축물의 철거·해체하려는 부분의 면적 합계가 50m² 이상인 경우 (산안령 제89조)

① 주택(부속건축물을 포함한다)의 연면적 합계가 200m² 이상이면서, 그 주택의 철거·해체하려는 부분의 면적 합계가 200m² 이상인 경우

③ 설비의 철거·해체하려는 부분에 실링(sealing)재를 사용한 면적의 합이 15m² 이상 또는 그 부피의 합이 1m³ 이상인 경우 (산안령 제89조)

④ 설비의 철거·해체하려는 부분에 단열재를 사용한 면적의 합이 15m² 이상 또는 그 부피의 합이 1m³ 이상인 경우 (산안령 제89조)

○ 설비의 철거·해체하려는 부분에 다음의 어느 하나에 해당하는 해당 자재 전체

1. 단열재   2. 보온재
3. 분무재   4. 내화피복재(耐火被覆材)
5. 개스킷(Gasket : 누설방지재)
6. 패킹재(Packing material : 틈박이재)
7. 실링재(Sealing material : 액상 메움재)
8. 그 밖에 제1호부터 제7호까지의 자재와 유사한 용도로 사용되는 자재로서 고용노동부장관이 정하여 고시하는 자재

⑤ 파이프 길이의 합이 80m 이상이면서, 그 파이프의 철거·해체하려는 부분의 보온재로 사용된 길이의 합이 80m 이상인 경우 (산안령 제89조)

정답 09. ②

10 산업안전보건기준에 관한 규칙상 사업주가 급성 독성물질의 누출로 인한 위험을 방지하기 위하여 취할 조치가 아닌 것은?

① 사업장 내 급성 독성물질의 저장 및 취급량을 최소화할 것
② 급성 독성물질을 취급 저장하는 설비의 연결 부분은 누출되지 않도록 밀착시키고, 매월 1회 이상 연결부분에 이상이 있는지를 점검할 것
③ 급성 독성물질을 폐기·처리하여야 하는 경우에는 냉각·분리·흡수·흡착·소각 등의 처리공정을 통하여 급성 독성물질이 외부로 방출되지 않도록 할 것
④ 급성 독성물질이 외부로 누출된 경우에는 감지·경보할 수 있는 설비를 갖출 것
⑤ 급성 독성물질을 폐기·처리 또는 방출하는 설비를 설치하는 경우에는 수동으로 작동될 수 있는 구조로 하거나 원격조정할 수 있는 조작구조로 설치할 것

> [해설] ⑤ [×] 급성 독성물질을 폐기·처리 또는 방출하는 설비를 설치하는 경우에는 수동으로 작동될 수 있는 구조로 하거나 원격조정할 수 있는 수동조작구조로 설치할 것
>
> ○ 독성이 있는 물질의 누출 방지 (산기규 제299조)
> 1. 사업장 내 급성 독성물질의 저장 및 취급량을 최소화할 것
> 2. 급성 독성물질을 취급 저장하는 설비의 연결 부분은 누출되지 않도록 밀착시키고, 매월 1회 이상 연결부분에 이상이 있는지를 점검할 것
> 3. 급성 독성물질을 폐기·처리하여야 하는 경우에는 냉각·분리·흡수·흡착·소각 등의 처리공정을 통하여 급성 독성물질이 외부로 방출되지 않도록 할 것
> 4. 급성 독성물질 취급설비의 이상 운전으로 급성 독성물질이 외부로 방출될 경우에는 저장·포집 또는 처리설비를 설치하여 안전하게 회수할 수 있도록 할 것
> 5. 급성 독성물질을 폐기·처리 또는 방출하는 설비를 설치하는 경우에는 자동으로 작동될 수 있는 구조로 하거나 원격조정할 수 있는 수동조작구조로 설치할 것
> 6. 급성 독성물질을 취급하는 설비의 작동이 중지된 경우에는 근로자가 쉽게 알 수 있도록 필요한 경보설비를 근로자와 가까운 장소에 설치할 것
> 7. 급성 독성물질이 외부로 누출된 경우에는 감지·경보할 수 있는 설비를 갖출 것

11 산업안전보건법령상 작업과 휴식의 적정한 배분, 그 밖에 근로시간과 관련된 근로조건의 개선을 통하여 근로자의 건강보호를 위한 조치를 하여야 하는 유해·위험작업을 모두 고른 것은?

> ㄱ. 갱(坑) 내에서 하는 작업
> ㄴ. 다량의 저온물체를 취급하는 작업과 현저히 춥고 차가운 장소에서 하는 작업
> ㄷ. 강렬한 소음이 발생하는 장소에서 하는 작업
> ㄹ. 인력으로 중량물을 취급하는 작업

정답 10. ⑤ 11. ⑤

① ㄴ, ㄹ   ② ㄱ, ㄴ, ㄷ   ③ ㄱ, ㄷ, ㄹ   ④ ㄴ, ㄷ, ㄹ   ⑤ ㄱ, ㄴ, ㄷ, ㄹ

해설 ⑤ [○] 유해하거나 위험한 작업 : 근로시간 제한 등이 필요 (산안령 제99조)
1. 갱(坑) 내에서 하는 작업
2. 다량의 고열물체를 취급하는 작업과 현저히 덥고 뜨거운 장소에서 하는 작업
3. 다량의 저온물체를 취급하는 작업과 현저히 춥고 차가운 장소에서 하는 작업
4. 라듐방사선이나 엑스선, 그 밖의 유해 방사선을 취급하는 작업
5. 유리·흙·돌·광물의 먼지가 심하게 날리는 장소에서 하는 작업
6. 강렬한 소음이 발생하는 장소에서 하는 작업
7. 착암기(바위에 구멍을 뚫는 기계) 등에 의하여 신체에 강렬한 진동을 주는 작업
8. 인력(人力)으로 중량물을 취급하는 작업
9. 납·수은·크롬·망간·카드뮴 등의 중금속 또는 이황화탄소·유기용제, 그 밖에 고용노동부령으로 정하는 특정 화학물질의 먼지·증기 또는 가스가 많이 발생하는 장소에서 하는 작업

12 산업안전보건법령상 다음 ( ) 안에 들어갈 숫자를 순서대로 배열한 것은?

> 사업주는 최근 1년간 작업공정에서 공정 설비의 변경, 작업방법의 변경, 설비의 이전, 사용 화학물질의 변경 등으로 작업환경측정 결과에 영향을 주는 변화가 없는 경우로서 다음 각 호의 어느 하나에 해당하는 경우에는 해당 유해인자에 대한 작업환경측정을 1년에 1회 이상 할 수 있다. 다만, 고용노동부장관이 정하여 고시하는 물질을 취급하는 작업공정은 그러하지 아니하다.
> 1. 작업공정 내 소음의 작업환경측정 결과가 최근 ( )회 연속 ( )dB미만인 경우
> 2. 작업공정 내 소음 외의 다른 모든 인자의 작업환경측정 결과가 최근 ( )회 연속 노출기준 미만인 경우

① 2, 75, 2   ② 2, 80, 3   ③ 2, 85, 2   ④ 3, 80, 3   ⑤ 3, 85, 2

해설 ③ [○] 작업환경측정 횟수 (산시규 제190조)
사업주는 최근 1년간 작업공정에서 공정 설비의 변경, 작업방법의 변경, 설비의 이전, 사용 화학물질의 변경 등으로 작업환경측정 결과에 영향을 주는 변화가 없는 경우로서 다음의 어느 하나에 해당하는 경우에는 해당 유해인자에 대한 작업환경측정을 연 1회 이상 할 수 있다. 다만, 고용노동부장관이 정하여 고시하는 물질을 취급하는 작업공정은 그렇지 않다(산시규 제190조).
1. 작업공정 내 소음의 작업환경측정 결과가 최근 2회 연속 85dB 미만인 경우
2. 작업공정 내 소음 외의 다른 모든 인자의 작업환경측정 결과가 최근 2회 연속 노출기준 미만인 경우

정답 12. ③

○ 작업환경측정 주기 (산시규 제190조)
사업주는 작업장 또는 작업공정이 신규로 가동되거나 변경되는 등으로 작업환경측정 대상 작업장이 된 경우에는 그 날부터 30일 이내에 작업환경측정을 하고, 그 후 반기 (半期)에 1회 이상 정기적으로 작업환경을 측정해야 한다. 다만, 작업환경측정 결과가 다음 각 호의 어느 하나에 해당하는 작업장 또는 작업공정은 해당 유해인자에 대하여 그 측정일부터 3개월에 1회 이상 작업환경측정을 해야 한다.
1. 화학적 인자(고용노동부장관이 정하여 고시하는 물질만 해당한다)의 측정치가 노출 기준을 초과하는 경우
2. 화학적 인자(고용노동부장관이 정하여 고시하는 물질은 제외한다)의 측정치가 노출 기준을 2배 이상 초과하는 경우

13 산업안전보건법령상 근로자대표가 사업주에게 그 내용 또는 결과를 통지할 것을 을 요청할 수 있는 사항이 아닌 것은?

① 산업재해 예방계획의 수립에 관하여 산업안전보건위원회가 의결한 사항
② 개별 근로자의 건강진단 결과에 관한 사항   ③ 작업환경측정에 관한 사항
④ 안전보건개선계획의 수립·시행명령을 받은 사업장의 경우 안전보건개선계획의 수립· 시행 내용에 관한 사항
⑤ 물질안전보건자료의 작성·비치 등에 관한 사항

해설 ② [×] 근로자대표는 사업주에게 다음 각 호의 사항을 통지하여 줄 것을 요청할 수 있 고, 사업주는 이에 성실히 따라야 한다(산안법 제35조).
1. 산업안전보건위원회(노사협의체를 구성·운영하는 경우에는 노사협의체를 말한다) 가 의결한 사항
2. 안전보건진단 결과에 관한 사항
3. 안전보건개선계획의 수립·시행에 관한 사항
4. 도급인의 이행 사항
5. 물질안전보건자료에 관한 사항
6. 작업환경측정에 관한 사항
7. 그 밖에 고용노동부령으로 정하는 안전 및 보건에 관한 사항

14 산업안전보건법령상 건강진단에 관한 설명으로 옳지 않은 것은?

① 근로자대표가 요구할 때에는 건강진단 시 근로자대표를 입회시켜야 한다.
② 고용노동부장관은 근로자의 건강을 보호하기 위하여 필요하다고 인정할 때에는 사업주 에게 특정 근로자에 대한 임시건강진단 실시나 그 밖에 필요한 조치를 명할 수 있다.
③ 배치전건강진단이란 특수건강진단대상업무에 종사할 근로자에 대하여 배치 예정 업무 에 대한 적합성 평가를 위하여 사업주가 실시하는 건강진단을 말한다.

정답 13. ②   14. ④

④ 건강진단기관은 건강진단을 실시한 결과 질병 유소견자가 발견된 경우에는 건강진단을 실시한 날부터 60일 이내에 관할 지방고용노동관서의 장에게 보고하여야 한다.
⑤ 사업주는 건강진단 결과를 근로자의 건강 보호·유지 외의 목적으로 사용하여서는 아니 된다.

해설 ④ [×] 건강진단기관은 건강진단을 실시한 결과 질병 유소견자가 발견된 경우에는 건강진단을 실시한 날부터 30일 이내에 해당 근로자에게 의학적 소견 및 사후관리에 필요한 사항과 업무수행의 적합성 여부(특수건강진단기관인 경우만 해당하다)를 설명하여야 한다(산시규 제209조).
① 사업주는 건강진단을 실시하는 경우 근로자대표가 요구하면 근로자대표를 참석시켜야 한다(산안법 제132조).
② 고용노동부장관은 근로자의 건강을 보호하기 위하여 사업주에게 특정 근로자에 대한 건강진단(임시건강진단)의 실시나 작업전환, 그 밖에 필요한 조치를 명할 수 있다(산안법 제131조).
③ 배치전건강진단이란 특수건강진단대상업무에 근로자를 배치하려는 경우에는 해당 작업에 배치하기 전에 사업주가 실시하는 건강진단을 말한다(산시규 제204조).
⑤ 사업주는 건강진단의 결과를 근로자의 건강 보호 및 유지 외의 목적으로 사용해서는 아니 된다(산안법 제132조).

15 산업안전보건법령상 다음 내용에서 옳은 것을 모두 고른 것은?

ㄱ. 건강진단 실시에 있어서 사무직에 종사하는 근로자란 공장 또는 공사현장과 같은 구역에 있지 아니한 사무실에서 서무·인사·경리·판매·설계 등의 사무업무에 종사하는 근로자를 말하며, 판매업무 등에 직접 종사하는 근로자는 제외한다.
ㄴ. 특수건강진단을 실시한 결과 직업병 유소견자가 발견된 작업공정에서 해당 유해인자에 노출되는 모든 근로자에 대하여 다음 회에 한정하여 관련 유해인자별로 특수건강진단 주기를 2분의 1로 단축하여야 한다.
ㄷ. 특수건강진단기관은 근로자에 대해 특수건강진단을 실시한 날부터 30일 이내에 건강진단 결과표를 지방고용노동관서의 장에게 제출하여야 한다.
ㄹ. 선원법에 따른 건강진단을 받은 근로자는 일반건강진단을 실시한 것으로 본다.

① ㄷ, ㄹ ② ㄱ, ㄴ, ㄷ ③ ㄱ, ㄷ, ㄹ ④ ㄴ, ㄷ, ㄹ ⑤ ㄱ, ㄴ, ㄷ, ㄹ

해설 (ㄱ) [○] 사무직에 종사하는 근로자는 공장 또는 공사현장과 같은 구역에 있지 않은 서무·인사·경리·판매·설계 등의 사무업무에 종사하는 근로자를 말하며, 판매업무 등에 직접 종사하는 근로자는 제외한다(산시규 제197조).

정답 15. ⑤

(ㄴ) [○] 특수건강진단을 실시한 결과 직업병 유소견자가 발견된 작업공정에서 해당 유해인자에 노출되는 모든 근로자에 대하여 다음 회에 한정하여 관련 유해인자별로 특수건강진단 주기를 2분의 1로 단축하여야 한다(산시규 제202조).

(ㄷ) [○] 특수건강진단기관은 특수건강진단·수시건강진단 또는 임시건강진단을 실시한 경우에는 건강진단을 실시한 날부터 30일 이내에 건강진단결과표를 지방고용노동관서의 장에게 제출해야 한다(산시규 제209조).

(ㄹ) [○] 선원법에 따른 건강진단을 받은 근로자는 일반건강진단을 실시한 것으로 인정한다(산시규 제196조).

16 산업안전보건기준에 관한 규칙상 석면해체·제거작업 및 유지·관리 등의 조치기준으로 옳지 않은 것은?

① 사업주는 석면해체·제거작업에 근로자를 종사하도록 하는 경우에는 1급 방진마스크를 지급하여 착용하도록 하여야 한다.
② 사업주는 분말 상태의 석면을 혼합하거나 용기에 넣거나 꺼내는 작업, 절단·천공 또는 연마하는 작업 등 석면분진이 흩날리는 작업에 근로자를 종사하도록 하는 경우에 석면의 부스러기 등을 넣어두기 위하여 해당 장소에 뚜껑이 있는 용기를 갖추어 두어야 한다.
③ 사업주는 석면 취급작업을 마친 근로자의 오염된 작업복은 석면 전용의 탈의실에서만 벗도록 하여야 한다.
④ 사업주는 석면해체·제거작업장과 연결되거나 인접한 장소에 탈의실·샤워실 및 작업복 갱의실 등의 위생설비를 설치하고 필요한 용품 및 용구를 갖추어 두어야 한다.
⑤ 사업주는 석면해체·제거작업에서 발생된 석면을 함유한 잔재물은 습식으로 청소하거나 고성능필터가 장착된 진공청소기를 사용하여 청소하는 등 석면분진이 흩날리지 않도록 하여야 한다.

해설 ① [×] 사업주는 석면해체·제거작업에 근로자를 종사하도록 하는 경우에는 특등급 방진마스크를 지급하여 착용하도록 하여야 한다(산기규 제491조).
　　○ 개인보호구의 지급·착용 (산기규 제491조)
　　　사업주는 석면해체·제거작업에 근로자를 종사하도록 하는 경우에 다음 각 호의 개인보호구를 지급하여 착용하도록 하여야 한다. 다만, 제2호의 보호구는 근로자의 눈 부분이 노출될 경우에만 지급한다.
　　　1. 방진마스크(특등급만 해당한다)나 송기마스크 또는 전동식 호흡보호구. 다만, 분무된 석면이나 석면이 함유된 보온재 또는 내화피복재의 해체·제거작업에 종사의 경우는 송기마스크 또는 전동식 호흡보호구를 지급하여 착용해야 한다.
　　　2. 고글(Goggles)형 보호안경　3. 신체를 감싸는 보호복, 보호장갑 및 보호신발

해답　16. ①

② 사업주는 분말 상태의 석면을 혼합하거나 용기에 넣거나 꺼내는 작업, 절단·천공 또는 연마하는 작업 등 석면분진이 흩날리는 작업에 근로자를 종사하도록 하는 경우에 석면의 부스러기 등을 넣어 두기 위하여 해당 장소에 뚜껑이 있는 용기를 갖추어 두어야 한다(산기규 제484조).

③ 사업주는 석면해체·제거작업에 종사한 근로자에게 개인보호구를 작업복 탈의실에서 벗어 밀폐용기에 보관하도록 하여야 한다(산기규 제494조).

④ 사업주는 석면해체·제거작업장과 연결되거나 인접한 장소에 평상복 탈의실, 샤워실 및 작업복 탈의실 등의 위생설비를 설치하고 필요한 용품 및 용구를 갖추어 두어야 한다(산기규 제494조).

⑤ 사업주는 석면해체·제거작업에서 발생된 석면을 함유한 잔재물은 습식으로 청소하거나 고성능필터가 장착된 진공청소기를 사용하여 청소하는 등 석면분진이 흩날리지 않도록 하여야 한다(산기규 제497조).

17 산업안전보건법령상 사업장의 관리감독자가 수행하여야 하는 업무에 해당하는 것은?

① 근로자의 안전·보건교육에 관한 사항
② 위험성평가를 위한 업무에 기인하는 유해·위험요인의 파악 및 그 결과에 따른 개선조치의 시행에 관한 사항
③ 안전·보건과 관련된 안전장치 및 보호구 구입 시의 적격품 여부 확인에 관한 사항
④ 작업환경측정 등 작업환경의 점검 및 개선에 관한 사항
⑤ 산업재해에 관한 통계의 기록 및 유지에 관한 사항

해설 ② [○] 관리감독자는 유해·위험요인을 파악하고 그 결과에 따라 개선조치를 시행한다(사업장 위험성평가에 관한 지침 제7조 제1항).

○ 관리감독자의 업무 (산안령 제15조)
 1. 사업장 내 관리감독자가 지휘·감독하는 작업과 관련된 기계·기구 또는 설비의 안전·보건 점검 및 이상 유무의 확인
 2. 관리감독자에게 소속된 근로자의 작업복·보호구 및 방호장치의 점검과 그 착용·사용에 관한 교육·지도
 3. 해당작업에서 발생한 산업재해에 관한 보고 및 이에 대한 응급조치
 4. 해당작업의 작업장 정리·정돈 및 통로 확보에 대한 확인·감독
 5. 사업장의 담당자의 지도·조언에 대한 협조
 6. 위험성평가에 관한 다음의 업무
  ㉠ 유해·위험요인의 파악에 대한 참여, ㉡ 개선조치의 시행에 대한 참여
 7. 그 밖에 해당작업의 안전 및 보건에 관한 사항으로서 고용노동부령으로 정하는 사항

18 산업안전보건법령상 안전·보건표지 중 안내표지에 해당하는 것은?

① 세안장치  ② 방진마스크착용  ③ 금연

④ 502 석면취급/해체작업장 관계자외 출입금지 석면 취급/해체중 보호구/보호복 착용 흡연및 음식물 섭취 금지 ⑤ 고압전기경고

해설 ① [○] 안내표지, ② 지시표지, ③ 금지표지, ④ 관계자외 출입금지, ⑤ 경고표지
○ 안전보건표지의 종류와 형태 (산시규 별표 6)

1. 금지표지

출입금지	보행금지	차량통행금지	사용금지	탑승금지	금연

화기금지	물체이동금지

2. 경고표지

인화성물질경고	산화성물질경고	폭발성물질경고	급성독성물질경고	부식성물질경고
방사성물질경고	고압전기 경고	매달린 물체경고	낙하물 경고	고온 경고
저온 경고	몸균형상실 경고	레이저광선 경고	발암성·변이원성·생식독성·전신독성·호흡기 과민성 물질경고	위험장소 경고

정답 18. ①

3. 지시표지

보안경 착용	방독마스크 착용	방진마스크 착용	보안면 착용	안전모 착용
귀마개 착용	안전화 착용	안전장갑 착용	안전복 착용	

4. 안내표지

녹십자표지	응급구호표지	들것	세안장치	비상용기구
비상구	좌측비상구	우측비상구		

5. 관계자외 출입금지

허가대상물질 작업장	석면취급/해체 작업장	금지대상물질의 취급 실험실 등
관계자외 출입금지 (허가물질 명칭) 제조/사용/보관 중 보호구/보호복 착용 흡연 및 음식물 섭취금지	관계자외 출입금지 석면취급/해체중 보호구/보호복 착용 흡연 및 음식물 섭취금지	관계자외 출입금지 발암물질 취급 중 보호구/보호복 착용 흡연 및 음식물 섭취금지

19 산업안전보건법령상 사업주의 의무에 관한 설명으로 옳은 것은?

① 사업주는 근로자가 산업안전보건법령의 요지를 알 수 있도록 서면으로 교부해야 한다.
② 외국인근로자를 채용한 사업주는 해당 근로자의 모국어로 된 안전·보건표지와 작업안전수칙을 부착하여야 한다.
③ 사업주는 연속적으로 컴퓨터 단말기 작업에 종사하는 근로자에 대하여 작업시간중에 적절한 휴식시간을 부여하여야 한다.

정답 19. ③

④ 사업주는 작업환경측정 결과를 기록한 서류를 3년간 보존하여야 한다.
⑤ 사업주는 안전·보건표지의 성질상 설치나 부착이 곤란한 경우에는 해당 물체에 직접 도장하여야 한다.

해설 ③ [○] 사업주는 연속적으로 컴퓨터 단말기 작업에 종사하는 근로자에 대하여 작업시간 중에 건강장해를 예방하기 위한 필요한 조치(보건조치)를 해야 한다(산안법 제39조).
① 사업주는 이 법과 이 법에 따른 명령의 요지 및 안전보건관리규정을 각 사업장의 근로자가 쉽게 볼 수 있는 장소에 게시하거나 갖추어 두어 근로자에게 널리 알려야 한다(산안법 제34조).
② 외국인근로자를 사용하는 사업주는 안전보건표지를 고용노동부장관이 정하는 바에 따라 해당 외국인근로자의 모국어로 작성하여야 한다(산안법 제37조).
④ 작업환경측정기관은 작업환경측정에 관한 사항으로서 고용노동부령으로 정하는 사항을 적은 서류를 3년 동안 보존하여야 한다(산안법 제164조). 사업주는 작업환경측정 결과를 기록하여 보존하고 고용노동부령으로 정하는 바에 따라 고용노동부장관에게 보고하여야 한다. 다만, 사업주로부터 작업환경측정을 위탁받은 작업환경측정기관이 작업환경측정을 한 후 그 결과를 고용노동부령으로 정하는 바에 따라 고용노동부장관에게 제출한 경우에는 작업환경측정 결과를 보고한 것으로 본다(산안법 제126조).
⑤ 안전보건표지의 성질상 설치하거나 부착하는 것이 곤란한 경우에는 해당 물체에 직접 도색할 수 있다(산시규 제39조).

20 산업안전보건법령상 안전관리자에 관한 설명으로 옳은 것은?
① 같은 사업주가 경영하는 둘 이상의 사업장이 같은 시·군·자치구 지역에 소재하는 경우에도 사업장마다 각각 안전관리자를 두어야 한다.
② 건설업의 경우 공사금액 120억원(토목공사업에 속하는 공사는 150억원) 이상인 사업장에는 해당 사업장에서 안전관리자의 업무만을 전담하는 안전관리자를 두어야 한다.
③ 지방고용노동관서의 장은 중대재해가 연간 2건 발생한 경우 사업주에게 안전관리자를 정수 이상으로 증원할 것을 명할 수 있다.
④ 상시 근로자 300명 미만을 사용하는 건설업은 안전관리자의 업무를 안전관리전문기관에 위탁할 수 있다.
⑤ 사업주는 안전관리자를 선임한 경우 선임한 날부터 30일 이내에 고용노동부장관에게 증명할 수 있는 서류를 제출하여야 한다.

해설 ② [○] 건설업의 경우 공사금액 120억원(토목공사는 150억원 이상에 해당 사업장에서 안전관리자 업무만을 전담하는 안전관리자를 두어야 한다(산안령 제16조).
① 같은 사업주가 경영하는 둘 이상의 사업장이 같은 시·군·자치구 지역에 소재하는 경우에는 1명의 안전관리자를 공동으로 둘 수 있다(산안령 제16조).

정답 20. ②

③ 지방노동관서의 장은 중대재해가 연간 2건 이상 발생한 경우 사업주에게 안전관리자를 정수 이상으로 증원할 것을 명할 수 있다(산시규 제12조).

④ 건설업을 제외한 사업으로서 상시근로자 300명 미만을 사용하는 사업장은 안전관리자의 업무를 안전관리 전문기관에 위탁할 수 있다(산안령 제19조).

⑤ 사업주는 안전관리자를 선임하거나 안전관리자의 업무를 안전관리전문기관에 위탁한 경우에는 고용노동부령으로 정하는 바에 따라 선임하거나 위탁한 날부터 14일 이내에 고용노동부장관에게 그 사실을 증명할 수 있는 서류를 제출해야 한다(산안령 제16조).

21 산업안전보건법령상 산업안전보건위원회를 설치·운영하여야 하는 사업이 아닌 것은?

① 상시 근로자 50명인 토사석 광업
② 상시 근로자 100명인 비금속 광물제품 제조업
③ 상시 근로자 50명인 전투용 차량 제조업
④ 상시 근로자 100명인 사무용 기계 및 장비 제조업
⑤ 상시 근로자 50명인 자동차 및 트레일러 제조업

해설 ③ [×] 전투용 차량 제조업은 상시근로자 100명 이상(산안령 별표 9의 21.에 해당)
○ 산업안전보건위원회를 구성해야 할 사업 (산안령 별표 9)

사업의 종류	사업장의 상시근로자 수
1. 토사석 광업 2. 목재 및 나무제품 제조업; 가구 제외 3. 화학물질 및 화학제품 제조업; 의약품 제외 　(세제, 화장품 및 광택제 제조업과 화학섬유 제조업은 제외) 4. 비금속 광물제품 제조업 5. 1차 금속 제조업 6. 금속가공제품 제조업; 기계 및 가구 제외 7. 자동차 및 트레일러 제조업 8. 기타 기계 및 장비 제조업 (사무용 기계 및 장비 조업 제외) 9. 기타 운송장비 제조업 (전투용 차량 제조업은 제외)	상시근로자 50명 이상
10. 농업 11. 어업 12. 소프트웨어 개발 및 공급업 13. 컴퓨터 프로그래밍, 시스템 통합 및 관리업 14. 정보서비스업 15. 금융 및 보험업 16. 임대업; 부동산 제외 17. 전문, 과학 및 기술 서비스업 (연구개발업은 제외)	상시근로자 300명 이상

정답 21. ③

18. 사업지원 서비스업	상시근로자 300명 이상
19. 사회복지 서비스업	
20. 건설업	공사금액 120억원 이상 (토목공사업은 150억원 이상)
21. 제1호부터 제20호까지의 사업을 제외한 사업	상시근로자 100명 이상

(22) 산업안전보건법령상 안전보건관리규정에 관한 설명으로 옳은 것은?

① 안전보건관리규정을 작성하여야 할 경우 소방·가스·전기·교통 분야 등의 다른 법령에서 정하는 안전관리에 관한 규정과 별도로 작성하여야 한다.
② 안전보건관리규정은 해당 사업장에 적용되는 단체협약 및 취업규칙에 우선한다.
③ 사업주는 안전보건관리규정을 작성하여야 할 사유가 발생한 날부터 60일 이내에 안전보건관리규정을 작성하여야 한다.
④ 사업주가 안전보건관리규정을 변경할 때에 산업안전보건위원회가 설치되어 있지 아니한 사업장의 경우에는 근로자대표에게 통보하면 된다.
⑤ 안전보건관리규정에는 사고 조사 및 대책 수립에 관한 사항이 포함되어야 한다.

해설 ⑤ [○] 안전보건관리규정에는 사고 조사 및 대책 수립에 관한 사항이 포함되어야 한다 (산안법 제25조).

　○ 안전보건관리규정의 작성시 포항 사항 (산안법 제25조)
　　1. 안전 및 보건에 관한 관리조직과 그 직무에 관한 사항
　　2. 안전보건교육에 관한 사항
　　3. 작업장의 안전 및 보건 관리에 관한 사항
　　4. 사고 조사 및 대책 수립에 관한 사항
　　5. 그 밖에 안전 및 보건에 관한 사항

① 사업주가 안전보건관리규정을 작성할 때에는 소방·가스·전기·교통 분야 등의 다른 법령에서 정하는 안전관리에 관한 규정과 통합하여 작성할 수 있다(산시규 제25조).
② 안전보건관리규정은 단체협약 또는 취업규칙에 반할 수 없다. 이 경우 안전보건관리규정 중 단체협약 또는 취업규칙에 반하는 부분에 관하여는 그 단체협약 또는 취업규칙으로 정한 기준에 따른다(산안법 제25조).
③ 사업의 사업주는 안전보건관리규정을 작성해야 할 사유가 발생한 날부터 30일 이내에 별표 3의 내용을 포함한 안전보건관리규정을 작성해야 한다(산시규 제25조).
④ 사업주는 안전보건관리규정을 작성하거나 변경할 때에는 산업안전보건위원회의 심의·의결을 거쳐야 한다. 다만 산업안전보건위원회가 설치되어 있지 아니한 사업장의 경우에는 근로자대표의 동의를 받아야 한다(산안법 제26조).

정답 22. ⑤

23 산업안전보건법령에 따라 안전·보건진단을 받아 안전보건개선계획을 수립·제출하도록 명할 수 있는 사업장에 해당하는 것은?

① 산업재해율이 같은 업종 평균 산업재해율의 1.5배인 사업장
② 산업재해율이 같은 업종의 규모별 평균 산업재해율보다 높은 사업장으로서 부상자가 동시에 5명 발생한 사업장
③ 2개월의 요양이 필요한 부상자가 동시에 2명 발생한 사업장
④ 상시 근로자가 1,200명으로서 직업병에 걸린 사람이 연간 2명 발생한 사업장
⑤ 작업환경 불량 등으로 사회적 물의를 일으킨 사업장

해설 ⑤ [○] 그 밖에 작업환경 불량, 화재·폭발 또는 누출 사고 등으로 사업장 주변까지 피해가 확산된 사업장으로서 고용노동부령으로 정하는 사업장

○ 안전보건진단을 받아 안전보건개선계획을 수립할 대상 (산안령 제49조)
  1. 산업재해율이 같은 업종 평균 산업재해율의 2배 이상인 사업장
  2. 사업주가 필요한 안전조치 또는 보건조치를 이행하지 아니하여 중대재해가 발생한 사업장
  3. 직업성 질병자가 연간 2명 이상(상시근로자 1천명 이상 사업장의 경우 3명 이상) 발생한 사업장
  4. 그 밖에 작업환경 불량, 화재·폭발 또는 누출 사고 등으로 사업장 주변까지 피해가 확산된 사업장으로서 고용노동부령으로 정하는 사업장

24 산업안전보건법령상 산업안전지도사 또는 산업보건지도사의 등록을 취소하여야 하는 사유를 모두 고른 것은?

ㄱ. 직무의 수행과정에서 고의로 인하여 중대재해가 발생한 경우
ㄴ. 업무정지 기간 중에 업무를 수행한 경우
ㄷ. 다른 사람에게 자기의 성명을 사용하여 지도사의 직무를 수행하게 한 경우
ㄹ. 거짓이나 그 밖의 부정한 방법으로 등록한 경우
ㅁ. 업무 관련 서류를 거짓으로 작성한 경우
ㅂ. 금고 이상의 형의 집행유예를 선고받고 그 유예기간 중에 있는 경우

① ㄱ, ㄷ, ㄹ   ② ㄱ, ㄹ, ㅂ   ③ ㄴ, ㄷ, ㅁ   ④ ㄴ, ㄹ, ㅁ   ⑤ ㄷ, ㅁ, ㅂ

해설 ④ [○] (ㄴ), (ㄹ), (ㅁ)은 취소 대상, (ㄱ), (ㄷ)은 벌금 대상, (ㅂ)은 등록 대상이 아니다.

○ 산업안전지도사 또는 산업보건지도사의 등록 취소 사유 (산안법 제154조)
  1. 거짓이나 그 밖의 부정한 방법으로 등록 또는 갱신등록을 한 경우
  2. 업무정지 기간 중에 업무를 수행한 경우
  3. 업무 관련 서류를 거짓으로 작성한 경우

정답 23. ⑤   24. ④

25) 산업안전보건법령에서 규정하고 있는 명예산업안전감독관의 업무가 아닌 것은?

① 사업장에서 하는 자체점검 참여 및 근로감독관이 하는 사업장 감독 참여
② 법령을 위반한 사실이 있는 경우 사업주에 대한 개선 요청 및 감독기관에의 신고
③ 산업재해 발생의 급박한 위험이 있는 경우 사업주에 대한 작업중지 요청
④ 사업장 순회점검·지도 및 조치의 건의
⑤ 직업성 질환의 증상이 있거나 질병에 걸린 근로자가 여럿 발생한 경우 사업주에 대한 임시건강진단 실시 요청

해설 ④ [×] 사업장 순회점검·지도 및 조치의 건의는 안전관리자의 업무이다.
○ 명예산업안전감독관의 업무 (산안령 제32조)
1. 사업장에서 하는 자체점검 참여 및 근로감독관이 하는 사업장 감독 참여
2. 사업장 산업재해 예방계획 수립 참여 및 사업장에서 하는 기계·기구 자체검사 참석
3. 법령을 위반한 사실이 있는 경우 사업주에 대한 개선 요청 및 감독기관에의 신고
4. 산업재해 발생의 급박한 위험이 있는 경우 사업주에 대한 작업중지 요청
5. 작업환경측정, 근로자 건강진단 시의 참석 및 그 결과에 대한 설명회 참여
6. 직업성 질환의 증상이 있거나 질병에 걸린 근로자가 여러 명 발생한 경우 사업주에 대한 임시건강진단 실시 요청
7. 근로자에 대한 안전수칙 준수 지도   8. 법령 및 산업재해 예방정책 개선 건의
9. 안전·보건 의식을 북돋우기 위한 활동 등에 대한 참여와 지원
10. 그 밖에 산업재해 예방에 대한 홍보 등 산업재해 예방업무와 관련하여 고용노동부장관이 정하는 업무

참고로, 대외기관에서 추천된 경우는 상기 중 8. 9. 10항만 해당되고, 근로자대표가 사업주의 의견을 들어 추천하는 명예산업안전감독관의 업무는 8항이 제외된다.

제2과목 : 산업안전일반

---

26) 안전교육에 관한 설명으로 옳지 않은 것은?

① 안전교육은 안전사고를 사전에 방지하기 위한 필수요소 중의 하나이다.
② 안전교육의 3요소는 강사, 수강자, 교재이다.
③ 단계별 안전교육은 '지식교육-기능교육-태도교육'의 순이다.
④ 강의식 교육은 많은 인원의 수강자를 동시에 교육시킬 수 있는 장점이 있다.
⑤ 하버드학파의 5단계 교수법은 preparation(준비) - presentation(발표) - generalization(보편화) - association(조합) - application(응용)의 순서로 한다.

정답 25. ④ | 26. ⑤

해설 ⑤ [×] 하버드학파의 5단계 교수법은 preparation(준비) → presentation(발표) → association(연합) → generalization(총괄) → application(응용)의 순서로 한다.

27 산업안전보건법령상 규정하고 있는 유해·위험방지계획서에 관한 설명 중 ㄱ, ㄴ의 내용이 옳게 연결된 것은?

> 건설업 중 터널건설 등의 공사를 착공하려는 사업주는 관련 절차를 준수하여 작성한 유해·위험방지계획서에 해당 서류를 첨부하여 해당 공사의 착공 (ㄱ)까지 (ㄴ)에 제출하여야 한다.

① ㄱ : 전날, ㄴ : 한국산업안전보건공단
② ㄱ : 전날, ㄴ : 관할 지방고용노동관서
③ ㄱ : 3일전, ㄴ : 한국산업안전보건공단
④ ㄱ : 3일전, ㄴ : 관할 지방고용노동관서
⑤ ㄱ : 7일전, ㄴ : 한국산업안전보건공단

해설 ① [○] 사업주가 유해위험방지계획서를 제출할 때에는 건설공사 유해위험방지계획서에 별표 10 서류를 첨부하여 해당 공사의 착공(유해위험방지계획서 작성 대상 시설물 또는 구조물의 공사를 시작하는 것을 말하며, 대지 정리 및 가설사무소 설치 등의 공사 준비기간은 착공으로 보지 않는다) 전날까지 공단에 2부를 제출해야 한다(산시규 제42조).

28 인간공학적 설계를 위하여 고려하여야 하는 작업환경 영향요소의 설명으로 옳지 않은 것은?

① 조명은 작업대의 조도기준 상 보통작업은 150럭스 이상으로 한다.
② 온도는 작업 경중에 따라 그 기준치를 달리하며, 일반적인 최적온도는 18~21℃이다.
③ 우리나라 소음노출기준은 90dB(A)에 8시간 노출을 기준으로 정하고 있으며, '5dB(A) 법칙'을 적용하지 않는다.
④ 고열, 냉습, 온도, 기류 및 환기가 적절하지 않은 경우 작업자의 건강과 정신적 스트레스 및 육체적 피로에 영향을 미친다.
⑤ 표시·조종장치는 작업정보가 정확하게 표시되고, 인간의 실수 또는 오조종으로 위험이 발생하지 않도록 보호장치 및 비상조종장치를 설치한다.

해설 ③ [×] 우리나라의 소음 노출기준은 90dB(A)에 8시간 노출을 기준으로 정하고 있으며, '5dB(A) 법칙'을 적용한다. 우리나라 소음 노출기준은 1일 8시간 작업을 기준으로 90dB의 소음이 발생하는 작업을 말한다(고용노동부 고시 제2020-48호 화학물질 및 물리적 인자의 노출기준, 별표 2).

① 조명은 작업대의 조도기준 상 보통작업은 150Lux 이상으로 한다(산기규 제8조).

정답 27. ① 28. ③

29 시스템에 관한 설명으로 옳지 않은 것은?

① 시스템의 정의는 '다수의 독립된 목적 또는 개념적 요소의 집합체가 어떤 공동의 목적을 달성하도록 상호 유기적으로 결합해 활동하도록 된 것'이다.
② 시스템은 여러 요소의 집합체로서 각 요소는 같은 기능을 수행하면서 상호 유기적인 관계를 유지하고, 공동의 목표를 지향하며 활동하는 것이다.
③ 요소의 결합이 자연적으로 된 것을 '생태시스템'이라 한다.
④ 공학시스템에는 수송 시스템, 송배전 시스템, 생산 시스템 등이 있다.
⑤ 공학시스템에서의 수송 시스템은 버스 시스템, 기차 시스템, 항공기 시스템 등으로 구성된다.

[해설] ② [○] 시스템(system)이란 특정 목적을 성취하기 위하여 여러 구성인자가 서로 유기적으로 연결되어 있으면서, 같은 목적을 위해 노력하는 것으로 정의된다.
○ 시스템이 되기 위한 중요 요건
  1. 특정한 목적을 가지고 있어야 한다.
  2. 구성인자들이 상호 유기적으로 연결되어 있어야 한다.
  3. 구성인자들이 목적을 성취하기 위해 자원, 정보, 에너지를 사용한다.

30 안전 용어에 관한 설명으로 옳지 않은 것은?

① 재해는 시스템의 전부 또는 일부의 손실, 작업자의 상해, 관련설비 또는 하드웨어의 재산적 피해와 무상해, 무손실 사고를 모두 포함한다.
② 안전은 사망, 부상, 직업성 질병, 장비 또는 재산의 파손이나 유실, 환경의 파손 등을 가져올 수 있는 조건으로부터 벗어난 상태이다.
③ 시스템안전공학은 시스템의 위험요소를 확인하고, 이를 제거하기 위해 관련 지식, 기술 및 기능을 이용하여 과학적 및 기술적 기준을 기업 등에 적용하기 위한 시스템공학의 한 분야이다.
④ 리스크는 사고발생의 가능성 또는 불확실성이라는 의미로도 사용할 수 있다.
⑤ J. Stephenson(스테픈슨)은 리스크를 위험의 심각도와 확률을 모두 고려해 평가되는 위험의 크기라고 정의하였다.

[해설] ① [×] 재해에 무상해와 무손실은 포함되지 않는다.

31 제조물책임법에 관한 설명으로 옳은 것은?

① 제조물 결함은 소비자가 입증해야 한다.
② 제조물에는 배, 무 같은 농작물도 포함된다.
③ 제조물 책임은 제조업자와 제조물을 공급한 자, 소비자가 공동으로 져야 한다.

정답 29. ②   30. ①   31. ⑤

④ 제조자가 경고의 의무를 소홀히 한 경우라도 소비자의 과실로 인한 손실은 소비자가 책임을 져야 한다.
⑤ 제조업자가 해당 제조물을 공급한 때의 과학·기술수준으로는 결함의 존재를 발견할 수 없었다는 사실을 입증하면 책임은 면제된다.

해설 ⑤ [○] 손해배상책임을 지는 자가 공급한 당시의 과학·기술 수준으로는 결함의 존재를 발견할 수 없었다는 사실을 입증한 경우에는 이 법에 따른 손해배상책임을 면(免)한다(제조물책임법 제4조).

○ 면책사유 4가지 (제조물책임법 제4조)
1. 제조업자가 해당 제조물을 공급하지 아니하였다는 사실
2. 제조업자가 해당 제조물을 공급한 당시의 과학·기술 수준으로는 결함의 존재를 발견할 수 없었다는 사실
3. 제조물의 결함이 제조업자가 해당 제조물을 공급한 당시의 법령에서 정하는 기준을 준수함으로써 발생하였다는 사실
4. 원재료나 부품의 경우에는 그 원재료나 부품을 사용한 제조물 제조업자의 설계 또는 제작에 관한 지시로 인하여 결함이 발생하였다는 사실

① 제조물 결함은 제조업자가 입증해야 한다(제조물책임법 제4조).
② 제조물이란 제조되거나 가공된 동산(다른 동산이나 부동산의 일부를 구성하는 경우를 포함)을 말한다(제조물책임법 제2조). 따라서 배, 무 같은 농작물은 포함되지 않는다.
③ 제조업자는 제조물의 결함으로 생명·신체 또는 재산에 손해(그 제조물에 대하여만 발생한 손해는 제외)를 입은 자에게 그 손해를 배상하여야 한다(제조물책임법 제3조).
④ 제조업자가 제조물의 결함을 알면서도 그 결함에 대하여 필요한 조치를 취하지 아니한 결과로 생명 또는 신체에 중대한 손해를 입은 자가 있는 경우에는 그 자에게 발생한 손해의 3배를 넘지 아니하는 범위에서 배상책임을 진다(제조물책임법 제3조).

32 S기업의 상시근로자수는 100명이며, 연간 300일 근무 중 사망 재해건수 2건, 휴업일수 27일, 잔업시간 10,000시간, 조퇴시간으로 인한 손실시간이 500시간이 발생하였다. 이 기업의 재해통계로 옳은 것은? (단, 근로자의 1일 평균 근로시간은 8시간 30분이다.)

① 도수율은 290이다. ② 연천인율은 18.75이다. ③ 강도율은 56.79이다.
④ 평균강도율은 0.196이다. ⑤ 종합재해지수는 128.33이다.

해설 ③ [○] 강도율 $= \dfrac{\text{근로손실일수}}{\text{연근로시간수}} \times 1,000 = \dfrac{(7,500 \times 2) + (27 \times \dfrac{300}{365})}{(100 \times 300 \times 8.5) + 10,000 - 500} \times 1,000 = 56.79$

① 도수율 $= \dfrac{\text{재해건수}}{\text{연근로시간수}} \times 1,000,000 = \dfrac{2}{424,500} \times 1,000,000 = 4.7$

정답 32. ③

② 연천인율= $\frac{\text{연간재해자 수}}{\text{연평균 근로자수}}$ × 1,000 = $\frac{2}{100}$ × 1,000 = 20

④ 평균강도율= $\frac{\text{강도율}}{\text{도수율}}$ × 1,000 = $\frac{56.79}{4.7}$ × 1,000 = 12,082.97

⑤ 종합재해지수= $\sqrt{\text{도수율} \times \text{강도율}}$ = $\sqrt{4.7 \times 56.79}$ = 16.34

33 고용노동부고시 사업장 위험성평가에 관한 지침의 내용으로 옳지 않은 것은?

① 안전보건관리책임자 등 해당 사업장에서 사업의 실시를 총괄 관리하는 사람에게 위험성평가의 실시를 총괄 관리하게 한다.
② 사업주는 안전보건정보를 사전에 조사하여 위험성평가에 활용하여야 한다.
③ 유해위험요인을 파악할 때 업종, 규모 등 사업장 실정에 따라 청취조사에 의한 방법 등을 사용하여야 한다.
④ 해당 작업에 종사하고 있는 근로자에게 유해·위험요인의 파악, 위험성의 추정, 위험성의 결정, 위험성 감소대책 수립 및 실행을 하게 한다.
⑤ 허용가능한 위험성이 아니라고 판단되는 경우 위험성의 크기 등을 고려하여 감소대책을 수립하고 실행하여야 한다.

해설   ④ [×] 사업주는 관리감독자가 유해·위험요인을 파악하고 그 결과에 따라 개선조치를 시행하게 한다(사업장 위험성평가에 관한 지침 제7조).
① 안전보건관리책임자 등 해당 사업장에서 사업의 실시를 총괄 관리하는 사람에게 위험성평가의 실시를 총괄 관리하게 한다(사업장 위험성평가에 관한 지침 제7조).
② 사업주는 안전보건정보를 사전에 조사하여 위험성평가에 활용하여야 한다(사업장 위험성평가에 관한 지침 제9조).
③ 유해위험요인을 파악할 때 업종 규모 등 사업장 실정에 따라 청취조사에 의한 방법 등을 사용하여야 한다(사업장 위험성평가에 관한 지침 제10조).
⑤ 사업주는 위험성을 결정한 결과 허용 가능한 위험성이 아니라고 판단되는 경우에는 위험성의 크기, 영향을 받는 근로자 수 및 순서를 고려하여 위험성 감소를 위한 대책을 수립하여 실행하여야 한다(사업장 위험성평가에 관한 지침 제13조).
○ 위험성평가의 방법 (사업장 위험성평가에 관한 지침 제7조)
① 사업주는 다음 각 호와 같은 방법으로 위험성평가를 실시하여야 한다.
1. 안전보건관리책임자 등 해당 사업장에서 사업의 실시를 총괄 관리하는 사람에게 위험성평가의 실시를 총괄 관리하게 할 것
2. 사업장의 안전관리자, 보건관리자 등이 위험성평가의 실시에 관하여 안전보건관리책임자를 보좌하고 지도·조언하게 할 것

정답 33. ④

3. 관리감독자가 유해·위험요인을 파악하고 그 결과에 따라 개선조치를 시행하게 할 것
4. 기계·기구, 설비 등과 관련된 위험성평가에는 해당 기계·기구, 설비 등에 전문지식을 갖춘 사람을 참여하게 할 것
5. 안전·보건관리자의 선임의무가 없는 경우에는 제2호에 따른 업무를 수행할 사람을 지정하는 등 그 밖에 위험성평가를 위한 체제를 구축할 것

② 사업주가 다음 각 호의 어느 하나에 해당하는 제도를 이행한 경우에는 그 부분에 대하여 이 고시에 따른 위험성평가를 실시한 것으로 본다.
1. 위험성평가 방법을 적용한 안전·보건진단
2. 공정안전보고서. 다만, 공정안전보고서의 내용 중 공정위험성 평가서가 최대 4년 범위 이내에서 정기적으로 작성된 경우에 한한다.
3. 근골격계부담작업 유해요인조사
4. 그 밖에 법과 이 법에 따른 명령에서 정하는 위험성평가 관련 제도

34 안전보건경영시스템에서 안전보건활동추진계획의 수립에 있어 옳지 않은 것은?
① 사업장은 안전보건상의 목표를 달성하기 위한 활동 추진계획을 해당 업무별, 단위별(팀별, 부·과별)로 수립해야 한다.
② 안전보건활동추진계획의 문서화 여부는 사업주가 결정한다.
③ 조직의 전체 목표 및 부서별 세부목표와 이의 추진을 위한 책임자를 지정해야 한다.
④ 목표달성을 위한 안전보건활동계획의 수단·방법·일정을 결정해야 한다.
⑤ 안전보건활동추진계획은 정기적으로 검토되고, 조직의 운영변경 또는 새로운 계획의 추가사유가 발생할 때에는 수정하여야 한다.

해설 ② [×] 안전보건경영시스템에서 안전보건활동추진계획은 작성되어야 할 사항이다(안전보건경영시스템(KOSHA-MS) 인증업무처리규칙). <개정 2019. 5. 13>

35 에드워드 아담스(Edward Adams)의 사고연쇄반응 이론을 설명한 것으로 옳은 것은?
① 연쇄이론은 기본 에러, 관리부족, 전술적 에러, 사고, 상해의 순으로 진행된다.
② 작전적 에러는 관리자의 의사결정이 그릇되거나 잘못된 행동으로 인한 것이다.
③ 기본 에러는 불안전한 행동 및 불안전한 상태를 말한다.
④ 사고의 바로 직전에는 관리구조의 부재가 존재한다.
⑤ 사고와 상해는 필연적 관계로 존재한다.

해설 ② [○] 작전적 에러는 회사의 정책, 목적, 권위 등 관리자의 의사결정이 그릇되거나 잘못된 행동에 의한 것이다.

정답 34. ②   35. ②

① 연쇄이론은 관리구조, 작전적 에러, 전술적 에러, 사고, 상해의 순으로 진행된다.
③ 불안전한 행동 및 불안전한 상태를 전술적 에러로 본다.
④ 사고의 바로 직전에는 전술적 에러인 불안전한 행동, 불안전한 상태가 존재한다.
⑤ 사고와 상해는 우연적 관계로 존재한다.

36 신뢰도함수는 평균고장률이 0.01/시간인 지수분포에 따르고, 보전도함수는 평균 수리율이 0.1/시간인 지수분포에 따르는 기계가 있다. 이 기계의 가용도(availability)는 얼마인가? (단, 소숫점 아래 셋째 자리에서 반올림한다.)

① 0.91   ② 0.95   ③ 0.96   ④ 0.98   ⑤ 0.99

해설 ① 가용도(availability) $A = \dfrac{MTBF}{MTBF + MTTR} = \dfrac{1/\lambda}{1/\lambda + 1/\mu} = \dfrac{\mu}{\mu + \lambda} = \dfrac{0.1}{0.01 + 0.1} = 0.909$

37 시스템의 설계 단계 중 '인터페이스 설계'에 해당하는 것은?

① 시스템의 목표와 성능에 대해 결정된 요구사항의 규격에 맞추어 시스템이 실행해야 할 기능을 정의하는 단계이다.
② 시스템이 형태를 갖추기 시작하는 단계로서 주요 인간공학적 활동은 기능할당, 직무분석, 작업설계가 있다.
③ 인간-기계 시스템의 계면의 특성에 초점을 두고 인간의 능력과 한계에 부합되도록 고려 한다.
④ 수용 가능한 인간성능을 도울 수 있는 자료 또는 보조물들에 대한 계획을 하게 된다.
⑤ 개발절차가 진행됨에 따라 각 단계에 따르는 평가가 수행된다.

해설 ③ [○]인터페이스 설계는 인간-기계 시스템의 계면(인터페이스, interface)의 특성에 초점을 두고 인간의 능력과 한계에 부합되도록 고려한다.

38 안전교육방법에 관한 설명으로 옳지 않은 것은?

① 시범법은 어떤 기능이나 작업과정을 학습시키기 위해 필요로 하는 분명한 동작을 제시하는 교육방법이다.
② 토의법은 쌍방적 의사전달 방식에 의한 교육으로 적극성·지도성·협동성을 기르는데 유효하다.
③ 강의법은 많은 인원의 수강자를 단기간의 교육시간에 비교적 많은 교육 내용을 전수하기 위한 방법이다.
④ 사례연구법은 먼저 사례를 제시하고 문제가 되는 사실들과 그의 상호관계에 대해서 검토하며, 대책을 토의하는 방식이다.

정답 36. ①   37. ③   38. ⑤

⑤ 반복법은 학습자가 이미 학습된 지식이나 기능을 교사의 지휘나 감독 아래 직접 연습하는 교육방법이다.

[해설] ⑤ [×] 실연법은 학습자가 이미 학습된 지식이나 기능을 교사의 지휘나 감독 아래 직접 연습하는 교육방법이다. 반복법은 이미 학습한 내용을 반복해서 학습하는 방법이다.

39 FTA 실시 과정에서 minimal cut set을 3개 구하였다. top 사건이 일어날 확률은 얼마인가? (단, 각 부품의 고장날 확률은 0.1이고, minimal cut set은 {1, 4}, {1, 3, 5}, {2, 5}이다.)

① 0.01879 ② 0.01969 ③ 0.02063 ④ 0.02088 ⑤ 0.02137

[해설] ④ F_T = 1-(1-①×④)(1-①×③×⑤)(1-②×⑤) = 1-(1-0.01)(1-0.001)(1-0.01) = 0.02088

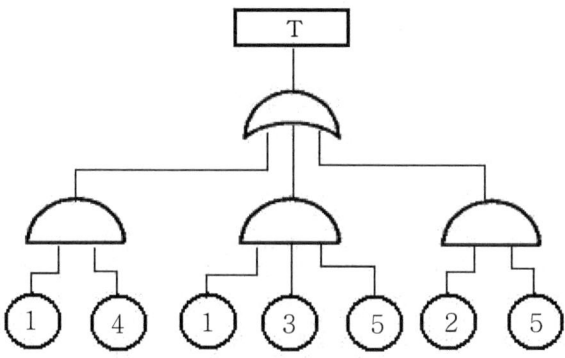

40 안전보건교육에 관한 설명으로 옳지 않은 것은?
① 지식교육의 내용은 안전의식의 향상, 안전책임감 주입, 기초지식 주입, 전문적 기술기능 등이다.
② 안전교육에는 사고사례 중심의 안전교육, 표준안전작업을 위한 안전교육 등이 있다.
③ 안전보건교육계획을 수립할 때에는 필요한 정보의 수집, 현장 의견의 반영, 법규정에 의한 교육 등을 고려하여야 한다.
④ 안전보건교육계획에 포함해야 할 사항은 교육목표, 교육종류 및 교육대상 등이 있다.
⑤ 교육실시 계획에 포함해야 할 사항은 교육대상자의 범위 결정, 교육과정의 결정, 교육방법 및 형태의 결정 등이 있다.

[해설] ① [×] 안전보건교육은 근로자가 안전하게 업무를 수행할 수 있도록 하기 위해 안전의 중요성을 인식시키고, 또 구체적으로 주어진 작업에 대해서 안전작업방법의 지식이나 기능을 습득하도록 교육·훈련을 하고, 또 작업에 대한 안전태도를 양성하는 것이다. 전문적 기술기능은 제2단계 기능단계에서의 교육내용에 해당한다.

○ 교육내용 및 순서 : 지식교육(안전의식 향상, 안전규정 숙지, 기초교육) → 기능교육 (전문지식 기능, 안전기술 기능, 방호장치 관리 기능) → 태도교육

41 인간공학에 대한 설명 중 옳은 것을 모두 고른 것은?

> ㄱ. 일반적으로 공학이 기술·기능적 교육에 중점을 두고 있다면 인간공학은 시스템의 설계에 있어 인간요소를 고려한다.
> ㄴ. 인간공학의 목표는 기능적 효과와 효율, 인간가치를 향상시키는 것이다.
> ㄷ. 인간공학의 접근방법은 제품, 기구, 환경을 설계하는 과정에서 인간의 능력·한계, 특성, 행동에 관한 정보 등을 시스템 설계에 체계적으로 적용하는 것이다.
> ㄹ. 적절한 선발과정과 훈련을 통해 사람을 작업에 맞추는 개념에서 시스템을 인간에게 적합하게 설계하는 개념으로 발전하였다.

① ㄱ, ㄴ   ② ㄱ, ㄷ   ③ ㄱ, ㄴ, ㄹ   ④ ㄱ, ㄷ, ㄹ   ⑤ ㄱ, ㄴ, ㄷ, ㄹ

해설 ⑤ [○] 인간공학 설명으로 제시된 문항 (ㄱ), (ㄴ), (ㄷ), (ㄹ)이 모두 옳은 내용이다.

42 ㉮~㉣에 해당하는 용어가 올바르게 짝지어진 것은?

> ㉮ : 허용범위를 벗어난 일련의 인간 동작 중 하나
> ㉯ : 계획된 목적 수행에 필요한 행동의 실행에 오류가 발생하는 것
> ㉰ : 부적정한 계획 결과로 인해 원래의 목적수행에 실패하는 것
> ㉣ : 작업자가 절차서의 지시를 고의로 따르지 않고, 다른 방향을 선택한 경우

	㉮	㉯	㉰	㉣
ㄱ	위반 (violation)	실패 (mistake)	가벼운 실수 (slips)	휴먼 에러 (human error)
ㄴ	실패 (mistake)	가벼운 실수 (slips)	휴먼 에러 (human error)	위반 (violation)
ㄷ	휴먼 에러 (human error)	위반 (violation)	가벼운 실수 (slips)	실패 (mistake)
ㄹ	실패 (mistake)	위반 (violation)	가벼운 실수 (slips)	휴먼 에러 (human error)
ㅁ	휴먼 에러 (human error)	가벼운 실수 (slips)	실패 (mistake)	위반 (violation)

① ㄱ   ② ㄴ   ③ ㄷ   ④ ㄹ   ⑤ ㅁ

정답 41. ⑤   42. ⑤

[해설] ㉮ 휴먼 에러(human error) : 허용범위를 벗어난 일련의 인간 동작 중 하나
㉯ 가벼운 실수(slips) : 계획된 목적 수행에 필요한 행동의 실행에 오류가 발생하는 것
㉰ 실패(mistake) : 부적정한 계획 결과로 인해 원래의 목적수행에 실패하는 것
㉱ 위반(violation) : 작업자가 절차서의 지시를 고의로 따르지 않는 경우
[참고] 1. 실수 → 의도 ○, 행동 ×   2. 착오, 실패 → 의도 ×, 행동 ×

43 시스템 1, 2에 관한 설명으로 옳은 것은? (단, 화살표는 부품의 경로이며, 각 부품의 신뢰도는 0.9로 동일하다.)

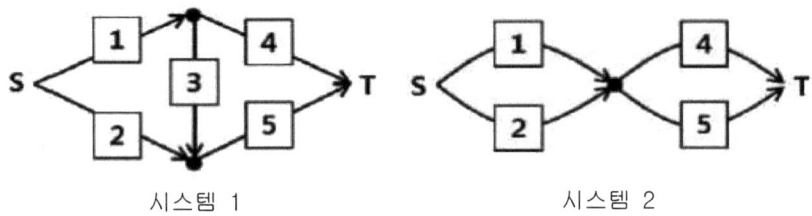

시스템 1   시스템 2

① minimal path의 수는 두 시스템 모두 4개이다.
② 3번 부품의 신뢰도가 1이라면 두 시스템의 신뢰도는 같다.
③ 시스템 2의 신뢰도가 시스템 1보다 작다.   ④ 시스템 2의 신뢰도는 0.99보다 작다.
⑤ 시스템 1의 신뢰도는 '0.9×(3번이 고장난 시스템의 신뢰도)+0.1×(시스템 2의 신뢰도)'이다.

[해설] ① [○] minimal path의 수는 S_1은 4개(1→4, 2→5, 1→3→5, 2→3→4), S_2는 4개(1→4, 2→5, 1→5, 2→4)이다. 공단 제시의 정답은 ④이지만, ①도 맞는 내용이다.
④ [○]시스템 2의 신뢰도는 $[1-(1-0.9)(1-0.9)]^2$ =0.9801로서, 0.99보다 작다.
② 3번 부품의 신뢰도가 1이라면 두 시스템의 신뢰도는 다르다.
   S_1은 브리지구조 기반으로 계산, S_2는 병렬구조 기반으로 계산한다.
③ 시스템 2의 신뢰도가 시스템 1보다 더 크다. S_1의 R_1=0.9785, S_2의 R_2=0.9801
⑤ 브리지구조 S_1의 신뢰도(증명된 결과) → $R_S = 2R^2 + 2R^3 - 5R^4 + 2R^5 = 0.9785$

44 학습지도의 원리를 설명한 것으로 옳지 않은 것은?
① 학습자가 스스로 학습에 참여하는 것이 '자기활동의 원리'이다.
② 학습자의 요구와 능력에 적합한 학습활동의 기회를 제공하는 '개별화의 원리'가 있다.
③ 현실사회의 문제와 사상을 기반으로 한 학습내용을 공동 학습으로 하는 '사회화의 원리'가 있다.

④ 전문적인 지적·정의적·기능적 분야를 기술적으로 지도하는 '전문화의 원리'가 있다.
⑤ 어떤 사물의 개념을 설명함에 있어 구체적인 사물을 직접 제시·경험시키는 '직관의 원리'가 있다.

해설 ④ [×] 학습지도의 원리 중에서 '전문화의 원리'는 해당 사항이 아니다.
○ 학습지도의 원리
1. 자발성의 원리 : 학습자가 스스로 학습에 참여하는 것에 중점을 두는 원리
2. 개별화의 원리 : 학습자가 지니고 있는 각자의 요구와 능력에 적합한 학습활동의 기회를 제공해야 한다는 원리
3. 사회화의 원리 : 학습내용을 현실 사회의 사상과 문자를 기반으로 하여 학교에서 경험한 것과 학교 밖에서 경험한 것을 교류시키고 공동학습을 통하며, 협력적이고 우호적인 학습을 진행시키는 원리
4. 통합성의 원리 : 학습을 종합적인 전체로서 지도한다는 원리
5. 직관의 원리 : 어떤 사물에 대한 개념을 인식시키는데 있어 언어로서 설명하기 보다는 구체적인 사물을 직접 제시하거나 경험시켜 큰 효과를 볼 수 있다는 원리
6. 목적의 원리 : 교수 목표가 분명할 때 학습자의 적극적인 학습활동이 이루어지고, 교사의 입장에서는 그 목표를 달성시킬 수 있는 제반 교수활동이 이루어질 수 있다는 원리
7. 과학성의 원리 : 자연이나 사회에 관한 기초적인 지식, 법칙 등을 적절하게 지도함으로써 학습자의 논리적 사고력을 충분히 발달시킬 수 있도록 과학적 수준을 높여야 한다는 원리

45 다음은 유해요인평가에서 근골격계 부담작업을 평가하는 기법들에 대한 설명이다. 옳은 것을 모두 고른 것은?

> ㄱ. OWAS 기법은 몸통(허리), 팔, 다리, 무게, 목의 자세에 대하여 평가한다.
> ㄴ. RULA 기법은 몸통(허리), 상완(윗팔), 전완(아래팔), 손목, 손목비틀림, 목, 다리의 자세에 대하여 평가하며, 근육사용 및 힘을 고려한다.
> ㄷ. REBA 기법은 몸통(허리), 상완(윗팔), 전완(아래팔), 손목, 목, 다리의 자세에 대하여 평가하며, 힘 및 발의 사용을 고려한다.

① ㄱ   ② ㄱ, ㄴ   ③ ㄱ, ㄷ   ④ ㄴ, ㄷ   ⑤ ㄱ, ㄴ, ㄷ

해설 (문제 오류) 발표 답안은 ②이나, ⑤가 맞는 내용으로서 정답.
㉠ [○] OWAS 기법은 몸통(허리), 팔, 다리, 무게, 목의 자세에 대하여 평가하는데 근력을 발휘하기에 부적절한 작업자세를 구별해 낼 목적으로 작업자세 분류방법을 공동 개발하여 제시하였다.

정답 45. ⑤

ⓒ [○] RULA기법은 어깨, 팔목, 손목, 목 등 상지에 초점을 둔 기법으로 작업자세로 인한 작업부하를 평가하기 위한 기법이다.

ⓒ [○] REBA 기법은 몸통, 목, 다리, 윗팔, 아래팔, 손목의 자세에 대하여 평가한다.

[참고] ㉠의 OWAS에서 WA는 작업자세분석, ㉡의 RULA에서 UL은 상지, ㉢의 REBA에서 EB는 전신을 각각 의미한다.

46 청각적 표시장치가 시각적 표시장치보다 유리한 경우를 모두 고른 것은?

ㄱ. 화재 발생 등의 정보를 긴급히 알리고자 하는 경우
ㄴ. 움직이면서 작업하는 근로자에게 정보를 전달하는 경우
ㄷ. 주위가 밝은 장소에서 작업자에게 필요한 정보를 전달하고자 하는 경우
ㄹ. 많고, 다양한 정보를 한 번에 작업자에게 전달하는 경우

① ㄱ, ㄴ   ② ㄱ, ㄷ   ③ ㄱ, ㄴ, ㄷ   ④ ㄱ, ㄷ, ㄹ   ⑤ ㄱ, ㄴ, ㄷ, ㄹ

해설 (출제 오류) 가답안 발표 ①로 제시되었으나, 확정 답안 발표 ③이 정답

(ㄹ) [×] 많고, 다양한 정보를 한 번에 작업자에게 전달하는 경우에는 시각적 표시장치가 유리하다.

③ [○] 청각장치 사용 : (ㄱ), (ㄴ), (ㄷ), 시각장치 사용 : (ㄹ)이 옳은 내용이다.

○ 시각적 표시장치와 청각적 표시장치의 사용 비교

청각장치 사용이 유리	시각장치 사용이 유리
전언(傳言)이 간단한 경우	전언이 복잡한 경우
전언이 짧은 경우	전언이 긴 경우
전언이 후에 재참조 되지 않는 경우	전언이 후에 재참조 되는 경우
전언이 즉각적인 행동을 요구하는 경우	전언이 즉각적인 행동을 요구하지 않는 경우
시각계통이 과부하인 경우	청각계통이 과부하인 경우
장소가 너무 밝거나 암조응일 경우	수신 장소가 너무 시끄러울 경우
수신자가 자주 이동하거나 움직이는 경우	수신자가 한 곳에 머무르는 경우
전언이 시간적인 사상을 다루는 경우	전언이 공간적인 위치를 다루는 경우

47 재해조사에 관한 설명으로 옳지 않은 것은?

① 재해조사는 5W1H의 원칙에 입각하여 실시한다.
② FTA나 ETA 기법 등으로 재해분석을 할 수도 있다.
③ 재해조사의 근본적 취지는 재해발생 책임자의 규명과 적절한 처벌을 하기 위함이다.

④ 재해조사시 기본원인을 4M에서 파악한다.
⑤ 재해조사는 '사실의 확인-직접원인과 문제점 확인-기본원인과 근본적 문제 결정-대책 수립' 순으로 한다.

해설 ③ [×] 재해조사의 목적은 동종재해를 두 번 다시 반복하지 않도록 재해의 원인이 되었던 불안전한 상태와 불안전한 행동을 발견하고 이것을 다시 분석 검토해서 적절한 방지대책을 수립하는데 있다. 재해조사의 근본적인 취지가 재해발생 책임자의 규명과 적절한 처벌을 하기 위함은 아니다. 이런 문항은 상식적으로 판단이 가능하다.

48 위험성 평가기법에 관한 설명으로 옳은 것은?

① FMEA는 정성적, 연역적 평가기법으로 시스템 요소의 고장을 형태별로 분석하는 기법이다.
② HAZOP 기법은 가이드워드(guide word)와 공정의 파라미터(parameter)를 결합하여 위험요소와 운전상의 문제점을 도출한다.
③ ETA는 에너지의 흐름이 사람이나 설비에 도달하여 재해가 발생되지 않도록 장벽을 도입하는 기법이다.
④ FTA는 기본 사상에서 top 사상으로 진행되어 간다.
⑤ Decision Tree기법은 연역적이고, 정량적인 분석 기법이다.

해설 ② [○] HAZOP 기법은 '위험과 운전분석'을 말하며, 가이드워드(guide word)와 공정의 파라미터(parameter)를 결합하여 위험요소와 운전상의 문제점을 도출한다. 시스템의 위험파악 및 운용적 측면을 분석한다.
① FMEA는 '실패유형 및 영향분석'을 말하며, 시스템을 구성하는 한 요소의 고장이 시스템 전체에 미치는 영향을 해석하는 정성적, 귀납적 분석기법이다.
③ ETA는 '사건수분석'을 말하며, 사고를 일으키는 장치의 이상이나 운전자 실수의 조합을 귀납적으로 분석하는 방법이다.
④ FTA는 정상사상인 재해 현상으로부터 기본사상인 재해원인을 향해 분석해 나가는 연역적 기법이다.
⑤ DT(Decision Tree) 기법은 '의사결정수'를 말하며, 귀납적이고 정량적인 분석 기법이다. 이는 ETA(Event Tree Analysis)처럼 귀납적 분석으로 원인추구를 단계적으로 실시한다.

49 사고조사 원인분석 방법 중 통계적 재해원인 분석방법의 하나인 '클로즈(close) 분석도'에 해당하는 것은?

① 사고의 유형이나 기인물 등의 분류 항목이 큰 것부터 작은 순서대로 도표화한 것이다.
② 특성과 그 요인의 관계를 도표화하여 분석하는 방법이다.

정답 48. ② 49. ④

③ 재해발생 추이를 파악하여 목표관리를 행하는데 관리선을 설정하여 분석한다.
④ 2개 이상의 문제 관계를 분석하는데 이용되며, 요인별 결과내역을 교차한 그림을 사용하여 분석한다.
⑤ 관리선은 상·하방관리한계 및 중심선(CL)으로 표시한다.

[해설] ④ [○] 클로즈(close)분석도는 데이터를 집계하고 표로 표시하여 요인별 결과 내역을 교차한 클로즈 그림을 작성하여 분석하는데, 2개 이상의 문제관계를 분석하는데 이용된다. 한편, 클로즈(close) 대신 크로스(cross)로 사용되어 출제된 경우도 있었다.
① 사고의 유형이나 기인물 등의 분류 항목이 큰 것부터 작은 순서대로 도표화한 것은 파레토도(파레토그림)이다.
② 특성과 그 요인의 관계를 도표화하여 분석하는 방법은 특성요인도(생선뼈그림, 나뭇가지그림)이다.
③ 재해발생 추이를 파악하여 목표관리를 행하는데 관리선을 설정하여 분석한 것은 관리도이다.
⑤ 관리선을 상·하방관리한계(UCL, LCL) 및 중심선(CL)으로 표시한 것은 관리도이다.

50 안전조직의 형태는 라인, 스탭, 라인스탭으로 크게 분류된다. 각 조직에 대한 설명으로 옳은 것은?
① 스탭 조직에서 생산부문은 안전에 대한 책임과 권한이 약하다.
② 라인 조직은 대기업에서 많이 사용된다.
③ 라인스탭 조직에서는 안전활동이 생산과 유리될 우려가 크다.
④ 라인 조직은 안전과 생산을 별개로 취급하기 쉽다.
⑤ 라인 조직은 외부의 전문적 안전정보가 빠르게 습득된다.

[해설] ① [○] 스탭 조직은 생산부문에는 안전에 대한 책임과 권한이 없다.
② 라인 조직은 100명 이하의 소규모 작업장에 적합하다.
③ 라인스탭 조직은 안전활동이 생산과 분리되지 않으므로 운용을 잘 하면 이상적이다. 한편, 스탭 조직에서는 안전활동이 생산과 유리될 우려가 있다.
④ 안전과 생산을 별개로 취급하기 쉬운 조직은 스탭(staff, 참모) 조직이다.
⑤ 외부의 전문적 안전정보가 빠르게 습득되는 조직은 라인스탭 조직이다.

[정답] 50. ①

제3과목 : 기업진단·지도

51 관찰 및 측정이 가능하고 직무와 관련된 피평가자의 행동을 평가기준으로 하는 행동기준고과법(BARS : behaviorally anchored rating scales)의 개발 절차를 순서대로 옳게 나열한 것은?

① 행동기준고과법 개발위원회 구성 → 중요사건의 열거 → 중요사건의 범주화 → 중요사건의 재분류 → 중요사건의 등급화 → 확정 및 실시
② 행동기준고과법 개발위원회 구성 → 중요사건의 열거 → 중요사건의 범주화 → 중요사건의 등급화 → 중요사건의 재분류 → 확정 및 실시
③ 행동기준고과법 개발위원회 구성 → 중요사건의 열거 → 중요사건의 등급화 → 중요사건의 재분류 → 중요사건의 범주화 → 확정 및 실시
④ 행동기준고과법 개발위원회 구성 → 중요사건의 열거 → 중요사건의 등급화 → 중요사건의 범주화 → 중요사건의 재분류 → 확정 및 실시
⑤ 행동기준고과법 개발위원회 구성 → 중요사건의 열거 → 중요사건의 재분류 → 중요사건의 범주화 → 중요사건의 등급화 → 확성 및 실시

해설 ① [○] 행동기준고과법(BARS : behaviorally anchored rating scales)의 개발절차 : 개발위원회 구성 → 중요사건의 열거 → 중요사건의 범주화 → 중요사건의 재분류 → 중요사건의 등급화 → 확정 및 실행

○ 행동기준 고과법(BARS, 행위기준 고과)은 피평가자의 실제 행동을 관찰하여 평가하는 방식이다. 이는 평정척도법과 중요사건기록법을 혼용하여 평가직무에 직접 적용되는 행동묘사문을 다양한 척도의 수준으로 평가하는 방법이다.

52 카플란(Kaplan)과 노턴(Norton)에 의해 개발된 균형성과표(BSC: balanced scorecard)의 운용체계는 4가지 관점에서 파생되는 핵심성공요인(KPI : key performance indicators)들의 유기적 인과관계로 구성되는데, 4가지 관점으로 모두 옳은 것은?

① 재무적 관점, 고객 관점, 외부 경쟁환경 관점 , 학습·성장 관점
② 재무적 관점, 고객 관점, 내부 프로세스 관점 , 학습·성장 관점
③ 재무적 관점, 자재 관점, 외부 경쟁환경 관점 , 학습·성장 관점
④ 재무적 관점, 고객 관점, 외부 경쟁환경 관점 , 직무표준 관점
⑤ 재무적 관점, 자재 관점, 내부 프로세스 관점 , 직무표준 관점

해설 ② [○] 균형성과표(BSC : balanced scorecard) 4가지 관점 : 재무적 관점, 고객 관점, 기업 내부 프로세스 관점, 학습·성장 관점

정답 51. ① 52. ②

53 혁신적인 품질개선을 목적으로 개발된 기업 경영전략인 6시그마 프로젝트 수행 단계(DMAIC)에 관한 설명으로 옳지 않은 것은?

① 정의(define) : 문제점을 찾아내는 첫 단계
② 측정(measure) : 문제 수준을 계량화하는 단계
③ 통합(integrate) : 원인과 대책을 통합하는 단계
④ 분석(analyze) : 상태 파악과 원인분석을 하는 단계
⑤ 관리(control) : 관리계획을 실행하는 단계

해설 ③ [×] 개선(improve) : 개선 단계로서, 대책사항의 실시.
○ 시그마 프로젝트 수행 5단계(DMAIC) : 정의, 측정, 분석, 개선, 관리

54 도요타생산방식(TPS : Toyota Production System)에서 낭비를 철저하게 제거하기 위한 방법으로 활용된 적시생산시스템(JIT : Just In Time)에 관한 설명으로 옳은 것만을 모두 고른 것은?

> ㄱ. 기본적 요소는 간판(Kanban)방식, 생산의 평준화, 생산준비시간의 단축과 대로트화, 작업 표준화, 설비배치와 단일기능공제도이다.
> ㄴ. 오릭키(Orlicky)에 의하여 개발된 자재관리 및 재고통제기법으로, 종속수요품의 소요량과 소요시기를 결정하기 위한 시스템이다.
> ㄷ. 자동화, 작업자의 라인정지 권한 부여, 안돈(Andon), 오작동 방지, 5S의 활성화로 일관성 있는 고품질을 달성하고 있는 시스템이다.
> ㄹ. 고객 주문에 의해 생산이 시작되며, 부품의 생산과 공급이 후속 공정의 필요에 의해 결정되는 풀(pull)시스템의 자재흐름 체계이다.
> ㅁ. 생산준비비용(주문비용)과 재고유지비용의 균형점에서 로트 크기(lot size)를 결정하며, 로트 크기가 큰 것을 추구하는 시스템이다.

① ㄱ, ㄹ ② ㄴ, ㅁ ③ ㄷ, ㄹ ④ ㄱ, ㄷ, ㄹ ⑤ ㄴ, ㄷ, ㅁ

해설 (ㄷ) [○] 적시생산시스템(JIT : Just In Time)은 자동화, 작업자의 라인정지권한 부여, 안돈(andon), 오작동 방지, 5S의 활성화로 일관성 있는 고품질을 달성하고자 하는 시스템이다.
(ㄹ) [○] 고객 주문에 의해 생산이 시작되며, 부품의 생산과 공급이 후속공정의 필요에 의해 결정되는 풀(pull, 당기기)시스템의 자재흐름 체계이다.
(ㄱ) 적시생산시스템(JIT : Just In Time)은 재고의 낭비를 줄이기 위하여 소로트로 생산을 한다.
(ㄴ) 오릭키(Orlicky)에 의해 개발된 자재관리 및 재고통제시스템은 자재소요계획(MRP)이다.

정답 53. ③ 54. ③

(ㅁ) JIT는 소로트를 추구한다.

한편, EOQ 모형의 Q-시스템은 생산준비비용(주문비용)과 재고유지비용의 균형점에서 로트 크기(lot size)를 결정하며, 로트 크기가 큰 것을 추구하는 시스템이다.

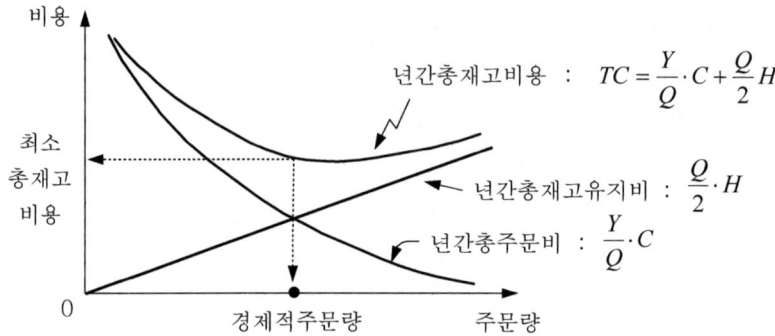

여기서, TC : 총비용, Y : 연간수요량, Q : 주문량, C : 1회당 주문비, H : 재고유지비

55 생산시스템을 설계하고 계획, 통제하는 초기단계로 총괄생산계획(APP : aggregate production planning), 주생산일정계획(MPS : master production schedule), 자재소요계획(MRP : material requirement planning) 등에 기초자료로 활용되는 수요예측(demand forecasting) 방법에 관한 설명으로 옳지 않은 것은?

① 패널법(panel consensus)은 다양한 계층의 지식과 경험을 기초로 하고, 관련 예측정보를 공유한다.
② 소비자조사법(market research)은 설문지 및 전화에 의한 조사, 시험판매 등을 활용하여 예측한다.
③ 단순이동평균법(simple moving average method)의 예측값은 과거 n기간 동안 실제 수요의 산술평균을 활용한다.
④ 시계열분해법(time series method)은 시계열을 4가지 구성요소로 분해하여 수요를 예측하는 방법이다.
⑤ 델파이법(Delphi method)은 설득력 있는 특정인에 의해 예측결과가 영향을 받는 장점이 존재한다.

해설 ⑤ [×] 델파이법(Delphi method)은 설득력 있는 특정인에 의해 예측결과가 영향을 받지 않는 장점이 존재한다. 익명의 e메일 형식으로 하기 때문에 회답자간의 심리적인 영향을 피할 수 있다. 델파이 기법(Delphi method)은 전문가의 경험적 지식을 통한 문제해결 및 미래예측을 위한 기법이다. 전문가 합의법이라고도 한다.
④ 시계열분해법은 과거자료를 수학적 모형인 시계열 예측치 F=T×C×S×I에 의해 미래를 예측하는 방법이다. 여기서, T(추세), C(주기), S(계절), I(불규칙)를 각각 의미한다.

정답 55. ⑤

56 단체교섭의 절차에 관한 설명으로 옳지 않은 것은?

① 노사간의 교섭안을 차례로 제시하고 대응하며 양측에 요구사항을 수시로 수정해야 협상이 가능하다.
② 노사간의 교섭과정에서 끝까지 타협이 안 된다면 정부나 제3자의 조정 및 중재가 필요하다.
③ 노사간의 협상내용이 타결되면 단체협약서를 작성하고 협약내용을 관리할 필요가 있다.
④ 사용자가 파업근로자 대신 임시직을 채용하거나 비조합원들을 파업 장소로 이동시켜 대체할 수 있다.
⑤ 노사간의 협상이 결렬되면 양측은 서로에 대해 파업과 직장폐쇄 등으로 실력을 행사할 수 있다.

해설 ④ [×] 사용자는 쟁의행위 기간중 그 쟁의행위로 중단된 업무의 수행을 위하여 당해 사업과 관계없는 자를 채용 또는 대체할 수 없다(노동조합 및 노동관계조정법 제43조).

○ 사용자의 채용제한 (노동조합 및 노동관계조정법 제43조)
① 사용자는 쟁의행위 기간중 그 쟁의행위로 중단된 업무의 수행을 위하여 당해 사업과 관계없는 자를 채용 또는 대체할 수 없다.
② 사용자는 쟁의행위 기간중 그 쟁의행위로 중단된 업무를 도급 또는 하도급 줄 수 없다.
③ ①항 및 ②항의 규정은 필수공익사업의 사용자가 쟁의행위 기간 중에 한하여 당해 사업과 관계없는 자를 채용 또는 대체하거나 그 업무를 도급 또는 하도급 주는 경우에는 적용하지 아니한다.
④ ③항의 경우 사용자는 당해 사업 또는 사업장 파업참가자의 100분의 50을 초과하지 않는 범위 안에서 채용 또는 대체하거나 도급 또는 하도급 줄 수 있다. 이 경우 파업참가자 수의 산정 방법 등은 대통령령으로 정한다.

57 기능별 조직과 프로젝트(project) 팀조직을 결합시킨 형태의 조직으로, 1명의 직원이 2명 이상의 상사로부터 명령을 받을 수 있어 명령통일의 원칙(principle of unity command)에 혼란을 겪을 수 있는 조직구조는?

① 매트릭스 조직 ② 사업부제 조직 ③ 네트워크 조직 ④ 가상네트워크 조직
⑤ 가상 조직

해설 ① [○] 매트릭스 조직(행렬 조직)은 기존의 기능부서 상태를 유지하면서 특정한 프로젝트를 위해 서로 다른 부서의 인력이 함께 일하는 현대적인 조직설계 방식이며, 기존의 전통적 조직구조에 적용되는 명령통일의 원칙이 지켜지지 않는 것으로서 매트릭스 조직의 가장 큰 특징이다.

정답 56. ④   57. ①

58 리더십 이론에 관한 설명으로 옳은 것은?

① 행동이론 중 미시간 대학의 연구에서 직무중심 리더는 부하의 인간적 측면에 관심을 갖고, 종업원중심 리더는 부하의 업무에 관심을 갖고 있다는 것을 규명하였다.
② 상황이론 중 경로-목표 이론에서는 리더행동을 지시적 리더십, 지원적 리더십, 참여적 리더십, 성취지향적 리더십으로 분류하였다.
③ 특성이론에서는 여러 특성을 가진 리더가 모든 상황에서 효과적이라고 주장하였다.
④ 행동이론 중 오하이오 주립대학의 연구에서 배려하는 리더와 부하 사이의 관계는 상호 신뢰를 형성하기가 어렵다는 것을 규명하였다.
⑤ 상황이론 중 규범모형은 기본적으로 부하들이 의사결정에 참여하는 정도가 상황의 특성에 맞게 달라질 필요가 없다고 가정하였다.

해설 ② [○] 경로-목표 이론은 리더행동을 지시적 리더십, 지원적 리더십, 참여적 리더십, 성취지향적 리더십으로 분류하였다.
① 행동이론 중 미시간 대학의 연구에서 직무중심 리더는 세밀한 감독과 합법적이고 강제적인 권력을 활용하여 업무계획표에 따라 이를 실천하고 업무성과를 평가하는데 초점을 둔다. 한편 종업원중심 리더는 부하의 인간적 측면에 관심을 갖는다.
③ 특성이론에서는 어떤 특성들을 갖추게 되면 효과적인 리더가 될 수 있다는 것이다.
④ 행동이론 중 오하이오 주립대학의 연구에서 배려하는 리더와 부하 사이의 관계는 배려가 높은 리더가 하위자들의 성과와 만족을 가져오는 경향이 있음을 발견하였다.
⑤ 상황이론 중 규범모형은 기본적으로 부하들의 의사결정에 참여하는 정도가 상황의 특성에 맞게 달라져야 한다고 본다.

59 조직문화의 순기능에 관한 설명으로 옳지 않은 것은?

① 조직구성원들에게 일체감을 조성한다.
② 조직구성원들의 생각과 행동지침이나 규범을 제공한다.
③ 조직의 안정성과 계속성을 갖게 한다.   ④ 조직구성원들에게 획일성을 갖게 한다.
⑤ 조직구성원들의 태도와 행동을 통제하는 기제(mechanism) 기능을 한다.

해설 ④ [×] 조직문화는 조직구성원들에게 획일성을 갖게 함으로써 제도화로 인해 혁신성을 떨어뜨린다는 측면은 조직문화의 역기능이다.

60 "신입사원 선발시험점수(예측점수)와 업무성과(준거점수)의 상관계수가 0.4이다."의 설명으로 옳은 것은?

① 선발시험점수가 업무성과 변량의 16%를 설명한다.
② 입사 지원자의 16%가 합격할 것이다.

정답 58. ②   59. ④   60. ①

③ 선발시험점수가 업무성과 변량의 40%를 설명한다.
④ 입사 지원자의 40%가 합격할 것이다.
⑤ 입사 지원자의 선발시험점수가 40점 이상일 경우 합격한다.

[해설] ① [○] 상관계수(r)는 n개의 연속형 변수 간의 연관성에 대한 측도이다. 상관연구에서는 두 변인 간의 관계를 알아보는 단순상관 뿐만 아니라 한 변인이 2개 이상의 다른 변인과 조합하여 어떤 관계를 맺고 있는지를 알아보는 다중상관 문제도 취급하는데, 다중상관계수는 종속변인과 다중독립변인 간의 관계의 값을 나타낸다. 결정계수(기여율이라고도 한다)는 R^2으로 표현하며, 이는 독립변인의 조합으로 설명되는 종속변인의 변량의 비율을 말한다. 결정계수 $R^2 = (r)^2$ (여기서, 상관계수 $r = \dfrac{S_{xy}}{\sqrt{S_{xx} \cdot S_{yy}}}$), 결정계수(=기여율)=$(0.4)^2$=0.16(16%)이다. 결정계수는 원인변수가 결과변수를 설명하는 정도이다. $S_{xy} = \sum(x_i - \bar{x})(y_i - \bar{y})$, $S_{xx} = \sum(x_i - \bar{x})^2$, $S_{yy} = \sum(y_i - \bar{y})^2$

61 선발도구의 효과성에 관한 설명으로 옳은 것만을 모두 고른 것은?

> ㄱ. 선발률이 1 이상이 되어야 선발도구의 사용은 의미가 있다.
> ㄴ. 선발도구의 타당도가 높을수록 선발도구의 효과성은 증가한다.
> ㄷ. 선발률이 낮을수록 선발도구의 효과성 가치는 작아진다.
> ㄹ. 기초율이 100%라면 새로운 선발도구의 사용은 의미가 없다.
> ㅁ. 선발도구의 효과성을 이해하는데 중요한 개념은 기초율, 선발률, 타당도이다.

① ㄱ, ㄴ ② ㄱ, ㄹ ③ ㄴ, ㄷ, ㅁ ④ ㄴ, ㄹ, ㅁ ⑤ ㄷ, ㄹ, ㅁ

[해설] (ㄴ) [○] 선발도구의 타당도가 높을수록 선발도구의 효과성은 증가한다.
(ㄹ) [○] 기초율이 100%라면 새로운 선발도구의 사용은 의미가 없다.
(ㅁ) [○] 선발도구의 효과성 : 기초율, 선발률, 타당도
(ㄱ) 선발률은 "선발률=선발인원/지원자수"이므로 최대값이 1이다. 선발률은 1이하가 되어야 선발도구의 사용은 의미가 있다.
(ㄷ) 선발률이 낮을수록 예측변인의 가치는 커지고, 선발도구의 효과성 가치는 커진다.

62 동일한 길이의 두 선분에서 양쪽끝 화살표의 방향이 달라짐에 따라 선분의 길이가 서로 다르게 지각되는 착시 현상은?

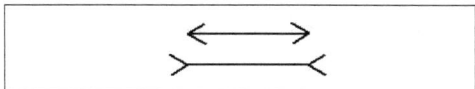

[정답] 61. ④   62. ①

① 뮐러-라이어 착시 　　② 유도운동 착시 　　③ 파이운동 착시
④ 자동운동 착시 　　⑤ 스트로보스코픽운동 착시

해설　① [○] 뮐러-라이어 착시는 두 기하학적 형태들에서 화살표 모양의 끝을 가진 선분(윗쪽)은 그렇지 않은 선분(아래쪽)보다 짧아 보인다. 두 선분의 실제 길이는 같다.
　　② 유도운동 착시 : 정지해 있는 것을 움직이는 것으로 느낀다든가 반대로 운동하고 있는 것을 정지해 있는 것으로 느끼는 현상을 말한다.
　　③ 파이운동 착시 : 정지 화면의 연속에 의해 일어나는 가상의 운동지각 현상을 말한다.
　　④ 자동운동 착시 : 암실 내에서 수 m 거리에 정지된 광점을 놓고 한동안 응시하고 있으면 그 광점이 움직이는 것처럼 보이는 현상을 말한다.
　　⑤ 스트로보스코운동 착시 : 영상에서 마차바퀴가 뒤로 돌아가는 것처럼 보이는 효과를 말한다.

63 효과적인 팀 수행을 위해서 공유된 정신모델(shared mental model)을 구축하고자 할 때, 주의해야 하는 잠재적·부정적 측면인 집단사고(groupthink)에 관한 설명으로 옳지 않은 것은?

① 집단사고의 예로는 1960년대 미국이 쿠바의 피그만을 침공한 것과 1980년대 우주왕복선 챌린저호의 폭발사고가 있다.
② 팀 구성원들은 만장일치로 의견을 도출해야 한다는 환상을 가지고 있다.
③ 자신이 속한 집단에 대한 강한 사회적 정체성을 느끼는 팀에서는 일어나지 않는다.
④ 팀 안에서 반대 의견을 표출하기가 힘들다.
⑤ 선택 가능한 대안들을 충분히 고려하지 않고 선택적으로 정보처리를 하는데서 발생한다.

해설　③ [×] 집단사고(groupthink)는 자신이 속한 집단에 대한 강한 사회적 정체성을 느끼는 팀에서는 일어난다. 응집력이 강할 때 집단사고가 발생하고, 약할 때 집단양극화(둘로 갈라짐)가 발생한다.

64 브룸(Vroom)은 직무동기의 힘을 3가지 인지적 요소들에 의한 함수관계로 정의하였다. 다음 공식의 a와 b에 들어갈 요소를 순서대로 나열한 것은?

$$직무동기의\ 힘 = 기대 \times \sum_{1}^{n}(a \times b)$$

① 기대, 유인가　　② 기대, 도구성　　③ 공정성, 유인가　　④ 공정성, 도구성
⑤ 유인가, 도구성

정답　63. ③　64. ⑤

해설 ⑤ [○] 브룸(Vroom)의 동기부여 3요인은 기대감(희망적), 유의성(매력적, 이끌림), 도구성(수단)이다. 관계식은 "직무동기의 힘=기대$\times \sum_{1}^{n}$(유인가$\times$도구성)"이다.

65 교대근무의 부정적 효과에 관한 설명으로 옳지 않은 것은?

① 야간작업은 멜라토닌 생성·조절을 방해하여 면역체계를 약화시킨다.
② 순환적 야간근무보다 고정적 야간근무가 신체·심리적 건강을 더 위협한다.
③ 교대작업은 배우자나 자녀와의 여가생활을 어렵게 하여 사회적 문제를 유발할 수 있다.
④ 순행적 교대근무보다 역행적 교대근무가 적응하기 더 어렵다.
⑤ 야간조명은 자연광선 효과를 대신할 수 없고, 낮잠은 밤에 자는 것과 같은 효과를 나타내지 못한다.

해설 ② [×] 순환적 야간근무가 고정적 야간근무보다 신체·심리적 건강을 더 위협한다.

66 직장내 안전사고와 관련된 요인에 관한 설명으로 옳지 않은 것은?

① 일의 수행에 안전을 위한 단계를 지켜야 한다는 종업원의 공유된 지각이 필요하다.
② 성격 5요인(Big five) 중에서 성실성은 안전사고와 관련된다.
③ 직무만족이 높을수록 안전사고가 감소한다.
④ 일과 무관한 개인적 스트레스 요인은 안전사고에 영향을 주지 않는다.
⑤ 시간급보다 생산성에 따라 급여를 받는 능률급은 안전을 더 저해하는 요인으로 작용할 수 있다.

해설 ④ [×] 일과 무관한 개인적 스트레스 요인도 안전사고에 영향을 준다.
⑤ 시간급보다 생산성에 따라 급여를 받는 능률급은 더 많이 벌려고 무리하게 되므로 안전을 더 저해하는 요인으로 작용할 수 있다.

67 작업스트레스에 관한 설명으로 옳은 것은?

① 급하고 의욕이 강한 A유형 성격의 사람들은 스트레스 조절능력이 강해서 느긋하고 이완된 B유형의 사람들과 비교하여 심장질환에 걸릴 확률이 절반 정도로 낮다.
② 스트레스 출처에 대한 이해가능성, 예측가능성, 통제가능성 중에서 스트레스 완화효과가 가장 큰 것은 예측가능성이다.
③ 내적 통제형의 사람들은 자신들이 스트레스 출처에 대해 직접적인 영향력을 행사하려고 하지 않고 그냥 견딘다.

정답 65. ② 66. ④ 67. ②

④ 공항에서 근무하는 소방관의 경우 한 건의 화재도 없이 몇 주 동안 대기근무만 하였을 때 스트레스가 없다.
⑤ 작업스트레스는 역할 과부하에서 주로 발생하며, 역할들 간의 갈등으로는 발생하지 않는다.

해설 ② [○] 예측가능성은 스트레스 완화효과가 가장 큰 것으로 알려져 있으며, 예측가능성을 상실한다는 것은 스트레스가 유발된다.
① A유형은 초조하고 조급해 하며 경쟁적인 특성으로 심혈관계 질환에 걸릴 가능성이 높은 유형을 의미하며, B유형은 이와는 반대로 느긋하고 여유있는 성격이 특징이다.
③ 내적 통제형의 사람들은 스트레스의 출처에 대해 적극적인 행동을 취하거나 스트레스의 영향력을 감소시키려고 노력할 가능성이 크다.
④ 공항에서 근무하는 소방관의 경우 한 건의 화재도 없이 몇 주 동안 대기근무만 하였을 때와 같은 경우도 스트레스가 될 수 있다.
⑤ 작업스트레스는 역할들 간의 갈등도 스트레스가 될 수 있다.

68 일과 가정간의 관계를 설명하는 3가지 기본 모델을 모두 고른 것은?

```
ㄱ. 파급모델(spillover model)
ㄴ. 과학자 - 실무자 모델(scientist - practitioner model)
ㄷ. 보충모델(compensation model)
ㄹ. 유인 - 선발 - 이탈 모델(attraction - selection - attrition model)
ㅁ. 분리모델(segmentation model)
```

① ㄱ, ㄴ, ㄷ   ② ㄱ, ㄷ, ㄹ   ③ ㄱ, ㄷ, ㅁ   ④ ㄴ, ㄷ, ㄹ   ⑤ ㄴ, ㄹ, ㅁ

해설 ③ [○] 일과 가정간의 관계를 설명하는 3가지 기본 모델
1. 파급모델(spillover model) : 일과 가정 사이에 정적 연결 관계가 존재된다.
2. 보충모델(compensation model) : 일과 가정 변인들 사이에서 부(負)적 관계가 존재하는 경우로서, 한 쪽에서의 박탈감을 다른 쪽에서 보충한다.
3. 분리모델(segmentation model) : 일과 가정의 효과적인 분리가 가능하다는 모델이다.

69 산업혁명 전후의 산업보건 역사에 관한 설명으로 옳지 않은 것은?

① 산업혁명으로 공장이라는 형태의 밀집된 생산시스템이 시작되었다.
② 산업혁명 이전에도 금속의 채광 및 제련업에 종사하는 사람들의 직업병 문제가 제기되었다.

정답 68. ③   69. ③

③ 증기기관이 발명되어 생산의 기계화가 진행되면서 화학물질 사용량이 크게 감소하였다.

④ 굴뚝청소부 음낭암의 원인이 굴뚝의 검댕(soot)이라는 것이 밝혀졌고, 이것이 최초의 직업성암의 사례이다.

⑤ 초기의 공장은 청소, 작업복의 세탁불량, 작업장 내 식사 등 위생적인 문제 해결만으로도 작업환경이 개선되었기 때문에 산업위생이라는 이름이 붙었다.

해설 ③ [×] 산업혁명 이후 생산의 기계화가 진행되면서 화학물질 사용량은 크게 증가되었다.

70 근로자 보호를 위한 작업환경 노출기준에 관한 설명으로 옳은 것은?

① 단시간 노출기준은 8시간 시간가중평균 노출기준보다 높게 설정된다.
② TLV란 미국 산업안전보건청(OSHA)에서 설정한 법적 노출기준을 말한다.
③ 단시간 노출기준은 주로 만성독성을 일으키는 물질을 대상으로 설정된다.
④ 노출기준은 직업병의 발생여부를 판단하는 기준이다.
⑤ 두 가지 이상의 화학물질에 동시에 노출될 때는 기준이 낮은 화학물질을 기준으로 노출기준 여부를 판단한다.

해설 ① [○] 단시간 노출기준(STEL)은 15분간의 시간가중평균노출값으로서 노출농도가 시간가중평균노출기준(TWA)을 초과하고 단시간노출기준(STEL) 이하인 경우에는 1회 노출 지속시간이 15분 미만이어야 하고, 이러한 상태가 1일 4회 이하로 발생하여야 하며, 각 노출의 간격은 60분 이상이어야 한다(화학물질 및 물리적 인자의 노출기준 제2조). ← STEL 정의 : 시험에 매우 자주 나옴.
참고로, ①의 문항에서 주의점은 혼동을 많이 하는 '높다'의 표현으로서, 수치로서는 더 커지는 것을 의미한다(예, 10ppm → 100ppm).

② TLV란 미국 ACGIH(미국정부산업위생전문가협회)의 기준이다.
③ 단시간 노출기준은 급성독성을 일으키는 물질을 대상으로 설정된다.
④ 노출기준은 근로자가 유해인자에 노출되는 경우 노출기준 이하 수준에서는 거의 모든 근로자에게 건강상 나쁜 영향을 미치지 아니하는 기준을 말한다(화학물질 및 물리적 인자의 노출기준 제2조).
⑤ 혼재하는 물질간에 유해성이 인체의 서로 다른 부위에 유해작용을 하는 경우에 유해성이 각각 작용하므로 혼재하는 물질 중 어느 한 가지라도 노출기준을 넘는 경우 노출기준을 초과하는 것으로 한다(화학물질 및 물리적 인자의 노출기준 제6조).

정답 70. ①

71 다음은 대표적인 직업병과 그 원인이 되는 물질을 연결한 것이다. 직업병의 원인이 되는 요인으로 옳지 않은 것은?

① 비중격천공 - 크롬   ② 중피종 - 석면   ③ 신장장해 - 수은
④ 진폐증 - 유리규산   ⑤ 말초신경장해 - 메탄올

해설   ⑤ [×] 말초신경장애는 말초 신경계의 신경손상으로, 에탄올(알코올)에 의해 발생한다.

72 작업환경측정에 관한 설명으로 옳은 것은?

① 비극성 유기용제는 주로 활성탄으로 채취한다.
② 작업환경측정에서 일반적으로 개인시료는 직독식 측정기기를, 지역시료는 시료채취용 펌프를 이용한다.
③ 최고노출기준(ceiling)이 설정되어 있는 화학물질은 15분 동안 측정하여야 한다.
④ 소음노출량계로 소음을 측정할 때에 Threshold는 80dB, Criteria는 90dB, Exchange rate는 5dB로 설정한다.
⑤ 산업안전보건법에 의하여 실시하는 작업환경측정에서 8시간 시간가중평균(8hr-TWA)을 측정하기 위해서는 최소한 5시간 이상 측정하여야 한다.

해설   (문제 오류) 최종 답안으로 ①, ④ 모두 정답처리

① [○] 비극성 유기용제, 각종 방향족 유기용제, 할로겐화 지방족, 에스테르류, 알코올류, 에테르류, 케톤류에는 주로 활성탄으로 채취한다.
④ [○] 소음노출량계로 소음을 측정할 때에는 Threshold는 80dB, Criteria는 90dB, Exchange rate는 5dB로 기기를 설정하여 측정하여야 한다(작업환경측정 및 정도관리 등에 관한 고시 제26조).
② 작업환경측정에서 일반적으로 개인시료는 개인시료채취기를, 지역시료는 시료채취기를 이용한다.
③ 최고노출기준(C)은 근로자가 1일 작업시간동안 잠시라도 노출되어서는 아니 되는 기준이다(화학물질 및 물리적 인자의 노출기준 제2조).
⑤ 1일 8시간 작업을 기준으로 하여 유해인자의 측정치에 발생시간을 곱하여 합친 것을 8시간으로 나눈 값으로 측정하여야 한다(화학물질 및 물리적 인자의 노출기준 제2조).

$$\text{TWA 환산값} = \frac{C_1 T_1 + \cdots + C_n T_n}{8}$$

여기서, C : 유해인자의 측정치(ppm, mg/m³, 개/cm³), T : 유해인자 발생시간(시간)

정답   71. ⑤   72. ①, ④

73 작업환경 중 물리적 요인에 관한 설명으로 옳지 않은 것은?

① 우리나라 8시간 소음기준은 85dB이다.
② 적외선에 과다하게 노출되면 백내장을 일으킨다.
③ 진동으로 인한 대표적인 건강장해는 레이노 증후군이다.
④ 해수면으로부터 20m를 잠수할 경우 잠수작업자가 받는 압력은 약 3기압이다.
⑤ 자외선 중 파장이 짧은 영역은 전리방사선이며, 피부에 노출될 경우 피부암을 일으킬 수 있다.

해설 (문제 오류) ①, ⑤ 모두 정답처리
① [×] 우리나라 8시간 소음기준은 90dB이다(화학물질 및 물리적 인자의 노출기준 별표 2).
⑤ [×] 자외선은 비전리방사선이고, 전리방사선에는 X-ray, 감마선, 입자 방사선(α 입자, β입자, 중성자)이 있다.
② 수정체가 열을 흡수하거나 주위의 홍채로부터 열이 전파되어 발생하는 백내장이 적외선 백내장이다.
③ 진동에 노출되는 부위에 발생하는 장해에는 레이노현상, 말초순환장해, 말초신경장해, 운동기능장해 등이 있다.
④ 해수면으로부터 해수면은 1기압, 10m는 2기압, 20m를 잠수할 경우 잠수작업자가 받는 압력은 약 3기압, 30m는 4기압이다.

74 유해요인 노출로부터 근로자를 보호하기 위한 개인보호구에 관한 설명으로 옳은 것은?

① 산소농도가 18% 이하인 작업장에서는 방독마스크를 착용하여야 한다.
② 나노입자에 노출되는 경우 특급 방진마스크를 착용하도록 한다.
③ 발암성 유기용제에 노출되는 경우 특급 이상의 방진마스크를 착용하여야 한다.
④ 방진마스크는 여과효율이 낮을수록, 흡기저항이 높을수록 성능은 향상된다.
⑤ 방독마스크는 오래 사용하면 여과효율은 증가하지만 흡배기 저항은 감소한다.

해설 ② [○] 나노입자에 노출되는 경우 특급 방진마스크를 착용하도록 한다.
① 산소농도가 18% 이하인 작업장에서는 송기마스크 또는 공기호흡기를 착용하여야 한다.
③ 발암성 유기용제에 노출되는 경우 특급 이상의 방독마스크를 착용하여야 한다.
④ 방진마스크는 여과효율이 높을수록, 흡기저항이 낮을수록 성능은 향상된다.
⑤ 방독마스크는 오래 사용하면 여과효율은 낮아지지만 흡배기 저항은 증가한다

정답 73. ①, ⑤   74. ②

75 작업장에 설치되어 있는 기존의 국소배기시스템에 관한 설명으로 옳지 않은 것은?

① 덕트의 길이를 줄이면 후드에서의 풍량은 감소한다.
② 송풍기 날개의 회전수를 2배 늘리면 송풍기의 풍량은 2배 증가한다.
③ 송풍기의 배출구 뒤쪽에 있는 덕트 내의 압력은 대기압보다 높다.
④ 덕트 내에 분진이 퇴적되어 내경이 좁아지면 후드정압이 감소한다.
⑤ 송풍기의 앞쪽에 있는 덕트에 구멍이 생기면 후드에서 풍량이 감소한다.

해설 ① [×] 덕트의 길이를 줄이면 손실이 감소되므로 후드에서의 풍량은 증가한다.
② 송풍기 날개의 회전수를 2배 늘리면 송풍기의 풍량은 2배 증가한다.
  ○ 송풍기의 상사법칙 ← 관련 응용문제가 시험에 자주 출제

  풍량 $\dfrac{Q_2}{Q_1} = \dfrac{N_2}{N_1} \cdot \left(\dfrac{D_2}{D_1}\right)^3$, 풍압 $\dfrac{P_2}{P_1} = \dfrac{\gamma_2}{\gamma_1} \cdot \left(\dfrac{N_2}{N_1}\right)^2 \cdot \left(\dfrac{D_2}{D_1}\right)^2$

  축동력 $\dfrac{L_2}{L_1} = \dfrac{\gamma_2}{\gamma_1} \cdot \left(\dfrac{N_2}{N_1}\right)^3 \cdot \left(\dfrac{D_2}{D_1}\right)^5$ 여기서, γ : 비중량(kg/m³)

③ 송풍기의 배출구 뒤쪽에 있는 덕트 내의 압력은 대기압보다 높다.
④ 덕트 내에 분진이 퇴적되어 내경이 좁아지면 손실이 생기고, 유속이 빨라져 동압이 커지며, 상대적으로 후드정압이 감소한다. (전압=동압+정압)
⑤ 송풍기의 앞쪽에 있는 덕트에 구멍이 생기면 손실이 생겨 후드에서 풍량이 감소한다.
  ○ [참고] 펌프의 상사법칙 ← 기계안전, 화공안전, 보건위생에서 응용문제로서 중요

  유량 $\dfrac{Q_2}{Q_1} = \dfrac{N_2}{N_1} \cdot \left(\dfrac{D_2}{D_1}\right)^3$, 양정 $\dfrac{H_2}{H_1} = \left(\dfrac{N_2}{N_1}\right)^2 \cdot \left(\dfrac{D_2}{D_1}\right)^2$

  축동력 $\dfrac{L_2}{L_1} = \left(\dfrac{N_2}{N_1}\right)^3 \cdot \left(\dfrac{D_2}{D_1}\right)^5$

정답 75. ①

제3장

2015년 1차 기출문제

제1과목 : 산업안전보건법령 / 108

제2과목 : 산업안전일반 / 126

제3과목 : 기업진단・지도 / 138

| 국가기술자격 필기시험문제 | 2015년 산업안전지도사 1차시험 | 시험시간 : 90분 |

제1과목 : 산업안전보건법령

01 산업안전보건법령상 안전보건관리규정의 작성 등에 관한 설명으로 옳지 않은 것은?

① 안전보건관리규정을 작성하여야 할 사업의 사업주는 안전보건관리규정을 작성하여야 할 사유가 발생한 날부터 30일 이내에 안전보건관리규정을 작성하여야 한다.
② 안전보건관리규정에는 작업장 안전관리에 관한 사항, 안전·보건교육에 관한 사항이 포함되어야 한다.
③ 사업주가 안전보건관리규정을 작성하는 경우에는 소방·가스·전기·교통 분야 등의 다른 법령에서 정하는 안전관리에 관한 규정과 통합하여 작성할 수 있다.
④ 안전보건관리규정을 변경할 사유가 발생한 경우에는 그 사유를 안 날부터 15일 이내에 작성하여야 한다.
⑤ 안전보건관리규정이 해당 사업장에 적용되는 단체협약 및 취업규칙에 반하는 경우, 안전보건관리규정 중 단체협약 또는 취업규칙에 반하는 부분에 관하여는 그 단체협약 또는 취업규칙으로 정한 기준에 따른다.

해설 ④ [×] 사업의 사업주는 안전보건관리규정을 작성해야 할 사유가 발생한 날부터 30일 이내에 별표 3의 내용을 포함한 안전보건관리규정을 작성해야 한다. 이를 변경할 사유가 발생한 경우에도 또한 같다(산시규 제25조).

① 사업의 사업주는 안전보건관리규정을 작성해야 할 사유가 발생한 날부터 30일 이내에 별표 3의 내용을 포함한 안전보건관리규정을 작성해야 한다(산시규 제25조).
② 안전보건관리규정에는 작업장 안전관리에 관한 사항, 안전·보건교육에 관한 사항이 포함되어야 한다(산안법 제25조).
③ 사업주가 안전보건관리규정을 작성할 때에는 소방·가스·전기·교통 분야 등의 다른 법령에서 정하는 안전관리에 관한 규정과 통합하여 작성할 수 있다(산시규 제25조).
⑤ 안전보건관리규정은 단체협약 또는 취업규칙에 반할 수 없다. 이 경우 안전보건관리규정 중 단체협약 또는 취업규칙에 반하는 부분에 관하여는 그 단체협약 또는 취업규칙으로 정한 기준에 따른다(산안법).

정답 01. ④

02 산업안전보건법령상 위험기계인 불도저를 타인에게 대여하는 자가 해당 불도저를 대여받은 자에게 유해·위험 방지조치로서 서면에 적어 발급해야 할 사항이 아닌 것은?

① 해당 불도저의 능력
② 해당 불도저의 특성 및 사용 시의 주의사항
③ 해당 불도저의 수리·보수 및 점검 내역
④ 해당 불도저의 조작가능 자격
⑤ 해당 불도저의 주요 부품의 제조일

해설 ④ [×] 기계 등 대여자의 조치로서 타인에게 대여하는 자는 해당 기계 등을 대여받은 에게 다음의 사항을 적은 서면을 발급할 것 (산시규 제100조)
  1. 해당 기계 등의 성능 및 방호조치의 내용
  2. 해당 기계 등의 특성 및 사용 시의 주의사항
  3. 해당 기계 등의 수리·보수 및 점검 내역과 주요 부품의 제조일
  4. 해당 기계 등의 정밀진단 및 수리 후 안전점검 내역, 주요 안전부품의 교환이력 및 제조일
 ○ 설치·해체 작업을 다른 설치·해체업자에게 위탁의 경우 준수사항 (산시규 제100조)
  1. 설치·해체업자가 기계 등의 설치·해체에 필요한 법령상 자격을 갖추고 있는지와 설치·해체에 필요한 장비를 갖추고 있는지를 확인할 것
  2. 설치·해체업자에게 대여자에게 서면을 발급하고, 해당 내용을 주지시킬 것
  3. 설치·해체업자가 설치·해체 작업 시 안전보건규칙에 따른 산업안전보건기준을 준수하고 있는지를 확인할 것

03 산업안전보건법령상 사업 내 안전·보건교육의 교육과정, 교육대상 및 교육시간을 나타낸 표이다. 교육과정 및 교육대상별 교육시간이 옳지 않은 것은?

교육과정	교육대상		교육시간
정기교육		사무직 종사 근로자	①
	사무직 종사 근로자 외의 근로자	판매업무에 직접 종사하는 근로자	②
		판매업무에 직접 종사하는 근로자 외의 근로자	③
	관리감독자의 지위에 있는 사람		④
건설업 기초 안전·보건교육	건설 일용근로자		⑤

① 매반기 4시간 이상
② 매반기 6시간 이상
③ 매반기 12시간 이상
④ 연간 16시간 이상
⑤ 4시간 이상

해설 ① [×] 사무직 종사 근로자 : 매반기 6시간 이상 <개정 2023. 9. 27.>

○ 근로자 안전보건교육 (산시규 별표 4) <개정 2023. 9. 27.>

교육과정	교육대상		교육시간
가. 정기교육	1) 사무직 종사 근로자		매반기 6시간 이상
	2) 그 밖의 근로자	가) 판매업무에 직접 종사하는 근로자	매반기 6시간 이상
		나) 판매업무에 직접 종사 근로자 외 근로자	매반기 12시간 이상
나. 채용 시 교육	1) 일용근로자 및 근로계약기간이 1주일 이하인 기간제근로자		1시간 이상
	2) 근로계약기간이 1주일 초과 1개월 이하인 기간제근로자		4시간 이상
	3) 그 밖의 근로자		8시간 이상
다. 작업내용 변경시 교육	1) 일용근로자 및 근로계약기간이 1주일 이하인 기간제근로자		1시간 이상
	2) 그 밖의 근로자		2시간 이상
라. 특별교육	1) 일용근로자 및 근로계약기간이 1주일 이하인 기간제근로자 : 별표 5 제1호 라목(제39호 타워크레인 신호업무 작업은 제외한다)에 해당 작업 종사 근로자에 한정한다.		2시간 이상
	2) 일용근로자 및 근로계약기간이 1주일 이하인 기간제근로자 : 별표 5 제1호 라목 제39호에 해당하는 작업에 종사하는 근로자에 한정한다.		8시간 이상
	3) 일용근로자 및 근로계약기간이 1주일 이하인 기간제근로자를 제외한 근로자: 별표 5 제1호라목에 해당하는 작업에 종사하는 근로자에 한정한다.		가) 16시간 이상(최초 작업 종사 전 4시간 이상 실시하고 12시간은 3개월 이내에서 분할하여 실시 가능) 나) 단기간 작업 또는 간헐적 작업인 경우 2시간 이상
마. 건설업 기초 안전·보건교육	건설 일용근로자		4시간 이상

04 산업안전보건법령상 근로자에 대한 안전·보건에 관한 교육을 사업주가 자체적으로 실시하는 경우에 교육을 실시할 수 있는 사람에 해당하지 않는 사람은?

① 산업안전지도사 또는 산업보건지도사
② 한국산업안전보건공단에서 실시하는 해당 분야의 강사요원 교육과정을 이수한 사람
③ 해당 사업장의 안전보건관리책임자, 관리감독자 및 산업보건의

정답 04. ⑤

④ 산업안전·보건에 관하여 학식과 경험이 있는 사람으로서 고용노동부장관이 정하는 기준에 해당하는 사람

⑤ 산업안전·보건에 관한 전문적 지식과 경험이 있다고 사업주가 인정하는 전문강사요원

해설 ⑤ [×] 산업안전보건에 관하여 학식과 경험이 있는 사람으로서 고용노동부장관이 정하는 기준에 해당하는 사람

○ 사업주가 안전보건교육을 자체적 실시할 경우 교육실시 가능한 사람 (산시규 제26조)
  1. 안전보건관리책임자 2. 관리감독자
  3. 안전관리자(안전관리전문기관에서 안전관리자의 위탁업무를 수행하는 사람을 포함)
  4. 보건관리자(보건관리전문기관에서 보건관리자의 위탁업무를 수행하는 사람을 포함)
  5. 안전보건관리담당자(안전관리전문기관 및 보건관리전문기관에서 안전보건관리담당자의 위탁업무를 수행하는 사람
  6. 산업보건의
  7. 공단에서 실시하는 해당 분야의 강사요원 교육과정을 이수한 사람
  8. 산업안전지도사 또는 산업보건지도사
  9. 산업안전보건에 관하여 학식과 경험이 있는 사람으로서 고용노동부장관이 정하는 기준에 해당하는 사람

05 산업안전보건법령상 유해하거나 위험한 작업의 도급에 대한 인가를 받기 위해 제출하는 도급인가 신청서에 첨부하는 도급대상 작업의 공정도에 포함되어야 할 것을 모두 고른 것은?

┌───┐
│ ㄱ. 기계·설비의 종류 및 운전조건   ㄴ. 도급사유 │
│ ㄷ. 유해·위험물질의 종류·사용량   │
│ ㄹ. 유해·위험요인의 발생 실태 및 종사 근로자 수 등에 관한 사항 │
└───┘

① ㄱ, ㄴ   ② ㄱ, ㄷ   ③ ㄴ, ㄹ   ④ ㄱ, ㄷ, ㄹ   ⑤ ㄴ, ㄷ, ㄹ

해설 ④ [○] 도급대상의 공정 관련 서류 일체 : 기계·설비의 종류 및 운전조건, 유해·위험물질의 종류·사용량, 유해·위험 요인의 발생 실태 및 종사 근로자 수 등에 관한 사항이 포함되어야 한다(산시규 제75조).

06 산업안전보건법령상 자율안전확인대상 기계·기구 등에 해당하는 것을 모두 고른 것은?

┌───┐
│ ㄱ. 휴대형 연마기   ㄴ. 인쇄기   ㄷ. 컨베이어   ㄹ. 식품가공용기계 중 제면기 │
│ ㅁ. 공작기계 중 평삭·형삭기   │
└───┘

정답 05. ④   06. ⑤

① ㄱ, ㄴ   ② ㄴ, ㄷ   ③ ㄱ, ㄷ, ㅁ   ④ ㄷ, ㄹ, ㅁ   ⑤ ㄴ, ㄷ, ㄹ, ㅁ

해설 ⑤ [○] (ㄱ) 연마기는 자율안전확인대상기계 등에 해당되나, 휴대형 연마기은 해당되지 않는다(산안령 제77조).

○ 자율안전확인대상기계 등 (산안령 제77조)
1. 연삭기(研削機) 또는 연마기(휴대형은 제외한다)
2. 산업용 로봇   3. 혼합기
4. 파쇄기 또는 분쇄기
5. 식품가공용 기계(파쇄·절단·혼합·제면기만 해당한다)
6. 컨베이어   7. 자동차정비용 리프트
8. 공작기계(선반, 드릴기, 평삭·형삭기, 밀링만 해당한다)
9. 고정형 목재가공용 기계(둥근톱, 대패, 루타기, 띠톱, 모떼기 기계만 해당한다)
10. 인쇄기

07 산업안전보건법령상 제조·수입·양도·제공 또는 사용이 금지되는 유해물질에 해당하는 것은?

① 함유된 용량의 비율이 3퍼센트 이하인 백연을 함유한 페인트
② 오로토-톨리딘과 그 염
③ 함유된 용량의 비율이 4퍼센트인 벤젠을 함유하는 고무풀
④ 알파-나프틸아민과 그 염
⑤ 벤조트리클로리드

해설 ① [○] 백연을 포함한 페인트(포함된 중량의 비율이 2% 이하인 것은 제외한다)는 제조 등이 금지되는 유해물질에 해당한다(산안령 제87조).

○ 제조 등이 금지되는 유해물질 (산안령 제87조)
1. β-나프틸아민과 그 염   2. 4-니트로디페닐과 그 염
3. 백연을 포함한 페인트(포함된 중량의 비율이 2% 이하인 것은 제외한다)
4. 벤젠을 포함하는 고무풀(포함된 중량의 비율이 5% 이하인 것은 제외한다)
5. 석면   6. 폴리클로리네이티드 터페닐   7. 황린(黃燐) 성냥
8. 제1호, 제2호, 제5호 또는 제6호에 해당하는 물질을 포함한 혼합물(포함된 중량의 비율이 1% 이하인 것은 제외한다)
9. 「화학물질관리법」에 따른 금지물질
10. 그 밖에 보건상 해로운 물질로서 산업재해보상보험및예방심의위원회의 심의를 거쳐 고용노동부장관이 정하는 유해물질

08 산업안전보건법령상 안전검사에 관한 설명으로 옳은 것은?

① 건설현장에서 사용하는 크레인은 최초로 설치한 날부터 1년마다 안전검사를 실시한다.
② 건설현장 외에서 사용하는 리프트는 사업장에 설치가 끝난 날부터 3년 이내에 최초 안전검사를 실시하되, 그 이후부터 2년마다 안전검사를 실시한다.
③ 건설현장에서 사용하는 곤돌라는 사업장에 설치가 끝난 날부터 4년 이내에 최초 안전검사를 실시한다.
④ 건설현장 외에서 사용하는 크레인은 최초 안전검사를 실시한 이후부터 3년마다 안전검사를 실시한다.
⑤ 다른 법령에 따라 안전성에 관한 검사나 인증을 받은 경우에는 산업안전보건법령상의 안전검사가 면제된다.

해설 ② [○] 건설현장 외에서 사용하는 리프트는 사업장에 설치가 끝난 날부터 3년 이내에 최초 안전검사를 실시하되, 그 이후부터 2년마다 안전검사를 실시한다(산시규 제126조).
① 건설현장에서 사용하는 크레인은 최초로 설치한 날부터 6개월마다 안전검사를 실시한다(산시규 제126조).
③ 건설현장에서 사용하는 곤돌라는 사업장에 설치가 끝난 날부터 6개월마다 최초 안전검사를 실시한다(산시규 제126조).
④ 건설현장 외에서 사용하는 크레인은 최초 안전검사를 실시한 이후부터 2년마다 안전검사를 실시한다(산시규 제126조).
⑤ 안전검사대상기계 등이 다른 법령에 따라 안전성에 관한 검사나 인증을 받은 경우로서 고용노동부령으로 정하는 경우에는 안전검사를 면제할 수 있다(산안법 제93조).
○ 크레인(이동식 크레인은 제외한다), 리프트(이삿짐운반용 리프트는 제외한다) 및 곤돌라는 사업장에 설치가 끝난 날부터 3년 이내에 최초 안전검사를 실시하되, 그 이후부터 2년마다(건설현장에서 사용하는 것은 최초로 설치한 날부터 6개월마다)(산시규 제126조).

09 산업안전보건법령상 도급인인 사업주가 도급사업 시의 안전·보건조치로서 사업별 작업장에 대해 순회점검하여야 하는 횟수가 옳은 것은?

① 제조업 - 3일에 1회 이상
② 서적, 잡지 및 기타 인쇄물 출판업 - 1주일에 1회 이상
③ 금속 및 비금속 원료 재생업 - 2일에 1회 이상
④ 건설업 - 1주일에 1회 이상
⑤ 토사석 광업 - 1개월에 1회 이상

정답 08. ② 09. ③

| 해설 | ③ [○] 금속 및 비금속 원료 재생업 – 2일에 1회 이상 (산시규 제80조)
① 제조업 – 2일에 1회 이상 (산시규 제80조)
② 서적, 잡지 및 기타 인쇄물 출판업 – 2일에 1회 이상 (산시규 제80조)
④ 건설업 – 2일에 1회 이상 (산시규 제80조)
⑤ 토사석 광업 – 2일에 1회 이상 (산시규 제80조)
○ 도급사업 시의 안전·보건조치 등으로서 작업장 순회점검 횟수 (산시규 제80조)
   ① 다음의 각 사업 : 2일에 1회 이상
      1. 건설업 2. 제조업 3. 토사석 광업 4. 서적, 잡지 및 기타 인쇄물 출판업
      5. 음악 및 기타 오디오물 출판업 6. 금속 및 비금속 원료 재생업
   ② 상기 사업을 제외한 사업 : 1주일에 1회 이상

10 산업안전보건법령상 직무교육에 관한 설명으로 옳은 것은? (단, 전직하여 신규로 선임된 경우는 고려하지 않음)

① 직무교육기관의 장은 직무교육을 실시하기 15일 전까지 교육 일시 및 장소 등을 직무교육 대상자에게 알려야 한다.
② 보건관리자로 의사가 선임된 경우 선임된 후 3개월 이내에 직무를 수행하는 데 필요한 신규교육을 받아야 한다.
③ 재해예방 전문지도기관에서 지도업무를 수행하는 사람은 해당 직위에 선임된 후 6개월 이내에 직무를 수행하는 데 필요한 신규교육을 받아야 한다.
④ 안전보건관리책임자는 신규교육을 이수한 후 매 3년이 되는 날을 기준으로 전후 3개월 사이에 안전·보건에 관한 보수교육을 받아야 한다.
⑤ 안전관리자로 선임된 자는 해당 직위에 선임된 후 6개월 이내에 직무를 수행하는 데 필요한 신규교육을 받아야 한다.

| 해설 | ① [○] 직무교육기관의 장은 직무교육을 실시하기 15일 전까지 교육 일시 및 장소 등을 직무교육 대상자에게 알려야 한다(산시규 제35조).
② 보건관리자로 의사가 선임된 경우 채용된 후 1년 이내에 직무를 수행하는 데 필요한 신규교육을 받아야 한다(산시규 제29조).
③ 건설재해예방 전문지도기관에서 지도업무를 수행하는 사람은 해당 직위에 채용된 후 3개월 이내에 직무를 수행하는데 필요한 신규교육을 받아야 한다(산시규 제29조).
④ 안전보건관리책임자는 신규교육을 이수한 후 매 2년이 되는 날을 기준으로 전후 3개월 사이에 고용노동부장관이 실시하는 안전보건에 관한 보수교육을 받아야 한다(산시규 제29조).
⑤ 안전관리자로 채용된 자는 해당 직위에 선임된 후 3개월 이내에 직무를 수행하는 데 필요한 신규교육을 받아야 한다(산시규 제29조).

정답   10. ①

11 산업안전보건법령상 유해하거나 위험한 기계·기구 등의 방호조치 등과 관련하여 근로자의 준수사항으로 옳은 것은?

① 방호조치를 해체한 후에 그 사유가 소멸된 경우, 해체상태 그대로 사용한다.
② 방호조치가 필요없다고 판단한 경우, 즉시 방호조치를 직접 해체하고 사용한다.
③ 방호조치가 된 기계·기구에 이상이 있는 경우, 즉시 방호조치를 직접 해체해야 한다.
④ 방호조치를 해체하려는 경우, 한국산업안전보건공단에 신고한 후 해체하여야 한다.
⑤ 방호조치의 기능이 상실된 것을 발견한 경우, 지체 없이 사업주에게 신고한다.

해설 ⑤ [○] 방호조치의 기능이 상실된 것을 발견한 경우, 지체 없이 사업주에게 신고한다.

○ 방호조치 해체 등에 필요한 조치 (산시규 제99조)
　1. 방호조치를 해체하려는 경우 : 사업주의 허가를 받아 해체할 것
　2. 방호조치 해체 사유가 소멸된 경우 : 방호조치를 지체 없이 원상으로 회복시킬 것
　3. 방호조치의 기능이 상실된 것을 발견한 경우 : 지체 없이 사업주에게 신고할 것

12 산업안전보건법령상 안전인증에 관한 설명으로 옳지 않은 것은?

① 안전인증대상인 프레스의 주요 구조 부분을 변경하는 경우 안전인증을 받아야 한다.
② 안전인증을 신청하는 경우에는 고용노동부장관이 정하여 고시하는 바에 따라 안전인증 심사에 필요한 시료(試料)를 제출하여야 한다.
③ 안전인증을 받은 자는 안전인증제품에 관한 자료를 안전인증을 받은 제품별로 기록·보존하여야 한다.
④ 기계·기구 및 방호장치·보호구가 유해·위험한 기계·기구·설비 등인지를 확인하는 심사는 서면심사로서 15일내에 심사를 완료해야 한다.
⑤ 지방고용노동관서의 장은 안전인증대상 기계·기구 등을 제조·수입 또는 판매하는 자에게 자료의 제출을 요구할 때에는 10일 이상의 기간을 정하여 문서로 요구하되, 부득이한 사유가 있을 때에는 신청을 받아 30일의 범위에서 그 기간을 연장할 수 있다.

해설 ④ [×] 기계·기구 및 방호장치·보호구가 유해·위험한 기계·기구·설비 등인지를 인하는 심사는 예비심사로서 7일 이내에 심사를 완료해야 한다(산시규 제110조).

① 안전인증대상기계 등을 제조하거나 수입하는 자(안전인증대상인 프레스 등을 설치·이전하거나 주요 구조 부분을 변경하는 자를 포함)는 안전인증대상기계 등이 안전인증기준에 맞는지에 대하여 안전인증을 받아야 한다(산안법 제84조).

② 안전인증을 신청하는 경우에는 고용노동부장관이 정하여 고시하는 바에 따라 안전인증 심사에 필요한 시료를 제출해야 한다(산시규 제108조).

③ 안전인증제품에 관한 자료의 기록·보존 : 안전인증을 받은 자는 안전인증제품에 관한 자료를 안전인증을 받은 제품별로 기록·보존해야 한다(산시규 제112조).

⑤ 지방고용노동관서의 장은 안전인증대상기계 등을 제조·수입 또는 판매하는 자에게 자료의 제출을 요구할 때에는 10일 이상의 기간을 정하여 문서로 요구하되, 부득이한 사유가 있을 때에는 신청을 받아 30일의 범위에서 그 기간을 연장할 수 있다(산시규 제113조).

13 산업안전보건법령상 고용노동부장관이 산업재해를 예방하기 위해 필요하다고 인정하여 사업장의 산업재해 발생건수, 재해율 또는 그 순위 등을 공표할 수 있는 대상 사업장을 모두 고른 것은?

> ㄱ. 산업재해의 발생에 관한 보고를 최근 3년 이내 2회 하지 않은 사업장
> ㄴ. 연간 산업재해율이 규모별 같은 업종의 평균재해율 이상인 사업장 중 상위 5 퍼센트에 해당하는 사업장
> ㄷ. 산업재해로 연간 사망재해자가 1명 발생한 사업장으로서 사망만인율(연간 상시 근로자 1만명당 발생하는 사망자 수로 환산한 것을 말한다)이 규모별 같은 업종의 평균 사망만인율 이상인 사업장
> ㄹ. 중대산업사고가 발생한 사업장
> ㅁ. 최근 1년 이내에 2회 산업안전보건법 위반으로 형사처벌을 받은 사업장

① ㄱ, ㄷ ② ㄴ, ㅁ ③ ㄷ, ㄹ ④ ㄱ, ㄴ, ㄹ ⑤ ㄴ, ㄷ, ㅁ

해설 ④ [○] (ㄱ), (ㄴ), (ㄹ)이 공표대상이다. (ㄷ), (ㅁ)은 해당 사항이 아니다.
(ㄷ) [×] 산업재해로 연간 사망재해자가 2명 이상 발생한 사업장으로서 사망만인율(연간 상시 근로자 1만명당 발생하는 사망자 수로 환산한 것을 말한다)이 규모별 같은 업종의 평균 사망만인율 이상인 사업장은 공표 대상이다(산안령 제10조).

○ 공표대상 사업장 (산안령 제10조)
1. 산업재해로 인한 사망자가 연간 2명 이상 발생한 사업장
2. 사망만인율(死亡萬人率 : 연간 상시근로자 1만명당 발생하는 사망재해자 수의 비율을 말한다)이 규모별 같은 업종의 평균 사망만인율 이상인 사업장
3. 중대산업사고가 발생한 사업장
4. 산업재해 발생 사실을 은폐한 사업장
5. 산업재해의 발생에 관한 보고를 최근 3년 이내 2회 이상 하지 않은 사업장

14 산업안전보건법령상 중대재해에 해당하는 것은?
① 사망자가 1명 발생한 재해
② 2억 원의 경제적 손실이 발생한 재해
③ 장애등급을 판정받은 부상자가 발생한 재해
④ 부상자 또는 직업성질병자가 동시에 5명 발생한 재해

정답 13. ④   14. ①

⑤ 1개월의 요양이 필요한 부상자가 동시에 3명 발생한 재해

해설 ① [○] 사망자가 1명 발생한 재해는 중대재해에 해당한다(산시규 제3조).

○ 중대재해 범위(산시규 제3조) : 다음 중 어느 하나에 해당할 때
1. 사망자가 1명 이상 발생한 재해
2. 3개월 이상의 요양이 필요한 부상자가 동시에 2명 이상 발생한 재해
3. 부상자 또는 직업성 질병자가 동시에 10명 이상 발생한 재해

15 산업안전보건법령상 건설업체 산업재해발생률 및 산업재해 발생 보고의무 위반 건수 산정 기준과 방법에 관한 설명으로 옳지 않은 것은?

① 산업재해발생률 및 산업재해 발생 보고의무가 있는 건설업체의 산업재해발생률은 환산재해자 수를 상시 근로자 수로 나눈 환산재해율로 산출하되, 소수점 셋째 자리에서 반올림한다.
② 사망재해자의 재해 발생 시기가 2014. 11. 20이고 사망 시기가 2015. 4. 8인 경우 사망재해자에 대해서는 부상재해자의 5배로 하여 가중치를 부여할 수 있다.
③ 둘 이상의 업체가 「국가를 당사자로 하는 계약에 관한 법률」에 따라 공동계약을 체결하여 공사를 공동이행 방식으로 시행하는 경우 해당 현장에서 발생하는 재해자수는 공동수급업체의 출자 비율에 따라 분배한다.
④ 산업재해자 중 근로자간 폭행에 의한 경우로서 사업주의 법 위반으로 인한 것이 아니라고 인정되는 재해에 의한 재해자는 재해자 수 산정에서 제외한다.
⑤ 산업재해의 사망재해자 중 고혈압 등 개인지병에 의한 경우로 해당 사고발생의 직접적인 원인이 사업주의 법 위반으로 인한 것이 아니라고 인정되는 재해자에 대해서는 가중치를 부여하지 않는다.

해설 ② [×] 사망재해자의 재해 발생 시기가 2014. 11. 20이고 사망 시기가 2015. 4. 8인 경우 2014년 사망자로 보지 않는다. 재해 발생 시기와 사망 시기의 연도가 다른 경우에는 재해 발생 연도의 다음연도 3월 31일 이전에 사망한 경우에만 산정 대상 연도의 사고사망자수로 산정한다(산시규 별표 1).

① 건설업체의 산업재해발생률은 사고사망만인율의 계산식에 따른 업무상 사고사망만인율로 산출하되, 소수점 셋째 자리에서 반올림한다(산시규 별표 1).
③ 둘 이상의 건설업체가 「국가를 당사자로 하는 계약에 관한 법률」에 따라 공동계약을 체결하여 공사를 공동이행 방식으로 시행하는 경우 산업재해 발생 보고의무 위반건수는 공동수급업체의 출자비율에 따라 분배한다(산시규 별표 1).
④ 산업재해자 중 근로자간 폭행에 의한 경우로서 사업주의 법 위반으로 인한 것이 아니라고 인정되는 재해에 의한 사고사망자는 사고사망자 수 산정에서 제외한다(산시규 별표 1).

정답 15. ②

⑤ 산업재해의 사망재해자 중 체육행사에 의한 경우로 해당 사고발생의 직접적인 원인이 사업주의 법 위반으로 인한 것이 아니라고 인정되는 재해에 의한 사고사망자는 사고 사망자 수 산정에서 제외한다(산시규 별표 1).

16 산업안전보건법령상 지방고용노동관서의 장이 사업주에게 안전관리자나 보건관리자(이하 '관리자'라 함)를 정수 이상으로 증원하게 하거나 교체하여 임명할 것을 명할 수 있는 경우에 해당되지 않는 것은?

① 중대재해가 연간 5건 발생한 경우
② 상시근로자가 100명인 사업장에서 직업성 질병자 발생 당시 사용한 니트로벤젠으로 인한 직업성 질병자가 연간 5명 발생한 경우
③ 상시근로자가 100명인 사업장에서 직업성 질병자 발생 당시 누출된 유해광선인 자외선으로 인한 직업성질병자가 연간 2명 발생한 경우
④ 해당 사업장의 연간재해율이 같은 업종의 평균재해율의 2배인 경우
⑤ 관리자가 질병이나 그 밖의 사유로 4개월간 직무를 수행할 수 없게 된 경우

해설 ③ [×] 상시근로자가 100명인 사업장에서 직업성 질병자 발생 당시 누출된 유해광선인 자외선으로 인한 직업성 질병자가 연간 3명 발생한 경우일 때 증원하게 하거나 교체하여 임명할 것을 명할 수 있는 대상이다.

○ 안전관리자 등의 증원·교체임명 명령 (산시규 제12조)
  1. 해당 사업장의 연간재해율이 같은 업종의 평균재해율의 2배 이상인 경우
  2. 중대재해가 연간 2건 이상 발생한 경우. 다만, 해당 사업장의 전년도 사망만인율이 같은 업종의 평균 사망만인율 이하인 경우는 제외한다.
  3. 관리자가 질병이나 그 밖의 사유로 3개월 이상 직무를 수행할 수 없게 된 경우
  4. 화학적 인자로 인한 직업성 질병자가 연간 3명 이상 발생한 경우. 이 경우 직업성 질병자의 발생일은 요양급여의 결정일로 한다.

17 산업안전보건법령상 안전관리자 선임 등에 관한 설명으로 옳은 것은?

① 건설업의 경우에는 공사금액이 50억원 이상인 사업장에는 안전관리 업무만을 전담하는 안전관리자를 두어야 하고, 공사금액이 3억원 이상 50억원 미만인 사업장에는 안전관리 업무 아닌 다른 업무를 겸하는 겸직 안전관리자를 둘 수 있다.
② 동일한 사업주가 경영하는 둘 이상의 사업장이 같은 시·군·구(자치구를 말한다) 지역에 소재하는 경우 그 둘 이상의 사업장에 1명의 안전관리자를 공동으로 둘 수 있으며, 이 경우 각 사업장의 상시 근로자 수는 300명 이내이어야 한다.
③ 사업주는 안전관리자를 선임한 경우에는 고용노동부령으로 정하는 바에 따라 선임한 날부터 30일 이내에 증명할 수 있는 서류를 제출하여야 한다.

정답 16. ③   17. ⑤

④ 상시 근로자 50명인 전기장비 제조업을 하는 사업장으로 사내 하도급업체를 두고 있는 경우 수급인인 사업주가 별도로 안전관리자를 둔 경우에는 도급인인 사업주는 안전관리자를 선임하지 아니할 수 있다.
⑤ 상시 근로자 200명을 사용하는 가구 제조업의 경우 안전관리자의 업무를 안전관리전문기관에 위탁할 수 있다.

해설 ⑤ [○] 상시 근로자 300명 미만을 사용하는 가구 제조업의 경우 안전관리자의 업무를 안전관리전문기관에 위탁할 수 있다.
○ 안전보건관리담당자 업무의 위탁 : 건설업을 제외한 사업으로서 상시근로자 300미만을 사용하는 사업장은 안전관리자의 업무를 안전관리 전문기관에 위탁할 수 있다(산안령 제19조).
① 건설업의 경우에는 공사금액이 120억원 이상인 사업장에는 안전관리 업무만을 전담하는 안전관리자를 두어야 하고, 공사금액의 합계가 120억원 이내인 사업장에는 안전관리 업무 아닌 다른 업무를 겸하는 겸직 안전관리자를 둘 수 있다(산안령 제16조).
② 같은 사업주가 경영하는 둘 이상의 사업장이 다음의 어느 하나에 해당하는 경우에는 그 둘 이상의 사업장에 1명의 안전관리자를 공동으로 둘 수 있다. 이 경우 해당 사업장의 상시근로자 수의 합계는 300명 이내[건설업의 경우에는 공사금액의 합계가 120억원(종합공사를 시공하는 업종의 건설업종인 토목공사업의 경우에는 150억원) 이내] 이어야 한다(산안령 제16조).
 1. 같은 시·군·구(자치구를 말한다) 지역에 소재하는 경우
 2. 사업장 간의 경계를 기준으로 15km 이내에 소재하는 경우
③ 사업주는 안전관리자를 선임한 경우에는 고용노동부령으로 정하는 바에 따라 선임한 날부터 14일 이내에 증명할 수 있는 서류를 제출하여야 한다(산안령 제16조).
④ 도급인의 사업장에서 이루어지는 도급사업에서 도급인이 고용노동부령으로 정하는 바에 따라 그 사업의 관계수급인 근로자에 대한 안전관리를 전담하는 안전관리자를 선임한 경우에는 그 사업의 관계수급인은 해당 도급사업에 대한 안전관리자를 선임하지 않을 수 있다(산안령 제16조).

18 산업안전보건법령상 사업장의 관리감독자가 수행해야 할 업무에 해당하는 것은?
① 안전보건관리규정의 작성 및 변경에 관한 사항
② 산업재해에 관한 통계의 기록 및 유지에 관한 사항
③ 사업장 내 관리감독자가 지휘·감독하는 작업과 관련된 기계·기구 또는 설비의 안전·보건 점검 및 이상 유무의 확인에 관한 사항
④ 산업재해의 원인 조사 및 재발 방지대책 수립에 관한 사항
⑤ 안전·보건과 관련된 안전장치 및 보호구 구입 시의 적격품 여부 확인에 관한 사항

해설 ③ [○] 산업안전보건법령상 사업장의 관리감독자의 업무 (산안령 제15조)
1. 사업장 내 관리감독자가 지휘·감독하는 작업과 관련된 기계·기구 또는 설비의 안전·보건 점검 및 이상 유무의 확인
2. 관리감독자에게 소속된 근로자의 작업복·보호구 및 방호장치의 점검과 그 착용·사용에 관한 교육·지도
3. 해당작업에서 발생한 산업재해에 관한 보고 및 이에 대한 응급조치
4. 해당작업의 작업장 정리·정돈 및 통로 확보에 대한 확인·감독
5. 사업장의 다음 각 목의 어느 하나에 해당하는 사람의 지도·조언에 대한 협조
   가. 안전관리자 또는 안전관리전문기관의 해당 사업장 담당자
   나. 보건관리자 또는 보건관리전문기관의 해당 사업장 담당자
   다. 안전보건관리담당자 또는 안전관리전문기관 및 보건관리전문기관의 해당 사업장 담당자
   라. 산업보건의
6. 위험성평가에 관한 다음 각 목의 업무
   가. 유해·위험요인의 파악에 대한 참여   나. 개선조치의 시행에 대한 참여
7. 그 밖에 해당작업의 안전 및 보건에 관한 사항으로서 고용노동부령으로 정하는 사항

○ 산업안전보건법령상 사업장의 안전보건관리책임자의 업무 (산안법 제15조)
1. 사업장의 산업재해 예방계획의 수립에 관한 사항
2. 안전보건관리규정의 작성 및 변경에 관한 사항
3. 안전보건교육에 관한 사항
4. 작업환경측정 등 작업환경의 점검 및 개선에 관한 사항
5. 근로자의 건강진단 등 건강관리에 관한 사항
6. 산업재해의 원인 조사 및 재발 방지대책 수립에 관한 사항
7. 산업재해에 관한 통계의 기록 및 유지에 관한 사항
8. 안전장치 및 보호구 구입 시 적격품 여부 확인에 관한 사항
9. 그 밖에 근로자의 유해·위험 방지조치에 관한 사항으로서 고용노동부령으로 정하는 사항

19 산업안전보건법령상 근로시간 연장의 제한에 관한 내용으로 ( )에 들어갈 숫자를 순서대로 옳게 나열한 것은?

> 사업주는 잠함(潛艦) 또는 잠수작업 등 높은 기압에서 하는 작업에 종사하는 근로자에게는 1일 (ㄱ)시간, 1주 (ㄴ)시간을 초과하여 근로하게 하여서는 아니 된다.

정답 19. ③

① ㄱ : 4, ㄴ : 30   ② ㄱ : 5, ㄴ : 32   ③ ㄱ : 6, ㄴ : 34
④ ㄱ : 7, ㄴ : 36   ⑤ ㄱ : 8, ㄴ : 38

해설   ③ [○] 사업주는 유해하거나 위험한 작업으로서 높은 기압에서 하는 잠함 또는 잠수작업 등에 종사하는 근로자에는 1일 6시간, 1주 34시간을 초과하여 근로하게 해서는 아니 된다(산안법 제139조). ← 6시간/일×5일+4시간=34시간

20 산업안전보건법령상 건강진단에 관한 내용으로 ( ) 안에 들어갈 내용을 순서대로 옳게 나열한 것은?

> ○ "(ㄱ)건강진단"이란 특수건강진단대상업무로 인하여 해당 유해인자에 의한 직업성 천식, 직업성 피부염, 그 밖에 건강장해를 의심하게 하는 증상을 보이거나 의학적 소견이 있는 근로자에 대하여 사업주가 실시하는 건강진단을 말한다.
>
> ○ 사업주는 이 법령 또는 다른 법령에 따른 건강진단 결과 근로자의 건강을 유지하기 위하여 필요하다고 인정할 때에는 작업장소 변경, 작업 전환, 근로시간 단축, 야간근로[(ㄴ) 사이의 근로를 말한다)]의 제한, 작업환경측정 또는 시설·설비의 설치·개선 등 적절한 조치를 하여야 한다.
>
> ○ 사업주는 건강진단기관에서 송부받은 건강진단 결과표 및 근로자가 제출한 건강진단 결과를 증명하는 서류(이들 자료가 전산입력된 경우에는 그 전산입력된 자료를 말한다)를 5년간 보존하여야 한다. 다만, 고용노동부장관이 정하여 고시하는 물질을 취급하는 근로자에 대한 건강진단 결과의 서류 또는 전산입력 자료는 (ㄷ)간 보존하여야 한다.

① ㄱ : 특수, ㄴ : 오후 10시부터 오전 6시까지, ㄷ : 10년
② ㄱ : 수시, ㄴ : 오후 10시부터 오전 6시까지, ㄷ : 30년
③ ㄱ : 특수, ㄴ : 오후 10시부터 오전 6시까지, ㄷ : 20년
④ ㄱ : 수시, ㄴ : 오후 8시부터 오전 4시까지, ㄷ : 30년
⑤ ㄱ : 특별, ㄴ : 오후 8시부터 오전 4시까지, ㄷ : 20년

해설   ② [○] 건강진단 관련한 규정이며, (ㄱ)은 수시건강진단, (ㄴ)는 건강진단에 관한 사업주의 의무, (ㄷ)은 서류의 보존에 관한 것이다.

○ 수시건강진단 대상 근로자 등 (산시규 제205조)
특수건강진단대상업무로 인하여 해당 유해인자로 인한 것이라고 의심되는 직업성 천식, 직업성 피부염, 그 밖에 건강장해 증상을 보이거나 의학적 소견이 있는 근로자로서 다음 각 호의 어느 하나에 해당하는 근로자를 말한다.

정답   20. ②

1. 산업보건의, 보건관리자, 보건관리 업무를 위탁받은 기관이 필요하다고 판단하여 사업주에게 수시건강진단을 건의한 근로자
2. 해당 근로자나 근로자대표 또는 명예산업안전감독관이 사업주에게 수시건강진단을 요청한 근로자

○ 건강진단에 관한 사업주의 의무 (산안법 제132조)
사업주는 건강진단의 결과 근로자의 건강을 유지하기 위하여 필요하다고 인정할 때에는 작업장소 변경, 작업 전환, 근로시간 단축, 야간근로(오후 10시부터 다음 날 오전 6시까지 사이의 근로를 말한다)의 제한, 작업환경측정 또는 시설·설비의 설치·개선 등 고용노동부령으로 정하는 바에 따라 적절한 조치를 하여야 한다.

○ 서류의 보존 (산시규 제241조)
사업주는 송부받은 건강진단 결과표 및 근로자가 제출한 건강진단 결과를 증명하는 서류(이들 자료가 전산입력된 경우에는 그 전산입력된 자료를 말한다)를 5년간 보존해야 한다. 다만, 고용노동부장관이 정하여 고시하는 물질을 취급하는 근로자에 대한 건강진단 결과의 서류 또는 전산입력 자료는 30년간 보존해야 한다.

21 산업안전보건법령상 사업주는 일정한 질병이 있는 근로자를 고기압 업무에 종사하도록 하여서는 아니 된다. 이 질병에 해당하지 않는 것은?

① 빈혈증   ② 메니에르씨병   ③ 바이러스 감염에 의한 구순포진
④ 관절염   ⑤ 천식

해설 ③ [×] 구순포진은 바이러스 감염에 의한 입술의 물집발생 질환으로서, 해당이 아니다.

○ 질병자 등의 근로 제한 (산시규 제221조)
사업주는 다음 각 호의 어느 하나에 해당하는 질병이 있는 근로자를 고기압 업무에 종사하도록 해서는 안 된다.
1. 감압증이나 그 밖에 고기압에 의한 장해 또는 그 후유증
2. 결핵, 급성상기도감염, 진폐, 폐기종, 그 밖의 호흡기계의 질병
3. 빈혈증, 심장판막증, 관상동맥경화증, 고혈압증, 그 밖의 혈액 또는 순환기계 질병
4. 정신신경증, 알코올중독, 신경통, 그 밖의 정신신경계의 질병
5. 메니에르씨병, 중이염, 그 밖의 이관(耳管)협착을 수반하는 귀 질환
6. 관절염, 류마티스, 그 밖의 운동기계의 질병
7. 천식, 비만증, 바세도우씨병, 그 밖에 알레르기성·내분비계·물질대사 또는 영양장해 등과 관련된 질병

정답 21. ③

22 산업안전보건법령상 작업환경측정에 관한 설명으로 옳은 것을 모두 고른 것은?

ㄱ. 작업환경측정 대상인 작업장에서 작업환경측정을 할 수 있는 "고용노동부령으로 정하는 자격을 가진 자"란 그 사업장에 소속된 사람으로서 산업위생관리산업기사 이상의 자격을 가진 사람을 말한다.

ㄴ. 지정측정기관의 작업환경측정 수준을 평가하려는 경우의 평가기준은 1. 작업환경측정 및 시료분석의 능력, 2. 측정 결과의 신뢰도, 3. 시설·장비의 성능, 4. 보유인력의 교육이수, 능력개발, 전산화의 정도 및 그 밖에 필요한 사항이다.

ㄷ. 모든 측정은 지역 시료채취방법으로 하되, 지역 시료채취방법이 곤란한 경우에는 개인 시료채취방법으로 실시하여야 한다.

ㄹ. 작업환경측정 결과 고용노동부장관이 정하여 고시하는 화학적 인자의 측정치가 노출기준을 초과하는 작업장 또는 작업공정은 해당 유해인자에 대하여 그 측정일부터 6개월에 1회 이상 작업환경측정을 하여야 한다.

① ㄱ ② ㄱ, ㄴ ③ ㄴ, ㄷ ④ ㄷ, ㄹ ⑤ ㄱ, ㄴ, ㄷ

해설 (ㄱ) [○] 사업주는 유해인자로부터 근로자의 건강을 보호하고 쾌적한 작업환경을 조성하기 위하여 인체에 해로운 작업을 하는 작업장으로서 고용노동부령으로 정하는 작업장에 대하여 산업위생관리 산업기사 이상의 자격을 가진 자로 하여금 작업환경측정을 하도록 하여야 한다(산안법 제125조, 산시규 제187조).

(ㄴ) [○] 지정측정기관의 작업환경측정 수준을 평가하려는 경우의 평가기준은 ① 작업환경측정 및 시료분석의 능력, ② 측정 결과의 신뢰도, ③ 작업환경측정 대상 사업장의 만족도, ④ 인력·시설 및 장비의 보유 수준 등이다(산시규 제191조).

(ㄷ) 모든 측정은 개인 시료채취방법으로 하되, 개인 시료채취방법이 곤란한 경우에는 지역 시료채취방법으로 실시할 것. 이 경우 그 사유를 작업환경측정 결과표에 분명하게 밝혀야 한다(산시규 제189조).

(ㄹ) 작업환경측정 결과 고용노동부장관이 정하여 고시하는 화학적 인자의 측정치가 노출기준을 초과하는 작업장 또는 작업공정은 해당 유해인자에 대하여 그 측정일부터 3개월에 1회 이상 작업환경측정을 해야 한다(산시규 제180조). → 기본은 6개월에 1회, 완화시 1년에 1회(단, 완화기준 2가지 충족시)

23 산업안전보건법령상 공정안전보고서에 관한 설명으로 옳지 않은 것은?

① 공정안전보고서를 작성하여야 하는 사업장의 사업주는 산업안전보건위원회가 설치되어 있지 아니한 경우 근로자대표의 의견을 들어 작성하여야 한다.

② 공정안전보고서에는 공정안전자료, 공정위험성 평가서, 안전운전계획, 비상조치계획이 포함되어야 한다.

정답 22. ② 23. ④

③ 사업주가 공정안전보고서를 제출한 경우에는 해당 유해·위험설비에 관하여 유해·위험방지계획서를 제출한 것으로 본다.
④ 「액화석유가스의 안전관리 및 사업법」에 따른 액화석유가스의 충전·저장시설은 공정안전보고서를 작성하여 제출하여야 하는 대상이 아니다.
⑤ 공정안전보고서 이행 상태의 평가는 공정안전보고서의 확인 후 1년이 경과한 날부터 2년 이내에 하여야 한다.

해설 ④ [×] 「액화석유가스의 안전관리 및 사업법」에 따른 액화석유가스의 충전·저장시설은 공정안전보고서를 작성하여 제출하여야 한다(산안령 제43조).

① 사업주는 공정안전보고서를 작성할 때 산업안전보건위원회의 심의를 거쳐야 한다. 다만, 산업안전보건위원회가 설치되어 있지 아니한 사업장의 경우에는 근로자대표의 의견을 들어야 한다(산안법 제44조).

② 공정안전보고서에는 공정안전자료, 공정위험성 평가서, 안전운전계획, 비상조치계획, 그 밖에 공정상의 안전과 관련하여 고용노동부장관이 필요하다고 인정하여 고시하는 사항이 포함되어야 한다(산안령 제44조).

③ 사업주가 공정안전보고서를 고용노동부장관에게 제출한 경우에는 해당 유해·위험설비에 대해서는 유해위험빙지계획서를 제출한 것으로 본다(산안법 제42조).

⑤ 고용노동부장관은 공정안전보고서의 확인 후 1년이 지난 날부터 2년 이내에 공정안전보고서 이행 상태의 평가를 해야 한다(산시규 제54조). → 이 평가 이후 이행상태 평가는 4년마다 실시

24 산업안전보건법령상 산업안전지도사 및 산업보건지도사(이하 '지도사'라 함)의 연수교육 및 보수교육에 관한 설명으로 옳은 것은?

① 산업안전 및 산업보건 분야에서 5년 이상 실무에 종사한 경력이 있는 지도사 자격을 가진 화공안전기술사가 직무를 개시하려면 지도사 등록을 하기 전 2년의 범위에서 고용노동부령으로 정하는 연수교육을 받아야 한다.
② 한국산업안전보건공단이 연수교육을 실시한 때에는 그 결과를 연수교육이 끝난 날부터 30일 이내에 고용노동부장관에게 보고하여야 한다.
③ 한국산업안전보건공단이 보수교육을 실시한 때에는 보수교육 이수자 명단, 이수자의 교육 이수를 확인할 수 있는 서류를 5년간 보존하여야 한다.
④ 연수교육의 기간은 업무교육 및 실무수습 기간을 합산하여 2개월 이상으로 한다.
⑤ 지도사 등록의 갱신기간 동안 지도실적이 2년 이상인 지도사의 보수교육시간은 5시간 이상으로 한다.

해설 ③ [○] 한국산업안전보건공단이 보수교육을 실시한 때에는 보수교육 이수자 명단 이수자의 교육 이수를 확인할 수 있는 서류를 5년간 보존하여야 한다(산시규 제231조).

정답 24. ③

① 지도사 자격이 있는 사람(산업안전 또는 산업보건 분야에서 5년 이상 실무에 종사한 경력이 있는 사람은 제외한다)이 직무를 수행하려면 등록을 하기 전 1년의 범위에서 고용노동부령으로 정하는 연수교육을 받아야 한다(산안법 제146조).

② 공단이 연수교육을 실시하였을 때에는 그 결과를 연수교육이 끝난 날부터 10일 이내에 고용노동부장관에게 보고해야 하며, 서류는 3년간 보존해야 한다(산시규 제232조).

④ 연수교육의 기간은 업무교육 및 실무수습 기간을 합산하여 3개월 이상으로 한다(산시규 제232조).

⑤ 지도사 등록의 갱신기간 동안 지도실적이 2년 이상인 지도사의 보수교육 교육시간은 10시간 이상으로 한다(산시규 제231조). → 법정 보수교육 시간 : 총 20시간 이상

25 산업안전보건법령상 대통령령으로 정하는 산업재해 예방사업의 보조·지원에 대한 취소사유와 그에 따른 처분의 내용이 옳지 않은 것은?

	보조·지원 취소사유	처분의 내용
㉠	거짓이나 그 밖의 부정한 방법으로 보조·지원을 받은 경우	전부 취소
㉡	보조·지원 대상자가 폐업하거나 파산한 경우	일부 취소
㉢	산업재해 예방사업의 목적에 맞게 사용되지 아니한 경우	전부 또는 일부 취소
㉣	보조·지원 대상을 임의매각·훼손·분실하는 등 지원 목적에 적합하게 유지·관리·사용하지 아니한 경우	전부 또는 일부 취소
㉤	보조·지원 대상 기간이 끝나기 전에 보조·지원 대상 시설 및 장비를 국외로 이전 설치한 경우	전부 또는 일부 취소

① ㉠   ② ㉡   ③ ㉢   ④ ㉣   ⑤ ㉤

해설 ② [×] ㉡ 보조·지원 대상자가 폐업하거나 파산한 경우는 전부 취소 대상이다.

○ 산업재해 예방활동의 보조·지원 (산안법 제158조)
고용노동부장관은 보조·지원을 받은 자가 다음 각 호의 어느 하나에 해당하는 경우 보조·지원의 전부 또는 일부를 취소하여야 한다. 다만, 제1호 및 제2호의 경우에는 보조·지원의 전부를 취소하여야 한다.
1. 거짓이나 그 밖의 부정한 방법으로 보조·지원을 받은 경우
2. 보조·지원 대상자가 폐업하거나 파산한 경우
3. 보조·지원 대상을 임의매각·훼손·분실하는 등 지원 목적에 적합하게 유지·관리·사용하지 아니한 경우
4. 산업재해 예방사업의 목적에 맞게 사용되지 아니한 경우

정답 25. ②

5. 보조·지원 대상 기간이 끝나기 전에 보조·지원 대상 시설 및 장비를 국외로 이전한 경우
6. 보조·지원을 받은 사업주가 필요한 안전조치 및 보건조치 의무를 위반하여 산업재해를 발생시킨 경우로서 고용노동부령으로 정하는 경우

제2과목 : 산업안전일반

26. 다음은 일반적인 공장설비에 적용한 안전성 평가단계에 관한 내용이다. 올바른 순서대로 나열한 것은?

| ㄱ. 관계자료와 정보의 확보 및 검토 | ㄴ. 정성적 평가 | ㄷ. FTA 실시 |
| ㄹ. 안전대책 수립 | ㅁ. 정량적 평가 | ㅂ. 재해 자료를 통한 재평가 |

① ㄱ → ㄴ → ㄷ → ㄹ → ㅁ → ㅂ
② ㄱ → ㄴ → ㅁ → ㄹ → ㅂ → ㄷ
③ ㄱ → ㄷ → ㄹ → ㅂ → ㅁ → ㄴ
④ ㄱ → ㄷ → ㅁ → ㄴ → ㄹ → ㅂ
⑤ ㄱ → ㄹ → ㄴ → ㅁ → ㅂ → ㄷ

[해설] ② [○] 안전성 평가단계 : 제1단계 관계자료의 정보 확보 및 검토 → 제2단계 정성적 평가 → 제3단계 정량적 평가 → 제4단계 안전대책 수립 → 제5단계 재해 자료를 통한 재평가 → 제6단계 FTA 실시에 의한 재평가

27. A사의 세탁기의 고장확률밀도함수 $f(t) = \frac{1}{10}e^{-\frac{t}{10}}$ 이다. 다음 설명 중 옳지 않은 것은? (단, 수명단위는 년(year)이다.)

① 평균고장시간(MTTF)은 10년이다.
② 고장률($h(t)$)은 0.1/년의 비율로 증가한다.
③ 누적고장확률 $F(t) = \int_0^t \frac{1}{10}e^{-\frac{t}{10}}dt$ 이다.
④ 누적고장확률과 신뢰도의 합은 1이다.
⑤ 세탁기의 수명은 지수분포를 따른다.

[해설] ② [×] 고장률 $h(t)$는 $h(t) = \lambda \cdot e^{-\lambda t}$에서 $\lambda = \frac{1}{10} = 0.1$(/년)의 비율로서 일정하다.

① 평균고장시간(MTTF)은 10년이다. $MTTF = \frac{1}{\lambda} = \frac{1}{0.1} = 10$년

③ 누적고장확률(불신뢰도) $F(t) = \int_0^t \frac{1}{10}e^{-\frac{t}{10}}dt$ 이다. ← $F(t) = \int_0^t f(t)dt$

정답 26. ② 27. ②

④ 누적고장확률($F(t)$)와 신뢰도($R(t)$)의 합은 1이다. 신뢰도 $R(t)$ + 불신뢰도 $F(t)$ = 1

⑤ 세탁기의 수명은 지수분포를 따른다. λ가 일정이기 때문이다.

[출제 오류] 누적고장률이 아닌 누적고장확률(불신뢰도)로 되어야 하므로 바로잡음.

28 다음 중 점광원에 관한 조도를 나타내는 식으로 옳은 것은?

① $\dfrac{광도}{거리}$ ② $\dfrac{광도^2}{거리}$ ③ $\dfrac{광도}{거리^2}$ ④ $\left(\dfrac{거리}{광도}\right)^2$ ⑤ $\dfrac{거리}{광도^2}$

해설 ③ [○] 조도는 광도에 비례하고, 거리의 제곱에 반비례한다. 조도 = $\dfrac{광도}{거리^2}$

29 다음 중 시스템 위험분석기법의 설명으로 옳지 않은 것은?

① PHA는 최초 단계의 분석으로 시스템 내의 위험 요소가 얼마나 위험한 상태에 있는가를 정성적으로 평가한다.

② FMEA는 전형적인 정성적, 귀납적 분석방법으로 전체요소의 고장을 유형별로 분석하여 그 영향을 검토한다.

③ THERP는 인간의 실수를 정량적으로 평가한다.

④ FTA는 정상사상인 재해현상으로부터 기본사상인 재해원인을 귀납적인 분석을 통하여 재해현상과 재해원인의 상호관련을 정확하게 해석하여 안전대책을 검토 할 수 있다.

⑤ CA는 직접 시스템의 손실과 인명의 사상에 연결되는 높은 위험도를 가진 요소나 고장의 형태에 따른 분석을 말한다.

해설 ④ [×] FTA(Fault Tree Analysis, 고장목분석, 고장수분석, 고장나무분석, 결함수분석)는 기계·설비 시스템의 고장이나 재해의 발생요인을 논리적 그림(고장나무)에 의하여 분석하는 정량적 연역적 기법이다.

① PHA(Preliminary Hazard Analysis, 예비위험성분석)는 시스템 내의 위험요소가 얼마나 위험상태에 있는가를 평가하는 시스템 안전 프로그램의 최초단계의 분석방법이다.

② FMEA(Failure Mode & Effect Analysis, 실패유형 및 영향분석)는 실패(또는 고장)에 영향을 미치는 모든 유형을 파악하고, 시스템에 미치는 영향을 분석하는 방법으로 치명도 해석을 추가할 수 있다.

③ THERP(Technique for Human Error Rate Prediction, 인간과오율예측기법)는 확률론적 안전기법으로 100만 운전시간 당 과오도수를 기본 과오율로 하여 인간의 기본 과오율을 평가하는 기법이다.

⑤ CA(Criticality analysis, 치명도분석)는 직접 시스템의 손실과 인명의 사상에 연결되는 높은 위험도를 가진 요소나 고장의 형태에 따른 정량적 분석을 말한다.

정답 28. ③   29. ④

30 다음 중 물질안전보건자료(MSDS) 작성 시 포함되어야 할 항목을 모두 고른 것은?

> ㄱ. 화학제품과 회사에 관한 정보 ㄴ. 유해성 및 위험성 ㄷ. 취급 및 저장방법
> ㄹ. 구성성분의 명칭 및 함유량

① ㄱ, ㄴ ② ㄴ, ㄷ ③ ㄱ, ㄴ, ㄷ ④ ㄴ, ㄷ, ㄹ ⑤ ㄱ, ㄴ, ㄷ, ㄹ

해설 ⑤ [○] 물질안전보건자료(MSDS) 작성 시 포함되어야 할 항목 (화학물질의 분류·표시 및 물질안전보건자료에 관한 기준 제10조)

1. 화학제품과 회사에 관한 정보
2. 유해성·위험성
3. 구성성분의 명칭 및 함유량
4. 응급조치요령
5. 폭발·화재시 대처방법
6. 누출사고시 대처방법
7. 취급 및 저장방법
8. 노출방지 및 개인보호구
9. 물리화학적 특성
10. 안정성 및 반응성
11. 독성에 관한 정보
12. 환경에 미치는 영향
13. 폐기 시 주의사항
14. 운송에 필요한 정보
15. 법적규제 현황
16. 그 밖의 참고사항

31 휴먼에러(Human Error) 중 작업에 의한 것이 아닌 것은?

① 조작에러 ② 규칙에러 ③ 보존에러 ④ 검사에러 ⑤ 설치에러

해설 ② [×] 규칙에러는 규칙을 정할 때의 오류이다.

○ 휴먼에러(Human Error)
1. 원인에 따른 에러 : 오인, 착각, 부주의, 태만, 짐작 등에 의한 오류
2. 결과에 의한 에러 : 실행, 누락, 순서, 시간, 불필요한 순서 오류

32 공간의 이용 및 배치에서 부품배치의 원칙으로 옳지 않은 것은?

① 중요성의 원칙 ② 기능별 배치의 원칙 ③ 사용방법의 원칙
④ 사용순서의 원칙 ⑤ 사용빈도의 원칙

해설 ③ [×] 부품배치의 원칙 : 중요성의 원칙, 사용빈도의 원칙, 기능별 배치의 원칙, 사용순서의 원칙

정답 30. ⑤   31. ②   32. ③

33 A 공장의 프레스 장비는 평균고장간격시간(MTBF)이 5년이고, 평균수리복구시간(MTTR)이 0.5년이다. 프레스 장비의 가용도(Availability)는 약 얼마인가? (단, 프레스 장비의 고장수명은 지수분포를 따르며, 소숫점 아래 셋째 자리에서 반올림한다.)

① 0.10　② 0.91　③ 1.10　④ 5.00　⑤ 20.00

해설　② [○] 가용도(availability) $A = \dfrac{MTBF}{MTBF + MTTR} = \dfrac{5}{5 + 0.5} = 0.909$

여기서, 가용도는 가동성, 유용도 등의 명칭으로도 사용된다.

34 인간공학에 관한 내용으로 시스템 설계 과정을 올바른 순서로 나열한 것은?

> ㄱ. 기본설계　ㄴ. 계면(Interface)설계　ㄷ. 시험 및 평가
> ㄹ. 목표 및 성능 명세 결정　ㅁ. 보조물(편의수단)설계　ㅂ. 체계의 정의

① ㄱ → ㄴ → ㅂ → ㄹ → ㅁ → ㄷ
② ㄱ → ㄹ → ㄴ → ㅂ → ㅁ → ㄷ
③ ㄴ → ㄱ → ㅂ → ㄹ → ㅁ → ㄷ
④ ㄹ → ㅂ → ㄱ → ㄴ → ㅁ → ㄷ
⑤ ㅂ → ㄱ → ㄴ → ㄹ → ㅁ → ㄷ

해설　④ [○] 시스템 설계 과정 : 1단계 목표 및 성능 명세 결정 → 2단계 체계의 정의 → 3단계 기본설계 → 4단계 계면(Interface)설계 → 5단계 보조물(편의수단)설계 → 6단계 시험 및 평가

35 유해·위험방지계획서 제출 대상 사업장에 해당하지 않는 것은? (단, 아래 답지 항의 사업장은 전기 계약용량 300kW 이상이다.)

① 금속가공제품 중 기계 및 가구 제조업　② 비금속 광물제품 제조업
③ 자동차 및 트레일러 제조업　④ 식료품 제조업　⑤ 반도체 제조업

해설　① [×] 금속가공제품 제조업(기계 및 가구 제외)이 대상 사업장이다.
○ 유해위험방지계획서 제출 대상 사업 (산안령 제42조) (단, 전기계약용량이 300kW 이상인 경우에만 해당)

1. 금속가공제품 제조업 : 기계 및 가구 제외
2. 비금속 광물제품 제조업　3. 기타 기계 및 장비 제조업
4. 자동차 및 트레일러 제조업　5. 식료품 제조업
6. 고무제품 및 플라스틱제품 제조업　7. 목재 및 나무제품 제조업
8. 기타 제품 제조업　9. 1차 금속 제조업
10. 가구 제조업　11. 화학물질 및 화학제품 제조업
12. 반도체 제조업　13. 전자부품 제조업

정답　33. ②　34. ④　35. ①

36 근골격계 질환발생의 원인 중 직접원인이 아닌 것은?

① 숙련도 ② 부적절한 자세 ③ 반복성 ④ 과도한 힘
⑤ 접촉스트레스(신체적 압박)

해설 ① [×] 숙련도는 근골격계질환의 발생원인 중 간접적 원인에 해당한다.

○ 근골격계질환이란 무리한 힘의 사용, 반복적인 동작, 부적절한 작업자세, 날카로운 면과의 신체접촉, 진동 및 온도 등의 요인으로 인해 근육과 신경, 힘줄, 인대, 관절 등의 조직이 손상되어 신체에 나타나는 건강장해를 총칭한다. 근골격계질환은 요통, 수근관증후군, 건염, 흉곽출구증후군, 경추자세증후군 등으로 표현되기도 한다.

○ 근골격계질환 발생의 직접적 원인
  1. 부적절한 작업자세 : 무릎을 굽히거나 쪼그리는 자세 작업, 팔꿈치를 반복적으로 머리위 또는 어깨위로 들어 올리는 작업, 목, 허리, 손목 등을 과도하게 구부리거나 비트는 작업
  2. 과도한 힘 필요작업(중량물 취급) : 반복적인 중량물 취급, 어깨 위에서 중량물 취급, 허리를 구부린 상태에서 중량물 취급
  3. 과도한 힘 필요작업(수공구 취급) : 강한 힘으로 공구를 작동하거나 물건을 집는 작업
  4. 접촉 스트레스 발생작업 : 손이나 무릎을 망치처럼 때리거나 치는 작업
  5. 진동공구 취급작업 : 착암기, 연삭기 등 진동이 발생하는 공구 취급작업
  6. 반복적인 작업 : 목, 어깨, 팔, 팔꿈치, 손가락 등을 반복하는 작업

37 안전교육의 학습지도이론에 관한 내용으로 옳지 않은 것은?

① 자발성의 원리 : 학습자 자신이 스스로 자발적으로 학습에 참여하는데 중점을 둔 원리
② 개별화의 원리 : 학습자가 지니고 있는 각자의 요구와 능력 등에 알맞은 학습활동의 기회를 마련해 주어야 한다는 원리
③ 직관의 원리 : 이론을 통해 학습효과를 거둘 수 있다는 원리
④ 사회화의 원리 : 학습내용을 현실사회의 사상과 문제를 기반으로 하여 학교에서 경험한 것과 사회에서 경험한 것을 교류시키고 공동학습을 통해서 협력적이고 우호적인 학습을 진행하는 원리
⑤ 통합의 원리 : "학습을 총합적인 전체로서 지도하자" 원리로, 동시학습(Concomitant Learning)의 원리와 같음

해설 ③ [×] 직관의 원리 : "구체적인 사물과의 접촉을 통해 이에 대한 개념을 인식시킨다"는 원리이다.

정답 36. ① 37. ③

38 산업안전보건법령상 사업주가 건설 일용근로자가 아닌 근로자를 채용할 때 해당 업무와 관계되는 안전·보건에 관한 교육내용이 아닌 것은?

① 작업 개시 전 점검에 관한 사항
② 물질안전보건자료에 관한 사항
③ 사고 발생 시 긴급조치에 관한 사항
④ 작업공정의 유해·위험과 재해 예방에 관한 사항
⑤ 기계·기구의 위험성과 작업의 순서 및 동선에 관한 사항

해설 ④ [×] 작업공정의 유해·위험과 재해 예방에 관한 사항은 관리감독자 정기교육 내용이다(산시규 별표 5). (본 문제는 최근 법규 개정으로 내용이 변경되었습니다)

○ 채용 시 교육 및 작업내용 변경 시 교육 (산시규 별표 5) <개정 2023. 9. 27>
  1. 산업안전 및 사고 예방에 관한 사항
  2. 산업보건 및 직업병 예방에 관한 사항 3. 위험성 평가에 관한 사항
  4. 산업안전보건법령 및 산업재해보상보험 제도에 관한 사항
  5. 직무스트레스 예방 및 관리에 관한 사항
  6. 직장 내 괴롭힘, 고객의 폭언 등으로 인한 건강장해 예방 및 관리에 관한 사항
  7. 기계·기구의 위험성과 작업의 순서 및 동선에 관한 사항
  8. 작업 개시 전 점검에 관한 사항 9. 정리정돈 및 청소에 관한 사항
  10. 사고 발생 시 긴급조치에 관한 사항 11. 물질안전보건자료에 관한 사항

○ 관리감독자 정기교육 (산시규 별표 5) <개정 2023. 9. 27>
  1. 산업안전 및 사고 예방에 관한 사항 2. 산업보건 및 직업병 예방에 관한 사항
  3. 위험성평가에 관한 사항 4. 유해·위험 작업환경 관리에 관한 사항
  5. 산업안전보건법령 및 산업재해보상보험 제도에 관한 사항
  6. 직무스트레스 예방 및 관리에 관한 사항
  7. 직장 내 괴롭힘, 고객의 폭언 등으로 인한 건강장해 예방 및 관리에 관한 사항
  8. 작업공정의 유해·위험과 재해 예방대책에 관한 사항
  9. 사업장 내 안전보건관리체제 및 안전·보건조치 현황에 관한 사항
  10. 표준안전 작업방법 결정 및 지도·감독 요령에 관한 사항
  11. 현장근로자와의 의사소통능력 및 강의능력 등 안전보건교육 능력배양 관련 사항
  12 비상시 또는 재해 발생 시 긴급조치에 관한 사항
  13 그 밖의 관리감독자의 직무에 관한 사항

39 안전교육의 방법으로 옳지 않은 것은?

① 동기부여를 하는 방향으로 교육한다.
② 오감(五感)을 활용해 교육한다.
③ 어려운 것에서 시작하여 쉬운 것으로 교육한다.
④ 한 번에 하나씩 교육한다.
⑤ 반복하여 교육한다.

정답 38. ④ 39. ③

해설 ③ [×] 안전교육은 쉬운 것부터 시작하여 어려운 것으로 단계적으로 실시해야 효과적이다.

40 산업안전보건기준에 관한 규칙상 소음에 관한 설명으로 옳은 것은?

① "소음작업"이란 1일 8시간 작업을 기준으로 80데시벨의 소음이 발생하는 작업을 말한다.
② 100데시벨 이상의 소음이 1일 1시간 발생한 작업은 "강렬한 소음작업"이다.
③ "충격소음작업"이란 소음이 1초 이상의 간격으로 발생하는 작업으로서 120데시벨을 초과하는 소음이 1일 1천회 이상 발생하는 작업을 말한다.
④ 소음의 작업환경 측정 결과 소음수준이 90데시벨인 사업장에서는 청력보존 프로그램을 실시하여야 한다.
⑤ 115데시벨 이상의 소음이 1일 15분 이상 발생하는 작업은 "강렬한 소음작업"이다.

해설 ⑤ [○] 115dB 이상의 소음이 1일 15분 이상 발생하는 작업은 "강렬한 소음작업"이다.
① "소음작업"이란 1일 8시간 작업 기준으로 85dB의 소음이 발생하는 작업을 말한다.
② 100dB 이상의 소음이 1일 2시간 이상 발생하는 작업은 강렬한 소음작업이다.
③ "충격소음작업"이란 소음이 1초 이상의 간격으로 발생하는 작업으로서 120dB를 초과하는 소음이 1일 1만회 이상 발생하는 작업을 말한다.
④ 소음의 작업환경 측정 결과 소음수준이 유해인자 노출기준에서 정하는 소음의 노출기준(85dB)을 초과하는 사업장, 소음으로 인하여 근로자에게 건강장해가 발생한 사업장에 해당하는 경우 청력보존 프로그램을 수립하여 시행해야 한다. <개정 2024. 6. 28>
○ "소음작업"이란 1일 8시간 작업을 기준으로 85dB 이상의 소음이 발생하는 작업을 말한다(산기규 제512조).
○ "강렬한 소음작업"이란 다음 각 호의 어느 하나에 해당하는 작업을 말한다.
    1. 90dB 이상의 소음이 1일 8시간 이상 발생하는 작업
    2. 95dB 이상의 소음이 1일 4시간 이상 발생하는 작업
    3. 100dB 이상의 소음이 1일 2시간 이상 발생하는 작업
    4. 105dB 이상의 소음이 1일 1시간 이상 발생하는 작업
    5. 110dB 이상의 소음이 1일 30분 이상 발생하는 작업
    6. 115dB 이상의 소음이 1일 15분 이상 발생하는 작업
○ "충격소음작업"이란 소음이 1초 이상의 간격으로 발생하는 작업으로서 다음 각 호의 어느 하나에 해당하는 작업을 말한다(산기규 제512조).
    1. 120dB를 초과하는 소음이 1일 1만회 이상 발생하는 작업
    2. 130dB를 초과하는 소음이 1일 1천회 이상 발생하는 작업
    3. 140dB를 초과하는 소음이 1일 1백회 이상 발생하는 작업

정답 40. ⑤

○ 청력보존 프로그램 시행 등 (제517조)
　　사업주는 다음 각 호 어느 하나에 해당하는 경우 청력보존 프로그램을 시행해야 한다.
　　　1. 근로자가 소음작업, 강렬한 소음작업 또는 충격소음작업에 종사하는 사업장
　　　　<개정 2024. 6.28>
　　　2. 소음으로 인하여 근로자에게 건강장해가 발생한 사업장

41 산업안전보건법령상 안전·보건진단을 받아 안전보건개선계획을 수립·제출하도록 명할 수 있는 사업장이 아닌 것은?

① 산업재해율이 같은 업종 평균 산업재해율의 2배 이상인 사업장
② 작업환경 불량, 화재·폭발 또는 누출사고 등으로 사회적 물의를 일으킨 사업장
③ 사업주가 안전·보건조치의무를 이행하지 아니하여 사망자가 2명이 발생한 사업장
④ 사업주가 안전·보건조치의무를 이행하지 아니하여 3개월 이상의 요양이 필요한 부상자가 동시에 3명이 발생한 사업장
⑤ 직업병에 걸린 사람이 연간 1명 발생한 사업장

해설　⑤ [×] 직업성 질병자가 연간 2명 이상 발생한 사업장이 대상 사업장이다.
　　○ 안전보건진단을 받아 안전보건개선계획을 수립할 대상 (산안령 제49조)
　　　1. 산업재해율이 같은 업종 평균 산업재해율의 2배 이상인 사업장
　　　2. 사업주가 필요한 안전조치 또는 보건조치를 이행하지 아니하여 중대재해가 발생한 사업장
　　　3. 직업성 질병자가 연간 2명 이상(상시근로자 1천명 이상 사업장의 경우 3명 이상) 발생한 사업장
　　　4. 그 밖에 작업환경 불량, 화재·폭발 또는 누출 사고 등으로 사업장 주변까지 피해가 확산된 사업장으로서 고용노동부령으로 정하는 사업장

42 재해구성 비율에 관한 설명으로 옳지 않은 것은?

① 버드이론에서 인적상해 비율은 41/641이다.
② 버드의 재해발생비율 항목은 물적손실 무상해 항목이 있다.
③ 하인리히의 잠재된 위험이 버드의 잠재된 위험보다 낮다.
④ 버드이론에서 무상해 비율은 630/641이다.
⑤ 하인리히 이론에서 잠재위험 비율은 300/330이다.

해설　① [×] 버드의 재해구성 비율은 1(중상 또는 폐질) : 10(경상) : 30(무상해 사고) : 600(무상해·무사고 고장)이다. → 인적상해 비율=11/641
　　② 버드의 30(무상해 사고), 600(무상해·무사고 고장)이 물적손실 무상해와 관련된다.

③ 하인리히의 잠재된 위험(300/330=0.91)이 버드의 잠재된 위험(600/641=0.94)보다 낮다.
④ 버드이론(1 : 10 : 30 : 600)에서 무상해 비율은 630/641이다.
⑤ 하인리히 이론(1 : 29 : 300)에서 잠재위험 비율은 300/330이다.

43 사업장 위험성 평가에 관한 지침에 관한 설명으로 옳지 않은 것은?

① "유해·위험요인"이란 유해·위험을 일으킬 잠재적 가능성이 있는 것의 고유한 특징이나 속성을 말한다.
② "위험성"이란 유해·위험요인이 부상 또는 질병으로 이어질 수 있는 가능성(빈도)과 중대성(강도)을 조합한 것을 의미한다.
③ "위험성 감소대책 수립 및 실행"이란 위험성 결정 결과 허용 불가능한 위험성을 합리적으로 실천 가능한 범위에서 가능한 한 낮은 수준으로 감소시키기 위한 대책을 수립하고 실행하는 것을 말한다.
④ "위험성 추정"이란 유해·위험요인별로 추정한 위험성의 크기가 허용 가능한 범위인지 여부를 판단하는 것을 말한다.
⑤ "기록"이란 사업장에서 위험성평가 활동을 수행한 근거와 그 결과를 문서로 작성하여 보존하는 것을 말한다.

해설 ④ [×] "위험성 추정"이란 유해·위험요인별로 부상 또는 질병으로 이어질 수 있는 가능성과 중대성의 크기를 각각 추정하여 위험성의 크기를 산출하는 것을 말한다(사업장 위험성 평가에 관한 지침 제3조). <삭제 2024. 12. 18> ⊙ ③, ④, ⑤항도 삭제됨

44 재해조사를 수행할 때 유의사항으로 옳지 않은 것은?

① 책임 추궁보다 재발방지를 우선한다.
② 조사는 신속하게 행하고 긴급 조치하여 2차 재해를 방지한다.
③ 목격자 등이 증언하는 추측을 바탕으로 재해조사를 진행한다.
④ 객관적인 입장에서 공정하게 2인 이상이 조사한다.
⑤ 사람과 기계설비 양면의 재해 요인을 모두 도출한다.

해설 ③ [×] 목격자의 증언 중 사실 이외의 추측되는 말은 참고로만 이용한다.
○ 재해조사를 수행할 때 유의사항
1. 피해자에 대한 구급조치를 최우선으로 한다.
2. 제3자의 입장에서 조사하고, 조사원 2인 이상이 참여한다.
3. 가능한 한 현장이 변형되지 않은 상태에서 조사한다.
4. 목격자의 증언 중 사실 이외의 추측되는 말은 참고로만 이용한다.

정답 43. ④   44. ③

5. 관련된 물적 자료를 수집한다.
6. 책임 추궁은 지양한다.
7. 2차 재해를 예방한다.

45 산업안전보건법령상 산업안전보건위원회를 설치·운영해야 할 사업의 종류 및 규모가 아닌 것은?

① 상시 근로자 350명인 농업   ② 상시 근로자 60명인 1차 금속 제조업
③ 상시 근로자 400명인 정보서비스업
④ 상시 근로자 250명인 소프트웨어 개발 및 공급업
⑤ 상시 근로자 400명인 사업지원 서비스업

해설 ④ [×] 소프트웨어 개발 및 공급업은 상시 근로자 300명 이상이 대상 사업이다.
○ 안전보건위원회 구성 사업의 종류 및 사업장의 상시근로자 수 (산안령 별표 9)

사업의 종류	사업장의 상시근로자 수
1. 토사석 광업 2. 목재 및 나무제품 제조업; 가구 제외 3. 화학물질 및 화학제품 제조업; 의약품 제외 (세제, 화장품 및 광택제 제조업과 화학섬유 제조업은 제외한다) 4. 비금속 광물제품 제조업 5. 1차 금속제조업 6. 금속가공제품 제조업; 기계 및 가구 제외 7. 자동차 및 트레일러 제조업 8. 기타 기계 및 장비 제조업 (사무용 기계 및 장비 제조업은 제외한다) 9. 기타 운송장비 제조업 (전투용 차량 제조업은 제외한다)	상시근로자 50명 이상
10. 농업 11. 어업 12. 소프트웨어 개발 및 공급업 13. 컴퓨터 프로그래밍, 시스템 통합 및 관리업 14. 정보서비스업 15. 금융 및 보험업 16. 임대업; 부동산 제외 17. 전문, 과학 및 기술 서비스업 (연구개발업은 제외한다) 18. 사업지원 서비스업 19. 사회복지 서비스업	상시근로자 300명 이상
20. 건설업	공사금액 120억원 이상(토목 공사업의 경우에는 150억원 이상)
21. 제1호부터 제20호까지의 사업을 제외한 사업	상시근로자 100명 이상

정답 45. ④

46 다음과 같은 재해사례의 조사·분석 내용이 바르게 연결된 것은?

> 철근을 운반하던 천장 크레인의 손상된 로프가 끊어져 철근이 떨어졌다.
> 마침 그 밑에 작업모를 착용하고 지나가던 근로자의 머리 위로 철근이 떨어져 3개월 이상의 요양이 필요한 부상을 당하였다.

① 발생형태 - 부딪힘   ② 기인물 - 철근   ③ 가해물 - 크레인
④ 불안전한 상태 - 적절한 안전모 미착용   ⑤ 불안전한 행동 - 위험구역 접근

해설 ⑤ [O] 불안전한 행동 : 위험구역 접근
① 발생형태 : 낙하   ② 기인물 : 로프   ③ 가해물 : 철근
④ 불안전한 상태 : 손상된 로프

47 다음 설명을 보고 A 기업의 근로자 1인이 입사부터 정년까지 경험하는 재해건수는? (단, 소숫점 아래 셋째자리에서 반올림한다.)

> ○ A 기업에서 상시 1,200명의 근로자가 근무하고 있으나 질병·기타사유로 인하여 4%의 결근율이라고 보았을 때, 이 회사에서 연간 50건의 재해가 발생하였다.
> ○ 근로자가 1주일에 48시간 연간 50주를 근무한다.
> ○ 근로자 1인의 입사부터 정년까지의 근로시간은 총 100,000 시간이다.

① 1.81   ② 4.34   ③ 17.36   ④ 18.08   ⑤ 43.40

해설 ① [O] 재해건수(환산도수율)=도수율×0.1=18.08×0.1=1.81

$$\text{여기서, 도수율} = \frac{\text{재해건수}}{\text{연근로시간수}} \times 1,000,000$$

$$= \frac{50}{1,200 \times (1-0.04) \times 48 \times 50} \times 1,000,000 = 18.08$$

48 안전보건관리조직에 관한 설명으로 옳은 것은?
① 공사금액 100억원인 건설업의 사업장은 산업안전보건위원회를 설치해야 한다.
② 산업안전보건위원회의 위원 중 산업보건의는 노사합의에 의해서만 선정된다.
③ 안전보건관리조직 중 라인 조직형은 권한이 직선식으로 행사되므로 200명~300명 정도의 중견 기업에 적합하다.
④ 안전보건관리조직 중 라인-스탭 복합형은 1,000명 이상의 대기업에 적합하다.

정답 46. ⑤   47. ①   48. ④

⑤ 상시근로자 100명인 자동차 및 트레일러 제조업을 하는 사업장의 산업안전보건위원회는 안전관리자나 보건관리자 중에 1명만 있으면 된다.

해설 ④ [○] 안전보건관리조직 중 라인-스텝 복합형은 1,000명 이상의 대기업에 적합하다.
① 공사금액 120억원인 건설업의 사업장은 산업안전보건위원회를 설치해야 한다(산안령 별표 9).
② 산업안전보건위원회의 위원 중 산업보건의는 사용자위원이다(산안령 제35조).
③ 안전보건관리조직 중 라인 조직형은 권한이 직선식으로 행사되므로 100명 미만의 중견 기업에 적합하다.
⑤ 상시근로자 100명인 자동차 및 트레일러 제조업을 하는 사업장의 산업안전보건위원회는 안전관리자, 보건관리자 각각 1명이 있어야 한다(산안령 제35조).

49 무재해 시간의 계산방식으로 옳지 않은 것은?
① 무재해 시간의 산정은 실근로자의 수와 실근무시간을 곱한다.
② 3일 미만의 경미한 부상은 무재해로 간주한다.
③ 사무직은 하루 통산 8시간을 근무시간으로 산정한다.
④ 무재해 개시 후 재해가 발생하면 처음(0시간)부터 다시 시작한다.
⑤ 업무시간 외에 발생한 재해 중 작업 개시전의 작업준비 및 작업종료 후의 정리정돈 과정에서 발생한 재해도 포함한다.

해설 ⑤ [×] 업무시간 외에 발생한 재해는 무재해로 본다. 단, 사업주가 제공한 사업장내의 시설물에서 발생한 재해 또는 작업개시전의 작업준비 및 작업종료후의 정리정돈과정에서 발생한 재해는 제외한다(즉, 무재해 시간 계산에서 제외하며, 재해로 본다) (사업장 무재해운동 추진 및 운영에 관한 규칙 제2조).
○ 무재해의 정의 (사업장 무재해운동 추진 및 운영에 관한 규칙 제2조)
"무재해"란 무재해운동 시행사업장에서 근로자가 업무에 기인하여 사망 또는 4일 이상의 요양을 요하는 부상 또는 질병에 이환되지 않는 것을 말한다.
다만, 다음 각 목의 어느 하나에 해당하는 경우에는 무재해로 본다.
1. 「산업재해보상보험법 시행령」에 따른 업무수행 중의 사고 중 천재지변 또는 돌발적인 사고로 인한 구조행위 또는 긴급피난 중 발생한 사고
2. 「산업재해보상보험법 시행령」에 따른 출·퇴근 도중에 발생한 재해
3. 「산업재해보상보험법 시행령」에 따른 운동경기 등 각종 행사 중 발생한 재해
4. 「산업재해보상보험법 시행령」에 따른 사고 중 천재지변 또는 돌발적인 사고 우려가 많은 장소에서 사회통념상 인정되는 업무수행 중 발생한 사고
5. 「산업재해보상보험법 시행령」 제33조에 따른 제3자의 행위에 의한 업무상 재해

정답 49. ⑤

6. 「산업재해보상보험법 시행령」 별표3의 업무상 질병에 대한 구체적인 인정기준 중 뇌혈관질환 또는 심장질환에 의한 재해
7. 업무시간외에 발생한 재해. 다만, 사업주가 제공한 사업장내의 시설물에서 발생한 재해 또는 작업개시전의 작업준비 및 작업종료후의 정리정돈과정에서 발생한 재해는 제외한다.
8. 도로에서 발생한 사업장 밖의 교통사고, 소속 사업장을 벗어난 출장 및 외부기관으로 위탁교육 중 발생한 사고, 회식중의 사고, 전염병 등 사업주의 법 위반으로 인한 것이 아니라고 인정되는 재해

○ 무재해 시간의 계산방식
1. 시간계산 : 총시간=실제 근로자 수×실근무시간
2. 사무직은 하루 통산 8시간을 근무시간으로 산정한다.
3. 3일 미만의 경미한 부상은 무재해로 간주한다.
4. 무재해 개시 후 재해가 발생하면 처음(0시간)부터 다시 시작한다.

50 제조물 책임법상 '결함'에 해당하는 것을 모두 고른 것은?

| ㄱ. 제조상의 결함　　ㄴ. 표시상의 결함　　ㄷ. 설계상의 결함 |

① ㄱ　　② ㄷ　　③ ㄱ, ㄷ　　④ ㄴ, ㄷ　　⑤ ㄱ, ㄴ, ㄷ

해설　⑤ [○] 결함 : 제조상의 결함, 설계상의 결함, 표시상의 결함 (제조물 책임법 제2조)

제3과목 : 기업진단·지도

---

51 조직구조에 관한 설명으로 옳지 않은 것은?

① 가상네트워크 조직은 협력업체와 갈등해결 및 관계유지에 상대적으로 적은 시간이 필요하다.
② 기능별 조직은 각 기능부서의 효율성이 중요할 때 적합하다.
③ 매트릭스 조직은 이중보고 체계로 인하여 종업원들이 혼란을 느낄 수 있다.
④ 사업부제 조직은 2개 이상의 이질적인 제품으로 서로 다른 시장을 공략할 경우에 적합한 조직구조이다.
⑤ 라인스탭 조직은 명령전달과 통제기능을 담당하는 라인과 관리자를 지원하는 스탭으로 구성된다.

해설 ① [×] 가상네트워크 조직은 컴퓨터 네트워크와 같은 연결 방법을 사용하여 외부와의 관계를 조정하고 통제하는데 그들 시간의 대부분을 사용한다. 가상네트워크 조직은 둘 이상의 독립된 기업이 제품과 서비스의 제공에 각 조직의 인적 자원 및 기술 등을 일시적으로 통합, 제휴하는 조직으로 업체간의 갈등해결 및 관계유지에는 많은 시간이 소요된다.

52 A 기업에서는 평가등급을 5단계로 구분하고 가능한 정규분포를 이루도록 등급별 기준인원을 정하였으나, 평가자에 의하여 다음의 표와 같은 결과가 나타났다. 이와 같은 평가결과의 분포도상의 오류는? (평가등급의 상위순서는 A, B, C, D, E 등급의 순이다.)

평가등급	A등급	B등급	C등급	D등급	E등급
기준인원	1명	2명	4명	2명	1명
평가결과	5명	3명	2명	0명	0명

① 논리적오류 ② 대비오류 ③ 관대화경향 ④ 중심화경향 ⑤ 가혹화경향

해설 ③ [○] 관대화경향은 근무 성과나 능력을 평정할 때, 평가자가 관대한 평가를 내려서 피평가자의 평정 결과가 우수한 쪽에 집중되는 오류를 말한다. 기준인원과 평가결과를 대비하여 보면 평가가 관대하다는 것을 알 수 있다.

① 논리적오류 : 논증을 구성하거나 추론을 진행하는 과정에서 논리적으로 타당하지 않은 방식을 사용하는 것을 말한다.

② 대비오류 : 절대적인 기준 없이 평가자가 자기 자신 또는 누군가를 기준으로 하여 피평가자를 평가하는 오류를 말한다.

④ 중심화경향 : 양 극단 점수를 회피하고 대체로 중앙에 평점을 많이 주는 오류를 말한다.

⑤ 가혹화경향 : 평가자가 피평가자인 부하에 대해서 기대 수준이 높거나, 평가자와 피평가자 간의 관계가 좋지 않아서 낮은 평가점수를 부여하는 오류를 말한다.

53 생산시스템에 관한 설명으로 옳지 않은 것은?

① VMI는 공급자주도형 재고관리를 뜻한다.
② MRP는 자재소요량계획으로 제품생산에 필요한 부품의 투입시점과 투입량을 관리하는 시스템이다.
③ ERP는 조직의 자금, 회계, 구매, 생산, 판매 등의 업무흐름을 통합관리하는 정보시스템이다.

정답 52. ③   53. ⑤

④ SCM은 부품 공급업체와 생산업체 그리고 고객에 이르는 제반 거래 참여자들이 정보를 공유함으로써 고객의 요구에 민첩하게 대응하도록 지원하는 것이다.
⑤ BPR은 낭비나 비능률을 점진적이고 지속적으로 개선하는 기능중심의 경영관리기법이다.

해설 ⑤ [×] BPR(business process reengineering)은 업무처리 프로세스의 낭비나 비능률을 혁신적이고 지속적으로 개선하는 업무 프로세스 중심의 경영관리기법이다.

① VMI(Vender Managed Inventory)는 공급자주도형 재고관리를 뜻한다.
② MRP(Material Requirement Planning, 자재소요계획)는 자재소요량계획으로 제품생산에 필요한 부품(종속 자재)의 투입시점과 투입량을 관리하는 시스템이다.
③ ERP(Enterprise Resource Planning, 전사적자원관리)는 조직의 자금, 회계, 구매, 생산, 판매 등의 업무흐름을 통합 관리하는 정보시스템이다.
④ SCM(Supply Chain Management, 공급망관리)은 부품 공급업체와 생산업체 그리고 고객에 이르는 제반 거래 참여자들이 정보를 공유함으로써 고객의 요구에 민첩하게 대응하도록 지원하는 것이다.

54 인적자원관리에서 이루어지는 기능 또는 활동에 관한 설명으로 옳은 것은?
① 직접보상은 유급휴가, 연금, 보험, 학자금지원 등이 있다.
② 직무평가는 구성원들의 목표치와 실적을 비교하여 기여도를 판단하는 활동이다.
③ 현장직무교육은 직무순환제, 도제제도, 멘토링 등이 있다.
④ 직무분석은 장래의 인적자원 수요를 파악하여 인력의 확보와 배치, 활용을 위한 계획을 수립하는 것이다.
⑤ 직무기술서의 작성은 직무를 성공적으로 수행하는데 필요한 작업자의 지식과 특성, 능력 등을 문서로 만드는 것이다.

해설 ③ [○] 현장직무교육은 일상적인 직무를 통하여 실시하는 종업원 교육훈련 방식으로 직무순환제, 도제제도, 멘토링 등이 있다.

① 직접보상은 유급휴가, 학자금지원 등이 해당한다. 연금, 보험은 간접보상에 해당한다.
② 직무평가는 직무급에 있어서 직무간의 임금비율을 정하는 가장 기본적인 절차이다.
④ 직무분석은 어느 특정한 직무의 성질을 결정하고 그 직무에 포함되는 일의 내용, 필요로 하는 숙련·지식·능력 및 책임, 직위의 구분 기준을 정하는 것이다.
⑤ 직무기술서란 어떠한 직무에 대해 직무분석을 통하여 해당 직무의 성격이나 직무개요, 요구되는 자질, 직무내용, 직무방법 및 절차, 작업조건 등을 알아낸 후, 분석한 직무에 대한 주요사항 등을 정리, 기록한 문서이다.

정답 54. ③

55 인형을 판매하는 A사는 경제적주문량(EOQ) 모형을 이용하여 재고정책을 수립하려고 한다. 다음과 같은 조건일 때 1회의 경제적주문량은?

○ 연간수요량 : 20,000개 ○ 1회 주문비용 : 5,000원
○ 연간단위당 재고유지비용 : 50원 ○ 개당 제품가격 : 10,000원

① 1,000개   ② 2,000개   ③ 3,000개   ④ 3,500개   ⑤ 4,000개

해설 ② 경제적주문량(EOQ) = $\sqrt{\dfrac{2YC}{H}} = \sqrt{\dfrac{2 \times 20,000 \times 5,000}{50}} = 2,000$ 개

여기서, Y : 연간수요량, C : 1회주문비용, H : 연간 단위당 재고유지비용

56 조직문화에 관한 설명으로 옳은 것을 모두 고른 것은?

ㄱ. 조직문화는 일반적으로 빠르고 쉽게 변화한다.
ㄴ. 파스칼과 아토스(R. Pascale and A. Athos)는 조직문화의 구성요소로 7가지를 제시하고 그 가운데 공유가치가 가장 핵심적인 의미를 갖는다고 주장했다.
ㄷ. 딜과 케네디(T. Deal and A. Kennedy)는 위험추구성향과 결과에 대한 피드백 기간이라는 2개의 기준에 의해 조직문화유형을 합의문화, 개발문화, 계층문화, 합리문화로 구분하고 있다.
ㄹ. 샤인(E. Schein)에 의하면 기업의 성장기에는 소집단 또는 부서별 하위문화가 형성되며, 조직문화의 여러 요소들이 제도화된다.
ㅁ. 홉스테드(G. Hofstede)에 의하면 불확실성 회피성향이 강한 사회의 구성원들은 미래에 대한 예측 불가능성을 줄이기 위해 더 많은 규칙과 규범을 제정하려는 노력을 기울인다.

① ㄱ, ㄴ, ㄹ   ② ㄴ, ㄷ, ㄹ   ③ ㄴ, ㄷ, ㅁ   ④ ㄴ, ㄹ, ㅁ   ⑤ ㄷ, ㄹ, ㅁ

해설 (ㄴ) [○] 파스칼과 아토스(R. Pascale & A. Athos)는 조직문화의 구성요소로서 7가지(7S)를 제시하고 이 중에서 공유가치가 조직문화형성에 가장 중요하다고 보았다. 7S의 요소로는 전략(Strategy), 시스템(System), 구조(Structure), 스타일(Style), 능력(Skill), 구성원(Staff), 공유가치(Shared Value)이다.

(ㄹ) [○] 샤인(E. Schein)은 기업의 성장기에는 소집단 또는 부서별 하위문화가 형성되며, 조직문화의 여러 요소들이 제도화된다. 샤인은 조직문화의 3가지 차원으로서 다음을 제시했다.
1. 물리적 공간과 겉으로 드러난 행동 등의 '인공물' : 조직이 문화적으로 표출한 모든 것을 뜻한다.

정답 55. ②   56. ④

    2. 그 집단 표방의 '신념'이나 '가치관' : 조직에서 중요하다고 주장하는 가치이다.
    3. 신념, 가치관에 숨겨져 있는 '기본 가정' : 지극히 당연하다고 믿는 것을 말한다.
  (ㅁ) [○] 홉스테드(G. Hofstede)는 불확실성 회피성향이 강한 사회의 구성원들은 미래에 대한 예측 불가능성을 줄이기 위해 더 많은 규칙과 규범을 제정하려는 노력을 기울인다고 보았다.
  (ㄱ) 조직문화는 조직 내부의 특성상 변화가 느리고 외부와 다른 특성을 유지한다.
  (ㄷ) 딜과 케네디(T. Deal & A. Kennedy)는 조직문화 유형을 거친(의지가 강한) 남성문화, 열심히 일하고 잘 노는 문화, 사운을 거는 문화, 과정문화로 구분하였다.

57. 단체교섭의 방식에 관한 설명으로 옳지 않은 것은?

① 기업별 교섭은 특정기업 또는 사업장 단위로 조직된 노동조합이 단체교섭의 당사자가 되어 기업주 또는 사용자와 교섭하는 방식이다.
② 공동교섭은 상부단체인 산업별, 직업별 노동조합이 하부단체인 기업별 노조나 기업단위의 노조지부와 공동으로 지역적 사용자와 교섭하는 방식이다.
③ 대각선 교섭은 전국적 또는 지역적인 산업별 노동조합이 각각의 개별 기업과 교섭하는 방식이다.
④ 통일교섭은 전국적 또는 지역적인 산업별 또는 직업별 노동조합과 이에 대응하는 전국적 또는 지역적인 사용자와 교섭하는 방식이다.
⑤ 집단교섭은 여러 개의 노동조합 지부가 공동으로 이에 대응하는 여러 개의 기업들과 집단적으로 교섭하는 방식이다.

|해설| ② [×] 공동교섭은 상부단체인 산업별, 직업별 노동조합이 하부단체인 기업별 노조나 기업단위의 노조지부와 공동으로 개개 조합별 상대방인 사용자와 교섭하는 방식이다.

58. 작업장에서 사고와 질병을 유발하는 위해요인에 관한 설명으로 옳은 것은?

① 5요인 성격 특질과 사고의 관계를 보면, 성실성이 낮은 사람이 높은 사람보다 사고를 일으킬 가능성이 더 낮다.
② 소리의 수준이 10dB까지 증가하면 소리의 크기는 10배 증가하며, 20dB까지 증가하면 20배 증가한다.
③ 컴퓨터자판 작업이나 타이핑 작업을 많이 하는 사람들은 수근관 증후군(carpal tunnel syndrome)의 위험성이 높다.
④ 직장에서 소음에 대한 노출은 청각 손상에 영향을 주지만 심장혈관계 질병과는 관련이 없다.
⑤ 사회복지기관과 병원은 직장 폭력이 발생할 위험성이 가장 적은 장소이다.

정답   57. ②   58. ③

해설 ③ [○] 수근관 증후군은 손의 수근관을 관통하는 건막의 염증과 섬유화로 손목에 있는 정중 신경에 부종과 압박을 가하여 손에 통증과 감각마비를 초래하는 질환이다. 컴퓨터자판 작업이나 타이핑 작업 등을 많이 하는 사람들에 위험성이 높다.
① 성실성이 낮은 사람은 산만하고 일관성이 없으며, 사고를 일으킬 가능성이 높다.
② 소리의 수준이 10dB까지 증가(dB-40=10)하면 소리의 크기는 2배 증가하며, 20dB까지 증가(dB-40=20)하면 4배 증가한다.

$$sone = 2^{\frac{dB-40}{10}} = 2^{\frac{10}{10}} = 2배 \ 증가이고, \ sone = 2^{\frac{dB-40}{10}} = 2^{\frac{20}{10}} = 4배 \ 증가$$

③ 소음은 청각 손상뿐만 아니라 심장혈관계 질병도 유발할 수 있다.
⑤ 사회복지기관과 병원은 직장 폭력이 발생할 위험성이 조사결과 두 번째로 높았다.

59 심리검사에 관한 설명으로 옳은 것을 모두 고른 것은?

ㄱ. 성격형 정직성 검사는 생산적 행동을 예측하는 것으로 밝혀진 성격특성을 평가한다.
ㄴ. 속도 검사는 시간 제한이 있으며, 배정된 시간 내에 모든 문항을 끝낼 수 없도록 설계한다.
ㄷ. 정신운동능력 검사는 물체를 조작하고 도구를 사용하는 능력을 평가한다.
ㄹ. 정서지능 평가에는 특질 유형의 검사와 정보처리 유형의 검사 등이 있다.
ㅁ. 생활사 검사는 직무수행을 예측하지만 응답자의 거짓반응은 예방하기 어렵다.

① ㄱ, ㄴ, ㄹ   ② ㄱ, ㄷ, ㄹ   ③ ㄱ, ㄹ, ㅁ   ④ ㄴ, ㄷ, ㄹ   ⑤ ㄴ, ㄷ, ㅁ

해설 (ㄴ) [○] 속도 검사는 시간 제한이 있으며, 배정된 시간 내에 모든 문항을 끝낼 수 없도록 설계한다.
(ㄷ) [○] 정신운동능력 검사는 물체를 조작하고 도구를 사용하는 능력을 평가한다.
(ㄹ) [○] 정서지능 평가에는 특질 유형의 검사와 정보처리 유형의 검사 등이 있다.
(ㄱ) 성격형 정직성 검사는 반생산적 행동의 예측 검사이며, 밝혀진 성격특성을 평가한다.
  ○ 정직성 검사 : 반사회적 혹은 반생산적 직무 행동을 예측하는 검사이다.
    1. 정직성 검사에는 외현적 정직성 검사, 성격형 정직성 검사 두 가지가 있다.
    2. 외현적 정직성 검사는 직접적으로 질문해서 검사의 목적이 밖으로 드러난다.
    3. 성격형 정직성 검사는 반생산적 행동을 예측하는 것으로 알려진 성격특성(성실성+정서적 안정성+위험감수성향)을 측정한다. 검사의 목적이 분명하게 드러나지 않는다. 정직성 검사는 '반생산적 행동 준거'와 '직무수행'을 효과적으로 예측한다.

정답 59. ④

(ㅁ) 생활사 검사는 개인의 과거 경험과 생활환경을 통한 직무성과의 예측이 목적으로서, 직업흥미유형은 현실형, 사회형, 탐구형, 예술형, 진취형, 관습형이 있다. 이 검사는 응답자의 거짓반응을 예방하기 쉽다.

60 동기부여이론에 관한 설명으로 옳지 않은 것은?

① 데시(E. Deci)의 인지평가이론에 의하면 외재적 보상이 주어지면 내재적 동기가 증가된다.
② 로크(E. Locke)의 목표설정이론에 의하면 목표가 종업원들의 동기유발에 영향을 미치며, 피드백이 주어지지 않을 때 보다는 피드백이 주어질 때 성과가 높다.
③ 알더퍼(C. Alderfer)의 ERG이론은 매슬로우(A. Maslow)의 욕구단계이론과 달리 좌절-퇴행 개념을 도입하였다.
④ 브룸(V. Vroom)의 기대이론에 의하면 종업원의 직무수행 성과를 정확하고 공정하게 측정하는 것은 수단성을 높이는 방법이다.
⑤ 아담스(J. Adams)의 공정성이론에 의하면 종업원은 자신과 준거집단이나 준거인물의 투입과 산출 비율을 비교하여 불공정하다고 지각하게 될 때 공정성을 이루는 방향으로 동기유발된다.

[해설] ① [×] 데시(E. Deci)의 인지평가이론에 의하면 외재적 보상이 주어지면 내재적 동기가 오히려 감소된다고 보았다.

61 제품생애주기(Product Life Cycle)에 관한 설명으로 옳지 않은 것은?

① 도입기는 고객의 요구에 따라 잦은 설계변경이 있을 수 있으므로 공정의 유연성이 필요하다.
② 쇠퇴기는 제품이 진부화되어 매출이 줄어든다.
③ 성장기는 수요가 증가하므로 공정중심의 생산시스템에서 제품중심으로 변경하여 생산능력을 크게 확장시켜야 한다.
④ 성숙기는 성장기에 비하여 이익 수준이 낮다.
⑤ 성장기는 도입기에 비하여 마케팅 역할이 크게 요구되는 시기이다.

[해설] ④ [×] 성숙기는 제품이 많은 고객에게 이미 받아들여진 상태로 매출이 주춤하는 시기로서, 성장기에 비하여 이익 수준은 제품생애주기 중 가장 높은 시기이다.

62 직무스트레스 요인에 관한 설명으로 옳지 않은 것은?

① 역할 내 갈등은 직무상 요구가 여럿일 때 발생한다.
② 역할 모호성은 상사가 명확한 지침과 방향성을 제시하지 못하는 경우에 유발된다.

[정답] 60. ① 61. ④ 62. ③

③ 작업부하는 업무 요구량에 관한 것으로 직접 유형과 간접 유형이 있다.
④ 요구-통제 모형에 의하면 통제력은 요구의 부정적 효과를 줄이거나 완충해 주는 역할을 한다.
⑤ 대인관계 갈등과 타인과의 소원한 관계는 다양한 스트레스 반응을 유발할 수 있다.

해설 ③ [×] 작업부하는 업무 요구량에 관한 것으로 양적인 것과 질적인 유형이 있다. 양적 작업부하는 개인이 수행하는 근무의 양과 관련이 있고, 질적 작업부하는 개인의 능력에 비해 작업이 어려운 정도이다.

63 인간의 정보처리 능력에 관한 설명으로 옳지 않은 것은?
① 경로용량은 절대식별에 근거하여 정보를 신뢰성 있게 전달할 수 있는 최대용량이다.
② 단일 자극이 아니라 여러 차원을 조합하여 사용하는 경우에는 정보전달의 신뢰성이 감소한다.
③ 절대식별이란 특정 부류에 속하는 신호가 단독으로 제시되었을 때 이를 식별할 수 있는 능력이다.
④ 인간의 정보처리 능력은 단기기억에 대한 처리 능력을 의미하며, 절대식별 능력으로 조사한다.
⑤ 밀러(Miller)에 의하면 인간의 절대적 판단에 의한 단일 자극의 판별범위는 보통 5~9가지이다.

해설 ② [×] 단일 자극이 아니라 여러 차원을 조합하여 사용하는 경우에는 정보전달의 신뢰성이 증가한다.
① 경로용량은 절대식별, 단기기억에 근거하여 정보를 신뢰성 있게 전달가능한 능력이다.
③ 절대식별이란 한 신호의 절대적 위치를 구분해 내는 능력이다.
④ 인간의 정보처리 능력은 단기기억에 대한 처리능력을 의미한다.
⑤ 밀러(G. Miller)에 의하면 감각에 따라 정보를 신뢰성 있게 전달할 수 있는 합계개수는 5~9가지이다. 정보량 $H = \log_2 n$ (bit)

64 인사선발에 관한 설명으로 옳은 것은?
① 선발검사의 효용성을 증가시키는 가장 중요한 요소는 검사 신뢰도이다.
② 인사선발에서 기초율이란 지원자들 중에서 우수한 지원자의 비율을 말한다.
③ 잘못된 불합격자(false negative)란 검사에서 불합격점을 받아서 떨어뜨렸고, 채용하였더라도 불만족스러운 직무수행을 나타냈을 사람이다.
④ 인사선발에서 예측변인의 합격점이란 선발된 사람들 중에서 우수와 비우수 수행자를 구분하는 기준이다.

정답 63. ② 64. ⑤

⑤ 선발률과 예측변인의 가치 간의 관계는 선발률이 낮을수록 예측변인의 가치가 더 커진다.

해설 ⑤ [○] 기초율(=성공적 직무수행자수/총지원자수)이 동일하다면 선발률(=최종합격자수/총지원자수)이 감소할수록 선발의 효과성이 증가한다.
① 선발검사의 효용성을 증가시키는 가장 중요한 요소는 기초율이다.
② 인사선발에서 기초율이란 지원자들 중에서 성공적 직무수행자수의 비율을 말한다.
③ 잘못된 불합격(false negative)란 검사에서 불합격점을 받아서 떨어뜨렸고, 채용하였더라도 만족스러운 직무수행을 나타냈을 사람이다.
④ 인사선발에서 예측변인 합격점은 합격과 불합격으로 구분하는 기준을 말한다.

65 소음의 영향에 관한 설명으로 옳지 않은 것은?
① 의미있는 소음이 의미없는 소음보다 작업능률 저해 효과가 더 크게 나타난다.
② 강력한 소음에 노출된 직후에 일시적으로 청력이 저하되는 것을 일시성 청력손실이라 하며, 휴식하면 회복된다.
③ 초기 소음성 청력손실은 대화 범주 이상의 주파수에서 생겨 대화에 장애를 느끼지 못하다가 이후에 다른 주파수까지 진행된다.
④ 소음 작업장에서 전화벨 소리가 잘 안 들리고, 작업지시 내용 등을 알아듣기 어려운 현상을 은폐효과(masking effect)라고 한다.
⑤ 일시적 청력 손실은 300Hz~3,000Hz 사이에서 가장 많이 발생하며, 3,000Hz 부근의 음에 대한 청력저하가 가장 심하다.

해설 ⑤ [×] 청력손실에의 영향은 노출소음에 따라 증가하고, 청력손실이 가장 큰 주파수대는 4,000Hz이다.

66 집단의사결정에 관한 설명으로 옳지 않은 것은?
① 팀의 혁신을 촉진할 수 있는 최적의 상황은 과업에 대한 구성원 간의 갈등이 중간정도일 때다.
② 집단극화는 집단 구성원의 소수가 모험적인 선택을 할 때 이를 따르는 상황에서 발생한다.
③ 집단사고는 개별 구성원의 생각으로는 좋지 않다고 생각하는 결정을 집단이 선택할 때 나타나는 현상이다.
④ 집단사고는 집단응집성, 강력한 리더, 집단의 고립, 순응에 대한 압력 때문에 나타난다.
⑤ 집단사고 예방을 위해서 다양한 사회적 배경을 가진 집단 구성원이 있는 것이 좋다.

정답 65. ⑤ 66. ②

해설 ② [×] 집단극화는 집단 구성원의 다수가 모험적인 선택을 할 때 이를 따르는 상황에서 발생한다. 이 중에서 집단양극화는 응집력이 약할 때 둘로 갈라지는 현상을 말한다.
④ 집단사고는 응집력이 강할 때 나타나며, 하나로 통일되는 현상을 말한다.

67 행위적 관점에서 분류한 휴먼에러의 유형에 해당하는 것은?

① 순서 오류(sequence error) ② 피드백 오류(feedback error)
③ 입력 오류(input error) ④ 의사결정 오류(decision making error)
⑤ 출력 오류(output error)

해설 ① [○] 순서 오류는 행위적 관점에서의 오류에 해당한다.
○ 행위적 관점에서 분류한 휴먼에러의 유형 (A. D. Swain)
1. 생략 오류 2. 실행 오류 3. 과잉행동 오류 4. 순서 오류
5. 시간 오류 6. 누락 오류
○ 원인적 관점에서 분류한 휴먼에러의 유형
1. 입력 오류 2. 정보처리 오류 3. 의사결정 오류 4. 출력 오류 5. 피드백 오류

68 직무분석을 위한 정보를 수집하는 방법의 장점과 한계에 관한 설명으로 옳은 것을 모두 고른 것은?

> ㄱ. 관찰의 장점은 동일한 직무를 수행하는 재직자 간의 차이를 보여 준다는 것이다.
> ㄴ. 면접의 장점은 직무에 대해 다양한 관점을 얻는다는 것이다.
> ㄷ. 질문지의 장점은 직무에 대해 매우 세부적인 내용을 얻을 수 있다는 것이다.
> ㄹ. 질문지의 한계는 직무가 수행되는 상황을 무시한다는 것이다.
> ㅁ. 직접수행의 한계는 분석가에게 폭넓은 훈련이 필요하다는 것이다.

① ㄱ, ㄷ, ㄹ ② ㄴ, ㄷ, ㄹ ③ ㄴ, ㄷ, ㅁ ④ ㄴ, ㄹ, ㅁ ⑤ ㄷ, ㄹ, ㅁ

해설 (ㄴ) [○] 면접의 장점은 직무에 대한 다양한 관점을 얻고, 동일한 직무를 하는 재직자들 간의 차이를 보여 준다는 점이다.
(ㄹ) [○] 질문지의 한계는 직무가 수행되는 상황을 무시하고, 질문범위 내의 것만 알 수 있기 때문에 현실성이 떨어질 수 있다는 점이다.
(ㅁ) [○] 직접수행의 한계점은 동일한 직무들간의 차이를 알지 못하고, 분석가가 많은 부분에서 폭넓은 훈련이 있어야 한다는 점이다.
(ㄱ) 관찰의 장점은 직무에 대해 비교적 객관적 관점을 얻고, 직무가 수행되는 상황을 알 수 있다는 점이다.

정답 67. ① 68. ④

(ㄷ) 질문지의 장점은 시간과 비용이 적게 들고, 수량화와 통계적 분석이 쉽다는 점이다.

○ 직무분석 정보수집 방법에는 ① 직접수행, ② 관찰, ③ 면접, ④ 질문지검사가 있다.

직접수행	장점	직무가 수행되는 상황을 알 수 있다. 직무에 대해 매우 세부적인 내용을 얻는다.
	한계	직명이 동일한 직무들 간의 차이를 알지 못한다. 비용과 시간이 많이 든다. 분석가에게 폭넓은 훈련이 필요하다. 분석가에게 위험할 수 있다.
관찰	장점	직무에 대해 비교적 객관적인 관점을 얻는다. 직무가 수행되는 상황을 알 수 있다.
	한계	시간이 많이 든다. 관찰된다는 것을 알면 평소와 다른 행동을 할 가능성이 있다.
면접	장점	직무에 대해 다양한 관점을 얻는다. 동일한 직무를 하는 재직자들 간의 차이를 보여 준다.
	한계	질문지와 비교하여 시간이 많이 든다. 과업이 수행되는 상황을 보지 못한다.
질문지	장점	효율적이고 비용이 적게 든다. 동일한 직무의 재직자 간 차이를 보여 준다. 수량화 하고 통계적으로 분석하기 쉽다. 공통적인 직무 차원상에서 상이한 직무들을 비교하기가 쉽다.
	한계	직무가 수행되는 상황을 무시한다. 응답자들이 질문지 문항에 국한해서 답변을 하게 된다. 질문지를 설계하기 위해서는 직무에 대한 지식이 필요하다. 자신들의 직무가 실제보다 더 중요하게 보이도록 왜곡하기 쉽다.

69 직무 배치 후 유해인자에 대한 첫 번째 특수건강진단의 시기 및 주기로 옳지 않은 것은?

	유해인자	첫 번째 진단 시기	주기
㉠	나무 분진	6개월 이내	12개월
㉡	N,N-디메틸아세트아미드	1개월 이내	6개월
㉢	벤젠	2개월 이내	6개월
㉣	면 분진	12개월 이내	12개월
㉤	충격소음	12개월 이내	24개월

① ㉠ ② ㉡ ③ ㉢ ④ ㉣ ⑤ ㉤

정답 69. ①

해설 ① [×] ㉠ 나무 분진은 첫 번째 진단 시기는 12개월 이내, 주기는 24개월이다.
○ 특수건강진단의 시기 및 주기 (산시규 별표 23)

구분	대상 유해인자	시기(배치후 첫 번째 특수건강진단)	주기
1	N,N-디메틸아세트아미드 N,N-디메틸포름아미드	1개월 이내	6개월
2	벤젠	2개월 이내	6개월
3	1,1,2,2-테트라클로로에탄, 사염화탄소, 아크릴로니트릴, 염화비닐	3개월 이내	6개월
4	석면, 면분진	12개월 이내	12개월
5	광물성분진, 목재분진, 소음 및 충격소음	12개월 이내	24개월
6	1부터 5까지의 규정의 대상 유해인자를 제외한 별표 22의 모든 대상 유해인자	6개월 이내	12개월

70 다음 중 노출기준(occupational exposure limits)에 관한 설명으로 옳은 것은?

① 고용노동부 노출기준은 작업환경 측정 결과의 평가와 작업환경 개선 기준으로 사용할 수 있다.
② 일반 대기오염의 평가 또는 관리상의 기준으로는 사용할 수 없으나, 실내공기오염의 관리 기준으로는 사용할 수 있다.
③ MSDS에서 아세톤의 노출기준은 500ppm, 폭발하한한계(LEL)는 2.5%로 표시되었다면, LEL은 노출기준보다 500배 높은 수준이다.
④ 우리나라는 작업자가 노출되는 소음을 누적노출량계로 측정할 때 Threshold 80dB, Criteria 90dB, Exchange rate 5dB 기준을 적용하므로, 만일 78dB(A)에 8시간 동안 노출되었다면 누적소음량은 10~50% 사이에 있을 것이다.
⑤ 최고노출기준(C)은 1일 작업시간 중 잠시라도 넘어서는 안 되는 농도이므로, 만일 15분 동안 측정했다면 측정치를 15로 보정하여 노출기준과 비교한다.

해설 ① [○] 고용노동부 노출기준은 대기오염의 평가 또는 관리상의 지표로 사용하여서는 아니 되고, 작업환경 측정결과의 평가와 작업환경 개선 기준으로 사용할 수 있다(화학물질 및 물리적 인자의 노출기준 제3조).
② 대기오염의 평가 또는 관리상의 기준으로는 사용할 수 없다(화학물질 및 물리적 인자의 노출기준 제3조).
③ MSDS에서 아세톤의 노출기준은 500ppm, 폭발하한한계(LEL)는 2.5%로 표시되었다면 LEL은 노출기준보다 50배 낮은 수준이다.
⊙ $(500\text{ppm} \rightarrow 500/10^6) \div (2.5\% \rightarrow 2.5/100) = 50$배

정답 70. ①

④ Threshold 80dB 기준으로는 누적소음량이 0이다.
⑤ 최고노출기준(C)은 근로자가 1일 작업시간동안 잠시라도 노출되어서는 아니 되는 기준이다(화화물질 및 물리적 인자의 노출기준 제2조).

71 CHARM(Chemical Hazard Risk Management) 시스템에 따른 사업장의 화학물질에 대한 위험성평가에 있어서 작업환경측정 결과를 활용한 노출수준 등급 구분으로 옳지 않은 것은?

① 4등급 - 화학물질 노출기준 초과
② 3등급 - 화학물질 노출기준의 50% 이상~100% 이하
③ 2등급 - 화학물질 노출기준의 10% 이상~50% 미만
④ 1등급 - 화학물질 노출기준의 10% 미만
⑤ 1등급 상향조정 - 직업병 유소견자가 확인된 경우

해설 ⑤ [×] CHARM 시스템에서는 1등급~4등급이 등급 구분이다.

○ 노출수준 등급 구분
1. 1등급 : 화학물질 노출기준의 10% 미만 ← 최우수 수준
2. 2등급 : 화학물질 노출기준의 10% 이상~50% 미만
3. 3등급 : 화학물질 노출기준의 50% 이상~100% 이하
4. 4등급 : 화학물질 노출기준 초과 ← 최악 수준

72 산업위생전문가가 수행한 활동으로 옳지 않은 것은?

① 트리클로로에틸렌을 사용하는 작업자가 하루 10시간 동안 이 물질에 노출되는 것을 발견하고, 노출기준을 보정하여 측정치를 평가하였다.
② 결정체 석영은 노출기준이 호흡성 분진으로 되어 있어 이에 노출되는 작업자에 대하여 은막여과지로 채취하였다.
③ 유성페인트를 여러 가지 유기용제가 포함된 시너로 희석하여 도장하는 작업장에서 노출평가 시 각각의 노출기준과 상호작용을 고려하여 평가하였다.
④ 발암성이 있는 목재분진도 있으므로 원목의 재질을 조사하여 평가하였다.
⑤ 폭이 넓은 도금조에 측방형 후드가 설치되어 있는 작업장에서 적절한 제어속도가 나오지 않아 이를 푸쉬-풀 후드로 교체할 것을 제안하였다.

해설 ② [×] 석영과 같은 유해인자의 포집은 공인된 기관에서 인정된 자가 실시하고, PVC여과지로 채취한다(작업환경 측정분석에 대한 일반 기술지침 KOSHA 가이드 A-180-2020).

73 다음 유해인자의 평가 및 인체영향에 관한 설명으로 옳은 것은?

① 호흡성 입자상 물질(a)과 흡입성 입자상 물질(b)의 농도비(a/b)는 일반적으로 용접작업장이 목재가공작업장 보다 크다.
② 석면이 치명적인 이유는 폐포에 있는 대식세포가 석면에 전혀 접근하지 못하여 탐식작용을 못하기 때문이다.
③ 옥외 작업장에서 누출될 수 있는 불화수소를 관리하기 위하여 작업환경 노출기준인 0.5ppm을 3으로 나누어(24시간 노출) 0.17ppm을 기준으로 정하였다.
④ 석영, 크리스토발라이트, 트리디마이트는 모두 실리카가 주성분인 물질로 암을 유발한다.
⑤ 주성분이 카드뮴인 나노입자는 피부흡수를 우선적으로 고려하여야 한다.

해설
① [○] 호흡성 입자상 물질(a)과 흡입성 입자상 물질(b)의 농도비(a/b)는 일반적으로 용접작업장이 목재가공작업장 보다 크다. 흡입성이란 호흡기의 어느 부위에 침착하더라도 독성을 일으키는 성질이다.
② 석면이 치명적인 이유는 폐포에 있는 대식세포에 석면이 접근하여 대식세포를 손상시켜 암을 유발한다.
③ 고용노동부 노출기준으로 불화수소의 하루 8시간 근무시간 기준으로 TWA(시간가중평균) 농도 0.5ppm, C(최고노출기준) 3ppm이다. 3으로 나누면 안 되고, 0.5ppm이 노출기준이다.
④ 실리카는 발암물질인 6가 크롬을 흡착하는 물질로 석영, 크리스토발라이트, 트리디마이트는 실리카와 무관하다.
⑤ 주성분이 카드뮴인 나노입자는 호흡기 흡수를 우선적으로 고려하여야 한다.

74 다음 작업환경 측정 및 평가에 관한 설명으로 옳은 것은?

① 가스상 물질을 시료 채취할 때 일반적으로 수동식 방법이 능동식 방법 보다 정확성과 정밀도가 더 높다.
② 유기용제나 중금속의 검출한계는 시료를 반복 분석하여 구할 수 있지만, 중량분석을 하는 호흡성 분진은 검출한계를 구할 수 없다.
③ 월 30시간 미만인 임시 작업을 행하는 작업장의 경우 법적으로 작업환경측정 대상에서 제외될 수 있다.
④ 작업환경측정 자료에서 만일 기하표준편차가 1미만이라면 이 통계치는 높은 신뢰성을 가졌다고 할 수 있다.
⑤ 콜타르피치, 코크스오븐배출물질, 디젤배출물질에 공통적으로 함유된 산업보건학적 유해인자 중 하나는 다핵방향족탄화수소이다.

정답 73. ① 74. ⑤

해설 ⑤ [○] 다핵방향족탄화수소(PAHs)는 2개 이상의 벤젠 고리가 선형으로 각을 만들거나 밀집된 구조를 이루는 유기화합물로서 화학 연료나 유기물의 불완전 연소 시 부산물로 발생하는 물질이다. 콜타르피치, 코크스오븐배출물질, 디젤배출물질에 공통적으로 함유되어 있다.

① 가스상 물질을 시료 채취할 때 일반적으로 능동의 방법이 수동의 방법 보다 정확성과 정밀도가 더 높다.

② 호흡성분진은 분립장치 또는 호흡성분진물 채취할 수 있는 기기를 이용한 여과채취방법으로 측정한다.

③ 작업환경측정 대상에서 제외되는 경우는 임시작업(월 24시간 미만), 단시간작업(1일 1시간 미만)이다.

④ 작업환경측정 자료에서 만일 기하표준편차가 1미만이라면 이 통계치만으로는 높은 신뢰성을 가졌다고 판단할 수 없다. 중심적경향 척도(기하평균 등)와 산포척도(기하표준편차 등) 2가지 모두 있어야 판단 가능하다.

75 산업위생 분야에 관한 설명으로 옳지 않은 것은?

① 산업위생 목적은 궁극적으로 근로환경 개선을 통한 근로자의 건강보호에 있다.
② 국내 사업장의 산업위생 분야를 관장하는 행정부처는 고용노동부이다.
③ B. Ramazzini는 직업병의 원인으로 작업환경 중 유해물질과 부자연스러운 작업 자세를 제안하였다.
④ 사업장에서 산업보건 직무담당자를 보건관리자라고 한다.
⑤ 세계보건기구는 산업보건 관련 국제연합기구로서 근로조건의 개선도모를 목적으로 1919년에 설치되었다.

해설 ⑤ [×] 세계보건기구(World Health Organization, WHO)는 보건·위생 분야의 국제적인협력을 위하여 설립한 UN전문기구로 1948년에 설립되었으며, 국제보건사업의 지도·조정, 회원국 정부의 보건 부문 발전을 위한 원조 제공, 전염병과 풍토병 및 기타 질병 퇴치활동, 보건관계 단체간의 협력관계 증진 등을 목적으로 발족되었다.

정답 75. ⑤

제4장

2016년 1차 기출문제

제1과목 : 산업안전보건법령 / 154

제2과목 : 산업안전일반 / 169

제3과목 : 기업진단·지도 / 179

| 국가기술자격 필기시험문제 | 2016년 산업안전지도사 1차시험 | 시험시간 : 90분 |

제1과목 : 산업안전보건법령

01) 산업안전보건법령상 사업주가 이행하여야 할 의무에 해당하는 것은?

① 사업장에 대한 재해 예방 지원 및 지도
② 근로자의 신체적 피로와 정신적 스트레스 등을 줄일 수 있는 쾌적한 작업환경조성 및 근로조건 개선
③ 유해하거나 위험한 기계·기구·설비 및 물질 등에 대한 안전·보건상의 조치기준 작성 및 지도·감독
④ 산업재해에 관한 조사 및 통계의 유지·관리
⑤ 안전·보건을 위한 기술의 연구·개발 및 시설의 설치·운영

해설 ② [○] 사업주가 이행하여야 할 의무(산안법 제5조) : 3가지가 규정되어 있음.
1. 이 법과 이 법에 따른 명령으로 정하는 산업재해 예방을 위한 기준
2. 근로자의 신체적 피로와 정신적 스트레스 등을 줄일 수 있는 쾌적한 작업환경의 조성 및 근로조건 개선
3. 해당 사업장의 안전 및 보건에 관한 정보를 근로자에게 제공

02) 산업안전보건법령상 산업재해 발생 보고에 관한 설명이다. ( )안에 들어갈 내용을 순서대로 올바르게 나열한 것은?

> 사업주는 산업재해로 사망자가 발생하거나 (ㄱ) 이상의 휴업이 필요한 부상을 입거나 질병에 걸린 사람이 발생한 경우에는 산업안전보건법 제10조 제2항에 따라 해당 산업재해가 발생한 날부터 (ㄴ) 이내에 별지 제1호 서식의 산업재해조사표를 작성하여 관할 지방고용관서의 장에게 제출(전자문서에 의한 제출을 포함한다)하여야 한다.

① ㄱ : 1일 ㄴ : 1개월   ② ㄱ : 2일 ㄴ : 14일   ③ ㄱ : 3일 ㄴ : 1개월
④ ㄱ : 5일 ㄴ : 2개월   ⑤ ㄱ : 5일 ㄴ : 3개월

해설 ③ [○] 사업주는 산업재해로 사망자가 발생하거나 3일 이상의 휴업이 필요한 부상을 입거나 질병에 걸린 사람이 발생한 경우에는 산업재해가 발생한 날부터 1개월 이내에 별지 제30호 서식의 산업재해조사표를 작성하여 관할 지방고용노동관서의 장에게 제출(전자문서로 제출하는 것을 포함한다)해야 한다(산시규 제73조).

정답 01. ②   02. ③

03 산업안전보건법령상 안전·보건표지의 분류별 종류와 색채가 올바르게 연결된 것은?

① 지시표지(방독마스크 착용) - 바탕은 파란색, 관련 그림은 흰색
② 금지표지(물체이동금지) - 바탕은 흰색, 기본모형은 녹색, 관련 부호 및 그림은 흰색
③ 경고표지(폭발성물질 경고) - 바탕은 노란색, 기본모형, 관련 부호 및 그림은 흰색
④ 안내표지(비상용기구) - 바탕은 흰색, 기본모형은 빨간색, 관련 부호 및 그림은 검은색
⑤ 안내표지(응급구호표지) - 바탕은 무색, 기본모형은 검은색

해설 ① [○] 지시표지(방독마스크 착용) - 바탕은 파란색, 관련 그림은 흰색
② 금지표지(물체이동금지) - 바탕은 흰색, 기본모형은 빨간색, 관련 부호 및 그림은 검은색
③ 경고표지(폭발성물질 경고) - 바탕은 흰색, 기본모형은 빨간색, 관련 부호 및 그림은 검은색
④ 안내표지(비상용기구) - 바탕은 녹색, 기본모형은 흰색, 관련 부호 및 그림은 녹색
⑤ 안내표지(응급구호표지) - 바탕은 녹색, 기본모형은 흰색
○ 안전보건표지의 종류별 용도, 설치·부착 장소, 형태 및 색채 (산시규 별표 7)

04 산업안전보건법령상 안전보건관리규정 작성시 포함되어야 할 사항이 아닌 것은?

① 사고조사 및 대책수립에 관한 사항
② 안전·보건 관리조직과 그 직무에 관한 사항
③ 작업장 안전관리에 관한 사항
④ 작업장 건설과 민원대책에 관한 사항
⑤ 작업장 보건관리에 관한 사항

해설 ④ [×] 안전보건관리규정 작성 시 포함되어야 할 사항 (산안법 제25조)
1. 안전 및 보건에 관한 관리조직과 그 직무에 관한 사항
2. 안전보건교육에 관한 사항
3. 작업장의 안전 및 보건 관리에 관한 사항
4. 사고 조사 및 대책 수립에 관한 사항
5. 그 밖에 안전 및 보건에 관한 사항

05 산업안전보건법령상 안전관리전문기관에 대한 지정의 취소 등에 관한 설명으로 옳지 않은 것은?

① 고용노동부장관은 안전관리전문기관이 지정요건을 충족하지 못한 경우 반드시 지정을 취소하여야 한다.
② 고용노동부장관은 안전관리전문기관이 거짓이나 그 밖의 부정한 방법으로 지정을 받은 경우 지정을 취소하여야 한다.

정답 03. ①   04. ④   05. ①

③ 고용노동부장관은 안전관리전문기관이 지정받은 사항을 위반하여 업무를 수행한 경우 6개월 이내의 기간을 정하여 그 업무의 정지를 명할 수 있다.

④ 안전관리전문기관은 고용노동부장관으로부터 지정이 취소된 경우에 그 지정이 취소된 날부터 2년 이내에는 안전관리전문기관으로 지정받을 수 없다.

⑤ 고용노동부장관이 안전관리전문기관에 대하여 업무의 정지를 명하여야 하는 경우에 그 업무정지가 이용자에게 심한 불편을 주거나 공익을 해할 우려가 있다고 인정하면 업무정지처분에 갈음하여 10억원 이하의 과징금을 부과할 수 있다.

해설 ① [×] 고용노동부장관은 안전관리전문기관이 지정요건을 충족하지 못한 경우 그 지정을 취소하거나 6개월 이내의 기간을 정하여 그 업무의 정지를 명할 수 있다(산안법 제21조).

② 고용노동부장관은 안전관리전문기관이 거짓이나 그 밖의 부정한 방법으로 지정을 받은 경우 지정을 취소하여야 한다(산안법 제21조).

③ 고용노동부장관은 안전관리전문기관이 지정받은 사항을 위반하여 업무를 수행한 경우 6개월 이내의 기간을 정하여 그 업무의 정지를 명할 수 있다(산안법 제21조).

④ 지정이 취소된 자는 지정이 취소된 날부터 2년 이내에는 해당 안전관리전문기관 또는 보건관리전문기관으로 지정받을 수 없다(산안법 제21조).

⑤ 고용노동부장관은 업무정지를 명하여야 하는 경우에 그 업무정지가 이용자에게 심한 불편을 주거나 공익을 해칠 우려가 있다고 인정되면 업무정지 처분을 대신하여 10억원 이하의 과징금을 부과할 수 있다(산안법 제160조).

06 산업안전보건법령상 사업주가 작업 중 위험을 방지하기 위하여 필요한 안전조치를 취해야 할 장소가 아닌 것은?

① 근로자가 추락할 위험이 있는 장소
② 토사·구축물 등이 붕괴할 우려가 있는 장소
③ 방사선·유해광선·고온·저온·초음파·소음·진동·이상기압 등에 의한 건강장해의 우려가 있는 장소
④ 물체가 떨어지거나 날아올 위험이 있는 장소
⑤ 작업 시 천재지변으로 인한 위험이 발생할 우려가 있는 장소

해설 ③ [×] 사업주가 작업 중 위험방지의 필요한 안전조치를 취해야 할 장소(산안법 제38조)
1. 근로자가 추락할 위험이 있는 장소
2. 토사·구축물 등이 붕괴할 우려가 있는 장소
3. 물체가 떨어지거나 날아올 위험이 있는 장소
4. 천재지변으로 인한 위험이 발생할 우려가 있는 장소

정답 06. ③

07 산업안전보건법령상 산업안전보건위원회에 관한 설명으로 옳지 않은 것은?

① 사업주는 산업안전·보건에 관한 중요 사항을 심의·의결하기 위하여 근로자와 사용자가 같은 수로 구성되는 산업안전보건위원회를 설치·운영하여야 한다.
② 사업주는 유해하거나 위험한 기계·기구와 그 밖의 설비를 도입한 경우 안전·보건조치에 관한 사항에 대하여는 산업안전보건위원회의 심의·의결을 거쳐야 한다.
③ 산업안전보건위원회의 위원장은 위원 중에서 호선(互選)한다. 이 경우 근로자위원과 사용자위원 중 각 1명을 공동위원장으로 선출할 수 있다.
④ 사업주는 안전보건관리규정을 작성하거나 변경할 때에는 산업안전보건위원회의 심의·의결을 거쳐야 한다. 다만, 산업안전보건위원회가 설치되어 있지 아니한 사업장의 경우에는 근로자대표의 동의를 받아야 한다.
⑤ 산업안전보건위원회는 산업안전·보건에 관한 중요사항에 대하여 심의·의결을 하지만 해당 사업장 근로자의 안전과 보건을 유지·증진시키기 위하여 필요한 사항을 정할 수 없다.

해설
⑤ [×] 산업안전보건위원회는 산업안전·보건에 관한 중요사항에 대하여 심의·의결을 해야 하고(산안법 제24조), 해당 사업장 근로자의 안전과 보건을 유지·증진시키기 위하여 필요한 사항을 정할 수 있다(산안법 제15조).
① 사업주는 사업장의 안전 및 보건에 관한 중요 사항을 심의·의결하기 위하여 사업장에 근로자위원과 사용자위원이 같은 수로 구성되는 산업안전보건위원회를 구성·운영하여야 한다(산안법 제24조).
② 사업주는 유해하거나 위험한 기계·기구와 그 밖의 설비를 도입한 경우 안전·보건조치에 관한 사항은 산업안전보건위원회의 심의·의결을 거쳐야 한다(산안법 제24조).
③ 산업안전보건위원회의 위원장은 위원 중에서 호선한다. 이 경우 근로자위원과 사용자위원 중 각 1명을 공동위원장으로 선출할 수 있다(산안령 제36조).
④ 사업주는 안전보건관리규정을 작성하거나 변경할 때에는 산업안전보건위원회의 심의·의결을 거쳐야 한다. 다만, 산업안전보건위원회가 설치되어 있지 아니한 사업장의 경우에는 근로자대표의 동의를 받아야 한다(산안법 제26조).

08 산업안전보건법령상 작업중지 등에 관한 설명으로 옳지 않은 것은?

① 사업주는 산업재해가 발생할 급박한 위험이 있을 때 또는 중대재해가 발생하였을 때에는 즉시 작업을 중지시키고 근로자를 작업장소로부터 대피시키는 등 필요한 안전·보건상의 조치를 한 후 작업을 다시 시작하여야 한다.
② 근로자는 산업재해가 발생할 급박한 위험으로 인하여 작업을 중지하고 대피하였을 때에는 사태가 안정된 후에 그 사실을 위 상급자에게 보고하는 등 적절한 조치를 취하여야 한다.

정답 07. ⑤   08. ②

③ 사업주는 산업재해가 발생할 급박한 위험이 있다고 믿을 만한 합리적인 근거가 있을 때에는 산업안전보건법의 규정에 따라 작업을 중지하고 대피한 근로자에 대하여 이를 이유로 해고나 그 밖의 불리한 처우를 하여서는 아니 된다.

④ 고용노동부장관은 중대재해가 발생하였을 때에는 그 원인 규명 또는 예방대책수립을 위하여 중대재해 발생원인을 조사하고, 근로감독관과 관계 전문가로 하여금 고용노동부령으로 정하는 바에 따라 안전·보건진단이나 그 밖에 필요한 조치를 하도록 할 수 있다.

⑤ 누구든지 중대재해 발생현장을 훼손하여 중대재해 발생의 원인조사를 방해하여서는 아니 된다.

[해설] ② [×] 작업을 중지하고 대피한 근로자는 지체 없이 그 사실을 관리감독자 또는 그 밖에 부서의 장에게 보고하여야 한다(산안법 제52조).

① 사업주는 산업재해가 발생할 급박한 위험이 있을 때에는 즉시 작업을 중지시키고 근로자를 작업장소에서 대피시키는 등 안전 및 보건에 관하여 필요한 조치를 하여야 한다(산안법 제51조).

③ 사업주는 산업재해가 발생할 급박한 위험이 있다고 근로자가 믿을 만한 합리적인 이유가 있을 때에는 작업을 중지하고 대피한 근로자에 대하여 해고나 그 밖의 불리한 처우를 해서는 아니 된다(산안법 제52조).

④ 고용노동부장관은 중대재해가 발생한 사업장의 사업주에게 안전보건개선계획의 수립·시행, 그 밖에 필요한 조치를 명할 수 있다(산안법 제56조).

⑤ 누구든지 중대재해 발생 현장을 훼손하거나 고용노동부장관의 원인조사를 방해해서는 아니 된다(산안법 제56조).

09 산업안전보건법령상 도급사업 시의 안전·보건조치 등을 위하여 2일에 1회 이상 순회점검하여야 하는 사업의 작업장에 해당하지 않는 것은?

① 건설업의 작업장 ② 정보서비스업의 작업장 ③ 제조업의 작업장
④ 토사석 광업의 작업장 ⑤ 음악 및 기타 오디오물 출판업의 작업장

[해설] ② [×] 도급사업 시의 안전·보건조치 등을 위하여 2일에 1회 이상 순회점검해야 하는 사업의 작업장 (산시규 제80조)

1. 건설업   2. 제조업
3. 토사석 광업   4. 서적, 잡지 및 기타 인쇄물 출판업
5. 음악 및 기타 오디오물 출판업 6. 금속 및 비금속 원료 재생업

[참고] 상기 사업을 제외한 사업 : 1주일에 1회 이상 순회점검해야 함.

정답 09. ②

10 산업안전보건법령상 고용노동부장관이 실시하는 안전·보건에 관한 직무교육을 받아야 할 대상자를 모두 고른 것은?

> ㄱ. 안전보건관리책임자(관리책임자)   ㄴ. 관리감독자   ㄷ. 안전관리자
> ㄹ. 보건관리자   ㅁ. 재해예방 전문지도기관의 종사자

① ㄱ, ㄴ   ② ㄴ, ㄷ   ③ ㄱ, ㄴ, ㄷ   ④ ㄴ, ㄹ, ㅁ   ⑤ ㄱ, ㄷ, ㄹ, ㅁ

해설 ⑤ [○] 안전·보건에 관한 직무교육을 받아야 할 대상 (산안법 제32조)

　　1. 안전보건관리책임자　　　　　　2. 안전관리자
　　3. 보건관리자　　　　　　　　　　4. 안전보건관리담당자
　　5. 다음 각 목의 기관에서 안전과 보건에 관련된 업무에 종사하는 사람
　　　가. 안전관리전문기관　　　　　　나. 보건관리전문기관
　　　다. 지정받은 건설재해예방전문지도기관　　라. 지정받은 안전검사기관
　　　마. 지정받은 자율안전검사기관　　바. 지정받은 석면조사기관

11 산업안전보건법령상 도급사업 시의 안전·보건조치 등에 관한 설명으로 옳은 것은?

① 도급사업과 관련하여 산업재해를 예방하기 위하여 안전·보건에 관한 협의체를 구성하는 경우 도급인인 사업주 및 그의 수급인인 사업주의 일부만으로 구성할 수 있다.
② 수급인인 사업주는 도급인인 사업주가 실시하는 근로자의 해당 안전·보건·위생교육에 필요한 장소 및 자료의 제공 등 필요한 조치를 하여야 한다.
③ 안전·보건상 유해하거나 위험한 작업을 도급하는 경우 도급인은 수급인에게 자료제출을 요구하여야 한다.
④ 도급인인 사업주가 합동안전·보건점검을 할 때에는 도급인인 사업주, 수급인인 사업주, 도급인 및 수급인의 근로자 각 1명으로 점검반을 구성하여야 한다.
⑤ 안전·보건상 유해하거나 위험한 작업 중 사업장 내에서 공정의 일부분을 도급하는 도금작업은 시·도지사의 승인을 받지 아니하면 그 작업만을 분리하여 도급을 줄 수 없다.

해설 ④ [○] 도급인인 사업주가 합동안전·보건점검을 할 때에는 도급인, 관계수급인, 도급인 및 관계수급인의 근로자 각 1명으로 점검반을 구성하여야 한다(산시규 제8조).

　　① 안전 및 보건에 관한 협의체는 도급인 및 그의 수급인 전원으로 구성해야 한다(산시규 제79조).
　　② 도급인은 관계수급인이 실시하는 근로자의 안전·보건교육에 필요한 장소 및 자료의 제공 등을 요청받은 경우 협조해야 한다(산시규 제80조).

정답 10. ⑤   11. ④

③ 안전·보건상 유해하거나 위험한 작업을 도급하는 경우 도급인은 안전·보건 정보를 해당 도급작업이 시작되기 전까지 수급인에게 제공해야 한다(산시규 제83조).

⑤ 안전·보건상 유해하거나 위험한 작업 중 사업장 내에서 공정의 일부분을 도급하는 도금작업은 고용노동부장관의 승인을 받으면 그 작업만을 분리하여 도급을 줄 수 있다(산안법 제58조).

○ 유해한 작업의 도급금지 (산안법 제58조)
① 사업주는 근로자의 안전 및 보건에 유해하거나 위험한 작업으로서 다음 각 호의 어느 하나에 해당하는 작업을 도급하여 자신의 사업장에서 수급인의 근로자가 그 작업을 하도록 해서는 아니 된다.
  1. 도금작업
  2. 수은, 납 또는 카드뮴을 제련, 주입, 가공 및 가열하는 작업
  3. 허가대상물질을 제조하거나 사용하는 작업
② 사업주는 제1항에도 불구하고 다음 각 호의 어느 하나에 해당하는 경우에는 제1항 각 호에 따른 작업을 도급하여 자신의 사업장에서 수급인의 근로자가 그 작업을 하도록 할 수 있다.
  1. 일시·간헐적으로 하는 작업을 도급하는 경우
  2. 수급인이 보유한 기술이 전문적이고 사업주(수급인에게 도급을 한 도급인으로서의 사업주를 말한다)의 사업 운영에 필수 불가결한 경우로서 고용노동부장관의 승인을 받은 경우

12 산업안전보건기준에 관한 규칙상 가설통로를 설치하는 경우 준수하여야 하는 사항에 관한 설명으로 옳지 않은 것은?

① 경사는 30도 이하로 할 것. 다만, 계단을 설치하거나 높이 2미터 미만의 가설통로로서 튼튼한 손잡이를 설치한 경우에는 그러하지 아니하다.
② 경사가 15도를 초과하는 경우에는 미끄러운 구조로 할 것
③ 추락할 위험이 있는 장소에는 안전난간을 설치할 것. 다만, 작업상 부득이한 경우에는 필요한 부분만 임시로 해체할 수 있다.
④ 수직갱에 가설된 통로의 길이가 15미터 이상인 경우에는 10미터 이내마다 계단참을 설치할 것
⑤ 건설공사에 사용하는 높이 8미터 이상인 비계다리에는 7미터 이내마다 계단참을 설치할 것

해설 ② [×] 경사가 15도를 초과하는 경우에는 미끄러지지 않는 구조로 할 것
○ 가설통로의 구조 (산기규 제23조)
  1. 견고한 구조로 할 것

정답 12. ②

2. 경사는 30도 이하로 할 것. 다만, 계단을 설치하거나 높이 2m 미만의 가설통로로서 튼튼한 손잡이를 설치한 경우에는 그러하지 아니하다.
3. 경사가 15도를 초과하는 경우에는 미끄러지지 아니하는 구조로 할 것
4. 추락할 위험이 있는 장소에는 안전난간을 설치할 것. 다만, 작업상 부득이한 경우에는 필요한 부분만 임시로 해체할 수 있다.
5. 수직갱에 가설된 통로의 길이가 15m 이상인 경우에는 10m 이내마다 계단참을 설치할 것
6. 건설공사에 사용하는 높이 8m 이상인 비계다리에는 7m 이내마다 계단참을 설치할 것

13 산업안전보건법령상 안전관리자가 수행하여야 할 업무가 아닌 것은?

① 사업장 순회점검·지도 및 조치의 건의
② 산업재해 발생의 원인 조사·분석 및 재발 방지를 위한 기술적 보좌 및 조언·지도
③ 작업장 내에서 사용되는 전체 환기장치 및 국소 배기장치 등에 관한 설비의 점검과 작업방법의 공학적 개선에 관한 보좌 및 조언·지도
④ 산업재해에 관한 통계의 유지·관리·분석을 위한 보좌 및 조언·지도
⑤ 업무수행 내용의 기록·유지

해설 ③ [×] 보건관리자가 수행하여야 할 업무이다.

○ 안전관리자의 업무 (산안령 제18조)
1. 산업안전보건위원회 또는 안전 및 보건에 관한 노사협의체에서 심의·의결한 업무와 해당 사업장의 안전보건관리규정 및 취업규칙에서 정한 업무
2. 위험성평가에 관한 보좌 및 지도·조언
3. 안전인증대상기계 등과 자율안전확인대상기계 등 구입 시 적격품의 선정에 관한 보좌 및 지도·조언
4. 해당 사업장 안전교육계획의 수립 및 안전교육 실시에 관한 보좌 및 지도·조언
5. 사업장 순회점검, 지도 및 조치 건의
6. 산업재해 발생의 원인 조사·분석 및 재발방지를 위한 기술적 보좌 및 지도·조언
7. 산업재해에 관한 통계의 유지·관리·분석을 위한 보좌 및 지도·조언
8. 법 또는 법에 따른 명령으로 정한 안전에 관한 사항의 이행에 관한 보좌 및 지도·조언
9. 업무 수행 내용의 기록·유지
10. 그 밖에 안전에 관한 사항으로서 고용노동부장관이 정하는 사항

정답 13. ③

14 산업안전보건법령상 유해·위험 방지를 위하여 방호조치가 필요한 기계·기구 등에 해당하지 않는 것은?

① 예초기　② 원심기　③ 전단기(剪斷機) 및 절곡기(折曲機)
④ 지게차　⑤ 금속절단기

해설　③ [×] 주요 구조 부분 변경 시 안전인증을 받아야 하는 기계 및 설비에 해당한다.

　　○ 방호조치가 필요한 기계·기구 등 (산시규 제98조)

　　　1. 예초기 : 날접촉 예방장치　　2. 원심기 : 회전체 접촉 예방장치
　　　3. 공기압축기 : 압력방출장치　　4. 금속절단기 : 날접촉 예방장치
　　　5. 지게차 : 헤드 가드, 백레스트(backrest), 전조등, 후미등, 안전벨트
　　　6. 포장기계 : 구동부 방호 연동장치

15 산업안전보건법령상 기계·기구 등을 설치·이전하는 경우에 안전인증을 받아야 하는 기계·기구 등을 모두 고른 것은?

> ㄱ. 크레인　ㄴ. 고소(高所)작업대　ㄷ. 리프트　ㄹ. 곤돌라　ㅁ. 기계톱

① ㄱ, ㄴ, ㄷ　② ㄱ, ㄷ, ㄹ　③ ㄴ, ㄷ, ㅁ　④ ㄴ, ㄹ, ㅁ　⑤ ㄷ, ㄹ, ㅁ

해설　② [○] 설치·이전하는 경우 안전인증을 받아야 하는 기계로는 (ㄱ), (ㄷ), (ㄹ)이다.

　　○ 안전인증을 받아야 하는 기계·기구 등 (산안령 제74조)

　　　1. 프레스　　　　　　　　2. 전단기 및 절곡기(折曲機)
　　　3. 크레인　　　　　　　　4. 리프트
　　　5. 압력용기　　　　　　　6. 롤러기
　　　7. 사출성형기(射出成形機)　8. 고소(高所) 작업대
　　　9. 곤돌라

　　○ 안전인증대상기계 등이란 다음 각 호의 기계 및 설비를 말한다(산시규 제107조).

　　　1. 설치·이전하는 경우 안전인증을 받아야 하는 기계
　　　　가. 크레인　나. 리프트　다. 곤돌라
　　　2. 주요 구조 부분을 변경하는 경우 안전인증을 받아야 하는 기계 및 설비
　　　　가. 프레스　나. 전단기 및 절곡기(折曲機)　다. 크레인
　　　　라. 리프트　마. 압력용기　바. 롤러기　사. 사출성형기
　　　　아. 고소(高所)작업대　　자. 곤돌라

정답　14. ③　15. ②

16 산업안전보건법령상 자율안전확인의 신고 면제의 경우에 해당하지 않는 것은?

① 「품질경영 및 공산품안전관리법」 제14조에 따른 안전인증을 받은 경우
② 「산업표준화법」 제15조에 따른 인증을 받은 경우
③ 「전기용품안전관리법」 제3조 및 제5조에 따른 안전인증 및 안전검사를 받은 경우
④ 「농업기계화촉진법」 제9조에 따른 검정을 받은 경우
⑤ 「방위사업법」 제28조 제1항에 따른 품질보증을 받은 경우

해설 ⑤ [×] 안전인증의 면제에 해당 사항이다(산시규 제109조) : 총 12개 중 제5호에 규정

○ 자율안전확인 신고 면제 (산시규 제119조)
1. 「농업기계화촉진법」에 따른 검정을 받은 경우
2. 「산업표준화법」에 따른 인증을 받은 경우
3. 「전기용품 및 생활용품 안전관리법」에 따른 안전인증 및 안전검사를 받은 경우
4. 국제전기기술위원회의 국제방폭전기기계·기구 상호인정제도에 따라 인증을 받은 경우

17 산업안전보건법령상 안전검사 대상이 아닌 것은?

① 전단기   ② 압력용기   ③ 롤러기(밀폐형 구조)   ④ 프레스
⑤ 산업용 로봇

해설 ③ [×] 밀폐형 구조인 롤러기는 안전인증 대상에서 제외된다(산안령 제78조).

○ 안전검사 대상 (산안령 제78조)
1. 프레스   2. 전단기
3. 크레인(정격 하중이 2톤 미만인 것은 제외한다)
4. 리프트   5. 압력용기
6. 곤돌라   7. 국소 배기장치(이동식은 제외한다)
8. 원심기(산업용만 해당한다) 9. 롤러기(밀폐형 구조는 제외한다)
10. 사출성형기[형 체결력(型 締結力) 294킬로뉴턴(KN) 미만은 제외한다]
11. 고소작업대(「자동차관리법」에 따른 화물자동차 또는 특수자동차에 탑재한 고소작업대로 한정한다)
12. 컨베이어   13. 산업용 로봇

18 산업안전보건법령상 허가 대상 유해물질에 해당하는 것은?

① 황린(黃燐) 성냥   ② 폴리클로리네이티드터페닐(PCT)   ③ 석면
④ 벤조트리클로라이드   ⑤ 4-니트로디페닐과 그 염

해설 ④ [○] 벤조트리클로리드는 허가 대상 유해물질이다.

정답 16.⑤   17.③   18.④

①, ②, ③ 및 ⑤항은 제조 등이 금지되는 유해물질이다.

○ 허가 대상 유해물질 (산안령 제88조)
  1. α-나프틸아민 및 그 염
  2. 디아니시딘 및 그 염
  3. 디클로로벤지딘 및 그 염
  4. 베릴륨
  5. 벤조트리클로라이드
  6. 비소 및 그 무기화합물
  7. 염화비닐
  8. 콜타르피치 휘발물
  9. 크롬광 가공(열을 가하여 소성 처리하는 경우만 해당한다)
  10. 크롬산 아연
  11. o-톨리딘 및 그 염
  12. 황화니켈류
  13. 제1호부터 제4호까지 또는 제6호부터 제12호까지의 어느 하나에 해당하는 물질을 포함한 혼합물(포함된 중량의 비율이 1% 이하인 것은 제외한다)
  14. 제5호의 물질을 포함한 혼합물(포함된 중량의 비율이 0.5% 이하인 것은 제외한다)
  15. 그 밖에 보건상 해로운 물질로서 산업재해보상보험및예방심의위원회의 심의를 거쳐 고용노동부장관이 정하는 유해물질

19 산업안전보건법령상 신규화학물질의 유해성·위험성 조사 대상에서 제외되는 것은?

① 방사성 물질 ② 노말헥산 ③ 포름알데히드 ④ 카드뮴 및 그 화합물
⑤ 트리클로로에틸렌

해설 ① [○] 방사성 물질은 유해성·위험성 조사 제외 화학물질이다(산안령 제85조).

○ 유해성·위험성 조사 제외 화학물질 (산안령 제85조)
  1. 원소
  2. 천연으로 산출된 화학물질
  3. 「건강기능식품에 관한 법률」에 따른 건강기능식품
  4. 「군수품관리법」 및 「방위사업법」에 따른 군수품[통상품(通常品)은 제외한다]
  5. 「농약관리법」에 따른 농약 및 원제
  6. 「마약류 관리에 관한 법률」에 따른 마약류
  7. 「비료관리법」에 따른 비료
  8. 「사료관리법」에 따른 사료
  9. 「생활화학제품 및 살생물제의 안전관리에 관한 법률」에 따른 살생물물질 및 살생물제품
  10. 「식품위생법」에 따른 식품 및 식품첨가물
  11. 「약사법」에 따른 의약품 및 의약외품(醫藥外品)
  12. 「원자력안전법」에 따른 방사성물질
  13. 「위생용품 관리법」에 따른 위생용품
  14. 「의료기기법」에 따른 의료기기

정답 19. ①

15. 「총포・도검・화약류 등의 안전관리에 관한 법률」에 따른 화약류
16. 「화장품법」에 따른 화장품과 화장품에 사용하는 원료
17. 고용노동부장관이 명칭, 유해성・위험성, 근로자의 건강장해 예방을 위한 조치 사항 및 연간 제조량・수입량을 공표한 물질로서 공표된 연간 제조량・수입량 이하로 제조하거나 수입한 물질
18. 고용노동부장관이 환경부장관과 협의하여 고시하는 화학물질 목록에 기록되어 있는 물질

20 산업안전보건법령상 근로자의 보건관리에 관한 설명으로 옳지 않은 것은?

① 사업주는 작업환경측정의 결과를 해당 작업장 근로자에게 알려야 하며, 그 결과에 따라 근로자의 건강을 보호하기 위하여 해당 시설・설비의 설치・개선 또는 건강진단의 실시 등 적절한 조치를 하여야 한다.
② 고용노동부장관은 근로자의 건강을 보호하기 위하여 필요하다고 인정할 때에는 사업주에게 특정근로자에 대한 임시건강진단의 실시나 그 밖에 필요한 조치를 명할 수 있다.
③ 고용노동부장관이 역학조사(疫學調査)를 실시하는 경우 사업주 및 근로자는 적극 협조하여야 하며, 정당한 사유없이 이를 거부・방해하거나 기피하여서는 아니 된다.
④ 사업주는 잠함(潛艦) 또는 잠수작업 등 높은 기압에서 하는 위험한 작업에 종사하는 근로자에게는 1일 6시간, 1주 34시간을 초과하여 근로하게 하여서는 아니 된다.
⑤ 사업주는 산업안전보건위원회 또는 근로자대표가 요구하면 작업환경측정 결과에 대한 설명회를 직접 개최하여야 하며, 작업환경측정을 한 기관으로 하여금 개최하도록 하여서는 아니 된다.

해설 ⑤ [×] 사업주는 산업안전보건위원회 또는 근로자대표가 요구하면 작업환경측정 결과에 대한 설명회 등을 개최하여야 한다. 이 경우 작업환경측정을 위탁하여 실시한 경우에는 작업환경측정기관에 작업환경측정 결과에 대하여 설명하도록 할 수 있다(산안법 제125조).

① 사업주는 작업환경측정 결과를 해당 작업장의 근로자(관계수급인 및 관계수급인 근로자를 포함한다)에게 알려야 하며, 그 결과에 따라 근로자의 건강을 보호하기 위하여 해당 시설・설비의 설치・개선 또는 건강진단의 실시 등의 조치를 하여야 한다(산안법 제125조).

② 고용노동부장관은 근로자의 건강을 보호하기 위하여 사업주에게 특정 근로자에 대한 건강진단(임시건강진단)의 실시나 작업전환, 그 밖에 필요한 조치를 명할 수 있다(산안법 제131조).

③ 사업주 및 근로자는 고용노동부장관이 역학조사를 실시하는 경우 적극 협조하여야 하며, 정당한 사유없이 역학조사를 거부・방해하거나 기피해서는 아니 된다(산안법 제141조).

정답 20. ⑤

④ 사업주는 잠함 또는 잠수작업 등 높은 기압에서 하는 위험한 작업에 종사하는 근로자에게는 1일 6시간, 1주 34시간을 초과하여 근로하게 하여서는 아니 된다(산안법 제139조).

21 산업안전보건법령상 사업주가 근로를 금지시켜야 하는 질병자에 해당하지 않는 것은?

① 정신분열증에 걸린 사람
② 마비성 치매에 걸린 사람
③ 심장·신장·폐 등의 질환이 있는 사람으로서 근로에 의하여 병세가 악화될 우려가 있는 사람
④ 결핵, 급성상기도감염, 진폐, 폐기종의 질병에 걸린 사람
⑤ 전염을 예방하기 위한 조치를 하지 않은 상태에서 전염될 우려가 있는 질병에 걸린 사람

해설   ④ [×] 급성상기도감염은 코, 인두, 후두, 기관 등 상기도의 감염성 염증 질환이다.
○ 근로를 금지시켜야 하는 질병자 (산시규 제220조)
1. 전염될 우려가 있는 질병에 걸린 사람. 다만, 전염을 예방하기 위한 조치를 한 경우는 제외한다.
2. 조현병, 마비성 치매에 걸린 사람 ← 조현병은 정신분열증을 의미
3. 심장·신장·폐 등의 질환이 있는 사람으로서 근로에 의하여 병세가 악화될 우려가 있는 사람
4. 제1호부터 제3호까지의 규정에 준하는 질병으로서 고용노동부장관이 정하는 질병에 걸린 사람

22 산업안전보건법령상 고용노동부장관이 사업주에게 수립·시행을 명할 수 있는 계획에 관한 설명이다. (　)안에 들어갈 내용으로 옳은 것은?

> 고용노동부장관은 사업주가 안전보건조치 의무를 이행하지 아니하여 중대재해가 발생한 사업장으로서 산업재해 예방을 위하여 종합적인 개선조치를 할 필요가 있다고 인정할 때에는 고용노동부령으로 정하는 바에 따라 사업주에게 그 사업장, 시설, 그 밖의 사항에 관한 (　)의 수립·시행을 명할 수 있다.

① 유해·위험방지계획
② 안전교육계획
③ 보건교육계획
④ 비상조치계획
⑤ 안전보건개선계획

해설   ⑤ [○] 제시문은 안전보건개선계획의 수립·시행 명령에 대한 내용이다.

정답   21. ④   22. ⑤

○ 안전보건개선계획의 수립·시행 명령 (산안법 제49조)
① 고용노동부장관은 다음 각 호의 어느 하나에 해당하는 사업장으로서 산업재해 예방을 위하여 종합적인 개선조치를 할 필요가 있다고 인정되는 사업장의 사업주에게 고용노동부령으로 정하는 바에 따라 그 사업장, 시설, 그 밖의 사항에 관한 안전 및 보건에 관한 개선계획을 수립하여 시행할 것을 명할 수 있다. 이 경우 대통령령으로 정하는 사업장의 사업주에게는 안전보건진단을 받아 안전보건개선계획을 수립하여 시행할 것을 명할 수 있다.
  1. 산업재해율이 같은 업종의 규모별 평균 산업재해율보다 높은 사업장
  2. 사업주가 필요한 안전조치 또는 보건조치를 이행하지 아니하여 중대재해가 발생한 사업장
  3. 대통령령으로 정하는 수 이상의 직업성 질병자가 발생한 사업장
  4. 유해인자의 노출기준을 초과한 사업장
② 사업주는 안전보건개선계획을 수립할 때에는 산업안전보건위원회의 심의를 거쳐야 한다. 다만, 산업안전보건위원회가 설치되어 있지 아니한 사업장의 경우에는 근로자대표의 의견을 들어야 한다.

23 산업안전보건법령상 산업안전지도사 및 산업보건지도사(이하 "지도사"라 함)에 관한 설명으로 옳지 않은 것은?

① 지도사가 그 직무를 시작할 때에는 고용노동부장관에게 신고하여야 한다.
② 지도사는 그 직무상 알게 된 비밀을 누설하거나 도용하여서는 아니 된다.
③ 지도사는 항상 품위를 유지하고 신의와 성실로써 공정하게 직무를 수행하여야 한다.
④ 지도사는 법령에 위반되는 행위에 관한 지도·상담을 하여서는 아니 된다.
⑤ 지도사는 다른 사람에게 자기의 성명이나 사무소의 명칭을 사용하여 지도사의 직무를 수행하게 하거나 그 자격증을 대여하여서는 아니 된다.

해설 ① [×] 지도사가 그 직무를 수행하려는 경우에는 고용노동부령으로 정하는 바에 따라 고용노동부장관에게 등록하여야 한다(산안법 제145조).
② 등록한 지도사는 업무상 알게 된 비밀을 누설하거나 도용해서는 아니 된다(산안법 제162조).
③ 지도사는 항상 품위를 유지하고 신의와 성실로써 공정하게 직무를 수행하여야 한다(산안법 제150조).
④ 지도사는 법령에 위반되는 행위에 관한 지도·상담을 하여서는 아니 된다(산안법 제151조).
⑤ 다른 사람에게 자기의 성명이나 사무소의 명칭을 사용하여 지도사의 직무를 수행하게 하거나 그 자격증이나 등록증을 대여해서는 아니 된다(산안법 제153조).

정답 23. ①

24 산업안전보건법령상 위험성평가 실시내용 및 결과의 기록·보존에 관한 설명으로 옳지 않은 것은?

① 위험성평가 대상의 유해·위험요인이 포함되어야 한다.
② 위험성 결정의 내용이 포함되어야 한다.
③ 위험성 결정에 따른 조치의 내용이 포함되어야 한다.
④ 위험성평가의 실시내용을 확인하기 위하여 필요한 사항으로서 고용노동부장관이 정하여 고시하는 사항이 포함되어야 한다.
⑤ 사업주는 위험성평가 실시내용 및 결과의 기록·보존에 따른 자료를 5년간 보존하여야 한다.

해설 ⑤ [×] 사업주는 위험성평가 실시내용 및 결과의 기록·보존에 따른 자료를 3년간 보존해야 한다(산시규 제37조).
① 위험성평가 대상의 유해·위험요인이 포함되어야 한다(산시규 제37조).
② 위험성 결정의 내용이 포함되어야 한다(산시규 제37조).
③ 위험성 결정에 따른 조치의 내용이 포함되어야 한다(산시규 제37조).
④ 위험성평가의 실시내용을 확인하기 위하여 필요한 사항으로서 고용노동부장관이 정하여 고시하는 사항이 포함되어야 한다(산시규 제37조).

25 산업안전보건법령상 산업보건지도사의 직무에 해당하지 않는 것은?

① 작업환경의 평가 및 개선 지도
② 산업보건에 관한 조사·연구
③ 근로자 건강진단에 따른 사후관리 지도
④ 유해·위험의 방지대책에 관한 평가·지도
⑤ 작업환경 개선과 관련된 계획서 및 보고서의 작성

해설 ④ [×] 유해·위험의 방지대책에 관한 평가·지도는 산업안전지도사의 업무이다.

○ 산업보건지도사는 다음 각 호의 직무를 수행한다(산안법 제142조).
1. 작업환경의 평가 및 개선 지도
2. 작업환경 개선과 관련된 계획서 및 보고서의 작성
3. 근로자 건강진단에 따른 사후관리 지도
4. 직업성 질병 진단(「의료법」에 따른 의사인 산업보건지도사만 해당한다) 및 예방 지도
5. 산업보건에 관한 조사·연구
6. 그 밖에 산업보건에 관한 사항으로서 대통령령으로 정하는 사항

○ 산업안전지도사는 다음 각 호의 직무를 수행한다(산안법 제142조).
1. 공정상의 안전에 관한 평가·지도

2. 유해・위험의 방지대책에 관한 평가・지도
3. 제1호 및 제2호의 사항과 관련된 계획서 및 보고서의 작성
4. 그 밖에 산업안전에 관한 사항으로서 대통령령으로 정하는 사항

제2과목 : 산업안전일반

26 신뢰성 척도에 관한 설명으로 옳지 않은 것은?

① 특정시점에서의 신뢰도는 시스템 혹은 부품이 작동을 시작하여 어느 시점에서 작동하고 있지 않을 확률로 정의된다.
② 고장률(failure rate)은 특정시점까지 고장 나지 않고 작동하던 시스템 혹은 부품이 이 시점으로부터 단위 기간 내에 고장을 일으키는 비율을 나타낸 것이다.
③ 평균수명(MTTF)은 수리가 불가능한 시스템 혹은 부품인 경우의 평균수명을 뜻한다.
④ 평균잔여수명(MRL)은 현장에서 사용되고 있는 기존 설비의 교체 여부를 결정하는 데에 의미있는 정보를 제공하는 척도가 된다.
⑤ 백분위수명은 전체 부품 가운데 100%가 고장 나는 시점을 나타낸다.

해설 ① [×] 특정시점에서의 신뢰도는 시스템 혹은 부품이 작동을 시작하여 어느 시점까지 고장나지 않고 여전히 작동하고 있을 확률(살아 있을 확률)로 정의된다.
② 고장률(failure rate)은 특정 시점까지 고장나지 않고 작동하던 부품이 다음 순간에 고장나게 될 가능성이 어느 정도 될 것인가를 나타내는 척도이다.
③ 평균수명(MTTF)은 일반적으로 수리가 되지 않는 장치에 사용한다(예, 형광등).
MTTF는 Mean Time To failure의 두문자로서, '고장시까지의 평균시간'을 뜻한다.
④ 평균잔여수명(MRL)은 향후 얼마나 더 사용할 수 있을 것인가를 나타내는 것으로 기존 설비의 교체 여부를 결정하는 데에 의미있는 정보를 제공하는 척도가 된다.
⑤ 백분위수명은 전체 부품 가운데 100%가 고장나는 시점을 나타낸다.

27 정보입력표시방법으로서 시각적 표시장치로 옳지 않은 것은?

① 연속적으로 변하는 변수의 대략적인 값을 표시하는 것과 같은 자동차 계기판의 연료계
② 화재 등 비상 상황이 발생하였을 때 울리는 경보기
③ 지나가는 차량의 대수 같은 정보를 제공하는 데 사용되는 계수기
④ 진행과 정지 그리고 방향전환 및 주의 등을 색상이 있는 등화로 표시하는 교통신호기
⑤ 항해 중인 선박에게 항운 정보를 제공하는 야간의 등대 불빛

해설 ② [×] 화재 등 비상 상황이 발생하였을 때 울리는 경보기는 청각적 표시장치이다.

정답   26. ①   27. ②

28 위험성평가(risk assessment)의 순서가 올바르게 나열한 것은?

| ㄱ. 위험요인의 결정 | ㄴ. 유해위험 요인별 위험성 조사·분석 |
| ㄷ. 기록 및 검토 | ㄹ. 위험성 감소조치의 실시 | ㅁ. 유해 위험요인 파악 |

① ㄱ → ㄴ → ㄷ → ㄹ → ㅁ ② ㄱ → ㄴ → ㄹ → ㄷ → ㅁ
③ ㄴ → ㅁ → ㄱ → ㄹ → ㄷ ④ ㅁ → ㄴ → ㄱ → ㄹ → ㄷ
⑤ ㅁ → ㄹ → ㄷ → ㄱ → ㄴ

해설 ④ [○] 위험성평가(risk assessment)의 순서 : 위험성평가 준비 → 유해 위험요인 파악 → 위해·위험 요인별 위험성 조사·분석 → 위험요인의 결정 → 위험성 감소조치의 실시 → 기록 및 검토

○ 사업장 위험성평가에 관한 지침에서 3단계 '위험성 추정' 삭제 <개정 2024. 12. 18>

29 고장분포함수가 $F(t)$ (t=time)일 때, 함수간의 관계가 잘못 표시된 것은? (단, $f(t)$는 고장확률밀도함수이고, $R(t)$는 신뢰도함수이며, $h(t)$는 고장률함수이다.)

① $f(t) = \dfrac{d}{dt}F(t)$ ② $R(t) = 1 - F(t)$ ③ $h(t) = \dfrac{f(t)}{1-F(t)}$

④ $f(t) = \dfrac{h(t)}{1-R(t)}$ ⑤ $h(t) = \dfrac{f(t)}{R(t)}$

해설 ④ [×] 고장분포함수(누적고장확률)는 아이템의 고장 수명을 확률변수로 간주할 때의 분포함수로, 고장분포함수는 $F(t)$로 표시하며 불신뢰도함수라고도 한다.

고장확률밀도함수 $f(t)$는 단위시간당 어떤 비율로 고장이 발생하고 있는가를 알려면 다음과 같이 $F(t)$를 미분하여 조사하면 된다. $f(t) = \dfrac{dF(t)}{dt}$

30 시스템의 특성에 관한 설명으로 옳지 않은 것은?

① 시스템은 환경에 적응하거나 극복하면서 유지시켜야 한다.
② 각각의 하위시스템들은 상호 간의 연관관계에 의해 시스템의 목표가 달성될 수 있도록 하여야 한다.
③ 시스템은 하나 이상의 하위시스템으로 구성된다.
④ 시스템은 단순히 구성요소들의 합이 아니며, 시스템 그 자체는 별개의 존재로서 하나의 단일체이다.

정답 28. ④ 29. ④ 30. ⑤

⑤ 시스템은 복잡한 환경 속에서 목표를 달성하기 위하여, 각각의 하위시스템이 독립적인 목표를 가지고 작동되도록 하여야 한다.

해설 ⑤ [×] 시스템(system)은 각 구성요소들이 상호작용하거나 상호의존하여 복잡하게 얽힌 통일된 하나의 집합체이다. 시스템은 복잡한 환경 속에서 목표를 달성하기 위하여, 각각의 하위시스템이 독립적인 목표를 가지고 있으면서도 전체적인 관점에서 상호 유기적으로 작동되어야 한다.

31 A 시스템은 그림과 같이 3가지의 부품을 직렬로 연결한 체계를 체계중복으로 하여 구성되어 있으며, 그림의 수치들은 각각 부품들의 신뢰도를 표기한 것이다. A 시스템의 신뢰도는? (단, 소수점 넷째 자리에서 반올림하여 소수점 셋째 자리까지 구하시오.)

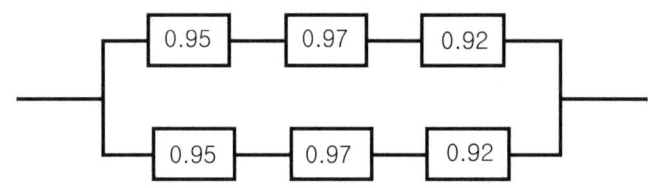

① 0.957 ② 0.967 ③ 0.977 ④ 0.987 ⑤ 0.997

해설 ③ [○] 직병렬혼합 시스템의 전체신뢰도를 구하는 문제이다.

$$R_A = 1 - (1 - R_{S_1})(1 - R_{S_2}) = 1 - (1 - 0.95 \times 0.97 \times 0.92)^2 = 0.977$$

여기서, $R_{S_1} = 0.95 \times 0.97 \times 0.92$, $R_{S_2} = 0.95 \times 0.97 \times 0.92$

32 휴먼에러(human error)의 심리적 분류에 포함되지 않는 것은?

① 정보처리오류(information processing error) ② 시간오류(time error)
③ 작위오류(commission error) ④ 순서오류(sequential error)
⑤ 누락오류(omission error)

해설 ① [×] 정보처리오류는 '인간의 행동과정을 통한 분류'에 따른 오류이다.
○ 휴먼 에러(human error)의 분류
1. 심리적 분류(독립행동에 관한 분류 : 생략(누락) 에러, 수행(작위) 에러, 시간 에러, 순서 에러
2. 원인에 의한 분류 : 1차 에러, 2차 에러, 지시 에러
3. 인간의 행동과정을 통한 분류 : 입력 에러, 정보처리 에러, 의사결정 에러, 출력 에러, 피드백 에러

정답 31. ③ 32. ①

33 인간공학에 관한 설명으로 옳지 않은 것은?

① 인간공학은 인간이 사용할 수 있도록 설계하는 과정을 말하는 것으로 인간의 복지를 향상시키는 데 목적이 있다.
② 인간공학의 핵심 포인트는 인간이 사용하는 물건 또는 환경을 설계할 시 건강, 안정, 만족 등과 같은 특정한 인간본위의 가치기준보다는 실용적 기능을 높이는데 있다.
③ 인간공학은 인간이 사용하는 물건 또는 환경을 설계할 시 인간의 행동에 관한 적절한 정보를 체계적으로 적용하는 것이다.
④ 인간공학은 기계와 그 기계조작 및 환경조건을 인간의 특성, 능력과 한계에 잘 조화되도록 설계하기 위한 공학이다.
⑤ 인간공학은 안전성의 향상과 사고예방, 생산성의 향상, 쾌적성 등을 추구한다.

해설 ② [×] 인간공학(ergonomics)은 도구, 기계 등을 인간의 신체적, 정신적 특성에 보다 적절하게 맞춰져서 적용할 수 있게 하는 방안을 연구하는 공학이다. 인간공학은 인간의 신체적(physical), 정신적(psychological) 특성과 한계를 파악하여 제품, 작업, 환경 등의 설계 등에 이를 체계적으로 적용하는 인간과 기계의 조화와 합리성을 추구하는 인간-기계시스템이다.

34 산업안전보건기준에 관한 규칙상 근골격계부담작업과 근골격계질환에 관한 설명으로 옳지 않은 것은?

① "근골격계부담작업"이란 단순반복작업 또는 인체에 과도한 부담을 주는 작업에 의한 건강장해에 따른 작업으로서 작업량·작업속도·작업강도 및 작업장 구조 등에 따라 고용노동부장관이 정하여 고시하는 작업을 말한다.
② "근골격계질환"이란 반복적인 동작, 부적절한 작업자세, 무리한 힘의 사용, 날카로운 면과의 신체접촉, 진동 및 온도 등의 요인에 의하여 발생하는 건강장해로서 목, 어깨, 허리, 팔·다리의 신경·근육 및 그 주변 신체조직 등에 나타나는 질환을 말한다.
③ "근골격계질환 예방관리 프로그램"이란 유해요인 조사, 작업환경 개선, 의학적 관리, 교육·훈련, 평가에 관한 사항 등이 포함된 근골격계질환을 예방관리하기 위한 종합적인 계획을 말한다.
④ 사업주는 유해요인 조사 결과 근골격계질환이 발생할 우려가 있는 경우에 인간공학적으로 설계된 인력작업 보조설비 및 편의설비를 설치하는 등 작업환경 개선에 필요한 조치를 하여야 한다.
⑤ 근로자는 근골격계부담작업으로 인하여 운동범위의 축소, 쥐는 힘의 저하, 기능의 손실 등의 징후가 나타나는 경우 즉시 관할 지방노동청에 신고하여야 한다.

해설 ⑤ [×] 근골격계부담작업 관련 통지 및 사후조치 (산기규 제660조)

정답 33. ② 34. ⑤

1. 근로자는 근골격계부담작업으로 인하여 운동범위의 축소, 쥐는 힘의 저하, 기능의 손실 등의 징후가 나타나는 경우 그 사실을 사업주에게 통지할 수 있다.
2. 사업주는 근골격계부담작업으로 인하여 제1항에 따른 징후가 나타난 근로자에 대하여 의학적 조치를 하고 필요한 경우에는 작업환경 개선 등 적절한 조치를 하여야 한다.

○ ①, ②, ③항은 정의(산기규 제656조), ④ 작업환경 개선(산기규 제659조)에 각각 규정되어 있다.

35 토의식 교육 시 유의사항이 아닌 것은?

① 교육생이 토의될 주제를 충분히 파악해야 한다.
② 진행자는 토의될 구체적인 문제나 이유에 대하여 말로 설명하지 않고 서면으로 하여야 한다.
③ 진행자는 교육생들이 토의결과에 대하여 명료화 내지 요약을 하도록 요구해야 한다.
④ 진행자는 진행에 충실하고 강의나 설명을 가급적 하지 않는다.
⑤ 진행자는 주제를 이해하지 못하는 교육생을 배려하여야 한다.

해설 ② [×] 토의식 교육은 교수자와 학습자 간, 학습자와 학습자간의 의사소통을 통한 토의를 바탕으로, 수업을 통해 달성하고자 하는 교수목표를 학습자가 능동적으로 달성하게 하는 교육방법이다. 서면 방식이 아닌 의사교환의 대화가 바탕이 된다.

36 OJT(on the job training)에 비하여 Off JT(off the job training)의 장점으로 옳은 것은?

① 많은 근로자들을 집중적으로 단시간에 훈련하기에 적합하다.
② 직장 및 직무의 실정에 맞는 실제적 훈련에 적합하다.
③ 훈련에 필요한 업무의 계속성이 끊어지지 않는다.
④ 개개인에게 적절한 지도 훈련이 가능하다.
⑤ 실무지식의 함양에 대한 직원들의 만족도가 상대적으로 높다.

해설 ① [○] Off JT(off the job training)의 장점 : 계획적 실시가 가능하여 많은 인력을 동시에 교육할 수 있고, 교육의 전문성을 확보할 수 있으며, 일괄적인 교육이 가능하다.

○ OJT(on the job training)의 장점
1. 교육내용이 실무와 연결되어 체험적이고 실제적이다.
2. 실시가 용이하고, 비용 및 시간이 절약된다.
3. 직무교육은 실무에 당장 사용이 가능하며, 업무능력 향상에도 도움을 줄 수 있다.
4. 실무지식의 함양에 대한 직원들의 만족도가 상대적으로 높다.

정답 35. ② 36. ①

37 다음은 안전보건관리 이론 중 재해발생 메커니즘(모델, 구조)을 도식화한 것이다. ( )의 내용이 올바르게 연결된 것은?

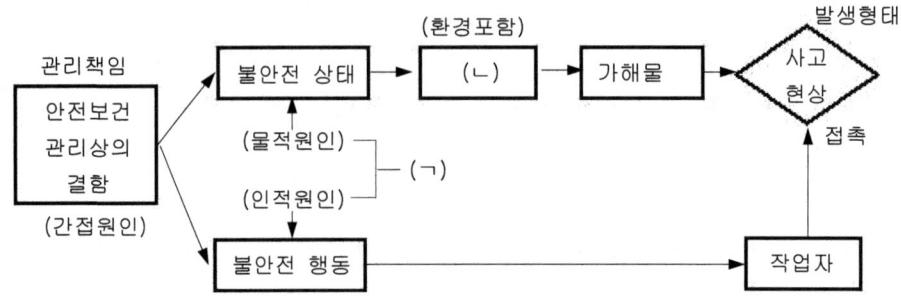

① ㄱ : 간접요인, ㄴ : 추락물
② ㄱ : 직접원인, ㄴ : 낙하물
③ ㄱ : 간접요인, ㄴ : 기인물
④ ㄱ : 직접원인, ㄴ : 기인물
⑤ ㄱ : 간접요인, ㄴ : 낙하물

해설 ④ [○] 재해발생 메커니즘에서 (ㄱ) 물적원인과 인적원인은 '재해의 직접적인 원인'이며 재해방지에 중요하다.

○ 재해의 직접적인 원인

불안전한 상태 (물적)	불안전한 행동 (인적)
* 물 자체 결함 * 안전방호장치 결함 * 복장, 보호구의 결함 * 물의 배치 및 작업장소 결함 * 작업환경의 결함 * 생산공정의 결함 * 경계표시, 설비의 결함	* 위험장소 접근 * 안전장치의 기능 제거 * 복장, 보호구의 잘못 사용 * 기계 기구 잘못 사용 * 운전중인 기계장치의 손질 * 불안전한 속도 조작 * 위험물 취급 부주의 * 불안전한 상태 방치 * 불안전한 자세 동작 * 감독 및 연락 불충분

38 안전·보건교육 중 기능교육의 특징이 아닌 것은?

① 작업능력 및 기술능력 부여
② 광범위한 지식의 전달
③ 교육기간의 장기화
④ 작업동작의 표준화
⑤ 대규모인원에 대한 교육 곤란

해설 ② [×] 기능교육은 전문적 작업교육에서 생산과 직결된 지식이나 기술습득을 목적으로 실시하는 교육이다. 광범위한 지식의 전달은 이론(지식)교육에 해당한다.

정답 37. ④ 38. ②

39 산업안전보건법령상 안전보건관리책임자 등에 대한 교육내용 중 안전보건관리책임자의 '보수과정'에 해당하는 것은?

① 안전관리계획 및 안전보건개선계획의 수립·평가·실무에 관한 사항
② 사업장 안전개선기법에 관한 사항   ③ 자율안전·보건관리에 관한 사항
④ 분야별 재해 및 개선사례연구실무에 관한 사항
⑤ 산업안전보건관리비 사용기준 및 사용방법에 관한 사항

해설 ③ [○] 안전보건관리책임자 등에 대한 교육 (산시규 별표 5)

교육대상	교육내용	
	신규과정	보수과정
안전보건관리책임자	1) 관리책임자의 책임과 직무에 관한 사항 2) 산업안전보건법령 및 안전·보건조치에 관한 사항	1. 산업안전·보건정책에 관한 사항 2. 자율안전·보건관리에 관한 사항

40 결함수분석(FTA)에 관한 설명으로 옳지 않은 것은?

① 기계, 설비 또는 인간-기계 시스템의 고장이나 재해의 발생요인을 FT도표에 의하여 분석하는 방법이다.
② 해석하고자 하는 재해의 발생확률을 계산한다.
③ 재해발생 이전에 예측기법으로 활용함으로써 예방적 가치가 높은 기법이다.
④ 재해현상과 재해원인의 상호관련을 정량적으로 해석하여 안전대책을 검토할 수 있다.
⑤ 각 요소의 고장유형과 그 고장이 미치는 영향을 분석하는 연역적이면서 정성적인 방법을 사용한다.

해설 ⑤ [×] 결함수분석(Fault Tree Analysis, FTA)은 기능적 결함의 원인을 분석하는데 용이하고, 연역적이면서, 정량적인 방법을 사용한다. 결함수분석(FTA)은 고장수분석 고장목분석, 결함나무분석이라고도 한다.

41 하인리히(Heinrich)의 재해발생 5단계에 관한 설명으로 옳지 않은 것은?

① 제1단계 : 사회적 환경과 유전적 요소(social environment and inherit)
② 제2단계 : 개인적 결함(personal faults)
③ 제3단계 : 조직의 결함(organization faults)
④ 제4단계 : 사고(accident)   ⑤ 제5단계 : 재해(disaster)

해설 ③ [×] 하인리히(Heinrich)의 재해발생 5단계

정답 39. ③   40. ⑤   41. ③

1. 제1단계 : 사회적 환경과 유전적 요소(선천적 결함)
2. 제2단계 : 개인적 결함(인간의 결함)
3. 제3단계 : 불안전한 상태 및 불안전한 행동(물리적·기계적 위험)
4. 제4단계 : 사고(accident) 5. 제5단계 : 재해(disaster)

42 다음이 설명하는 기법은?

> 기계설비 또는 장치의 일부가 고장났을 때, 기능의 저하가 되더라도 전체로서는 기능을 정지시키지 않는 기법

① Fail safe ② Back up ③ Fail soft ④ Fool proof ⑤ Fail passive

해설 ③ [○] Fail soft : 일부장치가 고장나거나 기능이 떨어지더라도 전체 기능은 유지하는 설계 개념을 말한다.

① Fail safe : 고장이 발생했을 때, 사고나 재해를 예방하도록 안전 확보를 하는 장치 또는 기구를 말한다.

② Back up : 사용자 실수나 컴퓨터 오류, 바이러스 감염, 정전 등으로 파일 원본이 손상될 경우를 대비하여 파일 원본을 미리 복사해 두는 것이다.

④ Fool proof : 인간의 실수가 직접적으로 고장 또는 사고로 이어지지 않도록 하는 설계원리를 말한다.

⑤ Fail passive : 기계가 고장이 나면 기구를 정지시키는 방향으로 이동하는 시스템을 말한다.

43 재해조사 시의 유의사항으로 옳지 않은 것은?

① 피해자에 대한 구급 조치를 최우선으로 한다.
② 사람과 기계설비 양면의 재해요인을 모두 도출한다.
③ 2차 재해의 예방을 위하여 보호구를 착용한다.
④ 주관적인 입장에서 공정하게 조사하며, 조사는 3인 이상이 한다.
⑤ 조사는 신속하게 행하고 긴급 조치 후, 2차 재해방지에 주력한다.

해설 ④ [×] 객관성을 가지고, 제3자의 입장에서 공평하게, 2인 이상이 조사하여야 한다.

○ 재해조사를 수행할 때 유의사항
1. 피해자에 대한 구급조치를 우선한다.
2. 조사는 신속히 실시하고, 2차 재해 방지를 도모한다.
3. 사실을 수집한다. 이유는 뒤에 확인한다.
4. 사실 이외 추측의 말은 참고로 활용한다..

정답 42. ③   43. ④

44 600명이 근무하는 A기업에서 2015년에 9건의 재해발생으로 휴업일수는 150일을 기록하였다. A기업의 재해통계로 옳은 것은? (단, A기업의 작업시간 8hr/일, 잔업시간 2hr/일, 월25일 근무이며, 소수점 셋째 자리에서 반올림하여 소수점 둘째 자리까지 구하시오.)

① 도수율 : 5, 강도율 : 0.07
② 도수율 : 5, 강도율 : 0.78
③ 도수율 : 10, 강도율 : 0.78
④ 도수율 : 15, 강도율 : 0.08
⑤ 도수율 : 15, 강도율 : 9

해설 ① [○] 도수율 $= \dfrac{재해건수}{연근로시간수} \times 1{,}000{,}000 = \dfrac{9}{600 \times (8+2) \times 25 \times 12} \times 1{,}000{,}000 = 5$

강도율 $= \dfrac{근로손실일수}{연근로시간수} \times 1{,}000 = \dfrac{150 \times \dfrac{300}{365}}{600 \times (8+2) \times 25 \times 12} \times 1{,}000 = 0.07$

45 하인리히(Heinrich)의 재해손실비(accident cost)의 설명으로 옳지 않은 것은?

① 직접비와 간접비의 비율은 1 : 4이다.
② 직접비는 법령으로 정한 피해자에게 지급되는 산재보상비이다.
③ 간접비는 재산손실 및 생산중단으로 기업이 입은 손실이다.
④ 간접비의 정확한 산출이 어려울 때는 직접비의 2배를 간접비로 산정한다.
⑤ 총 재해손실비는 직접비와 간접비를 더한 값으로 계산한다.

해설 ④ [×] 하인리히(Heinrich)의 재해손실비(accident cost)는 '직접비 : 간접비가 1 : 4' 비율로 구성된다는 이론이다. 따라서 간접비의 정확한 산출이 어려울 때는 직접비의 4배를 간접비로 산정하여 총재해손실비를 5의 비율로 한다.

46 안전점검표(checklist) 작성 시 유의사항이 아닌 것은?

① 사업장에 적합한 독자적인 내용일 것
② 중점도가 낮은 것부터 순서대로 작성할 것
③ 재해방지에 실효성 있게 개조된 내용일 것
④ 일정양식을 정하여 점검대상을 정할 것
⑤ 점검표의 내용은 이해하기 쉽도록 표현하고 구체적일 것

해설 ② [×] 중점도가 높은 것부터 순서대로 작성할 것이 필요하다.
○ 안전점검표(checklist) 작성 시 유의사항
1. 사업장에 적합한 독자적인 내용일 것
2. 중점도가 높은 것부터 순서대로 작성할 것

정답 44. ① 45. ④ 46. ②

3. 재해방지에 실효성이 있게 개조된 내용일 것
4. 일정 양식을 정하여 점검 대상을 정할 것
5. 점검표의 내용은 이해하기 쉽도록 표현하고 구체적일 것
6. 정기적으로 적정성 여부를 검토하여 수정 및 보완할 것

47 산업안전보건법령상 안전보건개선계획서의 포함내용이 아닌 것은?

① 시설 ② 안전·보건관리체제 ③ 문제해결 방향에서의 계획
④ 안전·보건교육 ⑤ 산업재해 예방 및 작업환경 개선을 위하여 필요한 사항

해설 ③ [×] 안전보건개선계획의 제출 등 (산시규 제61조)
1. 안전보건개선계획서를 제출해야 하는 사업주는 안전보건개선계획서 수립·시행 명령을 받은 날부터 60일 이내에 관할 지방고용노동관서의 장에게 해당 계획서를 제출(전자문서로 제출하는 것을 포함한다)해야 한다.
2. 제1항에 따른 안전보건개선계획서에는 시설, 안전보건관리체제, 안전보건교육, 산업재해 예방 및 작업환경의 개선을 위하여 필요한 사항이 포함되어야 한다.

48 재해사례 연구의 진행단계별 설명으로 옳지 않은 것은?

① 전제조건 : 재해상황을 파악한다.
② 사실의 확인 : 재해와 관계가 있는 사실 및 재해요인으로 알려진 사실을 주관적으로 확인한다.
③ 문제점의 발견 : 각종 기준과의 차이에서 문제점을 발견한다.
④ 근본적 문제점의 결정 : 재해의 중심이 된 근본적인 문제점을 결정한 후 재해원인을 결정한다.
⑤ 대책의 수립 : 동종재해와 유사재해의 방지 및 실시계획을 수립한다.

해설 ② [×] 사실의 확인 : 재해와 관련이 있는 사실과 재해요인으로 알려진 사실을 객관적으로 확인한다.

49 산업재해 발생시 처리순서를 올바르게 나열한 것은?

ㄱ. 긴급처리 ㄴ. 원인분석 ㄷ. 대책실시계획 ㄹ. 재해조사 ㅁ. 대책수립
ㅂ. 평가

① ㄱ→ㄹ→ㄴ→ㅁ→ㄷ→ㅂ ② ㄱ→ㄹ→ㅁ→ㄷ→ㄴ→ㅂ
③ ㄹ→ㄱ→ㄴ→ㄷ→ㅁ→ㅂ ④ ㄹ→ㄱ→ㄷ→ㄴ→ㅁ→ㅂ
⑤ ㄹ→ㄴ→ㄱ→ㅁ→ㄷ→ㅂ

정답 47. ③   48. ②   49. ①

해설 ① [○] 산업재해 발생시 처리순서 : 산업재해의 발생 → 긴급처리 → 재해조사 → 원인 분석 → 대책수립 → 대책실시계획 → 실시 → 평가

50 사고예방대책 기본원리 5단계 중 2단계인 '사실의 발견'에 해당하지 않는 것은?
① 근로자의 의견수렴 및 여론조사 ② 작업분석 ③ 점검 및 검사
④ 과거의 사고에 관한 조사 ⑤ 기술적 개선

해설 ⑤ [×] 기술적 개선은 '제4단계 대책수립 단계'에 해당하는 내용이다.
○ 사고예방대책 기본원리 5단계 (하인리히)
1. 제1단계(안전관리 조직) : 안전목표 설정, 안전관리자 선임, 안전방침·계획 수립, 안전활동 전개
2. 제2단계(사실의 발견) : 사고·활동 기록 검토, 작업분석, 점검·검사, 사고 조사, 안전 회의·토의, 근로자 제안
3. 제3단계(원인 분석) : 인적·물적환경조건 분석 및 작업공정 분석, 교육훈련 및 적정배치 분석, 안전수칙 및 사고기록 분석
4. 제4단계(대책 수립) : 기술적·교육훈련 개선, 규정·수칙 등 제도적 개선, 안전운동의 전개
5. 제5단계(시정책의 적용) : 위험성 평가, 3E대책의 적용(Engineering, Education, Enforcement), 기술적 개선

제3과목 : 기업진단 · 지도

51 인간관계론의 호손실험에 관한 설명으로 옳지 않은 것은?
① 종업원의 작업능률에 영향을 미치는 요인을 연구하였다.
② 조명실험은 실험집단과 통제집단을 나누어 진행하였다.
③ 작업능률향상은 작업장의 물리적 작업조건 변화가 가장 중요하다는 것을 확인하였다.
④ 면접조사를 통해 종업원의 감정이 작업에 어떻게 작용하는가를 파악하였다.
⑤ 작업능률은 비공식조직과 밀접한 관련이 있다는 것을 발견하였다.

해설 ③ [×] 메이요(Elton Mayo)의 호손 실험(Hawthorne Experiment)은 웨스턴전기㈜의 호손 공장에서 실시되었으며, 실험의 결과로서 밝혀졌던 것은 기업생산성을 결정하는 조건으로 기존에 조직관리의 주류였던 테일러의 과학적 관리법을 부정하고 인간관계의 중요성을 처음으로 부각시킨 계기가 되었다. 즉, 근로자의 정서적 요소가 생산과 경영에서 중요한 요소로 인정받기 시작한 것이다.

정답 50. ⑤ | 51. ③

52 노사관계에 관한 설명으로 옳은 것은?

① 숍(shop) 제도는 노동조합의 규모와 통제력을 좌우할 수 있다.
② 체크오프(check off) 제도는 노동조합비의 개별납부 제도를 의미한다.
③ 경영참가 방법 중 종업원 지주 제도는 의사결정 참가의 한 방법이다.
④ 준법투쟁은 사용자측 쟁위행위의 한 방법이다.
⑤ 우리나라 노동조합의 주요 형태는 직종별 노동조합이다.

해설   ① [○] 숍(shop) 제도는 기업의 종업원의 고용에 있어서 근로자를 조합원 중에서 고용하지 않으면 안 되는 방식으로서, 조합원의 단결력을 효과적으로 강화시킬 수 있는 제도이다. 이는 노동조합의 규모와 통제력을 좌우할 수 있다.
② 체크오프(check off) 제도는 조합비 일괄공제 제도이다. 체크오프는 노사합의 및 단체협약을 근거로 근로자의 임금이 발생시에 회사는 노동조합비를 일괄적으로 공제하고 노동조합에 전달하는 조합비 징수 제도로 사용자가 노조활동을 위한 편의제공 성격의 제도이다.
③ 종업원 지주 제도는 종업원이 자기 회사의 주식을 특별한 목적과 방법으로 소유하는 제도로서 의사결정에는 참가할 수 없다.
④ 준법투쟁은 노동자측 쟁의행위의 하나로서, 작업장에서 필요한 업무를 최소한으로만 유지하거나 보안규정이나 안전규정을 필요 이상으로 아주 엄격하게 준수함으로써 투쟁하는 방법이다.
⑤ 우리나라 노동조합의 주요 형태는 기업별 노동조합이다. 기업별 노동조합(company union)은 동일기업 내에 종사하는 근로자들에 의하여 조직되는 노동조합 형태이다. 직종별 노동조합(craft union)이란 동일한 직종 또는 직업을 가지는 근로자가 자신이 소속한 기업을 초월하여 횡단적으로 결성한 노동조합을 말한다.

53 조직문화에 관한 설명으로 옳지 않은 것은?

① 조직사회화란 신입사원이 회사에 대하여 학습하고 조직문화를 이해하기 위한 다양한 활동이다.
② 조직의 핵심가치가 더 강조되고 공유되고 있는 강한 문화(strong culture)가 조직에 끼치는 잠재적 역기능을 무시해서는 안 된다.
③ 조직문화는 하루아침에 갑자기 형성된 것이 아니고 한번 생기면 쉽게 없어지지 않는다.
④ 창업자의 행동이 역할모델로 작용하여 구성원들이 그런 행동을 받아들이고 창업자의 신념, 가치를 외부화(externalization)한다.
⑤ 구성원 모두가 공동으로 소유하고 있는 가치관과 이념, 조직의 기본목적 등 조직체 전반에 관한 믿음과 신념을 공유가치라 한다.

정답   52. ①   53. ④

|해설| ④ [×] 창업자의 행동이 역할모델로 작용하여 구성원들이 그런 행동을 받아들이고 창업자의 신념 가치를 내부화(internalization)한다.

54 생산시스템은 투입, 변환, 산출, 통제, 피드백의 5가지 구성요소로 설명할 수 있다. 생산시스템에 관한 설명으로 옳지 않은 것은?

① 변환은 제조공정의 경우 고정비와 관련성이 크다.
② 투입은 생산시스템에서 재화나 서비스를 창출하기 위해 여러 가지 요소를 입력하는 것이다.
③ 변환은 여러 생산자원들을 효용성 있는 제품 또는 서비스로 바꾸는 것이다.
④ 산출에서는 유형의 재화 또는 무형의 서비스가 창출된다.
⑤ 피드백은 산출의 결과가 초기에 설정한 목표와 차이가 있는지를 비교하고 또한 목표를 달성할 수 있도록 배려하는 것이다.

|해설| ⑤ [×] 피드백은 산출의 결과가 초기에 설정한 목표와 차이가 있는지를 비교하고 또한 목표를 달성할 수 있게 입력을 변화시키도록 작용하는 것이다.

55 기술과 조직구조에 관한 설명으로 옳은 것을 모두 고른 것은?

> ㄱ. 모든 조직은 한 가지 이상의 기술을 가지고 있다.
> ㄴ. 비일상적 활동에 관여하는 조직은 기계적 구조를, 일상적 활동에 관여하는 조직은 유기적 구조를 선호한다.
> ㄷ. 조직구조의 영향요인으로 기술에 대하여 최초로 관심을 가진 학자는 우드워드(J. Woodward)이다.
> ㄹ. 톰슨(J. Thompson)은 기술유형을 체계적으로 분류한 학자로 중개형 기술, 연속형 기술, 집중형 기술로 유형화했다.
> ㅁ. 여러 가지 기술을 구별할 수 있는 공통적인 주제는 일상성의 정도(degree of routineness)이다.

① ㄱ, ㄴ ② ㄷ, ㄹ ③ ㄴ, ㄷ, ㄹ ④ ㄷ, ㄹ, ㅁ ⑤ ㄱ, ㄷ, ㄹ, ㅁ

|해설| (ㄱ) [○] 모든 조직은 한 가지 이상의 기술을 가지고 있다.
(ㄷ) [○] 우드워드(J. Woodward)는 조직구조의 영향요인으로 기술에 대하여 최초로 관심을 가진 학자이다.
(ㄹ) [○] 톰슨(J. Thompson)은 기술유형을 체계적으로 분류한 학자로 중개형 기술, 연속형(장치산업형) 기술, 집중형 기술로 유형화했다.
(ㅁ) [○] 기술과 조직에 공통된 주제는 일상성의 정도이다.

정답 54. ⑤ 55. ⑤

(ㄴ) 비일상적 활동에 관여하는 조직은 유기적 구조를, 일상적 활동에 관여하는 조직은 기계적 구조를 선호한다.

56 6시그마 품질혁신 활동에 관한 설명으로 옳지 않은 것은?

① 모토롤라사의 빌 스미스(Bill Smith)라는 경영간부의 착상으로 시작되었다.
② 6시그마 활동을 도입하는 조직은 규격 공차가 표준편차(시그마)의 6배라는 우수한 품질수준을 추구한다.
③ DPMO란 100만 기회 당 부적합이 발생되는 건수를 뜻하는 용어로 시그마수준과 1대 1로 대응되는 값으로 변환될 수 있다.
④ 6시그마 수준의 공정이란 치우침이 없을 경우 부적합품률이 10억 개에 2개 정도로 추정되는 품질수준이란 뜻이다.
⑤ 6시그마 활동을 효과적으로 실행하기 위해 블랙벨트(BB) 등의 조직원을 육성하여 프로젝트 활동을 수행하게 한다.

해설　② [×] 6시그마 활동을 도입하는 조직은 규격 공차가 표준편차(σ, 시그마)의 12배라는 우수한 품질수준을 추구한다(공차=규격상한-규격하한=+6σ=12σ). 6시그마(σ)는 기업이 최고의 품질 수준을 달성할 수 있도록 유도하는 고객에 초점을 맞추고 데이터에 기반을 둔 경영혁신 방법론이다.

　　　④ 6시그마 수준의 공정이란 치우침이 없을 경우 부적합품률이 10억개에 2개 정도로 추정되는 품질수준이란 뜻이다. 즉, 2ppb(ppb=part per billion)

57 ERP 시스템의 특징에 관한 설명으로 옳지 않은 것은?

① 수주에서 출하까지의 공급망과 생산, 마케팅, 인사, 재무 등 기업의 모든 기간업무를 지원하는 통합시스템이다.
② 하나의 시스템으로 하나의 생산·재고거점을 관리하므로 정보의 분석과 피드백 기능의 최적화를 실현한다.
③ EDI(Electronic Data Interchange), CALS(Commerce At Light Speed), 인터넷 등으로 연결시스템을 확립하여 기업 간 자원 활용의 최적화를 추구한다.
④ 대부분의 ERP시스템은 특정 하드웨어 업체에 의존하지 않는 오픈 클라이언트 서버시스템 형태를 채택하고 있다.
⑤ 단위별 응용프로그램이 서로 통합, 연결되어 중복업무를 배제하고 실시간 정보관리체계를 구축할 수 있다.

해설　② [×] 하나의 시스템으로 여러 개의 생산·재고거점을 관리하므로 정보의 분석과 피드백 기능의 최적화를 실현한다.

○ ERP(Enterprise Resource Planning, 전사적 자원관리) 시스템 : 통합적인 컴퓨터 데이터베이스를 구축해 자금, 회계, 구매, 생산, 판매 등 모든 업무의 흐름을 효율적으로 자동 조절해 주는 전산 시스템을 의미한다. ERP 부문의 세계 1위 업체는 독일의 SAP 회사이다. 대기업과 중견기업은 대부분 SAP를 사용하고 있다.

58 JIT(Just In Time) 시스템의 특징에 관한 설명으로 옳은 것은?

① 수요예측을 통해 생산의 평준화를 실현한다.
② 팔리는 만큼만 만드는 Push 생산방식이다.
③ 숙련공을 육성하기 위해 작업자의 전문화를 추구한다.
④ Fool Proof 시스템을 활용하여 오류를 방지한다.
⑤ 설비배치를 U라인으로 구성하여 준비교체 횟수를 최소화한다.

[해설] ④ [○] JIT(Just In Time)시스템은 Fool Proof 표준작업으로 불량을 만드는 낭비를 방지한다. 토요타자동차에서는 Fool Proof를 포카요케라고 부르고 매우 중시한다.
① 생산품목별 산출률을 균일하게 고정시킨 월별 생산계획을 수립하여 생산의 평준화를 실현한다.
② 다음 공정에서 가져갈 양 만큼만 만들도록 하는 Pull(당기기 방식) 생산방식이다.
③ 한 작업자가 하나의 생산라인 상에 위치한 다공정을 담당하며 작업을 수행하는 다기능을 중시한다.
⑤ 설비배치를 U라인으로 구성하여 유연성과 생산성을 동시에 추구한다.

59 카플란(R. Kaplan)과 노턴(D. Norton)이 주창한 BSC(Balanced Score Card)에 관한 설명으로 옳은 것은?

① 균형성과표로 생산, 영업, 설계, 관리부문의 균형적 성장을 추구하기 위한 목적으로 활용된다.
② 객관적인 성과 측정이 중요하므로 정성적 지표는 사용하지 않는다.
③ 핵심성과지표(KPI)는 비재무적요소를 배제하여 책임소재의 인과관계가 명확한 평가가 이루어지도록 한다.
④ 기업문화와 비전에 입각하여 BSC를 설정하므로 최고경영자가 교체되어도 지속적으로 유지된다.
⑤ BSC의 실행을 위해서는 관리자들이 조직에서 어느 개인, 어느 부서가 어떤 지표의 달성에 책임을 지는지 확인하여야 한다.

[해설] ⑤ [○] BSC의 실행을 위해서는 관리자들이 개인의 성과지표 달성 여부와 진척사항을 수치화하여 파악할 수 있다.

정답 58. ④ 59. ⑤

① 균형성과표로 재무, 고객, 내부비즈니스 프로세스, 학습과 성장 등 4가지 관점 간의 균형적인 시각에서 기업경영을 바라보아야 한다는 것이다.
② 균형적인 시각에서 객관적인 성과 측정이 중요하며, 학습과 성장에서 정성적 지표도 사용한다.
③ 핵심성과지표(KPI)는 비재무적요소를 포함하여 책임소재의 인과관계가 명확한 평가가 이루어지도록 한다.
④ 일반적인 균형성과에 입각하여 BSC를 설정하므로, 비록 최고경영자가 교체되어도 지속적으로 유지된다.

60 종업원은 흔히 투입과 이로부터 얻게되는 성과를 다른 종업원과 비교하게 된다. 그 결과, 과소보상으로 인한 불형평 상태가 지각되었을 때, 아담스의 형평이론에서 예측하는 종업원의 후속 반응에 관한 설명으로 옳지 않은 것은?

① 현재의 상황을 형평 상태로 되돌리기 위하여 자신의 투입을 낮출 것이다.
② 자신의 성과를 높이기 위하여 조직의 원칙에 반하는 비윤리적 행동도 불사할 수 있다.
③ 자신과 타인의 투입-성과 간 불형평 상태에 어떤 요인이 영향을 주었을 거라는 등 해당 상황을 왜곡하여 해석하기도 한다.
④ 애초에 비교 대상이 되었던 타인을 다른 비교 대상으로 교체할 수 있다.
⑤ 개인의 '형평민감성'이 높고 낮음에 관계없이 형평 상태로 되돌리려는 행동에서 차이가 없다.

해설 ⑤ [×] 개인의 '형평민감성'이 높고 낮음에 따라 형평 상태로 되돌리려는 행동에서 차이가 있다. 아담스(Adams)는 노력(투입)과 보상(산출)의 관계에서 공정함을 인식하는가에 따라 동기가 발생한다고 보았다. 즉 자신의 투입과 산출을 다른 사람의 투입과 산출을 비교했을 때 차이가 느껴질 경우 그 차이를 줄이려는 방향으로 동기가 부여될 수 있다는 것이다.

61 조직내 종업원들에게 요구되는 바람직한 특성이나 성공적인 수행을 예측해 주는 '인적 특성이나 자질'을 찾아내는 과정은?

① 작업자 지향 절차   ② 기능적 직무분석   ③ 역량모델링
④ 과업 지향적 절차   ⑤ 연관분석

해설 ③ [○] 역량 모델링(competency modeling)은 조직의 특성과 사용 목적에 따라 일정한 절차와 방법을 적용하여 특정 집단의 역량이 무엇인지를 규명하는 작업이다. 역량의 개념을 활용하여 명확화, 구체화해 정리(목록화)한 것이다.

정답 60. ⑤   61. ③

62 심리평가에서 검사의 신뢰도와 타당도의 상호관계에 관한 설명으로 옳은 것은?

① 타당도가 높으면 신뢰도는 반드시 높다.
② 타당도가 낮으면 신뢰도는 반드시 낮다.
③ 신뢰도가 낮아도 타당도는 높을 수 있다.
④ 신뢰도가 높아야 타당도가 높게 나온다.
⑤ 신뢰도와 타당도는 직접적인 상호관계가 없다.

해설 ① [○] 타당도가 높으면 신뢰도는 반드시 높다. 타당도는 과녁의 중앙과의 일치 정도인 것과 같다. 이러한 과녁의 중앙과 가까워서 타당도가 높다면 신뢰도가 높을 수 밖에 없다. 통계학에서 볼 때 "타당도=정확도, 신뢰도=정밀도"와 유사하다. 신뢰도는 타당도의 필요조건이지만 충분조건은 아니다. 따라서 높은 타당도를 확보하려면 반드시 신뢰도가 높아야 하지만, 신뢰도가 높다고 하더라도 반드시 타당도가 높은 것은 아니다.

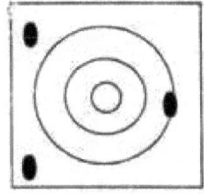
낮은 신뢰도 &
낮은 타당도

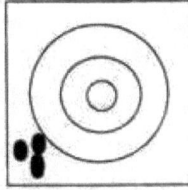
높은 신뢰도 &
낮은 타당도

높은 신뢰도 &
높은 타당도

63 영업 1팀의 A팀장은 팀원들의 직무수행을 긍정적으로 평가하는 것으로 유명하다. 영업 1팀의 팀원들은 실제 직무수행 수준보다 언제나 높은 평가를 받는다. 한편 영업 2팀의 B팀장은 대부분 팀원을 보통 수준으로 평가한다. 특히 B팀장 자신이 잘 모르는 영역 평가에서 이러한 현상이 두드러진다. 직무수행 평가 패턴에서 A와 B팀장이 각각 범하고 있는 오류(또는 편향)를 순서대로(A, B) 옳게 나열한 것은?

> ㄱ. 후광오류   ㄴ. 관대화오류   ㄷ. 엄격화오류   ㄹ. 중앙집중오류
> ㅁ. 자기본위적 편향

① ㄱ, ㄷ   ② ㄱ, ㄹ   ③ ㄴ, ㄷ   ④ ㄴ, ㄹ   ⑤ ㄴ, ㅁ

해설 ④ [○] 영업 1팀의 A팀장은 팀원들의 직무수행을 긍정적으로 평가하는 것으로 유명하므로 관대화오류를 범하고 있다. 영업 2팀의 B팀장은 양극단으로 치우칠 자신의 판정을 회피하고자 할 때 나타나는 오류인 중앙집중오류를 범하고 있다.
관대화오류는 근무 성과나 능력을 평정할 때, 평가자가 관대한 평가를 내려서 피평가자의 평정 결과가 우수한 쪽에 집중되는 오류이고, 중앙집중오류는 평정 결과가 과도하게 평균적인 영역으로 모이는 오류이다.

(ㄱ) 후광오류(halo effect)는 사람이 어떤 대상이나 사람을 평가할 때 두드러진 하나의 특징을 가지고 그 대상이나 사람 전부를 평가해 버리는 것을 말한다.

(ㄷ) 엄격화 오류는 평가자가 피평가자인 부하에 대해서 기대 수준이 높거나, 평가자와 피평가자 간의 관계가 좋지 않아서 낮은 평가점수를 부여하는 성향을 나타내는 것을 말한다.

(ㅁ) 자기본위적 편향은 이기적 편향(self-serving bias)이라고도 하며, '자신에게 유리하게 사고하는 방식'이다(잘되면 자기 탓, 잘못되면 남의 탓).

64 인사선발에서 활발하게 사용되는 성격측정 분야의 하나로 5요인(Big 5) 성격모델이 있다. 성격의 5요인에 해당되지 않는 것은?

① 외향성(extraversion)   ② 성실성(conscientiousness)   ③ 신경성(neuroticism)
④ 직관성(immediacy)   ⑤ 경험에 대한 개방성(openness to experience)

해설 ④ [×] 5요인 모형(Five factor model, FFM)은 심리학에서 경험적인 조사와 연구를 통하여 정립한 성격 특성의 다섯 가지로서 외향성(extraversion), 신경성(neuroticism), 우호성(agreeableness), 성실성(conscientiousness), 경험에 대한 개방성(openness to experience)을 기본특질로 접근하고자 하는 성격에 관한 모델이다.

65 다음을 설명하는 용어는?

> 대부분의 중요한 의사결정은 집단적 토의를 거치기 마련이다. 이 과정에서 구성원들은 타인의 영향을 받거나 상황 압력 등에 따라 본인의 원래 태도에 비하여 더욱 모험적이거나 보수적인 방향으로 변화될 가능성이 있다.

① 집단사고   ② 집단극화   ③ 동조   ④ 사회적 촉진   ⑤ 복종

해설 ② [○] 집단 극화(group polarization)는 집단 내의 토론 과정에서 구성원들이 보다 극단적 주장을 지지하게 되는 사회심리학 현상이다. 구성원 응집력이 약할 때 생긴다.
① 집단사고는 집단 구성원들 간에 강한 응집력을 보이는 집단에서 의사결정 시에 만장일치에 도달하려는 분위기가 다른 대안들을 현실적으로 평가하려는 경향을 억압할 때 나타나는 왜곡되고 비합리적인 사고방식이다. 구성원 응집력이 강할 때 생긴다.
③ 동조는 집단의 압력 하에 개인이 집단이 기대하는 바대로 생각이나 행동을 바꾸는 것을 말한다.
④ 사회적 촉진은 다른 사람들이 있을 때 잘 하는 과제를 더 잘 하게 되는 현상이다.
⑤ 복종은 개인의 의지와는 상관없이 권위자의 명령에 따르는 행위를 말한다.

정답 64. ④   65. ②

66 산업현장에서 운영되고 있는 팀(team) 유형에 관한 설명으로 옳지 않은 것은?

① 전술적 팀(tactical team) : 수행절차가 명확히 정의된 계획을 수행할 목적으로 하며, 경찰 특공대 팀이 대표적임
② 문제해결 팀(problem-solving team) : 특별한 문제나 이슈를 해결할 목적으로 구성되며, 질병통제센터의 진단 팀이 대표적임
③ 창의적 팀(creative team) : 포괄적 목표를 가지고 가능성과 대안을 탐색할 목적으로 구성되며, IBM의 PC 설계 팀이 대표적임
④ 특수 팀(ad hoc team) : 조직에서 일상적이지 않고 비전형적인 문제를 해결할 목적으로 구성되며, 팀의 임무를 완수한 후 해체됨
⑤ 다중 팀(multi-team) : 개인과 조직시스템 사이를 조정(moderating)하는 메타(meta)적 성격을 갖고 있음

해설 ⑤ [×] 다중 팀(multi-team)은 동 목표를 달성하기 위해 환경 우발상황에 대응하여 직접 상호의존적으로 작업하는 둘 이상의 팀이다. 조직과 조직 사이를 조정(moderating) 하는 팀이다.

67 소음에 관한 설명으로 옳은 것을 모두 고른 것은?

> ㄱ. 소음의 크기 지각은 소음의 주파수와 관련이 없다.
> ㄴ. 8시간 근무를 기준으로 작업장 평균 소음 크기가 60dB이면 청력손실의 위험이 있다.
> ㄷ. 큰 소음에 반복적으로 노출되면 일시적으로 청지각의 임계값이 변할 수 있다.
> ㄹ. 소음원과 작업자 사이에 차단벽을 설치하는 것은 효과적인 소음통제 방법이다.
> ㅁ. 한 여름에는 전동 공구 작업자에게 귀마개를 착용하지 않도록 한다.

① ㄱ, ㄴ   ② ㄴ, ㄷ   ③ ㄷ, ㄹ   ④ ㄱ, ㄹ, ㅁ   ⑤ ㄴ, ㄷ, ㄹ

해설 ㉢ [○] 큰 소음에 반복적으로 노출(110dB에서 1분 이상)되면 일시적으로 청지각의 임계값이 변할 수 있다.
㉣ [○] 소음의 차단은 소음원과 작업자 사이에 차단벽을 설치하는 것은 효과적이다.
㉠ 소음은 사람이 감지할 수 있는 진동범위는 20Hz에서 18,000Hz 정도이고, 통상적인 대화할 때의 진동수는 3,000Hz이다.
㉡ 대개 75dB에서는 청력손실을 유발하지 않지만 85dB 이상 소음에 지속적으로 노출될 때 손상을 줄 수 있으며, 100dB에서 16분 이상 노출될 때 청력손실의 위험이 있다.
㉤ 전동 공구 작업자는 항상 귀마개를 착용하도록 한다.

정답 66. ⑤   67. ③

68 주의(attention)에 관한 설명으로 옳은 것은?

① 용량의 제한이 없기 때문에 한 번에 여러 과제를 동시에 수행할 수 있다.
② 많은 사람들 가운데 오직 한 사람의 목소리에만 주의를 기울일 수 있는 것은 선택주의(selective attention) 덕분이다.
③ 선택된 자극의 여러 속성을 통합하고 처리하기 위해 분할주의(divided attention)가 필요하다.
④ 운전하면서 친구와 대화하기처럼 두 과제 모두를 성공적으로 수행하기 위해서는 초점주의(focused attention)가 필요하다.
⑤ 무덤덤한 여러 얼굴 가운데 유일하게 화난 얼굴은 의식하지 않아도 쉽게 눈에 띄는데, 이는 무주의 맹시(inattentional blindness) 때문이다.

해설 ② [○] 선택 주의(selective attention)는 주어지는 자극 중 특정한 것에만 인지 자원을 할당하는 것을 말한다.
① 용량의 제한이 있어 한 번에 여러 과제를 동시에 수행할 수 없다.
③ 선택된 자극의 여러 속성을 분할시키고 처리하기 위해 분할주의(divided attention)가 필요하다.
④ 운전하면서 친구와 대화하기처럼 두 과제 모두를 성공적으로 수행하기 위해서는 분할주의(divided attention)가 필요하다.
⑤ 무주의 맹시(inattentional blindness)는 무언가에 집중하고 있을 때 시각과 청각을 인지하지 못하는 것을 말한다.

69 공기 중 화학물질 농도(섬유 포함)를 표현하는 단위가 아닌 것은?

① ppm   ② $\mu g/m^3$ ③ CFU/m^3 ④ 개수/cc   ⑤ mg/m^3

해설 ③ [×] CFU/m^3 : 곰팡이의 노출기준 표시단위. CFU는 Colony Forming Unit 두문자.
① ppm : 가스 및 증기의 노출기준 표시단위
② $\mu g/m^3$: 공기 중 존재하는 입자량 물질의 양을 표현하는 단위
④ 개수/cc : 석면 분진 표시단위. 개/cm^3도 사용됨.
⑤ mg/m^3 : 총 분진 표시단위

70 다음 중 유해인자별 건강영향을 연결한 것으로 옳은 것은?

① 디젤배출물 - 폐암   ② 수은 - 피부암   ③ 벤젠 - 비강암
④ 에탄올 - 시각 손상   ⑤ 황산 - 뇌암

정답 68. ②   69. ③   70. ①

해설 ① [○] 디젤배출물 : 국제암연구소(ARC)에서 폐암을 유발하는 물질(Group 1)로 지정
② 수은 - 구내염, 미나마타병 ③ 벤젠 - 빈혈, 백혈병, 림프, 골수종
④ 에탄올 - 만취(주정) ⑤ 황산 - 피부염, 궤양, 호흡기 질환, 탈수작용

71 원형 덕트에서 반송속도가 10m/sec이고, 이곳을 흐르는 공기량은 20m³/min이다. 이 덕트 직경의 크기(mm)는?

① 약 100   ② 약 200   ③ 약 300   ④ 약 400   ⑤ 약 500

해설 ② [○] 유체역학 연속방정식 $Q = A \times V = \frac{\pi}{4}D^2 \times V$ 이므로

$$D = \sqrt{\frac{Q/V}{\pi/4}} = \sqrt{\frac{4Q}{\pi V}} = \sqrt{\frac{4 \times \frac{20}{60}}{3.14 \times 10}} = 0.20606\text{m} = 206\text{mm}$$

72 다음 중 특수건강진단 대상 유해인자가 아닌 것은?

① 염화비닐   ② 트리클로로에틸렌   ③ 니켈   ④ 수산화나트륨   ⑤ 자외선

해설 ④ [×] 수산화나트륨(NaOH)은 특수건강진단 대상 유해인자가 아니다. 수산화나트륨은 물에 녹아 강염기성 수용액을 만든다. 식음료, 치약, 비누 등의 산업에서 널리 사용된다. 화학 실험에서 가장 널리 사용되는 염기이며, 산업계에서는 흔히 가성소다라고 일컫는다.

① 염화비닐 : 화학적 인자 (허가 대상 유해물질)
② 트리클로로에틸렌 : 화학적 인자 (유기화합물)
③ 니켈 : 화학적 인자 (금속류)
④ 자외선 : 물리적 인자 (유해광선)
○ 특수건강진단 대상 유해인자 (산기규 별표 22)

73 유해인자 노출평가에서 고려할 사항이 아닌 것은?

① 흡수경로(침입경로)   ② 노출시간   ③ 노출빈도   ④ 작업강도
⑤ 작업숙련도

해설 ⑤ [×] 작업숙련도는 유해인자 노출평가에서 일반적인 고려사항은 아니다.
○ 유해인자 노출평가에서 고려할 사항 : 흡수경로, 노출시간, 노출빈도, 작업강도

정답 71. ②   72. ④   73. ⑤

74 유해인자 노출기준에 관한 설명으로 옳은 것은?

① ACGIH TLV는 미국에서 법적 구속력이 있다.
② 대부분의 노출기준은 인체 실험에 의한 결과에서 설정된 것이다.
③ 우리나라 노출기준은 미국 OSHA PEL을 준용하고 있다.
④ 노출기준이 초과하면 질병이 대부분 발생한다.
⑤ 일반적으로 노출기준 설정은 인체면역에 의한 보상 수준을 고려한 것이다.

해설 ⑤ [○] 노출기준이란 근로자가 유해인자에 노출되는 경우 노출기준 이하 수준에서는 거의 모든 근로자에게 건강상 나쁜 영향을 미치지 아니하는 기준을 말한다(화학물질 및 물리적 인자의 노출기준 제2조). 노출기준을 설정할 때에는 ㉠ 그 유해인자에 따른 건강장해에 관한 연구·실태조사의 결과, ㉡ 그 유해인자의 유해·위험성 평가결과, ㉢ 그 유해인자의 노출기준 적용에 관한 기술적 타당성 등을 고려하여 설정된다.
① ACGIH TLV는 미국에서 적용상의 주의사항이고, 법적 구속력은 없다.
② 대부분의 노출기준은 인체 실험에 의한 결과에 따라 설정된 것은 아니며, 건강상 나쁜 영향을 미치지 아니하는 기준으로 설정한 것이다.
③ 우리나라 노출기준은 고용노동부에서 정하여 고시하고 있다.
④ 노출기준을 초과하면 질병이 일반적으로는 대부분 발생할 수 있다.

75 우리나라 산업보건 역사에 관한 설명으로 옳은 것은?

① 원진레이온 이황화탄소 중독을 계기로 산업안전보건법이 제정되었다.
② 1988년 문송면씨 사망으로 수은 중독이 사회적 이슈가 되었다.
③ 2004년 외국인 근로자 다발성 신경 손상에 의한 하지마비(앉은뱅이병) 원인인자는 벤젠이었다.
④ 2016년 메탄올 중독 사건은 특수건강진단에서 밝혀졌다.
⑤ 1995년 전자부품제조 근로자 생식독성의 원인 인자는 납이였다.

해설 ② [○] 1998년 온도계, 형광등 제조회사(서울 영등포)에서 근무했던 문송면씨 사망으로 수은 중독이 사회적 이슈가 되었다.
① 원진레이온 이황화탄소 중독은 1987년이고, 산업안전보건법 제정은 1981년이다.
③ 2004년 외국인 근로자 다발성 신경 손상에 의한 하지마비(앉은뱅이병) 원인인자는 노말헥산이었다.
④ 2016년 메탄올 중독 사건은 고농도 메탄올 증기를 흡입하여 급성중독이 발생하였다.
⑤ 1995년 전자부품제조 근로자 생식독성의 원인 인자는 2-브로모프로판이었다.

정답 74. ⑤ 75. ②

제5장

2017년 1차 기출문제

제1과목 : 산업안전보건법령 / 192

제2과목 : 산업안전일반 / 210

제3과목 : 기업진단・지도 / 222

| 국가기술자격 필기시험문제 | 2017년 산업안전지도사 1차시험 | 시험시간 : 90분 |

제1과목 : 산업안전보건법령

01 산업안전보건법령상 용어에 관한 설명으로 옳지 않은 것은?

① "산업재해"란 근로자가 업무에 관계되는 건설물·설비·원재료·가스·증기·분진 등에 의하거나 작업 또는 그 밖의 업무로 인하여 사망 또는 부상하거나 질병에 걸리는 것을 말한다.
② "근로자"란 직업의 종류와 관계없이 임금을 목적으로 사업이나 사업장에 근로를 제공하는 자를 말한다.
③ "사업주"란 근로자를 사용하여 사업을 하는 자를 말한다.
④ "작업환경측정"이란 작업환경 실태를 파악하기 위하여 해당 근로자 또는 작업장에 대하여 사업주가 측정계획을 수립한 후 시료(試料)를 채취하고 분석·평가하는 것을 말한다.
⑤ "중대재해"란 산업재해 중 재해정도가 심한 것으로서 직업성 질병자가 동시에 5명 이상 발생한 재해를 말한다.

[해설] ⑤ [×] 중대재해의 범위 (산시규 제3조) : 다음 각 호의 어느 하나에 해당하는 재해
 1. 사망자가 1명 이상 발생한 재해
 2. 3개월 이상의 요양이 필요한 부상자가 동시에 2명 이상 발생한 재해
 3. 부상자 또는 직업성 질병자가 동시에 10명 이상 발생한 재해

02 산업안전보건법령상 안전보건관리책임자의 업무 내용에 해당하는 것을 모두 고른 것은?

> ㄱ. 산업재해 예방계획의 수립에 관한 사항
> ㄴ. 근로자의 안전·보건교육에 관한 사항
> ㄷ. 산업재해의 원인 조사 및 재발 방지대책 수립에 관한 사항
> ㄹ. 안전·보건과 관련된 안전장치 및 보호구 구입 시의 적격품 여부 확인에 관한 사항

① ㄱ, ㄴ ② ㄷ, ㄹ ③ ㄱ, ㄴ, ㄷ ④ ㄴ, ㄷ, ㄹ ⑤ ㄱ, ㄴ, ㄷ, ㄹ

[해설] ⑤ [○] 안전보건관리책임자의 업무 내용 (산안법 제15조)
 1. 사업장의 산업재해 예방계획의 수립에 관한 사항

정답 01. ⑤   02. ⑤

2. 안전보건관리규정의 작성 및 변경에 관한 사항
3. 안전보건교육에 관한 사항
4. 작업환경측정 등 작업환경의 점검 및 개선에 관한 사항
5. 근로자의 건강진단 등 건강관리에 관한 사항
6. 산업재해의 원인 조사 및 재발 방지대책 수립에 관한 사항
7. 산업재해에 관한 통계의 기록 및 유지에 관한 사항
8. 안전장치 및 보호구 구입 시 적격품 여부 확인에 관한 사항
9. 그 밖에 근로자의 유해·위험 방지조치에 관한 사항으로서 고용노동부령으로 정하는 사항

03 산업안전보건법령상 산업재해발생 기록 및 보고 등에 관한 설명으로 옳은 것은?

① 사업주는 중대재해가 발생한 사실을 알게 된 경우에는 지체 없이 발생 개요 및 피해 상황 등을 관할 지방고용노동관서의 장에게 전화·팩스 또는 그 밖에 적절한 방법으로 보고하여야 한다.
② 사업주는 4일 이상의 요양을 요하는 부상자가 발생한 산업재해에 대하여는 그 발생 개요·원인 및 신고 시기, 재발방지 계획 등을 고용노동부장관에게 신고하여야 한다.
③ 건설업의 경우 사업주는 산업재해조사표에 근로자대표의 동의를 받아야 하며, 그 기재 내용에 대하여 근로자대표의 이견이 있는 경우에는 그 내용을 첨부하여야 한다.
④ 사업주는 산업재해로 3일 이상의 휴업이 필요한 부상자가 발생한 경우에는 해당 산업재해가 발생한 날부터 3개월 이내에 산업재해조사표를 작성하여 관할 지방고용노동관서의 장에게 제출하여야 한다.
⑤ 사업주는 산업재해 발생기록에 관한 서류를 2년간 보존하여야 한다.

해설 ① [○] 사업주는 중대재해가 발생한 사실을 알게 된 경우에는 지체없이 다음 각 호의 사항을 사업장 소재지를 관할하는 지방고용노동관서의 장에게 전화·팩스 또는 그 밖의 적절한 방법으로 보고해야 한다(산시규 제67조).
　　1. 발생 개요 및 피해 상황   2. 조치 및 전망   3. 그 밖의 중요한 사항
② 사업주는 고용노동부령으로 정하는 산업재해에 대해서는 그 발생 개요·원인 및 보고 시기, 재발방지 계획 등을 고용노동부령으로 정하는 바에 따라 고용노동부장관에게 보고하여야 한다(산안법 제57조).
③ 사업주는 제1항에 따른 산업재해조사표에 근로자대표의 확인을 받아야 하며, 그 기재 내용에 대하여 근로자대표의 이견이 있는 경우에는 그 내용을 첨부해야 한다. 다만, 근로자대표가 없는 경우에는 재해자 본인의 확인을 받아 산업재해조사표를 제출할 수 있다(산시규 제73조).

정답 　03. ①

④ 사업주는 산업재해로 사망자가 발생하거나, 3일 이상의 휴업이 필요한 부상을 입거나, 질병에 걸린 사람이 발생한 경우에는 해당 산업재해가 발생한 날부터 1개월 이내에 산업재해조사표를 작성하여 관할 지방고용노동관서의 장에게 제출(전자문서로 제출하는 것을 포함한다)해야 한다(산시규 제73조).

⑤ 사업주는 산업재해 발생기록 관련 서류를 3년간 보존해야 한다(산안법 제164조).
   ○ 사업주는 고용노동부령으로 정하는 바에 따라 산업재해의 발생 원인 등을 기록하여 보존하여야 한다(산안법 제57조). 사업주는 산업재해가 발생한 때에는 다음 각호의 사항을 기록·보존해야 한다(산시규 제72조).
   1. 사업장의 개요 및 근로자의 인적사항   2. 재해 발생의 일시 및 장소
   3. 재해 발생의 원인 및 과정   4. 재해 재발방지 계획

04 산업안전보건법령상 법령 요지의 게시 및 안전·보건표지의 부착 등에 관한 설명으로 옳지 않은 것은?

① 사업주는 이 법에 따른 명령의 요지를 상시 각 작업장 내에 근로자가 쉽게 볼 수 있는 장소에 게시하거나 갖추어 두어 근로자로 하여금 알게 하여야 한다.
② 근로자대표는 안전·보건진단 결과를 통지할 것을 사업주에게 요청할 수 있고 사업주는 이에 성실히 응하여야 한다.
③ 사업주는 사업장의 유해하거나 위험한 시설 및 장소에 대한 경고를 위하여 안전·보건표지를 설치하거나 부착하여야 한다.
④ 안전·보건표지 속의 그림 또는 부호의 크기는 안전·보건표지의 크기와 비례하여야 하며, 안전·보건표지 전체 규격의 20퍼센트 이상이 되어야 한다.
⑤ 안전·보건표지의 성질상 설치하거나 부착하는 것이 곤란한 경우에는 해당 물체에 직접 도색할 수 있다.

해설 ④ [×] 안전보건표지 속의 그림 또는 부호의 크기는 안전보건표지의 크기와 비례해야 하며, 안전보건표지 전체 규격의 30% 이상이 되어야 한다(산시규 제40조).

① 사업주는 이 법과 이 법에 따른 명령의 요지 및 안전보건관리규정을 각 사업장의 근로자가 쉽게 볼 수 있는 장소에 게시하거나 갖추어 두어 근로자에게 널리 알려야 한다(산안법 제34조).
② 근로자대표는 사업주에게 안전·보건진단 결과를 통지하여 줄 것을 요청할 수 있고, 사업주는 이에 성실히 따라야 한다(산안법 제35조).
③ 사업주는 사업장의 유해하거나 위험한 시설 및 장소에 대한 경고를 위하여 안전·보건표지를 설치하거나 부착하여야 한다(산안법 제37조단).
⑤ 안전보건표지의 성질상 설치하거나 부착하는 것이 곤란한 경우에는 해당 물체에 직접 도색할 수 있다(산시규 제39조).

정답 04. ④

05 산업안전보건법령상 안전보건관리규정에 관한 설명으로 옳지 않은 것은?

① 안전보건관리규정은 해당 사업장에 적용되는 단체협약 및 취업규칙에 반할 수 없다.
② 상시 근로자 100명을 사용하는 정보서비스업 사업주는 안전보건관리규정을 작성하여야 한다.
③ 안전보건관리규정에 관하여는 이 법에서 규정한 것을 제외하고는 그 성질에 반하지 아니하는 범위에서「근로기준법」의 취업규칙에 관한 규정을 준용한다.
④ 안전보건관리규정을 작성할 경우에는 안전·보건교육에 관한 사항이 포함되어야 한다.
⑤ 산업안전보건위원회가 설치되어 있지 아니한 사업장의 경우 사업주는 안전보건관리규정을 작성하거나 변경할 때에는 근로자대표의 동의를 받아야 한다.

해설 ② [×] 상시 근로자 300명 이상을 사용하는 정보서비스업 사업주는 안전보건관리규정을 작성하여야 한다(산시규 별표 2).

○ 안전보건관리규정을 작성해야 할 사업의 종류 및 상시근로자 수 (산시규 별표 2)

사업의 종류	상시근로자 수
1. 농업 2. 어업 3. 소프트웨어 개발 및 공급업 4. 컴퓨터 프로그래밍, 시스템 통합 및 관리업 5. 정보서비스업 6. 금융 및 보험업 7. 임대업; 부동산 제외 8. 전문, 과학 및 기술 서비스업(연구개발업은 제외한다) 9. 사업지원 서비스업 10. 사회복지 서비스업	300명 이상
11. 제1호부터 제10호까지의 사업을 제외한 사업	100명 이상

① 안전보건관리규정은 단체협약 또는 취업규칙에 반할 수 없다(산안법 제25조).
③ 안전보건관리규정에 관하여 이 법에서 규정한 것을 제외하고는 그 성질에 반하지 아니하는 범위에서 「근로기준법」중 취업규칙에 관한 규정을 준용한다(산안법 제128조).
④ 안전보건관리규정을 작성할 경우에는 안전·보건교육에 관한 사항이 포함되어야 한다 (산시규 별표 3).
⑤ 사업주는 안전보건관리규정을 작성하거나 변경할 때에는 산업안전보건위원회의 심의·의결을 거쳐야 한다. 다만, 산업안전보건위원회가 설치되어 있지 아니한 사업장의 경우에는 근로자대표의 동의를 받아야 한다(산안법 제26조).

06 산업안전보건법령상 안전관리전문기관의 지정의 취소 등에 관한 규정의 일부이다. ( )안에 들어갈 숫자의 연결이 옳은 것은?

> ○ 고용노동부장관은 안전관리전문기관이 지정 요건을 충족하지 못한 경우에 해당할 때에는 그 지정을 취소하거나 (ㄱ)개월 이내의 기간을 정하여 그 업무의 정지를 명할 수 있다.
>
> ○ 지정이 취소된 자는 지정이 취소된 날부터 (ㄴ)년 이내에는 안전관리전문기관으로 지정받을 수 없다.

① ㄱ:1, ㄴ:1   ② ㄱ:3, ㄴ:1   ③ ㄱ:3, ㄴ:2   ④ ㄱ:6, ㄴ:1
⑤ ㄱ:6, ㄴ:2

해설 ⑤ [○] 고용노동부장관은 안전관리전문기관이 지정 요건을 충족하지 못한 경우에 해당할 때에는 그 지정을 취소하거나 6개월 이내의 기간을 정하여 그 업무의 정지를 명할 수 있다(산안법 제21조).
○ 지정이 취소된 자는 지정이 취소된 날부터 2년 이내에는 각각 해당 안전관리전문기관 또는 보건관리전문기관으로 지정받을 수 없다(산안법 제21조).

07 산업안전보건법령상 유해하거나 위험한 작업의 도급에 관한 설명으로 옳지 않은 것은?

① 도금작업의 도급을 받으려는 자는 고용노동부장관의 인가를 받아야 한다.
② 지방고용노동관서의 장은 도급인가 신청서가 접수된 때에는 접수된 날부터 14일 이내에 신청서를 반려하거나 인가증을 신청자에게 발급하여야 한다.
③ 수은, 납, 카드뮴 등 중금속을 제련, 주입, 가공 및 가열하는 작업은 도급인가의 대상이다.
④ 지방고용노동관서의 장은 도급인가 신청의 내용 및 한국산업안전보건공단의 확인 결과가 이 법령의 기준에 적합하지 아니하면 이를 인가하여서는 아니 된다.
⑤ 유해한 작업의 도급에 대한 인가를 받으려는 자는 도급인가 신청서를 제출할 때 도급 대상 작업의 공정도와 도급계획서를 첨부하여야 한다.

해설 ① [×] 도금작업은 유해한 작업의 도급금지(산안법 제58조)에 해당하므로 원칙적으로 도급이 금지된다. 예외적으로 승인을 받은 경우에는 도급이 가능하다(산안법 제58조).
② 도급승인 신청을 받은 지방고용노동관서의 장은 도급승인 기준을 충족한 경우 신청서가 접수된 날부터 14일 이내에 승인서를 신청인에게 발급해야 한다(산시규 제75조).
③ 수은, 납, 카드뮴 등 중금속을 제련, 주입 가공 및 가열하는 작업은 도급승인의 대상이다(산안법 제58조).

정답 06. ⑤   07. ①

④ 지방고용노동관서의 장은 도급인가 신청의 내용 및 한국산업안전보건공단의 확인 결과가 이 법령의 기준에 적합하지 아니하면 이를 승인하여서는 아니 된다(산안법 제58조, 산시규 제75조).
⑤ 유해한 작업의 도급에 대한 승인을 받으려는 자(도급인인 사업주)는 도급승인 신청서를 제출할 때 도급대상 작업의 공정 관련 서류 일체를 첨부해야 한다(산시규 제75조).
○ 유해한 작업의 도급금지 (산안법 제58조)
① 사업주는 근로자의 안전 및 보건에 유해하거나 위험한 작업으로서 다음 각 호의 어느 하나에 해당하는 작업을 도급하여 자신의 사업장에서 수급인의 근로자가 그 작업을 하도록 해서는 아니 된다.
  1. 도금작업
  2. 수은, 납 또는 카드뮴을 제련, 주입, 가공 및 가열하는 작업
  3. 허가대상물질을 제조하거나 사용하는 작업
② 사업주는 제1항에도 불구하고 다음 각 호의 어느 하나에 해당하는 경우에는 제1항 각 호에 따른 작업을 도급하여 자신의 사업장에서 수급인의 근로자가 그 작업을 하도록 할 수 있다.
  1. 일시·간헐적으로 하는 작업을 도급하는 경우
  2. 수급인이 보유한 기술이 전문적이고 사업주(수급인에게 도급을 한 도급인으로서의 사업주를 말한다)의 사업 운영에 필수 불가결한 경우로서 고용노동부장관의 승인을 받은 경우
③ 사업주는 제2항 제2호에 따라 고용노동부장관의 승인을 받으려는 경우에는 고용노동부령으로 정하는 바에 따라 고용노동부장관이 실시하는 안전 및 보건에 관한 평가를 받아야 한다.
④ 제2항 제2호에 따른 승인의 유효기간은 3년의 범위에서 정한다.
⑤ 고용노동부장관은 제4항에 따른 유효기간이 만료되는 경우에 사업주가 유효기간의 연장을 신청하면 승인의 유효기간이 만료되는 날의 다음 날부터 3년의 범위에서 고용노동부령으로 정하는 바에 따라 그 기간의 연장을 승인할 수 있다.
  이 경우 사업주는 제3항에 따른 안전 및 보건에 관한 평가를 받아야 한다.
⑥ 사업주는 제2항 제2호 또는 제5항에 따라 승인을 받은 사항 중 고용노동부령으로 정하는 사항을 변경하려는 경우에는 고용노동부령으로 정하는 바에 따라 변경에 대한 승인을 받아야 한다.
⑦ 고용노동부장관은 제2항 제2호, 제5항 또는 제6항에 따라 승인, 연장승인 또는 변경승인을 받은 자가 제8항에 따른 기준에 미달하게 된 경우에는 승인, 연장승인 또는 변경승인을 취소하여야 한다.
⑧ 제2항 제2호, 제5항 또는 제6항에 따른 승인, 연장승인 또는 변경승인의 기준·절차 및 방법, 그 밖에 필요한 사항은 고용노동부령으로 정한다.

08 산업안전보건법령상 안전·보건 관리체제에 관한 설명으로 옳지 않은 것은?

① 안전보건관리책임자는 안전관리자와 보건관리자를 지휘·감독한다.
② 안전보건관리책임자는 해당 사업에서 그 사업을 실질적으로 총괄관리하는 사람이어야 한다.
③ 안전관리자는 산업재해에 관한 통계의 유지·관리·분석을 위한 보좌 및 조언·지도 등의 업무를 수행하여야 한다.
④ 고용노동부장관은 안전관리전문기관의 업무정지를 명하여야 하는 경우에 그 업무정지가 공익을 해칠 우려가 있다고 인정하면 업무정지처분을 갈음하여 2억원 이하의 과징금을 부과할 수 있다.
⑤ 상시 근로자수가 500명 이상인 식료품 제조업의 경우 안전관리자를 2명 이상 선임하여야 한다.

해설 ④ [×] 고용노동부장관은 업무정지를 명하여야 하는 경우에 그 업무정지가 이용자에게 심한 불편을 주거나 공익을 해칠 우려가 있다고 인정되면 업무정지 처분을 대신하여 10억원 이하의 과징금을 부과할 수 있다(산안법 제160조).

① 업무를 총괄하여 관리하는 사람(안전보건관리책임자)은 안전관리자와 보건관리자를 지휘·감독한다(산안법 제15조).
② 안전보건관리책임자는 해당 사업에서 그 사업을 실질적으로 총괄관리하는 사람이어야 한다(산안법 제15조).
③ 안전관리자는 산업재해에 관한 통계의 유지·관리·분석을 위한 보좌 및 조언·지도 등의 업무를 수행하여야 한다(산안령 제18조).
⑤ 상시 근로자수가 500명 이상인 식료품 제조업의 경우 안전관리자를 2명 이상 선임하여야 한다(산안령 별표 3).
  ⊙ 식료품 제조업 : 50명 이상 500명 미만 → 1명 이상, 500명 이상 → 2명 이상

09 산업안전보건법령상 도급사업 시 구성하는 안전·보건에 관한 협의체의 협의사항에 포함되지 않는 것은?

① 작업장 간의 연락 방법
② 재해발생 위험 시의 대피방법
③ 작업장의 순회점검에 관한 사항
④ 수급인 상호간의 작업공정의 조정
⑤ 작업장에서의 위험성평가의 실시에 관한 사항

해설 ③ [×] '작업장의 순회점검에 관한 사항'은 도급에 따른 산업재해 예방조치(산안법 제64조, 산시규 제80조) 사항으로서 강제조항이다.
○ 노사협의체 협의사항 등 (산시규 제93조)
  1. 산업재해 예방방법 및 산업재해가 발생한 경우의 대피방법

2. 작업의 시작시간, 작업 및 작업장 간의 연락방법
3. 그 밖의 산업재해 예방과 관련된 사항

10 산업안전보건법령상 안전인증에 관한 설명으로 옳은 것은?

① 연구·개발을 목적으로 안전인증대상 기계·기구 등을 제조하는 경우에도 안전인증을 받아야 한다.
② 고용노동부장관은 안전인증을 받은 자가 안전인증기준을 지키고 있는지를 5년을 주기로 확인하여야 한다.
③ 곤돌라를 설치·이전하는 경우뿐만 아니라 그 주요 구조 부분을 변경하는 경우에도 안전인증을 받아야 한다.
④ 서면심사와 기술능력 및 생산체계 심사 결과가 안전인증기준에 적합할 경우에 유해·위험한 기계·기구·설비 등의 표본을 추출하여 하는 심사를 개별 제품심사라고 한다.
⑤ 예비심사의 경우 안전인증 신청서를 제출받은 안전인증기관은 7일 이내에 심사하여야 하며 부득이한 사유가 있을 때에는 15일의 범위에서 심사기간을 연장할 수 있다.

해설 ③ [○] 곤돌라를 설치·이전하는 경우 뿐만 아니라 그 주요 구조 부분을 변경하는 경우에도 안전인증을 받아야 한다(산시규 제107조).

○ 안전인증대상기계 등이란 다음 각 호의 기계 및 설비를 말한다(산시규 제107조).

1. 설치·이전하는 경우 안전인증을 받아야 하는 기계
   가. 크레인 나. 리프트 다. 곤돌라
2. 주요 구조 부분을 변경하는 경우 안전인증을 받아야 하는 기계 및 설비
   가. 프레스 나. 전단기 및 절곡기(折曲機) 다. 크레인
   라. 리프트 마. 압력용기 바. 롤러기 사. 사출성형기
   아. 고소(高所)작업대 자. 곤돌라

① 연구·개발을 목적으로 안전인증대상 기계·기구 등을 제조하는 경우에는 안전인증을 전부 면제한다(산시규 제109조).
② 안전인증기관은 안전인증을 받은 자가 안전인증기준을 지키고 있는지를 2년에 1회 이상 확인해야 한다(산시규 제111조).
④ 형식별 제품심사 : 서면심사와 기술능력 및 생산체계 심사 결과가 안전인증기준에 적합할 경우에 유해·위험기계 등의 형식별로 표본을 추출하여 하는 심사(산시규 제110조)
⑤ 안전인증기관은 안전인증 신청서를 제출받으면 예비심사의 경우 7일 내에 심사해야 한다. 다만, 제품심사의 경우 처리기간 내에 심사를 끝낼 수 없는 부득이한 사유가 있을 때에는 15일의 범위에서 심사기간을 연장할 수 있다(산시규 제110조).

정답 10. ③

11 산업안전보건법령상 도급인인 사업주가 작업장의 안전·보건조치 등을 위하여 2일에 1회 이상 순회점검하여야 하는 사업을 모두 고른 것은?

| ㄱ. 건설업 | ㄴ. 자동차 전문 수리업 | ㄷ. 토사석 광업 |
| ㄹ. 금속 및 비금속 원료 재생업 | ㅁ. 음악 및 기타 오디오물 출판업 |

① ㄱ, ㄴ, ㅁ ② ㄱ, ㄷ, ㄹ ③ ㄴ, ㄷ, ㅁ ④ ㄱ, ㄴ, ㄷ, ㄹ
⑤ ㄱ, ㄷ, ㄹ, ㅁ

해설 ⑤ [○] 도급인인 사업주가 작업장의 안전·보건조치 등을 위하여 2일에 1회 이상 순회점검하여야 하는 사업 (산시규 제80조)
1. 건설업
2. 제조업 광업
3. 토사석
4. 서적, 잡지 및 기타 인쇄물 출판업
5. 음악 및 기타 오디오물 출판업
6. 금속 및 비금속 원료 재생업

12 산업안전보건기준에 관한 규칙상 니트로화합물을 제조하는 작업장의 비상구 설치에 관한 설명으로 옳지 않은 것은?

① 출입구 외에 안전한 장소로 대피할 수 있는 비상구 1개 이상을 설치할 것
② 비상구의 문은 피난 방향으로 열리도록 하고, 실내에서 항상 열 수 있는 구조로 할 것
③ 비상구의 너비는 0.75미터 이상으로 하고, 높이는 1.5미터 이상으로 할 것
④ 비상구는 출입구와 같은 방향에 있으며 출입구로부터 3미터 이상 떨어져 있을 것
⑤ 작업장의 각 부분으로부터 하나의 비상구 또는 출입구까지의 수평거리가 50미터 이하가 되도록 할 것

해설 ④ [×] 비상구는 출입구와 같은 방향에 있지 아니하고, 출입구로부터 3m 이상 떨어져 있을 것 (산기규 제17조)

○ 사업주는 니트로화합물을 제조·취급하는 작업장과 그 작업장이 있는 건축물에 출입구 외에 안전한 장소로 대피할 수 있는 비상구 1개 이상을 다음의 기준을 모두 충족하는 구조로 설치해야 한다. 다만 작업장 바닥면의 가로 및 세로가 각 3m 미만인 경우에는 그러하지 않다(산기규 제17조).
1. 출입구와 같은 방향에 있지 아니하고, 출입구로부터 3m 이상 떨어져 있을 것
2. 작업장의 각 부분으로부터 하나의 비상구 또는 출입구까지의 수평거리가 50m 이하가 되도록 할 것
3. 비상구의 너비는 0.75m 이상으로 하고, 높이는 1.5m 이상으로 할 것
4. 비상구의 문은 피난 방향으로 열리도록 하고, 실내에서 항상 열 수 있는 구조로 할 것

정답 11. ⑤ 12. ④

13 산업안전보건법령상 자율안전확인대상 기계·기구 등에 해당하지 않는 것은?

① 휴대형 연삭기　② 혼합기　③ 파쇄기　④ 자동차정비용 리프트
⑤ 인쇄기

해설　① [×] 연삭기는 대상이 되나, 휴대형 연삭기는 대상이 아니다(산안령 제77조).

○ 자율안전확인대상 기계·기구 등 (산안령 제77조)
　1. 연삭기(硏削機) 또는 연마기(휴대형은 제외한다)
　2. 산업용 로봇　3. 혼합기　4. 파쇄기 또는 분쇄기
　5. 식품가공용 기계(파쇄·절단·혼합·제면기만 해당한다)
　6. 컨베이어　　7. 자동차정비용 리프트
　8. 공작기계(선반, 드릴기, 평삭·형삭기, 밀링만 해당한다)
　9. 고정형 목재가공용 기계(둥근톱, 대패, 루타기, 띠톱, 모떼기 기계만 해당한다)
　10. 인쇄기

14 산업안전보건법령상 안전검사 대상에 해당하는 것을 모두 고른 것은?

| ㄱ. 프레스　ㄴ. 압력용기　ㄷ. 산업용 원심기　ㄹ. 이동식 국소 배기장치 |
| ㅁ. 정격 하중이 1톤인 크레인　ㅂ. 특수자동차에 탑재한 고소작업대 |

① ㄱ, ㄹ, ㅂ　② ㄴ, ㅁ, ㅂ　③ ㄱ, ㄴ, ㄷ, ㅂ　④ ㄴ, ㄷ, ㄹ, ㅁ
⑤ ㄱ, ㄴ, ㄷ, ㄹ, ㅁ

해설　③ [○] 안전검사 대상에 해당되는 것은 (ㄱ), (ㄴ), (ㄷ), (ㅂ)이다.

(ㄹ) [×] 국소 배기장치는 해당이 되나, 이동식 국소 배기장치는 제외된다.
(ㅁ) [×] 크레인 중 정격 하중이 2톤 미만인 것은 제외한다.

○ 안전검사 대상 (산안령 제78조)
　1. 프레스　　　　　　　2. 전단기
　3. 크레인(정격 하중이 2톤 미만인 것은 제외한다)
　4. 리프트　　　　　　　5. 압력용기
　6. 곤돌라　　　　　　　7. 국소 배기장치(이동식은 제외한다)
　8. 원심기(산업용만 해당한다)　9. 롤러기(밀폐형 구조는 제외한다)
　10. 사출성형기[형 체결력(型 締結力) 294킬로뉴턴(KN) 미만은 제외한다]
　11. 고소작업대(「자동차관리법」에 따른 화물자동차 또는 특수자동차에 탑재한 고소작업대로 한정한다)
　12. 컨베이어　　　　　　13. 산업용 로봇

정답　13. ①　14. ③

15 산업안전보건법령상 유해·위험 방지를 위하여 방호조치가 필요한 기계·기구 등과 이에 설치하여야 할 방호장치를 옳게 연결한 것은?

① 예초기 - 회전체 접촉 예방장치
② 진공포장기 - 압력방출장치
③ 금속절단기 - 구동부 방호 연동장치
④ 원심기 - 날접촉 예방장치
⑤ 공기압축기 - 압력방출장치

해설 ⑤ [○] 공기압축기 - 압력방출장치 (산시규 제98조)

○ 기계·기구에 설치해야 할 방호조치는 다음과 같다(산시규 제98조).
 1. 예초기 : 날접촉 예방장치 2. 원심기 : 회전체 접촉 예방장치
 3. 공기압축기 : 압력방출장치 4. 금속절단기 : 날접촉 예방장치
 5. 지게차 : 헤드 가드, 백레스트(backrest), 전조등, 후미등, 안전벨트
 6. 포장기계 : 구동부 방호 연동장치

16 산업안전보건법령상 3년 이하의 징역 또는 3천만원 이하의 벌금에 처하게 될 수 있는 자는?

① 중대재해 발생현장을 훼손한 자
② 공정안전보고서의 내용이 중대산업사고를 예방하기 위하여 적합하다고 통보받기 전에 관련 설비를 가동한 자
③ 동력으로 작동하는 기계·기구로서 작동부분의 돌기부분을 묻힘형으로 하지 않거나 덮개를 부착하지 않고 양도한 자
④ 안전인증을 받지 않은 유해·위험한 기계·기구·설비 등에 안전인증표시를 한 자
⑤ 작업환경측정 결과에 따라 근로자의 건강을 보호하기 위하여 해당 시설·설비의 설치·개선 또는 건강진단의 실시 등의 조치를 하지 아니한 자

해설 ② [○] 공정안전보고서의 내용이 중대산업사고를 예방하기 위하여 적합하다고 통보받기 전에 관련 설비를 가동한 자는 벌칙(산안법 제169조) 위반에 해당한다.

○ 다음 각 호의 어느 하나에 해당하는 자는 3년 이하의 징역 또는 3천만원 이하의 벌금에 처한다(산안법 제169조).
 1. 위험한 설비의 가동, 도급인의 안전조치 및 보건조치, 기계·기구 등에 대한 건설공사도급인의 안전조치, 기계·기구 등의 대여자 등의 조치, 타워크레인을 설치하거나 해체하는 작업, 안전인증, 안전인증대상기계 등의 제조 등의 금지, 유해·험물질의 제조 등 허가, 석면해체·제거 작업기준의 준수, 유해·위험작업에 대한 근로시간 제한 또는 자격 등에 의한 취업 제한을 위반한 자
 2. 공정안전보고서의 변경, 고용노동부장관의 시정조치, 안전인증대상기계 등의 제조 등의 금지, 유해·위험물질의 제조 등 허가, 일반석면조사 또는 기관석면조사 또는 임시건강진단 명령에 따른 명령을 위반한 자

정답 15. ⑤ 16. ②

3. 고용노동부장관과 사업주의 안전 및 보건에 관한 평가 업무를 위탁받은 자로서 그 업무를 거짓이나 그 밖의 부정한 방법으로 수행한 자
4. 안전인증 업무를 위탁받은 자로서 그 업무를 거짓이나 그 밖의 부정한 방법으로 수행한 자
5. 안전검사 업무를 위탁받은 자로서 그 업무를 거짓이나 그 밖의 부정한 방법으로 수행한 자
6. 자율검사프로그램에 따른 안전검사 업무를 거짓이나 그 밖의 부정한 방법으로 수행한 자

17 산업안전보건법령상 화학물질의 유해성·위험성을 조사하고 그 조사보고서를 고용노동부장관에게 제출하여야 하는 것은?

① 방사성 물질
② 천연으로 산출된 화학물질
③ 연간 수입량이 1,000킬로그램 미만인 경우로서 고용노동부장관의 확인을 받은 신규화학물질
④ 전량 수출하기 위하여 연간 10톤 이하로 제조하거나 수입하는 경우로서 고용노동부장관의 확인을 받은 신규화학물질
⑤ 일반 소비자의 생활용으로 직접 소비자에게 제공되고 국내의 사업장에서 사용되지 않는 경우로서 고용노동부장관의 확인을 받은 신규화학물질

해설 ③ [○] 신규화학물질을 제조하거나 수입하려는 자는 제조하거나 수입하려는 날 30일(연간 제조하거나 수입하려는 양이 100kg 이상 1톤 미만인 경우에는 14일) 전까지 신규화학물질 유해성·위험성 조사보고서에 별표 20에 따른 서류를 첨부하여 고용노동부장관에게 제출해야 한다. 다만, 그 신규화학물질을 환경부장관에게 등록한 경우에는 고용노동부장관에게 유해성·위험성 조사보고서를 제출한 것으로 본다(산시규 제147조). ← 1톤=1,000kg

18 산업안전보건기준에 관한 규칙상 통로를 설치하는 사업주가 준수하여야 하는 사항으로 옳지 않은 것은?

① 통로의 주요 부분에 통로표시를 하고, 근로자가 안전하게 통행할 수 있도록 해야 한다.
② 통로면으로부터 높이 2미터 이내의 장애물을 제거하는 것이 곤란하다고 고용노동부장관이 인정하는 경우에는 근로자에게 발생할 수 있는 부상 등의 위험을 방지하기 위한 안전 조치를 하여야 한다.
③ 가설통로를 설치하는 경우, 건설공사에 사용하는 높이 8미터 이상인 비계다리에는 7미터 이내마다 계단참을 설치하여야 한다.

정답 17. ③   18. ④

④ 잠함(潛函) 내 사다리식 통로를 설치하는 경우 그 폭은 30센티미터 이상으로 설치하여야 한다.
⑤ 계단 및 계단참을 설치하는 경우 매제곱미터당 500킬로그램 이상의 하중에 견딜 수 있는 강도를 가진 구조로 설치하여야 한다.

해설 ④ [×] 잠함(潛函) 내 사다리식 통로와 건조·수리 중인 선박의 구명줄이 설치된 사다리식 통로(건조·수리작업을 위하여 임시로 설치한 사다리식 통로는 제외한다)에 대해서는 사다리식 통로 등의 구조의 규정을 적용하지 아니한다(산기규 제24조).
① 사업주는 통로의 주요 부분에 통로표시를 하고, 근로자가 안전하게 통행할 수 있도록 하여야 한다(산기규 제22조).
② 사업주는 통로면으로부터 높이 2m 이내에는 장애물이 없도록 하여야 한다. 다만, 부득이하게 통로면으로부터 높이 2m 이내에 장애물을 설치할 수 밖에 없거나 통로면으로부터 높이 2m 이내의 장애물을 제거하는 것이 곤란하다고 고용노동부장관이 인정하는 경우에는 근로자에게 발생할 수 있는 부상 등의 위험을 방지하기 위한 안전 조치를 하여야 한다(산기규 제22조).
③ 가설통로를 설치하는 경우, 건설공사에 사용하는 높이 8m 이상인 비계다리에는 7m 이내마다 계단참을 설치하여야 한다(산기규 제23조).
⑤ 사업주는 계단 및 계단참을 설치하는 경우 매m² 당 500kg 이상의 하중에 견딜 수 있는 강도를 가진 구조로 설치하여야 하며, 안전율(안전의 정도를 표시하는 것으로서, 재료의 파괴응력도와 허용응력도의 비율을 말한다)은 4 이상으로 하여야 한다(산기규 제26조).

19 산업안전보건법령상 건강진단에 관한 설명으로 옳은 것은?
① 건강진단의 종류에는 일반건강진단, 특수건강진단, 채용시건강진단, 수시건강진단, 임시건강진단이 있다.
② 6개월간 밤 12시부터 오전 5시까지의 시간을 포함하여 계속되는 8시간 작업을 월 평균 4회 이상 수행하는 야간작업 근로자도 특수건강진단을 받아야 한다.
③ 벤젠에 노출되는 업무에 종사하는 근로자는 배치 후 3개월 이내에 첫 번째 특수건강진단을 받고, 이후 6개월마다 주기적으로 특수건강진단을 받아야 한다.
④ 다른 사업장에서 해당 유해인자에 대하여 배치전건강진단을 받고 9개월이 지난 근로자로서 건강진단결과를 적은 서류를 제출한 근로자는 배치전건강진단을 실시하지 아니할 수 있다.
⑤ 특수건강진단대상업무로 인하여 해당 유해인자에 의한 건강장해를 의심하게 하는 증상을 보이는 근로자에 대하여 사업주가 실시하는 건강진단을 임시건강진단이라 한다.

정답 19. ②

해설 ② [○] 6개월간 밤 12시부터 오전 5시까지의 시간을 포함하여 계속되는 8시간 작업을 월 평균 4회 이상 수행하는 야간작업 근로자도 특수건강진단을 받아야 한다(산시규 별표 22).

① 건강진단의 종류에는 일반건강진단, 특수건강진단, 배치전건강진단, 수시건강진단, 임시건강진단이 있다.

③ 벤젠에 노출되는 업무에 종사하는 근로자는 배치 후 2개월 이내에 첫 번째 특수건강진단을 받고, 이후 6개월마다 주기적으로 특수건강진단을 받아야 한다(산시규 별표 23).

④ 다른 사업장에서 해당 유해인자에 대하여 다음 각 목의 어느 하나에 해당하는 건강진단을 받고 6개월이 지나지 않은 근로자로서 건강진단 결과를 적은 서류(건강진단개인표) 또는 그 사본을 제출한 근로자는 배치전건강진단을 실시하지 아니할 수 있다(산시규 제203조).

1. 특수건강진단 등(산안법 제130조)에 따른 배치전건강진단
2. 배치전건강진단의 제1차 검사항목을 포함하는 특수건강진단, 수시건강진단 또는 임시건강진단
3. 배치전건강진단의 제1차 검사항목 및 제2차 검사항목을 포함하는 건강진단

⑤ 같은 유해인자에 노출되는 근로자들에게 유사한 질병의 증상이 발생한 경우 근로자의 건강을 보호하기 위하여 사업주에게 명하여 실시하는 특정 근로자에 대한 건강진단을 임시건강진단이라 한다(산안법 제131조).

20 산업안전보건법령상 질병자의 근로 금지·제한에 관한 설명으로 옳지 않은 것은?

① 사업주는 심장 등의 질환이 있는 사람으로서 근로에 의하여 병세가 악화될 우려가 있는 사람에 대해서는 의사의 진단에 따라 근로를 금지하여야 한다.
② 사업주는 발암성물질을 취급하는 작업에 종사하는 근로자에게는 1일 6시간, 1주 34시간을 초과하여 근로하게 하여서는 아니 된다.
③ 사업주는 착암기 등에 의하여 신체에 강렬한 진동을 주는 작업에서 유해·위험 예방조치 외에 작업과 휴식의 적정한 배분 등 근로자 건강보호를 위한 조치를 하여야 한다.
④ 사업주는 심장판막증이 있는 근로자를 고기압 업무에 종사하도록 하여서는 아니 된다.
⑤ 사업주는 근로가 금지되거나 제한된 근로자가 건강을 회복하였을 때에는 지체 없이 취업하게 하여야 한다.

해설 ② [×] 사업주는 유해하거나 위험한 작업으로서 높은 기압에서 하는 작업 등 대통령령으로 정하는 작업에 종사하는 근로자에게는 1일 6시간, 1주 34시간을 초과하여 근로하게 해서는 아니 된다(산안법 제139조).

정답 20. ②

① 사업주는 심장·신장·폐 등의 질환이 있는 사람으로서 근로에 의하여 병세가 악화될 우려가 있는 사람에 대해서는 의사의 진단에 따라 근로를 금지하여야 한다(산시규 제220조).

③ 사업주는 착암기 등에 의하며 신체에 강렬한 진동을 주는 작업에서 유해·위험예방조치 외에 작업과 휴식일 적정한 배분 등 근로자의 건강 보호를 위한 조치를 하여야 한다(산안령 제99조).

④ 사업주는 심장판막증이 있는 근로자를 고기압 업무에 종사하도록 하여서는 아니 된다(산시규 제221조).

⑤ 사업주는 근로가 금지되거나 제한된 근로자가 건강을 회복하였을 때에는 지체 없이 근로를 할 수 있도록 하여야 한다(산안법 제138조).

21 산업안전보건법령상 지도사에 관한 설명으로 옳은 것은?

① 지도사 시험에 합격하여 고용노동부장관에게 등록하여야만 지도사의 자격을 가진다.
② 이 법을 위반하여 벌금형을 선고받고 6개월이 된 자는 지도사의 등록을 할 수 있다.
③ 지도사는 3년마다 갱신등록을 하여야 하며, 갱신등록은 지도실적이 없어도 가능하다.
④ 지도사 등록의 갱신기간 동안 지도실적이 2년 이상인 지도사의 보수교육시간은 10시간 이상으로 한다.
⑤ 산업안전 및 산업보건분야에서 3년간 실무에 종사한 지도사가 직무를 개시하려는 경우에는 등록을 하기 전 연수교육이 면제된다.

해설 ④ [○] 지도사 등록의 갱신기간 동안 지도실적이 2년 이상인 지도사의 교육시간은 10간 이상으로 한다(산시규 231조).

① 고용노동부장관이 시행하는 지도사 자격시험에 합격한 사람은 지도사의 자격을 가진다(산안법 제143조). → 등록하지 않아도 지도사 자격은 있다.

② 이 법을 위반하여 벌금형을 선고받고 1년이 지나지 아니한 사람은 등록을 할 수 없다(산안법 제145조).

③ 등록을 한 지도사는 고용노동부령으로 정하는 바에 따라 5년마다 등록을 갱신하여야 한다(산안법 145조).

⑤ 산업안전 또는 산업보건 분야에서 5년 이상 실무에 종사한 경력이 있는 사람은 연수교육이 면제된다(산안법 제146조).

22 산업안전보건법령상 서류의 보존기간에 관한 설명으로 옳지 않은 것은?

① 기관석면조사를 한 건축물이나 설비의 소유주 등과 석면조사기관은 그 결과에 관한 서류를 5년간 보존하여야 한다.

정답 21. ④ 22. ①

② 지정 측정기관은 작업환경측정에 관한 사항으로서 측정대상 사업장의 명칭 및 소재지 등을 기재한 서류를 3년간 보존하여야 한다.
③ 사업주는 노사협의체 회의록을 2년간 보존하여야 한다.
④ 자율안전확인대상 기계·기구 등을 제조하거나 수입하려는 자는 자율안전기준에 맞는 것임을 증명하는 서류를 2년간 보존하여야 한다.
⑤ 사업주는 화학물질의 유해성·위험성 조사에 관한 서류를 3년간 보존하여야 한다.

[해설] ① [×] 기관석면조사를 한 건축물·설비소유주 등과 석면조사기관은 그 결과에 관한 서류를 3년 동안 보존하여야 한다(산안법 제164조).
② 작업환경측정기관은 작업환경측정에 관한 사항으로서 측정대상 사업장의 명칭 및 소재지 등을 기재한 서류를 3년간 보존하여야 한다(산안법 제164조, 규칙 제241조).
③ 협의체는 매월 1회 이상 정기적으로 회의를 개최하고 그 결과를 기록·보존해야 한다(산시규 제79조). → 2년간 보존
④ 자율안전확인대상기계 등 자율안전기준에 맞는 것임을 증명하는 서류를 보존하여야 한다(산안법 제89조). → 2년간 보존
⑤ 사업주는 화학물질의 유해성·위험성 조사에 관한 서류를 3년간 보존하여야 한다(산안법 제164조).

23 산업안전보건법령상 유해·위험방지계획서의 제출 대상 업종에 해당하지 않는 것은? (단, 전기 계약용량이 300킬로와트 이상인 사업에 한함)
① 전기장비 제조업   ② 식료품 제조업   ③ 가구 제조업
④ 목재 및 나무제품 제조업   ⑤ 전자부품 제조업

[해설] ① [×] 전기장비 제조업은 유해·위험방지계획서의 제출 대상 업종에 해당하지 않는다. 애매한 점이 없지 않지만 직접적으로 규정된 것은 아니므로 답으로 선택하도록 한다.
○ 유해위험방지계획서 제출 대상 (산안령 제42조)
유해위험방지계획서 제출 대상 사업은 다음의 어느 하나에 해당하는 사업으로서 전기 계약용량이 300kW 이상인 경우를 말한다.
  1. 금속가공제품 제조업 ; 기계 및 가구 제외
  2. 비금속 광물제품 제조업   3. 기타 기계 및 장비 제조업
  4. 자동차 및 트레일러 제조업   5. 식료품 제조업
  6. 고무제품 및 플라스틱제품 제조업 7. 목재 및 나무제품 제조업
  8. 기타 제품 제조업   9. 1차 금속 제조업
  10. 가구 제조업   11. 화학물질 및 화학제품 제조업
  12. 반도체 제조업   13. 전자부품 제조업

정답 23. ①

24 산업안전보건기준에 관한 규칙상 근골격계부담작업으로 인한 건강장해 예방에 관한 설명으로 옳지 않은 것은?

① 신설되는 사업장의 사업주는 근로자가 근골격계부담작업을 하는 경우에 신설일부터 1년 이내에 최초의 유해요인조사를 하여야 한다.
② 유해요인조사에는 작업장 상황, 작업조건, 작업과 관련된 근골격계질환 징후와 증상 유무 등이 포함된다.
③ 유해요인조사는 근로자와의 면담, 증상 설문조사, 인간공학적 측면을 고려한 조사 등 적절한 방법으로 하여야 한다.
④ 근로자는 근골격계부담작업으로 인하여 운동범위의 축소 등의 징후가 나타나는 경우 그 사실을 사업주에게 통지할 수 있다.
⑤ 연간 7명이 근골격계질환으로 인한 업무상질병으로 인정받은 상시 근로자수 85명을 고용하고 있는 사업주는 근골격계질환 예방관리 프로그램을 시행하여야 한다.

> 해설   ⑤ [×] 근골격계질환으로 업무상 질병으로 인정받은 근로자가 연간 10명 이상 발생한 사업장 또는 5명 이상 발생한 사업장으로서 발생 비율이 그 사업장 근로자 수의 10% 이상인 경우 근골격계질환 예방관리 프로그램을 수립하여 시행하여야 한다(산기규 제662조). ← 85명×0.1=8.5명(9명)으로서 9명이상은 대상이 되나, 5명은 대상이 안 됨.
> ① 신설되는 사업장의 경우에는 신설일부터 1년 이내에 최초의 유해요인 조사를 하여야 한다(산기규 제657조).
> ② 유해요인조사에는 작업장 상황, 작업조건, 작업과 관련된 근골격계질환 징후와 증상 유무 등이 포함된다(산기규 제657조).
> ③ 사업주는 유해요인 조사를 하는 경우에 근로자와의 면담, 증상 설문조사, 인간공학적 측면을 고려한 조사 등 적절한 방법으로 하여야 한다(산기규 제658조).
> ④ 근로자는 근골격계부담작업으로 인하여 운동범위의 축소, 쥐는 힘의 저하, 기능의 손실 등의 징후가 나타나는 경우 그 사실을 사업주에게 통지할 수 있다(산기규 제660조).

25 산업안전보건법령상 건강관리수첩 발급대상 업무 및 대상요건에 해당하지 않는 것은?

① 니켈 또는 그 화합물을 광석으로부터 추출하여 제조하거나 취급하는 업무에 5년 이상 종사한 사람
② 염화비닐을 제조하거나 사용하는 석유화학설비를 유지·보수하는 업무에 4년 이상 종사한 사람
③ 비파괴검사 업무에 3년 이상 종사한 사람

정답 24. ⑤   25. ③

④ 석면 또는 석면방직제품을 제조하는 업무에 3개월 이상 종사한 사람

⑤ 비스-(클로로메틸)에테르를 제조하거나 취급하는 업무에 3년 이상 종사한 사람

해설 ③ [×] 비파괴검사 업무 : 1년 이상 종사한 사람 또는 연간 누적선량이 20mSv 이상이었던 사람 (산시규 별표 25)

① 니켈 또는 그 화합물을 광석으로부터 추출하여 제조하거나 취급하는 업무 : 5년 이상 종사한 사람 (산시규 별표 25)

② 염화비닐을 제조하거나 사용하는 석유화학설비를 유지·보수하는 업무 : 4년 이상 종사한 사람 (산시규 별표 25)

④ 석면 또는 석면방직제품을 제조하는 업무 : 3개월 이상 종사한 사람 (산시규 별표 25)

⑤ 비스-(클로로메틸)에테르를 제조하거나 취급하는 업무 : 3년 이상 종사한 사람 (산시규 별표 25)

○ 건강관리카드의 발급 대상 (산시규 별표 25)

구분	건강장해가 발생할 우려가 있는 업무	대상 요건
1	베타-나프틸아민 또는 그 염을 제조하거나 취급 업무	3개월 이상 종사한 사람
2	벤지딘 또는 그 염을 제조하거나 취급하는 업무	3개월 이상 종사한 사람
3	베릴륨 또는 그 화합물 또는 그 밖에 베릴륨 함유물질을 제조하거나 취급하는 업무	제조, 취급 업무에 종사한 사람 중 양쪽 폐부분에 베릴륨에 의한 만성 결절성 음영이 있는 사람
4	**비스-(클로로메틸)에테르**를 제조하거나 취급하는 업무	3년 이상 종사한 사람
5	가. **석면** 또는 석면방직제품을 제조하는 업무	3개월 이상 종사한 사람
	나. 다음의 어느 하나에 해당하는 업무 1) 석면함유제품을 제조하는 업무 2) 석면함유제품을 절단하는 등 석면을 가공하는 업무 3) 설비 또는 건축물에 분무된 석면을 해체·제거 또는 보수하는 업무 4) 석면이 1% 초과하여 함유된 보온재 또는 내화피복제(耐火被覆劑)를 해체·제거 또는 보수 업무	1년 이상 종사한 사람
	다. 설비 또는 건축물에 포함된 석면시멘트, 석면마찰제품 또는 석면개스킷제품 등 석면함유제품을 해체·제거 또는 보수하는 업무	10년 이상 종사한 사람
	라. 나목 또는 다목 중 하나 이상의 업무에 중복하여 종사한 경우	다음 계산식으로 산출한 숫자가 120 초과하는 사람 : (나목의 업무에 종사한 개월 수)×10+ (다목의 업무에 종사한 개월 수)

5	마. 가목부터 다목까지의 업무로서 가목부터 다목까지의 규정에서 정한 종사기간에 해당하지 않는 경우	흉부방사선상 석면으로 인한 질병 징후(흉막반 등)가 있는 사람
6	벤조트리클로라이드를 제조(태양광선에 의한 염소화반응에 의하여 제조하는 경우만 해당한다)하거나 취급하는 업무	3년 이상 종사한 사람
7	가. 갱내에서 동력을 사용하여 토석(土石)·광물 또는 암석 (습기가 있는 것은 제외한다)을 굴착 하는 작업 나. ~ 너. 지면 관계로 생략 (원본 필요시 별표 25 확인)	3년 이상 종사한 사람으로서 흉부방사선 사진 상진폐증이 있다고 인정되는 사람
8	가. **염화비닐**을 중합하는 업무 또는 밀폐되어 있지 않은 원심분리기를 사용하여 폴리염화비닐의 현탁액에서 물을 분리시키는 업무 나. **염화비닐**을 제조하거나 사용하는 석유화학설비를 유지·보수하는 업무	4년 이상 종사한 사람
9	크롬산·중크롬산 또는 이들 염을 광석으로부터 추출하여 제조하거나 취급하는 업무	4년 이상 종사한 사람
10	삼산화비소를 제조하는 공정에서 배소 또는 정제를 하는 업무나 비소가 함유된 화합물의 중량 비율이 3%를 초과하는 광석을 제련하는 업무	5년 이상 종사한 사람
11	**니켈** 또는 그 화합물을 광석으로부터 추출하여 제조하거나 취급하는 업무	5년 이상 종사한 사람
12	카드뮴 또는 그 화합물을 광석으로부터 추출하여 제조하거나 취급하는 업무	5년 이상 종사한 사람
13	가. 벤젠을 제조하거나 사용하는 업무 나. 벤젠을 제조하거나 사용하는 석유화학설비를 유지·보수하는 업무	6년 이상 종사한 사람
14	제철용 코크스 또는 제철용 가스발생로를 제조하는 업무	6년 이상 종사한 사람
15	비파괴검사(X-선) 업무	1년이상 종사한 사람 또는 연간 누적선량이 20mSv 이상이었던 사람

제2과목 : 산업안전일반

26 제조물책임법상 용어의 정의로 옳지 않은 것은?

① 제조물이란 제조되거나 가공된 동산(다른 동산이나 부동산의 일부를 구성하는 경우를 포함한다)을 말한다.
② 제조업자란 제조물의 제조·가공 또는 수입을 업으로 하는 자를 말한다.

정답 26. ③

③ 제조물의 결함에는 제조상의 결함, 설계상의 결함, 유통상의 결함이 있다.
④ 설계상의 결함이란 제조업자가 합리적인 대체설계를 채용하였더라면 피해나 위험을 줄이거나 피할 수 있었음에도 대체설계를 채용하지 아니하여 해당 제조물이 안전하지 못하게 된 경우를 말한다.
⑤ 통상적으로 기대할 수 있는 안전성이 결여되어 있는 것도 결함이라 할 수 있다.

해설 ③ [×] 제조물의 결함에는 제조상의 결함, 설계상의 결함, 표시상의 결함이 있다(제조물책임법 제2조).
① 제조물이란 제조되거나 가공된 동산(다른 동산이나 부동산의 일부를 구성하는 경우를 포함한다)을 말한다(제조물책임법 제2조).
② 제조업자란 제조물의 제조·가공 또는 수입을 업으로 하는 자를 말한다(제조물책임법 제2조).
④ 설계상의 결함이란 제조업자가 합리적인 대체설계를 채용하였더라면 피해나 위험을 줄이거나 피할 수 있었음에도 대체설계를 채용하지 아니하여 해당 제조물이 안전하지 못하게 된 경우를 말한다(제조물책임법 제2조).
⑤ 결함이란 해당 제조물에 제조상·설계상 또는 표시상의 결함이 있거나 그 밖에 통상적으로 기대할 수 있는 안전성이 결여되어 있는 것을 말한다(제조물책임법 제2조).

27 파블로프(Pavlov) 조건반사설의 학습원리에 해당하지 않는 것은?
① 강도의 원리 : 자극이 강할수록 학습이 보다 더 잘 된다.
② 시간의 원리 : 조건자극을 무조건자극보다 조금 앞서거나 동시에 주어야 강화가 잘 된다.
③ 계속성의 원리 : 자극과 반응의 관계는 횟수가 거듭될수록 강화가 잘 된다.
④ 일관성의 원리 : 일관된 자극을 사용하여야 한다.
⑤ 불확실성의 원리 : 학습의 목표가 반드시 달성된다고 확신할 수 없다.

해설 ⑤ [×] 파블로프(Pavlov) 조건반사설의 학습원리 : 계속성의 원리, 일관성의 원리, 강도의 원리, 시간의 원리

28 관리감독자를 대상으로 하는 TWI(Training Within Industry)의 교육훈련 내용이 아닌 것은?
① 작업준비훈련(JPT) ② 작업지도훈련(JIT) ③ 작업방법훈련(JMT)
④ 인간관계훈련(JRT) ⑤ 작업안전훈련(JST)

해설 ① [×] TWI는 JIT, JMT, JRT, JST 4개로 이루어 진다. JPT는 해당이 없다.

○ TWI(Training Within lndustry)의 교육훈련 내용
  1. JIT(Job Instruction Training) : 작업 지도 훈련
  2. JMT(Job Method Training) : 작업방법 훈련
  3. JRT(Job Relation Training) : 인간관계(부하통솔) 훈련
  4. JST(Job Safety Training) : 작업안전 훈련

29 산업안전보건법령상 고용노동부장관이 필요하다고 인정할 때에 해당 사업주에게 안전·보건진단을 받아 안전보건개선계획을 수립·제출할 것을 명할 수 있는 사업장이 아닌 것은?

① 사업주가 안전·보건조치의무를 이행하였으나, 2개월의 요양이 필요한 부상자가 동시에 8명이 발생한 재해발생사업장
② 산업재해율이 같은 업종 평균 산업재해율의 2.5배인 사업장
③ 상시 근로자가 1,000명이고 직업병에 걸린 사람이 연간 3명이 발생한 사업장
④ 상시 근로자가 1,500명이고 직업병에 걸린 사람이 연간 4명이 발생한 사업장
⑤ 작업환경 불량, 화재·폭발 또는 누출사고 등으로 사회적 물의를 일으킨 사업장

[해설] ① [×] 안전보건진단을 받아 안전보건개선계획을 수립할 대상 (산안령 제49조)
  1. 산업재해율이 같은 업종 평균 산업재해율의 2배 이상인 사업장
  2. 사업주가 필요한 안전조치 또는 보건조치를 이행하지 않아 중대재해가 발생한 사업장
  3. 직업성 질병자가 연간 2명 이상(상시근로자 1천명 이상 사업장의 경우 3명 이상) 발생한 사업장
  4. 그 밖에 작업환경 불량, 화재·폭발 또는 누출 사고 등으로 사업장 주변까지 피해가 확산된 사업장으로서 고용노동부령으로 정하는 사업장

30 산업안전보건법령상 사업주가 해당 사업장의 근로자에 대하여 정기적으로 하여야 하는 안전·보건에 관한 교육내용이 아닌 것은?

① 산업재해보상보험 제도에 관한 사항
② 유해·위험 작업환경 관리에 관한 사항
③ 사고 발생 시 긴급조치에 관한 사항
④ 건강증진 및 질병 예방에 관한 사항
⑤ 산업보건 및 직업병 예방에 관한 사항

[해설] ③ [×] 근로자 정기교육 내용 (산시규 별표 5) <개정 2023. 9. 27>
  1. 산업안전 및 사고 예방에 관한 사항
  2. 산업보건 및 직업병 예방에 관한 사항
  3. 위험성 평가에 관한 사항
  4. 건강증진 및 질병 예방에 관한 사항

정답 29. ① 30. ③

5. 유해·위험 작업환경 관리에 관한 사항
6. 산업안전보건법령 및 산업재해보상보험 제도에 관한 사항
7. 직무스트레스 예방 및 관리에 관한 사항
8. 직장 내 괴롭힘, 고객의 폭언 등으로 인한 건강장해 예방 및 관리에 관한 사항

31 산업안전보건법령상 산업안전보건위원회를 설치·운영해야 할 사업의 종류 및 규모가 아닌 것은?

① 어업 - 상시 근로자 400명 ② 토사석 광업 - 상시 근로자 200명
③ 1차 금속 제조업 - 상시 근로자 400명
④ 금융 및 보험업 - 상시 근로자 200명
⑤ 비금속 광물제품 제조업- 상시 근로자 400명

해설 ④ [×] 금융 및 보험업 - 상시 근로자 300명 이상
○ 산업안전보건위원회 구성 사업의 종류 및 사업장 상시근로자 수 (산안령 별표 9)

사업의 종류	사업장의 상시근로자 수
1. 토사석 광업 2. 목재 및 나무제품 제조업; 가구 제외 3. 화학물질 및 화학제품 제조업; 의약품 제외 (세제, 화장품 및 광택제 제조업과 화학섬유 제조업은 제외) 4. 비금속 광물제품 제조업 5. 1차 금속제조업 6. 금속가공제품 제조업; 기계 및 가구 제외 7. 자동차 및 트레일러 제조업 8. 기타 기계 및 장비 제조업 (사무용 기계 및 장비 제조업은 제외) 9. 기타 운송장비 제조업 (전투용 차량 제조업은 제외)	상시근로자 50명 이상
10. 농업 11. 어업 12. 소프트웨어 개발 및 공급업 13. 컴퓨터 프로그래밍, 시스템 통합 및 관리업 14. 정보서비스업 15. 금융 및 보험업 16. 임대업; 부동산 제외 17. 전문, 과학 및 기술 서비스업 (연구개발업은 제외) 18. 사업지원 서비스업, 19. 사회복지 서비스업	상시근로자 300명 이상
20. 건설업	공사금액 120억원 이상(토목 공사업의 경우에는 150억원 이상)
21. 제1호부터 제20호까지의 사업을 제외한 사업	상시근로자 100명 이상

정답 31. ④

32 교육지도의 원칙에 관한 내용으로 옳지 않은 것은?

① 교육내용을 충분히 이해할 수 있도록 상대방의 입장을 고려하여 교육한다.
② 학습의욕을 고취하기 위하여 어려운 내용에서부터 쉬운 내용의 순서로 교육한다.
③ 교육성과는 양보다 질을 중시한다는 점에서 순서에 따라 한 번에 한 가지씩 교육한다.
④ 지식, 기술, 기능 및 태도가 몸에 익혀지도록 반복교육을 실시한다.
⑤ 인간의 5가지 감각기관을 복합적으로 활용하여 교육한다.

해설 ② [×] 학습의욕을 고취하기 위하여 쉬운 내용에서부터 어려운 내용의 순서로 교육한다.

33 학습지도원리의 내용에 해당하지 않는 것은?

① 자발성의 원리 : 학습자 스스로 학습에 참여해야 한다는 원리
② 집단화의 원리 : 학습자의 공통된 요구 및 능력 위주로 지도해야 한다는 원리
③ 사회화의 원리 : 공동학습을 통해서 협력적이고 우호적인 학습을 진행한다는 원리
④ 통합의 원리 : 학습을 통합적인 전체로서 지도해야 한다는 원리
⑤ 직관의 원리 : 구체적인 사물을 직접 제시하거나 경험시킴으로써 큰 효과를 거둘 수 있다는 원리

해설 ② [×] 개별화의 원리 : 학습자의 공통된 요구 및 능력 위주로 지도해야 한다는 원리

34 입식 작업대에 관한 설명으로 옳지 않은 것은?

① 작업대의 높이가 팔꿈치의 높이보다 낮은 것이 중(重)작업에 적합하다.
② 작업대의 높이가 팔꿈치의 높이보다 약간 높은 것이 정밀작업에 적합하다.
③ 일반적으로 고정높이 작업면은 가장 키가 작은 사용자에게 맞추어 설계한다.
④ 중량물을 다루는 경우에는 입식 작업대가 적합하다.
⑤ 포장작업에서와 같이 아랫방향으로 힘을 발휘해야 하는 경우에는 입식 작업대가 적합하다.

해설 ③ [×] 일반적으로 고정높이 작업면은 팔꿈치 높이를 기준으로 하되 키가 큰 사람을 기준으로 설계한다. 키가 작은 사람에게는 높이 조절식 발판이나 적당한 높이의 발판을 제공한다.
① 작업대의 높이가 팔꿈치의 높이보다 낮은 것(-10~-20cm)이 중(重)작업에 적합하다.
② 작업대의 높이가 팔꿈치의 높이보다 약간 높은 것(5~10cm)이 정밀작업에 적합하다.
④ 중량물을 다루는 경우에는 입식 작업대가 적합하다.
⑤ 포장작업에서 아랫방향으로 힘 작업은 입식 작업대가 적합하다.

정답 32. ② 33. ② 34. ③

35 시각적 표시장치에 관한 설명으로 옳은 것을 모두 고른 것은?

> ㄱ. 디지털 표시장치는 정량적 표시장치이다.
> ㄴ. 이동지침을 가진 고정눈금 방식은 수치정보를 잘 표시하지 못하는 단점이 있다.
> ㄷ. 디지털 표시장치는 수치를 정확히 읽어야 할 때 적합하다.
> ㄹ. 정성적 표시장치는 대략적인 상태나 변화의 추세를 판정하는 용도로 쓰인다.

① ㄱ, ㄹ   ② ㄴ, ㄷ   ③ ㄴ, ㄹ   ④ ㄱ, ㄴ, ㄷ   ⑤ ㄱ, ㄷ, ㄹ

[해설] (ㄴ) [×] 이동지침을 가진 고정눈금 방식은 수치정보를 잘 표시하는 장점이 있다. 수치정보를 잘 표시하지 못하는 경우는 청각적 표시장치를 사용한다.

○ 시각적 표시장치와 청각적 표시장치의 사용 비교

청각장치 사용이 유리	시각장치 사용이 유리
전언(傳言)이 간단한 경우	전언이 복잡한 경우
전언이 짧은 경우	전언이 긴 경우
전언이 후에 재참조 되지 않는 경우	전언이 후에 재참조 되는 경우
전언이 즉각적인 행동을 요구하는 경우	전언이 즉각적인 행동을 요구하지 않는 경우
시각계통이 과부하인 경우	청각계통이 과부하인 경우
장소가 너무 밝거나 암조응일 경우	수신 장소가 너무 시끄러울 경우
수신자가 자주 이동하거나 움직이는 경우	수신자가 한 곳에 머무르는 경우
전언이 시간적인 사상을 다루는 경우	전언이 공간적인 위치를 다루는 경우

36 23kg 부재를 제자리에서 들어 올리는 들기작업을 수행할 때 시작점에서 NIOSH의 들기작업공식에 의한 들기지수(LI)는?

> ○ 중량물과 몸통과의 수평거리(H)는 50cm이다.
> ○ 중량물을 들기 시작하는 손의 수직높이(V)는 75cm이다.
> ○ 중량물을 들어 올리는 수직이동거리(D)는 25cm이다.
> ○ 회전(A)은 발생하지 않는다.
> ○ 물체의 모양은 손으로 쉽게 잡을 수 있는 경우이다. (CM=1.0)
> ○ 1시간 이내의 작업 이후 회복시간이 작업시간의 1.2배 정도 되는 짧은 수준의 작업으로서 빈도변수(FM)는 0.8이다.

① 1.25   ② 1.50   ③ 2.00   ④ 2.50   ⑤ 3.00

[해설] ④ [○] 들기지수(LI) = $\dfrac{\text{작업물의 무게}}{RWL} = \dfrac{23}{9.2} = 2.50$

[정답] 35. ⑤   36. ④

여기서, RWL=LC(작업물 무게)×HM(수평계수)×VM(수직계수)×DM(거리계수)
×AM(비대칭계수)×FM(빈도계수)×CM(결합계수)
=23×0.5×1×1×1×0.8×1=9.2

단, $HM = \dfrac{25}{H} = \dfrac{25}{50} = 0.5$

$VM = 1 - 0.003(V - 75) = 1 - 0.003(75 - 75) = 1$

$DM = 0.82 + \dfrac{4.5}{D} = 0.82 + \dfrac{4.5}{25} = 1.0$

$AM = 1 - 0.032 \times A = 1 - 0.032 \times 0 = 1$

$FM = 0.8,\ CM = 1.0$

37 산업안전보건법령상 안전인증 대상 기계·기구 등에 해당하지 않는 것은?

① 산업용 로봇   ② 프레스   ③ 크레인   ④ 압력용기   ⑤ 곤돌라

해설 ① [×] 산업용 로봇은 자율안전확인대상 기계이다(산안령 제77조).

○ 안전인증 대상 기계·기구 (산안령 제74조 제1항)

  1. 프레스   2. 전단기 및 절곡기(折曲機)
  3. 크레인   4. 리프트
  5. 압력용기   6. 롤러기
  7. 사출성형기(射出成形機)   8. 고소(高所) 작업대   9. 곤돌라

○ 안전인증대상기계 등이란 다음 각 호의 기계 및 설비를 말한다(산시규 제107조).

  1. 설치·이전하는 경우 안전인증을 받아야 하는 기계
    가. 크레인   나. 리프트   다. 곤돌라
  2. 주요 구조 부분을 변경하는 경우 안전인증을 받아야 하는 기계 및 설비
    가. 프레스   나. 전단기 및 절곡기(折曲機)   다. 크레인
    라. 리프트   마. 압력용기   바. 롤러기   사. 사출성형기
    아. 고소(高所)작업대   자. 곤돌라

38 공기 중 연소범위가 가장 넓은 것은?

① 암모니아   ② 메탄   ③ 프로판   ④ 에탄   ⑤ 아세틸렌

해설 ⑤ [○] 아세틸렌 : 2.5~81

① 암모니아 : 15~28, ② 메탄 : 5~15, ③ 프로판 : 2.1~9.6, ④ 에탄 : 3~12.5

[참고] 연소폭발범위 등에 대한 출제 빈도가 높으므로 암기법으로 암기 필요(검색 활용).

정답 37. ①   38. ⑤

39 하인리히(Heinrich)가 주장한 재해발생과 재해예방에 관한 이론으로 옳은 것을 모두 고른 것은?

> ㄱ. 재해는 원인만 제거하면 예방이 가능하다.
> ㄴ. 사고의 발생과 그 원인은 우연적인 관계가 있다.
> ㄷ. 재해예방을 위한 가능한 안전대책은 존재한다.
> ㄹ. 재해는 연쇄작용으로 발생되며 사회적 환경과 개인적 결함, 불안전한 상태 및 개인의 불안전한 행동에 의해 순차적으로 사고가 유발된다.

① ㄱ, ㄴ   ② ㄴ, ㄷ   ③ ㄷ, ㄹ   ④ ㄱ, ㄴ, ㄹ   ⑤ ㄱ, ㄷ, ㄹ

해설 (ㄱ) [○] 예방 가능의 원칙 : 재해는 원인만 제거하면 예방이 가능하다.
(ㄷ) [○] 대책 선정의 원칙 : 재해예방을 위한 가능한 안전대책은 존재한다.
(ㄹ) [○] 손실 우연의 원칙 : 재해는 사고 발생시 사고대상의 조건에 따라 달라지므로, 한 사고의 결과로서 생산손실은 우연성에 의해 결정된다.
(ㄴ) 원인 계기의 원칙 : 사고에는 반드시 원인이 있고, 원인은 대부분 복합적 연계 원인이 있다.

40 시스템의 구성요소들이 동시에 가동되고 있고, 어느 하나만이라도 작동하면 그 시스템이 가동되는 구조는?

① 직렬구조   ② 병렬구조   ③ 대기결함구조   ④ n 중 k구조   ⑤ R구조

해설 ② [○] 병렬구조(병렬결합모델)은 부품을 여분으로 한 개 더 부가시켜서 부품 2개 중 어느 한 개만 작동하면 전체가 기능을 발휘할 수 있도록 결합한 것이다. 이와 같은 설계를 병렬설계라 하며, 용장(冗長)설계, redundancy설계, 여유설계, 과잉설계 등으로도 불린다. 병렬설계를 하면 전체의 신뢰도를 크게 증대시킬 수 있다.

41 2,000명이 근무하는 기업의 작년 1년간 산업재해자가 48명 발생하여 근로손실일수가 2,400일이었다면 이 회사에 근무하는 근로자가 입사하여 정년까지 평균적으로 경험하는 재해의 건수와 근로손실일수는? (단, 근로자 1인당 연간총근로시간은 2,400시간, 근로자 1인이 입사하여 정년까지 근무하는 총근로시간은 100,000 시간으로 가정한다.)

① 재해건수 : 1건, 근로손실일수 : 50일
② 재해건수 : 0.5건, 근로손실일수 : 100일
③ 재해건수 : 2건, 근로손실일수 : 200일
④ 재해건수 : 1.5건, 근로손실일수 : 150일
⑤ 재해건수 : 2.5건, 근로손실일수 : 200일

정답 39. ⑤   40. ②   41. ①

해설 ① [○] 환산도수율(평생 근로시 예상 재해건수)=도수율×0.1=10×0.1=1건

여기서, 도수율 = $\dfrac{\text{재해건수}}{\text{연근로시간수}} \times 1,000,000 = \dfrac{48}{2,000 \times 2,400} \times 1,000,000 = 10$

환산강도율(평생 근로시 예상 근로손실일수)=강도율×100=0.5×100=50일

여기서, 강도율 = $\dfrac{\text{연근로손실일수}}{\text{연근로시간수}} \times 1,000 = \dfrac{2,400}{2000 \times 2,400} \times 1,000 = 0.5$

42 극한강도가 60MPa, 허용응력이 40MPa일 경우 안전계수(S)는?

① 0.7 ② 1.0 ③ 1.5 ④ 2.4 ⑤ 2,400

해설 ③ [○] 안전계수(S) = $\dfrac{\text{극한강도}}{\text{허용응력}} = \dfrac{\sigma_u}{\sigma_a} = \dfrac{60}{40} = 1.59$

43 다음의 FT도에서 G_1의 발생확률은?

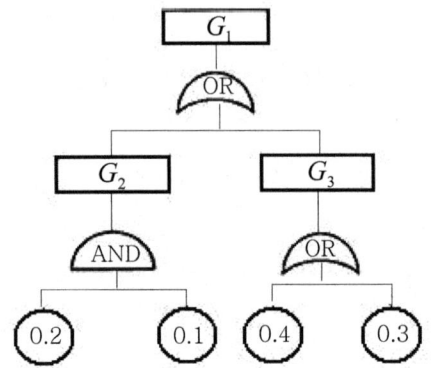

① 0.4884 ② 0.5884 ③ 0.6884 ④ 0.7884 ⑤ 0.8884

해설 ② [○] $G_1 = 1-(1-G_2)(1-G_3) = 1-(1-0.02)(1-0.58) = 0.5884$

여기서, $G_2 = 0.2 \times 0.1 = 0.02$ (AND 게이트)

$G_3 = 1-(1-0.4)(1-0.3) = 0.58$ (OR 게이트)

참고로, 발생확률의 의미는 FT도에서는 실패(고장) 발생 확률을 의미하고, 실패확률 $F(t)$의 의미가 된다. 정확한 기호를 사용한 방식은 Top의 발생확률인 경우 F_T가 된다. 여기서는 보다 단순화시켜 F_{G_1} 대신 G_1으로 표기한 것이다.

정답 42. ③ 43. ②

44 기계나 설비를 작업공간에 배치하는 경우에 작업 성능을 향상시키기 위한 배치원칙이 아닌 것은?

① 중요성의 원칙   ② 기능성의 원칙   ③ 사용심리의 원칙
④ 사용빈도의 원칙   ⑤ 사용순서의 원칙

해설 ③ [×] 배치원칙에 사용심리의 원칙은 해당이 없다. 기계나 설비를 작업공간에 배치하는 경우에 작업 성능을 향상시키기 위한 배치원칙에는 중요성의 원칙, 사용빈도의 원칙, 기능성의 원칙, 사용순서의 원칙의 4가지가 있다.

① 중요성의 원칙 : 부품의 작동성이 목표달성에 중요 정도에 따라 우선순위를 결정한다는 원칙
② 기능성의 원칙 : 기능적 관련성 있는 부품을 모아서 배치한다는 원칙
④ 사용빈도의 원칙 : 부품이 사용되는 횟수에 따라 우선순위가 결정된다는 원칙
⑤ 사용순서의 원칙 : 순서에 맞게 순차적으로 부품을 배치한다는 원칙

45 다음에서 설명하고 있는 것은?

○ 취급, 조작자의 부주의와 잘못에 의해 사고가 발생하는 것을 방지하기 위한 방법으로 인간 실수가 직접적으로 고장 또는 사고로 이어지지 않도록 하는 것
○ 세탁기 구동 시에 사람이 부주의나 실수로 상단뚜껑을 열면 동작이 자동으로 멈추고 경고음이 발생하는 것
○ 위험성을 모르는 아이들이 실수로 먹는 것을 방지하기 위해 약병의 안전마개를 열기 위해서 힘을 아래 방향으로 가해 돌려야 하는 것

① fail safe   ② fail soft   ③ fool proof   ④ failure rate   ⑤ back up

해설 ③ [○] fool proof : 인간의 실수가 직접적으로 고장 또는 사고로 이어지지 않도록 하는 설계원리를 말한다.

① fail safe : 고장이 발생했을 때, 사고나 재해를 예방하도록 안전 확보를 하는 장치 또는 기구를 말한다.
② fail soft : 일부장치가 고장나거나 기능이 떨어지더라도 전체 기능은 유지하는 설계 개념을 말한다.
④ failure rate : 어느 시간까지 동작해 오던 시스템이나 기계·기기 부품 등이 다음 단위시간 내에 고장을 일으키는 비율을 말하며, 단위시간당의 고장률을 의미한다.
⑤ back up : 사용자 실수나 컴퓨터 오류, 바이러스 감염, 정전 등으로 파일 원본이 손상될 경우를 대비하여 파일 원본을 미리 복사해 두는 것이다.

46 산업안전보건기준에 관한 규칙상 소음 및 진동에 의한 건강장해의 예방에 관한 설명으로 옳지 않은 것은?

① "소음작업"이란 1일 8시간 작업을 기준으로 85데시벨 이상의 소음이 발생하는 작업을 말한다.
② 105데시벨 이상의 소음이 1일 1시간 이상 발생하는 작업은 강렬한 소음작업이다.
③ "청력보존 프로그램"이란 소음노출 평가, 소음노출 기준 초과에 따른 공학적 대책, 청력보호구의 지급과 착용, 소음의 유해성과 예방에 관한 교육, 정기적 청력 검사, 기록・관리 사항 등이 포함된 소음성 난청을 예방・관리하기 위한 종합적인 계획을 말한다.
④ 체인톱, 동력을 이용한 연삭기를 사용하는 작업은 진동작업에 속한다.
⑤ 1초 이상의 간격으로 130데시벨을 초과하는 소음이 1일 1백회 발생하는 작업은 충격소음작업이다.

해설 ⑤ [×] 1초 이상의 간격으로 130dB를 초과하는 소음이 1일 1천회 발생하는 작업은 충격소음작업이다.

○ 충격소음작업 : 소음이 1초 이상의 간격으로 발생하는 작업으로서 다음의 어느 하나에 해당하는 작업을 말한다(산기규 제512조).
　1. 120dB를 초과하는 소음이 1일 1만회 이상 발생하는 작업
　2. 130dB를 초과하는 소음이 1일 1천회 이상 발생하는 작업
　3. 140dB를 초과하는 소음이 1일 1백회 이상 발생하는 작업

47 가속수명시험 방법에서 스트레스 부과방법이 아닌 것은?

① 일정형 스트레스시험　② 점진형 스트레스시험　③ 계단형 스트레스시험
④ 간접형 스트레스시험　⑤ 주기형 스트레스시험

해설 ④ [×] 가속수명시험에 간접형 스트레스시험은 해당이 없다.

○ 가속수명시험(Accelerated Life Test)은 가속인자인 기계적 부하나 온도, 습도, 전압 등 사용조건을 강화하여 고장시간을 단축시키는 수명시험을 가속수명시험이라고 한다. 가속수명시험은 스트레스 인가방법에 따라 일정형(constant stress ALT : CS-ALT), 계단형(step stress ALT : SS-ALT), 점진적형(progressive stress ALT : PS-ALT) 등이 주로 쓰인다. 주기형은 반복적으로 주기적인 스트레스를 가하는 방법이다.
가속수명 시험 모델에는 아레니우스(Arrhenius) 모델, 아일링(Eyring) 모델, 10°C 법칙, α승 법칙 등이 있다.

정답　46. ⑤　47. ④

48 무재해운동의 3원칙 중 다음에 해당하는 것은?

> 단순히 사망재해나 휴업재해만 없으면 된다는 소극적인 사고가 아닌, 사업장 내의 잠재위험요인을 적극적으로 사전에 발견하고 파악·해결함으로써 산업재해의 근원적인 요소들을 없앤다는 것을 의미함

① 무의 원칙 ② 보장의 원칙 ③ 참여의 원칙 ④ 조사의 원칙 ⑤ 안전제일의 원칙

해설 ① [○] 제시된 지문은 '무(無)의 원칙'에 대한 내용이다.

○ 무재해운동의 3원칙
    1. 무의 원칙 : 근원적으로 산업재해를 없애는 것으로 제로(0)의 원칙을 말한다.
    2. 참여의 원칙 : 근로자 전원이 참여하여 문제해결 등을 처리하는 원칙을 말한다.
    3. 선취의 원칙 : 무재해를 실현하기 위하여 일체의 위험요인을 사전에 발견, 파악, 해결하여 피해를 예방하거나 방지하기 위한 원칙을 말한다.

49 FMEA에서 '실제의 손실'의 발생확률(β)을 나타내는 것은?

① $\beta=1.00$ ② $0.10 \leq \beta < 2.00$ ③ $0.30 < \beta \leq 0.50$
④ $0 < \beta < 0.20$ ⑤ $0.20 < \beta < 0.30$

해설 ① [○] FMEA에서 고장 영향 분류
    1. $\beta=1.0$: 실제의 손실(빈번하게 일어나는 손실)
    2. $0.10 \leq \beta < 1.00$: 예상되는 손실
    3. $0 < \beta < 1.0$: 가능한 손실 4. $\beta=0$: 영향 없음

50 고용노동부에서 고시로 정한 사업장 위험성평가에 관한 지침에서 사용하는 용어에 관한 설명으로 옳지 않은 것은?

① "위험성평가"란 사업주가 스스로 유해·위험요인을 파악하고 해당 유해·위험요인의 위험성 수준을 결정하여, 위험성을 낮추기 위한 적절한 조치를 마련하고 실행하는 과정을 말한다.
② "유해·위험요인"이란 유해·위험을 일으킬 잠재적 가능성이 있는 것의 고유한 특징이나 속성을 말한다.
③ "위험성"이란 유유해·위험요인이 사망, 부상 또는 질병으로 이어질 수 있는 가능성과 중대성 등을 고려한 위험의 정도를 말한다.
④ "위험성 추정"이란 유해·위험요인별로 추정한 위험성의 크기가 허용 가능한 범위인지 여부를 판단하는 것을 말한다.

정답 48. ① 49. ① 50. ④

⑤ "위험성 감소대책 수립 및 실행"이란 위험성 결정 결과 허용 불가능한 위험성을 합리적으로 실천 가능한 범위에서 가능한 한 낮은 수준으로 감소시키기 위한 대책을 수립하고 실행하는 것을 말한다.

[해설] ④ [×] "위험성 추정"이란 유해・위험요인별로 부상 또는 질병으로 이어질 수 있는 가능성과 중대성의 크기를 각각 추정하여 위험성의 크기를 산출하는 것을 말한다(사업장 위험성평가에 관한 지침 제3조). ← 최근 개정으로 "위험성 추정" 삭제(2024. 12. 18)
⑤ "위험성 감소대책 수립 및 실행"은 최근 개정으로 삭제되었다(2024. 12. 18).

제3과목 : 기업진단・지도

51 파스칼(R. Pascale)과 애토스(A. Athos)의 7S 조직문화 구성요소 중 가장 핵심적인 요소는?

① 전략 ② 공유가치 ③ 구성원 ④ 제도・절차 ⑤ 관리스타일

[해설] ② [○] 파스칼(Pascale)과 아토스(Athos)의 7S 조직문화 구성요소는 전략(Strategy), 시스템(System), 구조(Structure), 스타일(Style), 능력(Skill), 구성원(Staff), 공유가치(Shared Value)의 앞 글자를 따서 7S라 명명하였다. 7S 중에서 가장 중요한 요소인 공유가치를 조직문화의 핵심적 구성요소로 보며, 조직 구성원들이 공동으로 소유하고 있는 가치관, 이념 그리고 전통가치와 조직의 기본목적 등을 말한다.

52 인사고과에 관한 설명으로 옳은 것을 모두 고른 것은?

ㄱ. 카플란(R. Kaplan)과 노턴(D. Norton)이 주장한 균형성과표(BSC)의 4가지 핵심 관점은 재무 관점, 고객 관점, 외부환경 관점, 학습・성장 관점이다.
ㄴ. 목표관리법(MBO)의 단점 중 하나는 권한위임이 이루어지기 어렵다는 것이다.
ㄷ. 체크리스트법(대조법)은 평가자로 하여금 피평가자의 성과, 능력, 태도 등을 구체적으로 기술한 단어나 문장을 선택하게 하는 인사고과법이다.
ㄹ. 대부분의 전통적인 인사고과법과는 달리 종합평가법 혹은 평가센터법(ACM)은 미래의 잠재능력을 파악할 수 있는 인사고과법이다.
ㅁ. 행동기준평가법(BARS)은 "척도설정 및 기준행동의 기술 - 중요과업의 선정 - 과업행동의 평가" 순으로 이루어진다.

① ㄱ, ㅁ ② ㄷ, ㄹ ③ ㄱ, ㄴ, ㄷ ④ ㄷ, ㄹ, ㅁ ⑤ ㄱ, ㄷ, ㄹ, ㅁ

[해설] (ㄷ) [○] 체크리스트법(대조법)은 평정자가 평정표에 열거된 평정요소에 대한 질문에 따라 피평정자에게 해당되는 사항을 체크(check)하는 평정의 방법이다.

정답 51. ② 52. ②

(ㄹ) [○] 종합평가법 혹은 평가센터법(ACM)은 관리자가 피고과자인 경우 그들의 미래를 체계적으로 예측하기 위한 방법이다.
(ㄱ) 카플란(R. Kaplan)과 노턴(D. Norton)이 제시한 균형성과표(BSC)의 4가지 핵심 관점은 재무 관점, 고객 관점, 프로세스 관점, 학습 및 성장 관점이다.
(ㄴ) 목표관리법(MBO)은 특징 중 하나는 권한위임이 이루어지기 쉽다는 것이다.
(ㅁ) 행동기준평가법(BARS)은 "개발위원회 구성 → 중요사건의 열거 및 범주화 → 중요사건의 등급화·점수화 → 확정 및 시행"의 순으로 진행된다.

53 프로젝트 활동의 단축비용이 단축일수에 따라 비례적으로 증가한다고 할 때, 정상활동으로 가능한 프로젝트 완료일을 최소의 비용으로 하루 앞당기기 위해 속성으로 진행되어야 할 활동은?

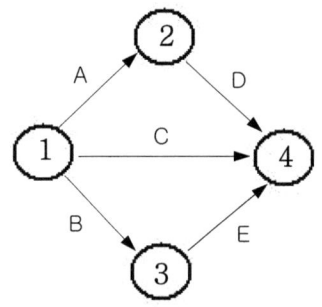

활동	직전 선행활동	활동시간(일)		활동비용(만원)	
		정상	속성	정상	속성
A	-	7	5	100	130
B	-	5	4	100	130
C	-	12	10	100	140
D	A	6	5	100	150
E	B	9	7	100	150

① A ② B ③ C ④ D ⑤ E

해설 ⑤ [○] 주경로(최장소요경로) 찾기 및 소요시간 단축대상 활동 설정
1. 경로 1 : A(7, 5)→D(6, 5)=(13, 10)   2. 경로 2 : C (12, 10)
3. 경로 3 : B(5, 4)→E(9, 7)=(14, 11)
정상활동을 할 때 주공정은 경로 3으로 14일 소요된다. 이를 1일 줄이는 비용(비용구배)는 활동 B가 $\frac{130-100}{1}=30$만원/일이고, 활동 E가 $\frac{150-100}{2}=25$만원/일이어서, 비용구배가 더 작은 E구간에서 1일을 줄여야 한다.

정답 53. ⑤

54 상황적합적 조직구조이론에 관한 설명으로 옳지 않은 것은?

① 우드워드(J. Woodward)는 기술을 단위생산기술, 대량생산기술, 연속공정기술로 나누었는데, 대량생산에는 기계적 조직구조가 적합하고, 연속공정에는 유기적 조직구조가 적합하다고 주장하였다.
② 번즈(T. Burns)와 스탈커(G. Stalker)는 안정적인 환경에서는 기계적인 조직이, 불확실한 환경에서는 유기적인 조직이 효과적이라고 주장하였다.
③ 톰슨(J. Thompson)은 기술을 단위작업 간의 상호의존성에 따라 중개형, 장치형, 집약형으로 유형화하고, 이에 적합한 조직구조와 조정형태를 제시하였다.
④ 페로우(C. Perrow)는 기술을 다양성 차원과 분석가능성 차원을 기준으로 일상적 기술, 공학적 기술, 장인기술, 비일상적 기술로 유형화하였다.
⑤ 블라우(P. Blau)와 차일드(J. Child)는 환경의 불확실성을 상황변수로 연구하였다.

해설 ⑤ [×] 블라우(P. Blau)와 차일드(J. Child)는 규모를 상황변수로 연구하였다. 규모가 증대에 따라 복잡성, 공식화는 높아지나 집권화 수준은 낮아진다. 블라우와 차일드는 규모가 증대됨에 따라 "복잡성 및 공식화는 높아지나, 집권화 수준은 낮아짐"을 밝혔다.

55 경력개발에 관한 설명으로 옳은 것은?

① 경력정체기에 접어들은 종업원들이 보여주는 반응유형은 방어형, 절망형, 성과미달형, 이상형으로 구분된다.
② 샤인(E. Schein)은 개인의 경력욕구 유형을 관리지향, 기술-기능지향, 안전지향 등 세 가지로 구분하였다.
③ 홀(D. Hall)의 경력단계 모델에서 중년의 위기가 나타나는 단계는 확립단계이다.
④ 이중경력경로(dual-career path)는 개인이 조직에서 경험하는 직무들이 수평적뿐만 아니라 수직적으로 배열되어 있는 경우이다.
⑤ 경력욕구는 조직이 개인에게 기대하는 행동인 경력역할과 개인 자신이 추구하려고 하는 경력방향에 의해 결정된다.

해설 ① [○] 경력정체기 반응유형에는 방어형, 절망형, 성과미달형, 이상형으로 구분된다.
② 샤인(E. Schein)은 개인의 경력욕구 유형을 관리지향, 기술-기능지향, 안전지향, 사업가적 창의성 지향, 자율지향 등 5가지로 구분하였다.
③ 홀(D. Hall)의 경력단계 모델에서 중년의 위기가 나타나는 단계는 유지단계이다.
④ 이중경력경로(dual-career path)는 개인이 조직에서 경험하는 직무들이 관리자 경력뿐만 아니라 전문가 경력도 쌓도록 하는 경우이다.
⑤ 경력욕구는 조직이 개인에게 기대하는 행동인 경력역할과 개인 자신이 추구하려고 하는 경력상황에 의해 결정된다.

정답 54. ⑤ 55. ①

56) 경영참가제도에 관한 설명으로 옳지 않은 것은?

① 경영참가제도는 단체교섭과 더불어 노사관계의 양대 축을 형성하고 있다.
② 독일은 노사공동결정제를 실시하고 있다.
③ 스캔론플랜(Scanlon plan)은 경영참가제도 중 자본참가의 한 유형이다.
④ 종업원지주제(ESOP)는 원래 안정주주의 확보라는 기업방어적인 측면에서 시작되었다.
⑤ 정치적인 측면에서 볼 때 경영참가제도의 목적은 산업민주주의를 실현하는데 있다.

해설 ③ [○] 스캔론플랜(Scanlon plan)은 J. N. Scanlon에 의해 고안된 가장 대표적인 이득배분제도로서 생산성 향상을 노사협조의 결과로 보고 총 매출액에 대한 노무비 절약분을 인센티브 임금, 즉 상여금으로 종업원에게 배분하는 비용절감 인센티브제도이다.

57) 동기부여이론에 관한 설명으로 옳지 않은 것은?

① 동기부여이론을 내용이론과 과정이론으로 구분할 때 알더퍼(C. Alderfer)의 ERG이론은 내용이론이다.
② 맥클랜드(D. McClelland)의 성취동기이론에서 성취욕구를 측정하기에 가장 적합한 것은 TAT(주제통각검사)이다.
③ 허츠버그(F. Herzberg)의 2요인이론에 따르면, 동기유발이 되기 위해서는 동기요인은 충족시키고, 위생요인은 제거해 주어야 한다.
④ 브룸(V. Vroom)의 기대이론은 기대감, 수단성, 유의성에 의해 노력의 강도가 결정되는데 이들 중 하나라도 0이면 동기부여가 안된다고 한다.
⑤ 아담스(J. Adams)는 페스팅거(L. Festinger)의 인지부조화이론을 동기유발과 연관시켜서 공정성이론을 체계화하였다.

해설 ③ [×] 허츠버그(F. Herzberg)의 2요인이론은 종업원의 욕구요인을 만족요인과 불만족요인으로 구분하는데, 이들 요인은 서로 별개의 차원으로서 서로 무관하다고 본다.

○ 허츠버그(Herzberg)의 2요인이론
허츠버그의 2요인이론에서 위생요인과 동기요인을 중심으로 동기부여를 설명한 내용이론이다. 동기요인으로는 성취감, 인정, 일 그 자체, 책임, 승진 및 성장 등이라고 보았다. 위생요인요인으로는 감독, 근무조건, 상호인간관계, 임금 및 안정적 고용, 회사정책과 경영방식 등이라고 보았다
허즈버그는 위생요인을 아무리 개선해도 조직구성원의 욕구는 충족되지 못하므로 장기적으로 모티베이션을 유지하여 생산성을 높이기 위해서는 동기요인의 충족에 관심을 가져야 하며, 이에 한 걸음 더 나아가 직무까지도 재설계할 것을 강조하였다. 이런 관점에서 허즈버그의 이론은 매슬로우의 이론을 한 단계 발전시킨 이론이라고 할 수 있다.

정답 56. ③ 57. ③

58 하우 리(H. Lee)가 제안한 공급사슬 전략 중, 수요의 불확실성이 낮고 공급의 불확실성이 높은 경우 필요한 전략은?

① 효율적 공급사슬   ② 반응적 공급사슬   ③ 민첩한 공급사슬
④ 위험회피 공급사슬   ⑤ 지속가능 공급사슬

해설 ④ [○] 위험회피 공급사슬 : 공급사슬에서 자원을 모으고 공유하여 주요 원자재나 핵심 부품의 공급단절을 방지하여 재고를 확보하는 공급사슬전략이다.

① 효율적 공급사슬 : 효율적 공급사슬의 목적은 재고를 최소화하고, 공급사슬에서 제조 기업과 서비스 공급자의 효율을 최대화하는데 있는 공급사슬전략이다.

② 반응적 공급사슬 : 반응적 공급사슬의 목적은 재고와 생산능력의 적절한 조정을 통해 수요의 불확실성에 대처함으로써 시장수요에 신속하게 반응하는데 있는 공급사슬전략이다.

③ 민첩한 공급사슬 : 민첩한 공급사슬은 위험방지형 공급사슬과 반응적 공급사슬의 장점을 결합하는 전략을 갖는다. 고객의 요구에 유연하게 대응하고 공급의 부족과 단절을 방지하는 전략으로 위험회피 공급사슬 전략과 반응적 공급사슬전략의 장점을 결합한 공급사슬전략이다.

59 심리평가에서 신뢰도와 타당도에 관한 설명으로 옳은 것은?

① 내적일치 신뢰도(internal consistency reliability)를 알아보기 위해서는 동일한 속성을 측정하기 위한 검사를 두 가지 다른 형태로 만들어 사람들에게 두 가지형 모두를 실시한다.
② 다양한 신뢰도 측정방법들은 모두 유사한 의미를 지니고 있기 때문에 서로 바꾸어서 사용해도 된다.
③ 검사-재검사 신뢰도(test-retest reliability)는 두 번의 검사 시간간격이 길수록 높아진다.
④ 준거관련 타당도 중 동시타당도(concurrent validity)와 예측타당도(predictive validity) 간의 중요한 차이는 예측변인과 준거자료를 수집하는 시점 간 시간간격이다.
⑤ 검사가 학문적으로 받아들여지기 위해 바람직한 신뢰도 계수와 타당도 계수는 0.70~0.80의 범위에 존재한다.

해설 ④ [○] 예측타당도(Predictive validity)는 검사실시 후 일정 기간이 지나야 준거변인이 타당한지에 대한 측정이 가능하고, 동시타당도(concurrent validity)는 해당 검사 점수와 준거점수가 동시에 나온다. 동시타당도는 예언타당도의 일정 기간 기다려야 하는 단점을 보완한 것이다.

① 내적일치 신뢰도(internal consistency reliability)는 하나의 측정도구 내 문항들 서로 간에 밀접한 관련이 있는지를 파악하여 측정문항의 신뢰도를 추정한다.

② 신뢰도 측정방법마다 검사 목적이 다르므로 서로 바꾸어서 사용해서는 안 된다.
③ 검사-재검사 신뢰도(test-retest reliability)는 두 관찰값 간 차이가 적으면 신뢰도가 높고, 차이가 크면 신뢰도가 낮은 것으로 판단할 수 있다.
⑤ 신뢰도계수와 타당도계수는 0~1.0 사이이다.

60 직업 스트레스 모델 중 다양한 직무요구에 대해 종업원들의 외적요인(조직의 지원, 의사결정과정에 대한 참여)과 내적요인(자신의 업무요구에 대한 종업원의 정신적 접근방법)이 개인적으로 직면하는 스트레스 요인에 완충 역할을 한다는 것은?

① 자원보존(Conservation of Resources, COR) 이론
② 요구-통제 모델(Demands-Control Model)
③ 요구-자원 모델(Demands-Resources Model)
④ 사람-환경 적합 모델(Person-Environment Fit Model)
⑤ 노력-보상 불균형 모델(Effort-Reward Imbalance Model)

해설 ③ [○] 직무요구-자원 모델(JD-R 모델 : Job Demands-Resources Model) : 외적요인과 내적요인이 개인적으로 직면하는 스트레스 요인에 완충 역할을 한다는 이론이다.

① 자원보존 모델(COR 모델 : Conservation of Resources Model) : 역할간과 역할내 스트레스에 연관 관계를 설명하는 이론으로 일-가정 중 상실에 의한 스트레스를 낳게 된다.
② 직무요구-통제 모델(JD-C 모델 : Job Demands-Control Model) : 통제력은 요구의 부정적 효과를 줄이거나 완충해 주는 역할을 한다고 보는 이론이다. Karasek는 직무통제는 직무요구의 바람직하지 못한 효과를 감소시키는 역할을 한다고 밝혔다.
직무요구-통제 모형은 업무과부하, 예기치 않은 업무, 인적 갈등을 포함한 심리적 스트레스 요인을 직무요구라고 정의하고, 근무시간 동안 수행하는 업무에 대한 종업원 개인의 통제력을 직무통제라고 정의하였으며, 또한 직무요구와 직무통제가 각각의 작용을 하는 것이 아니라 서로 상호작용을 하고 있으며, 직무요구가 직무스트레스에 영향을 주는 것에 직무통제가 신체적, 정신적 악영향에의 완충 역할을 한다고 제시했다.
④ 사람-환경 적합 모델(Person-Environment Fit Model) : 스트레스는 인간이나 환경으로부터 독립적으로 발생하는 것이 아니라는 이론이다. 인간의 행동은 사람특성과 환경특성이 결합되어 나타난다고 주장했다.
⑤ 노력-보상 불균형 모델(Effort-Reward Imbalance Model) : 노력-보상 불균형은 말 그대로이다. 개인 차원에서 스트레스를 일으키는 가장 큰 원인은 본인이 지출하는 노력의 내용과 크기와 본인이 직접 체험하는 보상의 내용과 크기 간의 불균형 때문이라고 보는 이론이다.

정답 60. ③

61. 수요예측을 위한 시계열분석에 관한 설명으로 옳지 않은 것은?

① 시계열분석은 장래의 수요를 예측하는 방법으로, 종속변수인 수요의 과거 패턴이 미래에도 그대로 지속된다는 가정에 근거를 두고 있다.
② 전기수요법은 가장 최근의 수요로 다음 기간의 수요를 예측하는 기법으로, 수요가 안정적일 경우 효율적으로 사용할 수 있다.
③ 이동평균법은 우연변동만이 크게 작용하는 경우 유용한 기법으로, 가장 최근 n기간 데이터를 산술평균하거나 가중평균하여 다음 기간의 수요를 예측할 수 있다.
④ 추세분석법은 과거 자료에 뚜렷한 증가 또는 감소의 추세가 있는 경우, 과거 수요와 추세선상 예측치 간 오차의 합을 최소화하는 직선 추세선을 구하여 미래의 수요를 예측할 수 있다.
⑤ 지수평활법은 추세나 계절변동을 모두 포함하여 분석할 수 있으나, 평활상수를 작게 하여도 최근 수요 데이터의 가중치를 과거 수요 데이터의 가중치보다 작게 부과할 수 없다.

해설 ④ [×] 추세분석법은 과거 자료에 뚜렷한 증가 또는 감소의 추세가 있는 경우, 과거 수요와 추세선상 예측치 간 오차의 제곱합을 최소화(즉, 최소제곱합을 의미)하는 직선 추세선을 구하여 미래의 수요를 예측할 수 있다. 추세분석법은 과거의 추세치가 앞으로도 계속되리라는 가정 하에 과거의 시계열 자료들을 분석해 그 변화 방향을 탐색하여 미래를 예측하는 방법을 말한다.

추세분석법은 최소자승법에 의한 추세선의 추정이 이용되며, 실적치와 경향치와의 편차제곱의 합계가 최소가 되도록 하는 방법으로, 장기수요예측을 위해 최적의 직선방정식을 구하고자 하는 방법이다. 편차제곱의 합 $S = \sum (x_i - \bar{x})^2$ 은 변동이라고도 함.

62. 개인의 수행을 판단하기 위해 사용되는 준거의 특성 중 실제준거가 개념준거 전체를 나타내지 못하는 정도를 의미하는 것은?

① 준거 결핍(criterion deficiency)　② 준거 오염(criterion contamination)
③ 준거 불일치(criterion discordance)　④ 준거 적절성(criterion relevance)
⑤ 준거 복잡성(criterion composite)

해설 ① [○] 준거 결핍(criterion deficiency) : 준거의 특성 중 실제준거가 개념준거 전체를 나타내지 못하는 정도를 말한다. 부분적으로만 충족되나, 전체로서는 부족한 경우.
② 준거 오염(criterion contamination) : 실제준거가 개념준거가 아닌 다른 어떤 것을 측정하는 정도
③ 준거 불일치(criterion discordance) : 실제준거가 개념준거와 일치하지 않는 정도
④ 준거 적절성(criterion relevance) : 실제준거와 개념준거가 일치되거나 유사한 정도

정답　61. ④　62. ①

⑤ 준거 복잡성(criterion composite) : 직무수행이 복잡하다는 것에 대한 수행을 적절히 평가하기 위해 여러 가지 준거 측정이 필요

63 조직 내 팀에 관한 설명으로 옳지 않은 것을 모두 고른 것은?

ㄱ. 터크만(B. Tuckman)의 팀 생애주기는 "형성(forming) - 규범형성(norming) - 격동(storming) - 수행(performing) - 해체(adjourning)"의 순이다.
ㄴ. 집단사고는 효과적인 팀 수행을 위하여 공유된 정신모델을 구축할 때 잠재적으로 나타나는 부정적인 면이다.
ㄷ. 집단극화는 개별구성원의 생각으로는 좋지 않다고 생각하는 결정을 집단이 선택할 때 나타나는 현상이다.
ㄹ. 무임승차(free riding)나 무용성 지각(felt dispensability)은 팀에서 개인에게 개별적인 인센티브를 주지 않음으로써 일어날 수 있는 사회적 태만이다.
ㅁ. 마크(M. Marks)가 제안한 팀 과정의 3요인 모형은 전환과정, 실행과정, 대인과정으로 구성되어 있다.

① ㄱ, ㄴ ② ㄱ, ㄷ ③ ㄱ, ㄷ, ㅁ ④ ㄷ, ㄹ, ㅁ ⑤ ㄱ, ㄴ, ㄷ, ㄹ

해설 (ㄱ) [×] 터크만(B. Tuckman) 제시의 팀 생애주기는 "형성(forming) → 격동(storming) → 규범형성(norming) → 수행(performing) → 해체(adjourning)"의 순이다.
(ㄷ) [×] 집단극화는 집단의사결정 시 개별적으로 의사결정을 할 때보다 더 극단적인 방향으로 의사결정을 하게 되는 경향성을 말한다. ← 응집성이 약할 때 나타남.
(ㄴ) 집단사고(groupthink)는 집단의사결정 상황에서 집단 구성원들이 집단의 응집성과 획일성을 강조하고, 반대 의견을 억압하여 비합리적인 결정을 내리는 부정적인 측면 있는 사고이다. ← 응집성이 강할 때 나타남.
(ㄹ) 무임승차나 무용성 지각은 팀에서 개인에게 개별적인 인센티브를 주지 않음으로써 일어날 수 있는 사회적 태만이다. ← 무용성 지각은 낭비벽을 의미.
(ㅁ) 마크(M. Marks)가 제안한 팀 과정의 3요인 모형은 전환과정, 실행과정, 대인과정으로 구성되어 있다.

64 반생산적 업무행동(CWB)에 관한 설명으로 옳지 않은 것은?

① 반생산적 업무행동의 사람기반 원인에는 성실성(conscientiousness), 특성분노(trait anger), 자기통제력(self control), 자기애적 성향(narcissism) 등이 있다.
② 반생산적 업무행동의 주된 상황기반 원인에는 규범, 스트레스에 대한 정서적 반응, 외적 통제소재, 불공정성 등이 있다.

정답 63. ② 64. ④

③ 조직의 재산이나 조직 성원의 일을 의도적으로 파괴하거나 손상을 입히는 반생산적 업무행동은 심각성, 반복가능성, 가시성에 따라 구분되어 진다.
④ 사회적 폄하(social undermining)는 버릇없거나 의욕을 떨어뜨리는 행동으로 직장에서 용수철 효과(spiraling effect)처럼 작용하는 반생산적 업무행동이다.
⑤ 직장폭력과 공격을 유발하는 중요한 예측치는 조직에서 일어난 일이 얼마나 중요하게 인식되는가를 의미하는 유발성 지각(perceived provocation)이다.

해설 ④ [×] 직장무례는 버릇없거나 의욕을 떨어뜨리는 행동으로 직장에서 용수철 효과처럼 작용하는 반생산적 업무행동이다. 직장 내 부당대우의 일종인 직장무례는 조직 구성원의 존엄성을 침해하는 일탈행동을 의미하며, 상대방에게 위해를 가하려는 의도가 모호하고 강도가 낮다는 특징을 지닌다. 한편, 사회적 폄하는 조작구성원간 양호한 관계의 발전을 방해, 업무 성공방해, 명성에 흠집을 내려는 의도된 행동을 말하며, 이러한 행동은 자기고양동기, 타인파괴동기에서 나타난다.

65 인간지각 특성에 관한 설명으로 옳지 않은 것은?
① 평행한 직선들이 평행하게 보이지 않는 방향착시는 가현운동에 의한 착시 일종이다.
② 선택, 조직, 해석의 세 가지 지각과정 중 게슈탈트 지각 원리들이 나타나는 것은 조직과정이다.
③ 전체적인 맥락에서 문자나 그림 등의 빠진 부분을 채워서 보는 지각 원리는 폐쇄성(closure)이다.
④ 일반적으로 감시하는 대상이 많아지면 주의의 폭은 넓어지고 깊이는 얕아진다.
⑤ 수의력의 특성으로는 선택성, 방향성, 변동성이 있다.

해설 ① [×] 가현운동은 두 개의 정지 대상을 0.06초의 시간 간격으로 다른 장소에 제시하면 마치 한 개의 대상이 움직이는 것처럼 보이는 운동현상으로서, 사례로는 영화, 네온사인 등이 있다.
② 게슈탈트 지각원리 : 불안정한 형, 그룹이 기존의 지식을 토대로 완전한 형이나 그룹으로 지각된다는 원리이다.

66 휴먼에러(human error)에 관한 설명으로 옳은 것은?
① 리전(J. Reason)의 휴먼에러 분류는 행위의 결과만을 보고 분류하므로 에러 분류가 비교적 쉽고 빠른 장점이 있다.
② 지식기반 착오(knowledge based mistake)는 무의식적 행동 관례 및 저장된 행동 양상에 의해 제어되는 것이다.
③ 라스무센(J. Rasmussen)은 인간의 불완전한 행동을 의도적인 경우와 비의도적인 경우로 구분하여 에러 유형을 분류하였다.

④ 누락오류, 작위오류, 시간오류, 순서오류는 원인적 분류에 해당하는 휴먼에러이다.
⑤ 스웨인(A. Swain)은 휴먼에러를 작업 완수에 필요한 행동과 불필요한 행동을 하는 과정에서 나타나는 에러로 나누었다.

해설 ⑤ [○] 스웨인(A. D. Swain)은 작위적 오류(Commission Error)와 부작위적 오류(Omission Error)로 오류를 구분한다.
① 리전(J. Reason)의 휴먼에러 분류는 행위의 원인으로 분류한다.
② 지식기반 착오(knowledge based mistake)는 무지로 발생하는 착오이다.
③ 라스무센(J. Rasmussen)은 숙련기반 행동 모델, 규칙기반 행동 모델, 지식기반 행동 모델로 구분하여 에러 유형을 분류하였다.
④ 누락오류, 작위오류, 시간오류, 순서오류는 '심리적 분류'에 해당하는 것으로 '독립행동에 관한 분류'에 의한 휴먼에러들이고, 원인적 분류로는 1차에러, 2차에러, 지시에러이다.

67 작업 환경과 건강에 관한 설명으로 옳은 것을 모두 고른 것은?

ㄱ. 안전한 절차, 실행, 행동을 관리자가 장려하고 보상한다는 종업원의 공유된 지각을 조직지지 지각(perceived organizational support)이라 한다.
ㄴ. 레이노 증후군(Raynaud's syndrome)이란 진동이나 추위, 심리적 변화 등으로 인해 나타나는 말초혈관 운동의 장애로 손가락이 창백해지고 통증을 느끼는 증상을 말한다.
ㄷ. 눈부심의 불쾌감은 배경의 휘도가 클수록, 광원의 크기가 작을수록 감소하게 된다.
ㄹ. VDT(Visual Display Terminal) 증후군은 컴퓨터의 키보드나 마우스를 오래 사용하는 작업자에게 발생하는 반복긴장성 손상의 대표적인 질환이다.

① ㄱ, ㄴ ② ㄴ, ㄷ ③ ㄱ, ㄷ, ㄹ ④ ㄴ, ㄷ, ㄹ ⑤ ㄱ, ㄴ, ㄷ, ㄹ

해설 (ㄱ) [○] 조직지지 지각(perceived organizational support)은 종업원이 그들의 창의적 노력이 효과적이라고 지각하게 만든다.
(ㄴ) [○] 레이노 증후군(Raynaud's syndrome)이란 진동 추위 등으로 인해 나타나는 말초혈관 운동의 장애로 손가락이 창백해지고 통증을 느끼는 증상을 말한다.
(ㄷ) 눈부심의 불쾌감은 배경의 휘도가 클수록, 광원의 크기가 클수록 증가하게 된다.
(ㄹ) VDT(Visual Display Terminal) 증후군은 장시간 동안 모니터를 보며 키보드를 두드리는 작업을 할 때 생기는 각종 신체적, 정신적 장애를 가리키는 말이다.

정답 67. ①

68 작업동기이론에 관한 설명으로 옳지 않은 것은?

① 기대이론(expectancy theory)은 다른 사람들 간의 동기의 정도를 예측하는 것보다는 한 사람이 서로 다양한 과업에 기울이는 노력의 수준을 예측하는데 유용하다.
② 형평이론(equity theory)에 따르면 개인마다 형평에 대한 선호도에 차이가 있으며, 이러한 형평 민감성은 사람들이 불형평에 직면하였을 때 어떤 행동을 취할지를 예측한다.
③ 목표설정이론(goal-setting theory)에 따르면 목표가 어려울수록 수행은 더욱 좋아질 가능성이 크지만, 직무가 복잡하고 목표의 수가 다수인 경우에는 수행이 낮아진다.
④ 자기조절이론(self-regulation theory)에서는 개인이 행위의 주체로서 목표를 달성하기 위하여 주도적인 역할을 한다고 주장한다.
⑤ 자기결정이론(self-determination theory)은 자기효능감이 긍정적인 결과를 초래할지 아니면 부정적인 결과를 초래할지에 대한 문제를 이해하는데 도움을 주는 이론이다.

해설 ⑤ [×] 자기결정이론(self-determination theory)은 개인의 행동이 스스로 동기부여가 되고 스스로 결정한다는데 그 초점을 둔다. 개인들의 어떤 활동을 내재적인 이유와 외재적인 이유에 의해 참여하게 되었을 때 발생하는 결과는 전혀 다르게 나타날 수 있다는 이론이다.

69 화학물질 및 물리적 인자의 노출기준에서 공기 중 석면 농도의 표시 단위는?

① ppm ② mg/m³ ③ mppcf ④ CFU/m³ ⑤ 개/cm³

해설 ⑤ [○] 분진 및 미스트 등 에어로졸(Aerosol)의 노출기준 표시단위는 m³당 밀리그램(mg/m³)을 사용한다. 다만, 석면 및 내화성 세라믹섬유의 노출기준 표시단위는 cm³당 개수(개/cm³)를 사용한다(화학물질 및 물리적 인자의 노출기준 제11조).

70 1900년 이전에 일어난 산업보건 역사에 해당하지 않는 것은?

① 영국에서 음낭암 발견
② 독일 뮌헨대학에서 위생학 개설
③ 영국에서 공장법 제정
④ 영국에서 황린 사용금지
⑤ 독일에서 노동자질병보호법 제정

해설 ④ [×] 영국 성냥공장에서 황린을 사용금지한 시기는 1900년 이후인 1908년이다.
① 영국에서 음낭암 발견은 1775년이다.
② 독일 뮌헨대학에서 위생학 개설은 1866년이다.
③ 영국에서 공장법 제정은 1833년이다.
⑤ 독일에서 노동자질병보호법 제정은 1883년이다.

정답 68. ⑤ 69. ⑤ 70. ④

71 산업위생전문가의 윤리강령 중 사업주에 대한 책임에 해당하지 않는 것은?

① 쾌적한 작업환경을 만들기 위하여 산업위생의 이론을 적용하고 책임있게 행동한다.
② 신뢰를 바탕으로 정직하게 권고하고 결과와 개선점은 정확히 보고한다.
③ 결과와 결론을 위해 사용된 모든 자료들을 정확히 기록·보관한다.
④ 업무 중 취득한 기밀에 대해 비밀을 보장한다.
⑤ 근로자의 건강에 대한 궁극적인 책임은 사업주에게 있음을 인식시킨다.

해설 ④ [×] 업무 중 취득한 기밀에 대해 비밀을 보장하는 것은 산업위생전문가로서의 책임에 해당한다.
○ 산업위생전문가의 기업주와 고객에 대한 책임
1. 쾌적한 작업환경을 만들기 위하여 산업위생 이론을 적용하고 책임있게 행동한다.
2. 신뢰를 바탕으로 정직하게 권고하고 결과와 개선점은 정확히 보고한다.
3. 결론을 뒷받침할 수 있도록 기록의 유지와 산업위생사업을 전문가답게 운영한다.
4. 기업주와 고객보다는 근로자의 건강보호에 궁극적 책임을 둔다.

72 납 중독시 나타나는 heme 합성 장해에 관한 설명으로 옳지 않은 것은?

① 혈중 유리철분 감소   ② 혈청 중 δ-ALA 증가
③ δ-ALAD 작용 억제   ④ 적혈구내 프로토폴피린 증가
⑤ heme 합성효소 작용 억제

해설 ① [×] 납 중독시 나타나는 heme 합성 장해로는 '혈중 유리철분 증가'이다.
○ Heme 합성장해 : Heme은 헤모글로빈을 구성하는 요소이다. 납 중독에 의한 Heme 합성 장해로는 heme의 생합성 과정 장해로 혈색소량 감소, 적혈구의 생존기간 단축, ALAD 효소작용 억제, 혈중 ALA농도 증가, 프로토폴프린 IX 증가, 혈중의 유리철분 증가 등이다.

73 근로자 건강진단 실시기준에 따른 건강관리구분 C_N의 내용은?

① 직업성 질병으로 진전될 우려가 있어 추적검사 등 관찰이 필요한 근로자
② 일반질병으로 진전될 우려가 있어 추적관찰이 필요한 근로자
③ 질병으로 진전될 우려가 있어 야간작업시 추적관찰이 필요한 근로자
④ 질병의 소견을 보여 야간작업시 사후관리가 필요한 근로자
⑤ 건강진단 1차 검사결과 건강수준의 평가가 곤란하거나 질병이 의심되는 근로자

해설 ③ [○] "야간작업" 특수건강진단 건강관리구분 판정 (근로자 건강진단 실시기준 별표 4)

정답 71. ④   72. ①   73. ③

건강관리 구분	건강관리 구분 내용
A	건강관리상 사후관리가 필요 없는 근로(건강한 근로자)
C_N	질병으로 진전될 우려가 있어 야간작업 시 추적관찰이 필요한 근로자 (질병 요관찰자)
D_N	질병의 소견을 보여 야간작업시 사후관리가 필요한 근로자(질병 유소견자)
R	건강진단 1차 검사결과 건강수준의 평가가 곤란하거나 질병이 의심되는 근로자(제2차 건강진단 대상자)

74. 비누거품미터의 뷰렛 용량은 500ml이고, 거품이 지나가는데 10초가 소요되었다면 공기시료채취기의 유량(L/min)은?

① 2.0　② 3.0　③ 4.0　④ 5.0　⑤ 6.0

해설　② [○] 공기시료채취기의 유량(L/분)

$$= \frac{\text{비누거품이 통과한 용량}}{\text{비누거품이 통과한 시간}} = \frac{500\text{mL}}{10\text{sec}} = \frac{500\text{mL} \times (\text{L}/1,000\text{mL})}{10\text{sec} \times (\text{min}/60\text{sec})} = 3\text{L/min}$$

75. 덕트 내 공기에 의한 마찰손실을 표시하는 레이놀드 수(Reynolds No.)에 포함되지 않는 요소는?

① 공기 속도(velocity)　② 덕트 직경(diameter)　③ 덕트면 조도(roughness)
④ 공기 밀도(density)　⑤ 공기 점도(viscosity)

해설　③ [×] 레이놀드 수(Reynolds No.) : $R_e = \dfrac{\rho VL}{\mu} = \dfrac{VL}{\mu/\rho} = \dfrac{VL}{\nu}$

여기서, L : 특성길이(원형파이프→내경, 평판위→길이)

V : 유동속도, ρ : 유체밀도, μ : 점도, ν : 동점도 ($\nu = \dfrac{\mu}{\rho}$)

○ 레이놀드 수는 길이 대신에 직경(내경) D를 사용하여 $R_e = \dfrac{VD}{\nu}$로도 표기된다.

정답　74. ②　75. ③

제6장

2018년 1차 기출문제

제1과목 : 산업안전보건법령 / 236

제2과목 : 산업안전일반 / 251

제3과목 : 기업진단·지도 / 261

| 국가기술자격 필기시험문제 | 2018년 산업안전지도사 1차시험 | 시험시간 : 90분 |

제1과목 : 산업안전보건법령

01 산업안전보건법령상 근로를 금지시켜야 하는 사람에 해당하지 않는 것은?

① 정신분열증에 걸린 사람 ② 감압증에 걸린 사람
③ 폐 질환이 있는 사람으로서 근로에 의하여 병세가 악화될 우려가 있는 사람
④ 심장 질환이 있는 사람으로서 근로에 의하여 병세가 악화될 우려가 있는 사람
⑤ 신장 질환이 있는 사람으로서 근로에 의하여 병세가 악화될 우려가 있는 사람

해설 ② [×] 감압증에 걸린 사람은 법규상의 근로금지 대상은 아니다.
○ 질병자의 근로금지 (산시규 제220조)
1. 전염될 우려가 있는 질병에 걸린 사람. 다만, 전염을 예방하기 위한 조치를 한 경우는 제외한다.
2. 조현병, 마비성 치매에 걸린 사람
3. 심장·신장·폐 등의 질환이 있는 사람으로서 근로에 의하여 병세가 악화될 우려가 있는 사람
4. 제1호부터 제3호까지의 규정에 준하는 질병으로서 고용노동부장관이 정하는 질병에 걸린 사람

02 산업안전보건법령상 사업장의 산업재해 발생건수 등 공표에 관한 설명이다. ( )안에 들어갈 내용을 순서대로 바르게 나열한 것은?

> 고용노동부장관은 산업재해를 예방하기 위하여 「산업안전보건법」 제10조 제2항에 따른 산업재해의 발생에 관한 보고를 최근 (ㄱ) 이내 (ㄴ) 이상 하지 않은 사업장의 산업재해 발생건수, 재해율 또는 그 순위 등을 공표하여야 한다.

① ㄱ : 1년, ㄴ : 1회 ② ㄱ : 2년, ㄴ : 2회 ③ ㄱ : 3년, ㄴ : 2회
④ ㄱ : 5년, ㄴ : 3회 ⑤ ㄱ : 5년, ㄴ : 5회

해설 ③ [○] 고용노동부장관은 산업재해를 예방하기 위하여 산업재해의 발생에 관한 보고를 최근 3년 이내 2회 이상 하지 않은 사업장의 근로자 산업재해 발생건수, 재해율 또는 그 순위 등(산업재해발생건수 등)을 공표하여야 한다(산안법 제10조, 산안령 제10조).
○ 공표대상 사업장 (산안령 제10조) : 다음 각 호의 어느 하나에 해당하는 사업장
1. 산업재해로 인한 사망자가 연간 2명 이상 발생한 사업장

정답 01. ② 02. ③

2. 사망만인율(死亡萬人率 : 연간 상시근로자 1만명당 발생하는 사망재해자 수의 비율을 말한다)이 규모별 같은 업종의 평균 사망만인율 이상인 사업장
3. 중대산업사고가 발생한 사업장   4. 산업재해 발생 사실을 은폐한 사업장
5. 산업재해의 발생에 관한 보고를 최근 3년 이내 2회 이상 하지 않은 사업장

03 산업안전보건법령상 '일반석면조사'를 해야 하는 경우 그 조사사항에 해당하지 않는 것은?

① 해당 건축물이나 설비에 석면이 함유되어 있는지 여부
② 해당 건축물이나 설비 중 석면이 함유된 자재의 종류
③ 해당 건축물이나 설비 중 석면이 함유된 자재의 위치
④ 해당 건축물이나 설비 중 석면이 함유된 자재의 면적
⑤ 해당 건축물이나 설비에 함유된 석면의 종류 및 함유량

해설 ⑤ [×] '일반석면조사'를 해야 하는 경우 그 조사사항 (산안법 제119조)
1. 해당 건축물이나 설비에 석면이 포함되어 있는지 여부
2. 해당 건축물이나 설비 중 석면이 포함된 자재의 종류, 위치 및 면적

04 甲은 산업안전보건법령상 산업안전지도사로서 활동을 하려고 한다. 이에 관한 설명으로 옳은 것은?

① 甲은 고용노동부장관이 시행하는 산업안전지도사시험에 합격하여야만 산업안전지도사의 자격을 가질 수 있다.
② 甲은 산업안전지도사로서 그 직무를 시작하기 전에 광역지방자치단체의 장에게 등록을 하여야 한다.
③ 甲이 파산선고를 받은 경우라면 복권되더라도 산업안전지도사로서 등록할 수 없다.
④ 甲은 3년마다 산업안전지도사 등록을 갱신하여야 한다.
⑤ 甲이 산업안전지도사의 직무를 조직적·전문적으로 수행하기 위하여 법인을 설립하려고 하는 경우에는 「상법」중 주식회사에 관한 규정을 적용한다.

해설 ① [○] 고용노동부장관이 시행하는 지도사 자격시험에 합격한 사람은 지도사의 자격을 가진다(산안법 제143조).
② 지도사가 그 직무를 수행하려는 경우에는 고용노동부령으로 정하는 바에 따라 고용노동부장관에게 등록하여야 한다(산안법 제145조).
③ 파산선고를 받고 복권되지 아니한 사람은 등록을 할 수 없다(산안법 145조).
④ 등록을 한 지도사는 고용노동부령으로 정하는 바에 따라 5년마다 등록을 갱신하여야 한다(산안법 제145조).

정답 03. ⑤   04. ①

⑤ 산업안전지도사의 직무를 조직적·전문적으로 수행하기 위하여 법인을 설치하려고 하는 경우에는「상법」중 합명회사에 관한 규정을 적용한다(산안법 제145조).

05 산업안전보건법령상 안전관리전문기관 지정의 취소 또는 과징금에 관한 설명으로 옳은 것은?

① 고용노동부장관은 안전관리전문기관이 업무정지 기간 중에 업무를 수행한 경우에는 그 지정을 취소하거나 6개월 이내의 기간을 정하여 그 업무의 정지를 명할 수 있다.
② 고용노동부장관은 안전관리전문기관이 위탁받은 안전관리 업무에 차질이 생기게 한 경우에는 그 지정을 취소하거나 6개월 이내의 기간을 정하여 그 업무의 정지를 명할 수 있다.
③ 과징금은 분할하여 납부할 수 있다.
④ 안전관리전문기관의 지정이 취소된 자는 3년 이내에는 안전관리전문기관으로 지정받을 수 없다.
⑤ 고용노동부장관은 위반행위의 동기, 내용 및 횟수 등을 고려하여 과징금 부과금액의 2분의 1 범위에서 과징금을 늘리거나 줄일 수 있으며, 늘리는 경우 과징금 부과금액의 총액은 1억원을 넘을 수 있다.

해설   ② [○] 고용노동부장관은 안전관리전문기관이 위탁받은 안전관리 업무에 차질이 생기게 한 경우에는 그 지정을 취소하거나 6개월 이내의 기간을 정하여 그 업무의 정지를 명할 수 있다(산안령 제28조).
① 고용노동부장관은 안전관리전문기관이 업무정지 기간 중에 업무를 수행한 경우에 해당한 때에는 그 지정을 취소하여야 한다(산안법 제21조).
③ 고용노동부장관은 과징금 부과처분을 받은 자가 과징금의 전액을 한꺼번에 내기 어렵다고 인정되는 경우에는 그 납부기한을 연기하거나 분할하여 납부하게 할 수 있다(산안령 제112조).
④ 지정이 취소된 자는 지정이 취소된 날부터 2년 이내에는 각각 해당 안전관리전문기관 또는 보건관리전문기관으로 지정받을 수 없다(산안법 제21조).
⑤ 고용노동부장관은 위반행위의 동기, 내용 및 횟수 등을 고려하여 과징금 부과금액의 2분의 1 범위에서 과징금을 늘리거나 줄일 수 있다. 다만, 늘리는 경우에도 과징금 부과금액의 총액은 10억원을 넘을 수 없다(산안령 별표 33).

06 산업안전보건기준에 관한 규칙상 통로 등에 관한 설명으로 옳지 않은 것은?

① 사업주는 계단 및 승강구 바닥을 구멍이 있는 재료로 만드는 경우 렌치나 그 밖의 공구 등이 낙하할 위험이 없는 구조로 하여야 한다.

정답   05. ②   06. ②

② 사업주는 급유용 · 보수용 · 비상용 계단 및 나선형 계단을 설치하는 경우 그 폭을 1미터 이상으로 하여야 한다.
③ 사업주는 높이가 3미터를 초과하는 계단에 높이 3미터 이내마다 너비 1.2미터 이상의 계단참을 설치하여야 한다.
④ 사업주는 갱내에 설치한 통로 또는 사다리식 통로에 권상장치(卷上裝置)가 설치된 경우 권상장치와 근로자의 접촉에 의한 위험이 있는 장소에 판자벽이나 그 밖에 위험 방지를 위한 격벽(隔壁)을 설치하여야 한다.
⑤ 사업주는 높이 1미터 이상인 계단의 개방된 측면에 안전난간을 설치하여야 한다.

해설 ② [×] 사업주는 계단을 설치하는 경우 그 폭을 1m 이상으로 하여야 한다. 다만, 급유용 · 보수용 · 비상용 계단 및 나선형 계단이거나 높이 1m 미만의 이동식 계단인 경우에는 그러하지 아니하다(산기규 제27조).
① 사업주는 계단 및 승강구 바닥을 구멍이 있는 재료로 만드는 경우 렌치나 그 밖의 공구 등이 낙하할 위험이 없는 구조로 하여야 한다(산기규 제26조).
③ 사업주는 높이가 3m를 초과하는 계단에 높이 3m 이내마다 진행방향으로 길이 1.2m 이상의 계단참을 설치하여야 한다(산기규 제28조).
④ 사업주는 갱내에 설치한 통로 또는 사다리식 통로에 권상장치가 설치된 경우 권상장치와 근로자의 접촉에 의한 위험이 있는 장소에 판자벽이나 그 밖에 위험 방지를 위한 격벽을 설치하여야 한다(산기규 제25조).
⑤ 사업주는 높이 1m 이상인 계단의 개방된 측면에 안전난간을 설치하여야 한다(산기규 제30조).

07 산업안전보건법령상 정부의 책무 또는 사업주 등의 의무에 관한 설명으로 옳지 않은 것은?

① 사업주는 안전 · 보건의식을 북돋우기 위하여 산업안전 · 보건 강조기간의 설정 및 그 시행과 관련된 시책을 마련하여야 한다.
② 정부는 산업재해에 관한 조사 및 통계의 유지 · 관리를 성실히 이행할 책무를 진다.
③ 사업주는 해당 사업장의 안전 · 보건에 관한 정보를 근로자에게 제공하여야 한다.
④ 근로자는 사업주 또는 근로감독관, 한국산업안전보건공단 등 관계자가 실시하는 산업재해 방지에 관한 조치에 따라야 한다.
⑤ 원재료 등을 제조 · 수입하는 자는 그 원재료 등을 제조 · 수입할 때 산업안전보건법령으로 정하는 기준을 지켜야 한다.

해설 ① [×] 정부는 산업 안전 및 보건에 관한 의식을 북돋우기 위한 홍보 · 교육 등 안전문화 확산 추진을 성실히 이행할 책무를 진다(산안법 제4조).

정답 07. ①

② 정부는 산업재해에 관한 조사 및 통계의 유지·관리를 성실히 이행할 책무를 진다(산안법 제4조).
③ 사업주는 해당 사업장의 안전·보건에 관한 정보를 근로자에게 제공하여야 한다(산안법 제5조).
③ 근로자는 이 법과 이 법에 따른 명령으로 정하는 산업재해 예방을 위한 기준을 지켜야 하며, 사업주 또는 근로감독관, 공단 등 관계인이 실시하는 산업재해 예방에 관한 조치에 따라야 한다(산안법 제6조).
⑤ 원재료 등을 제조·수입하는 자는 그 원재료 등을 제조·수입할 때 산업안전보건법령으로 정하는 기준을 지켜야 한다(산안법 제5조).

08 산업안전보건법령상 유해인자인 벤젠 노출농도의 허용기준을 옳게 연결한 것은?

	시간가중평균값(TWA)	단시간 노출값(STEL)
㉠	0.5ppm	2.0ppm
㉡	0.5ppm	2.5ppm
㉢	0.5ppm	3.0ppm
㉣	1.0ppm	2.5ppm
㉤	1.0ppm	3.0ppm

① ㉠   ② ㉡   ③ ㉢   ④ ㉣   ⑤ ㉤

해설 ② [○] 벤젠(Benzene) 노출농도의 허용기준 (산시규 별표 19)
　　 1. 시간가중평균값(TWA) : 0.5ppm   2. 단시간 노출값(STEL) : 2.5ppm

09 산업안전보건법령상 건강진단에 관한 설명으로 옳지 않은 것은?

① 사업주가 실시하여야 하는 근로자 건강진단에는 일반건강진단, 특수건강진단, 배치전건강진단, 수시건강진단 및 임시건강진단이 있다.
② 건강진단기관이 건강진단을 실시한 때에는 그 결과를 근로자 및 사업주에게 통보하고 고용노동부장관에게 보고하여야 한다.
③ 사업주는 근로자대표가 요구할 때에는 해당 근로자 본인의 동의없이도 그 근로자의 건강진단결과를 공개할 수 있다.
④ 사업주는 특수건강진단, 배치전건강진단 및 수시건강진단을 지방고용노동관서의 장이 지정하는 의료기관에서 실시하여야 한다.
⑤ 사업주가「항공법」에 따른 신체검사를 실시하여 그 건강진단을 받은 근로자는 일반건강진단을 실시한 것으로 본다.

정답   08. ②   09. ③

해설 ③ [×] 개별 근로자의 건강진단 결과는 본인의 동의 없이 공개해서는 아니 된다(산안법 제132조).
① 사업주가 실시하여야 하는 근로자 건강진단에는 일반건강진단, 특수건강진단, 배치전 건강진단, 수시건강진단 및 임시건강진단이 있다(산안법 제129조-제131조).
② 건강진단기관은 건강진단을 실시한 때에는 고용노동부령으로 정하는 바에 따라 그 결과를 근로자 및 사업주에게 통보하고 고용노동부장관에게 보고하여야 한다(산안법 제134조).
④ 의료기관이 특수건강진단, 배치전건강진단 또는 수시건강진단을 수행하려는 경우에는 고용노동부장관으로부터 건강진단을 할 수 있는 기관(특수건강진단기관)으로 지정받아야 한다(산안법 제135조).
⑤ 사업주가 「항공안전법」에 따른 신체검사를 실시하여 그 건강진단을 받은 근로자는 일반건강진단을 실시한 것으로 본다(산안법 제129조, 산시규 제196조).

10 산업안전보건법령상 유해·위험설비에 해당하는 것은?
① 원자력 설비 ② 군사시설 ③ 차량 등의 운송설비
④ 「도시가스사업법」에 따른 가스공급시설
⑤ 화약 및 불꽃제품 제조업 사업장의 보유설비

해설 ⑤ [○] 화약 및 불꽃제품 제조업의 보유설비는 유해·위험 설비이다(산안령 제43조).
○ 유해하거나 위험한 설비 (산안령 제43조) ← 공정안전보고서의 제출 대상
  1. 원유 정제처리업 2. 기타 석유정제물 재처리업
  3. 석유화학계 기초화학물질 제조업 또는 합성수지 및 기타 플라스틱물질 제조업. 다만, 합성수지 및 기타 플라스틱물질 제조업은 인화성 액체 또는 메틸 이소시아네이트에 해당하는 경우로 한정한다.
  4. 질소 화합물, 질소·인산 및 칼리질 화학비료 제조업 중 질소질 비료 제조
  5. 복합비료 및 기타 화학비료 제조업 중 복합비료 제조(단순혼합 또는 배합에 의한 경우는 제외한다)
  6. 화학 살균·살충제 및 농업용 약제 제조업[농약 원제(原劑) 제조만 해당한다]
  7. 화약 및 불꽃제품 제조업
○ 유해하거나 위험한 설비로 보지 않는 설비 (산안령 제43조)
  1. 원자력 설비 2. 군사시설
  3. 사업주가 해당 사업장 내에서 직접 사용하기 위한 난방용 연료의 저장설비 및 사용설비
  4. 도매·소매시설 5. 차량 등의 운송설비
  6. 「액화석유가스의 안전관리 및 사업법」에 따른 액화석유가스의 충전·저장시설
  7. 「도시가스사업법」에 따른 가스공급시설

정답 10. ⑤

8. 그 밖에 고용노동부장관이 누출·화재·폭발 등의 사고가 있더라도 그에 따른 피해의 정도가 크지 않다고 인정하여 고시하는 설비

11 산업안전보건법령상 동일 사업장내에서 공정의 일부분을 도급하는 경우, 고용노동부장관의 인가를 받으면 그 작업만을 분리하여 도급(하도급을 포함한다)을 줄 수 있는 작업을 모두 고른 것은?

> ㄱ. 도금작업
> ㄴ. 카드뮴 등 중금속을 제련, 주입, 가공 및 가열하는 작업
> ㄷ. 크롬산 아연을 제조하는 작업
> ㄹ. 황화니켈을 사용하는 작업
> ㅁ. 휘발성 콜타르피치를 사용하는 작업

① ㄱ, ㄴ ② ㄱ, ㄹ ③ ㄴ, ㄷ, ㅁ ④ ㄷ, ㄹ, ㅁ ⑤ ㄱ, ㄴ, ㄷ, ㄹ, ㅁ

해설 ⑤ [○] 근로자의 안전 및 보건에 유해하거나 위험한 작업은 원칙적으로 도급이 금지되나 예외적으로 승인(인가)을 받으면 도급이 가능하다(산안법 제58조).
(ㄱ), (ㄴ)은 유해한 작업의 도급금지(산안법 제58조)로 규정되어 있고, (ㄷ), (ㄹ), (ㅁ)은 허가대상물질(산안령 제88조)에 해당하는 작업이다(산안법 제118조).

○ 유해한 작업의 도급금지 (산안법 제58조)
 ① 사업주는 근로자의 안전 및 보건에 유해하거나 위험한 작업으로서 다음 각 호의 어느 하나에 해당하는 작업을 도급하여 자신의 사업장에서 수급인의 근로자가 그 작업을 하도록 해서는 아니 된다.
  1. 도금작업
  2. 수은, 납 또는 카드뮴을 제련, 주입, 가공 및 가열하는 작업
  3. 산안법 제118조에 따른 허가대상물질을 제조하거나 사용하는 작업
 ② 사업주는 제1항에도 불구하고 다음 각 호의 어느 하나에 해당하는 경우에는 제1항 각 호에 따른 작업을 도급하여 자신의 사업장에서 수급인의 근로자가 그 작업을 하도록 할 수 있다.
  1. 일시·간헐적으로 하는 작업을 도급하는 경우
  2. 수급인이 보유한 기술이 전문적이고 사업주(수급인에게 도급을 한 도급인으로서의 사업주를 말한다)의 사업 운영에 필수 불가결한 경우로서 고용노동부장관의 승인을 받은 경우

정답 11. ⑤

12 산업안전보건법령상 건설 일용근로자가 건설업 기초안전·보건교육을 이수하여야 하는 경우 그 교육 시간은?

① 1시간 ② 2시간 ③ 3시간 ④ 4시간 ⑤ 5시간

해설 ④ [○] 건설 일용근로자의 건설업 기초안전·보건교육 : 4시간 이상 (산시규 별표 4)

13 산업안전보건법령상 산업안전지도사와 산업보건지도사의 업무범위에 공통적으로 해당하는 것을 모두 고른 것은?

> ㄱ. 유해·위험방지계획서의 작성 지도
> ㄴ. 안전보건개선계획서의 작성 지도
> ㄷ. 공정안전보고서의 작성 지도
> ㄹ. 직업병 예방을 위한 작업관리에 필요한 지도
> ㅁ. 보건진단 결과에 따른 개선에 필요한 기술 지도

① ㄱ ② ㄱ, ㄴ ③ ㄱ, ㄴ, ㄷ ④ ㄱ, ㄴ, ㄷ, ㄹ ⑤ ㄱ, ㄴ, ㄷ, ㄹ, ㅁ

해설 ② [○] (ㄱ), (ㄴ)은 공통, (ㄷ)은 산업안전지도사, (ㄹ), (ㅁ)은 산업보건지도사 업무이다.
○ 산업안전지도사와 산업보건지도사의 공통 업무범위 (산안법 제142조)
  1. 위험성평가의 지도   2. 안전보건개선계획서의 작성

14 산업안전보건법령상 제조 등 허가 대상 유해물질에 해당하지 않는 것은?

① 디클로로벤지딘과 그 염   ② 오로토-톨리딘과 그 염
③ 디아니시딘과 그 염   ④ 비소 및 그 무기화합물
⑤ 베타-나프틸아민과 그 염

해설 ⑤ [×] 허가 대상 유해물질 (산안령 제88조)
  1. α-나프틸아민 및 그 염 2. 디아니시딘 및 그 염 3. 디클로로벤지딘 및 그 염
  4. 베릴륨 5. 벤조트리클로라이드 6. 비소 및 그 무기화합물
  7. 염화비닐 8. 콜타르피치 휘발물
  9. 크롬광 가공 (열을 가하여 소성 처리하는 경우만 해당한다)
  10. 크롬산 아연   11. o-톨리딘 및 그 염   12. 황화니켈류
  13. 제1호부터 제4호까지 또는 제6호부터 제12호까지의 어느 하나에 해당하는 물질을 포함한 혼합물 (포함된 중량의 비율이 1% 이하인 것은 제외)
  14. 제5호의 물질을 포함한 혼합물 (포함된 중량의 비율이 0.5% 이하인 것은 제외)
  15. 그 밖에 보건상 해로운 물질로서 산업재해보상보험및예방심의위원회의 심의를 거쳐 고용노동부장관이 정하는 유해물질

정답 12. ④   13. ②   14. ⑤

15 산업안전보건법령상 유해·위험방지계획서에 관한 설명으로 옳지 않은 것은?

① 산업재해발생률 등을 고려하여 고용노동부령으로 정하는 기준에 적합한 건설업체의 경우는 고용노동부령으로 정하는 자격을 갖춘 자의 의견을 생략하고 유해·위험방지계획서를 작성한 후 이를 스스로 심사하여야 한다.
② 유해·위험방지계획서는 고용노동부장관에게 제출하여야 한다.
③ 유해·위험방지계획서를 제출한 사업주는 고용노동부장관의 확인을 받아야 한다.
④ 고용노동부장관은 유해·위험방지계획서를 심사한 후 근로자의 안전과 보건을 위하여 필요하다고 인정할 때에는 공사계획을 변경할 것을 명령할 수는 있으나, 공사중지명령을 내릴 수는 없다.
⑤ 깊이 10미터 이상인 굴착공사를 착공하려는 사업주는 유해·위험방지계획서를 작성하여야 한다.

해설 ④ [×] 고용노동부장관은 제출된 유해위험방지계획서를 고용노동부령으로 정하는 바에 따라 심사하여 그 결과를 사업주에게 서면으로 알려 주어야 한다. 이 경우 근로자의 안전 및 보건의 유지·증진을 위하여 필요하다고 인정하는 경우에는 해당 작업 또는 건설공사 중지나 유해위험방지계획서를 변경할 것을 명할 수 있다(산안법 제42조).

① 사업주 중 산업재해발생률 등을 고려하여 고용노동부령으로 정하는 기준에 해당하는 사업주는 유해위험방지계획서를 스스로 심사하고 그 심사결과서를 작성하여 고용노동부장관에게 제출하여야 한다(산안법 제42조).
② 유해위험방지계획서는 고용노동부장관에게 제출하여야 한다(산안법 제42조).
③ 유해위험방지계획서를 제출한 사업주는 공단의 확인을 받아야 한다(산시규 제46조).
⑤ 깊이 10m 이상인 굴착공사를 착공하려는 사업주는 유해위험방지계획서를 작성하여야 한다(산안령 제42조).

16 산업안전보건법령상 안전·보건표지 부착 등에 관한 설명으로 옳지 않은 것은?

① 「외국인근로자의 고용 등에 관한 법률」 제2조에 따른 외국인근로자를 채용한 사업주는 고용노동부장관이 정하는 바에 따라 외국어로 된 안전·보건표지와 작업안전수칙을 부착하도록 노력하여야 한다.
② 안전·보건표지의 표시를 명백히 하기 위하여 필요한 경우에는 그 안전·보건표지의 주위에 표시사항을 글자로 덧붙여 적을 수 있다.
③ 안전·보건표지 속의 그림 또는 부호의 크기는 안전·보건표지의 크기와 비례하여야 하며, 안전·보건표지 전체 규격의 30퍼센트 이상이 되어야 한다.
④ 안전·보건표지의 성질상 설치하거나 부착하는 것이 곤란한 경우에는 해당 물체에 직접 도색할 수 있다.
⑤ 안전모 착용 지시표지의 경우 바탕은 노란색, 관련 그림은 검은색으로 한다.

정답 15. ④ 16. ⑤

[해설] ⑤ [×] 안전모 착용 지시표지의 경우 바탕은 파란색, 관련 그림은 흰색으로 한다(산시규 별표 6).

① 외국인근로자를 사용하는 사업주는 안전보건표지를 고용노동부장관이 정하는 바에 따라 해당 외국인근로자의 모국어로 작성하여야 한다(산안법 제37조).

② 안전보건표지의 표시를 명확히 하기 위하여 필요한 경우에는 그 안전보건표지의 주위에 표시사항을 글자로 덧붙여 적을 수 있다(산시규 제38조).

③ 안전보건표지 속의 그림 또는 부호의 크기는 안전보건표지의 크기와 비례해야 하며, 안전보건표지 전체 규격의 30% 이상이 되어야 한다(산시규 제40조).

④ 안전보건표지의 성질상 설치하거나 부착하는 것이 곤란한 경우에는 해당 물체에 직접 도색할 수 있다(산시규 제39조).

17 산업안전보건법령상 안전보건총괄책임자의 직무에 해당하지 않는 것은?

① 「산업안전보건법」 제41조의 2에 따른 위험성평가의 실시에 관한 사항
② 안전인증대상 기계·기구 등과 자율안전확인대상 기계·기구 등의 사용 여부 확인
③ 근로자의 건강장해의 원인 조사와 재발 방지를 위한 의학적 조치
④ 「산업안전보건법」 제64조에 따른 도급사업 시의 안전·보건 조치
⑤ 「산업안전보건법 시행령」 제53조에 따른 수급인의 산업안전보건관리비의 집행감독 및 그 사용에 관한 수급인 간의 협의·조정

[해설] ③ [×] 의학적 조치는 산업보건의 또는 보건관리자의 직무에 해당한다.
○ 안전보건총괄책임자의 직무 (산안령 제53조)
1. 위험성평가의 실시에 관한 사항   2. 작업의 중지
3. 도급 시 산업재해 예방조치
4. 산업안전보건관리비 관계수급인 간의 사용에 관한 협의·조정 및 그 집행의 감독
5. 안전인증대상기계 등과 자율안전확인대상기계 등의 사용 여부 확인

18 산업안전보건기준에 관한 규칙상 석면의 제조·사용 작업, 해체·제거작업 및 유지·관리 등의 조치기준에 관한 설명으로 옳지 않은 것은?

① 사업주는 분말 상태의 석면을 혼합하거나 용기에 넣거나 꺼내는 작업, 절단·천공 또는 연마하는 작업 등 석면분진이 흩날리는 작업에 근로자를 종사하도록 하는 경우에 석면의 부스러기 등을 넣어 두기 위하여 해당 장소에 뚜껑이 있는 용기를 갖추어 두어야 한다.

② 사업주는 석면으로 인한 직업성 질병의 발생 원인, 재발 방지 방법 등을 석면을 취급하는 근로자에게 알려야 한다.

[정답] 17. ③   18. ③

③ 사업주는 석면에 오염된 장비, 보호구 또는 작업복 등을 처리하는 경우에 압축공기를 불어서 석면오염을 제거해야 한다.

④ 사업주는 석면해체·제거작업에서 발생된 석면을 함유한 잔재물은 습식으로 청소하거나 고성능필터가 장착된 진공청소기를 사용하여 청소하는 등 석면분진이 흩날리지 않도록 하여야 한다.

⑤ 사업주는 석면해체·제거작업장과 연결되거나 인접한 장소에 탈의실·샤워실 및 작업복 갱의실 등의 위생설비를 설치하고 필요한 용품 및 용구를 갖추어 두어야 한다.

해설 ③ [×] 사업주는 석면에 오염된 장비, 보호구 또는 작업복 등을 폐기하는 경우에 밀봉된 불침투성 자루나 용기에 넣어 처리하여야 한다(산기규 제485조). → 압축공기로 불면 안 됨.

① 사업주는 분말 상태의 석면을 혼합하거나 용기에 넣거나 꺼내는 작업, 절단·천공 또는 연마하는 작업 등 석면분진이 흩날리는 작업에 근로자를 종사하도록 하는 경우에 석면의 부스러기 등을 넣어 두기 위하여 해당 장소에 뚜껑이 있는 용기를 갖추어 두어야 한다(산기규 제484조).

② 사업주는 석면으로 인한 직업성 질병의 발생 원인 재발 방지 방법 등을 석면을 취급하는 근로자에게 알려야 한다(산기규 제486조).

④ 사업주는 석면해체·제거작업에서 발생된 석면을 함유한 잔재물은 습식으로 청소하거나 고성능필터가 장착된 진공청소기를 사용하여 청소하는 등 석면분진이 흩날리지 않도록 하여야 한다(산기규 제497조).

⑤ 사업주는 석면해체·제거작업장과 연결되거나 인접한 장소에 평상복 탈의실, 샤워실 및 작업복 탈의실 등의 위생설비를 설치하고 필요한 용품 및 용구를 갖추어 두어야 한다(산기규 제494조).

19 산업안전보건법령상 안전보건관리책임자(이하 "관리책임자"라 한다)에 관한 설명으로 옳지 않은 것은?

① 「산업안전보건기준에 관한 규칙」에서 정하는 근로자의 위험 또는 건강장해의 방지에 관한 사항은 관리책임자의 업무에 해당한다.
② 사업주는 관리책임자에게 그 업무를 수행하는 데 필요한 권한을 주어야 한다.
③ 사업지원 서비스업의 경우에는 상시 근로자 50명 이상인 경우에 관리책임자를 두어야 한다.
④ 관리책임자는 해당 사업에서 그 사업을 실질적으로 총괄관리하는 사람이어야 한다.
⑤ 건설업의 경우에는 공사금액 20억원 이상인 경우에 관리책임자를 두어야 한다.

해설 ③ [×] 사업지원 서비스업의 경우에는 상시 근로자 300명 이상인 경우에 관리책임자를 두어야 한다(산안령 별표 2).

정답 19. ③

① 안전보건규칙에서 정하는 근로자의 위험 또는 건강장해의 방지에 관한 사항은 관리책임자의 업무에 해당한다(산시규 제9조).
② 사업주는 안전보건관리책임자가 업무를 원활하게 수행할 수 있도록 권한·시설·장비·예산, 그 밖에 필요한 지원을 해야 한다(산안령 제14조).
④ 사업주는 사업장을 실질적으로 총괄하여 관리하는 사람에게 해당 사업장의 업무를 총괄하여 관리하도록 하여야 한다(산안법 제15조).
⑤ 건설업은 공사금액 20억원 이상인 경우에 관리책임자를 두어야 한다(산안령 별표 2).

20 산업안전보건법령상 작업 중 근로자가 추락할 위험이 있는 장소임에도 불구하고 사업주가 그 위험을 방지하기 위하여 필요한 조치를 취하지 않아 근로자가 사망한 경우, 사업주에게 과해지는 벌칙의 내용으로 옳은 것은?

① 7년 이하의 징역 또는 1억원 이하의 벌금
② 5년 이하의 징역 또는 5천만원 이하의 벌금
③ 3년 이하의 징역 또는 3천만원 이하의 벌금
④ 3년 이상의 징역 또는 10억원 이하의 과징금
⑤ 1년 이상의 징역 또는 5억원 이하의 과징금

해설 ① [○] 안전조치, 보건조치 또는 도급인의 안전조치 및 보건조치를 위반하여 사망에 이르게 한 자는 7년 이하의 징역 또는 1억원 이하의 벌금에 처한다(산안법 제167조).

21 산업안전보건법령상 고용노동부장관의 확인을 받은 경우로서 화학물질의 유해성·위험성 조사에서 제외되는 것을 모두 고른 것은?

ㄱ. 신규화학물질을 전량 수출하기 위하여 연간 100톤 이하로 제조하는 경우
ㄴ. 신규화학물질의 연간 수입량이 100킬로그램 미만인 경우
ㄷ. 해당 신규화학물질의 용기를 국내에서 변경하지 아니하는 경우
ㄹ. 해당 신규화학물질이 완성된 제품으로서 국내에서 가공하지 아니하는 경우

① ㄱ, ㄹ   ② ㄴ, ㄷ   ③ ㄱ, ㄴ, ㄷ   ④ ㄴ, ㄷ, ㄹ   ⑤ ㄱ, ㄴ, ㄷ, ㄹ

해설 ④ [○] (ㄴ), (ㄷ), (ㄹ)은 조사에서 제외된다. (ㄱ)은 10톤이하인 경우에 제외된다.

○ 고용노동부장관의 확인을 받은 경우로서 화학물질의 유해성·위험성 조사에서 제외되는 것 (산시규 제149조, 제149조, 제150조)
  1. 해당 신규화학물질이 완성된 제품으로서 국내에서 가공하지 않는 경우
  2. 해당 신규화학물질의 포장 또는 용기를 국내에서 변경하지 않거나 국내에서 포장하거나 용기에 담지 않는 경우

정답 20. ①   21. ④

3. 해당 신규화학물질이 직접 소비자에게 제공되고 국내 사업장에서 사용되지 않는 경우
4. 신규화학물질의 연간 수입량이 100kg 미만인 경우로서 고용노동부장관의 확인을 받은 경우
5. 제조하거나 수입하려는 신규화학물질이 시험·연구를 위하여 사용되는 경우
6. 신규화학물질을 전량 수출하기 위해 연간 10톤 이하로 제조하거나 수입하는 경우
7. 신규화학물질이 아닌 화학물질로만 구성된 고분자화합물로서 고용노동부장관이 정하여 고시하는 경우

22 산업안전보건법령상 도급인인 사업주가 작업장의 안전·보건관리조치를 위하여 2일에 1회 이상 작업장을 순회점검하여야 하는 사업에 해당하는 것은?

① 음악 및 기타 오디오물 출판업　② 사회복지 서비스업
③ 소프트웨어 개발 및 공급업　④ 금융 및 보험업　⑤ 정보서비스업

해설 ① [○] 음악 및 기타 오디오물 출판업이 해당 사업으로 규정되어 있다(산시규 제80조).

○ 도급인인 사업주가 작업장의 안전·보건관리조치를 위하여 2일에 1회 이상 작업장을 순회점검하여야 하는 사업 (산시규 제80조)

1. 건설업　　　　　　　　　　2. 제조업
3. 토사석 광업　　　　　　　　4. 서적, 잡지 및 기타 인쇄물 출판업
5. 음악 및 기타 오디오물 출판업　6. 금속 및 비금속 원료 재생업

23 산업안전보건법령상 안전보건관리규정의 작성 등에 관한 설명으로 옳은 것은?

① 안전보건관리규정을 작성하여야 할 사업의 사업주는 안전보건관리규정을 변경할 사유가 발생한 경우에는 그 사유가 발생한 날부터 60일 이내에 안전보건관리규정을 변경하여야 한다.
② 농업의 경우 상시 근로자 100명 이상을 사용하는 사업장에는 안전보건관리규정을 작성하여야 한다.
③ 사업주가 안전보건관리규정을 작성하는 경우에는 소방·가스·전기·교통 분야 등의 다른 법령에서 정하는 안전관리에 관한 규정과 통합하여 작성할 수 없다.
④ 사업주는 안전보건관리규정을 작성하거나 변경할 때에는 산업안전보건위원회의 심의·의결을 거쳐야 하며, 산업안전보건위원회가 설치되어 있지 아니한 사업장의 경우에는 근로자대표의 동의를 받아야 한다.
⑤ 해당 사업장에 적용되는 단체협약 및 취업규칙은 안전보건관리규정에 반할 수 없으며, 단체협약 또는 취업규칙 중 안전보건관리규정에 반하는 부분에 관하여는 안전보건관리규정으로 정한 기준에 따른다.

정답　22. ①　23. ④

해설 ④ [○] 사업주는 안전보건관리규정을 작성하거나 변경할 때에는 산업안전보건위원회의 심의·의결을 거쳐야 한다. 다만, 산업안전보건위원회가 설치되어 있지 아니한 사업장의 경우에는 근로자대표의 동의를 받아야 한다(산안법 제26조).

① 사업의 사업주는 안전보건관리규정을 작성해야 할 사유가 발생한 날부터 30일 이내에 별표 3의 내용을 포함한 안전보건관리규정을 작성해야 한다. 이를 변경할 사유가 발생한 경우에도 또한 같다(산시규 제25조).

② 농업의 경우 상시 근로자 300명 이상을 사용하는 사업장에는 안전보건관리규정을 작성하여야 한다(산시규 별표 2).

③ 사업주가 안전보건관리규정을 작성할 때에는 소방·가스·전기·교통 분야 등의 다른 법령에서 정하는 안전관리에 관한 규정과 통합하여 작성할 수 있다(산시규 제25조).

⑤ 안전보건관리규정은 단체협약 또는 취업규칙에 반할 수 없다. 이 경우 안전보건관리규정 중 단체협약 또는 취업규칙에 반하는 부분에 관하여는 그 단체협약 또는 취업규칙으로 정한 기준에 따른다(산안법 제25조).

24. 산업안전보건법령상 노사협의체에 관한 설명으로 옳지 않은 것은?

① 노사협의체의 회의는 근로자위원 및 사용자위원 각 과반수의 출석으로 시작하고 출석위원 과반수의 찬성으로 의결한다.

② 노사협의체의 위원장은 직권으로 노사협의체에 공사금액이 20억원 미만인 도급 또는 하도급 사업의 사업주 및 근로자대표를 위원으로 위촉할 수 있다.

③ 노사협의체의 위원장은 위원 중에서 호선(互選)한다. 이 경우 근로자위원과 사용자위원 중 각 1명을 공동위원장으로 선출할 수 있다.

④ 노사협의체의 위원장은 노사협의체에서 심의·의결된 내용 등 회의 결과와 중재 결정된 내용 등을 사내방송이나 사내보, 게시 또는 자체 정례조회, 그 밖의 적절한 방법으로 근로자에게 신속히 알려야 한다.

⑤ 노사협의체의 회의는 정기회의와 임시회의로 구분하되, 정기회의는 2개월마다 노사협의체의 위원장이 소집하며, 임시회의는 위원장이 필요하다고 인정할 때에 소집한다.

해설 ② [×] 노사협의체의 근로자위원과 사용자위원은 합의하여 노사협의체에서 공사금액이 20억원 미만인 공사의 관계수급인 및 관계수급인 근로자대표를 위원으로 위촉할 수 있다(산안령 제64조).

① 회의는 근로자위원 및 사용자위원 각 과반수의 출석으로 개의하고 출석위원 과반수의 찬성으로 의결한다(산안령 제37조).

③ 노사협의체의 위원장은 위원 중에서 호선(互選)한다. 이 경우 근로자위원과 사용자위원 중 각 1명을 공동위원장으로 선출할 수 있다(산안령 제36조).

정답 24. ②

④ 노사협의체의 위원장은 노사협의체에서 심의·의결된 내용 등 회의 결과와 중재 결정된 내용 등을 사내방송이나 사내보 게시 또는 자체 정례조회, 그 밖의 적절한 방법으로 근로에게 신속히 알려야 한다(산안령 제39조).
⑤ 노사협의체의 회의는 정기회의와 임시회의로 구분하여 개최하되, 정기회의는 2개월마다 노사협의체의 위원장이 소집하며, 임시회의는 위원장이 필요하다고 인정할 때에 소집한다(산안령 제65조).

25 산업안전보건법령상 안전검사에 관한 설명으로 옳지 않은 것은?

① 유해·위험기계 등을 사용하는 사업주와 소유자가 다른 경우에는 유해·위험기계 등을 사용하는 사업주가 안전검사를 받아야 한다.
② 이삿짐운반용 리프트의 최초 안전검사는 「자동차관리법」 제8조에 따른 신규등록 이후 3년 이내에 실시하여야 한다.
③ 안전검사 신청을 받은 안전검사기관은 30일 이내에 해당 기계·기구 및 설비별로 안전검사를 하여야 한다.
④ 안전검사에 합격한 유해·위험기계 등을 사용하는 사업주는 그 유해·위험기계 등이 안전검사에 합격한 것임을 나타내는 표시를 하여야 한다.
⑤ 안전검사를 받아야 하는 자가 자율검사프로그램을 정하고 고용노동부장관의 인정을 받아 그에 따라 유해·위험기계 등의 안전에 관한 성능검사를 하면 안전검사를 받은 것으로 보며, 이 경우 자율검사프로그램의 유효기간은 2년으로 한다.

해설 ① [×] 안전검사대상기계 등을 사용하는 사업주와 소유자가 다른 경우에는 안전검사상 기계 등의 소유자가 안전검사를 받아야 한다(산안법 제93조).
② 이동식 크레인, 이삿짐운반용 리프트 및 고소작업대 : 신규등록 이후 3년 이내에 최초 안전검사를 실시하되, 그 이후부터 2년마다 실시하여야 한다(산시규 제126조).
③ 안전검사 신청을 받은 안전검사기관은 검사 주기 만료일 전후 각각 30일 이내에 해당 기계·기구 및 설비별로 안전검사를 해야 한다(산시규 제124조).
④ 안전검사에 합격한 안전검사대상기계 등을 사용하는 사업주는 그 안전검사대상기계 등이 안전검사에 합격한 것임을 나타내는 표시를 하여야 한다(산시규 별표 16).
⑤ 안전검사를 받아야 하는 자가 자율검사프로그램을 정하고 고용노동부장관의 인정을 받아 그에 따라 안전검사대상기계 등의 안전에 관한 성능검사를 하면 안전검사를 받은 것으로 보며, 이 경우 자율검사프로그램의 유효기간은 2년으로 한다(산안법 제98조).

정답 25. ①

제2과목 : 산업안전일반

26. 산업안전보건법령상 관리감독자를 대상으로 실시하는 정기 안전·보건교육 내용으로 옳지 않은 것은?

① 작업공정의 유해·위험과 재해 예방대책에 관한 사항
② 표준안전 작업방법 및 지도요령에 관한 사항
③ 산업보건 및 직업병 예방에 관한 사항
④ 산업재해보상보험 제도에 관한 사항
⑤ 산업안전보건법 및 일반관리에 관한 사항

[해설] ⑤ [×] 산업안전보건법령 및 산업재해보상보험 제도에 관한 사항 (산시규 별표 5)

○ 관리감독자 정기교육 (산시규 별표 5) <개정 2023. 9. 27>
1. 산업안전 및 사고 예방에 관한 사항
2. 산업보건 및 직업병 예방에 관한 사항
3. 위험성평가에 관한 사항
4. 유해·위험 작업환경 관리에 관한 사항
5. 산업안전보건법령 및 산업재해보상보험 제도에 관한 사항
6. 직무스트레스 예방 및 관리에 관한 사항
7. 직장 내 괴롭힘, 고객의 폭언 등으로 인한 건강장해 예방 및 관리에 관한 사항
8. 작업공정의 유해·위험과 재해 예방대책에 관한 사항
9. 사업장 내 안전보건관리체제 및 안전·보건조치 현황에 관한 사항
10. 표준안전 작업방법 결정 및 지도·감독 요령에 관한 사항
11. 현장근로자와의 의사소통능력 및 강의능력 등 안전보건교육 능력 배양에 관한 사항
12. 비상시 또는 재해 발생 시 긴급조치에 관한 사항
13. 그 밖의 관리감독자의 직무에 관한 사항

27. 교육의 3요소에는 주체, 객체, 매개체가 있다. 이 중 교육의 객체(object of edu-cation)에 해당하는 것은?

① 교육생   ② 강사   ③ 교재   ④ 설문지   ⑤ 교육기관

[해설] ① [○] 교육의 3요소 중 객체는 교육생(수강생)이 해당한다.

○ 교육의 3요소
1. 주체 : 교사(강사)   2. 객체 : 교육생(수강생)   3. 매개체 : 교재

정답 26. ⑤   27. ①

28 A기업은 학습지도 방법의 형태 중 '교재에 의한 피교육자의 자율적 학습' 방법을 선택하여 근로자에게 안전·보건교육을 실시하고 있다. A기업의 학습지도 방식에 해당하는 것은?

① 강의식   ② 필기식   ③ 독서식   ④ 시범식   ⑤ 계도식

해설 ③ [○] 교재에 의한 피교육자의 자율적 학습은 피교육자가 교재를 읽음으로써 학습하는 방법으로 독서식에 해당한다.

○ 학습지도방법 7형태 : 강의식, 독서식, 필기식, 계도식, 시범식, 시청각 교재 이용, 신체적 표현

29 사업장 위험성평가에 관한 지침 중 용어의 정의로 옳지 않은 것은?

① "유해·위험요인"은 유해·위험을 일으킬 잠재적 가능성이 있는 것의 고유한 특징이나 속성을 뜻한다.
② "위험성추정"은 유해·위험요인이 부상 또는 질병으로 이어질 수 있는 가능성과 중대성을 조합한 것이다.
③ "위험성결정"은 유해·위험요인별로 추정한 위험성의 크기가 허용 가능한 범위인지를 판단하는 것을 말한다.
④ "기록"은 사업장에서 위험성평가 활동을 수행한 근거와 그 결과를 문서로 작성하여 보존하는 것이다.
⑤ "위험성"은 유해요인과 위험요인을 찾아내는 과정을 말한다.

해설 ② [×] "위험성 추정"이란 유해·위험요인별로 부상 또는 질병으로 이어질 수 있는 가능성과 중대성의 크기를 각각 추정하여 위험성의 크기를 산출하는 것을 말한다(사업장 위험성평가에 관한 지침 제3조). ← "위험성 추정" 삭제(개정 2024. 12. 18)

⑤ "위험성"이란 유해·위험요인이 사망, 부상 또는 질병으로 이어질 수 있는 가능성과 중대성 등을 고려한 위험의 정도를 말한다(사업장 위험성평가에 관한 지침 제3조).

30 사업장 위험성평가에 관한 지침의 설명 중 ( )에 들어갈 내용으로 옳은 것은?

> 사업주가 스스로 사업장의 유해·위험요인에 대한 실태를 파악하고 이를 평가하여 관리·개선하는 등 필요한 조치를 할 수 있도록 지원하기 위하여 위험성평가 ( ), ( ), ( ) 등에 관한 기준을 제시하고, 위험성평가 활성화를 위한 시책의 운영 및 지원사업 등 그 밖에 필요한 사항을 규정함을 목적으로 한다.

① 계획, 실시, 결과조치   ② 방법, 절차, 시기   ③ 목표, 계획, 시기
④ 규정, 계획, 방법   ⑤ 계획, 절차, 결과

정답 28. ③   29. ②   30. ②

해설 ② [○] 사업주가 스스로 사업장과 유해·위험요인에 대한 실태를 파악하고 이를 평가하여 관리·개선하는 등 필요한 조치를 통해 산업재해를 예방할 수 있도록 지원하기 위하여 위험성평가 방법, 절차, 시기 등에 대한 기준을 제시하고 위험성평가 활성화를 위한 시책의 운영 및 지원사업 등 그 밖에 필요한 사항을 규정함을 목적으로 한다(사업장 위험성평가에 관한 지침 제1조).

31 안전관리계획의 운영방법에서 안전보건평가 항목의 주요 평가척도의 종류에 해당되지 않는 것은?

① 절대척도 ② 상대척도 ③ 평정척도 ④ 기능척도 ⑤ 도수척도

해설 ④ [×] 안전보건평가 항목의 주요 평가척도에 기능척도는 해당이 없다. 기능척도 또는 기능수준척도(LOF, Level of Functioning)는 프로그램 담당자가 클라이언트(사용자)의 행동을 관찰한 후 측정하는 척도이다.

○ 안전보건평가 항목의 주요 평가척도
 1. 절대척도 : 재해건수 등 수치로 나타낸 것
 2. 상대척도 : 도수율, 강도율, 연천인률
 3. 도수척도 : 중앙값, % 등
 4. 평정척도 : 교수가 학생들의 시험결과를 "A, B, C, D, F"로 평가하는 것

32 B기업은 근로자들에게 안전지식을 높이고 의식을 함양하기 위해서 안전교육을 다음과 같은 방식으로 실시하였다. B기업에서 채택하고 있는 교육의 진행 방식으로 옳은 것은?

> 새로운 자료나 교재를 제시하고 거기에서 나온 문제점을 피교육자로 하여금 제기하게 하거나, 의견을 여러 가지 방법으로 발표하게 하고, 다시 깊이 파고들어서 토의를 진행하는 방법이다.

① Forum ② On the Job Training (OJT) ③ Panel Discussion
④ Buzz Session ⑤ Case Study

해설 ① [○] Forum : 공공의 장소에서 많은 사람이 모여 공공의 문제에 대해 사회자의 진행으로 공개 토의하는 방법이다. 토의를 위한 간략한 주제 발표가 있은 뒤, 청중의 참여로 이뤄진다. 포럼(forum)은 '포럼 디스커션'의 준말로 로마 시대 도시에 있던 광장을 의미하는 말로서 이 곳에서의 연설·토론 방식으로부터 '포럼'이 유래했다.

② On the Job Training(OJT) : 교육형태에 따른 용어로 "직장내교육"으로 번역되고, 일반적으로 말하면 "부하지도·육성"이다.

정답 31. ④ 32. ①

③ Panel Discussion : 특정 주제에 대해 상반되는 견해를 대표하는 몇몇 사람들이 사회자의 진행에 따라 토의하는 형태이다.

④ Buzz Session : 분임 토의(Buzz Session) 기법은 미시간대학교의 J. D. 필립스가 창안한 방법으로, 이를 응용한 학습을 버즈 학습(buzz learning)이라 한다. 윙윙거린다는 뜻의 버즈라는 이름은 토의할 때 각 분단의 학생들이 와글와글 의견을 나누는 것이, 마치 벌떼가 날아가는 소리처럼 들린다고 하여 붙여진 것이다.
버즈 세션은 참가자를 최대 50명까지로 할 수 있으며, 먼저 여섯 사람씩 짝지어 분단을 만들고, 6분간 자유롭게 의견을 나눈 뒤에 그 결과를 가지고 전체가 토의하는 방식으로, '6-6토의'라고도 한다.

⑤ Case Study : 사례 연구라고 사용되며, 사회과학 관련 분야에서 이루어지는 연구방법의 하나로, 하나 또는 몇 개의 사례를 중심으로 분석하는 연구이다.

33 교육훈련평가의 4단계에서 각 단계별로 내용이 올바르게 연결된 것은?

① 제1단계 - 반응단계   ② 제2단계 - 행동단계   ③ 제3단계 - 결과단계
④ 제4단계 - 학습단계   ⑤ 제4단계 - 행동단계

해설 ① [○] 교육훈련평가의 4단계 모형은 "제1단계 반응단계 → 제2단계 학습단계 → 제3단계 행동단계 → 제4단계 결과단계"로 평가하는 모형이다.

○ 교육훈련평가의 4단계 모형 내용
1. 제1단계 반응단계 : 만족도 평가 → 훈련을 어떻게 생각하고 있는가?
2. 제2단계 학습단계 : 어떠한 원칙 → 사실, 기술을 배웠는가?
3. 제3단계 행동단계 : 전이평가 → 교육훈련을 통해 직무수행상 어떠한 행동의 변화를 가져 왔는가?
4. 제4단계 결과단계 : 경영성과 기여도 평가 → 교육훈련을 통해 직무수행상 어떠한 성과(생산성, 품질, 원가, 납기, 안전 등)를 가져 왔는가?

34 재해손실에 따른 평가산정 방식에서 재해코스트 이론을 주장한 인물과 평가산정 방식의 내용이 옳지 않은 것은?

① 하인리히(H. Heinrich) : 총 재해코스트는 직접비와 간접비의 합이다.
② 시몬즈(R. Simonds) : 총 재해코스트는 산재보험코스트와 비보험코스트의 합이다.
③ 콤페스(P. Compes) : 총 재해손실비용은 공동비용(불변)과 개별비용(변수)의 합이다.
④ 버드(F. Bird) : 간접비의 빙산원리를 주장하였으며, 총 재해손실비용은 보험비, 비보험 재산비용, 비보험 제반비용을 포함한다고 하였다.
⑤ 노구찌(野口三郎) : 하인리히의 평균치법을 근거로 일본의 상황에 맞는 손실방법을 제시하였다.

해설 ⑤ [×] 노구치(野口)는 하인리히의 1 : 4 비율을 이용하지 않고, 시몬즈의 평균치 법을 채택하였다. 총재해비=법정보상(산재보험부담금+ 회사부담금)+ 법정보상 제외보상(위로금+ 퇴직금할증+ 장례추가비용+ 기타경비)

35 ( )에 들어갈 내용으로 옳은 것은?

> 산업안전보건법령상 산업안전보건위원회의 회의는 정기회의와 임시회의로 구분하되, 정기회의는 ( )마다 위원장이 소집하며, 임시회의는 위원장이 필요하다고 인정할 때에 소집한다.

① 1개월   ② 분기   ③ 반기   ④ 1년   ⑤ 격년

해설 ② [○] 산업안전보건위원회의 회의는 정기회의와 임시회의로 구분하되, 정기회의는 분기마다 산업안전보건위원회의 위원장이 소집하며, 임시회의는 위원장이 필요하다고 인정할 때에 소집한다(산안령 제37조).

36 신뢰성의 개념에 관한 설명으로 옳지 않은 것은? (단, t 는 시간이다.)

① 신뢰도는 시스템, 기기 및 부품 등이 정해진 사용조건에서 의도하는 기간에 정해진 기능을 수행할 확률이다.
② 누적고장률함수 $F(t)$ 는 처음부터 임의의 시점까지 고장이 발생할 확률을 나타내는 함수이다.
③ 고장확률밀도함수 $f(t)$ 는 시간당 어떤 비율로 고장이 발생하고 있는가를 나타내는 함수이다.
④ 고장률 $h(t)$ 는 현재 고장이 발생하지 않은 제품 중 단위시간 동안 고장이 발생할 제품의 비율이다.
⑤ 신뢰도함수 $R(t)$ 는 임의의 시점에서 고장을 일으키지 않고 남아 있는 제품의 비율로, $1-f(t)$ 로 정의된다. (단, $f(t)$ 는 고장확률밀도함수이다.)

해설 ⑤ [×] 신뢰도함수 $R(t)$ 는 전체 제품 중 시간 t 까지 고장을 일으키지 않고 남아 있는 (살아 있을) 제품의 비율로 $R(t) = e^{-\lambda t}$ 이고, 신뢰도 $R(t) = 1 - F(t)$ 의 관계이다. $F(t)$ 는 누적고장확률로서, 불신뢰도라고도 한다.

정답 35. ②   36. ⑤

37 C회사에서 생산되는 가변저항의 수명이 지수분포를 따르고 있을 때 고장확률밀도함수 $f(t)=\dfrac{1}{200}e^{-t/200}$ 이라면, $t=200$주(week)일 때 누적고장확률 $F(200)$은 얼마인가? (단, 소숫점 넷째 자리에서 반올림한다.)

① 0.018　② 0.268　③ 0.368　④ 0.632　⑤ 0.732

해설　④ [○] 고장확률밀도함수 $f(t)=\lambda e^{-\lambda t}=\dfrac{1}{200}e^{-t/200}$ (여기서, 고장률 $\lambda=\dfrac{1}{MTBF}$)

신뢰도 $R(t)=P(t\geq 200)=e^{-\lambda t}=e^{-t/MTBF}=e^{-200/200}=e^{-1}=0.368$

누적고장확률(불신뢰도) $F(t)=1-R(t)=1-0.368=0.632$

38 시스템의 수명주기 5단계를 순서대로 나열한 것은?

ㄱ. 생산　ㄴ. 구상　ㄷ. 개발　ㄹ. 운전　ㅁ. 정의

① ㄱ-ㄴ-ㄷ-ㄹ-ㅁ　② ㄴ-ㄷ-ㄱ-ㅁ-ㄹ
③ ㄴ-ㅁ-ㄷ-ㄱ-ㄹ　④ ㄹ-ㄷ-ㄱ-ㅁ-ㄴ
⑤ ㅁ-ㄴ-ㄱ-ㄷ-ㄹ

해설　③ [○] 시스템의 수명주기 5단계 : 구상 → 정의 → 개발 → 생산 → 운전

39 FTA(Fault Tree Analysis) 분석기법을 이용하여, 다음의 정상사상(top event) T의 미니멀 컷셋(minimal cut set)을 구하면?

$T=A_1\cdot A_2$ (여기서, $A_1=X_1\cdot X_2$, $A_2=X_1+X_3$)

① $(X_1,\ X_2)$　② $(X_1,\ X_3)$　③ $(X_2,\ X_3)$　④ $(X_1,\ X_2,\ X_3)$
⑤ $(X_1,\ X_2),(X_2,\ X_3)$

해설　① [○] 시스템 가동중단을 일으키는 미니멀 컷셋(minimal cut set)을 구하기 위한 방법으로서 퍼셀(Fussell) 알고리즘을 이용하면 계산이 용이하다. 퍼셀 알고리즘은 FT도에서 정상사상을 일으키는 미니멀 컷셋의 확률을 빨리 구할 수 있도록 하는 알고리즘이다. 구하는 식에서 AND Gate는 횡으로, OR Gate는 종으로 배치시킨 후에 인수분해에서와 같이 인수들의 곱의 집합을 구한 후에 공통되는 인수만 선택하여 미니멀 컷셋의 집합을 구하는 방법이다.

정답　37. ④　38. ③　39. ①

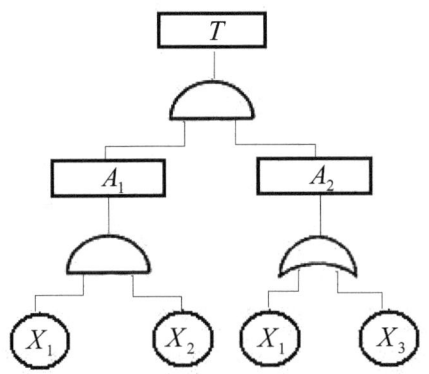

$$T = A_1 \times A_2 = (X_1, X_2) \times \begin{pmatrix} X_1 \\ X_3 \end{pmatrix}$$

$$= (X_1, X_2, X_1), (X_1, X_2, X_3) = (X_1, X_2), (X_1, X_2, X_3) = (X_1, X_2)$$

40 D부품회사는 최근 개발한 신규 볼 베어링의 수명을 예측하기 위하여 가속시험을 수행하였다. 통상적으로 볼 베어링에 작용하는 하중은 20kN이다. 이 볼 베어링에 80kN의 하중을 가해 가속시험을 하였을때 가속계수는 얼마인가? (단, 가속모델은 n승 법칙 모델을 따르고, n=2.5이다.)

① 4　　② 16　　③ 32　　④ 64　　⑤ 128

해설　③ [○] n=2.5이고, n승 법칙 모델을 따르면 가속계수 $= \left(\dfrac{80}{20}\right)^{2.5} = 4^{2.5} = 32$

41 E사의 안전관리자는 최근 설치된 수입 기계의 긴급정지 버튼이 파란색으로 표시되어 있는 것을 발견하고, 이를 빨간색으로 교체하도록 시정조치하였다. 안전관리자의 이러한 조치와 직접적으로 관련된 양립성은?

① 운동 양립성　② 위치 양립성　③ 공간 양립성　④ 개념 양립성
⑤ 양식 양립성

해설　④ [○] 개념 양립성은 코드나 상징이 인간이 가지는 개념적 현상의 양립성으로 빨간색은 정지, 파란색은 운전 등이다.
① 운동 양립성은 조종장치의 조작방법에 따라 기계장치나 자동차가 조작대로 움직이는 것이다.
③ 공간 양립성은 표시장치와 이에 대응하는 조종장치의 위치가 인간의 기대에 모순되지 않는 것이다.

⑤ 양식 양립성은 청각적 자극 제시와 이에 대한 음성응답, 시각적 자극 제시와 손으로 반응 등이 양립성에 대한 보기이다.

42 광원으로부터 2m 떨어진 곳의 조도가 2,000lux이면, 같은 광원으로부터 4m 거리에서의 조도(lux)는? (단, 동일한 조명 환경이 유지되는 것으로 가정한다.)

① 100   ② 200   ③ 250   ④ 500   ⑤ 1,000

해설 ④ 4m 거리 → 조도=광도/거리^2 =8,000/4^2 =500Lux

여기서, 광도는 2m 거리 이용으로 구함. 광도=거리^2×조도=2^2×2,000=8,000

43 500명이 근무하는 ㈜안전의 작년 재해 통계를 기준으로 하였을 때, ㈜안전의 근로자가 입사하여 정년까지 평균적으로 경험하는 재해건수와 근로손실일수가 각각 0.5건과 10일인 것으로 나타났다. ㈜안전의 작년 재해자수와 근로손실일수는?
(단, 근로자 1인당 연간 총근로시간은 2,400시간, 근로자 1인이 입사하여 정년까지 근무하는 총근로시간은 100,000시간으로 가정한다.)

① 재해자수 : 5명, 근로손실일수 : 60일   ② 재해자수 : 5명, 근로손실일수 : 120일
③ 재해자수 : 6명, 근로손실일수 : 60일   ④ 재해자수 : 6명, 근로손실일수 : 120일
⑤ 재해자수 : 10명, 근로손실일수 : 100일

해설 ④ [○] 연천인율= $\dfrac{연간재해자 수}{연평균 근로자수}$ ×1,000 → 12= $\dfrac{연간재해자 수}{500}$ ×1,000

→ 연간재해자수=6

여기서, 연천인율=도수율×2.4=5×2.4=12

단, 환산도수율(퇴직시까지 재해건수=0.5)=도수율×0.1 → 도수율=5

강도율= $\dfrac{총근로손실일수}{연근로시간수}$ ×1,000 → 0.1= $\dfrac{총근로손실일수}{500×2,400}$ ×1,000

→ 총근로손실일수=120

여기서, 환산강도율(퇴직시까지 근로손실일수=10일)=강도율×100

→ 10=강도율×100 → 강도율=0.1

44 인간-기계 시스템에서 인간 기준(human criteria) 평가 척도의 유형이 나머지와 다른 것은?

① 근전도   ② 피부온도   ③ 심박수   ④ 뇌파   ⑤ 선호도

해설 ⑤ [×] 선호도는 주관적 반응 척도이고, 나머지는 생리학적 지표이다.

정답 42. ④   43. ④   44. ⑤

○ 인간 기준(human criteria) 평가 척도의 유형
   1. 인간성능 척도 : 빈도, 근력강도, 응답, 지속
   2. 생리학적 지표 : 심장, 호흡, 신경, 감각, 근력, 피부
   3. 주관적 반응 척도 : 주관적 의견, 편의성, 선호도, 안락성
   4. 사고 및 과오의 빈도 : 발생률, 발생빈도

45 개인보호구에 관한 설명으로 옳지 않은 것은?

① 개인보호구는 근로자의 몸에 맞출 수 있도록 조절될 수 있어야 한다.
② ABE형 안전모는 규정된 시험 절차에 따라 내전압성 성능시험을 통과해야 한다.
③ 금속 흄 등과 같이 열적으로 생기는 분진발생 장소에서는 1급 방진 마스크를 사용하는 것이 적절하다.
④ 차음해야 할 소음이 저음부터 고음까지 고른 경우에는 2종 귀마개(EP-2)를 사용해야 한다.
⑤ 청력보호구는 보호구 착용으로 8시간 시간가중평균 90dB(A) 이하의 소음노출수준이 되도록 차음효과가 있어야 한다.

해설 ④ [×] 저음부터 고음까지를 차음시키는 것은 1종 귀마개(EP-1)이고, 주로 고음을 차음시키고 저음은 차음시키지 않는 것은 2종 귀마개(EP-2)이다.

46 NIOSH 들기작업 공식을 이용한 중량물취급 작업의 평가에 관한 설명으로 옳은 것을 모두 고른 것은?

ㄱ. 들기지수(LI)가 1보다 작으면 안전한 작업이다.
ㄴ. 작업지속시간과 작업의 횟수를 조사해야 한다.
ㄷ. 가장 좋은 조건에서 들기작업의 최대 권장 하중은 25kg이다.

① ㄱ   ② ㄷ   ③ ㄱ, ㄴ   ④ ㄴ, ㄷ   ⑤ ㄱ, ㄴ, ㄷ

해설 (ㄱ) [○] 들기지수(LI)는 무게와 권장무게한계의 비율이며, 들기지수(LI)가 1보다 작아야 안전하다.
(ㄴ) [○] 작업지속시간과 작업의 횟수를 조사해야 한다.
(ㄷ) 가장 좋은 조건에서 들기작업의 최대 권장 하중은 23kg이다.

47 스웨인(Swain)의 인적오류 분류 방법에 따를 때, 제품에 라벨을 부착하는 작업 중 잘못된 위치에 라벨을 부착한 경우에 해당되는 오류는?

정답 45. ④   46. ③   47. ①

① 작위 오류   ② 누락 오류   ③ 시간 오류   ④ 순서 오류
⑤ 불필요한 수행 오류

해설 ① [O] 작위 오류(실행 오류)는 필요한 직무 또는 절차의 잘못된 수행이고, 부작위 오류는 필요한 직무 또는 절차를 수행하지 않는 것이다.

48 재해원인을 파악하고 분석하는데 쓰이는 기법에 관한 설명으로 옳은 것을 모두 고른 것은?

> ㄱ. 파레토 분석은 여러 관련 요인 중 재해의 주요 원인을 파악하는데 적합하다.
> ㄴ. 관리도는 재해 관련 요인의 특성변화 추이를 파악하여 목표를 관리하는데 적합하다.
> ㄷ. 특성요인도는 재해 발생과정을 포괄적으로 파악하여 특성별수준에 따라 재해 발생원인을 분석하는데 적합하다.

① ㄱ   ② ㄴ   ③ ㄱ, ㄷ   ④ ㄴ, ㄷ   ⑤ ㄱ, ㄴ, ㄷ

해설 (ㄱ) [O] 파레토 분석은 여러 가지 원인 및 대책에 있어서 집중적(중점적)으로 관리해야 하는 대상을 선정하기에 적합하다.
(ㄴ) [O] 관리도는 재해요인의 특성변화 추이를 파악하여 목표를 관리하는데 편리하다.
(ㄷ) [O] 특성요인도(생선뼈그림)는 재해 발생 과정을 포괄적으로 파악하며, 특성별 수준에 따라 재해 발생 원인을 분석하는데 편리하다.

49 F사 안전보건팀은 작년에 이 회사에서 발생한 재해와 관련하여 다음과 같은 업무를 수행하였다. 재해사례 연구의 진행단계에 따라 각 업무 활동을 순서대로 나열한 것은?

> ㄱ. 재해와 관련된 사실 및 재해요인으로 알려진 사실을 확인하였다.
> ㄴ. 유사 재해가 발생하는 것을 방지하기 위한 대책을 수립하였다.
> ㄷ. 인적, 물적, 관리적 측면에서 문제점을 파악하고 분석하였다.
> ㄹ. 재해 발생의 근본적 문제점을 결정하였다.

① ㄱ-ㄴ-ㄷ-ㄹ   ② ㄱ-ㄷ-ㄹ-ㄴ   ③ ㄱ-ㄹ-ㄷ-ㄴ
④ ㄹ-ㄱ-ㄷ-ㄴ   ⑤ ㄹ-ㄷ-ㄱ-ㄴ

해설 ② [O] 재해사례 연구의 진행단계 : 재해상황의 파악 → 사실의 확인 → 문제점의 발견 → 근본적 문제점 결정 → 대책수립

정답 48. ⑤   49. ②

50 인간-기계시스템에 관한 설명으로 옳지 않은 것은?

① 인간-기계시스템에서 인간과 기계는 공통의 목표를 갖고 있다.
② 기계에서 경보음을 위한 스피커는 인간-기계시스템의 청각적 표시장치에 해당된다.
③ 인간-기계 인터페이스(interface)를 설계할 때는 인간의 신체적 특성, 인지 특성, 감성 특성 등을 고려해야 한다.
④ 인간-기계시스템은 정보표시 방식에 따라 개회로(open-loop) 시스템과 폐회로(closed-loop) 시스템으로 구분된다.
⑤ 인간-기계시스템은 사용 환경을 고려하여 설계하여야 한다.

해설 ④ [×] 인간-기계시스템은 제어시스템에 따라 개회로 시스템과 폐회로 시스템으로 구분된다. 개회로(open-loop) 시스템은 일단 작동된 후에는 그 이상의 조종이 필요없거나 조종이 불가능한 체계이고, 폐회로(closed-loop) 시스템은 연속적인 조종을 필요로 하는 연속적인 체계로서 연속적인 순환정보를 필요로 한다.

제3과목 : 기업진단·지도

51 직무급(job-based pay)에 관한 설명으로 옳은 것을 모두 고른 것은?

> ㄱ. 동일노동 동일임금의 원칙(equal pay for equal work)이 적용된다.
> ㄴ. 직무를 평가하고 임금을 산정하는 절차가 간단하다.
> ㄷ. 유능한 인력을 확보하고 활용하는 것이 가능하다.
> ㄹ. 직무의 상대적 가치를 기준으로 하여 임금을 결정한다.
> ㅁ. 직무를 중심으로 한 합리적인 인적자원관리가 가능하게 됨으로써 인건비의 효율성을 증대시킬 수 있다.

① ㄱ, ㄴ, ㄷ　② ㄷ, ㄹ, ㅁ　③ ㄱ, ㄴ, ㄹ, ㅁ　④ ㄱ, ㄷ, ㄹ, ㅁ
⑤ ㄱ, ㄴ, ㄷ, ㄹ, ㅁ

해설 (ㄱ) [○] 동일 직급 내의 직무에 대해 일정 범위의 임금률을 설정·운영하는 형태이다.
(ㄷ) [○] 유능한 인재의 확보·유지가 가능하다.
(ㄹ) [○] 직무의 상대적 가치를 기준으로 하여 임금을 결정한다.
(ㅁ) [○] 직무중심의 합리적 인사관리를 가능하게 하여 인건비 절감과 인력의 적재적소 배치가 가능하다.
(ㄴ) 직무를 평가하고 임금을 산정하는 절차가 복잡하고 노동시장이 폐쇄적일 때에는 곤란하다.

○ 직무급(job-based pay, pay-for-job)은 직무가 지닌 가치를 기준으로 임금의 차이를 결정하는 고정임금제도이다. 직원이 아닌 직무를 대상으로 각각의 가치를 확인해서 그 차이에 따라 정한 임금을 지급한다.

52 해크만(J. Hackman)과 올드햄(G. Oldham)이 제시한 직무특성모델(job charact-eristic model)에서 5가지 핵심직무차원(core job dimensions)에 포함되지 않는 것은?

① 기술다양성(skill variety)
② 성장욕구(growth need)
③ 과업정체성(task identity)
④ 자율성(autonomy)
⑤ 피드백(feedback)

해설 ② [×] 성장욕구(growth need)는 앨더퍼의 ERG 모형에 관계되는 것이다.
○ 직무특성모델에서의 5가지 핵심직무차원(core job dimensions) : 기술다양성(skill variety), 과업정체성(task identity), 자율성(autonomy), 피드백(feedback), 과업 중요성(task significance)

53 허즈버그(F. Herzberg)가 제시한 2요인 이론(two factor theory)에서 동기부여요인(motivators)에 포함되지 않는 것은?

① 성취(achievement)
② 임금(wage)
③ 책임(responsibility)
④ 성장(growth)
⑤ 인정(recognition)

해설 ② [×] 임금(wage)은 위생요인에 해당한다.
○ 허즈버그(Herzberg)의 2요인이론
1. 위생요인 : 감독, 근무조건, 상호인간관계, 임금 및 안정적 고용, 대인관계, 지위, 회사정책과 경영방식 등
2. 동기부여요인 : 성취감, 인정, 일자체, 책임, 승진 및 성장, 발전, 보람, 직무의 내용과 존경, 자아실현 등

54 사업부제 조직구조(divisional structure)에 관한 설명으로 옳지 않은 것은?

① 각 사업부는 사업영역에 대해 독자적인 권한과 책임을 보유하고 있어 독립적인 이익센터(profit center)로서 기능할 수 있다.
② 각 사업부들이 경영상의 책임단위가 됨으로써 본사의 최고경영층은 일상적인 업무로부터 벗어나 전사적인 차원의 문제에 집중할 수 있다.
③ 각 사업부 간에 기능의 중복현상이 발생하지 않는다.
④ 각 사업부마다 시장특성에 적합한 제품과 서비스를 생산하고 판매할 수 있게 됨으로써 시장세분화에 따른 제품차별화가 용이하다.

정답 52. ②   53. ②   54. ③

⑤ 각 사업부의 이해관계를 중시하는 사업부 이기주의로 인하여 사업부 간의 협조가 원활하지 못할 수 있다.

해설 ③ [×] 사업부제는 각 사업부 간에 기능의 중복현상이 발생하는 것이 단점이다.
○ 사업부제 조직의 장·단점
1. 장점 : ① 능률향상, ② 경영활동의 효과적 수행, ③ 경영성과 향상, ④ 유능한 경영자 양성이 가능
2. 단점 : ① 부문관리 비용의 중복, ② 사업부간 이익의 대립, ③ 전체조직의 이익이 희생될 우려, ④ 일정한 방침과 계획하의 조정이 곤란, ⑤ 객관적인 업적 평가의 난해

55 홍길동이 A회사에 입사한 후 3년이 지났다. 홍길동이 그 동안 있었던 승진자들을 살펴보니 모두 뛰어난 업적을 보인 사람들이었다. 이에 홍길동은 자신도 뛰어난 성과를 보여 승진하겠다는 결심을 하고 지속적으로 열심히 노력하였다. 이 경우 홍길동과 관련된 학습이론은?

① 사회적 학습(social learning)　　② 조직적 학습(organizational learning)
③ 고전적 조건화(classical conditioning)　　④ 작동적 조건화(operant conditioning)
⑤ 액션 러닝(action learning)

해설 ① [○] 사회적 학습(social learning) : 사회학습 이론은 사람의 행동이 타인의 행동이나 상황을 관찰하고 모방하는 정신적 처리과정으로 학습되는 것을 주장한다. 사회학습은 인지학습의 일종으로, 모방학습, 관찰학습 등이 있다.
② 조직적 학습(organizational learning) : 개인적 학습결과가 조직차원으로 승화 발전된 학습형태를 말한다.
③ 고전적 조건화(classical conditioning) : 고전적 조건형성은 행동주의 심리학의 이론으로, 특정 반응을 이끌어 내지 못하던 자극(중성 자극)이 그 반응을 무조건적으로 이끌어 내는 자극(무조건 자극)과 반복적으로 연합되면서 그 반응을 유발하게끔 하는 과정을 말한다. 이 용어는 파블로프 실험에서 제시된 용어로서, 종을 울려 주면서, 약간의 시간차를 두고 개에게 먹이를 준다. 역시 개는 침을 흘린다(무조건 반응). 이를 조건형성(conditioning)이라 한다.
④ 작동적 조건화(operant conditioning) : 작동적 조건화(조작적 조건화)는 행동주의 심리학의 이론으로, 어떤 반응에 대해 선택적으로 보상함으로써 그 반응이 일어날 확률을 증가시키거나 감소시키는 방법을 말한다. 선택적 보상이란 강화와 벌을 의미한다.
⑤ 액션 러닝(action learning) : "목표의식을 가지고 동료구성원의 지원을 토대로 이루어지는 학습과 성찰의 지속적인 과정"이라고 정의하였다(McGill and Beaty).

정답　55. ①

56 6시그마 경영은 모토로라(Motorola)사에서 혁신적인 품질개선의 목적으로 시작된 기업경영전략이다. 6시그마경영과 과거의 품질경영을 비교 설명한 것으로서 옳은 것은?

① 과거의 품질경영 방식은 전체최적화였으나 6시그마경영은 부분최적화라고 할 수 있다.
② 과거의 품질경영 계획대상은 공장 내 모든 프로세스였으나 6시그마경영은 문제점이 발생한 곳 중심이라고 할 수 있다.
③ 과거의 품질경영 교육은 체계적이고 의무적이었으나 6시그마경영은 자발적 참여를 중시한다.
④ 과거의 품질경영 관리단계는 DMAIC를 사용하였으나 6시그마경영은 PDCA cycle을 사용한다.
⑤ 과거의 품질경영 방침결정은 하의상달 방식이었으나 6시그마경영은 상의하달 방식으로 이루어진다.

해설 ⑤ [○] 과거의 품질경영 방침결정은 하의상달(bottom-up) 방식이었으나, 6시그마경영은 상의 하달(top-down) 방식으로 이루어진다.
① 과거의 품질경영 방식은 부분 최적화였으나, 6시그마경영은 전체 최적화라고 할 수 있다.
② 과거의 품질경영 계획대상은 문제점이 발생한 곳 중심이었으나, 6시그마경영은 공장 내 모든 프로세스이라고 할 수 있다.
③ 과거의 품질경영 교육은 자발적 참여를 중시하였으나, 6시그마경영은 체계적이고 의무적이다.
④ 과거의 품질경영 관리단계는 PDCA cycle을 사용하였으나, 6시그마경영은 DMAIC를 사용한다.
○ 6시그마경영 전략의 정의
1. 그리스문자 σ(시그마)는 통계학에서 "표준편차"를 나타내는 기호로서, 제품생산 공정에서 제품 품질의 목표치를 표시하는 품질특성값의 산포도를 나타내며, σ가 클수록 제품의 산포(散布)가 심하여 낮은 품질수준을 의미한다.
2. 기업이나 혹은 process의 품질수준을 나타내는 지표이다.
3. process에서 문제점을 해결하고 고객만족을 이룩하는 활동 및 그 방법이다.
4. 경영혁신 방법으로서의 기업전략이다.

57 ABC 재고관리에 관한 설명으로 옳지 않은 것은?
① 자재 및 재고자산의 차별관리 방법이며, A등급, B등급, C등급으로 구분된다.
② 품목의 중요도를 결정하고, 품목의 상대적 중요도에 따라 통제를 달리하는 재고관리시스템이다.

③ 파레토 분석(Pareto Analysis) 결과에 따라 품목을 등급으로 나누어 분류한다.
④ 일반적으로 A등급에 속하는 품목의 수가 C등급에 속하는 품목의 수보다 많다.
⑤ 각 등급별 재고통제 수준은 A등급은 엄격하게, B등급은 중간 정도로, C등급은 느슨하게 한다.

해설 ④ [×] 일반적으로 A등급에 속하는 품목의 수가 C등급에 속하는 품목의 수보다 적다.
○ ABC분석은 경영효율 향상을 위한 중점관리 방법이며, 중요도에 따라 차등관리를 하는 것을 특징이다. 1951년 GE사의 M. F. Deckie에 의해 제창된 방법론이다.
○ Pareto 분석기법 또는 통계적 선택법이라고도 하며, 핵심내용으로서,
1. A품목은 주문량과 발주점을 주의깊게 결정해야 하며, 사용률과 주문비 및 기타 비용을 주문시마다 관찰해야 하며, 재고기록이나 조달기간도 엄격히 통제한다.
2. B품목은 경제적 발주량과 기타 계산이 필요하고, 모든 결정변수들은 분기별 또는 반기별로 검토한다. 비교적 정상적인 재고기록과 통제가 있어야 한다.
3. C품목은 어떤 특정한 계산방법에 의해 주문량을 결정할 필요가 없고, 1년에 1~2회 충분한 량을 주문하면 된다.

등급	단가	품목비율	사용금액비율	발주방식	재고통제관리
A	고가품	10~20%	70~80%	정기발주방식	중점관리, 엄격관리
B	중가품	20~40%	15~20%	정량발주방식	적정관리, 정상관리
C	저가품	40~60%	5~10%	고정주문량방식 등	관리간소화, 품절방지

58 수요예측을 위한 시계열 분석에서 변동에 해당하지 않는 것은?
① 추세변동(trend variation) : 자료 추이가 점진적, 장기적으로 증가 또는 감소하는 변동
② 계절변동(seasonal variation) : 월, 계절에 따라 증가 또는 감소하는 변동
③ 위치변동(locational variation) : 지역의 차이에 따라 증가 또는 감소하는 변동
④ 순환변동(cyclical variation) : 경기순환과 같은 요인으로 인한 변동
⑤ 불규칙변동(irregular variation) : 돌발사건, 전쟁 등으로 인한 변동

해설 ③ [×] 수요예측을 위한 시계열 분석에서 변동 요인에는 추세변동(Trend, T), 순환변동(Cycling, C)계절변동(Season, S), 불규칙변동(우연변동)(Irregular, I)이 있다.
예측치 F=T×C×S×I (승법모형인 경우의 산식)

59 설비배치계획의 일반적 단계에 해당하지 않는 것은?
① 구성계획(construct plan)
② 세부배치계획(detailed layout plan)
③ 전반배치(general overall layout)
④ 설치(installation)
⑤ 위치(location)결정

해설 ① [×] 구성계획은 설비배치계획에는 해당이 없고, 공정설계에서 필요한 계획이다.

○ 설비배치의 일반적 단계
  단계 1 : 위치선정 단계로 공장입지 등을 결정
  단계 2 : 전체배치로 공장내 주요부서들의 개략적인 크기, 형태, 위치의 결정
  단계 3 : 세부배치단계로 각 부서에 배치될 기계, 장비 등의 위치와 필요한 공간의 크기가 구체적으로 결정
  단계 4 : 배치계획에 대한 승인, 시험, 감독 등의 업무 수행

60 인사선발에 관한 설명으로 옳은 것은?

① 올바른 합격자(true positive)란 검사에서 합격점을 받아서 채용되었지만 채용된 후에는 불만족스러운 직무수행을 나타내는 사람이다.
② 잘못된 합격자(false positive)란 검사에서 불합격점을 받아서 떨어뜨렸지만 채용하였다면 만족스러운 직무수행을 나타냈을 사람이다.
③ 올바른 불합격자(true negative)란 검사에서 불합격점을 받아서 떨어뜨렸고 채용하였더라도 불만족스러운 직무수행을 나타냈을 사람이다.
④ 잘못된 불합격자(false negative)란 검사에서 합격점을 받아서 채용되었고 채용된 후에도 만족스러운 직무수행을 나타내는 사람이다.
⑤ 인사선발 과정의 궁극적인 목적은 올바른 합격자와 잘못된 불합격자를 최대한 늘리고 올바른 불합격자와 잘못된 합격자를 줄이는 것이다.

해설 ③ [○] 올바른 불합격자(true negative)란 검사에서 불합격점을 받아서 떨어뜨렸고, 채용하였더라도 불만족스러운 직무수행을 나타냈을 사람이다.

① 올바른 합격자(true positive)란 검사에서 합격점을 받아서 채용되었고, 채용된 후에는 만족스러운 직무수행을 나타내는 사람이다.
② 잘못된 합격자(false positive)란 검사에서 합격점을 받아서 채용되었지만, 채용 후 불만족스런 직무수행을 나타낸 사람이다.
④ 잘못된 불합격자(false negative)란 검사에서 불합격점을 받아서 떨어뜨렸고, 채용되었다면 만족스러운 직무수행을 나타냈을 사람이다.
⑤ 인사선발 과정의 궁극적인 목적은 올바른 합격자를 최대한 늘리고, 잘못된 합격자를 줄이는 것이다.

61 심리평가에서 평가센터(assessment center)에 관한 설명으로 옳지 않은 것은?

① 신규채용을 위하여 입사 지원자들을 평가하거나 또는 승진결정 등을 위하여 현재 종업원들을 평가하는 데 사용할 수 있다.
② 관리 직무에 요구되는 단일 수행차원에 대해 피평가자들을 평가한다.

정답   60. ③   61. ②

③ 기본적인 평가방식은 집단 내 다른 사람들의 수행과 비교하여 개인의 수행을 평가하는 것이다.
④ 평가도구로는 구두발표, 서류함 기법, 역할수행 등이 있다.
⑤ 다수의 평가자들이 피평가자들을 평가한다.

> 해설 ② [×] 평가센터(Assessment Center)란 기업의 새로운 인재를 선발하기 위해 여러 명의 평가자들이 해당 직무에 대한 기준을 가지고 하루 혹은 이틀 동안 몇 가지 과제를 이용해서 지원자가 하는 행동을 관찰하고 평가를 내리는 과정을 의미한다. 평가센터의 '센터'는 장소를 개념이 아니라, 역량을 평가하는 하나의 방식을 의미한다.

62 목표설정 이론(goal setting theory)에서 종업원의 직무수행을 향상시킬 수 있는 요인들을 모두 고른 것은?

> ㄱ. 도전적인 목표   ㄴ. 구체적인 목표   ㄷ. 종업원의 목표 수용
> ㄹ. 목표 달성 과정에 대한 피드백

① ㄱ, ㄹ   ② ㄴ, ㄷ   ③ ㄱ, ㄴ, ㄹ   ④ ㄴ, ㄷ, ㄹ   ⑤ ㄱ, ㄴ, ㄷ, ㄹ

> 해설 ⑤ [○] 종업원의 직무수행을 향상시킬 수 있는 요인
> 1. 종업원의 목표 수용   2. 목표를 향한 각 과정에 대한 피드백
> 3. 구체적인 목표   3. 달성가능한 약간 어렵고 도전적인 목표

63 심리평가에서 타당도와 신뢰도에 관한 설명으로 옳지 않은 것은?

① 구성타당도(construct validity)는 검사문항들이 검사용도에 적절한지에 대하여 검사를 받는 사람들이 느끼는 정도다.
② 내용타당도(content validity)는 검사의 문항들이 측정해야 할 내용들을 충분히 반영한 정도이다.
③ 검사-재검사 신뢰도(test-retest reliability)는 검사를 반복해서 실시했을 때 얻어지는 검사 점수의 안정성을 나타내는 정도이다.
④ 평가자 간 신뢰도(inter-rater reliability)는 두 명 이상의 평가자들로부터의 평가가 일치하는 정도이다.
⑤ 내적 일치 신뢰도(internal-consistency reliability)는 검사 내 문항들 간의 동질성을 나타내는 정도이다.

> 해설 ① [×] 타당도(validity)란 측정도구(검사)가 원래 측정하려 했던 것을 실제로 잘 측정하는가를 의미한다. 구성타당도(construct validity)는 측정하고자 하는 추상적 개념이 실제로 측정도구에 의해 제대로 측정되었는지의 정도를 의미한다.

정답 62. ⑤   63. ①

64 인사평가 시기가 되자 홍길동 부장은 매우 우수한 성과를 보인 이순신 사원을 평가하고, 다음 차례로 이몽룡 사원을 평가하였다. 이 때 이몽룡 사원은 평균적인 성과를 보였음에도 불구하고, 평균 이하의 평가를 받았다. 홍길동 부장의 평가에서 발생한 오류는?

① 후광 오류   ② 관대화 오류   ③ 중앙집중화 오류   ④ 대비 오류
⑤ 엄격화 오류

해설 ④ [○] 대비 오류 : 절대적인 기준이 없이 평가자가 자기 자신 또는 누군가를 기준으로 하여 피평가자를 평가하는 오류를 말한다.

① 후광 오류 : 대상의 특징적인 장점 또는 단점이 눈에 띄면 그것을 그의 전부로 인식하는 오류를 말한다. 후광오류는 후광효과, 현혹효과 또는 하로오류(halo error)라고 부르기도 한다.

② 관대화 오류 : 근무 성과나 능력을 평정할 때, 평가자가 관대한 평가를 내려서 피평가자의 평정 결과가 우수한 쪽에 집중되는 오류를 말한다.

③ 중앙집중화 오류 : 양 극단 점수를 회피하고 대체로 중앙에 평점을 많이 주는 오류를 말한다.

⑤ 엄격화오류 : 평가자가 피평가자인 부하에 대해서 기대 수준이 높거나, 평가자와 피평가자 간의 관계가 좋지 않아서 낮은 평가점수를 부여하는 오류를 말한다.

65 인간정보처리(human information processing) 이론에서 정보량과 관련된 설명이다. 다음 중 옳지 않은 것은?

① 인간정보처리 이론에서 사용하는 정보 측정단위는 비트(bit)이다.
② 힉-하이만 법칙(Hick-Hyman law)은 선택반응시간과 자극 정보량 사이의 선형함수 관계로 나타난다.
③ 자극-반응 실험에서 인간에게 입력되는 정보량(자극 정보량)과 출력되는 정보량(반응 정보량)은 동일하다고 가정한다.
④ 정보란 불확실성을 감소시켜 주는 지식이나 소식을 의미한다.
⑤ 자극-반응 실험에서 전달된(transmitted) 정보량을 계산하기 위해서는 소음(noise) 정보량과 손실(loss) 정보량도 고려해야 한다.

해설 ③ [×] 자극-반응 실험에서 인간에게 입력되는 정보량(자극 정보량)과 출력되는 정보량(반응 정보량)은 상이하다고 가정한다.

정답 64. ④   65. ③

66 작업장의 적절한 조명수준을 결정에서 다음 중 옳은 것을 모두 고른 것은?

> ㄱ. 직접조명은 간접조명보다 조도는 높으나 눈부심이 일어나기 쉽다.
> ㄴ. 정밀 조립작업을 수행할 경우에는 일반 사무작업을 할 때보다 권장조도가 높다.
> ㄷ. 40세 이하의 작업자보다 55세 이상의 작업자가 작업할 때 권장조도가 높다.
> ㄹ. 작업환경에서 조명의 색상은 작업자의 건강이나 생산성과 무관하다.
> ㅁ. 표면 반사율이 높을수록 조도를 높여야 한다.

① ㄱ, ㄴ   ② ㄱ, ㄴ, ㄷ   ③ ㄱ, ㄷ, ㅁ   ④ ㄴ, ㄷ, ㄹ   ⑤ ㄱ, ㄴ, ㄷ, ㄹ, ㅁ

해설 (ㄱ) [○] 직접조명은 간접조명보다 조도는 높으나 눈부심이 일어나기 쉽다.
(ㄴ) [○] 정밀 조립작업을 수행할 경우에는 조도를 높이는 것이 바람직하다.
(ㄷ) [○] 나이가 많을수록 작업자가 작업할 권장 조도가 높다.
(ㄹ) 작업환경에서 조명의 색상, 조도는 생산성에 직접 영향을 미친다.
(ㅁ) 표면 반사율이 높을수록 조도를 낮추고, 낮을수록 조도를 높여야 한다.

67 소리와 소음에 관한 설명으로 옳은 것은?

① 인간의 가청주파수 영역은 20,000Hz~30,000Hz다.
② 인간이 지각한(perceived) 음의 크기는 음의 세기(dB)와 항상 정비례한다.
③ 강력한 소음에 노출된 직후에 발생하는 일시적 청력손실은 휴식을 취하더라도 회복되지 않는다.
④ 우리나라 소음노출기준은 소음강도 90dB(A)에 8시간 노출될 때를 허용기준선으로 정하고 있다.
⑤ 소음노출지수가 100% 이상이어야 소음으로부터 안전한 작업장이다.

해설 ④ [○] 우리나라 소음노출기준은 소음강도 90dB(A)에 1일 8시간 노출될 때를 허용기준선으로 정하고 있다(화학물질 및 물리적 안자의 노출기준, 별표 2의 1).
① 인간의 가청주파수 영역은 20Hz~20kHz이다.
② 인간이 지각한 음의 크기는 음의 세기 sone이 쓰이고, $sone = 2^{(dB-40)/10}$ 의 관계이다.
③ 강력한 소음에 노출된 직후에 발생하는 일시적 청력손실은 휴식을 취하면 회복된다.
⑤ 소음노출지수가 100% 이하이어야 소음으로부터 안전한 작업장이다.

68 하인리히(H. Heinrich)의 연쇄성 이론에 관한 설명으로 옳지 않은 것은?

① 연쇄성 이론은 도미노 이론이라고 불리기도 한다.
② 사고를 예방하는 방법은 연쇄적으로 발생하는 사고원인들 중에서 어떤 원인을 제거하여 연쇄적인 반응을 막는 것이다.

정답 66. ②   67. ④   68. ⑤

③ 연쇄성 이론에 의하면 5개의 도미노가 있다.
④ 사고 발생의 직접적인 원인은 불안전한 행동과 불안전한 상태다.
⑤ 연쇄성 이론에서 첫 번째 도미노는 개인적 결함이다.

해설 ⑤ [×] 연쇄성 이론에서 첫 번째 도미노는 선천적 결함이고, 두 번째 도미노는 개인적 결함이다.
○ 하인리히의 도미노 이론(사고 연쇄성) : 사회적 환경 및 유전적 요인 → 개인적 결함 → 불안전한 행동 및 불안전 상태 → 사고 → 재해

69 산업위생전문가(industrial hygienist)의 주요 활동으로 옳지 않은 것은?
① 근로자 건강영향을 설문으로 묻고 진단한다.
② 근로자의 근무기간별 직무활동을 기록한다.
③ 근로자가 과거에 소속된 공정을 설문으로 조사한다.
④ 구매할 기계장비에서 발생될 수 있는 유해요인을 예측한다.
⑤ 유해인자 노출을 평가한다.

해설 ① [×] 근로자 건강영향은 설문이 아니라 면담을 통하여 묻고 진단하여야 한다.

70 화학물질 급성 중독으로 인한 건강영향을 예방하기 위한 노출기준만으로 옳은 것은?
① TWA, STEL   ② Excursion limit, TWA   ③ STEL, Ceiling
④ STEL, TLV   ⑤ Excursion limit, TLV

해설 ③ [○] STEL : 단시간 노출농도로서, 1회 15분, 1일 4회 제한, 1회당 간격 60분 이상
       Ceiling : 최고 노출기준으로서, 단기 급성
○ TWA : 시간가중평균 노출기준으로서, 장기

71 특수건강진단 결과의 활용으로 옳지 않은 것은?
① 근로자가 소속된 공정별로 분석하여 직무 관련성을 추정한다.
② 근로자의 근무시기별로 비교하여 직무 관련성을 분석한다.
③ 특수건강진단 대상자가 걸린 질병의 직무 영향을 고찰한다.
④ 직업병 요관찰자 또는 유소견자는 작업을 전환하는 방안을 강구한다.
⑤ 유해인자 노출기준 초과 여부를 평가한다.

해설 ⑤ [×] 유해인자 노출기준 초과 여부를 평가하는 것은 특수건강진단을 실시하는 과정에서 평가하는 것이다.

정답 69. ①   70. ③   71. ⑤

○ 사업주는 건강진단의 결과 근로자의 건강을 유지하기 위하여 필요하다고 인정할 때에는 작업장소 변경, 작업 전환, 근로시간 단축, 야간근로(오후 10시부터 다음 날 오전 6시까지 사이의 근로를 말한다)의 제한, 작업환경측정 또는 시설·설비의 설치·개선 등 고용노동부령으로 정하는 바에 따라 적절한 조치를 하여야 한다(산안법 제132조).

72 유해물질 측정과 분석에 관한 설명으로 옳은 것은?

① 공기 중 먼지 농도를 표현하는 단위는 ppm이다.
② 공기 채취 펌프와 화학물질 분석기기는 1차 표준기구이다.
③ 미세먼지에서 중금속은 크로마토그래피로 정량한다.
④ 개인시료(personal sample) 채취에 의한 농도는 종합적인 유해인자 노출을 나타낸다.
⑤ 공기 중 유기용제는 대부분 고체 흡착관으로 채취한다.

해설 ⑤ [○] 흡착제 표면에 오염물질을 흡착시키는 고체 흡착제를 가스 및 증기의 시료채취에 가장 널리 사용한다.

① 공기 중 존재하는 입자상 물질의 양을 표현하는 단위는 $\mu g/m^3$, mg/m^3이다.
② 공기 채취 펌프와 화학물질 분석기기는 2차 표준기구이다. 1차 표준기구는 물리적 크기에 의해서 공간의 부피를 직접 측정할 수 있는 기구이다.
③ 미세먼지에서 중금속은 AAS, 플라즈마분광법으로 정량한다.
④ 지역시료(personal sample) 채취에 의한 농도는 종합적인 유해인자 노출을 나타낸다.

73 작업장에서 기계를 이용한 환기(ventilation)에 관한 설명으로 옳은 것은?

① HVACs(공조시설)는 발암물질을 제거하기 위해 설치하는 환기장치이다.
② 국소배기장치 덕트 크기(size)는 후드유입공기량(Q)과 반송속도(V)를 근거로 결정한다.
③ HVACs(공조시설) 공기 유입구와 국소배기장치 배기구는 서로 가까이 설치하는 것이 좋다.
④ HVACs(공조시설)에서 신선 공기와 환류공기(returned air)의 비는 7 : 3이 적정하다.
⑤ 국소배기장치에서 송풍기는 공기정화장치 앞에 설치하는 것이 좋다.

해설 ② [○] 국소배기장치 덕트 크기는 후드유입공기량(Q)과 반송속도(V)를 근거로 결정한다.

① HVACs(공조시설)는 공기조화(환기, 실내기온 등) 목적의 종합적 시설이다.
③ HVACs(공조시설)에서 공기 유입구와 국소배기장치 배기구는 멀어야 좋다.
④ HVACs(공조시설)에서 신선한 공기와 환류공기의 비는 3 : 7이 적정하다.
⑤ 국소배기장치에서 송풍기는 공기정화장치 뒤에 설치하는 것이 좋다. 순환순서는 "후드 → 덕트 → 공기정화장치 → 송풍기 → 배기구"의 순이다.

정답 72. ⑤   73. ②

74 작업환경측정(유해인자 노출평가) 과정에서 예비조사 활동에 해당이 없는 것은?

① 여러 유해인자 중 위험이 큰 측정대상 유해인자 선정
② 시료채취전략 수립
③ 노출기준 초과여부 결정
④ 공정과 직무 파악
⑤ 노출 가능한 유해인자 파악

해설 ③ [×] 노출기준 초과여부 결정은 마지막 단계 활동에 해당한다.
○ 작업환경측정(유해인자 노출평가) 과정에서 예비조사 활동
   1. 동일노출그룹의 결정   2. 시료채취전략 수립
   3. 공정과 직무 파악   4. 측정대상 유해인자, 발생주기, 종사 근로자 현황
   5. 유해인자별 측정방법 및 측정소요기간

75 나노먼지가 주로 발생되는 공정 또는 작업이 아닌 것은?

① 용접   ② 유리 용융   ③ 선철 용해   ④ CNC 가공
⑤ 디젤 연소(diesel combustion)

해설 ④ [×] 산업 공정에서 나노입자가 누출될 가능성은 주로 열처리 공정(용광로, 금속 정제, 용접 등)에서 발생하는 연기 속에 나노입자가 포함될 경우이다. 이런 경우 입자는 재응집과 성장단계 이전의 핵형성 단계의 1μm 미만인 입자가 관찰될 수 있다. 또한 카본본블랙, 탄소나노튜브 등의 나노입자를 제조하는 공정에서도 유출 연기속에 수 나노에서 1μm 미만인 입자가 관찰될 수 있다.
추가로 나노먼지가 주로 발생되는 공정 또는 작업에는 디젤 배출엔진, 가솔린 배출엔진, 유리 용융 등도 있다.

정답 74. ③   75. ④

제7장

2019년 1차 기출문제

제1과목 : 산업안전보건법령 / 274

제2과목 : 산업안전일반 / 290

제3과목 : 기업진단·지도 / 301

| 국가기술자격 필기시험문제 | 2019년 산업안전지도사 1차시험 | 시험시간 : 90분 |

제1과목 : 산업안전보건법령

01 산업안전보건법령상 용어에 관한 설명으로 옳은 것을 모두 고른 것은?

ㄱ. 근로자란 직업의 종류와 관계없이 임금, 급료 기타 이에 준하는 수입에 의하여 생활하는 자를 말한다.
ㄴ. 작업환경측정이란 작업환경 실태를 파악하기 위하여 해당 근로자 또는 작업장에 대하여 사업주가 측정계획을 수립한 후 시료(試料)를 채취하고 분석·평가하는 것을 말한다.
ㄷ. 안전·보건진단이란 산업재해를 예방하기 위하여 잠재적 위험성을 발견하고 그 개선대책을 수립할 목적으로 고용노동부장관이 지정하는 자가 하는 조사·평가를 말한다.
ㄹ. 중대재해는 3개월 이상의 요양이 필요한 부상자가 동시에 2명이상 발생한 재해를 포함한다.

① ㄱ, ㄴ ② ㄱ, ㄹ ③ ㄴ, ㄷ ④ ㄷ, ㄹ ⑤ ㄴ, ㄷ, ㄹ

해설 (ㄴ) [○] 작업환경측정 : 작업환경 실태를 파악하기 위하여 해당 근로자 뜨는 작업장에 대하여 사업주가 유해인자에 대한 측정계획을 수립한 후 시료를 채취하고 분석·평가하는 것을 말한다(산안법 제2조).

(ㄷ) [○] 안전·보건진단 : 산업재해를 예방하기 위하여 잠재적 위험성을 발견하고 그 개선대책을 수립할 목적으로 조사·평가하는 것을 말한다(산안법 제2조).

(ㄹ) [○] 중대재해 (산시규 제3조)
1. 사망자가 1명 이상 발생한 재해
2. 3개월 이상의 요양이 필요한 부상자가 동시에 2명 이상 발생한 재해
3. 부상자 또는 직업성 질병자가 동시에 10명 이상 발생한 재해

(ㄱ) 근로자 : 직업의 종류와 관계없이 임금을 목적으로 사업이나 사업장에 근로를 제공하는 사람을 말한다(산안법 제2조).

02 산업안전보건법령상 법령 요지의 게시 등과 안전·보건표지의 부착 등에 관한 설명으로 옳지 않은 것은?

① 근로자대표는 작업환경측정의 결과를 통지할 것을 사업주에게 요청할 수 있고, 사업주는 이에 성실히 응하여야 한다.

정답 01. ⑤ 02. ③

② 야간에 필요한 안전·보건표지는 야광물질을 사용하는 등 쉽게 알아볼 수 있도록 제작하여야 한다.

③ 안전·보건표지의 표시를 명백히 하기 위하여 필요한 경우에는 안전·보건표지의 주위에 표시사항을 글자로 덧붙여 적을 수 있으며, 이 경우 글자는 노란색 바탕에 검은색 한글고딕체로 표기하여야 한다.

④ 안전·보건표지의 성질상 설치하거나 부착하는 것이 곤란한 경우에는 해당 물체에 직접 도색할 수 있다.

⑤ 사업주는 산업안전보건법과 산업안전보건법에 따른 명령의 요지를 상시 각 작업장 내에 근로자가 쉽게 볼 수 있는 장소에 게시하거나 갖추어 두어 근로자로 하여금 알게 하여야 한다.

해설 ③ [×] 안전보건표지의 표시를 명확히 하기 위하여 필요한 경우에는 그 안전보건표지의 주위에 표시사항을 글자로 덧붙여 적을 수 있다. 이 경우 글자는 흰색 바탕에 검은색 한글고딕체로 표기해야 한다(산시규 제38조).

① 사업주는 근로자대표(관계수급인의 근로자대표를 포함한다)가 요구하면 작업환경측시 근로자대표를 참석시켜야 한다(산안법 제125조).

② 야간에 필요한 안전보건표지는 야광물질을 사용하는 등 쉽게 알아볼 수 있도록 제작해야 한다(산시규 제40조).

④ 안전보건표지의 성질상 설치하거나 부착하는 것이 곤란한 경우에는 해당 물체에 직접 도색할 수 있다(산시규 제39조).

⑤ 사업주는 안전보건표지를 설치하거나 부착할 때에는 별표 7에 따라 근로자가 쉽게 알아볼 수 있는 장소·시설 또는 물체에 설치하거나 부착해야 한다(산시규 제39조)

03 사업주 갑(甲)의 사업장에 산업재해가 발생하였다. 이 경우 갑(甲)이 기록·보존해야 할 사항으로 산업안전보건법령상 명시되지 않은 것은? (다만, 법령에 따른 산업재해조사표 사본을 보존하거나 요양신청서의 사본에 재해재발방지 계획을 첨부하여 보존한 경우에 해당하지 아니 한다.)

① 사업장의 개요
② 근로자의 인적 사항 및 재산 보유현황
③ 재해 발생의 일시 및 장소
④ 재해 발생의 원인 및 과정
⑤ 재해 재발방지 계획

해설 ② [×] 사업주가 기록·보존해야 할 사항 (산시규 제72조)
1. 사업장의 개요 및 근로자의 인적사항
2. 재해 발생의 일시 및 장소
3. 재해 발생의 원인 및 과정
4. 재해 재해방지 계획

정답 03. ②

04 산업안전보건법령상 안전·보건 관리체제에 관한 설명으로 옳지 않은 것은?

① 사업주는 안전보건관리책임자를 선임하였을 때에는 그 선임 사실 및 법령에 따른 업무의 수행내용을 증명할 수 있는 서류를 갖춰 둬야 한다.
② 안전보건관리책임자는 안전관리자와 보건관리자를 지휘·감독한다.
③ 사업주는 안전보건조정자로 하여금 근로자의 건강진단 등 건강관리에 관한 업무를 총괄관리하도록 하여야 한다.
④ 사업주는 관리감독자에게 법령에 따른 업무 수행에 필요한 권한을 부여하고 시설·장비·예산, 그 밖의 업무수행에 필요한 지원을 하여야 한다.
⑤ 사업주는 안전보건관리책임자에게 법령에 따른 업무를 수행하는 데 필요한 권한을 주어야 한다.

해설 ③ [×] 사업주는 사업장을 실질적으로 총괄하여 관리하는 사람에게 근로자 건강진단 등 건강관리에 관한 업무를 총괄관리하도록 하여야 한다(산안법 제15조).
① 사업주는 안전보건관리책임자를 선임했을 때에는 그 선임 사실 및 업무의 수행내용을 증명할 수 있는 서류를 갖추어 두어야 한다(산안령 제14조).
② 안전보건관리책임자는 안전관리자와 보건관리자를 지휘·감독한다(산안법 제16조).
④ 사업주는 관리감독자에 대한 지원에 관하여는 안전보건관리책임자 규정을 준용한다(산안령 제16조).
⑤ 사업주는 안전보건관리책임자가 업무를 원활하게 수행할 수 있도록 권한·시설·장비·예산, 그 밖에 필요한 지원을 해야 한다(산안령 제15조).

05 산업안전보건법령상 산업안전보건위원회의 심의·의결을 거쳐야 하는 사항에 해당하지 않는 것은?

① 유해하거나 위험한 기계·기구와 그 밖의 설비를 도입한 경우 안전·보건조치에 관한 사항
② 안전·보건과 관련된 안전장치 구입 시의 적격품 여부 확인에 관한 사항
③ 산업재해에 관한 통계의 기록 및 유지에 관한 사항
④ 산업재해 예방계획의 수립에 관한 사항
⑤ 근로자의 안전·보건교육에 관한 사항

해설 ② [×] 안전보건관리책임자의 업무에 해당하는 내용이다(산안법 제15조).
○ 산업안전보건위원회의 심의·의결을 거쳐야 하는 사항 (산안법 제24조)
1. 사업장의 산업재해 예방계획의 수립에 관한 사항
2. 안전보건관리규정의 작성 및 변경에 관한 사항
3. 안전보건교육에 관한 사항

정답 04. ③   05. ②

4. 작업환경측정 등 작업환경의 점검 및 개선에 관한 사항
5. 근로자의 건강진단 등 건강관리에 관한 사항
6. 산업재해에 관한 통계의 기록 및 유지에 관한 사항
7. 중대재해에 관한 사항
8. 유해하거나 위험한 기계·기구·설비를 도입한 경우 안전 및 보건 관련 조치에 관한 사항
9. 그 밖에 해당 사업장 근로자의 안전 및 보건을 유지·증진을 위하여 필요한 사항

06 산업안전보건법령상 안전보건관리규정에 관한 설명으로 옳지 않은 것은?

① 소프트웨어 개발 및 공급업에서 상시 근로자 100명을 사용하는 사업장은 안전보건관리규정을 작성하여야 한다.
② 안전보건관리규정의 내용에는 작업지휘자 배치 등에 관한 사항이 포함되어야 한다.
③ 안전보건관리규정은 해당 사업장에 적용되는 단체협약 및 취업규칙에 반할 수 없다.
④ 안전보건관리규정에 관하여는 산업안전보건법에서 규정한 것을 제외하고는 그 성질에 반하지 아니하는 범위에서 「근로기준법」의 취업규칙에 관한 규정을 준용한다.
⑤ 사업주가 법령에 따라 안전보건관리규정을 작성하거나 변경할 때에는 산업안전보건위원회가 설치되어 있지 아니한 사업장의 경우에는 근로자대표의 동의를 받아야 한다.

해설 ① [×] 소프트웨어 개발 및 공급업에서 상시 근로자 300명을 사용하는 사업장은 안전보건관리규정을 작성하여야 한다(산시규 별표 2).
② 안전보건관리규정의 내용에는 작업지휘자 배치 등에 관한 사항이 포함되어야 한다(산시규 별표 3).
③ 안전보건관리규정은 단체협약 또는 취업규칙에 반할 수 없다(산안법 제25조).
④ 안전보건관리규정 중 단체협약 또는 취업규칙에 반하는 부분에 관하여는 그 단체협약 또는 취업규칙으로 정한 기준에 따른다(산안법 제25조).
⑤ 사업주는 안전보건관리규정을 작성하거나 변경할 때에는 산업안전보건위원회의 심의·의결을 거쳐야 한다. 다만, 산업안전보건위원회가 설치되어 있지 아니한 사업장의 경우에는 근로자대표의 동의를 받아야 한다(산안법 제26조).

07 산업안전보건법령상 안전관리자 및 보건관리자 등에 관한 설명으로 옳지 않은 것은?

① 사업주가 안전관리자를 배치할 때에는 연장근로·야간근로 또는 휴일근로 등 해당 사업장의 작업 형태를 고려하여야 한다.
② 건설업을 제외한 사업으로서 상시 근로자 300명 미만을 사용하는 사업의 사업주는 안전관리자의 업무를 안전관리전문기관에 위탁할 수 있다.

③ 안전관리전문기관은 고용노동부장관이 정하는 바에 따라 안전관리 업무의 수행 내용, 점검 결과 및 조치 사항 등을 기록한 사업장관리카드를 작성하여 갖추어 두어야 한다.
④ 지방고용노동관서의 장은 중대재해가 연간 1건 이상 발생한 경우에는 사업주에게 안전관리자·보건관리자를 교체하여 임명할 것을 명할 수 있다.
⑤ 고용노동부장관은 안전관리전문기관이 업무정지 기간 중에 업무를 수행한 경우 그 지정을 취소하여야 한다.

해설 ④ [×] 지방고용노동관서의 장은 중대재해가 연간 2건 이상 발생한 경우에는 사업주에게 안전관리자·보건관리자 또는 안전보건관리담당자를 정수 이상으로 증원하게 하거나 교체하여 임명할 것을 명할 수 있다(산시규 제112조).
① 사업주가 안전관리자를 배치할 때에는 연장근로·야간근로 또는 휴일근로 등 해당 사업장의 작업 형태를 고려해야 한다(산안령 제18조).
② 건설업을 제외한 사업으로서 상시 근로자 300명 미만을 사용하는 사업의 사업주는 안전관리자의 업무를 안전관리전문기관에 위탁할 수 있다(산안령 제19조).
③ 안전관리전문기관은 고용노동부장관이 정하는 바에 따라 안전관리 업무의 수행 내용 점검 결과 및 조치 사항 등을 기록한 사업장관리카드를 작성하여 갖추어 두어야 한다 (산시규 제20조).
⑤ 고용노동부장관은 안전관리전문기관이 업무정지 기간 중에 업무를 수행한 경우 그 지정을 취소하여야 한다(산안법 제21조).

08 산업안전보건법령상 도급 금지 및 도급사업의 안전·보건에 관한 설명으로 옳지 않은 것은?
① 유해하거나 위험한 작업을 도급 줄 때 지켜야 할 안전·보건조치의 기준은 고용노동부령으로 정한다.
② 도금작업은 하도급인 경우를 제외하고는 고용노동부장관의 인가를 받지 아니하면 그 작업만을 분리하여 도급을 줄 수 없다.
③ 법령상 구성 및 운영되어야 하는 안전·보건에 관한 협의체는 도급인인 사업주 및 그의 수급인인 사업주 전원으로 구성하여야 한다.
④ 법령상 작업장의 순회점검 등 안전·보건관리를 하여야 하는 도급인인 사업주는 토사석 광업의 경우 2일에 1회 이상 작업장을 순회점검하여야 한다.
⑤ 건설공사를 타인에게 도급하는 자는 자신의 책임으로 시공이 중단된 사유로 공사가 지연되어 그의 수급인이 산업재해 예방을 위하여 공사기간 연장을 요청하는 경우 특별한 사유가 없으면 그 연장 조치를 하여야 한다.

해설 ② [×] 사업주는 근로자의 안전 및 보건에 유해하거나 위험한 작업으로서 도급작업을 도급하여 자신의 사업장에서 수급인의 근로자가 그 작업을 하도록 해서는 아니 된다

정답 08. ②

(산안법 제58조). 단, 요건을 갖추고 승인시에는 도급 가능하다(산안법 제58조 제2항).

① 유해하거나 위험한 작업을 도급 줄 때 승인, 연장승인 또는 변경승인의 기준·절차 및 방법, 그 밖에 필요한 사항은 고용노동부령으로 정한다(산안법 제58조).
③ 안전 및 보건에 관한 협의체는 도급인 및 그의 수급인 전원으로 구성해야 한다(산시규 79조).
④ 법령상 작업장의 순회점검 등 안전·보건관리를 하여야 하는 도급인인 사업주는 토사석 광업의 경우 2일에 1회 이상 작업장을 순회점검하여야 한다(산시규 제80조).
⑤ 건설공사발주자는 요청을 받은 날부터 30일 이내에 공사기간 연장 조치를 해야 한다(산시규 제87조).

09 산업안전보건법령상 안전보건관리책임자 등에 대한 직무교육에 관한 설명으로 옳은 것은?

① 법령에 따른 안전보건관리책임자에 해당하는 사람이 해당 직위에 위촉된 경우에는 직무교육을 이수한 것으로 본다.
② 법령에 따른 보건관리자가 의사인 경우에는 채용된 후 6개월 이내에 직무를 수행하는 데 필요한 신규교육을 받아야 한다.
③ 법령에 따른 안전보건관리담당자에 해당하는 사람은 선임된 후 매 2년이 되는 날을 기준으로 전후 3개월 사이에 고용노동부장관이 실시하는 안전·보건에 관한 보수교육을 받아야 한다.
④ 직무교육기관의 장은 직무교육을 실시하기 30일 전까지 교육 일시 및 장소 등을 직무교육 대상자에게 알려야 한다.
⑤ 직무교육을 이수한 사람이 다른 사업장으로 전직하여 신규로 선임된 경우로서 선임신고 시 전직 전에 받은 교육이수증명서를 제출하면 해당 교육의 2분의 1을 이수한 것으로 본다.

해설 ③ [○] 안전보건관리책임자 등에 대한 직무교육 중 안전보건관리담당자에 해당하는 사람은 신규교육을 이수한 후 매 2년이 되는 날을 기준으로 전후 3개월 사이에 고용노동부장관이 실시하는 안전·보건에 관한 보수교육을 받아야 한다(산시규 제29조).

① 안전보건관리책임자는 다른 법령에 따라 안전 및 보건에 관한 교육을 받는 등 고용노동부령으로 정하는 경우에는 안전보건교육의 전부 또는 일부를 하지 아니할 수 있다(산안법 제32조).
② 안전보건관리책임자 등에 해당하는 사람은 해당 직위에 선임(위촉의 경우를 포함)되거나 채용된 후 3개월(보건관리자가 의사인 경우는 1년을 말한다) 이내에 직무를 수행하는 데 필요한 신규교육을 받아야 한다(산시규 제29조).

정답 09. ③

④ 직무교육기관의 장은 직무교육을 실시하기 15일 전까지 교육 일시 및 장소 등을 직무교육 대상자에게 알려야 한다(산시규 제29조).

⑤ 보건관리자로서 해당 법령에 따른 교육기관에서 교육내용 중 고용노동부장관이 정하는 내용이 포함된 교육을 이수하고 해당 교육기관에서 발행하는 확인서를 제출하는 경우에는 직무교육 중 보수교육을 면제한다(산시규 제30조).

10 산업안전보건법령상 고객의 폭언 등으로 인한 건강장해를 예방하기 위하여 사업주가 조치하여야 하는 것으로 명시된 것은?

① 업무의 일시적 중단 또는 전환
② 고객과의 문제 상황 발생 시 대처방법 등을 포함하는 고객응대업무 매뉴얼 마련
③ 근로기준법에 따른 휴게시간의 연장
④ 폭언 등으로 인한 건강장해 관련 치료
⑤ 관할 수사기관에 증거물을 제출하는 등 고객응대근로자가 폭언 등으로 인하여 고소, 고발 등을 하는 데 필요한 지원

해설 ② [○] 고객의 폭언 등으로 인한 건강장해 예방조치 (산시규 제41조)
1. 폭언 등을 하지 않도록 요청하는 문구 게시 또는 음성 안내
2. 고객과의 문제 상황 발생 시 대처방법 등을 포함하는 고객응대업무 매뉴얼 마련
3. 2항에 따른 고객응대업무 매뉴얼의 내용 및 건강장해 예방 관련 교육 실시
4. 그 밖에 고객응대근로자의 건강장해 예방을 위하여 필요한 조치

11 산업안전보건법령상 사업주가 근로자에 대하여 실시하여야 하는 근로자 안전·보건교육의 내용 중 관리감독자 정기안전·보건교육의 내용에 해당하지 않는 것은?

① 산업재해보상보험 제도에 관한 사항
② 산업보건 및 직업병 예방에 관한 사항
③ 유해·위험 작업환경 관리에 관한 사항
④ 「산업안전보건법」 및 일반관리에 관한 사항
⑤ 표준안전 작업방법 및 지도 요령에 관한 사항

해설 ④ [×] '산업안전보건법령 및 산업재해상보험 제도에 관한 사항'이 규정 내용이다.
○ 관리감독자의 안전·보건교육 중 정기교육 (산시규 별표 5) <개정 2023. 9. 27>
1. 산업안전 및 사고 예방에 관한 사항   2. 산업보건 및 직업병 예방에 관한 사항
3. 위험성 평가에 관한 사항   4. 유해·위험 작업환경 관리에 관한 사항
5. 산업안전보건법령 및 산업재해상보험 제도에 관한 사항
6. 직무스트레스 예방 및 관리에 관한 사항

정답 10. ②   11. ④

7. 직장 내 괴롭힘, 고객의 폭언 등으로 인한 건강장해 예방 및 관리에 관한 사항
8. 작업공정의 유해·위험과 재해 예방대책에 관한 사항
9. 사업장 내 안전보건관리체제 및 안전·보건조치 현황에 관한 사항
10. 표준안전 작업방법 결정 및 지도·감독 요령에 관한 사항
11. 현장근로자와의 의사소통능력 및 강의능력 등 안전보건교육 능력 배양 관련 사항
12. 비상시 또는 재해 발생 시 긴급조치에 관한 사항
13. 그 밖의 관리감독자의 직무에 관한 사항

12 산업안전보건법령상 안전검사대상 유해·위험기계 등의 검사 주기가 공정안전보고서를 제출하여 확인을 받은 경우 최초 안전검사를 실시한 후 4년마다인 것은?

① 이삿짐운반용 리프트   ② 고소작업대   ③ 이동식 크레인   ④ 압력용기
⑤ 원심기

해설 ④ [○] 공정안전보고서를 제출하여 확인을 받은 압력용기는 4년마다 안전검사를 실시한다(산시규 제126조).

○ 안전검사 주기 (산시규 제126조)
1. 크레인(이동식 크레인은 제외한다), 리프트(이삿짐운반용 리프트는 제외한다) 및 곤돌라 : 사업장에 설치가 끝난 날부터 3년 이내에 최초 안전검사를 실시하되, 그 이후부터 2년마다(건설현장에서 사용하는 것은 최초로 설치한 날부터 6개월마다)
2. 이동식 크레인, 이삿짐운반용 리프트 및 고소작업대 : 「자동차관리법」에 따른 신규등록 이후 3년 이내에 최초 안전검사를 실시하되, 그 이후부터 2년마다
3. 프레스, 전단기, 압력용기, 국소 배기장치, 원심기, 롤러기, 사출성형기, 컨베이어 및 산업용 로봇, 혼합기, 파쇄기 또는 분쇄기 : 사업장에 설치가 끝난 날부터 3년 이내에 최초 안전검사를 실시하되, 그 이후부터 2년마다 (공정안전보고서를 제출하여 확인을 받은 압력용기는 4년마다) <개정 2024. 6. 28>

13 산업안전보건법령상 지게차에 설치하여야 할 방호장치에 해당하지 않는 것은?

① 헤드 가드   ② 백레스트(backrest)   ③ 전조등   ④ 후미등
⑤ 구동부 방호 연동장치

해설 ⑤ [×] 구동부 방호 연동장치 → 포장기계에 설치해야 할 방호장치 (산시규 제98조)

○ 유해하거나 위험한 기계 등에 대한 방호조치 (산시규 제98조)
1. 예초기 : 날접촉 예방장치   2. 원심기 : 회전체 접촉 예방장치
3. 공기압축기 : 압력방출장치   4. 금속절단기 : 날접촉 예방장치
5. 지게차 : 헤드 가드, 백레스트(backrest), 전조등, 후미등, 안전벨트
6. 포장기계 : 구동부 방호 연동장치

정답 12. ④   13. ⑤

14 산업안전보건법령상 불도저를 대여받는 자가 그가 사용하는 근로자가 아닌 사람에게 불도저를 조작하도록 하는 경우 조작하는 사람에게 주지시켜야 할 사항으로 명시되지 않은 것은?

① 작업의 내용   ② 지휘계통   ③ 연락·신호 등의 방법   ④ 제한속도
⑤ 면허의 갱신

해설 ⑤ [×] 기계 등을 대여받는 자가 그가 사용하는 근로자가 아닌 사람에게 불도저를 조하도록 하는 경우 조작하는 사람에게 주지시켜야 할 사항 (산시규 제101조)
   1. 작업의 내용   2. 지휘계통   3. 연락·신호 등의 방법
   4. 운행경로, 제한속도, 그 밖에 해당 기계 등의 운행에 관한 사항
   5. 그 밖에 해당 기계 등의 조작에 따른 산업재해를 방지하기 위하여 필요한 사항

15 산업안전보건법령상 설치·이전하는 경우 안전인증을 받아야 하는 기계·기구에 해당하는 것은?

① 프레스   ② 곤돌라   ③ 롤러기   ④ 사출성형기(射出成形機)   ⑤ 기계톱

해설 ② [○] 설치·이전할 경우 안전인증을 받아야 하는 기계·기구 (산시규 제107조)
   1. 크레인   2. 리프트   3. 곤돌라

○ 주요 구조 부분을 변경 시 안전인증을 받아야 하는 기계 및 설비 (산시규 제107조)
   1. 프레스   2. 전단기 및 절곡기   3. 크레인   4. 리프트   5. 압력용기
   6. 롤러기   7. 사출성형기   8. 고소(高所)작업대   9. 곤돌라

16 산업안전보건법령상 자율안전확인의 신고 및 자율안전확인대상 기계·기구 등에 관한 설명으로 옳지 않은 것은?

① 휴대형 연마기는 자율안전확인대상 기계·기구 등에 해당한다.
② 연구·개발을 목적으로 산업용 로봇을 제조하는 경우에는 신고를 면제할 수 있다.
③ 파쇄·절단·혼합·제면기가 아닌 식품가공용기계는 자율안전확인대상 기계·기구 등에 해당하지 않는다.
④ 자동차정비용 리프트에 대하여 안전인증을 받은 경우에는 그 안전인증이 취소되거나 안전인증표시의 사용 금지 명령을 받은 경우가 아니라면 신고를 면제할 수 있다.
⑤ 인쇄기에 대하여 고용노동부령으로 정하는 다른 법령에서 안전성에 관한 검사나 인증을 받은 경우에는 신고를 면제할 수 있다.

해설 ① [×] 자율안전확인대상 기계·기구 등에는 연삭기 또는 연마기(휴대형은 제외한다)가 해당한다(산안령 제77조).

정답   14. ⑤   15. ②   16. ①

② 연구·개발을 목적으로 산업용 로봇을 제조하는 경우에는 신고를 면제할 수 있다(산안법 제89조).

③ 파쇄·절단·혼합·제면기가 아닌 식품가공용기계는 자율안전확인대상 기계·기구 등에 해당하지 않는다(산안령 제77조).

④ 안전인증을 받은 경우에는 그 안전인증이 취소되거나 안전인증표시의 사용 금지 명령을 받은 경우가 아니라면 신고를 면제할 수 있다(산안법 제89조).

⑤ 고용노동부령으로 정하는 다른 법령에서 안전성에 관한 검사나 인증을 받은 경우에는 신고를 면제할 수 있다(산안법 제89조).

17 산업안전보건법령상 건강진단에 관한 내용으로 ( )에 들어갈 내용을 순서대로 옳게 나열한 것은?

> ○ 사업주는 사업장의 작업환경측정 결과 노출기준 이상인 작업공정에서 해당 유해인자에 노출되는 모든 근로자에 대해서는 다음 회에 한정하여 관련 유해인자별로 특수건강진단 주기를 (ㄱ)분의 1로 단축하여야 한다.
> ○ 건강진단기관이 건강진단을 실시하였을 때에는 그 결과를 고용노동부장관이 정하는 건강진단개인표에 기록하고, 건강진단 실시일부터 (ㄴ)일 이내에 근로자에게 송부하여야 한다.
> ○ 사업주가 특수건강진단대상업무에 근로자를 배치하려는 경우 해당작업에 배치하기 전에 배치전건강진단을 실시하여야 하나, 해당 사업장에서 해당 유해인자에 대하여 배치전건강진단을 받고 (ㄷ)개월이 지나지 아니한 근로자에 대해서는 배치전건강진단을 실시하지 아니할 수 있다.

① ㄱ : 2, ㄴ : 15, ㄷ : 3   ② ㄱ : 2, ㄴ : 30, ㄷ : 3
③ ㄱ : 2, ㄴ : 30, ㄷ : 6   ④ ㄱ : 3, ㄴ : 30, ㄷ : 6
⑤ ㄱ : 3, ㄴ : 60, ㄷ : 9

해설 ③ [○] 특수건강진단 등(산안법 제130조), 특수건강진단의 실시 시기 및 주기 등(산시규 제202조), 건강진단 결과의 보고 등(산시규 제209조) 해당 문제이다.

○ 사업장의 작업환경측정 결과 또는 특수건강진단 실시 결과 노출기준 이상인 작업공정에서 해당 유해인자에 노출되는 모든 근로자에 대해서는 다음 회에 한정하여 관련 유해인자 별로 특수건강진단 주기를 2분의 1로 단축해야 한다(산시규 제202조).

○ 건강진단기관이 건강진단을 실시하였을 때에는 그 결과를 고용노동부장관이 정하는 건강진단개인표에 기록하고 건강진단을 실시한 날부터 30일 이내에 근로자에게 송부해야 한다(산시규 제209조).

정답 17. ③

○ 사업주는 특수건강진단대상업무에 종사할 근로자의 배치 예정 업무에 대한 적합성 평가를 위하여 건강진단(배치전건강진단)을 실시하여야 한다. 다만 건강진단을 받고 6개월이 지나지 않은 근로자에 대해서는 배치전건강진단을 실시하지 아니할 수 있다(산안법 제130조).

18 산업안전보건기준에 관한 규칙상 근로자가 주사 및 채혈 작업을 하는 경우 사업주가 하여야 할 조치에 해당하지 않는 것은?

① 안정되고 편안한 자세로 주사 및 채혈을 할 수 있는 장소를 제공할 것
② 채취한 혈액을 검사 용기에 옮기는 경우에는 주사침 사용을 금지하도록 할 것
③ 사용한 주사침의 바늘을 구부리는 행위를 금지할 것
④ 사용한 주사침의 뚜껑을 부득이 하게 다시 씌워야 하는 경우에는 두 손으로 씌우도록 할 것
⑤ 사용한 주사침은 안전한 전용 수거용기에 모아 튼튼한 용기를 사용하여 폐기할 것

해설 ④ [×] 부득이하게 뚜껑을 다시 씌워야 하는 경우에는 한 손으로 씌우도록 한다

○ 사업주는 근로자가 주사 및 채혈 작업을 하는 경우에 다음 각 호의 조치를 하여야 한다(산기규 제597조).
  1. 안정되고 편안한 자세로 주사 및 채혈을 할 수 있는 장소를 제공할 것
  2. 채취한 혈액을 검사 용기에 옮기는 경우에는 주사침 사용을 금지하도록 할 것
  3. 사용한 주사침은 바늘을 구부리거나, 자르거나, 뚜껑을 다시 씌우는 등의 행위를 금지할 것(부득이하게 뚜껑을 다시 씌워야 하는 경우는 한 손으로 씌우도록 한다)
  4. 사용한 주사침은 안전한 전용 수거용기에 모아 튼튼한 용기를 사용하여 폐기할 것

19 산업안전보건법령상 건강 및 환경 유해성 분류기준의 설명으로 옳지 않은 것은?

① 입 또는 피부를 통하여 1회 투여 또는 8시간 이내에 여러 차례로 나누어 투여하거나 호흡기를 통하여 8시간 동안 흡입하는 경우 유해한 영향을 일으키는 물질은 급성 독성 물질이다.
② 접촉 시 피부조직을 파괴하거나 자극을 일으키는 물질은 피부 부식성 또는 자극성 물질이다.
③ 호흡기를 통하여 흡입되는 경우 기도에 과민반응을 일으키는 물질은 호흡기 과민성 물질이다.
④ 자손에게 유전될 수 있는 사람의 생식세포에 돌연변이를 일으킬 수 있는 물질은 생식세포 변이원성 물질이다.
⑤ 단기간 또는 장기간의 노출로 수생생물에 유해한 영향을 일으키는 물질은 수생 환경 유해성 물질이다.

정답 18. ④ 19. ①

해설 ① [×] 근로자 건강장해 유발 유해인자의 분류기준(산시규 제141조) 관련 내용이다.

○ 유해인자의 건강 및 환경 유해성 분류기준 (산시규 별표 18)

1. 급성 독성 물질 : 입 또는 피부를 통하여 1회 투여 또는 24시간 이내에 여러 차례로 나누어 투여하거나 호흡기를 통하여 4시간 동안 흡입하는 경우 유해한 영향을 일으키는 물질
2. 피부 부식성 또는 자극성 물질 : 접촉 시 피부조직을 파괴하거나 자극을 일으키는 물질 (피부 부식성 물질 및 피부 자극성 물질로 구분한다)
3. 심한 눈 손상성 또는 자극성 물질 : 접촉 시 눈 조직의 손상 또는 시력의 저하 등을 일으키는 물질 (눈 손상성 물질 및 눈 자극성 물질로 구분한다)
4. 호흡기 과민성 물질 : 호흡기를 통하여 흡입되는 경우 기도에 과민반응을 일으키는 물질
5. 피부 과민성 물질 : 피부에 접촉되는 경우 피부 알레르기 반응을 일으키는 물질
6. 발암성 물질 : 암을 일으키거나 그 발생을 증가시키는 물질
7. 생식세포 변이원성 물질 : 자손에게 유전될 수 있는 사람의 생식세포에 돌연변이를 일으킬 수 있는 물질
8. 생식독성 물질 : 생식기능, 생식능력 또는 태아의 발생·발육에 유해한 영향을 주는 물질
9. 특정 표적장기 독성 물질 (1회 노출) : 1회 노출로 특정 표적장기 또는 전신에 독성을 일으키는 물질
10. 특정 표적장기 독성 물질 (반복 노출) : 반복적인 노출로 특정 표적장기 또는 전신에 독성을 일으키는 물질
11. 흡인 유해성 물질 : 액체 또는 고체 화학물질이 입이나 코를 통하여 직접적으로 또는 구토로 인하여 간접적으로, 기관 및 더 깊은 호흡기관으로 유입되어 화학적 폐렴, 다양한 폐 손상이나 사망과 같은 심각한 급성 영향을 일으키는 물질
12. 수생 환경 유해성 물질 : 단기간 또는 장기간의 노출로 수생생물에 유해한 영향을 일으키는 물질
13. 오존층 유해성 물질 : 「오존층 보호를 위한 특정물질의 제조규제 등에 관한 법률」에 따른 특정물질

20 산업안전보건법령상 근로의 금지 및 제한에 관한 설명으로 옳은 것은?

① 사업주는 신장 질환이 있는 근로자가 근로에 의하여 병세가 악화될 우려가 있는 경우에 근로자의 동의가 없으면 근로를 금지할 수 없다.
② 사업주는 질병자의 근로를 다시 시작하도록 하는 경우에는 미리 보건관리자(의사가 아닌 보건관리자도 포함한다), 산업보건의 또는 건강진단을 실시한 의사의 의견을 들어야 한다.
③ 사업주는 관절염에 해당하는 질병이 있는 근로자를 고기압 업무에 종사시킬 수 있다.

④ 사업주는 갱내에서 하는 작업에 종사하는 근로자에게는 1일 6시간, 1주 34시간을 초과하여 근로하게 하여서는 아니 된다.

⑤ 사업주는 인력으로 중량물을 취급하는 작업에서 유해·위험 예방조치 외에 작업과 휴식의 적정한 배분, 그 밖에 근로시간과 관련된 근로조건의 개선을 통하여 근로자의 건강 보호를 위한 조치를 하여야 한다.

해설 ⑤ [○] 사업주는 유해하거나 위험한 작업에 종사하는 근로자에게 필요한 안전조치 및 보건조치 외에 작업과 휴식의 적정한 배분 및 근로시간과 관련된 근로조건의 개선을 통하여 근로자의 건강 보호를 위한 조치를 하여야 한다(산안법 제139조).

① 사업주는 심장·신장·폐 등의 질환이 있는 사람으로서 근로에 의하여 병세가 악화될 우려가 있는 사람에 대해서는 근로를 금지해야 한다(산시규 제220조).

② 사업주는 근로를 금지하거나 근로를 다시 시작하도록 하는 경우에는 미리 보건관리자(의사인 보건관리자만 해당한다), 산업보건의 또는 건강진단을 실시한 의사의 의견을 들어야 한다(산시규 제220조).

③ 사업주는 관절염, 류마티스 그 밖의 운동기계의 질병이 있는 근로자를 고기압 업무에 종사하도록 해서는 안 된다(산시규 제221조).

④ 사업주는 잠함 또는 잠수 작업 등 높은 기압에서 하는 작업에 종사하는 근로자에게는 1일 6시간 1주 34시간을 초과하여 근로하게 해서는 아니 된다(산안법 제139조).
⊙ 6×5+4=34시간

21 산업안전보건법령상 안전보건개선계획 등에 관한 설명으로 옳지 않은 것은?

① 사업주는 안전보건개선계획을 수립할 때에는 산업안전보건위원회가 설치되어 있지 아니한 사업장의 경우에는 근로자대표의 의견을 들어야 한다.
② 사업주와 근로자는 안전보건개선계획을 준수하여야 한다.
③ 안전보건개선계획의 수립·시행 명령을 받은 사업주는 고용노동부장관이 정하는 바에 따라 안전보건개선계획서를 작성하여 그 명령을 받은 날부터 60일 이내에 관할 지방고용노동관서의 장에게 제출하여야 한다.
④ 직업병에 걸린 사람이 연간 1명 발생한 사업장은 안전·보건진단을 받아 안전보건개선계획을 수립·제출하도록 지방고용노동관서의 장이 명할 수 있는 사업장에 해당한다.
⑤ 안전보건개선계획서에는 시설, 안전·보건관리체제, 안전·보건교육, 산업재해 예방 및 작업환경의 개선을 위하여 필요한 사항이 포함되어야 한다.

해설 ④ [×] 직업성 질병자가 연간 2명 이상(상시근로자 1천명 이상 사업장의 경우 3명이상) 발생한 사업장은 안전·보건진단을 받아 안전보건개선계획을 수립·제출하도록 지방고용노동관서의 장이 명할 수 있는 사업장에 해당한다(산안법 제49조, 산안령 제49조).

정답 21. ④

① 사업주는 안전보건개선계획을 수립할 때에는 산업안전보건위원회가 설치되어 있지 아니한 사업장의 경우에는 근로자대표의 의견을 들어야 한다(산안법 제49조).

② 사업주와 근로자는 심사를 빋은 안전보건개선계획서(보완한 안전보건개선계획서를 포함한다)를 준수하여야 한다(산안법 제50조).

③ 안전보건개선계획서를 제출해야 하는 사업주는 안전보건개선계획서 수립·시행 명령을 받은 날부터 60일 이내에 관할 지방고용노동관서의 장에게 해당 계획서를 제출(전자문서로 제출하는 것을 포함한다)해야 한다(산시규 제61조).

⑤ 안전보건개선계획서에는 시설, 안전보건관리체제, 안전보건교육, 산업재해 예방 및 작업환경의 개선을 위하여 필요한 사항이 포함되어야 한다(산시규 제61조).

22 산업안전보건법령상 산업재해 발생 사실을 은폐하도록 교사(敎唆)하거나 공모(共謀)한 자에게 적용되는 벌칙은?

① 500만원 이하의 벌금
② 1년 이하의 징역 또는 1천만원 이하의 벌금
③ 3년 이하의 징역 또는 3천만원 이하의 벌금
④ 5년 이하의 징역 또는 5천만원 이하의 벌금
⑤ 7년 이하의 징역 또는 1억원 이하의 벌금

해설 ② [○] 산업재해 발생 사실을 은폐한 자 또는 그 발생 사실을 은폐하도록 교사하거나 공모한 자는 1년 이하의 징역 또는 1천만원 이하의 벌금에 처한다(산안법 제170조).

23 산업안전보건법령상 작업환경측정 등에 관한 설명으로 옳지 않은 것은?

① 사업주는 작업환경측정의 결과를 해당 작업장 근로자에게 알려야 하며, 그 결과에 따라 근로자의 건강을 보호하기 위하여 해당 시설·설비의 설치·개선 또는 건강진단의 실시 등 적절한 조치를 하여야 한다.
② 사업주는 산업안전보건위원회 또는 근로자대표가 요구하면 작업환경측정 결과에 대한 설명회를 직접 개최하거나 작업환경측정을 한 기관으로 하여금 개최하도록 해야 한다.
③ 고용노동부장관은 작업환경측정의 수준을 향상시키기 위하여 매년 지정측정기관을 평가한 후 그 결과를 공표하여야 한다.
④ 고용노동부장관은 작업환경측정 결과의 정확성과 정밀성을 평가하기 위하여 필요하다고 인정하는 경우에는 신뢰성평가를 할 수 있다.
⑤ 시설·장비의 성능은 고용노동부장관이 지정측정기관의 작업환경측정 수준을 평가하는 기준에 해당한다.

정답 22. ②   23. ③

> 해설 ③ [×] 고용노동부장관은 작업환경측정의 수준을 향상시키기 위하여 필요한 경우 작업환경측정기관을 평가하고 그 결과(측정·분석능력의 확인 결과를 포함한다)를 공개할 수 있다(산안법 제126조).
> ① 사업주는 작업환경측정 결과를 해당 작업장의 근로자(관계수급인 및 관계수급인 근로자를 포함한다)에게 알려야 하며, 그 결과에 따라 근로자의 건강을 보호하기 위하여 해당 시설·설비의 설치·개선 또는 건강진단의 실시 등의 조치를 하여야 한다(산안법 제126조).
> ② 사업주는 산업안전보건위원회 또는 근로자대표가 요구하면 작업환경측정 결과에 대한 설명회 등을 개최하여야 한다. 이 경우 작업환경측정을 위탁하여 실시한 경우에는 작업환경측정기관에 작업환경측정 결과에 대해 설명하도록 할 수 있다(산안법 제125조).
> ④ 고용노동부장관은 작업환경측정 결과에 대하여 그 신뢰성을 평가할 수 있다(산안법 제127조).
> ⑤ 시설·장비의 성능은 고용노동부장관이 지정측정기관의 작업환경측정 수준을 평가하는 기준에 해당한다(산시규 제191조).

24 갑(甲)은 전국 규모의 사업주단체에 소속된 임직원으로서 해당 단체가 추천하여 법령에 따라 위촉된 명예감독관이다. 산업안전보건법령상 갑(甲)의 업무가 아닌 것을 모두 고른 것은?

> ㄱ. 법령 및 산업재해 예방정책 개선 건의
> ㄴ. 안전·보건 의식을 북돋우기 위한 활동과 무재해운동 등에 대한 참여와 지원
> ㄷ. 사업장에서 하는 자체점검 참여 및 근로감독관이 하는 사업장 감독 참여
> ㄹ. 법령을 위반한 사실이 있는 경우 사업주에 대한 개선 요청 및 감독기관에의 신고
> ㅁ. 산업재해 발생의 급박한 위험이 있는 경우 사업주에 대한 작업중지 요청

① ㄱ, ㄴ, ㄷ ② ㄱ, ㄴ, ㅁ ③ ㄱ, ㄷ, ㄹ ④ ㄴ, ㄹ, ㅁ ⑤ ㄷ, ㄹ, ㅁ

> 해설 ⑤ [○] 유관 단체에서 위촉된 명예산업안전감독관 업무에 (ㄷ), (ㄹ), (ㅁ)은 제외된다.
>
> ○ 명예산업안전감독관의 업무 (산안령 제32조)
>   1. 사업장에서 하는 자체점검 참여 및 근로감독관이 하는 사업장 감독 참여
>   2. 사업장 산업재해 예방계획 수립 참여, 사업장에서 하는 기계·기구 자체검사 참석
>   3. 법령을 위반한 사실이 있는 경우 사업주에 대한 개선 요청 및 감독기관에의 신고
>   4. 산업재해 발생의 급박한 위험이 있는 경우 사업주에 대한 작업중지 요청
>   5. 작업환경측정, 근로자 건강진단 시의 참석 및 그 결과에 대한 설명회 참여
>   6. 직업성 질환의 증상이 있거나 질병에 걸린 근로자가 여러 명 발생한 경우 사업주에 대한 임시건강진단 실시 요청

정답 24. ⑤

7. 근로자에 대한 안전수칙 준수 지도
8. 법령 및 산업재해 예방정책 개선 건의
9. 안전·보건 의식을 북돋우기 위한 활동 등에 대한 참여와 지원
10. 그 밖에 산업재해 예방에 대한 홍보 등 산업재해 예방업무와 관련하여 고용노동부장관이 정하는 업무

⊙ 근로자대표에 의해 위촉된 명예산업안전감독관의 업무는 8호를 제외한 업무를 수행한다. 연합단체, 전국규모단체, 재해예방관련단체에서 위촉된 명예산업안전감독관의 업무는 상기 업무 중 제8, 9, 10호에 한정된다.

25 산업안전보건법령상 산업재해 예방사업 보조·지원의 취소에 관한 설명으로 옳지 않은 것은?

① 거짓으로 보조·지원을 받은 경우 보조·지원의 전부를 취소하여야 한다.
② 보조·지원 대상을 임의매각·훼손·분실하는 등 지원 목적에 적합하게 유지·관리·사용하지 아니한 경우 보조·지원의 전부 또는 일부를 취소하여야 한다.
③ 보조·지원이 산업재해 예방사업의 목적에 맞게 사용되지 아니한 경우 보조·지원의 전부 또는 일부를 취소하여야 한다.
④ 보조·지원 대상 기간이 끝나기 전에 보조·지원 대상 시설 및 장비를 국외로 이전 설치한 경우 보조·지원의 전부 또는 일부를 취소하여야 한다.
⑤ 사업주가 보조·지원을 받은 후 5년 이내에 해당 시설 및 장비의 중대한 결함이나 관리상 중대한 과실로 인하여 근로자가 사망한 경우 보조·지원의 전부를 취소하여야 한다.

해설 ⑤ [×] 사업주가 보조·지원을 받은 후 5년 이내에 해당 시설 및 장비의 중대한 결함이나 관리상 중대한 과실로 인하여 근로자가 사망한 경우 보조·지원의 환수와 제한을 한다(산시규 제237조).

① 거짓이나 그 밖의 부정한 방법으로 보조·지원을 받은 경우 보조·지원의 전부를 취소하여야 한다(산안법 제158조).
② 보조·지원 대상을 임의매각·훼손·분실하는 등 지원 목적에 적합하게 유지·관리·사용하지 아니한 경우 보조·지원의 전부 또는 일부를 취소하여야 한다(산안법 제158조).
③ 보조·지원이 산업재해 예방사업의 목적에 맞게 사용되지 아니한 경우 보조·지원의 전부 또는 일부를 취소하여야 한다(산안법 제158조).
④ 보조·지원 대상 기간이 끝나기 전에 보조·지원 대상 시설 및 장비를 국외로 이전 설치한 경우 보조·지원의 전부 또는 일부를 취소하여야 한다(산안법 제158조).

정답 25. ⑤

제2과목 : 산업안전일반

26. TWI(Training Within Industry) 교육훈련 내용 중 사람을 다루는 방법(인간관계 관리기법)에 대한 훈련인 것은?

① JIT(Job Instruction Training) ② JMT(Job Method Training)
③ JRT(Job Relation Training) ④ CCS(Civil Communication Section)
⑤ MTP(Management Training Program)

[해설]
③ [○] JRT(Job Relation Training) : 인간관계 관리능력 향상
① JIT(Job Instruction Training) : 감독자의 기술지도능력 향상
② JMT(Job Method Training) : 생산관리 능력 향상
④ CCS(Civil Communication Section) : 정책, 조직, 통제 및 운영 교육
⑤ MTP(Management Training Program) : 조직, 시간, 학습 관리

27. 산업안전보건법령상 사업주가 근로자에 대하여 실시하여야 하는 교육 중 채용 시 및 작업내용 변경 시의 교육내용으로 명시되어 있는 것이 아닌 것은?

① 기계·기구의 위험성과 작업의 순서 및 동선에 관한 사항
② 작업 개시 전 점검에 관한 사항 ③ 정리정돈 및 청소에 관한 사항
④ 사고 발생 시 재해조사 및 방지계획에 관한 사항
⑤ 산업보건 및 직업병 예방에 관한 사항

[해설]
④ [×] '사고 발생 시 긴급조치에 관한 사항'이 해당되는 교육내용이다.

○ 근로자의 안전보건교육 중 채용 시 교육 및 작업내용 변경 시 교육 (산시규 별표 5)
1. 산업안전 및 사고 예방에 관한 사항
2. 산업보건 및 직업병 예방에 관한 사항
3. 위험성 평가에 관한 사항 <개정으로 추가 2023. 9. 27>
4. 산업안전보건법령 및 산업재해보상보험 제도에 관한 사항
5. 직무스트레스 예방 및 관리에 관한 사항
6. 직장 내 괴롭힘, 고객의 폭언 등으로 인한 건강장해 예방 및 관리에 관한 사항
7. 기계기구의 위험성과 작업의 순서 및 동선에 관한 사항
8. 작업 개시 전 점검에 관한 사항
9. 정리정돈 및 청소에 관한 사항
10. 사고 발생 시 긴급조치에 관한 사항
11. 물질안전보건자료에 관한 사항

○ 근로자의 정기교육에도 "위험성 평가에 관한 사항"이 추가됨 <개정 2023. 9. 27>

정답 26. ③ 27. ④

28 하인리히(H. W. Heinrich)의 재해코스트 산정 시 간접비에 해당하는 것을 모두 고른 것은?

> ㄱ. 휴업보상비   ㄴ. 장해보상비   ㄷ. 재산손실   ㄹ. 유족보상비   ㅁ. 생산감소

① ㄱ, ㄴ   ② ㄱ, ㅁ   ③ ㄴ, ㄹ   ④ ㄷ, ㄹ   ⑤ ㄷ, ㅁ

해설 ⑤ [○] (ㄷ) 재산손실, (ㅁ) 생산감소는 간접비에 해당한다.
- 하인리히(H. W. Heinrich)의 재해코스트 산정
    1. 직접비 : 휴업보상비, 장해급여, 요양급여, 유족급여, 장의비, 간병급여
    2. 간접비 : 직접비를 제외한 모든 비용

29 산업안전보건기준에 관한 규칙상 지게차에 관한 내용으로 옳지 않은 것은?

① 사업주는 화물의 낙하에 의하여 지게차의 운전자에게 위험을 미칠 우려가 있는 경우에는 지게차 최대하중의 1.5배 값(3톤을 넘는 값에 대해서는 3톤으로 한다)의 등분포정하중에 견딜 수 있는 헤드가드를 갖추어야 한다.
② 사업주는 백레스트(backrest)를 갖추지 아니한 지게차를 사용해서는 아니 된다. 다만, 마스트의 후방에서 화물이 낙하함으로써 근로자가 위험해질 우려가 없는 경우에는 그러하지 아니하다.
③ 사업주는 전조등과 후미등을 갖추지 아니한 지게차를 사용해서는 아니 된다. 다만, 작업을 안전하게 수행하기 위하여 필요한 조명이 확보되어 있는 장소에서 사용하는 경우에는 그러하지 아니하다.
④ 사업주는 앉아서 조작하는 방식의 지게차를 운전하는 근로자에게 좌석 안전띠를 착용하도록 하여야 한다.
⑤ 사업주는 지게차에 의한 하역운반작업에 사용하는 팔레트(pallet)는 적재하는 화물의 중량에 따른 충분한 강도를 가지고 심한 손상·변형 또는 부식이 없는 것을 사용하여야 한다.

해설 ① [×] 사업주는 다음에 따른 적합한 헤드가드(head guard)를 갖추지 아니한 지게차를 사용해서는 아니 된다. 다만, 화물의 낙하에 의하여 의하여 지게차의 운전자에게 위험을 미칠 우려가 없는 경우에는 그러하지 않다(산기규 제180조).
    1. 강도는 지게차의 최대하중의 2배 값(4톤을 넘는 값에 대해서는 4톤으로 한다)의 등분포정하중에 견딜 수 있을 것
    2. 상부틀의 각 개구의 폭 또는 길이가 16cm 미만일 것
    3. 운전자가 앉아서 조작하거나 서서 조작하는 지게차의 헤드가드는 한국산업표준에서 정하는 높이 기준 이상일 것

30 다음에서 설명하는 논리기호의 명칭은?

○ 더 이상 해석이나 분석할 필요가 없는 사상
○ 결함수 분석법(FTA)의 도표에 사용되는 논리기호 중 '원' 기호로 표시됨

① 결함사상   ② 기본사상   ③ 이하 생략의 결함사상   ④ 통상사상
⑤ 전이기호

해설 ② [○] 기본사상 : 더 이상 전개할 수 없는 사건의 원인으로 '원' 기호로 표시됨.
① 결함사상 : 개별적인 결함사상
③ 이하 생략의 결함사상 : 추가적인 분석 없음
④ 통상사상 : 유통계통의 총 변화와 같이 일반적으로 발생이 예상되는 사상
⑤ 전이기호 : 다른 부분에 있는 게이트와의 연결관계를 나타내기 위한 기호

○ FTA에서 사용되는 논리 기호

기본사상	결함사상	생략사상	통상사상	전이기호
○	▭	◇	⌂	△ (out)

31 산업안전보건기준에 관한 규칙상 통로에 관한 내용으로 옳지 않은 것은?

① 가설통로를 설치하는 경우 경사가 15도를 초과하는 경우에는 미끄러지지 아니하는 구조로 설치하여야 한다.
② 사다리식 통로를 설치하는 경우 사다리의 상단은 걸쳐 놓은 지점으로부터 60센티미터 이상 올라가도록 설치하여야 한다.
③ 계단 및 계단참을 설치하는 경우 매제곱미터당 400킬로그램 이상의 하중에 견딜 수 있는 강도를 가진 구조로 설치하여야 한다.
④ 높이가 3미터를 초과하는 계단에 높이 3미터 이내마다 너비 1.2미터 이상의 계단참을 설치하여야 한다.
⑤ 높이 1미터 이상인 계단의 개방된 측면에 안전난간을 설치하여야 한다.

해설 ③ [×] 사업주는 계단 및 계단참을 설치하는 경우 매m² 당 500kg 이상의 하중에 견딜 수 있는 강도를 가진 구조로 설치하여야 하며, 안전율(안전의 정도를 표시하는 것으로서 재료의 파괴응력도와 허용응력의 비율을 말한다)은 4 이상으로 하여야 한다(산기규 제26조).

32 인간공학에서는 인간의 신체적 특성과 인지적 특성을 고려하여 제품을 설계한다. 인간특성과 설계사례의 연결로 옳지 않은 것은?

① 신체적 특성 - 사용자의 손 크기를 고려한 박스의 손잡이 설계
② 인지적 특성 - 전자레인지가 작동 중에 문을 열면 작동을 멈추도록 하는 인터록 설계
③ 신체적 특성 - 오금 높이를 기준으로 책상용 의자의 높이를 설계
④ 인지적 특성 - 작업자의 팔 행동반경을 고려하여 조종 장치를 배치
⑤ 인지적 특성 - 전화기 버튼을 누르면, 눌릴 때 마다 청각적 피드백을 제공하는 설계

해설 ④ [×] 신체적 특성 - 작업자의 팔 행동반경을 고려하여 조종 장치를 배치

33 사업장 위험성평가에 관한 지침에서 위험성 추정 시 유의사항으로 옳지 않은 것은?

① 예상되는 부상 또는 질병의 대상자 및 내용을 명확하게 예측할 것
② 최악의 상황에서 가장 큰 부상 또는 질병의 중대성을 추정할 것
③ 부상 또는 질병의 중대성은 부상이나 질병 등의 종류에 따라 각각 별도의 척도를 사용하는 것이 바람직하며, 기본적으로 부상 또는 질병에 의한 요양기간 또는 근로손실일 수 등을 척도로 사용하지 아니 할 것
④ 기계·기구, 설비, 작업 등의 특성과 부상 또는 질병의 유형을 고려할 것
⑤ 유해성이 입증되어 있지 않은 경우에도 일정한 근거가 있는 경우에는 그 근거를 기초로 하여 유해성이 존재하는 것으로 추정할 것

해설 ③ [×] 위험성 추정 시 유의사항 <"위험성 추정" 항이 삭제됨 2024. 11. 28>
1. 예상되는 부상 또는 질병의 대상자 및 내용을 명확하게 예측할 것
2. 최악의 상황에서 가장 큰 부상 또는 질병의 중대성을 추정할 것
3. 부상 또는 질병의 중대성은 부상이나 질병 등의 종류에 관계없이 공통의 척도를 사용하는 것이 바람직하며, 기본적으로 부상 또는 질병에 의한 요양기간 또는 근로손실 일수 등을 척도로 사용할 것
4. 유해성이 입증되어 있지 않은 경우에도 일정한 근거가 있는 경우에는 그 근거를 기초로 하여 유해성이 존재하는 것으로 추정할 것
5. 기계 기구, 설비, 작업 등의 특성과 부상 또는 질병의 유형을 고려할 것

34 근골격계 질환 예방을 위한 유해요인 평가방법 중 안전하게 작업할 수 있는 중량물의 허용중량 한계(RWL)를 계산할 수 있는 평가방법은?

① OWAS ② REBA ③ RULA ④ NIOSH Lifting Guidelines
⑤ Strain Index

정답 32. ④   33. ③   34. ④

해설 ④ [○] NIOSH Lifting Guidelines은 들기지수로서, 먼저 권장무게한계(RWL)를 구하고 실제 들려고 하는 중량물의 무게를 RWL로 나누어 1보다 낮도록 관리한다.
① OWAS : 몸통(허리), 팔, 다리 무게. 목의 자세 평가.
　　　　　⊙ WA : Working Posture Analysis
② REBA : 작업자의 움직임 단계를 관찰한 후 신체부위를 분할하여 각 신체부위에 부위별 점수를 부여하여 점수코드 체계를 이용하여 평가　⊙ EB : Entire Body
③ RULA : 상지의 근골격계질환에 대한 인간공학적인 작업 평가 도구.
　　　　　⊙ UL : Upper Limb
⑤ Strain Index : 손, 손목, 팔꿈치의 작업 관련성 근골격계 질환 위험도 평가를 위해 개발한 평가 기법

35 인간이 느끼는 음량 크기에 관한 내용으로 옳지 않은 것은?

① phon은 특정 음과 같은 크기로 들리는 1,000Hz 순음의 음압수준(dB)값으로 정의된다.
② 40phon은 20phon 보다 2배 큰 음이다.
③ 2sone은 1sone의 2배 크기의 음이다.
④ 등음량 곡선은 주파수를 변화시켜 가면서 같은 크기로 들리는 음압수준(dB)들을 연결한 곡선이다.
⑤ 1sone은 1,000Hz, 40dB인 음의 크기이다.

해설 ② [×] 40phon은 20phon 보다 4배 큰 음이다. 소리의 세기는 sone으로 측정된다.

$$\text{sone} = 2^{(dB-40)/10} \to 2^{\frac{dB-40}{10}} = 2^{\frac{40-40}{10}} = 1,\ 2^{\frac{20-40}{10}} = \frac{1}{4}$$

① phon은 주파수별 음의 크기를 1,000Hz의 음압수치로 나타낸 것이다.
③ sone은 소리세기의 상대적 관계를 표시하기 위해 고안된 것으로, 감각상의 소리 크기의 단위이다. 2sone은 1sone의 2배 크기의 음이다.
④ 등음량 곡선은 주파수를 변화시켜 가면서 같은 크기로 들리는 음압수준(dB)들을 연결한 곡선이다.
⑤ 40dB의 1,000Hz 순음의 크기가 1sone이다. $\text{sone} = 2^{\frac{dB-40}{10}} = 2^{\frac{40-40}{10}} = 2^0 = 1$

36 1칸델라(cd)의 점광원으로부터 2m 떨어진 곳의 조도는 얼마인가?

① 0.25 lux　② 0.5 lux　③ 1 lux　④ 2 lux　⑤ 3 lux

해설 ① [○] 조도 $= \dfrac{광도}{거리^2} = \dfrac{1}{2^2} = 0.25$ lux

정답　35. ②　36. ①

37 고장률(failure rate)에 관한 내용으로 옳은 것을 모두 고른 것은?

> ㄱ. 고장률은 특정시점까지 고장나지 않고 작동하던 부품이 다음 순간에 고장나게 될 가능성을 나타내는 척도이다.
> ㄴ. 고장률(h(t)), 신뢰도 함수(R(t))와 고장확률밀도함수(f(t)) 사이의 관계는 h(t) = f(t)/R(t)다.
> ㄷ. 고장률은 시간의 흐름에 따라 감소형, 증가형, 유지형으로 구분할 수 있다.
> ㄹ. 제품 혹은 부품의 전체 수명기간에 걸친 고장률의 변화는 욕조곡선(bathtub curve)의 형태로 나타난다.

① ㄱ, ㄴ   ② ㄴ, ㄷ   ③ ㄱ, ㄴ, ㄹ   ④ ㄴ, ㄷ, ㄹ   ⑤ ㄱ, ㄴ, ㄷ, ㄹ

[해설] (ㄱ) [○] 고장률은 특정시점까지 고장나지 않고 작동하던 부품이 계속해서 어떤 단위시간 내에 고장을 일으키는 비율을 말한다.

(ㄴ) [○] 고장률 함수 $h(t)$, 신뢰도 함수 $R(t)$와 고장확률밀도 함수 $f(t)$ 사이의 관계는 다음의 식과 같다. $h(t) = f(t)/R(t)$

(ㄹ) [○] 제품 혹은 부품의 전체 수명기간에 걸친 고장률의 변화는 욕조곡선(bathtub curve)의 형태로 나타난다.

(ㄷ) 고장률은 시간의 흐름에 따라 감소형, 유지형(일정형), 증가형으로 구분할 수 있고 유형에는 초기고장, 우발고장, 마모고장이 있다.

38 다음에서 설명하고 있는 인간실수 유형은?

> ○ 상황이나 목표의 해석은 제대로 하였으나 의도와는 다른 행동을 하는 경우에 발생하는 오류이다.
> ○ 행동 결과에 대한 피드백이 있으면, 목표와 결과의 불일치가 쉽게 발견된다.
> ○ 주의산만, 주의결핍에 의해 발생할 수 있으며, 잘못된 디자인이 원인이기도 하다.

① 작위오류(commission error)   ② 착오(mistake)   ③ 실수(slip)
④ 시간오류(timing error)   ⑤ 위반(violation)

[해설] ③ [○] 실수(slip) : 계획된 목적 수행에 필요한 행동의 실행에 오류가 발생하는 것이다.
① 작위오류(commission error) : 수행하여야 할 직무를 부정확하게 수행하는 것이다.
② 착오(mistake) : 부적정한 계획의 결과로 인해 원래의 목적수행에 실패하는 것이다.
④ 시간오류(timing error) : 필요한 직무 또는 절차의 수행을 지연한 것이다.
⑤ 위반(violation) : 절차서의 지시를 고의로 따르지 않고 다른 방향을 선택한 경우이다.

[정답] 37. ③   38. ③

39 다음의 시각적 표시장치 중 정성적 표시장치는?

① 횡단보도의 삼색신호등 ② 지침이 움직이는 중량계 ③ 디지털 시계
④ 눈금이 움직이는 체중계 ⑤ 지침이 움직이는 시계

해설 ① [○] 정성적 표시장치(수치형이 아닌 것)는 온도, 압력, 속도와 같은 연속적으로 변하는 변수의 대략적인 값이나 변화 추세 또는 현재 상태(횡단보도의 3색 신호등)의 정상, 비정상 여부 등을 알고자 할 때 사용한다.
○ 한편, 정량적 표시장치(수치형인 것)의 기본형은 동침형, 동목형, 계수형이 있다.

40 다음 중 올바른 작업방법 설계 시 고려해야 할 사항으로 옳지 않은 것은?

① 동작을 천천히 하여 최대 근력을 얻도록 한다.
② 동작의 중간범위에서 최대한의 근력을 얻도록 한다.
③ 가능하다면 중력의 방향으로 작업을 수행하도록 한다.
④ 최대한 발휘할 수 있는 힘의 50% 이상을 유지한다.
⑤ 눈동자의 움직임을 최소화한다.

해설 ④ [×] 최대한 발휘할 수 있는 힘의 50% 이하를 유지한다. 올바른 작업방법 설계 시 고려해야 할 사항으로는 최대 근력을 얻도록 하고, 관성, 중력, 기계력을 이용할 수 있도록 설계하여야 한다.

41 작업장에서 근로자가 1일 8시간 작업하는 동안 90dB(A)에서 4시간, 95dB(A)에서 4시간 소음에 노출되었다. 아래의 허용노출시간표를 활용한 소음노출지수는 얼마인가?

1일 노출시간	소음강도
8시간	90dB(A)
4시간	95dB(A)
2시간	100dB(A)
1시간	105dB(A)
0.5시간	110dB(A)

① 0.8 ② 0.9 ③ 1.0 ④ 1.2 ⑤ 1.5

해설 ⑤ [○] 노출시간을 허용노출시간으로 나누어 합산한다. 소음노출지수 $= \dfrac{4}{8} + \dfrac{4}{4} = 1.5$

정답 39. ① 40. ④ 41. ⑤

42 사업장 위험성평가에 관한 지침에 명시하고 있는 "유해·위험요인이 부상 또는 질병으로 이어질 수 있는 가능성과 중대성 등을 고려한 위험의 정도"의 정의 용어는?

① 유해·위험요인   ② 위험성 결정   ③ 위험성   ④ 위험성 추정
⑤ 위험성 감소대책 수립 및 실행

해설   ③ [○] 위험성 : 유해·위험요인이 부상 또는 질병으로 이어질 수 있는 가능성과 중대성 등을 고려한 위험의 정도를 말한다(위험성평가 지침 제3조). <개정 2024. 11. 28>

① 유해·위험요인 : 유해·위험을 일으킬 잠재적 가능성이 있는 것의 고유한 특징이나 속성을 말한다(사업장 위험성평가에 관한 지침 제3조).

② 위험성 결정 : 유해·위험요인별로 추정한 위험성의 크기가 허용 가능한 범위인지 여부를 판단하는 것을 말한다(위험성평가에 관한 지침 제3조). <삭제 2024. 11. 28>

④ 위험성 추정 : 유해·위험요인별로 부상 또는 질병으로 이어질 수 있는 가능성과 중대성의 크기를 각각 추정하여 위험성의 크기를 산출하는 것을 말한다(사업장 위험성평가에 관한 지침 제3조). <삭제 2024. 11. 28>

⑤ 위험성 감소대책 수립 및 실행 : 위험성 결정 결과 허용 불가능한 위험성을 합리적으로 실천 가능한 범위에서 가능한 한 낮은 수준으로 감소시키기 위한 대책을 수립하고 실행하는 것을 말한다(사업장 위험성평가에 관한 지침 제3조). <삭제 2024. 11. 28>

43 제조물 책임법에 관한 내용으로 옳지 않은 것은?

① 제조업자는 제조물의 결함으로 생명·신체 또는 재산에 손해를 입은 자에게 그 손해를 배상하여야 한다.
② 제조물이란 제조되거나 가공된 동산을 말한다.
③ 제조상의 결함이란 제조업자가 제조물에 대하여 제조상·가공상의 주의의무를 이행하였는지에 관계없이 제조물이 원래 의도한 설계와 다르게 제조·가공됨으로써 안전하지 못하게 된 경우를 말한다.
④ 설계상의 결함이란 제조업자가 합리적인 설명·지시·경고 또는 그 밖의 표시를 하였더라면 해당 제조물에 의하여 발생할 수 있는 피해나 위험을 줄이거나 피할 수 있었음에도 이를 하지 아니한 경우를 말한다.
⑤ 제조물의 제조·가공 또는 수입을 업으로 하는 자는 제조업자에 해당한다.

해설   ④ [×] 표시상의 결함이란 제조업자가 합리적인 설명·지시·경고 또는 그 밖의 표시를 하였더라면 해당 제조물에 의하여 발생할 수 있는 피해나 위험을 줄이거나 피할 수 있었음에도 이를 하지 아니한 경우를 말한다. 설계상의 결함이란 제조업자가 합리적인 대체설계를 채용하였더라면 피해나 위험을 줄이거나 피할 수 있었음에도 대체설계를 채용하지 아니하여 해당 제조물이 안전하지 못하게 된 경우를 말한다(제조물책임법 제2조).

정답   42. ③   43. ④

① 제조업자는 제조물의 결함으로 생명·신체 또는 재산에 손해를 입은 자에게 그 손해를 배상하여야 한다(제조물책임법 제3조).
② 제조물이란 제조되거나 가공된 동산을 말한다(제조물책임법 제2조).
③ 제조상의 결함이란 제조업자가 제조물에 대하여 제조상·가공상의 주의의무를 이행하였는지에 관계없이 제조물이 원래 의도한 설계와 다르게 제조·가공됨으로써 안전하지 못하게 된 경우를 말한다(제조물책임법 제2조).
⑤ 제조물의 제조·가공 또는 수입을 업으로 하는 자는 제조업자에 해당한다(제조물책임법 제2조).

44 위험성평가(risk assessment)를 실시하는 절차를 순서대로 옳게 나열한 것은?

ㄱ. 위험성 감소대책의 수립 및 실행
ㄴ. 파악된 유해·위험요인별 위험성의 추정
ㄷ. 근로자의 작업과 관계되는 유해·위험요인의 파악
ㄹ. 추정한 위험성이 허용 가능한 위험성인지 여부의 결정
ㅁ. 평가대상의 선정 등 사전준비

① ㄷ → ㄴ → ㄹ → ㅁ → ㄱ
② ㄷ → ㅁ → ㄴ → ㄱ → ㄹ
③ ㄷ → ㅁ → ㄴ → ㄹ → ㄱ
④ ㅁ → ㄴ → ㄷ → ㄹ → ㄱ
⑤ ㅁ → ㄷ → ㄴ → ㄹ → ㄱ

해설 ⑤ [○] 위험성평가의 실시 절차 (사업장 위험성평가에 관한 지침 제8조) <개정 2024>
1. 사전준비
2. 유해·위험요인 파악
3. 위험성 추정 <"위험성 추정" 항 삭제 2024. 12. 18>
4. 위험성 결정
5. 위험성 감소대책 수립 및 실행
6. 위험성평가 실시내용 및 결과에 관한 기록 및 보존

45 안전관리 조직에 관한 설명으로 옳지 않은 것은?

① 안전관리 조직 형태는 라인형(Line type), 스태프형(Staff type), 라인스태프형(Line-staff type)으로 구분할 수 있다.
② 라인형은 회사내에 별도의 안전전담 부서가 있으며 안전계획에서 실시까지 담당한다.
③ 스태프형은 안전에 관한 전문지식 축적과 기술개발이 용이한 장점이 있다.
④ 라인스태프형은 명령 계통과 조언·권고적 참여가 혼돈되기 쉬운 단점이 있다.
⑤ 소규모 사업장일수록 라인형, 규모가 큰 사업장일수록 라인스태프형이 적합하다.

정답 44. ⑤ 45. ②

해설 ② [×] 스태프형은 100명이상 1000명 미만의 중규모 사업장에서 회사 내에 별도의 안전전담 부서가 있으며 안전계획에서 실시까지 담당한다. 라인형은 100명 미만의 소규모사업장에서 안전의 계획으로부터 실시에 이르기까지 전부 생산라인을 통해서 행하는 관리방식이다.

③ 스태프형은 관리하는데 안전업무를 전문으로 하는 부문을 설치하고 경영자의 참조적인 역할, 즉 안전기획·입안, 조사, 권고, 점검, 보고 등을 함과 동시에 자문역할로서 생산라인에 대하여 안전의 지도 및 추진을 조언하는 관리조직이다.

④ 라인스태프형 1,000명 이상의 대규모 사업장에서 채택되며, 라인형과 Staff형 안전관리를 절충한 조직으로 명령계통과 조언권고적 참여가 혼동되기 쉽다.

46 다음 FT도에서 정상사상 X의 값은 얼마인가?

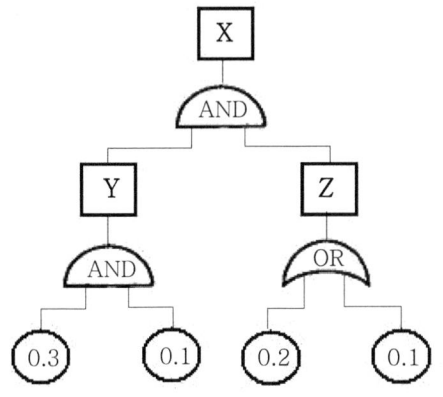

① 0.0084 ② 0.3826 ③ 0.42 ④ 0.55 ⑤ 0.61

해설 ① [○] $F_X = F_Y \times F_Z = 0.03 \times 0.28 = 0.0084$

여기서, $F_Y = 0.3 \times 0.1 = 0.03$, $F_Z = 1-(1-0.2)(1-0.1) = 0.28$

47 위험성 평가 시 유해위험 요인의 발굴을 위해 4M 기법을 활용한다. 다음 중 인적(Man) 항목이 아닌 것은?

① 작업자세   ② 개인 보호구 미착용   ③ 휴먼에러
④ 관리조직의 결함 및 건강관리의 불량   ⑤ 미숙련자의 불안전한 행동

해설 ④ [×] '관리조직의 결함 및 건강관리의 불량'은 관리적(Management)인 항목이다.

○ 4M 기법 : 인적(Man), 기계적(Machine), 물질·환경적(Media), 관리적(Management)인 사항에 있어서 유해·위험요인을 도출하고 발생빈도와 피해크기를 그룹화하여 이를 예방하기 위한 대책을 수립하는 기법이다.

정답 46. ①   47. ④

○ 4M 중 인적(Man) 항목
  1. 근로자 특성(장애자, 여성, 고령자, 비정규직, 미숙련자 등)에 의한 불안전 행동
  2. 작업정보의 부적절   3. 작업자세, 작업동작의 결함
  4. 작업방법의 부적절   5. 개인보호구 미착용   6. 휴먼에러

48 국내 어느 사업장의 전년도 도수율은 3, 강도율은 27이었다. 이 사업장의 종합재해지수(FSI)는 얼마인가?

① 5   ② 6   ③ 7   ④ 8   ⑤ 9

해설   ⑤ 종합재해지수(FSI : Frequency-Severity Indicator)= $\sqrt{도수율 \times 강도율}$ = $\sqrt{3 \times 27}$ = 9

49 하인리히(H. W. Heinrich)의 사고방지를 위한 기본원리 5단계를 순서대로 옳게 나열한 것은?

| ㄱ. 안전관리조직   ㄴ. 시정책의 실행   ㄷ. 사실의 발견   ㄹ. 시정방법의 선정 |
| ㅁ. 분식평가 |

① ㄱ→ㄷ→ㅁ→ㄹ→ㄴ   ② ㄱ→ㅁ→ㄷ→ㄹ→ㄴ   ③ ㄷ→ㄹ→ㄴ→ㅁ→ㄱ
④ ㄷ→ㅁ→ㄱ→ㄹ→ㄴ   ⑤ ㄷ→ㅁ→ㄹ→ㄴ→ㄱ

해설   ① [○] 사고방지를 위한 기본 원리 5단계 : 안전관리 조직화 → 사실의 발견 → 분석평가 → 시정책의 선정 → 시정책의 적용(실행)

50 다음과 같은 특징을 가지고 있는 위험성평가 기법은?

○ 재해나 사고가 일어나는 것을 확률적인 수치로 평가하는 것이 가능하다.
○ 어떤 기능이 고장 또는 실패할 경우 그 이후 다른 부분에 어떤 결과를 초래하는 지를 분석하는 귀납적 방법이다.

① 위험과 운전분석(HAZOP)   ② 사건수분석(ETA)   ③ 예비위험분석(PHA)
④ 체크리스트(Checklist)   ⑤ 고장유형 및 영향분석(FMEA)

해설   ② [○] 사건수분석(ETA) : 초기사건으로 알려진 특정장치의 이상이나 운전자의 실수로부터 발생되는 잠재적인 사고결과를 평가하는 귀납적 기법이기는 하나 정량적인 해석 기법.
① 위험과 운전분석(HAZOP) : 공정에 존재하는 위험요인과 공정의 효율을 떨어뜨릴 수 있는 운전상의 문제점을 찾아 내어 그 원인을 제거하는 기법.

정답   48. ⑤   49. ①   50. ②

③ 예비위험분석(PHA) : 시스템 위험분석의 초기단계에 핵심 안전위험 부분을 확인하고 위험조건의 초기 평가와 필요한 위험조건 관리 및 후속 조치를 판단하기 위하여 수행하는 기법.

④ 체크리스트(Check list) : 공정 및 설비의 오류, 결함상태, 위험상황 등을 목록화한 형태로 작성하여 경험적으로 비교하여 위험성을 파악하는 방법. 체크리스트는 확인사항 혹은 확인목록과 같은 의미로 쓰임.

⑤ 고장 유형 및 영향분석(FMEA) : 제품개발 및 공정 프로세스 상에서 발생가능한 고장과 이러한 고장으로 인해 야기될 수 있는 위험을 구조화하여 사전에 방지하는 기법.

제3과목 : 기업진단·지도

51 직무관리에 관한 설명으로 옳지 않은 것은?

① 직무분석이란 직무의 내용을 체계적으로 분석하여 인사관리에 필요한 직무정보를 제공하는 과정이다.
② 직무설계는 직무 담당자의 업무 동기 및 생산성 향상 등을 목표로 한다.
③ 직무충실화는 작업자의 권한과 책임을 확대하는 직무설계방법이다.
④ 핵심직무특성 중 과업중요성은 직무담당자가 다양한 기술과 지식 등을 활용하도록 직무설계를 해야 한다는 것을 말한다.
⑤ 직무평가는 직무의 상대적 가치를 평가하는 활동이며, 직무평가 결과는 직무급의 산정에 활용된다.

[해설] ④ [×] 핵심직무특성 중 기술다양성은 직무담당자가 다양한 기술과 지식 등을 활용하도록 직무설계를 해야 한다는 것을 말한다. 핵심직무특성 중 과업중요성은 직무가 다른 사람의 생활에 미치는 영향의 중요성을 지각하는 정도를 말한다.

○ 핵심직무특성 5가지 : ① 기술다양성(skill variety), ② 과업정체성(task identity), ③ 과업중요성(task significance), ④ 자율성(autonomy), ⑤ 피드백(feedback)

52 노동조합에 관한 설명으로 옳지 않은 것은?

① 직종별 노동조합은 산업이나 기업에 관계없이 같은 직업이나 직종 종사자들에 의해 결성된다.
② 산업별 노동조합은 기업과 직종을 초월하여 산업을 중심으로 결성된다.
③ 산업별 노동조합은 직종 간, 회사 간 이해의 조정이 용이하지 않다.
④ 기업별 노동조합은 동일 기업에 근무하는 근로자들에 의해 결성된다.
⑤ 기업별 노동조합에서는 근로자의 직종이나 숙련 정도를 고려하여 가입이 결정된다.

정답 51. ④   52. ⑤

해설 ⑤ [×] 기업별 노동조합에서는 근로자의 직종이나 숙련 정도를 고려하지 않고 가입이 결정된다. 기업별 노동조합은 하나의 기업 또는 사업장에 속하는 근로자들이 직종에 관계없이 결합한 노동조합이다.

53 조직구조 유형에 관한 설명으로 옳지 않은 것은?

① 기능별 구조는 부서 간 협력과 조정이 용이하지 않고 환경변화에 대한 대응이 느리다.
② 사업별 구조는 기능 간 조정이 용이하다.
③ 사업별 구조는 전문적인 지식과 기술의 축적이 용이하다.
④ 매트릭스 구조에서는 보고 체계의 혼선이 야기될 가능성이 높다.
⑤ 매트릭스 구조는 여러 제품라인에 걸쳐 인적자원을 유연하게 활용하거나 공유 할 수 있다.

해설 ③ [×] 사업별 구조는 제품라인이 독립적으로 존재하기 때문에 제품라인과 제품라인 간의 조정이 어렵다. 따라서 전사적 입장에서 볼 때 전문적인 지식과 기술의 축적이 어렵다.

54 JIT(just-in-time) 생산방식의 특징으로 옳지 않은 것은?

① 간판(kanban)을 이용한 푸시(push) 시스템
② 생산준비시간 단축과 소(小)로트 생산   ③ U자형 라인 등 유연한 설비배치
④ 여러 설비를 다룰 수 있는 다기능 작업자 활용
⑤ 불필요한 재고와 과잉생산 배제

해설 ① [×] JIT(just-in-time) 생산방식은 간판(kanban)을 이용하며, 푸시(Push, 밀기)시스템이 아니라 풀(Pull, 당기기)시스템이다. JIT 시스템은 풀(pull)방식의 자재흐름을 사용한다. 풀 방식이란 고객의 주문에 의해 생산이 개시되는 것으로서, 공정의 반복성이 높고 자재흐름이 명확히 결정된 기업이 JIT 시스템을 활용하는 경향이 있다.

55 매슬로우(A. Maslow)의 욕구단계이론 중 자아실현욕구를 조직행동에 적용한 것은?

① 도전적 과업 및 창의적 역할 부여   ② 타인의 인정 및 칭찬
③ 화해와 친목분위기 조성 및 우호적인 작업팀 결성
④ 안전한 작업조건 조성 및 고용 보장   ⑤ 냉난방 시설 및 사내식당 운영

해설 ① [○] 매슬로우(A. Maslow)의 욕구단계 이론
　　　　1단계 : 생리적 욕구 - 냉난방 시설 및 사내식당 운영

정답 53. ③   54. ①   55. ①

2단계 : 안전의 욕구 - 안전한 작업조건 조성 및 고용 보장
3단계 : 사회적 욕구 - 타인들과 상호작용하면서 사회에서 의미있는 역할성취를 하려는 욕구
4단계 : 존경의 욕구 - 타인의 인정 및 칭찬
5단계 : 자아실현 욕구 - 도전적 과업 및 창의적 역할 부여

56 품질개선 도구와 그 주된 용도의 연결로 옳지 않은 것은?

① 체크시트(check sheet) : 품질 데이터의 정리와 기록
② 히스토그램(histogram) : 중심위치 및 분포 파악
③ 파레토도(Pareto diagram) : 우연변동에 따른 공정의 관리상태 판단
④ 특성요인도(cause and effect diagram) : 결과에 영향을 미치는 다양한 원인들을 정리
⑤ 산점도(scatter plot) : 두 변수 간의 관계를 파악

해설 ③ [×] 고장, 불량, 결점 등의 발생건수 등을 항목별로 나누어 발생빈도의 순으로 나열하여 중점문제 도출을 분석하는 기법은 '파레토도'이다. 우연변동에 따른 공정의 관리상태 여부에 대한 판단은 '관리도'가 이용된다.

57 어떤 프로젝트의 PERT(program evaluation and review technique) 네트워크와 활동소요시간이 아래와 같을 때, 옳지 않은 설명은?

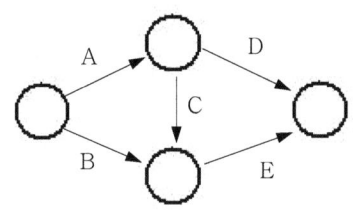

활동	소요시간(日)
A	10
B	17
C	10
D	7
E	8
계	52

① 주경로(critical path)는 A-C-E이다.
② 프로젝트를 완료하는 데에는 적어도 28일이 필요하다.
③ 활동 D의 여유시간은 11일이다.
④ 활동 E의 소요시간이 증가해도 주경로는 변하지 않는다.
⑤ 활동 A의 소요시간을 5일만큼 단축시킨다면 프로젝트 완료시간도 5일만큼 단축된다.

해설 소요시간 파악 및 주경로 결정 : 주경로는 최장 소요시간의 경로를 말한다.
경로 1 : A→D 17일 소요, 경로 2 : A→C→E 28일 소요, 경로 3 : B→E 25일 소요
⑤ [×] 활동 A의 소요시간을 5일 만큼 단축시킨다면 주 경로가 B→E가 된다.
따라서 프로젝트 완료시간도 (17+8)-(5+10+8)=25-23=2로서 2일 만큼 단축된다.

① 주경로(critical path)는 작업소요시간이 가장 긴 구간으로 A-C-E이다.
② 프로젝트를 완료하는 데에는 주경로의 28일이 필요하다
③ 활동 D의 여유시간은 28-17=11일이다.
④ 현재의 주경로가 변경되지 않는 것을 전제로 한다.

58 리더십 이론의 설명으로 옳은 것을 모두 고른 것은?

> ㄱ. 블레이크(R. Blake)와 머튼(J. Mouton)의 리더십 관리격자모형에 의하면 일(생산)에 대한 관심과 사람에 대한 관심이 모두 높은 리더가 이상적 리더이다.
> ㄴ. 피들러(F. Fiedler)의 리더십상황이론에 의하면 상황이 호의적일 때 인간중심형 리더가 과업지향형 리더보다 효과적인 리더이다.
> ㄷ. 리더-부하 교환이론(leader-member exchange theory)에 의하면 효율적인 리더는 믿을 만한 부하들을 내 집단(in-group)으로 구분하여, 그들에게 더 많은 정보를 제공하고, 경력개발 지원 등의 특별한 대우를 한다.
> ㄹ. 변혁적 리더는 예외적인 사항에 대해 개입하고, 부하가 좋은 성과를 내도록 하기 위해 보상시스템을 잘 설계한다.
> ㅁ. 카리스마 리더는 강한 자기 확신, 인상관리, 매력적인 비전 제시 등을 특징으로 한다.

① ㄱ, ㄴ, ㄹ   ② ㄱ, ㄷ, ㅁ   ③ ㄴ, ㄷ, ㄹ   ④ ㄱ, ㄴ, ㄷ, ㅁ
⑤ ㄱ, ㄷ, ㄹ, ㅁ

해설 (ㄱ) [O] 블레이크(R. Blake)와 머튼(J. Mouton)의 리더십 관리격자모형에 의하면 일(생산)에 대한 관심과 사람에 대한 관심이 모두 높은 리더가 이상적 리더이다.
(ㄷ) [O] 리더-부하 교환이론(leader-member exchange theory)에 의하면 부하가 역량과 동기를 가져서 리더가 신뢰하는 부하들은 내집단(in-group) 구성원이 되고, 이들은 직무에서 요구하는 역할과 책임 이상의 일을 하며 리더가 지휘하는 단위 조직의 성공에 중요한 영향을 미치는 핵심적인 책임을 맡는다.
(ㅁ) [O] 카리스마 리더는 사람을 매료시키는 초인간적인 능력을 가지고 대중의 우상적·열광적 지지를 받는 지도자를 말한다.
(ㄴ) 피들러(F. Fledler)의 리더십 상황이론에 의하면 상황이 호의적일 때 과업지향형 리더가 인간중심형 리더보다 효과적인 리더이다.
(ㄹ) 변혁적 리더의 리더십은 카리스마와 비전을 보여 주면서도 조직구성원들에게 개인을 넘어서 조직의 이상에 헌신하도록 변혁시키는 리더십이다. Conger는 변혁적 리더십은 기존의 조직과 조직문화를 변화시켜 조직원들의 욕구와 자발적 창의성을 이끌어 나가는 리더십이라고 정의했다.

정답 58. ②

59 공장의 설비배치에 관한 설명으로 옳은 것을 모두 고른 것은?

> ㄱ. 제품별 배치(product layout)는 연속·대량 생산에 적합한 방식이다.
> ㄴ. 제품별 배치를 적용하면 공정의 유연성이 높아진다는 장점이 있다.
> ㄷ. 공정별 배치(process layout)는 범용설비를 제품의 종류에 따라 배치한다.
> ㄹ. 고정위치형 배치(fixed position layout)는 주로 항공기 제조, 조선, 토목건축 현장에서 찾아볼 수 있다.
> ㅁ. 셀형 배치(cellular layout)는 다품종소량생산에서 유연성과 효율성을 동시에 추구할 수 있다.

① ㄱ, ㅁ   ② ㄱ, ㄹ, ㅁ   ③ ㄴ, ㄷ, ㄹ   ④ ㄱ, ㄴ, ㄹ, ㅁ   ⑤ ㄱ, ㄷ, ㄹ, ㅁ

[해설] (ㄱ) [○] 제품별 배치(product layout)는 제품별로 설비를 line-up시키는 배치로서, 연속적이고 대량 생산에 적합한 방식이다.

(ㄹ) [○] 고정위치형 배치(fixed position layout)는 비행기나 선박의 제조 주택이나 도로 공사 등에서 찾아볼 수 있다.

(ㅁ) [○] 셀형 배치(cellular layout)는 다품종소량생산에서 유연성과 효율성을 동시에 추구할 수 있으나, 다기능 숙련공의 육성이 절대적이다.

(ㄴ) 제품별 배치는 제품별 설비라인 구축이 되는 표준 프로세스를 사용하므로 유연성이 적다.

(ㄷ) 공정별 배치(process layout)는 범용설비를 기능 중심의 공정 종류별로 배치한다.

60 산업심리학의 연구방법에 관한 설명으로 옳지 않은 것은?

① 관찰법 : 행동표본을 관찰하여 주요 현상들을 찾아 기술하는 방법이다.
② 사례연구법 : 한 개인이나 대상을 심층 조사하는 방법이다.
③ 설문조사법 : 설문지 혹은 질문지를 구성하여 연구하는 방법이다.
④ 실험법 : 원인이 되는 종속변인과 결과가 되는 독립변인의 인과관계를 살펴보는 방법이다.
⑤ 심리검사법 : 인간의 지능, 성격, 적성 및 성과를 측정하고 정보를 제공하는 방법이다.

[해설] ④ [×] 실험법은 연구 대상을 실험 집단과 통제 집단으로 각각 나눈 뒤, 통제 집단에는 조작을 가하지 않고 실험 집단에는 일정한 조작을 하여 원인변수인 독립변수가 결과 변수인 종속변수에 영향을 준 실험 집단과 통제 집단을 비교하여 측정함으로써 자료를 수집하는 방법이다.

정답 59. ②   60. ④

61 일-가정 갈등(work-family conflict)에 관한 설명으로 옳지 않은 것은?

① 일과 가정의 요구가 서로 충돌하여 발생한다.
② 장시간 근무나 과도한 업무량은 일-가정 갈등을 유발하는 주요한 원인이 될 수 있다.
③ 적은 시간에 많은 것을 해내기를 원하는 경향이 강한 사람은 더 많은 일-가정 갈등을 경험한다.
④ 직장은 일-가정 갈등을 감소시키는 데 중요한 역할을 담당하지 않는다.
⑤ 돌봐 주어야 할 어린 자녀가 많을수록 더 많은 일-가정 갈등을 경험한다.

해설 ④ [×] 일-가정 갈등(work-family conflict)은 역할갈등의 형태로서 하나의 역할이 다른 역할 요구를 방해하는 것을 말한다. 일-가정 갈등(work-family conflict)이 있는 경우에 적절한 노동시간과 자유시간, 가족의 역할 등으로 갈등을 해소 또는 완화시킬 수 있으므로, 일-가정 갈등을 감소시키는데 직장은 아주 중요한 역할을 한다.

62 인간의 정보처리 방식 중 정보의 한 가지 측면에만 초점을 맞추고 다른 측면은 무시하는 것은?

① 선택적 주의(selective attention)
② 분할 주의(divided attention)
③ 도식(schema)
④ 기능적 고착(functional fixedness)
⑤ 분위기 가설(atmosphere hypothesis)

해설 ① [○] 선택적 주의(selective attention)는 여러 가지 자극 중에서 하나만 선택해서 주의를 기울이는 인간의 보편적인 사고 경향을 말한다. 즉, 주의(attention)를 이루는 하부 개념 중의 자극 중 특정한 것에만 인지자원을 할당하는 것을 말한다.
② 분할 주의(divided attention)는 분할 주의력(divided attention)으로도 쓰이고, 동시에 한 가지 이상의 자극에 관하여 관심을 적당히 분배하는 능력을 말한다.
③ 도식(schema)은 생각이나 행동의 조직된 패턴을 말한다. 도식은 선입견의 정신적 구조, 세계에 대한 관점의 측면을 나타내는 틀, 새로운 정보를 지각하고 조직화하는 시스템으로서 작동한다.
④ 기능적 고착(functional fixedness)은 한 대상이나 물건에 대하여 기존에 사용해 오던 방식으로만 사용하도록 한정시키는 인지 편향(cognitive bias)을 말한다.
⑤ Woodwooth와 Sells가 제시한 분위기 가설(atmosphere hypothesis)은 전제에 포함된 논리용어들(어떤, 모든, 전혀 아닌, 그리고 아닌)이 특정한 결론을 만들도록 분위기를 형성한다는 것이다.

63. 직무분석에 관한 설명으로 옳은 것을 모두 고른 것은?

> ㄱ. 직무분석 접근 방법은 크게 과업중심(task-oriented)과 작업자중심(worker-oriented)으로 분류할 수 있다.
> ㄴ. 기업에서 필요로 하는 업무의 특성과 근로자의 자질을 파악할 수 있다.
> ㄷ. 해당 직무를 수행하는 근로자들에게 필요한 교육훈련을 계획하고 실시할 수 있다.
> ㄹ. 근로자에게 유용하고 공정한 수행 평가를 실시하기 위한 준거(criterion)를 획득할 수 있다.

① ㄱ, ㄴ ② ㄴ, ㄷ ③ ㄴ, ㄹ ④ ㄱ, ㄷ, ㄹ ⑤ ㄱ, ㄴ, ㄷ, ㄹ

[해설] ⑤ [○] 제시된 선지 문항 (ㄱ), (ㄴ), (ㄷ), (ㄹ)항 모두 맞는 내용이다.
○ 직무분석은 직무에 포함되는 일의 성격이나 근로자에게 요구되는 자질, 직무의 내용 및 방법 등에 대한 모든 자료를 수집하고 이러한 자료를 토대로 목적에 적합하게 정리하여, 보다 효율적인 직무 운영 및 인사시스템을 효과적으로 구성하기 위한 기초자료 확보를 목적으로 시행된다.

64. 다음에 해당하는 갈등해결 방식은?

> 근로자가 동료나 관리자와 같은 제3자에게 갈등에 대해 언급하여, 자신과 갈등하는 대상을 직접 만나지 않고 저절로 갈등이 해결되는 것을 희망한다.

① 순응하기 방식(accommodating style)
② 협력하기 방식(collaborating style)
③ 회피하기 방식(avoiding style)
④ 강요하기 방식(forcing style)
⑤ 타협하기 방식(compromising style)

[해설] ③ [○] 회피하기 방식(avoiding style)은 절충하지 않고 서로 피하는 유형이다.
① 순응하기 방식(accommodating style)은 상대방의 주장만을 중시한다.
② 협력하기 방식(collaborating style)은 나와 상대방 모두의 주장만을 중심에 두는 유형이다.
④ 강요하기 방식(forcing style)은 나의 주장만 중시한다.
⑤ 타협하기 방식(compromising style)은 절충형으로 나와 상대방의 주장을 부분적으로 받아들인다.
○ 토마스(Thomas)와 킬만(Kilmann)은 사람들의 갈등대응 유형을 5가지로 분류하고, 전략적인 관리방법을 제시했다.
   1. 경쟁 → "나를 따르라!"

- 비상시와 같은 신속하고 결단력 있는 행동이 필요할 때
- 조직 전체의 생존을 위해 반드시 필요한 상황일 때
2. 협력 → "모두가 윈-윈"
   - 당사자 양측의 관심사가 너무 중요해서 통합적인 해결안이 필요할 때
   - 해결로 구성원에게 동기부여가 되고, 신뢰관계 구축이 가능하다고 판단될 때
3. 회피 → "일단 피해!"
   - 즉시 결정을 내리기 보다는, 더 많은 정보가 필요할 때
   - 당사자보다 제3자가 더욱 효과적으로 문제를 해결할 가능성이 있을 때
4. 수용 → "좋은 게 좋은 것"
   - 더 복잡한 문제 해결을 위해 지금 단계에서 우선 상대방의 신뢰가 필요할 때
   - 상대방의 의견이 자신의 의견보다 더 옳거나 중요하다고 판단될 때
5. 타협 → "기브 앤 테이크(Give and Take)"
   - 동등한 협상력을 가진 당사자들이 서로 원하는 바가 강력해 양보하기 어려울 때
   - 현재의 상황이 복잡해 잠정적 또는 임기응변적인 해결이 필요할 때

65 다음 중 인간의 정보처리와 표시장치의 양립성(compatibility)에 관한 내용으로 옳은 것을 모두 고른 것은?

> ㄱ. 양립성은 인간의 인지기능과 기계의 표시장치가 어느 정도 일치하는가를 말한다.
> ㄴ. 양립성이 향상되면 입력과 반응의 오류율이 감소한다.
> ㄷ. 양립성이 감소하면 사용자의 학습시간은 줄어들지만, 위험은 증가한다.
> ㄹ. 양립성이 향상되면 표시장치의 일관성은 감소한다.

① ㄱ, ㄴ   ② ㄴ, ㄷ   ③ ㄷ, ㄹ   ④ ㄱ, ㄴ, ㄹ   ⑤ ㄱ, ㄴ, ㄷ, ㄹ

[해설] (ㄱ) [○] 양립성은 자극들 간의, 반응들 간의, 혹은 자극-반응 조합에 대하여 공간, 운동, 개념 혹은 양식(양태) 관계가 인간의 기대와 모순되지 않는 것을 말한다.
(ㄴ) [○] 양립성이 향상되면 입력과 반응의 오류율이 감소한다.
(ㄷ) 양립성이 감소하면 사용자의 학습시간은 늘어나고, 위험은 증가한다.
(ㄹ) 양립성이 향상되면 표시장치의 일관성은 증가한다.

66 조명과 직무환경에 관한 설명으로 옳지 않은 것은?

① 조도는 어떤 물체나 표면에 도달하는 빛의 양을 말한다.
② 동일한 환경에서 직접조명은 간접조명보다 더 밝게 보이도록 하며, 눈부심과 눈의 피로도를 줄여준다.

③ 눈부심은 시각 정보 처리의 효율을 떨어뜨리고, 눈의 피로도를 증가시킨다.
④ 작업장에 조명을 설치할 때에는 빛의 밝기뿐만 아니라 빛의 배분도 고려해야 한다.
⑤ 최적의 밝기는 작업자의 연령에 따라서 달라진다.

해설 ② [×] 동일한 환경에서 직접조명은 간접조명보다 더 밝게 보이도록 하며, 눈부심과 눈의 피로도를 증가시킨다.

67 아래 그림에서 평행한 두 선분은 동일한 길이임에도 불구하고 위의 선분이 더 길어 보인다. 이러한 현상을 나타내는 용어는?

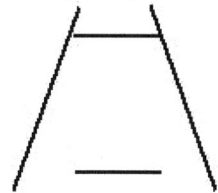

① 포겐도르프(Poggendorf) 착시현상 ② 뮬러-라이어(Müller-Lyer) 착시현상
③ 폰조(Ponzo) 착시현상 ④ 티체너(Titchener) 착시현상
⑤ 쵤너(Zöllner) 착시현상

해설 ③ [○] 폰조(Ponzo) 착시현상 : 중간의 두 수평선부의 길이가 서로 달라 보이는 현상
① 포겐도르프(Poggendorf) 착시현상 : (a)-(c)가 일직선인 것처럼 보이는 현상
② 뮬러-라이어(Müller-Lyer) 착시현상 : a-b가 c-d보다 길어 보이는 현상
④ 티체너(Titchener) 착시현상 : 같은 크기의 원이지만 서로 달라 보이는 현상
⑤ 쵤너(Zöllner) 착시현상 : 짧은 선들의 영향으로 긴 선이 굽어 보이는 현상

포겐도르프 착시	뮬러-라이어 착시	폰조 착시	티체너 착시	쵤너 착시
(a)(c)(b)	a b / c d			

68 다음 중 산업재해이론과 그 내용의 연결로 옳지 않은 것은?
① 하인리히(H. Heinrich)의 도미노 이론 : 사고를 촉발시키는 도미노 중에서 불안전상태와 불안전행동을 가장 중요한 것으로 본다.
② 버드(F. Bird)의 수정된 도미노 이론 : 하인리히(H. Heinrich)의 도미노 이론을 수정한 이론으로, 사고 발생의 근본적 원인을 관리 부족이라고 본다.

③ 애덤스(E. Adams)의 사고연쇄반응 이론 : 불안전행동과 불안전상태를 유발하거나 방치하는 오류는 재해의 직접적인 원인이다.

④ 리전(J. Reason)의 스위스 치즈 모델 : 스위스 치즈 조각들에 뚫려 있는 구멍들이 모두 관통되는 것처럼 모든 요소의 불안전이 겹쳐져서 산업재해가 발생한다는 이론이다.

⑤ 하돈(W. Haddon)의 매트릭스 모델 : 작업자의 긴장 수준이 지나치게 높을 때, 사고가 일어나기 쉽고 작업 수행의 질도 떨어지게 된다는 것이 핵심이다.

해설   ⑤ [×] 하돈(W. Haddon)의 매트릭스 모델은 사고전, 사고당시, 사고후 3가지 상황에서 사고의 피해를 최소화하기 위한 영역들을 분석하기 위한 시스템 축(인간, 항공기, 환경)과 결과 축(사고전, 사고, 사고후)으로 구성된 Haddon Matrix를 제시하였다.

69 산업위생의 목적 달성을 위한 활동으로 옳지 않은 것은?

① 메탄올의 생물학적 노출지표를 검사하기 위하여 작업자의 혈액을 채취하여 분석한다.
② 노출기준과 작업환경 측정결과를 이용하여 작업환경을 평가한다.
③ 피토관을 이용하여 국소배기장치 덕트의 속도압(동압)과 정압을 주기적으로 측정한다.
④ 금속 흄 등과 같이 열적으로 생기는 분진 등이 발생하는 작업장에서는 1급 이상의 방진마스크를 착용하게 한다.
⑤ 인간공학적 평가도구인 OWAS를 활용하여 작업자들에 대한 작업 자세를 평가한다.

해설   ① [×] 메탄올의 생물학적 노출지표를 검사하기 위하여 작업자의 소변을 채취하여 분석한다. 혈액을 채취하여 검사하는 것은 에탄올, 벤젠, 톨루엔 등이 있다.

70 국소배기장치의 환기효율을 위한 설계나 설치방법으로 옳지 않은 것은?

① 사각형관 덕트보다는 원형관 덕트를 사용한다.
② 공정에 방해를 주지 않는 한 포위형 후드로 설치한다.
③ 푸쉬-풀(push-pull) 후드의 배기량은 급기량보다 많아야 한다.
④ 공기보다 증기밀도가 큰 유기화합물 증기에 대한 후드는 발생원보다 낮은 위치에 설치한다.
⑤ 유기화합물 증기가 발생하는 개방처리조(open surface tank) 후드는 일반적인 사각형 후드 대신 슬롯형 후드를 사용한다.

해설   ④ [×] 밀도가 큰 증기에 대한 후드라도 발생원보다는 무조건 높은 위치에 후드를 설치하여야 하고, 오염원 가까이 설치해야 환기가 잘 된다.

정답   69. ①   70. ④

71 화학물질 및 물리적 인자의 노출기준 중 2018년에 신설된 유해인자로 옳은 것은?

① 몰리브덴(불용성 화합물) ② 우라늄(가용성 및 불용성 화합물)
③ 이브롬화에틸렌 ④ 이염화에틸렌 ⑤ 라돈

해설 ⑤ [○] 라돈의 노출기준은 2018년 신설되어 작업장 농도는 600Bq/m³이다(화학물질 및 물리적 인자의 노출기준 별표 4). 2018년 5월 대진침대가 판매한 침대 매트리스에서 방사성 물질인 라돈이 기준치 이상으로 검출된다는 사실이 알려지면서 큰 파문의 보건관련 사건이 있었다.

72 공기시료채취 펌프를 무마찰 비누거품관을 이용하여 보정하고자 한다. 비누거품관의 부피는 500cm³이었고 3회에 걸쳐 측정한 평균시간이 20초였다면, 펌프의 유량(L/min)은?

① 1.0 ② 1.5 ③ 2.0 ④ 2.5 ⑤ 3.0

해설 ② [○] 펌프 유량 = $\dfrac{부피}{평균시간} = \dfrac{500cm^3}{20sec} = \dfrac{500cm^3 \times (L/1,000cm^3)}{20sec \times (min/60sec)} = 1.5 L/min$

73 작업장에서 휘발성 유기화합물(분자량 100, 비중 0.8) 1L가 완전히 증발하였을 때, 공기 중 이 물질이 차지하는 부피(L)는? (단, 25℃, 1기압)

① 179.2 ② 192.8 ③ 195.6 ④ 241.0 ⑤ 244.5

해설 ③ [○] 유기화합물 사용량 : $1L \times 0.8g/mL = 1L \times (1,000ml/L) \times 0.8g/mL = 800g$

사용 부피 : $100g : 24.45L = 800g : x \rightarrow x = 195.6L$

[참고] 0℃ → 22.4L, 21℃(정상조건) → 24.1L, 25℃ → 24.45L

74 근로자 건강증진활동 지침에 따라 건강증진활동 계획을 수립할 때 포함해야 하는 내용을 모두 고른 것은?

```
ㄱ. 건강진단결과 사후관리조치
ㄴ. 작업환경측정결과에 대한 사후조치
ㄷ. 근골격계질환 징후가 나타난 근로자에 대한 사후조치
ㄹ. 직무스트레스에 의한 건강장해 예방조치
```

① ㄱ, ㄴ ② ㄱ, ㄹ ③ ㄱ, ㄷ, ㄹ ④ ㄴ, ㄷ, ㄹ ⑤ ㄱ, ㄴ, ㄷ, ㄹ

정답 71. ⑤ 72. ② 73. ③ 74. ③

해설 ③ [○] 건강증진활동 계획을 수립·시행할 때 포함하여야 할 사항은 (ㄱ), (ㄷ), (ㄹ)이다.
(ㄴ) [×] 작업환경측정결과에 대한 사후조치 ← 지침에 규정된 내용은 아님.

○ 건강증진활동계획을 수립·시행할 때 포함하여야 할 사항 (근로자 건강증진활동 지침 제4조)
  1. 사업주가 건강증진을 적극적으로 추진한다는 의사표명
  2. 건강증진활동계획의 목표 설정
  3. 사업장 내 건강증진 추진을 위한 조직 구성
  4. 직무스트레스 관리, 올바른 작업자세 지도, 뇌심혈관계질환 발병위험도 평가 및 사후관리, 금연, 절주, 운동, 영양개선 등 건강증진활동 추진내용
  5. 건강증진활동을 추진하기 위해 필요한 예산, 인력, 시설 및 장비의 확보
  6. 건강증진활동 계획 추진상황 평가 및 계획의 재검토
  7. 그 밖에 근로자 건강증진활동에 필요한 조치

75 다음에서 설명하는 화학물질은?

○ 2006년에 이 화학물질을 취급하던 중국동포가 수개월 만에 급성간독성을 일으켜 사망한 사례가 있었다.
○ 이 화학물질은 폴리우레탄을 이용해 아크릴 등의 섬유, 필름, 표면코팅, 합성가죽 등을 제조하는 과정에서 노출될 수 있다.

① 벤젠 ② 메탄올 ③ 노말헥산 ④ 이황화탄소 ⑤ 디메틸포름아미드

해설 ⑤ [○] 디메틸포름아미드(DMF)는 2006년 5월 부산의 피혁공장에서 중국에서 이주한 중국동포가 수개월 만에 급성간독성을 일으켜 사망한 사례가 있었다. 이 화학물질은 폴리우레탄을 이용해 아크릴 등의 섬유, 필름, 표면코팅, 합성가죽 등을 제조하는 과정에서 노출될 수 있다.

정답 75. ⑤

제8장

2020년 1차 기출문제

제1과목 : 산업안전보건법령 / 314

제2과목 : 산업안전일반 / 329

제3과목 : 기업진단·지도 / 340

| 국가기술자격 필기시험문제 | 2020년 산업안전지도사 1차시험 | 시험시간 : 90분 |

제1과목 : 산업안전보건법령

01 산업안전보건법령상 협조 요청 등에 관한 설명으로 옳지 않은 것은?

① 고용노동부장관은 산업재해 예방에 관한 기본계획을 효율적으로 시행하기 위하여 필요하다고 인정할 때에는 관계 행정기관의 장에게 필요한 협조를 요청할 수 있다.
② 고용노동부를 제외한 행정기관의 장은 사업장의 안전에 관하여 규제를 하려면 미리 고용노동부장관과 협의하여야 한다.
③ 고용노동부를 제외한 행정기관의 장은 고용노동부장관이 협의과정에서 해당 규제에 대한 변경을 요구하면 이에 따라야 하며, 고용노동부장관은 필요한 경우 국무총리에게 협의·조정 사항을 보고하여 확정할 수 있다.
④ 고용노동부장관은 산업재해 예방을 위하여 필요하다고 인정할 때에는 사업주에게 필요한 사항을 권고할 수 있다.
⑤ 고용노동부장관이 산정·통보한 산업재해발생률에 불복하는 건설업체는 통보를 받은 날부터 15일 이내에 고용노동부장관에게 이의를 제기하여야 한다.

해설
⑤ [×] 고용노동부장관은 산업재해발생률 및 그 산정내역을 해당 건설업체에 통보해야 한다. 이 경우 산업재해발생률 및 산정내역에 불복하는 건설업체는 통보를 받은 날부터 10일 이내에 고용노동부장관에게 이의를 제기할 수 있다(산시규 제4조).

①, ④ 고용노동부장관은 산업재해 예방을 위해 필요하다고 인정할 때에는 사업주, 사업주단체, 그 밖의 관계인에게 필요한 사항을 권고하거나 협조를 요청할 수 있다(산안법 제8조).
② 고용노동부를 제외한 행정기관의 장은 사업장의 안전에 관하여 규제를 하려면 미리 고용노동부장관과 협의하여야 한다(산안법 제8조).
③ 고용노동부를 제외한 행정기관의 장은 고용노동부장관이 협의과정에서 해당 규제에 대한 변경을 요구하면 이에 따라야 하며, 고용노동부장관은 필요한 경우 국무총리에게 협의·조정 사항을 보고하여 확정할 수 있다(산안법 제8조).

02 산업안전보건법령상 산업재해발생건수 등의 공표에 관한 설명으로 옳지 않은 것은?

① 고용노동부장관은 산업재해를 예방하기 위하여 사망재해자가 연간 2명 이상 발생한 사업장의 산업재해발생건수 등을 공표하여야 한다.

정답 01. ⑤   02. ④

② 고용노동부장관은 산업재해를 예방하기 위하여 중대산업사고가 발생한 사업장의 산업재해발생건수 등을 공표하여야 한다.
③ 고용노동부장관은 도급인의 사업장 중 대통령령으로 정하는 사업장에서 관계수급인 근로자가 작업을 하는 경우에 도급인의 산업재해발생건수 등에 관계수급인의 산업재해발생건수 등을 포함하여 공표하여야 한다.
④ 산업재해발생건수 등의 공표의 절차 및 방법에 관한 사항은 대통령령으로 정한다.
⑤ 고용노동부장관은 산업재해발생건수 등을 공표하기 위하여 도급인에게 관계수급인에 관한 자료의 제출을 요청할 수 있다.

해설 ④ [×] 산업재해발생건수 등의 공표의 절차 및 방법, 그 밖에 필요한 사항은 고용노동부령으로 정한다(산안법 제10조).
① 고용노동부장관은 산업재해를 예방하기 위하여 사망재해자가 연간 2명 이상 발생한 사업장의 산업재해발생건수 등을 공표하여야 한다(산안령 제10조).
② 고용노동부장관은 산업재해를 예방하기 위하여 중대산업사고가 발생한 사업장의 산업재해발생건수 등을 공표하여야 한다(산안령 제10조).
③ 고용노동부장관은 도급인의 사업장 중 대통령령으로 정하는 사업장에서 관계수급인 근로자가 작업을 하는 경우에 도급인의 산업재해발생건수 등에 관계수급인의 산업재해발생건수 등을 포함하여 공표하여야 한다(산안법 제10조).
⑤ 고용노동부장관은 산업재해발생건수 등을 공표하기 위하여 도급인에게 관계수급인에 관한 자료의 제출을 요청할 수 있다(산안법 제10조).

03 산업안전보건법령상 안전보건관리책임자 업무에 해당하는 것을 모두 고른 것은?

> ㄱ. 사업장의 산업재해 예방계획의 수립에 관한 사항
> ㄴ. 산업재해에 관한 통계의 기록에 관한 사항
> ㄷ. 작업환경측정 등 작업환경의 점검에 관한 사항
> ㄹ. 산업재해의 재발 방지대책 수립에 관한 사항

① ㄱ, ㄴ, ㄷ   ② ㄱ, ㄴ, ㄹ   ③ ㄱ, ㄷ, ㄹ   ④ ㄴ, ㄷ, ㄹ
⑤ ㄱ, ㄴ, ㄷ, ㄹ

해설 ⑤ [○] 안전보건관리책임자의 업무 (산안법 제15조)
1. 사업장의 산업재해 예방계획의 수립에 관한 사항
2. 안전보건관리규정의 작성 및 변경에 관한 사항
3. 안전보건교육에 관한 사항
4. 작업환경측정 등 작업환경의 점검 및 개선에 관한 사항
5. 근로자의 건강진단 등 건강관리에 관한 사항

정답 03. ⑤

6. 산업재해의 원인 조사 및 재발 방지대책 수립에 관한 사항
7. 산업재해에 관한 통계의 기록 및 유지에 관한 사항
8. 안전장치 및 보호구 구입 시 적격품 여부 확인에 관한 사항
9. 그 밖에 근로자의 유해·위험 방지조치에 관한 사항으로서 고용노동부령으로 정하는 사항
    가. 위험성평가의 실시에 관한 사항
    나. 안전보건규칙에서 정하는 근로자의 위험 또는 건강장해의 방지에 관한 사항

04 산업안전보건법령상 안전관리자에 관한 설명으로 옳지 않은 것은? (2021년 개정된 규정 반영 수정됨)

① 사업의 종류가 건설업(공사금액 120억원)인 경우, 그 사업주는 사업장에 안전관리자를 두어야 한다.
② 대통령령으로 정하는 사업의 종류 및 사업장의 상시근로자 수에 해당하는 사업장의 사업주는 안전관리전문기관에 안전관리자의 업무를 위탁할 수 있다.
③ 사업주가 안전관리자를 배치할 때에는 연장근로·야간근로 등 해당 사업장의 작업 형태를 고려해야 한다.
④ 사업주는 안전관리자를 선임한 경우 고용노동부령으로 정하는 바에 따라 선임한 날부터 7일 이내에 고용노동부장관에게 그 사실을 증명할 수 있는 서류를 제출해야 한다.
⑤ 고용노동부장관은 산업재해 예방을 위하여 필요한 경우로서 고용노동부령으로 정하는 사유에 해당하는 경우에는 사업주에게 안전관리자를 대통령령으로 정하는 수 이상으로 늘릴 것을 명할 수 있다.

해설 ④ [×] 사업주는 안전관리자를 선임하거나 안전관리자의 업무를 안전관리전문기관에 위탁한 경우에는 고용노동부령으로 정하는 바에 따라 선임하거나 위탁한 날부터 14일 이내에 고용노동부장관에게 그 사실을 증명할 수 있는 서류를 제출해야 한다(산안령 제16조).
① 사업의 종류가 건설업(공사금액 120억원)인 경우, 그 사업주는 사업장에 안전관리자를 두어야 한다(산안령 제16조).
② 대통령령으로 정하는 사업의 종류 및 사업장의 상시근로자 수에 해당하는 사업장의 사업주는 안전관리전문기관에 안전관리자의 업무를 위탁할 수 있다(산안법 제17조).
③ 사업주가 안전관리자를 배치할 때에는 연장근로·야간근로 또는 휴일근로 등 해당 사업장의 작업 형태를 고려해야 한다(산안령 제18조).
⑤ 고용노동부장관은 산업재해 예방을 위하여 필요한 경우로서 고용노동부령으로 정하는 사유에 해당하는 경우에는 사업주에게 안전관리자를 대통령령으로 정하는 수 이상으로 늘릴 것을 명할 수 있다(산안법 제17조).

정답 04. ④

05 산업안전보건법령상 안전보건표지에 관한 설명으로 옳지 않은 것은?

① 안전보건표지의 표시를 명확히 하기 위하여 필요한 경우에는 그 안전보건표지의 주위에 표시사항을 흰색 바탕에 검은색 한글고딕체로 표기한 글자로 덧붙여 적을 수 있다.
② 사업주는 사업장에 설치한 안전보건표지의 색도기준이 유지되도록 관리해야 한다.
③ 안전보건표지의 성질상 부착하는 것이 곤란한 경우에도 해당 물체에 직접 도색할 수 없다.
④ 안전보건표지 속의 그림의 크기는 안전보건표지 전체 규격의 30퍼센트 이상이 되어야 한다.
⑤ 안전보건표지는 쉽게 변형되지 않는 재료로 제작해야 한다.

해설 ③ [×] 안전보건표지의 성질상 설치하거나 부착하는 것이 곤란한 경우에는 해당 물체에 직접 도색할 수 있다(산시규 제39조).
① 안전보건표지의 표시를 명확히 하기 위하여 필요한 경우에는 그 안전보건표지의 주위에 표시사항을 흰색 바탕에 검은색 한글고딕체로 표기한 글자로 덧붙여 적을 수 있다(산시규 제38조).
② 사업주는 사업장에 설치한 안전보건표지의 색도기준이 유지되도록 관리해야 한다(산시규 제38조).
④ 안전보건표지 속의 그림 또는 부호의 크기는 안전보건표지의 크기와 비례해야 하며, 안전보건표지 전체 규격의 30% 이상이 되어야 한다(산시규 제40조).
⑤ 안전보건표지는 쉽게 파손이나 변형되지 않는 재료로 제작해야 한다(산시규 제40조).

06 산업안전보건법령상 산업안전보건위원회에 관한 설명으로 옳지 않은 것은?

① 산업안전보건위원회는 근로자위원과 사용자위원을 같은 수로 구성·운영하여야 한다.
② 산업안전보건위원회의 위원장은 위원 중에서 고용노동부장관이 정한다.
③ 산업안전보건위원회는 단체협약, 취업규칙에 반하는 내용으로 심의·의결해서는 아니 된다.
④ 사업주는 산업안전보건위원회의 위원에게 직무 수행과 관련한 사유로 불리한 처우를 해서는 아니 된다.
⑤ 산업안전보건위원회의 회의는 근로자위원 및 사용자위원 각 과반수의 출석으로 개의(開議)하고 출석위원 과반수의 찬성으로 의결한다.

해설 ② [×] 산업안전보건위원회의 위원장은 위원 중에서 호선(互選)한다. 이 경우 근로자위원과 사용자위원 중 각 1명을 공동위원장으로 선출할 수 있다(산안령 제36조).
① 근로자위원과 사용자위원이 같은 수로 구성되는 산업안전보건위원회를 구성·운영하여야 한다(산안법 제24조).

정답 05. ③ 06. ②

③ 산업안전보건위원회는 이 법, 이 법에 따른 명령, 단체협약, 취업규칙 및 안전보건관리규정에 반하는 내용으로 심의·의결해서는 아니 된다(산안법 제24조).

④ 사업주는 산업안전보건위원회의 위원에게 직무 수행과 관련한 사유로 불리한 처우를 해서는 아니 된다(산안법 제24조).

⑤ 회의는 근로자위원 및 사용자위원 각 과반수의 출석으로 개의하고 출석위원 과반수의 찬성으로 의결한다(산안령 제37조).

07 산업안전보건법령상 안전보건관리규정에 관한 설명으로 옳은 것은?

① '안전보건교육에 관한 사항'은 안전보건관리규정에 포함되지 않는다.
② 상시근로자 수가 100명인 금융업의 경우 안전보건관리규정을 작성해야 한다.
③ 사업주가 안전보건관리규정을 작성할 때에는 소방·가스·전기·교통 분야 등의 다른 법령에서 정하는 안전관리에 관한 규정과 통합하여 작성할 수 있다.
④ 산업안전보건위원회가 설치되어 있지 아니한 사업장의 사업주가 안전보건관리규정을 변경할 경우 근로자대표의 동의를 받지 않아도 된다.
⑤ 사업주는 안전보건관리규정을 작성해야 할 사유가 발생한 날부터 15일 이내에 이를 작성해야 한다.

해설 ③ [○] 사업주가 안전보건관리규정을 작성할 때에는 소방·가스·전기·교통 분야 등의 다른 법령에서 정하는 안전관리 관련 규정과 통합 작성할 수 있다(산시규 제25조).

① '안전보건교육에 관한 사항'이 포함된 안전보건관리규정을 작성하여야 한다(산안법 제25조).

② 상시근로자 수가 300명인 금융업의 경우 안전보건관리규정을 작성해야 한다(산시규 별표 2).

④ 산업안전보건위원회가 설치되어 있지 아니한 사업장의 경우라는 근로자대표의 동의를 받아야 한다(산안법 제26조).

⑤ 사업의 사업주는 안전보건관리규정을 작성해야 할 사유가 발생한 날부터 30일 이내에 별표 3의 내용을 포함한 안전보건관리규정을 작성해야 한다. 이를 변경할 사유가 발생한 경우에도 또한 같다(산시규 제26조).

08 산업안전보건법령상 유해·위험 기계 등에 대한 방호조치 등에 관한 설명으로 옳지 않은 것은?

① 금속절단기와 예초기에 설치해야 할 방호장치는 날접촉 예방장치이다.
② 작동부분에 돌기부분이 있는 기계는 작동부분의 돌기부분을 묻힘형으로 하거나 덮개를 부착하여야 한다.

정답 07. ③ 08. ③

③ 회전기계에 물체 등이 말려 들어갈 부분이 있는 기계는 회전기계의 물림점에 덮개 또는 방호망을 설치하여야 한다.
④ 동력전달 부분이 있는 기계는 동력전달부분에 덮개를 부착하거나 방호망을 설치하여야 한다.
⑤ 지게차에 설치해야 할 방호장치는 헤드 가드, 백레스트(backrest), 전조등, 후미등, 안전벨트이다.

해설 ③ [×] 회전기계의 물림점(롤러나 톱니바퀴 등 반대방향의 두 회전체에 물려 들어가는 위험점)에는 덮개 또는 울을 설치할 것(산시규 제98조).

09 산업안전보건법령상 도급의 승인 등의 설명으로 옳은 것을 모두 고른 것은?

> ㄱ. 고용노동부장관은 사업주가 유해한 작업의 도급금지 의무위반에 해당하는 경우에는 10억원 이하의 과징금을 부과·징수할 수 있다.
> ㄴ. 도급승인 신청을 받은 지방고용노동관서의 장은 도급승인 기준을 충족한 경우 신청서가 접수된 날부터 30일 이내에 승인서를 신청인에게 발급해야한다.
> ㄷ. 도급에 대한 변경승인을 받으려는 자는 안전 및 보건에 관한 평가결과의 서류를 첨부하여 관할 지방고용노동관서의 장에게 제출해야 한다.

① ㄱ   ② ㄴ   ③ ㄷ   ④ ㄱ, ㄷ   ⑤ ㄴ, ㄷ

해설 (ㄱ) [○] 산출한 과징금 부과금액이 10억원을 넘는 경우에는 과징금 부과금액을 10억원 원으로 한다(산안령 별표 33).
(ㄴ) 도급승인 신청을 받은 지방고용노동관서의 장은 도급승인 기준을 충족한 경우 신청서 접수일로부터 14일 이내에 승인서를 신청인에게 발급해야 한다(산시규 제75조).
(ㄷ) 도급에 대한 변경승인을 받으려는 자는 변경신청서에 도급대상 작업의 공정 관련 서류 일체, 도급작업 안전보건관리계획서, 안전 및 보건에 관한 평가 결과(변경승인은 해당되지 않는다)의 서류를 첨부하여 관할 지방고용노동관서의 장에게 제출해야 한다(산시규 제78조).

10 산업안전보건법령상 도급인의 안전조치 및 보건조치 등의 설명으로 옳은 것은?
① 관계수급인 근로자가 도급인의 토사석 광업 사업장에서 작업을 하는 경우 도급인은 1주일에 1회 작업장 순회점검을 실시하여야 한다.
② 도급인은 관계수급인 근로자의 산업재해 예방을 위해 보호구 착용 지시 등 관계수급인 근로자의 작업행동에 관한 직접적인 조치도 포함하여 필요한 안전조치를 하여야 한다.
③ 안전 및 보건에 관한 협의체는 회의를 분기별 1회 정기적으로 개최하여야 한다.

④ 관계수급인 근로자가 도급인의 사업장에서 작업하는 경우 도급인은 위생시설 등 고용노동부령으로 정하는 시설의 설치 등을 위하여 필요한 장소의 제공 또는 도급인이 설치한 위생시설 이용의 협조를 이행하여야 한다.

⑤ 도급에 따른 산업재해 예방조치의무에 따라 도급인이 작업장의 안전 및 보건에 관한 합동점검을 할 때에는 도급인, 관계수급인, 도급인 및 관계수급인의 근로자 각 2명으로 점검반을 구성하여야 한다.

해설 ④ [○] 관계수급인 근로자가 도급인의 사업장에서 작업하는 경우 도급인은 위생시설 등 고용노동부령으로 정하는 시설의 설치 등을 위하여 필요한 장소의 제공 또는 도급인이 설치한 위생시설 이용의 협조를 이행하여야 한다(산안법 제64조).

① 관계수급인 근로자가 도급인의 토사석 광업 사업장에서 작업을 하는 경우 도급인은 2일에 1회 작업장 순회점검을 실시하여야 한다(산시규 제80조).

② 도급인은 관계수급인 근로자가 도급인의 사업장에서 작업을 하는 경우에 자신의 근로자와 관계수급인 근로자의 산업재해를 예방하기 위하여 안전 및 보건 시설의 설치 등 필요한 안전조치 및 보건조치를 하여야 한다. 다만, 보호구 착용의 지시 등 관계수급인 근로자의 작업행동에 관한 직접적인 조치는 제외한다(산안법 제63조).

③ 협의체는 매월 1회 이상 정기적으로 회의를 개최하고 그 결과를 기록·보존해야 한다(산시규 제79조).

⑤ 도급에 따른 산업재해 예방조치 의무에 따라 도급인이 작업장의 안전 및 보건에 관한 합동점검을 할 때에는 도급인, 관계수급인, 도급인 및 관계수급인의 근로자 각 1명으로 점검반을 구성해야 한다(산시규 제82조).

11 산업안전보건법령상 관리감독자의 지위에 있는 근로자 A에 대하여 근로자 정기교육시간을 면제할 수 있는 경우를 모두 고른 것은?

> ㄱ. A가 직무교육기관에서 실시한 전문화교육을 이수한 경우
> ㄴ. A가 직무교육기관에서 실시한 인터넷 원격교육을 이수한 경우
> ㄷ. A가 한국산업안전보건공단에서 실시한 안전보건관리담당자 양성교육을 이수한 경우

① ㄱ   ② ㄱ, ㄴ   ③ ㄱ, ㄷ   ④ ㄴ, ㄷ   ⑤ ㄱ, ㄴ, ㄷ

해설 ⑤ [○] 관리감독자가 다음 각 호의 어느 하나에 해당하는 교육을 이수한 경우 산안법 시행규칙 별표 4에서 정한 근로자 정기교육시간을 면제할 수 있다(산시규 제27조).
1. 직무교육기관에서 실시한 전문화교육
2. 직무교육기관에서 실시한 인터넷 원격교육
3. 공단에서 실시한 안전보건관리담당자 양성교육

정답 11. ⑤

4. 검사원 성능검사 교육
5. 그 밖에 고용노동부장관이 근로자 정기교육 면제대상으로 인정하는 교육

12 산업안전보건법령상 안전보건관리담당자는 고용노동부장관이 실시하는 안전보건에 관한 보수교육을 최소 몇 시간 이상 받아야 하는가? (단, 보수교육의 면제사유 등은 고려하지 않음)

① 4시간　　② 6시간　　③ 8시간　　④ 24시간　　⑤ 34시간

해설 ③ [○] 안전보건관리책임자 등에 대한 교육 (산시규 별표 4)

교육대상	교육시간	
	신규교육	보수교육
1. 안전보건관리책임자	6시간 이상	6시간 이상
2. 안전관리자, 안전관리전문기관의 종사자	34시간 이상	24시간 이상
3. 보건관리자, 보건관리전문기관의 종사자	34시간 이상	24시간 이상
4. 건설재해예방전문지도기관의 종사자	34시간 이상	24시간 이상
5. 석면조사기관의 종사자	34시간 이상	24시간 이상
6. 안전보건관리담당자	-	8시간 이상
7. 안전검사기관, 자율안전검사기관의 종사자	34시간 이상	24시간 이상

13 산업안전보건법령상 대여 공장건축물에 대한 조치의 내용이다. ( )에 들어 갈 내용이 옳은 것은?

> 공용으로 사용하는 공장건축물로서 다음 각 호의 어느 하나의 장치가 설치된 것을 대여하는 자는 해당 건축물을 대여받은 자가 2명 이상인 경우로서 다음 각 호의 어느 하나의 장치의 전부 또는 일부를 공용으로 사용하는 경우에는 그 공용부분의 기능이 유효하게 작동되도록 하기 위하여 점검·보수 등 필요한 조치를 해야 한다.
> 1. (ㄱ)　　2. (ㄴ)　　3. (ㄷ)

① ㄱ : 국소 배기장치, ㄴ : 국소 환기장치, ㄷ : 배기처리장치
② ㄱ : 국소 배기장치, ㄴ : 전체 환기장치, ㄷ : 배기처리장치
③ ㄱ : 국소 환기장치, ㄴ : 전체 환기장치, ㄷ : 국소 배기장치
④ ㄱ : 국소 환기장치, ㄴ : 환기처리장치, ㄷ : 전체 환기장치
⑤ ㄱ : 환기처리장치, ㄴ : 배기처리장치, ㄷ : 국소 환기장치

정답　12. ③　13. ②

해설 ② [○ 대여 공장건축물에 대한 조치 (산시규 제104조)

공용으로 사용하는 공장건축물로서 다음 각 호의 어느 하나의 장치가 설치된 것을 대여하는 자는 해당 건축물을 대여받은 자가 2명 이상인 경우로서 다음 각 호의 어느 하나의 장치의 전부 또는 일부를 공용으로 사용하는 경우에는 그 공용부분의 기능이 유효하게 작동되도록 하기 위하여 점검·보수 등 필요한 조치를 해야 한다.
1. 국소 배기장치 2. 전체 환기장치 3. 배기처리장치

14 산업안전보건법령상 안전인증과 안전검사에 관한 설명으로 옳지 않은 것은?

① 「화학물질관리법」에 따른 수시검사를 받은 경우 안전검사를 면제한다.
② 산업용 원심기는 안전검사대상기계 등에 해당된다.
③ 프레스와 압력용기는 고용노동부장관이 실시하는 안전인증과 안전검사를 모두 받아야 한다.
④ 고용노동부장관은 안전인증을 받은 자가 안전인증기준을 지키고 있는지를 3년 이하의 범위에서 고용노동부령으로 정하는 주기마다 확인하여야 한다.
⑤ 안전검사 신청을 받은 안전검사기관은 검사 주기 만료일 전후 각각 30일 이내에 해당 기계·기구 및 설비별로 안전검사를 하여야 한다.

해설 ① [×] 「화학물질관리법」에 따른 정기검사를 받은 경우 안전검사를 면제한다(산시규 제125조).

② 원심기(산업용만 해당한다)는 안전검사대상기계 등에 해당된다(산안령 제78조).
③ 프레스와 압력용기는 고용노동부장관이 실시하는 안전인증과 안전검사를 모두 받아야 한다(산시규 제107조, 영 제178조).
④ 안전인증기관은 안전인증을 받은 자가 안전인증기준을 지키고 있는지를 2년에 1회 이상 확인해야 한다. 다만, 3년에 1회 이상 확인할 수 있다(산시규 제111조).
⑤ 안전검사 신청을 받은 안전검사기관은 검사 주기 만료일 전후 각각 30일 이내에 해당 기계·기구 및 설비별로 안전검사를 해야 한다(산시규 제124조).

○ 안전인증대상기계 등 (산시규 제107조)
1. 설치·이전하는 경우 안전인증을 받아야 하는 기계
   가. 크레인   나. 리프트   다. 곤돌라
2. 주요 구조 부분을 변경하는 경우 안전인증을 받아야 하는 기계 및 설비
   가. 프레스   나. 전단기 및 절곡기(折曲機)   다. 크레인
   라. 리프트   마. 압력용기   바. 롤러기   사. 사출성형기(射出成形機)
   아. 고소(高所)작업대   자. 곤돌라

정답 14. ①

○ 안전검사대상기계 등 (산안령 제78조)

1. 프레스
2. 전단기
3. 크레인 (정격 하중이 2톤 미만인 것은 제외한다)
4. 리프트
5. 압력용기
6. 곤돌라
7. 국소 배기장치 (이동식은 제외한다)
8. 원심기 (산업용만 해당한다)
9. 롤러기 (밀폐형 구조는 제외한다)
10. 사출성형기 [형 체결력(型 締結力) 294킬로뉴턴(KN) 미만은 제외한다]
11. 고소작업대 (「자동차관리법」에 따른 화물자동차 또는 특수자동차에 탑재한 고소작업대로 한정한다)
12. 컨베이어
13. 산업용 로봇

15 산업안전보건법령상 유해인자의 유해성·위험성 분류기준에 관한 설명으로 옳지 않은 것은?

① 인화성 액체는 표준압력(101.3 kPa)에서 인화점이 93℃ 이하인 액체이다.
② 54℃ 이하 공기 중에서 자연발화하는 가스는 인화성 가스에 해당한다.
③ 20℃, 200 킬로파스칼(kPa) 이상의 압력 하에서 용기에 충전되어 있는 가스는 고압가스에 해당한다.
④ 유기과산화물은 2가의 -O-O- 구조를 가지고 3개의 수소원자가 유기라디칼에 의하여 치환된 과산화수소의 유도체를 포함한 액체 유기물질이다.
⑤ 자연발화성 액체는 적은 양으로도 공기와 접촉하여 5분 안에 발화할 수 있는 액체이다.

해설 ④ [×] 유기과산화물 : 2가의 -O-O-구조를 가지고 1개 또는 2개의 수소 원자가 유기라디칼에 의하여 치환된 과산화수소의 유도체를 포함한 액체 또는 고체 유기물질 (산시규 별표 18)

① 인화성 액체 : 표준압력(101.3kPa)에서 인화점이 93℃ 이하인 액체 (산시규 별표 18)
② 인화성 가스 : 20℃, 표준압력(101.3kPa)에서 공기와 혼합하여 인화되는 범위에 있는 가스와 54℃ 이하 공기 중에서 자연발화하는 가스를 말한다 (산시규 별표 18).
③ 고압가스 : 20℃, 200킬로파스칼(kPa) 이상의 압력 하에서 용기에 충전되어 있는 가스 또는 냉동액화가스 형태로 용기에 충전되어 있는 가스 (산시규 별표 18)
⑤ 자연발화성 액체 : 적은 양으로도 공기와 접촉하여 5분 안에 발화할 수 있는 액체 (산시규 별표 18)

16 산업안전보건기준에 관한 규칙의 내용으로 옳지 않은 것은?

① 사업주는 순간풍속이 초당 10미터를 초과하는 바람이 불어올 우려가 있는 경우 옥외에 설치된 주행 크레인에 대하여 이탈방지를 위한 조치를 하여야 한다.
② 사업주는 순간풍속이 초당 15미터를 초과하는 경우에는 타워크레인의 운전 작업을 중지하여야 한다.
③ 사업주는 높이가 3미터를 초과하는 계단에 높이 3미터 이내마다 너비 1.2미터 이상의 계단참을 설치하여야 한다.
④ 사업주는 높이 1미터 이상인 계단의 개방된 측면에 안전난간을 설치하여야 한다.
⑤ 사업주는 연면적이 400제곱미터 이상이거나 상시 50명 이상의 근로자가 작업하는 옥내작업장에는 비상시에 근로자에게 신속하게 알리기 위한 경보용 설비 또는 기구를 설치하여야 한다.

해설 ① [×] 사업주는 순간풍속이 초당 30m을 초과하는 바람이 불어올 우려가 있는 경우 옥외에 설치되어 있는 주행 크레인에 대하여 이탈방지장치를 작동시키는 등 이탈 방지를 위한 조치를 하여야 한다(산기규 제140조).
② 사업주는 순간풍속이 초당 10m을 초과하는 경우 타워크레인의 설치·수리·점검 또는 해체 작업을 중지하여야 하며, 순간풍속이 초당 15m을 초과하는 경우에는 타워크레인의 운전작업을 중지하여야 한다(산기규 제37조).
③ 사업주는 높이가 3m을 초과하는 계단에 높이 3m 이내마다 진행방향으로 길이 1.2m 이상의 계단참을 설치하여야 한다(산기규 제28조).
④ 사업주는 높이 1m 이상인 계단의 개방된 측면에 안전난간을 설치하여야 한다(산기규 제30조).
⑤ 사업주는 연면적이 400m² 이상이거나 상시 50명 이상의 근로자가 작업하는 옥내작업장에는 비상시에 근로자에게 신속하게 알리기 위한 경보용 설비 또는 기구를 설치하여야 한다(산기규 제19조).

17 산업안전보건법령상 고용노동부장관이 작업환경측정기관에 대해 그 지정을 취소하거나 6개월 이내의 기간을 정하여 그 업무 정지를 명할 수 있는 경우가 아닌 것은?

① 작업환경측정 관련 서류를 거짓으로 작성한 경우
② 정당한 사유 없이 작업환경측정 업무를 거부한 경우
③ 위탁받은 작업환경측정 업무에 차질을 일으킨 경우
④ 작업환경측정 업무와 관련된 비치서류를 보존하지 않은 경우
⑤ 고용노동부장관이 실시하는 작업환경측정기관의 측정·분석능력 확인을 6개월 동안 받지 않은 경우

정답 16. ①   17. ⑤

해설 ⑤ [×] 고용노동부장관이 실시하는 작업환경측정기관의 측정·분석능력 확인을 1년 이상 받지 않은 경우

○ 작업환경측정기관의 지정 취소 등의 사유 (산안령 제96조)
1. 작업환경측정 관련 서류를 거짓으로 작성한 경우
2. 정당한 사유 없이 작업환경측정 업무를 거부한 경우
3. 위임받은 작업환경측정 업무에 차질을 일으킨 경우
4. 고용노동부령으로 정하는 작업환경측정 방법 등을 위반한 경우
5. 고용노동부장관이 실시하는 작업환경측정기관의 측정·분석능력 확인을 1년 이상 받지 않거나 작업환경측정기관 측정·분석능력 확인에서 부적합 판정을 받은 경우
6. 작업환경측정 업무와 관련된 비치서류를 보존하지 않은 경우
7. 법에 따른 관계 공무원의 지도·감독을 거부·방해 또는 기피한 경우

18 산업안전보건기준에 관한 규칙 제662조(근골격계질환 예방관리 프로그램 시행) 제1항 규정의 일부이다. ( )에 들어갈 숫자가 옳은 것은?

> 사업주는 다음 각 호의 어느 하나에 해당하는 경우에 근골격계질환 예방관리 프로그램을 수립하여 시행하여야 한다.
> 1. 근골격계질환으로 「산업재해보상보험법 시행령」 별표 3 제2호 가목·마목 및 제12호 라목에 따라 업무상 질병으로 인정받은 근로자가 연간 10명 이상 발생한 사업장 또는 5명 이상 발생한 사업장으로서 발생비율이 그 사업장 근로자 수의 ( )퍼센트 이상인 경우
> 2. <이하 생략>

① 5   ② 10   ③ 20   ④ 30   ⑤ 50

해설 ② [○] 근골격계질환 예방관리 프로그램 시행 (산기규 662조)
1. 근골격계질환으로 업무상 질병으로 인정받은 근로자가 연간 10명 이상 발생한 사업장 또는 5명 이상 발생한 사업장으로서 발생 비율이 그 사업장 근로자 수의 10% 이상인 경우
2. 근골격계질환 예방과 관련하여 노사 간 이견(異見)이 지속되는 사업장으로서 고용노동부장관이 필요하다고 인정하여 근골격계질환 예방관리 프로그램을 수립하여 시행할 것을 명령한 경우

19 산업안전보건법령상 사업주가 질병자의 근로를 금지해야 하는 대상에 해당하지 않는 사람은?

① 조현병에 걸린 사람   ② 마비성 치매에 걸릴 우려가 있는 사람

정답 18. ②   19. ②

③ 신장 질환이 있는 사람으로서 근로에 의하여 병세가 악화될 우려가 있는 사람
④ 심장 질환이 있는 사람으로서 근로에 의하여 병세가 악화될 우려가 있는 사람
⑤ 폐 질환이 있는 사람으로서 근로에 의하여 병세가 악화될 우려가 있는 사람

해설   ② [×] '마비성 치매에 걸린 사람'이 근로금지 대상이다.
○ 질병자의 근로금지 (산시규 제220조)
1. 전염될 우려가 있는 질병에 걸린 사람. 다만, 전염을 예방하기 위한 조치를 한 경우는 제외한다.
2. 조현병, 마비성 치매에 걸린 사람
3. 심장·신장·폐 등의 질환이 있는 사람으로서 근로에 의하여 병세가 악화될 우려가 있는 사람
4. 제1호부터 제3호까지의 규정에 준하는 질병으로서 고용노동부장관이 정하는 질병에 걸린 사람

20 산업안전보건법령상 유해인자별 노출 농도의 허용기준과 관련하여 단시간 노출값의 내용이다. ( )에 들어갈 숫자가 순서대로 옳은 것은?

> "단시간 노출값(STEL)"이란 15분 간의 시간가중평균값으로서 노출농도가 시간가중평균값을 초과하고 단시간 노출값 이하인 경우에는 1회 노출지속시간이 15분 미만이어야 하고, 이러한 상태가 1일 ( )회 이하로 발생해야 하며, 각 회의 간격은 ( )분 이상이어야 한다.

① 4, 30   ② 4, 60   ③ 5, 30   ④ 5, 60   ⑤ 6, 60

해설   ② [○] "단시간 노출값(STEL, Short-Term Exposure Limit)"이란 15분 간의 시간가중평균값으로서 노출 농도가 시간가중평균값을 초과하고 단시간 노출값 이하인 경우에는 ㉠ 1회 노출 지속시간이 15분 미만이어야 하고, ㉡ 이러한 상태가 1일 4회 이하로 발생해야 하며, ㉢ 각 회의 간격은 60분 이상이어야 한다(산시규 별표 19).

21 산업안전보건법령상 일반건강진단의 주기에 관한 내용이다. ( )에 들어갈 숫자가 순서대로 옳은 것은?

> 사업주는 상시 사용하는 근로자 중 사무직에 종사하는 근로자(공장 또는 공사현장과 같은 구역에 있지 않은 사무실에서 서무·인사·경리·판매·설계 등의 사무업무에 종사하는 근로자를 말하며, 판매업무 등에 직접 종사하는 근로자는 제외한다)에 대해서 ( )년에 ( )회 이상 일반건강진단을 실시해야 한다.

① 1, 1   ② 1, 2   ③ 2, 1   ④ 2, 2   ⑤ 3, 2

정답   20. ②   21. ③

해설 ③ [○] 일반건강진단의 주기 등 (산시규 제197조)

사업주는 상시 사용하는 근로자 중 사무직에 종사하는 근로자(공장 또는 공사현장과 같은 구역에 있지 않은 사무실에서 서무·인사·경리·판매·설계 등의 사무업무에 종사하는 근로자를 말하며, 판매업무 등에 직접 종사하는 근로자는 제외한다)에 대해서는 2년에 1회 이상, 그 밖의 근로자에 대해서는 1년에 1회 이상 일반건강진단을 실시해야 한다.

22 산업안전보건법령상 교육기관의 지정 등에 관한 설명으로 옳지 않은 것은?

① 고용노동부장관은 유해하거나 위험한 작업으로서 상당한 지식이나 숙련도가 요구되는 고용노동부령으로 정하는 작업의 경우, 그 작업에 필요한 자격·면허의 취득 또는 근로자의 기능 습득을 위하여 교육기관을 지정할 수 있다.
② 교육기관의 지정 요건 및 지정 절차는 고용노동부령으로 정한다.
③ 고용노동부장관은 지정받은 교육기관이 거짓으로 지정을 받은 경우에는 그 지정을 취소하여야 한다.
④ 고용노동부장관은 지정받은 교육기관이 업무정지 기간 중에 업무를 수행한 경우에는 그 지정을 취소하여야 한다.
⑤ 교육기관의 지정이 취소된 자는 지정이 취소된 날부터 3년 이내에는 해당 교육기관으로 지정받을 수 없다.

해설 ⑤ [×] 교육기관 지정이 취소된 자는 지정이 취소된 날부터 2년 이내에는 각각 해당 안전관리전문기관 또는 보건관리전문기관으로 지정받을 수 없다(산안법 제21조).

① 고용노동부장관은 자격·면허 취득 또는 근로자의 기능 습득을 위하여 교육기관을 지정할 수 있다(산안법 제140조).
② 교육기관의 지정 요건 및 지정 절차, 그 밖에 필요한 사항은 고용노동부령으로 정한다(산안법 제140조).
③ 고용노동부장관은 지정받은 교육기관이 거짓으로 지정을 받은 경우에는 그 지정을 취소하여야 한다(산안법 제21조).
④ 고용노동부장관은 지정받은 교육기관이 업무정지 기간 중에 업무를 수행한 경우에는 그 지정을 취소하여야 한다(산안법 제21조).

23 산업안전보건법령상 근로감독관 등에 관한 설명으로 옳지 않은 것은?

① 근로감독관은 이 법을 시행하기 위하여 필요한 경우 석면해체·제거업자의 사무소에 출입하여 관계인에게 관계 서류의 제출을 요구할 수 있다.
② 근로감독관은 산업재해 발생의 급박한 위험이 있는 경우 사업장에 출입하여 관계인에게 관계 서류의 제출을 요구할 수 있다.

정답 22. ⑤   23. ④

③ 근로감독관은 기계·설비 등에 대한 검사에 필요한 한도에서 무상으로 제품·원재료 또는 기구를 수거할 수 있다.
④ 지방고용노동관서의 장은 근로감독관이 이 법에 따른 명령의 시행을 위하여 관계인에게 출석명령을 하려는 경우, 긴급하지 않는 한 14일 이상의 기간을 주어야 한다.
⑤ 근로감독관은 이 법을 시행하기 위하여 사업장에 출입하는 경우에 그 신분을 나타내는 증표를 지니고 관계인에게 보여 주어야 한다.

[해설] ④ [×] 지방고용노동관서의 장은 보고 또는 출석의 명령을 하려는 경우에는 7일 이상의 기간을 주어야 한다. 다만, 긴급한 경우에는 그렇지 않다(산시규 제236조).
① 근로감독관은 이 법을 시행하기 위하여 필요한 경우 석면해체·제거업자의 사무소에 출입하여 관계인에게 관계 서류의 제출을 요구할 수 있다(산안법 제155조).
② 근로감독관은 산업재해 발생의 급박한 위험이 있는 경우 사업장에 출입하여 관계인에게 관계 서류의 제출을 요구할 수 있다(산시규 제235조).
③ 근로감독관은 기계·설비 등에 대한 검사를 할 수 있으며, 검사에 필요한 한도에서 무상으로 제품·원재료 또는 기구를 수거할 수 있다. 이 경우 근로감독관은 해당 사업주 등에게 그 결과를 서면으로 알려야 한다(산안법 제155조).
⑤ 근로감독관은 이 법을 시행하기 위하여 사업장에 출입하는 경우에 그 신분을 나타내는 증표를 지니고 관계인에게 보여 주어야 한다(산안법 제155조).

24 산업안전보건법령상 산업안전지도사로 등록한 A가 손해배상의 책임을 보장하기 위하여 보증보험에 가입해야 하는 경우, 최저 보험금액이 얼마 이상인 보증보험에 가입해야 하는가? (단, A는 법인이 아님)

① 1천만원　② 2천만원　③ 3천만원　④ 4천만원　⑤ 5천만원

[해설] ② [○] 고용노동부령에 따른 등록한 지도사(법인을 설립한 경우에는 그 법인을 말한다) 보험금액이 2천만원(법인인 경우에는 2천만원에 사원인 지도사의 수를 곱한 금액) 이상인 보증보험에 가입해야 한다(산안령 제108조).

25 산업안전보건법령상 산업재해 예방활동의 보조·지원을 받은 자의 폐업으로 인해 고용노동부장관이 그 보조·지원의 전부를 취소한 경우, 그 취소한 날부터 보조·지원을 제한할 수 있는 기간은?

① 1년　② 2년　③ 3년　④ 4년　⑤ 5년

[해설] ③ [○] 보조·지원의 환수와 제한 (산시규 제237조)
1. 거짓이나 그 밖의 부정한 방법으로 보조·지원을 받은 경우 : 5년
2. 보조·지원 대상자가 폐업하거나 파산한 경우 : 3년

정답　24. ②　25. ③

3. 보조·지원 대상을 임의매각·훼손·분실하는 등 지원 목적에 적합하게 유지·관리·사용하지 아니한 경우 : 3년
4. 산업재해 예방사업의 목적에 맞게 사용되지 아니한 경우 : 3년
5. 보조·지원 대상 기간이 끝나기 전에 보조·지원 대상 시설 및 장비를 국외로 이전한 경우 : 3년
6. 보조·지원을 받은 사업주가 필요한 안전조치 및 보건조치 의무를 위반하여 산업재해를 발생시킨 경우로서 고용노동부령으로 정하는 경우 : 3년
7. 제2호부터 제6호까지의 어느 하나를 위반한 후 5년 이내에 제2호부터 제6호까지의 어느 하나를 위반한 경우 : 5년

제2과목 : 산업안전일반

26 학습지도의 원리로 옳은 것을 모두 고른 것은?

> ㄱ. 개별화의 원리 ㄴ. 직관의 원리 ㄷ. 구체화의 원리 ㄹ. 통합의 원리
> ㅁ. 주관화의 원리

① ㄱ, ㄴ, ㄹ ② ㄱ, ㄷ, ㅁ ③ ㄱ, ㄹ, ㅁ ④ ㄴ, ㄷ, ㄹ ⑤ ㄴ, ㄹ, ㅁ

해설 ① [○] 학습지도의 원리 : 자기활동의 원리, 개별화의 원리, 사회화의 원리, 통합의 원리, 직관의 원리

27 수공구 설계원칙에 관한 설명으로 옳은 것을 모두 고른 것은?

> ㄱ. 손에 맞는 장갑을 착용한다.
> ㄴ. 손잡이를 꺾지 말고 손목을 꺾는다.
> ㄷ. 손잡이 접촉면적을 작게 하여 힘을 집중시킨다.
> ㄹ. 가능한 한 수동공구가 아닌 동력공구를 사용한다.
> ㅁ. 양손잡이를 모두 고려한 설계를 한다.

① ㄱ, ㄴ, ㄷ ② ㄱ, ㄹ, ㅁ ③ ㄴ, ㄷ, ㄹ ④ ㄴ, ㄹ, ㅁ ⑤ ㄷ, ㄹ, ㅁ

해설 (ㄱ) [○] 손에 맞는 장갑을 착용한다.
(ㄹ) [○] 가능한 한 수동공구가 아닌 동력공구를 사용한다.
(ㅁ) [○] 양손잡이를 모두 고려한 설계를 한다.
(ㄴ) 손목을 꺾지 말고 (손잡이) 도구를 꺾는다.
(ㄷ) 손잡이는 손바닥과의 접촉면이 적당하게 설계한다.

정답 26. ① 27. ②

28 피교육자의 능력에 따라 교육하고 급소를 강조하며, 주안점을 두어 논리적·체계적으로 반복교육을 실시하는 교육진행 단계는?

① 도입단계   ② 확인단계   ③ 적용단계   ④ 응용단계   ⑤ 제시단계

해설 ⑤ [○] 교육진행 4단계
1. 1단계(도입) : 작업을 배우고 싶은 의욕을 갖게 한다.
2. 2단계(제시) : 확실하게, 빠짐없이, 끈기 있게 지도한다.
3. 3단계(적용) : 작업을 시켜 보며 급소를 말하게 한다.
4. 4단계(확인) : 가르친 뒤 살펴본다.

29 빛의 성질에 관한 설명으로 옳지 않은 것은?

① 과녁이 배경보다 어두우면 대비는 0~100% 사이의 값이다.
② 명도는 색의 선명한 정도, 즉 색깔의 강약을 말한다.
③ 휘도는 단위면적당 표면에서 반사 또는 방출되는 빛의 양을 말한다.
④ 조도는 어떤 물체나 표면에 도달하는 빛의 밀도를 말한다.
⑤ 빛을 완전히 발산 및 반사시키는 표면의 반사율은 100%이다.

해설 ② [×] 채도는 색의 선명한 정도, 즉 색깔의 강약을 말한다. 명도는 물체의 색이나 빛의 색이 지니는 밝기의 정도를 말한다.
① 대비는 어떤 색을 보고 난 후에 다른 색을 보는 경우 앞에서 본 색의 잔상의 영향을 받아 그 다음에 보는 색이 다르게 보이는 현상이며, 과녁이 배경보다 어두우면 대비는 0~100% 사이의 값이다.
③ 휘도는 일정한 넓이를 가진 광원 또는 빛의 반사체 표면의 밝기를 나타내는 양을 말한다.
④ 조도는 어떤 면에 투사되는 광속을 면의 면적으로 나눈 것을 말한다.
⑤ 반사율은 반사량의 에너지와 입사광의 에너지의 비율로 빛을 완전히 발산 및 반사시키는 표면의 반사율은 100%이다.

30 위험예지훈련 4라운드를 순서대로 바르게 나열한 것은?

| ㄱ. 이것이 위험요점이다. | ㄴ. 우리는 이렇게 한다. |
| ㄷ. 당신이라면 어떻게 할 것인가? | ㄹ. 어떤 위험이 잠재하고 있는가? |

① ㄱ-ㄹ-ㄷ-ㄴ   ② ㄷ-ㄹ-ㄱ-ㄴ   ③ ㄹ-ㄱ-ㄷ-ㄴ
④ ㄹ-ㄷ-ㄱ-ㄴ   ⑤ ㄹ-ㄷ-ㄴ-ㄱ

정답 28. ⑤   29. ②   30. ③

해설 ③ [○] 위험예지훈련 4라운드
1. 1라운드 : 현상파악 → 어떠한 위험이 잠재하고 있는가? (삼각위험예지훈련 적용)
2. 2라운드 : 본질추구(의견합의) → 이것이 위험 포인트! (원포인트 위험예지훈련 적용)
3. 3라운드 : 대책수립 → 당신이라면 어떻게 하겠는가?
4. 4라운드 : 목표설정(의견합의) → 우리들은 이렇게 하자! (원포인트 지적확인)

31 재해조사의 1단계(사실의 확인)에서 수행하지 않는 것은?
① 재해의 직접원인 및 문제점 파악
② 사고 또는 재해발생 시 조치
③ 불안전 행동 유무에 관한 관계자 사실 청취
④ 작업 중 지도·지휘의 조사
⑤ 작업 환경·조건의 조사

해설 ① [×] 재해의 직접원인 및 문제점 파악은 2단계에서의 실시사항이다.
○ 재해조사의 1단계(사실의 확인) 수행내용
1. 재해조사까지의 경과 확인
2. 인적·물적·관리적인 면에 관한 사실 수집
3. 사고 또는 재해발생 시 조치 ← 긴급조치한 내용을 대상
4. 불안전 행동 유무에 관한 관계자 사실 청취
5. 작업 중 지도·지휘의 조사
6. 작업 환경·조건의 조사

32 재해조사 방법에 관한 설명으로 옳지 않은 것은?
① 피해자에 대한 조사자의 기본적 태도는 동정적이고 피해자의 입장을 이해해야 한다.
② 목격자 등이 증언하는 사실 이외의 추측의 말은 참고로만 한다.
③ 사고의 재발방지보다 책임소재 파악을 우선하는 기본적 태도를 갖는다.
④ 재해조사는 재해발생 직후 현장을 보존하며 신속하게 수행한다.
⑤ 피해자에 대한 구급조치를 우선한다.

해설 ③ [×] 재해조사는 조사하는 것이 목적이 아니고, 관계자의 책임을 추궁하는 목적이 아니며, 재해조사에서 중요한 목적은 재해 발생원인의 진실을 파악하는 것이다.

33 하인리히(Heinrich)의 도미노(Domino)이론에서 사고의 직접원인이 아닌 것은?
① 불안전한 자세 및 위치
② 권한 없이 행한 조작
③ 당황, 놀람, 잡담, 장난
④ 부적절한 태도
⑤ 불량한 정리정돈

해설 ④ [×] 부적절한 태도는 사고의 부(副)원인이다.

정답 31. ① 32. ③ 33. ④

○ 하인리히(Heinrich)의 도미노(Domino)이론에서 사고의 직접원인으로는 불안전한 자세 및 위치, 권한없이 행한 조작, 당황·놀람, 잡담·장난, 불량한 정리·정돈 등으로 불안전한 행동과 불안전한 상태 등이다. 한편, 사고의 부(副)원인으로는 부적절한 태도, 지식 또는 기능의 결여, 신체적 부적격, 부적절한 기계적·물리적 환경 등이다.

34 산업안전보건법령상 근로자 정기교육의 내용에 해당하지 않는 것은?

① 건강증진 및 질병 예방에 관한 사항
② 산업재해보상보험 제도에 관한 사항
③ 기계·장비의 주요장치에 관한 사항
④ 유해·위험 작업환경 관리에 관한 사항
⑤ 직무스트레스 예방 및 관리에 관한 사항

해설 ③ [×] 근로자 정기교육 교육내용 (산시규 별표 5) <개정 2023. 9. 27>
  1. 산업안전 및 사고 예방에 관한 사항
  2. 산업보건 및 직업병 예방에 관한 사항 3. 위험성 평가에 관한 사항
  4. 건강증진 및 질병 예방에 관한 사항
  5. 유해·위험 작업환경 관리에 관한 사항
  6. 산업안전보건법령 및 산업재해보상보험 제도에 관한 사항
  7. 직무스트레스 예방 및 관리에 관한 사항
  8. 직장 내 괴롭힘, 고객의 폭언 등으로 인한 건강장해 예방 및 관리에 관한 사항

35 위험성평가 실시 주체에 관한 설명으로 옳은 것은?

① 사업주는 위험성평가 시 해당 작업장의 근로자를 참여시켜야 한다.
② 안전보건관리책임자는 유해·위험요인 파악과 그 결과에 따라 개선조치를 시행한다.
③ 관리감독자는 위험성평가 실시에서 안전보건관리책임자를 보좌하고 지도·조언한다.
④ 안전보건관리책임자는 주체가 되어 도급사업주와 함께 각자의 역할을 분담하여 위험성평가를 실시한다.
⑤ 안전·보건관리자는 위험성평가 실시를 총괄한다.

해설 ① [○] 사업주는 위험성 평가 시 고용노동부장관이 정하여 고시하는 바에 따라 해당 작업장의 근로자를 참여시켜야 한다(산안법 제36조).
  ② 사업주는 관리감독자가 유해·위험요인을 파악하고 그 결과에 따라 개선조치를 시행하게 하여야 한다(사업장 위험성평가에 관한 지침 제7조).
  ③ 사업주는 사업장의 안전관리자, 보건관리자 등이 위험성평가의 실시에 관하여 안전보건관리책임자를 보좌하고 지도·조언하게 하여야 한다(사업장 위험성평가에 관한 지침 제7조).

정답 34. ③   35. ①

④ 작업의 일부 또는 전부를 도급에 의하여 행하는 사업의 경우는 도급을 준 도급인과 도급을 받은 수급인은 각각 위험성평가를 실시하여야 한다(사업장 위험성평가에 관한 지침 제5조).
⑤ 사업주는 안전보건관리책임자 등 해당 사업장에서 사업의 실시를 총괄 관리하는 사람에게 위험성평가의 실시를 총괄 관리하게 하여야 한다(사업장 위험성평가에 관한 지침 제7조).

36 산업안전보건법령상 사업주가 위험성평가 실시내용 및 결과를 기록·보존할 때 포함되어야 할 사항을 모두 고른 것은?

> ㄱ. 산업안전보건관리비의 산출내역과 변경관리
> ㄴ. 위험성 결정의 내용
> ㄷ. 위험성평가 제외 대상 공정의 작업계획 및 회의내용
> ㄹ. 위험성평가 대상의 유해·위험요인
> ㅁ. 위험성평가의 실시내용을 확인하기 위하여 필요한 사항으로서 고용노동부장관이 정하여 고시하는 사항

① ㄱ, ㄴ, ㄷ   ② ㄱ, ㄷ, ㄹ   ③ ㄴ, ㄷ, ㄹ   ④ ㄴ, ㄹ, ㅁ   ⑤ ㄷ, ㄹ, ㅁ

해설 ④ [○] 위험성평가 실시내용 및 결과를 기록·보존할 때 포함되어야 할 사항 (산시규 제37조)
1. 위험성평가 대상의 유해·위험요인   2. 위험성 결정의 내용
3. 위험성 결정에 따른 조치의 내용
4. 그 밖에 위험성평가의 실시내용을 확인하기 위하여 필요한 사항으로서 고용노동부장관이 정하여 고시하는 사항

37 산업안전보건법령상 중대재해 발생 시 업무절차 및 원인조사에 관한 설명으로 옳은 것은?

① 사업주는 중대재해가 발생한 사실을 알게 된 경우에는 대통령령으로 정하는 바에 따라 지체 없이 한국산업안전보건공단에 보고하여야 한다.
② 고용노동부장관은 중대재해 발생 시 사업주가 자율적으로 안전보건개선계획 수립·시행 후 결과를 제출하면 중대재해 원인조사를 생략한다.
③ 누구든지 중대재해 발생 현장을 훼손하거나 고용노동부장관의 원인조사를 방해해서는 아니 된다.
④ 중대재해가 발생한 사업장에 대한 원인조사의 내용 및 절차, 그 밖에 필요한 사항은 대통령령으로 정한다.

정답 36. ④   37. ③

⑤ 한국산업안전보건공단이사장은 중대재해 발생 시 그 원인 규명 또는 산업재해 예방대책 수립을 위하여 그 발생 원인을 조사할 수 있다.

[해설] ③ [○] 누구든지 중대재해 발생 현장을 훼손하거나 고용노동부장관의 원인조사를 방해해서는 아니 된다(산안법 제56조).

① 사업주는 중대재해가 발생한 사실을 알게 된 경우에는 고용노동부령으로 정하는 바에 따라 지체없이 고용노동부장관에게 보고하여야 한다(산안법 제54조).

② 고용노동부장관은 중대재해가 발생한 사업장의 사업주에게 안전보건개선계획의 수립·시행, 그 밖에 필요한 조치를 명할 수 있다(산안법 제56조).

④ 중대재해가 발생한 사업장에 대한 원인조사의 내용 및 절차, 그 밖에 필요한 사항은 고용노동부령으로 정한다(산안법 제56조).

⑤ 고용노동부장관은 중대재해가 발생하였을 때에는 그 원인 규명 또는 산업재해 예방대책 수립을 위하여 그 발생원인을 조사할 수 있다(산안법 제56조).

38 안전보건조정자의 업무로 옳은 것을 모두 고른 것은?

> ㄱ. 같은 장소에서 이루어지는 각각의 공사 간에 혼재된 작업의 파악
> ㄴ. 혼재된 작업으로 인한 산업재해 발생의 위험성 파악
> ㄷ. 혼재된 작업의 능률 개선을 위한 작업의 시기·내용 조정
> ㄹ. 각각의 공사 도급인의 안전관리자 간 교육내용 공유 확인

① ㄱ, ㄴ ② ㄱ, ㄷ ③ ㄴ, ㄷ ④ ㄴ, ㄹ ⑤ ㄷ, ㄹ

[해설] ① [○] 안전보건조정자는 건설공사에서 공사금액의 합이 50억원 이상일 때 안전보건조정자의 선임 등(산안령 제56조)에 의거 선임되는 사람으로서 (ㄱ), (ㄴ)이 해당하는 업무이다.

○ 안전보건조정자의 업무 (산안령 제57조)
   1. 같은 장소에서 이루어지는 각각의 공사 간에 혼재된 작업의 파악
   2. 혼재된 작업으로 인한 산업재해 발생의 위험성 파악
   3. 혼재된 작업으로 인한 산업재해를 예방하기 위한 작업의 시기·내용 및 안전보건조치 등의 조정
   4. 각각의 공사 도급인의 안전보건관리책임자 간 작업 내용에 관한 정보 공유 여부의 확인

39 교육훈련 기법에서 토의법의 종류가 아닌 것은?

① 강의법(Lecture Method) ② 문제법(Problem Method)
③ 심포지움(Symposium) ④ 포럼(Forum) ⑤ 사례연구(Case Study)

정답 38. ① 39. ①

해설 ① [×] 강의법(Lecture Method)은 교수(강사) 중심적 수업형태의 하나로서 학생들에게 제시할 학습자료를 설명 또는 주입의 형식을 통해 행하는 수업이다.
○ 토의법에는 집단토의, 패널 디스커션, 포럼(Forum), 심포지움(Symposium), 토론회, 사례연구(Case Study), 위원회 형식, 문제법 등이 있다.

40 안전보건 진단에 관한 산업안전보건법 제47조(안전보건 진단) 규정의 일부이다. ( )에 들어갈 내용을 순서대로 나열한 것은?

> 고용노동부장관은 (ㄱ)·붕괴, 화재·폭발, 유해하거나 위험한 물질의 누출 등 (ㄴ) 발생의 위험이 현저히 높은 사업장의 (ㄷ)에게 산업안전보건법 제48조에 따라 지정받은 기관(이하 "안전보건진단기관"이라 한다)이 실시하는 안전보건진단을 받을 것을 명할 수 있다.

① ㄱ : 감전, ㄴ : 사망사고, ㄷ : 사업주
② ㄱ : 감전, ㄴ : 산업재해, ㄷ : 관리감독자
③ ㄱ : 추락, ㄴ : 산업재해, ㄷ : 안전관리자
④ ㄱ : 추락, ㄴ : 산업재해, ㄷ : 사업주
⑤ ㄱ : 전도, ㄴ : 사망사고, ㄷ : 관리감독자

해설 ④ [○] 고용노동부장관은 추락·붕괴, 화재·폭발, 유해하거나 위험한 물질의 누출 등 산업재해 발생의 위험이 현저히 높은 사업장 사업주에게 지정받은 기관이 실시하는 안전보건진단을 받을 것을 명할 수 있다(산안법 제47조).

41 작업공간 배치의 기본 원칙에 관한 설명으로 옳지 않은 것은?

① 자주 사용하는 요소일수록 사용하기 편리한 지점에 배치한다.
② 사용 및 조작 순서를 고려하여 배치한다.
③ 동일한 요소들은 기억과 탐색이 쉽도록 일관된 지점에 배치한다.
④ 기능적으로 관련성이 높은 요소들은 분산 배치한다.
⑤ 목적 달성에 중요한 요소일수록 사용하기 편리한 지점에 배치한다.

해설 ④ [×] 기능별 배치의 원칙은 기능적으로 관련성이 높은 요소들은 근접시켜서 배치한다.
○ 작업공간 배치의 기본 원칙 : 중요성의 원칙, 사용 빈도의 원칙, 기능별 배치의 원칙, 사용 순서화의 원칙

정답 40. ④ 41. ④

42 안전보건경영시스템(KOSHA-MS)에 관한 설명으로 옳지 않은 것은?

① "안전보건경영"이란 사업주가 자율적으로 해당 사업장의 산업재해를 예방하기 위하여 안전보건관리체제를 구축하고 정기적으로 위험성평가를 실시하여 잠재유해·위험 요인을 지속적으로 개선하는 등 산업재해예방을 위한 조치 사항을 체계적으로 관리하는 제반 활동을 말한다.
② "인증심사"란 인증서를 받은 사업장에서 인증기준을 지속적으로 유지·개선 또는 보완하여 운영하고 있는지를 판단하기 위하여 인증 후 매년 1회 정기적으로 실시하는 심사를 말한다.
③ "심사원 양성교육"이란 심사원을 양성하기 위하여 인증운영·인증기준·심사절차 및 심사요령 등에 관하여 실시하는 총 교육시간이 34시간 이상을 실시하는 안전보건경영시스템 교육을 말한다.
④ "연장심사"란 인증 유효기간을 연장하고자 하는 사업장에 대하여 인증 유효기간이 만료되기 전까지 인증의 연장 여부를 결정하기 위하여 실시하는 심사를 말한다.
⑤ "실태심사"란 인증 신청 사업장에 대하여 인증심사를 실시하기 전에 안전보건경영 관련 서류와 사업장의 준비상태 및 안전보건경영활동 운영현황 등을 확인하는 심사를 말한다.

해설 ② [×] "인증심사"란 인증 신청 사업장에 대한 인증의 적합 여부를 판단하기 위하여 인증기준과 관련된 안전보건경영 절차의 이행상태 등을 현장 확인을 통해 실시하는 심사를 말한다. 그리고 "사후심사"란 인증서를 받은 사업장에서 인증기준을 지속적으로 유지·개선 또는 보완하여 운영하고 있는지를 판단하기 위하여 인증 후 매년 1회 정기적으로 실시하는 심사를 말한다(안전보건경영시스템(KOSHA-MS) 인증업무 처리규칙 제2조).
④ "연장심사"란 인증 유효기간을 연장하고자 하는 사업장에 대하여 인증 유효기간(3년)이 만료되기 전까지 인증의 연장 여부를 결정하기 위하여 실시하는 심사를 말한다.

43 고장률에 관한 욕조곡선(Bathtub Curve)의 설명 중 옳은 것을 모두 고른 것은?

| ㄱ. 시간에 따른 평균고장시간(MTTF)을 도시한 것이다.
| ㄴ. 초기고장 기간, 우발고장 기간, 마모고장 기간으로 구분된다.
| ㄷ. 초기고장을 줄이기 위해 디버깅(Debugging)이나 번인(Burn-in)을 실시한다.
| ㄹ. 피로나 노화 고장은 마모고장 기간에서 발생한다.
| ㅁ. 예방보전은 우발고장 기간에서 가장 효과적이다.

① ㄱ, ㄴ　② ㄱ, ㄴ, ㄷ　③ ㄴ, ㄷ, ㄹ　④ ㄷ, ㄹ, ㅁ　⑤ ㄴ, ㄷ, ㄹ, ㅁ

해설 (ㄴ) [○] 초기고장 기간, 우발고장 기간, 마모고장 기간으로 구분된다.

정답 42. ② 43. ③

(ㄷ) [○] 초기고장은 결함을 찾아내어 고장률을 안정화시키는 기간이며, 디버깅(debugg -ing)이나 번인(burn-in)을 활용한다.
(ㄹ) [○] 마모고장 기간은 구성부품 등의 피로, 마모, 노화현상이 발생한다.
(ㄱ) 욕조곡선(bathtub curve)은 시간경과(가로축)에 따른 고장률(세로축)을 도시한 것으로, 마치 욕조 모양처럼 생긴 감소, 일정, 증가 형태를 보이는 곡선이다.
(ㅁ) 예방보전은 마모고장 기간에서 가장 효과적이다.

44 부품의 신뢰도가 $R(t) = e^{-0.5t}$일 때 옳지 않은 것은? (단, 시간 t는 년(year)이며, 소수점 아래 넷째 자리에서 반올림한다.)

① 고장확률밀도함수는 $f(t) = 0.5e^{-0.5t}$이다. ② 평균고장시간(MTTF)은 2년이다.
③ 부품의 MTTF 동안 신뢰도는 0.368이다. ④ 시간에 따라 고장률은 점차 증가한다.
⑤ 부품이 3년 내에 고장 날 확률은 0.777이다.

해설 ④ [×] 지수분포 → 고장률 λ=0.5로서 일정하다.
참고로, 욕조곡선에서 생애과정(감소→일정→증가)을 모두 표현할 수 있는 분포로 개발된 것이 스웨덴 학자 와이블(Weibull)이 제시한 와이블분포이다. 와이블분포 고장확률밀도함수에서 형상모수가 m<1이면 고장률 $\lambda(t)$는 DFR(감소형 고장률)에 따르고, m=1이면 $\lambda(t)$는 CFR(일정형 고장률), m>1이면 $\lambda(t)$는 IFR(증가형 고장률)을 따른다. 따라서 시간 경과에 따라 고장률은 감소형, 일정형, 증가형 형태를 거치게 된다.

① $f(t) = \lambda \cdot e^{-\lambda t}$ ② $MTTF = \dfrac{1}{\lambda} = \dfrac{1}{0.5} = 2$ ③ $R(t) = e^{-\lambda t} = e^{-1} = \dfrac{1}{e} = 0.368$
⑤ $F(t) = 1 - R(t) = 1 - e^{-\lambda t} = 1 - e^{-(1/2) \times 3} = 0.777$

45 다음에 적용된 본질적 안전 설계의 개념으로 옳은 것은?

> ㄱ. 극성이 정해져 있는 전원 커넥터를 극성이 다르게 삽입되지 않도록 설계
> ㄴ. 전기히터가 넘어지면 저절로 꺼지도록 설계

① ㄱ : Fool Proof, ㄴ : Fail Safe   ② ㄱ : Fool Proof, ㄴ : Fool Proof
③ ㄱ : Fail Safe, ㄴ : Fool Proof   ④ ㄱ : Fail Safe, ㄴ : Fail Safe
⑤ ㄱ : Fail Proof, ㄴ : Fail Safe

해설 (ㄱ) [○] Fool Proof : 사용자가 조작순서를 착각하거나, 이상이나 고장이 있어도 위험한 상태가 될 만한 조작을 하지 않도록 한 안전설계 방안이다.

정답 44. ④   45. ①

(ㄴ) [○] Fail Safe : 시스템의 일부에 기능실패나 고장이 있어도 안전장치가 반드시 작동하여 사고를 방지하도록 되어 있는 안전설계 방안이다.

46 다음은 FMEA에서 어떤 고장유형의 심각도, 발생도, 검출도, 가용도를 평가한 결과이다. 이 고장유형에 대한 위험우선순위점수(Risk Priority Number)는 얼마인가?

○ 심각도(Severity) : 6   ○ 발생도(Occurrence) : 5
○ 검출도(Detection) : 10   ○ 가용도(Availability) : 2

① 7   ② 21   ③ 300   ④ 600   ⑤ 900

해설 ③ [○] 위험우선순위점수(RPN)=심각도(심각성)×발생도(빈도)×검출도=6×5×10=300

47 사용자 인터페이스 설계에서 고려되는 사용성(Usability)의 세부내용에 관한 설명으로 옳지 않은 것은?

① 학습 용이성 : 과거의 경험과 직관에 의해 사용법을 쉽게 익히도록 설계한다.
② 효율성 : 저렴한 비용으로 최상의 정보를 얻을 수 있도록 설계한다.
③ 기억 용이성 : 시간이 지나도 사용법을 기억하기 쉽도록 설계한다.
④ 오류 최소화 및 복구 용이성 : 오류가 적어야 하고 오류가 발생하더라도 복구하기 쉽게 설계한다.
⑤ 주관적 만족감 : 사용자가 만족하고 몰입할 수 있도록 설계한다.

해설 ② [×] 경제성 : 저렴한 비용으로 최상의 정보를 얻을 수 있도록 설계한다. 효율성은 어떤 특정한 일을 성취하기 위한 시간이 적게 걸린다는 것을 말한다. 또한 어떤 특정한 일을 성취하기 위한 자원이 덜 소요된다는 것이다.

48 경계, 경보를 위한 청각신호 선택 지침에 관한 설명으로 옳지 않은 것은?

① 개시기간이 짧은 고강도 신호를 사용한다.
② 주파수는 500~3,000Hz가 가장 효과적이다.
③ 장거리 신호는 1,000Hz 이하로 한다.
④ 주의, 집중을 위해서는 변조된 신호를 사용한다.
⑤ 배경소음의 주파수와 동일하게 한다.

해설 ⑤ [×] 배경소음의 주파수와 다르게 한다. 배경소음의 주파수와 동일하게 사용하면 공진, 중첩, 감쇠 등의 효과로 인하여 정확한 청각 신호의 전달이 어려울 수 있다.
    ① 개시기간이 짧고, 간단할 때 청각장치를 사용한다.

정답 46. ③   47. ②   48. ⑤

② 귀가 가장 민감한 음역은 중음역으로 주파수는 500~3,000Hz가 가장 효과적이다. 가청영역은 20Hz~20kHz이다.

③ 300m 이상 장거리 신호는 1,000Hz 이하로 한다.

④ 주의를 끌기 위해서 변조된 신호를 사용한다.

49 결함수(Fault Tree)가 다음과 같을 때 정상사상 T가 발생할 확률은? (단, 기본사상 a, b, c는 서로 독립이고 발생확률은 각각 0.1이다.)

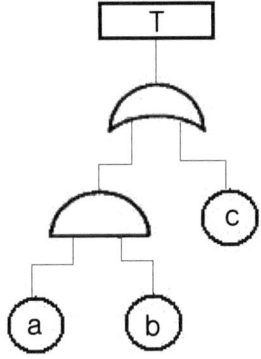

① 0.001   ② 0.009   ③ 0.019   ④ 0.109   ⑤ 0.729

해설 ④ [○] T의 고장발생확률 F_T

$$F_T = 1 - (1 - F_a \times F_b)(1 - F_c) = 1 - (1 - 0.1 \times 0.1)(1 - 0.1) = 0.109$$

50 다음은 4 중 2 시스템의 신뢰성 블록도(Reliability Block Diagram)이다. 시스템은 동일한 4개의 부품으로 구성되며 4개 중 2개 이상이 정상이면 시스템은 정상 작동한다. 시스템 신뢰도는 얼마인가? (단, 모든 부품의 신뢰도는 0.9이다.)

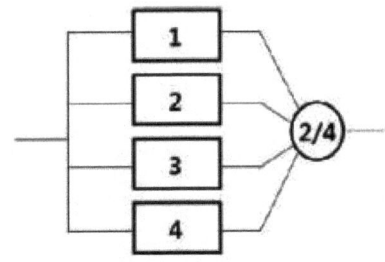

① 0.2916   ② 0.6561   ③ 0.7290   ④ 0.9963   ⑤ 0.9999

해설 ④ [○] n 중 k 시스템 신뢰도 : $R_S = \sum_{i=2}^{4} \binom{4}{i} (0.9)^i (1-0.9)^{4-i}$

$= \binom{4}{2}(0.9)^2(1-0.9)^{4-2} + \binom{4}{3}(0.9)^3(1-0.9)^{4-3} + \binom{4}{4}(0.9)^4(1-0.9)^{4-4}$

$= \binom{4}{2}(0.9)^2(0.1)^2 + \binom{4}{3}(0.9)^3(0.1)^1 + \binom{4}{4}(0.9)^4(0.1)^0$

$= 6 \times 0.81 \times 0.01 + 4 \times 0.729 \times 0.1 + 1 \times 0.6561 \times 1 = 0.9963$

참고로, 조합 기호인 $\binom{n}{x}$는 $_nC_x$와 같은 의미이고, $_nC_x = \dfrac{n!}{x!(n-x)!}$로 계산되는 원리인데, 공학용 계산기로 계산하면 간단하게 값을 구할 수 있다.

제3과목 : 기업진단·지도

---

51 인사평가 방법에 관한 설명으로 옳지 않은 것은?

① 서열(ranking)법은 등위를 부여해 평가하는 방법으로, 평가 비용과 시간을 절약할 수 있다.
② 평정척도(rating scale)법은 평가 항목에 대해 리커트(Likert) 척도 등으로 평가한다.
③ BARS(Behaviorally Anchored Rating Scale) 평가법은 성과 관련 주요 행동에 대한 수행정도로 평가한다.
④ MBO(Management by Objectives) 평가법은 상급자와 합의하여 설정한 목표대비 실적으로 평가한다.
⑤ BSC(Balanced Score Card) 평가법은 연간 재무적 성과 결과를 중심으로 평가한다.

해설 ⑤ [×] BSC(Balanced Score Card ; 균형성과표) 평가법은 회계적, 재무적 측면에서만 측정하는 시스템 한계를 보완하기 위해 재무적 관점, 고객 관점, 내부 프로세스 관점, 학습 및 성장 관점의 성과지표를 도출하여 성과를 관리함으로써 균형된 시각에서의 성과관리 시스템이다.

52 조직문화 중 안전문화에 관한 설명으로 옳은 것은?

① 안전문화 수준은 조직구성원이 느끼는 안전 분위기나 안전풍토(safety climate)에 대한 설문으로 평가할 수 있다.
② 안전문화는 TMI(Three Mile Island) 원자력발전소 사고 관련 국제원자력기구(IAEA) 보고서에 의해 그 중요성이 널리 알려졌다.

③ 브래들리 커브(Bradley Curve) 모델은 기업의 안전문화 수준을 병적-수동적-계산적-능동적-생산적 5단계로 구분하고 있다.
④ Mohamed가 제시한 안전풍토의 요인들은 재해율이나 보호구 착용률과 같이 구체적이어서 안전문화 수준을 계량화하기 쉽다.
⑤ Pascale의 7S모델은 안전문화의 구성요인으로 Safety, Strategy, Structure, System, Staff, Skill, Style을 제시하고 있다.

해설 ① [○] 안전 분위기나 안전풍토(safety climate)는 작업장에서 안전과 관련되어 조직 구성원이 가지는 공통된 인식을 의미한다.
② 안전문화는 체르노빌 원자력 누출사고에 따른 원자력안전자문단(INSAG)의 보고서에서 처음 사용되었다.
③ 브래들리 커브(Bradley Curve) 모델은 기업의 안전문화 수준을 4단계인 ① 자연적 본능(반응적) → ② 감독·규제(의존적) → ③ 개인(의식적 안전) → ④ 팀(무의식적 안전)로 제시했다.
④ Mohamed가 제시한 안전풍토의 요인들은 조직의 의지 및 의사소통, 현장관리자의 의지, 감독자의 역할, 개인의 역할, 동료근로자의 영향, 직원의 능력, 위험감수행위 및 영향요인, 안전한 행동에 대한 방해요소, 작업허가, 사고 및 보고 등으로서 계량화하기는 어렵다.
⑤ 파스칼(R. Pascale)과 아토스(A. Athos)의 7S 조직문화 구성요소는 전략(Strategy), 시스템(System), 구조(Structure), 스타일(Style), 능력(Skill), 구성원(Staff), 공유가치(Shared Value)의 앞 글자를 따서 7S라 명명하였다. 7S 중에서 가장 중요한 요소인 공유가치를 조직문화의 핵심적 구성요소로서 조직 구성원들이 공동으로 소유하고 있는 가치관, 이념 그리고 전통가치와 조직의 기본목적 등을 말한다.

53 노사관계에 관한 설명으로 옳지 않은 것은?
① 우리나라에서 단체협약은 1년을 초과하는 유효기간을 정할 수 없다.
② 1935년 미국의 와그너법(Wagner Act)은 부당노동행위를 방지하기 위해 제정되었다.
③ 유니온 숍제는 비조합원이 고용된 이후, 일정기간 이후에 조합에 가입하는 형태이다.
④ 우리나라에서 임금교섭은 조합 수 기준으로 기업별 교섭형태가 가장 많다.
⑤ 직장폐쇄는 사용자측의 대항행위에 해당한다.

해설 ① [×] 단체협약의 유효기간은 3년을 초과하지 않는 범위에서 노사가 합의하여 정할 수 있다. 단체협약에 그 유효기간을 정하지 아니한 경우 또는 기간을 초과하는 유효기간을 정한 경우에 그 유효기간은 3년으로 한다(노동조합 및 노동관계조정법 제3조) <개정 2021. 1. 5>

정답 53. ①

54 동기부여 이론에 관한 설명으로 옳은 것을 모두 고른 것은?

> ㄱ. 매슬로우(A. Maslow)의 욕구 5단계 이론에서 가장 상위계층의 욕구는 자기가 원하는 집단에 소속되어 우의와 애정을 갖고자 하는 사회적 욕구이다.
> ㄴ. 허츠버그(F. Herzberg)의 2요인 이론에서 급여와 복리후생은 동기요인에 해당한다.
> ㄷ. 맥그리거(D. McGregor)의 X이론에 의하면 사람은 엄격한 지시·명령으로 통제되어야 조직 목표를 달성할 수 있다.
> ㄹ. 맥클랜드(D. McClelland)는 주제통각시험(TAT)을 이용하여 사람의 욕구를 성취욕구, 권력욕구, 친교욕구로 구분하였다.

① ㄱ, ㄴ ② ㄱ, ㄹ ③ ㄷ, ㄹ ④ ㄱ, ㄴ, ㄷ ⑤ ㄴ, ㄷ, ㄹ

해설
ㄷ [○] 맥그리거(D. McGregor)의 X이론에 의하면 사람은 게으르고, 타율적이며, 일을 싫어하므로 엄격한 지시·명령으로 통제되어야 조직목표를 달성할 수 있다고 본다.
ㄹ [○] 맥클랜드(D. McClelland)는 성취욕구 측정방법인 주제통각시험(TAT)을 이용하여 사람의 욕구를 성취욕구, 권력욕구, 친교욕구로 구분하였다.
ㄱ 매슬로우(A. Maslow)의 욕구 5단계이론에서 가장 상위계층의 욕구는 자아실현의 욕구이다.
ㄴ 허츠버그(F. Herzberg)의 2요인이론에서 급여와 복리후생은 위생요인에 해당한다.

55 리더십(leadership)에 관한 설명으로 옳은 것은?

① 리더십 행동이론에서 리더의 행동은 상황이나 조건에 의해 결정된다고 본다.
② 리더십 특성이론에서 좋은 리더는 리더십 행동에 대한 훈련에 의해 육성될 수 있다고 본다.
③ 리더십 상황이론에서 리더십은 리더와 부하 직원들 간의 상호작용에 따라 달라질 수 있다고 본다.
④ 헤드십은 조직 구성원에 의해 선출된 관리자가 발휘하기 쉬운 리더십을 의미한다.
⑤ 헤드십은 최고경영자의 민주적인 리더십을 의미한다.

해설
③ [○] 리더십 상황이론에서 리더십은 리더와 부하 직원들 간의 상호작용에 따라 달라질 수 있다고 본다.
① 리더십 행동이론에서 리더 자신의 행동에 따라 집단 성원에 의해 리더로 선정되며, 리더로서의 역할과 리더십이 결정된다고 본다.
② 리더십 특성이론에서 좋은 리더는 비효과적인 리더와 구별될 수 있는 보편적 특성이 존재한다고 본다.

정답 54. ③ 55. ③

④ 헤드십(headship)은 장, 대표 직위의 권위를 근거로 강제적, 통제나 강요, 위계적 질서, 직권으로만 조직을 움직이려는 행위이다. 리더십(leadership)은 조직 구성원에 의해 선출된 관리자가 발휘하기 쉬운 리더십을 의미한다.
⑤ 헤드십은 일방적, 강제성을 그 본질로 한다.

56 수요예측 방법에 관한 설명으로 옳은 것은?
① 델파이 방법은 일반 소비자를 대상으로 하는 정량적 수요예측 방법이다.
② 이동평균법은 과거 수요예측치의 평균으로 예측한다.
③ 시계열분석법의 변동요인에 추세(trend)는 포함되지 않는다.
④ 단순회귀분석법에서 수요량 예측은 최대자승법을 이용한다.
⑤ 지수평활법은 과거 실제 수요량과 예측치 간의 오차에 대해 지수적 가중치를 반영해 예측한다.

해설 ⑤ [○] 지수평활법은 과거 수요 측정값을 최근 실적으로 수정해서 이것을 새로운 수요 추정값으로 하려는 것이다. 차기예측치 $F_t = F_{t-1} + \alpha(A_{t-1} - F_{t-1})$
① 델파이 방법은 적절한 해답이 알려져 있지 않거나 일정한 합의점에 도달하지 못한 문제에 대하여 다수의 전문가를 대상으로 설문조사나 우편조사로 수차에 걸쳐 피드백 면서 그들의 의견을 수렴하고 집단적 합의를 도출해 내는 조사방법으로 정성적 수요예측 방법이다.
② 이동평균법은 최근 몇 기간 동안 시계열 관측치 이동평균으로 예측한다.

차기 예측치 $F_t = \dfrac{\sum_{i=1}^{n} A_{t-i}}{n}$

③ 시계열분석법의 변동요인에 추세(trend), 순환, 계절, 불규칙의 변동을 포함한다.

차기 예측치 $F = T \times C \times S \times I$

④ 단순회귀분석법에서 수요량 예측은 최소자승법을 이용한다.

차기 예측치 $y = a + bx$

여기서, 절편 $a = \overline{y} - b\overline{x}$, 회귀계수 $b = \dfrac{S_{xy}}{S_{xx}} = \dfrac{\sum xy - \dfrac{\sum x \sum y}{n}}{\sum x^2 - \dfrac{(\sum x)^2}{n}}$

57 재고관리에 관한 설명으로 옳지 않은 것은?
① 경제적주문량(EOQ) 모형에서 재고유지비용은 주문량에 비례한다.
② 신문판매원 문제(newsboy problem)는 확정적 재고모형에 해당한다.

③ 고정주문량모형은 재고수준이 미리 정해진 재주문점에 도달할 경우 일정량을 주문하는 방식이다.
④ ABC 재고관리는 재고의 품목 수와 재고 금액에 따라 중요도를 결정하고 재고관리를 차별적으로 적용하는 기법이다.
⑤ 재고로 인한 금융비용, 창고보관료, 자재취급비용, 보험료는 재고유지비용에 해당한다.

해설 ② [×] 단일기간 재고모형은 신문, 월간잡지, 크리스마스 트리 등과 같은 단일기간 상품의 최적 주문량을 결정하는 재고모형이다.

58 품질경영기법에 관한 설명으로 옳지 않은 것은?
① SERVQUAL 모형은 서비스 품질수준을 측정하고 평가하는데 이용될 수 있다.
② TQM은 고객의 입장에서 품질을 정의하고 조직 내의 모든 구성원이 참여하여 품질을 향상하고자 하는 기법이다.
③ HACCP은 식품의 품질 및 위생을 생산부터 유통단계를 거쳐 최종 소비될 때까지 합리적이고 철저하게 관리하기 위하여 도입되었다.
④ 6시그마 기법에서는 품질특성치가 허용한계에서 멀어질수록 품질비용이 증가하는 손실함수 개념을 도입하고 있다.
⑤ ISO 9000 시리즈는 표준화된 품질의 필요성을 인식하여 제정되었으며 제3자(인증기관)가 심사하여 인증하는 제도이다.

해설 ④ [×] 품질특성치가 허용한계에서 멀어질수록 품질비용이 증가하는 손실함수 개념을 도입하고 있는 것은 일본학자 다구치(田口) 박사가 제시한 품질공학 방법이다.
품질비용에 관한 다구치의 접근방식은 품질손실비용이 적은 것이 더 좋은 품질로 보는 관점이다. 특성치 값이 작을수록 좋은 망소특성, 클수록 좋은 망대특성, 상하한 규격치가 있는 망목특성으로 나누고 각각 품질손실비를 산출하는 품질손실비 산출 방안을 제시한 독특한 방법론이다. 특히 상·하한 규격치가 있는 망목특성의 경우 품질특성치가 이상적인 값, 목표값으로부터 멀어짐에 따라 품질손실비용이 더 많이 발생한다는 것이다.

59 식음료 제조업체의 공급망관리팀 팀장인 홍길동은 유통단계에서 최종 소비자의 주문량 변동이 소매상, 도매상, 제조업체로 갈수록 증폭되는 현상을 발견하였다. 이에 관한 설명으로 옳지 않은 것은?
① 공급사슬 상류로 갈수록 주문의 변동이 증폭되는 현상을 채찍효과(bullwhip effect)라고 한다.
② 유통업체의 할인 이벤트 등으로 가격 변동이 클 경우 주문량 변동이 감소할 것이다.

정답 58. ④ 59. ②

③ 제조업체와 유통업체의 협력적 수요예측시스템은 주문량 변동이 감소하는데 기여할 것이다.
④ 공급사슬의 정보공유가 지연될수록 주문량 변동은 증가할 것이다.
⑤ 공급사슬의 리드타임(lead time)이 길수록 주문량 변동은 증가할 것이다.

해설 ② [×] 유통업체의 할인이벤트 등으로 가격변동이 클 경우 주문량변동이 증가할 것이다.
① 채찍효과(bullwhip effect)는 고객의 수요가 각 단계별로 전달될수록 수요의 변동성이 증가해 주문의 변동이 증폭되는 현상을 말한다.
③ 제조업체와 유통업체의 협력적 수요예측시스템은 주문량 변동을 적게 할 수 있다.
④ 공급사슬의 정보공유가 지연되면 지연될수록 주문량 변동은 증가할 것이다.
⑤ 공급사슬의 리드타임(lead time)이 길어질수록 주문량 변동은 증가할 것이다.

60 스트레스의 작용과 대응에 관한 설명으로 옳지 않은 것은?
① A유형이 B유형 성격의 사람에 비해 스트레스에 더 취약하다.
② Selye가 구분한 스트레스 3단계 중에서 2단계는 저항단계이다.
③ 스트레스 관련 정보수집, 시간관리, 구체적 목표의 수립은 문제중심적 대처 방법이다.
④ 자신의 사건을 예측할 수 있고, 통제 가능하다고 지각하면 스트레스를 덜 받는다.
⑤ 긴장(각성) 수준이 높을수록 수행 수준은 선형적으로 감소한다.

해설 ⑤ [×] 긴장(각성) 수준이 높을수록 수행 수준은 증가하는 경향을 보인다.
① A유형은 초조하고 조급해 하며 경쟁적인 특성으로 심혈관계 질환에 걸릴 가능성이 높은 유형을 의미하며, B타입은 이와는 반대로 느긋하고 여유있는 성격이 특징이다.
② Selye는 일반적 적응 증후군(general adaptation syndrome : GAS)으로 스트레스를 정의하면서, 스트레스 3단계로서 1단계는 경계·경보·경고단계이고, 2단계는 저항단계, 3단계는 탈진(고갈)단계를 제시했다.
③ 문제중심적 대처는 스트레스를 유발하는 상황에 초점을 맞춰 이를 해결하려는 노력을 말한다.
④ 예측이 가능하고 통제 가능한 경우는 스트레스를 덜 받는다.

61 김부장은 직원의 직무수행을 평가하기 위해 평정척도를 이용하였다. 금년부터는 평정오류를 줄이기 위한 방법으로 '종업원 비교법'을 도입하고자 한다. 이때 제거 가능한 오류(a)와 여전히 존재하는 오류(b)를 옳게 짝지은 것은?
① a : 후광오류, b : 중앙집중오류
② a : 후광오류, b : 관대화오류
③ a : 중앙집중오류, b : 관대화오류
④ a : 관대화오류, b : 중앙집중오류
⑤ a : 중앙집중오류, b : 후광오류

정답 60. ⑤   61. ⑤

[해설] ⑤ [○] "a : 중앙집중오류, b : 후광오류"가 해당 내용이다.
    a : 중앙집중오류 → 모든 피평가자에게 중앙값(평균)에 가까운 점수를 주는 것을 말한다. 종업원 비교법을 도입하면 평균에 가까운 점수를 주지 않을 수 있다.
    b : 후광오류 → 어느 한 분야에서 어떤 사람에 대한 호의적인 인상이 그 사람에 대한 다른 분야의 평가에 영향을 주는 오류이다. 종업원 비교법을 도입하더라도 후광오류를 줄일 수는 없다.

62 다음에 설명하는 용어는?

> 응집력이 높은 조직에서 모든 구성원들이 하나의 의견에 동의하려는 욕구가 매우 강해, 대안적인 행동방식을 객관적이고 타당하게 평가하지 못함으로써 궁극적으로 비합리적이고 비현실적인 의사결정을 하게 되는 현상이다.

① 집단사고(groupthink)
② 사회적 태만(social loafing)
③ 집단극화(group polarization)
④ 사회적 촉진(social facilitation)
⑤ 남만큼만 하기 효과(sucker effect)

[해설] ① [○] 집단사고(groupthink) : 응집력이 있는 집단들의 조직원들이 갈등을 최소화하며, 의견의 일치를 유도하여 비판적인 생각을 하지 않는 것을 뜻한다. 집단사고는 구성원들의 왜곡되고 비합리적인 사고방식이다. ← 응집력이 강할 때 발생
② 사회적 태만(social loafing) : 혼자서 일을 할 때보다 여러 사람이 함께 모여서 일을 할 때 자신의 노력을 줄이는 현상을 말한다.
③ 집단극화(group polarization) : 집단 내의 토론 과정에서 구성원들이 보다 극단적 주장을 지지하게 되는 사회심리학 현상이다. ← 응집력이 약할 때 발생
④ 사회적 촉진(social facilitation) : 혼자가 아닌 다른 사람과 함께 일할 때 개개인의 작업 효과의 개선 또는 감소로 정의된다.
⑤ 남만큼만 하기 효과(sucker effect) : 혼자 열심히 일하여 손해를 보는 것을 예방하기 위해 다른 사람들과 유사한 수준으로만 노력하는 경향을 '봉 효과' 혹은 '남들 만큼 하기 효과'라고 한다.

63 인사 담당자인 김부장은 신입사원 채용을 위해 적절한 심리검사를 활용 하고자 한다. 심리검사에 관한 설명으로 옳지 않은 것은?

① 다른 조건이 모두 동일하다면 검사의 문항 수는 내적일관성의 정도에 영향을 미치지 않는다.
② 반분신뢰도(split-half reliability)는 검사의 내적일관성 정도를 보여주는 지표이다.

[정답] 62. ①   63. ①

③ 안면타당도(face validity)는 검사문항들이 외관상 특정 검사의 문항으로 적절하게 보이는 정도를 의미한다.
④ 준거타당도(criterion validity)에는 동시타당도(concurrent validity)와 예측타당도(predictive validity)가 있다.
⑤ 동형검사 신뢰도(equivalent-form reliability)는 동일한 구성개념을 측정하는 두 독립적인 검사를 하나의 집단에 실시하여 측정한다.

> [해설] ① [×] 다른 조건이 모두 동일하다면 검사의 문항 수는 내적일관성의 정도에 영향을 미친다. 내적일관성은 부분검사 또는 문항 간의 일관성 정도를 나타내는 것으로 문항 간 측정의 일관성을 추정하는 방법을 문항내적일관성 신뢰도라 한다.

64 소음의 특성과 청력손실에 관한 설명으로 옳지 않은 것은?

① 0 dB 청력수준은 20대 정상 청력을 근거로 산출된 최소역치 수준이다.
② 소음성 난청은 달팽이관의 유모세포 손상에 따른 영구적 청력손실이다.
③ 소음성 난청은 주로 1,000Hz 주변의 청력손실로부터 시작된다.
④ 소음작업이란 1일 8시간 작업을 기준으로 85dBA 이상의 소음이 발생하는 작업이다.
⑤ 중이염 등으로 고막이나 이소골이 손상된 경우 기도와 골도 청력에 차이가 발생할 수 있다.

> [해설] ③ [×] 소음성 난청은 주로 3,000Hz 주변의 청력손실로부터 시작된다. 소음성 난청은 외부의 소음으로 인해 청력이 떨어지는 것을 말한다. 85dB 이상 소음에 지속적으로 노출될 때에는 귀에 손상을 줄 수 있고, 100dB에서 보호장치 없이 15분 이상 노출될 때, 110dB에서 1분 이상 규칙적으로 노출될 때 청력 손실의 위험이 발생한다.

65 용접공이 작업 중에 보호안경을 쓰지 않으면 시력손상을 입는 산업재해가 발생한다. 용접공의 행동특성을 ABC행동이론(선행사건, 행동, 결과)에 근거하여 기술한 내용으로 옳은 것을 모두 고른 것은?

> ㄱ. 보호안경을 착용하지 않으면 편리하다는 확실한 결과를 얻을 수 있다.
> ㄴ. 보호안경 착용으로 나타나는 예방효과는 안전행동에 결정적인 영향을 미친다.
> ㄷ. 미래의 불확실한 이득(시력보호)으로 보호안경의 착용 행위를 증가시키는 것은 어렵다.
> ㄹ. 모범적인 보호안경 착용자에게 공개적인 인센티브를 제공하여 위험행동을 감소하도록 유도한다.

① ㄱ, ㄷ ② ㄴ, ㄹ ③ ㄱ, ㄷ, ㄹ ④ ㄴ, ㄷ, ㄹ ⑤ ㄱ, ㄴ, ㄷ, ㄹ

[정답] 64. ③ 65. ⑤

해설 (문제 오류) ①이 답으로 발표되었으나, 최종 발표시 모두 정답 처리. ⑤가 정답
○ 스키너(Skinner) ABC행동이론 특징
1. 스키너의 행동주의 이론에서는 환경적인 선행요인과 결과에 관심을 두며, 이를 선행요인(antecedents) → 행동(behavior) → 결과(consequences)의 약자에 따라 행동의 'ABC 패러다임'을 의미한다.
2. A는 선행요인(antecedents)으로 행동 이전에 일어나는 사건을 의미한다. 이 사건은 행동의 단계를 설정한다.
3. B는 행동(behavior)으로 관찰가능하고 측정가능한 반응이나 행동(인지, 심리·생리적 반응, 감정 등을 포함)을 의미한다.
4. C는 결과(consequences)로 특정 행동의 직접적인 그 무엇을 의미한다. 결과를 가장 잘 설명하는 용어는 '강화'와 '벌'이다.
5. 특히 행동주의이론에서는 환경적 선행요인과 결과에 관심을 두고 있으며, 이를 선행요인-행동-결과의 약자를 따서 부르는 행동의 ABC 패러다임이라고 한다.

66 인간의 정보처리과정에 관한 설명으로 옳은 것을 모두 고른 것은?

> ㄱ. 단기기억의 용량은 덩이 만들기(chunking)를 통해 확장할 수 있다.
> ㄴ. 감각기억에 있는 정보를 단기기억으로 이전하기 위해서는 주의가 필요하다.
> ㄷ. 신호검출이론(signal-detection theory)에서 누락(miss)은 신호가 없는 데도 있다고 잘못 판단하는 경우이다.
> ㄹ. Weber의 법칙에 따르면 10kg의 물체에 대한 무게 변화감지역(JND)이 1kg의 물체에 대한 무게 변화감지역보다 더 크다.

① ㄴ, ㄷ   ② ㄱ, ㄴ, ㄹ   ③ ㄱ, ㄷ, ㄹ   ④ ㄴ, ㄷ, ㄹ   ⑤ ㄱ, ㄴ, ㄷ, ㄹ

해설 (ㄱ) [○] 단기기억에서의 작업기억은 정보의 동시수용 용량이 작으므로(3~5개) 개별 정보들을 보다 크고 의미있는 단위로 묶는(chunking) 스킬이 필요하다.

(ㄴ) [○] 감각기억에 있는 정보를 단기기억으로 이전하기 위해서는 주의가 필요하다(주의집중전략이라고 함).

(ㄹ) [○] Weber의 법칙에 따르면 10kg의 물체에 대한 무게 변화감지역(JND)이 1kg의 물체에 대한 무게 변화감지역보다 더 크다.
웨버의 법칙이란, 처음에 약한 자극을 주면 다음 번엔 자극의 변화가 적더라도 그 변화를 쉽게 감지할 수 있으나, 처음부터 강한 자극을 주면 다음 번엔 작은 자극에는 느낄 수 없으며 더 큰 자극이 있어야만 자극의 변화를 느낄 수 있다는 것이다.
$\Delta I / I$ 에서 ΔI 는 10kg일 때가 1kg일 때의 10배이다.

정답 66. ②

(ㄷ) 신호검출이론(signal-detection theory)에서 누락(miss)은 신호가 있는 데도 없다고 잘못 판단하는 경우이다. 신호검출이론(signal-detection theory, SDT)은 신호탐지 이론이라고도 하며, 신호의 탐지가 신호에 대한 관찰자의 민감도와 반응 기준에 달려 있다는 이론이다.

○ 신호상황에 따른 인간의 판정결과 4가지
1. Hit : 신호를 신호로 판정 → 올바른 채택
2. False Alarm : 소음(Noise)를 신호로 오인 → 허위경보
3. Miss : 신호가 있으나 탐지 못함 → 누락
4. Correct Rejection : 소음(Noise)을 소음(Noise)로 판정 → 올바른 거부

67 휴먼에러 발생 원인을 설명하는 모델 중, 주로 익숙하지 않은 문제를 해결할 때 사용하는 모델이며 지름길을 사용하지 않고 상황파악, 정보수집, 의사결정, 실행의 모든 단계를 순차적으로 실행하는 방법은?

① 위반행동 모델(violation behavior model)
② 숙련기반행동 모델(skill-based behavior model)
③ 규칙기반행동 모델(rule-based behavior model)
④ 지식기반행동 모델(knowledge-based behavior model)
⑤ 일반화 에러 모형(generic error modeling system)

해설 ④ [○] 지식기반행동 모델(knowledge-based behavior model)은 주로 익숙하지 않은 문제를 해결할 때 상황파악, 정보수집, 의사결정, 실행의 모든 단계를 순차적으로 실행하는 방법이다.

② 숙련기반행동 모델(skill-based behavior model) : 기능이 숙련되어 마치 몸이 명령을 내리는 것처럼 행동하는 것으로 무의식에 의한 행동, 행동패턴에 의한 자동적 행동을 말한다.

③ 규칙기반행동 모델(rule-based behavior model) : 익숙한 상황에의 행동에 적용되며, 저장된 규칙을 적용하는 행동 모델이다.

68 어떤 가설을 받아들이고 나면 다른 가능성은 검토하지도 않고 그 가설을 지지하는 증거만을 탐색해서 받아들이는 현상에 해당하는 것은?

① 대표성 어림법(representativeness heuristic)
② 가용성 어림법(availability heuristic)   ③ 과잉확신(overconfidence)
④ 확증 편향(confirmation bias)   ⑤ 사후확신 편향(hindsight bias)

정답 67. ④   68. ④

해설 ④ [○] 확증 편향(confirmation bias)은 원래 가지고 있는 생각이나 신념을 확인하려는 경향성이다. 흔히 하는 말로 "사람은 보고 싶은 것만 본다"와 같은 것이 바로 확증 편향이다.

① 대표성 어림법(representativeness heuristic)은 어떤 사람이나 대상(A)이 어떤 집단(B)에 속할 확률을 판단할 때, A에 대해 가지고 있는 정보가 B집단에 대한 고정관념(전형적인 특징)과 "얼마나 유사한지"를 기준으로 판단하는 간편법이다.

② 가용성 어림법(availability heuristic)은 사건의 가능성을 기억의 가용성에 근거해 추정하는 방법을 말한다. 즉, 기억에서 잘 떠오르는 대상에 대하여 상대적으로 높은 평가를 내리는 현상을 말한다.

③ 과잉확신(overconfidence)은 자기 자신을 과도하게 믿는 편향을 의미한다.

⑤ 사후확신 편향(hindsight bias)은 "그럴 줄 알았어 효과(knew-it-all-along effect)"라고도 하며, 이미 일어난 사건을 그 일이 일어나기 전에 비해 더 예측 가능한 것으로 생각하는 경향을 말한다.

69 근로자 건강진단에 관한 설명으로 옳지 않은 것은?

① 납땜후 기관에 묻어 있는 이물질을 제거하기 위하여 아세톤을 취급하는 근로자는 특수건강진단 대상자이다.
② 우레탄수지 코팅공정에 디메틸포름아미드 취급 근로자의 배치후 첫 번째 특수건강진단 시기는 3개월 이내이다.
③ 6개월간 오후 10시부터 다음날 오전 6시 사이의 시간 중 작업을 월 평균 60시간 이상 수행하는 근로자는 야간작업 특수건강진단 대상자이다.
④ 직업성 천식 및 직업성 피부염이 의심되는 근로자에 대한 수시건강진단의 검사 항목이 있다.
⑤ 정밀기계 가공작업에서 금속가공유 취급시 노출되는 근로자는 배치전·특수건강진단 대상자이다.

해설 ② [×] 우레탄수지 코팅공정에 디메틸포름아미드 취급 근로자의 배치후 첫 번째 특수건강진단 시기는 1개월 이내이다.

③ 야간근로자 특수검진 대상 야간작업 2종 (산시규 제93조, 별표 12)
  1. 6개월간 밤 12시부터 오전 5시까지의 시간을 포함하여 계속되는 8시간 작업을 평균 4회 이상 수행하는 경우
  2. 6개월간 오후 10시부터 다음날 오전 6시 사이의 시간 중 작업을 월 평균 60시간 이상 수행하는 경우

정답 69. ②

○ 특수건강진단의 시기 및 주기 (산시규 제202조 관련 별표 23)

구분	대상 유해인자	시기(배치후 첫번째 특수건강진단)	주기
1	N,N-디메틸아세트아미드 N,N-디메틸포름아미드	1개월 이내	6개월
2	벤젠	2개월 이내	6개월
3	1,1,2,2-테트라클로로에탄, 사염화탄소, 아크릴로니트릴, 염화비닐	3개월 이내	6개월
4	석면, 면분진	12개월 이내	12개월
5	광물성분진, 목재분진, 소음 및 충격소음	12개월 이내	24개월
6	제1호부터 제5호까지의 규정의 대상 유해인자를 제외한 별표 22의 모든 대상 유해인자	6개월 이내	12개월

70 산업위생의 범위에 관한 설명으로 옳지 않은 것은?

① 새로운 화학물질을 공정에 도입하려고 계획할 때, 알려진 참고자료를 바탕으로 노출 위험성을 예측한다.
② 화학물질 관리를 위해 국소배기장치를 직접 제작 및 설치한다.
③ 작업환경에서 발생할 수 있는 감염성질환을 포함한 생물학적 유해인자에 대한 위험성 평가를 실시한다.
④ 노출기준이 설정되지 않은 물질에 대하여 노출수준을 측정하고 참고자료와 비교하여 평가한다.
⑤ 동일한 직무를 수행하는 노동자 그룹별로 직무특성을 상세하게 기술하고 유사노출그룹을 분류한다.

해설 ② [×] 화학물질 관리를 위한 국소배기장치는 산업안전보건법에 따른 안전검사 대상이고, 임의로 제작 및 설치하면 안 된다.

71 미국산업위생학회에서 산업위생의 정의에 관한 설명으로 옳지 않은 것은?

① 인지란 현재 상황의 유해인자를 파악하는 것으로 위험성 평가(Risk Assessment)를 통해 실행할 수 있다.
② 측정은 유해인자의 노출 정도를 정량적으로 계측하는 것이며 정성적 계측도 포함한다.
③ 평가의 대표적인 활동은 측정된 결과를 참고자료 혹은 노출기준과 비교하는 것이다.
④ 관리에서 개인보호구의 사용은 최후 수단이며, 공학적·행정적 관리와 병행해야 한다.

정답 70. ②   71. ⑤

⑤ 예측은 산업위생 활동에서 마지막으로 요구되는 활동으로 앞 단계들에서 축적된 자료를 활용하는 것이다.

[해설] ⑤ [×] 예측은 산업위생 활동에서 첫째로 요구되는 활동이며, 앞 단계들에서 축적된 자료를 활용하는 것이다.

○ 미국산업위생학회의(AIHA)의 산업위생 정의
근로자나 일반 대중에게 질병, 건강장애, 심각한 불쾌감 및 능률 저하 등을 초래하는 작업환경요인과 스트레스를 예측, 인지, 측정, 평가, 관리하는 과학과 기술이다.

72 관리대상 유해물질 관련 국소배기장치 후드의 제어풍속에 관한 설명으로 옳지 않은 것은?

① 가스 상태 물질 포위식 포위형 후드는 제어풍속이 0.4m/s 이상이다.
② 가스 상태 물질 외부식 측방흡인형 후드는 제어풍속이 0.5m/s 이상이다.
③ 가스 상태 물질 외부식 상방흡인형 후드는 제어풍속이 1.0m/s 이상이다.
④ 입자 상태 물질 포위식 포위형 후드는 제어풍속이 1.0m/s 이상이다.
⑤ 입자 상태 물질 외부식 상방흡인형 후드는 제어풍속이 1.2m/s 이상이다.

[해설] ④ [×] 입자 상태 물질 포위식 포위형 후드는 제어풍속이 0.7m/s 이상이다.

○ 관리대상 유해물질 관련 국소배기장치 후드의 제어풍속 (산기규 별표 13)

물질의 상태	후드 형식		제어풍속(m/sec)
가스 상태	포위식 포위형		0.4
	외부식 측방흡인형	→	0.5
	외부식 하방흡인형	↓	0.5
	외부식 상방흡인형	↑	1.0
입자 상태	포위식 포위형		0.7
	외부식 측방흡인형	→	1.0
	외부식 하방흡인형	↓	1.0
	외부식 상방흡인형	↑	1.2

73 국가별 노출기준 중 법적 제재력이 없는 것은?

① 독일 GCIHHCC의 MAK
② 영국 HSE의 WEL
③ 일본 노동성의 CL
④ 우리나라 고용노동부의 허용기준
⑤ 미국 OSHA의 PEL

[해설] ① [×] 독일 QCIHHCC의 MAK는 법적 제재력이 없다. 많이 쓰이는 ACGIH의 TLV, BEL도 역시 법적 제재력이 없다. NIOSH의 REL은 권고기준이다.

[정답] 72. ④ 73. ①

74 산업위생관리의 기본원리 중 작업관리에 해당하는 것은?
① 유해물질의 대체   ② 국소배기 시설   ③ 설비의 자동화
④ 작업방법 개선   ⑤ 생산공정의 변경

해설 ④ [○] 산업위생관리의 기본원리 중 공정관리는 공정의 변경, 시설의 변경, 유해물질의 변경, 저장물질의 격리, 시설의 격리, 전체환기, 국소배기장치 설치 등이 있다. 작업관리는 인적측면인 작업자를 대상으로 한 개선 및 관리를 주목적으로 한다.

75 유기용제의 일반적 특성 및 독성에 관한 설명으로 옳은 것을 모두 고른 것은?

> ㄱ. 탄소사슬의 길이가 길수록 유기화학물질의 중추신경 억제효과는 증가한다.
> ㄴ. 염화메틸렌이 사염화탄소보다 더 강력한 마취특성을 가지고 있다.
> ㄷ. 불포화탄화수소는 포화탄화수소보다 자극성이 작다.
> ㄹ. 유기분자에 아민이 첨가되면 피부에 대한 부식성이 증가한다.

① ㄱ, ㄴ   ② ㄱ, ㄷ   ③ ㄱ, ㄹ   ④ ㄴ, ㄷ   ⑤ ㄴ, ㄹ

해설 (ㄱ) [○] 탄소사슬의 길이가 길수록 고능력이며, 유기화학물질의 중추신경 억제효과(기능을 못하게 하는 것)는 증가한다.
(ㄹ) [○] 유기분자에 아민이 첨가되면 피부에 대한 부식성이 증가한다.
(ㄴ) 염화메틸렌보다 사염화탄소가 더 강력한 마취특성을 가지고 있다.
(ㄷ) 불포화탄화수소는 포화탄화수소보다 자극성이 높다.

정답 74. ④   75. ③

마음을 위대한 일로 이끄는 것은
오직 열정, 위대한 열정 뿐이다.
- 드니 디드로 -

제9장

2021년 1차 기출문제

제1과목 : 산업안전보건법령 / 356

제2과목 : 산업안전일반 / 372

제3과목 : 기업진단·지도 / 383

| 국가기술자격 필기시험문제 | 2021년 산업안전지도사 1차시험 | 시험시간 : 90분 |

제1과목 : 산업안전보건법령

01 산업안전보건법령상 안전보건관리체제에 관한 설명으로 옳지 않은 것은?

① 안전보건관리책임자는 안전관리자와 보건관리자를 지휘·감독한다.
② 사업주는 사업장을 실질적으로 총괄하여 관리하는 사람에게 해당 사업장의 작업환경측정 등 작업환경의 점검 및 개선에 관한 업무를 총괄하여 관리하도록 하여야 한다.
③ 사업주는 안전관리자에게 산업 안전 및 보건에 관한 업무로서 해당 작업에서 발생한 산업재해에 관한 보고 및 이에 대한 응급조치에 관한 업무를 수행하도록 하여야 한다.
④ 사업주는 안전보건관리책임자가 「산업안전보건법」에 따른 업무를 원활하게 수행할 수 있도록 권한·시설·장비·예산, 그 밖에 필요한 지원을 해야 한다.
⑤ 사업주는 안전보건관리책임자를 선임했을 때에는 그 선임 사실 및 「산업안전보건법」에 따른 업무의 수행내용을 증명할 수 있는 서류를 갖추어 두어야 한다.

해설 ③ [×] 사업주는 안전관리자에게 산업 안전 및 보건에 관한 업무로서 해당 사업장에서 발생한 산업재해에 관한 보고 및 이에 대한 응급조치에 관한 업무를 수행하도록 하여야 한다(산안령 제18조).

① 안전보건관리책임자는 안전관리자와 보건관리자를 지휘·감독한다(산안법 제15조).
② 사업주는 사업장을 실질적으로 총괄하며 관리하는 사람에게 해당 사업장의 작업환경측정 등 작업환경의 점검 및 개선에 관한 업무를 총괄하여 관리하도록 하여야 한다(산안법 제15조).
④ 사업주는 안전보건관리책임자가 「산업안전보건법」에 따른 업무를 원활하게 수행할 수 있도록 권한·시설·장비·예산, 그 밖에 필요한 지원을 해야 한다(산안령 제144조).
⑤ 사업주는 안전보건관리책임자를 선임했을 때에는 그 선임 사실 및 「산업안전보건법」에 따른 업무의 수행내용을 증명할 수 있는 서류를 갖춰 두어야 한다(산안령 제14조).

○ 안전관리자의 업무 (산안령 제18조)
  1. 산업안전보건위원회 또는 노사협의체에서 심의·의결한 업무와 해당 사업장의 안전보건관리규정 및 취업규칙에서 정한 업무
  2. 위험성평가에 관한 보좌 및 지도·조언
  3. 안전인증대상기계 등과 자율안전확인대상기계 등의 구입 시 적격품의 선정에 관한 보좌 및 지도·조언
  4. 해당 사업장 안전교육계획의 수립 및 안전교육 실시에 관한 보좌 및 지도·조언

정답 01. ③

5. 사업장 순회점검, 지도 및 조치 건의
6. 산업재해 발생원인의 조사·분석 및 재발 방지를 위한 기술적 보좌 및 지도·조언
7. 산업재해에 관한 통계의 유지·관리·분석을 위한 보좌 및 지도·조언
8. 법 또는 법에 따른 명령으로 정한 안전관련 사항 이행에 관한 보좌 및 지도·조언
9. 업무 수행 내용의 기록·유지
10. 그 밖에 안전에 관한 사항으로서 고용노동부장관이 정하는 사항

02 산업안전보건법령상 협조 요청 등에 관한 설명으로 옳지 않은 것은?

① 고용노동부장관은 산업재해 예방에 관한 기본계획을 효율적으로 시행하기 위하여 필요하다고 인정할 때에는 「공공기관의 운영에 관한 법률」에 따른 공공기관의 장에게 필요한 협조를 요청할 수 있다.
② 고용노동부를 제외한 행정기관의 장은 사업장의 안전 및 보건에 관하여 규제를 하려면 미리 고용노동부장관과 협의하여야 한다.
③ 고용노동부장관은 산업재해 예방을 위하여 필요하다고 인정할 때에는 사업주단체에게 필요한 사항을 권고하거나 협조를 요청할 수 있다.
④ 고용노동부장관은 산업재해 예방을 위하여 중앙행정기관의 장과 지방자치단체의 장 또는 공단 등 관련 기관·단체의 장에게 「소득세법」에 따른 납세실적에 관한 정보의 제공을 요청할 수 있다.
⑤ 고용노동부장관은 산업재해 예방을 위하여 중앙행정기관의 장과 지방자치단체의 장 또는 공단 등 관련 기관·단체의 장에게 「고용보험법」에 따른 근로자의 피보험자격의 취득 및 상실 등에 관한 정보의 제공을 요청할 수 있다.

해설 ④ [×] 고용노동부장관은 산업재해 예방을 위하여 중앙행정기관의 장과 지방자치단체의 장 또는 공단 등 관련 기관·단체의 장에게 「부가가치세법」, 「법인세법」에 따른 사업자등록에 관한 정보의 제공을 요청할 수 있다(산안법 제8조).
① 고용노동부장관은 산업재해 예방에 관한 기본계획을 효율적으로 시행하기 위하여 필요하다고 인정할 때에는 「공공기관의 운영에 관한 법률」에 따른 공공기관의 장에게 필요한 협조를 요청할 수 있다(산안법 제8조).
② 고용노동부를 제외한 행정기관의 장은 사업장의 안전 및 보건에 관하여 규제를 하려면 미리 고용노동부장관과 협의하여야 한다(산안법 제8조).
③ 고용노동부장관은 산업재해 예방을 위하여 필요하다고 인정할 때에는 사업주단체에게 필요한 사항을 권고하거나 협조를 요청할 수 있다(산안법 제8조).
⑤ 고용노동부장관은 산업재해 예방을 위하여 중앙행정기관의 장과 지방자치단체의 장 또는 공단 등 관련 기관·단체의 장에게 「고용보험법」에 따른 근로자의 피보험자격의 취득 및 상실 등에 관한 정보의 제공을 요청할 수 있다(산안법 제8조).

정답 02. ④

03 산업안전보건법령상 사업주가 산업안전보건위원회의 심의·의결을 거쳐야 하는 사항을 모두 고른 것은?

> ㄱ. 안전장치 및 보호구 구입 시 적격품 여부 확인에 관한 사항
> ㄴ. 작업환경측정 등 작업환경의 점검 및 개선에 관한 사항
> ㄷ. 산업재해의 원인 조사 및 재발 방지대책 수립에 관한 사항 중 중대재해에 관한 사항
> ㄹ. 유해하거나 위험한 기계·기구·설비를 도입한 경우 안전 및 보건 관련 조치에 관한 사항

① ㄱ　② ㄱ, ㄴ　③ ㄷ, ㄹ　④ ㄴ, ㄷ, ㄹ　⑤ ㄱ, ㄴ, ㄷ, ㄹ

해설 ④ [○] 산업안전보건위원회 심의·의결사항 (산안법 제24조, 제15조)
  1. 사업장의 산업재해 예방계획의 수립에 관한 사항
  2. 안전보건관리규정의 작성 및 변경에 관한 사항
  3. 안전보건교육에 관한 사항
  4. 작업환경측정 등 작업환경의 점검 및 개선에 관한 사항
  5. 근로자의 건강진단 등 건강관리에 관한 사항
  6. 산업재해에 관한 통계의 기록 및 유지에 관한 사항
  7. 중대재해에 관한 사항
  8. 유해·위험한 기계·기구·설비를 도입한 경우 안전 및 보건 관련 조치 관련 사항
  9. 그 밖에 해당 사업장 근로자의 안전 및 보건을 유지·증진시키기 위하여 필요한 사항
  (ㄱ) '안전장치 및 보호구 구입 시 적격품 여부 확인에 관한 사항'은 안전보건관리책임자의 업무이다(산안법 제15조).

04 산업안전보건법령상 산업재해발생건수 등의 공표대상 사업장에 해당하는 것은?

① 사망재해자가 연간 1명 이상 발생한 사업장
② 사망만인율(연간 상시근로자 1만명당 발생하는 사망재해자 수의 비율)이 규모별 같은 업종의 평균 사망만인율 이상인 사업장
③ 「산업안전보건법」에 따른 중대재해가 발생한 사업장
④ 산업재해 발생 사실을 은폐했거나, 은폐할 우려가 있는 사업장
⑤ 「산업안전보건법」에 따른 산업재해의 발생에 관한 보고를 최근 3년 이내 1회 이상 하지 않은 사업장

해설 ② [○] 산업재해발생건수 등 공표대상 사업장 (산안령 제10조)
  1. 산업재해로 인한 사망자가 연간 2명 이상 발생한 사업장

정답 03. ④　04. ②

2. 사망만인율(死亡萬人率 : 연간 상시근로자 1만명당 발생하는 사망재해자 수의 비율을 말한다)이 규모별 같은 업종의 평균 사망만인율 이상인 사업장
3. 중대산업사고가 발생한 사업장
4. 산업재해 발생 사실을 은폐한 사업장
5. 산업재해의 발생에 관한 보고를 최근 3년 이내 2회 이상 하지 않은 사업장

○ 중대산업사고 (산안법 제44조)
　1. 근로자가 사망하거나 부상을 입을 수 있는 다음 각목의 설비에서의 누출·화재·폭발 사고
　　가. 원유 정제처리업
　　나. 기타 석유정제물 재처리업
　　다. 석유화학계 기초화학물질 제조업 또는 합성수지 및 기타 플라스틱물질 제조업.
　　라. 질소 화합물, 질소·인산 및 칼리질 화학비료 제조업 중 질소질 비료 제조
　　마. 복합비료 및 기타 화학비료 제조업 중 복합비료 제조(단순혼합 또는 배합에 의한 경우는 제외한다)
　　바. 화학 살균·살충제 및 농업용 약제 제조업[농약 원제(原劑) 제조만 해당한다]
　　사. 화약 및 불꽃제품 제조업
　2. 인근 지역의 주민이 인적 피해를 입을 수 있는 1항에 따른 설비에서의 누출·화재·폭발 사고

05 산업안전보건법령상 안전보건관리규정에 관한 설명으로 옳은 것은?

① 사업주는 안전보건관리규정을 작성해야 할 사유가 발생한 날부터 30일 이내에, 이를 변경할 사유가 발생한 경우에는 15일 이내에 안전보건관리규정을 작성해야 한다.
② 사업주가 안전보건관리규정을 작성할 때에는 소방·가스·전기·교통 분야 등의 다른 법령에서 정하는 안전관리에 관한 규정과 통합하여 작성해서는 안 된다.
③ 안전보건관리규정이 단체협약에 반하는 경우 안전보건관리규정에 정한 기준에 따른다.
④ 산업안전보건위원회가 설치되어 있지 아니한 사업장의 경우에는 사업주가 안전보건관리규정을 작성하거나 변경할 때에 근로자대표의 동의를 받아야 한다.
⑤ 안전보건관리규정에는 안전 및 보건에 관한 관리조직에 관한 사항은 포함되지 않는다.

해설　④ [○] 산업안전보건위원회가 설치되어 있지 아니한 사업장의 경우에는 사업주가 안전보건관리규정을 작성하거나 변경할 때에 근로자대표의 동의를 받아야 한다(산안법 제26조).
　① 사업주는 안전보건관리규정을 변경할 사유가 발생한 경우에도 15일 이내에 안전보건관리규정을 작성해야 한다(산안법 제25조).
　② 사업주가 안전보건관리규정을 작성할 때에는 소방·가스·전기·교통 분야 등의 다른 법령에서 정하는 안전관리에 관한 규정과 통합하여 작성할 수 있다(산시규 제25조).

정답　05. ④

③ 안전보건관리규정은 단체협약 또는 취업규칙에 반할 수 없다. 이 경우 안전보건관리규정 중 단체협약 또는 취업규칙에 반하는 부분에 관하여는 그 단체협약 또는 취업규칙으로 정한 기준에 따른다(산안법 제25조).
⑤ 안전보건관리규정에는 안전 및 보건에 관한 관리조직과 그 직무에 관한 사항을 포함하여야 한다(산안법 제25조).

06 산업안전보건법령상 사업주의 의무 사항에 해당하는 것은?
① 산업 안전 및 보건 정책의 수립 및 집행
② 해당 사업장의 안전 및 보건에 관한 정보를 근로자에게 제공
③ 산업재해에 관한 조사 및 통계의 유지·관리
④ 산업 안전 및 보건 관련 단체 등에 대한 지원 및 지도·감독
⑤ 산업 안전 및 보건에 관한 의식을 북돋우기 위한 홍보·교육 등 안전문화 확산 추진

해설 ② [○] 사업주 의무 (산안법 제5조)
1. 산업안전보건법과 이 법에 따른 명령으로 정하는 산업재해 예방을 위한 기준
2. 근로자의 신체적 피로와 정신적 스트레스 등을 줄일 수 있는 쾌적한 작업환경의 조성 및 근로조건 개선
3. 해당 사업장의 안전 및 보건에 관한 정보를 근로자에게 제공

07 산업안전보건법령상 용어에 관한 설명으로 옳지 않은 것은?
① 건설공사발주자는 도급인에 해당한다.
② 근로자의 과반수로 조직된 노동조합이 없는 경우에는 근로자의 과반수를 대표하는 자를 근로자대표로 한다.
③ 노무를 제공하는 사람이 업무에 관계되는 설비에 의하여 질병에 걸리는 것은 산업재해에 해당한다.
④ 명칭에 관계없이 물건의 제조·건설·수리 또는 서비스의 제공, 그 밖의 업무를 타인에게 맡기는 계약은 도급이다.
⑤ 산업재해 중 3개월 이상의 요양이 필요한 부상자가 동시에 2명 이상 발생한 재해는 중대재해에 해당한다.

해설 ① [×] 건설공사발주자는 도급하는 자로서 도급인에 해당하지 않는다. 시공을 주도하여 총괄·관리하는 자를 도급인으로 본다. "건설공사발주자"란 건설공사를 도급하는 자로서 건설공사의 시공을 주도하여 총괄·관리하지 아니하는 자를 말한다. 다만, 도급받은 건설공사를 다시 도급하는 자는 제외한다(산안법 제2조).

정답 06. ② 07. ①

08 산업안전보건법령상 자율검사프로그램에 따른 안전검사를 할 수 있는 검사원의 자격을 갖추지 못한 사람은?

① 「국가기술자격법」에 따른 기계·전기·전자·화공 또는 산업안전 분야에서 기사 이상의 자격을 취득한 후 해당 분야의 실무경력이 4년인 사람
② 「국가기술자격법」에 따른 기계·전기·전자·화공 또는 산업안전 분야에서 산업기사 이상의 자격을 취득한 후 해당 분야의 실무경력이 6년인 사람
③ 「초·중등교육법」에 따른 고등학교·고등기술학교에서 기계·전기 또는 전자·화공 관련 학과를 졸업한 후 해당 분야의 실무경력이 6년인 사람
④ 「고등교육법」에 따른 학교 중 수업연한이 4년인 학교에서 기계·전기·전자·화공 또는 산업안전 분야의 관련 학과를 졸업한 후 해당 분야의 실무경력이 4년인 사람
⑤ 「국가기술자격법」에 따른 기계·전기·전자·화공 또는 산업안전 분야에서 기능사 이상의 자격을 취득한 후 해당 분야의 실무경력이 8년인 사람

해설 ③ [×] 검사원의 자격 (산시규 제130조)
1. 「국가기술자격법」에 따른 기계·전기·전자·화공 또는 산업안전 분야에서 기사 이상의 자격을 취득한 후 해당 분야의 실무경력이 3년 이상인 사람
2. 「국가기술자격법」에 따른 기계·전기·전자·화공 또는 산업안전 분야에서 산업기사 이상의 자격을 취득한 후 해당 분야의 실무경력이 5년 이상인 사람
3. 「국가기술자격법」에 따른 기계·전기·전자·화공 또는 산업안전 분야에서 기능사 이상의 자격을 취득한 후 해당 분야의 실무경력이 7년 이상인 사람
4. 「고등교육법」에 따른 학교 중 수업연한이 4년인 학교에서 기계·전기·전자·화공 또는 산업안전 분야의 관련 학과 졸업한 후 해당 분야의 실무경력이 3년 이상인 사람
5. 「고등교육법」에 따른 학교 중 제4호에 따른 학교 외의 학교에서 기계·전기·전자·화공 또는 산업안전 분야의 관련 학과를 졸업한 후 해당 분야의 실무경력이 5년 이상인 사람
6. 「초·중등교육법」에 따른 고등학교·고등기술학교에서 기계·전기 또는 전자·화공 관련 학과를 졸업한 후 해당 분야의 실무경력이 7년 이상인 사람
7. 자율검사프로그램에 따라 안전에 관한 성능검사 교육을 이수한 후 해당 분야의 실무경력이 1년 이상인 사람

[참고] 구별 방법 : 기사 ↔ 4년제 대학, 산업기사 ↔ 전문대, 기능사 ↔ 공고

09 산업안전보건법령상 안전보건관리책임자에 대한 신규교육 및 보수교육의 교육시간이 옳게 연결된 것은? (단, 다른 면제조건이나 감면조건을 고려하지 않음)

① 신규교육 : 6시간 이상, 보수교육 : 6시간 이상
② 신규교육 : 10시간 이상, 보수교육 : 6시간 이상

정답 08. ③   09. ①

③ 신규교육 : 10시간 이상, 보수교육 : 10시간 이상
④ 신규교육 : 24시간 이상, 보수교육 : 10시간 이상
⑤ 신규교육 : 34시간 이상, 보수교육 : 24시간 이상

해설 ① [○] 안전보건관리책임자 등에 대한 교육 (산시규 별표 4)

교육대상	교육시간	
	신규교육	보수교육
1. 안전보건관리책임자	6시간 이상	6시간 이상
2. 안전관리자, 안전관리전문기관의 종사자	34시간 이상	24시간 이상
3. 보건관리자, 보건관리전문기관의 종사자	34시간 이상	24시간 이상
4. 건설재해예방전문지도기관의 종사자	34시간 이상	24시간 이상
5. 석면조사기관의 종사자	34시간 이상	24시간 이상
6. 안전보건관리담당자	-	8시간 이상
7. 안전검사기관, 자율안전검사기관의 종사자	34시간 이상	24시간 이상

10 산업안전보건법령상 물질안전보건자료의 작성·제출 제외 대상 화학물질 등에 해당하지 않는 것은?

① 「마약류 관리에 관한 법률」에 따른 마약 및 향정신성의약품
② 「사료관리법」에 따른 사료
③ 「생활주변방사선 안전관리법」에 따른 원료물질
④ 「약사법」에 따른 의약품 및 의약외품
⑤ 「방위사업법」에 따른 군수품

해설 ⑤ [×] 물질안전보건자료의 작성·제출 제외 대상 화학물질 등 (산안령 제86조)
1. 「건강기능식품에 관한 법률」에 따른 건강기능식품
2. 「농약관리법」에 따른 농약
3. 「마약류 관리에 관한 법률」에 따른 마약 및 향정신성의약품
4. 「비료관리법」에 따른 비료
5. 「사료관리법」에 따른 사료
6. 「생활주변방사선 안전관리법」에 따른 원료물질
7. 「생활화학제품 및 살생물제의 안전관리에 관한 법률」에 따른 안전확인대상생활화학제품 및 살생물제품 중 일반소비자의 생활용으로 제공되는 제품
8. 「식품위생법」에 따른 식품 및 식품첨가물
9. 「약사법」에 따른 의약품 및 의약외품
10. 「원자력안전법」에 따른 방사성물질
11. 「위생용품 관리법」에 따른 위생용품

정답 10. ⑤

12. 「의료기기법」에 따른 의료기기
13. 「첨단재생의료 및 첨단바이오의약품 안전 및 지원에 관한 법률」에 따른 첨단바이오의약품
14. 「총포·도검·화약류 등의 안전관리에 관한 법률」에 따른 화약류
15. 「폐기물관리법」에 따른 폐기물
16. 「화장품법」에 따른 화장품
17. 제1호부터 제16호까지의 규정 외의 화학물질 또는 혼합물로서 일반소비자의 생활용으로 제공되는 것 (일반소비자의 생활용으로 제공되는 화학물질 또는 혼합물이 사업장 내에서 취급되는 경우를 포함한다)
18. 고용노동부장관이 정하여 고시하는 연구·개발용 화학물질 또는 화학제품.
19. 그 밖에 고용노동부장관이 독성·폭발성 등으로 인한 위해의 정도가 적다고 인정하여 고시하는 화학물질

11 산업안전보건법령상 안전인증대상기계 등이 아닌 유해·위험기계 등으로서 자율안전확인대상기계 등에 해당하는 것이 아닌 것은?

① 휴대형이 아닌 연삭기(研削機)   ② 파쇄기 또는 분쇄기
③ 용접용 보안면   ④ 자동차정비용 리프트   ⑤ 식품가공용 제면기

해설 ③ [×] 용접용 보안면은 자율안전확인대상 보호구에 해당한다(산안령 제77조).
○ 자율안전확인대상기계 등 (산안령 제77조)
1. 연삭기 (研削機) 또는 연마기. 이 경우 휴대형은 제외한다.
2. 산업용 로봇   3. 혼합기   4. 파쇄기 또는 분쇄기
5. 식품가공용 기계 (파쇄·절단·혼합·제면기만 해당한다)
6. 컨베이어   7. 자동차정비용 리프트
8. 공작기계 (선반, 드릴기, 평삭·형삭기, 밀링만 해당한다)
9. 고정형 목재가공용 기계 (둥근톱, 대패, 루타기, 띠톱, 모떼기 기계만 해당한다)
10. 인쇄기

12 산업안전보건법령상 안전보건교육 교육대상별 교육내용 중 근로자 정기교육에 해당하지 않는 것은?

① 관리감독자의 역할과 임무에 관한 사항
② 산업보건 및 직업병 예방에 관한 사항
③ 산업안전보건법령 및 산업재해보상보험 제도에 관한 사항
④ 직무스트레스 예방 및 관리에 관한 사항
⑤ 산업안전 및 사고 예방에 관한 사항

정답   11. ③   12. ①

해설 ① [×] 근로자 정기교육 교육내용 (산시규 별표 5) <개정 2023. 9. 27>
1. 산업안전 및 사고 예방에 관한 사항
2. 산업보건 및 직업병 예방에 관한 사항
3. 위험성 평가에 관한 사항
4. 건강증진 및 질병 예방에 관한 사항
5. 유해·위험 작업환경 관리에 관한 사항
6. 산업안전보건법령 및 산업재해보상보험 제도에 관한 사항
7. 직무스트레스 예방 및 관리에 관한 사항
8. 직장 내 괴롭힘, 고객의 폭언 등으로 인한 건강장해 예방 및 관리에 관한 사항

13 산업안전보건법령상 유해하거나 위험한 기계·기구·설비로서 안전검사대상기계 등에 해당하는 것은?

① 정격 하중 1톤인 크레인   ② 이동식 국소 배기장치
③ 밀폐형 구조의 롤러기   ④ 가정용 원심기   ⑤ 산업용 로봇

해설 ⑤ [○] 유해하거나 위험한 기계·기구·설비로서 안전검사대상기계 등 (산안령 제78조)
1. 프레스   2. 전단기
3. 크레인(정격 하중이 2톤 미만인 것은 제외한다)
4. 리프트   5. 압력용기
6. 곤돌라   7. 국소 배기장치(이동식은 제외한다)
8. 원심기(산업용만 해당한다) 9. 롤러기(밀폐형 구조는 제외한다)
10. 사출성형기[형 체결력(型 締結力) 294킬로뉴턴(KN) 미만은 제외한다]
11. 고소작업대(「자동차관리법」에 따른 화물자동차 또는 특수자동차에 탑재한 고소작업대로 한정한다)
12. 컨베이어   13. 산업용 로봇

14 산업안전보건법령상 도급인 및 그의 수급인 전원으로 구성된 안전 및 보건에 관한 협의체에서 협의해야 하는 사항이 아닌 것은?

① 작업의 시작 시간   ② 작업의 종료 시간
③ 작업 또는 작업장 간의 연락방법   ④ 재해발생 위험이 있는 경우 대피방법
⑤ 사업주와 수급인 또는 수급인 상호 간의 연락 방법 및 작업공정의 조정

해설 ② [×] 도급인 및 그의 수급인 전원으로 구성된 안전 및 보건에 관한 협의체에서 협의해야 하는 사항 (산시규 제79조)
1. 작업의 시작 시간   2. 작업 또는 작업장 간의 연락방법
3. 재해발생 위험이 있는 경우 대피방법

정답 13. ⑤   14. ②

4. 작업장에서의 위험성평가의 실시에 관한 사항
5. 사업주와 수급인 또는 수급인 상호 간의 연락 방법 및 작업공정의 조정

15 산업안전보건법령상 유해성·위험성 조사 제외 화학물질에 해당하는 것을 모두 고른 것은?

> ㄱ. 원소   ㄴ. 천연으로 산출되는 화학물질
> ㄷ. 「총포·도검·화약류 등의 안전관리에 관한 법률」에 따른 화약류
> ㄹ. 「생활화학제품 및 살생물제의 안전관리에 관한 법률」에 따른 살생물물질 및 살생물제품
> ㅁ. 「폐기물관리법」에 따른 폐기물

① ㄴ   ② ㄱ, ㅁ   ③ ㄷ, ㄹ, ㅁ   ④ ㄱ, ㄴ, ㄷ, ㄹ   ⑤ ㄱ, ㄴ, ㄷ, ㄹ, ㅁ

해설 ④ [○] 유해성·위험성 조사 제외 화학물질 (산안령 제85조)

1. 원소
2. 천연으로 산출된 화학물질
3. 「건강기능식품에 관한 법률」에 따른 건강기능식품
4. 「군수품관리법」 및 「방위사업법」에 따른 군수품 (통상품(痛常品)은 제외한다)
5. 「농약관리법」에 따른 농약 및 원제
6. 「마약류 관리에 관한 법률」에 따른 마약류
7. 「비료관리법」에 따른 비료
8. 「사료관리법」에 따른 사료
9. 「생활화학제품 및 살생물제의 안전관리에 관한 법률」에 따른 살생물물질 및 살생물 제품
10. 「식품위생법」에 따른 식품 및 식품첨가물
11. 「약사법」에 따른 의약품 및 의약외품(醫藥外品)
12. 「원자력안전법」에 따른 방사성물질
13. 「위생용품 관리법」에 따른 위생용품
14. 「의료기기법」에 따른 의료기기
15. 「총포·도검·화약류 등의 안전관리에 관한 법률」에 따른 화약류
16. 「화장품법」에 따른 화장품과 화장품에 사용하는 원료
17. 고용노동부장관이 명칭, 유해성·위험성, 근로자의 건강장해 예방을 위한 조치 사항 및 연간 제조량·수입량을 공표한 물질로서 공표된 연간 제조량·수입량 이하로 제조하거나 수입한 물질
18. 고용노동부장관이 환경부장관과 협의하여 고시하는 화학물질 목록에 기록되어 있는 물질

정답   15. ④

16 산업안전보건법령상 기계 등 대여자의 유해·위험 방지 조치로서 타인에게 기계 등을 대여하는 자가 해당 기계 등을 대여받은 자에게 서면으로 발급해야 할 사항을 모두 고른 것은?

> ㄱ. 해당 기계 등의 성능 및 방호조치의 내용
> ㄴ. 해당 기계 등의 특성 및 사용 시의 주의사항
> ㄷ. 해당 기계 등의 수리·보수 및 점검 내역과 주요 부품의 제조일
> ㄹ. 해당 기계 등의 정밀진단 및 수리 후 안전점검 내역, 주요 안전부품의 교환 이력 및 제조일

① ㄱ, ㄹ ② ㄴ, ㄷ ③ ㄷ, ㄹ ④ ㄱ, ㄴ, ㄷ ⑤ ㄱ, ㄴ, ㄷ, ㄹ

해설 ⑤ [○] 해당 기계 등을 대여받은 자에게 다음의 사항을 적은 서면을 발급할 것 (산시규 제100조)
1. 해당 기계 등의 성능 및 방호조치의 내용
2. 해당 기계 등의 특성 및 사용 시의 주의사항
3. 해당 기계 등의 수리·보수 및 점검 내역과 주요 부품의 제조일
4. 해당 기계 등의 정밀진단 및 수리 후 안전점검 내역, 주요 안전부품의 교환이력 및 제조일

17 산업안전보건기준에 관한 규칙상 사업주가 작업장에 비상구가 아닌 출입구를 설치하는 경우 준수해야 하는 사항으로 옳지 않은 것은?

① 출입구의 위치, 수 및 크기가 작업장의 용도와 특성에 맞도록 할 것
② 출입구에 문을 설치하는 경우에는 근로자가 쉽게 열고 닫을 수 있도록 할 것
③ 주된 목적이 하역운반기계용인 출입구에는 인접하여 보행자용 출입구를 따로 설치할 것
④ 하역운반기계의 통로와 인접하여 있는 출입구에서 접촉에 의하여 근로자에게 위험을 미칠 우려가 있는 경우에는 비상등·비상벨 등 경보장치를 할 것
⑤ 출입구에 문을 설치하지 아니한 경우로서 계단이 출입구와 바로 연결된 경우, 작업자의 안전한 통행을 위하여 그 사이에 1.5미터 이상 거리를 둘 것

해설 ⑤ [×] 사업주는 작업장에 출입구(비상구는 제외한다)를 설치하는 경우 다음의 사항을 준수하여야 한다(산기규 제11조).
1. 출입구의 위치, 수 및 크기가 작업장의 용도와 특성에 맞도록 할 것
2. 출입구에 문을 설치하는 경우에는 근로자가 쉽게 열고 닫을 수 있도록 할 것
3. 주 목적인 하역운반기계용 출입구는 인접하여 보행자용 출입구를 따로 설치할 것

정답 16. ⑤ 17. ⑤

4. 하역운반기계의 통로와 인접하여 있는 출입구에서 접촉에 의하여 근로자에게 위험을 미칠 우려가 있는 경우에는 비상등·비상벨 등 경보장치를 할 것
5. 계단이 출입구와 바로 연결된 경우에는 작업자의 안전한 통행을 위하여 그 사이에 1.2m 이상 거리를 두거나 안내표지 또는 비상벨 등을 설치할 것. 다만, 출입구에 문을 설치하지 아니한 경우에는 그러하지 아니하다.

18 산업안전보건기준에 관한 규칙상 사업주가 사다리식 통로 등을 설치하는 경우 준수해야 하는 사항으로 옳지 않은 것은? (단, 잠함(潛函) 및 건조·수리중인 선박의 경우는 아님)

① 발판과 벽과의 사이는 15센티미터 이상의 간격을 유지할 것
② 폭은 30센티미터 이상으로 할 것
③ 사다리식 통로의 길이가 10미터 이상인 경우에는 5미터 이내마다 계단참을 설치할 것
④ 고정식 사다리식 통로의 기울기는 75도 이하로 하고 그 높이가 5미터 이상인 경우에는 바닥으로부터 높이가 2미터 되는 지점부터 등받이울을 설치할 것
⑤ 사다리의 상단은 걸쳐놓은 지점으로부터 60센티미터 이상 올라가도록 할 것

해설 ④ [×] 사다리식 통로 등의 구조 (산기규 제24조) <개정 2024. 6. 28>
1. 견고한 구조로 할 것
2. 심한 손상·부식 등이 없는 재료를 사용할 것
3. 발판의 간격은 일정하게 할 것
4. 발판과 벽과의 사이는 15cm 이상의 간격을 유지할 것
5. 폭은 30cm 이상으로 할 것
6. 사다리가 넘어지거나 미끄러지는 것을 방지하기 위한 조치를 할 것
7. 사다리의 상단은 걸쳐 놓은 지점으로부터 60cm 이상 올라가도록 할 것
8. 사다리식 통로의 길이가 10m 이상인 경우에는 5m 이내마다 계단참을 설치할 것
9. 사다리식 통로의 기울기는 75도 이하로 할 것. 다만, 고정식 사다리식 통로의 기울기는 90도 이하로 하고, 그 높이가 7m 이상인 경우에는 다음 각 목의 구분에 따른 조치를 할 것
   가. 등받이울이 있어도 근로자 이동에 지장이 없는 경우: 바닥으로부터 높이가 2.5m 되는 지점부터 등받이울을 설치할 것
   나. 등받이울이 있으면 근로자가 이동이 곤란한 경우: 한국산업표준에서 정하는 기준에 적합한 개인용 추락 방지 시스템을 설치하고 근로자로 하여금 한국산업표준에서 정하는 기준에 적합한 전신안전대를 사용하도록 할 것
10. 접이식 사다리 기둥은 사용 시 접혀지거나 펼쳐지지 않도록 철물 등을 사용하여 견고하게 조치할 것

정답 18. ④

19 산업안전보건법령상 사업주가 보존해야 할 서류의 보존기간이 2년인 것은?

① 노사협의체의 회의록
② 안전보건관리책임자의 선임에 관한 서류
③ 산업재해의 발생 원인 등 기록
④ 화학물질의 유해성·위험성 조사에 관한 서류
⑤ 작업환경측정에 관한 서류

해설 ① [○] 사업주는 다음의 서류를 3년(제2호의 경우 2년임) 동안 보존하여야 한다. 다만, 고용노동부령으로 정하는 바에 따라 보존기간을 연장할 수 있다(산안법 제164조).
1. 안전보건관리책임자·안전관리자·보건관리자·안전보건관리담당자 및 산업보건의의 선임에 관한 서류
2. 산업안전보건위원회 등에 따른 회의록
3. 안전조치 및 보건조치 관련 사항으로 고용노동부령으로 정하는 사항을 적은 서류
4. 산업재해의 발생 원인 등 기록   5. 화학물질의 유해성·위험성 조사에 관한 서류
6. 작업환경측정에 관한 서류   7. 건강진단에 관한 서류

20 산업안전보건법령상 작업환경측정기관에 관한 지정 요건을 갖추면 작업환경측정기관으로 지정받을 수 있는 자를 모두 고른 것은?

```
ㄱ. 국가 또는 지방자치단체의 소속기관
ㄴ. 「의료법」에 따른 종합병원 또는 병원
ㄷ. 「고등교육법」에 따른 대학 또는 그 부속기관
ㄹ. 작업환경측정 업무를 하려는 법인
```

① ㄱ, ㄴ   ② ㄷ, ㄹ   ③ ㄱ, ㄴ, ㄷ   ④ ㄴ, ㄷ, ㄹ   ⑤ ㄱ, ㄴ, ㄷ, ㄹ

해설 ⑤ [○] 작업환경측정기관의 지정 요건 (산안령 제95조)
1. 국가 또는 지방자치단체의 소속기관   2. 「의료법」에 따른 종합병원 또는 병원
3. 「고등교육법」에 따른 대학 또는 그 부속기관
4. 작업환경측정 업무를 하려는 법인
5. 작업환경측정 대상 사업장의 부속기관 (해당 부속기관이 소속된 사업장 등 고용노동부령으로 정하는 범위로 한정하여 지정받으려는 경우로 한정한다)

21 산업안전보건법령상 일반건강진단을 실시한 것으로 인정되는 건강진단에 해당하지 않는 것은?

① 「국민건강보험법」에 따른 건강검진
② 「선원법」에 따른 건강진단
③ 「진폐의 예방과 진폐근로자의 보호 등에 관한 법률」에 따른 정기 건강진단
④ 「병역법」에 따른 신체검사
⑤ 「항공안전법」에 따른 신체검사

정답 19. ①   20. ⑤   21. ④

해설 ④ [×] 일반건강진단 실시의 인정 (산시규 제196조)
1. 「국민건강보험법」에 따른 건강검진
2. 「선원법」에 따른 건강진단
3. 「진폐의 예방과 진폐근로자의 보호 등에 관한 법률」에 따른 정기 건강진단
4. 「학교보건법」에 따른 건강검사
5. 「항공안전법」에 따른 신체검사
6. 그 밖에 일반건강진단의 검사항목을 모두 포함하여 실시한 건강진단

22 산업안전보건법령상 사업주가 작성하여야 할 공정안전보고서에 포함되어야 할 내용으로 옳지 않은 것은?

① 공정안전자료
② 산업재해 예방에 관한 기본계획
③ 안전운전계획
④ 비상조치계획
⑤ 공정위험성 평가서

해설 ② [×] 공정안전보고서에 포함되어야 할 내용 (산안령 제44조)
1. 공정안전자료 2. 공정위험성 평가서 3. 안전운전계획 4. 비상조치계획
5. 그 밖에 공정상의 안전과 관련하여 고용노동부장관이 필요하다고 인정하여 고시하는 사항

23 산업안전보건법령상 역학조사 및 자격 등에 의한 취업제한 등에 관한 설명으로 옳지 않은 것은?

① 사업주는 유해하거나 위험한 작업으로 상당한 지식이나 숙련도가 요구되는 고용노동부령으로 정하는 작업의 경우 그 작업에 필요한 자격·면허·경험 또는 기능을 가진 근로자가 아닌 사람에게 그 작업을 하게 해서는 아니 된다.
② 사업주 및 근로자는 고용노동부장관이 역학조사를 실시하는 경우 적극 협조하여야 하며, 정당한 사유 없이 역학조사를 거부·방해하거나 기피해서는 아니 된다.
③ 한국산업안전보건공단이 업무상 질병 여부의 결정을 위하여 역학조사를 요청하는 경우 근로복지공단은 역학조사를 실시하여야 한다.
④ 고용노동부장관은 역학조사를 위하여 필요하면 「산업안전보건법」에 따른 근로자의 건강진단결과, 「국민건강보험법」에 따른 요양급여기록 및 건강검진 결과, 「고용보험법」에 따른 고용정보, 「암관리법」에 따른 질병정보 및 사망원인정보 등을 관련 기관에 요청할 수 있다.
⑤ 유해하거나 위험한 작업으로 상당한 지식이나 숙련도가 요구되는 고용노동부령으로 정하는 작업의 경우 고용노동부장관은 자격·면허의 취득 또는 근로자의 기능 습득을 위하여 교육기관을 지정할 수 있다.

정답 22. ②   23. ③

해설 ③ [×] 공단(한국산업안전보건공단)은 다음 각 호의 어느 하나에 해당하는 경우에는 역학조사를 할 수 있다(산시규 제222조).
1. 작업환경측정 또는 건강진단의 실시 결과만으로 직업성 질환에 걸렸는지를 판단하기 곤란한 근로자의 질병에 대하여 사업주·근로자대표·보건관리자(보건관리전문기관을 포함한다) 또는 건강진단기관의 의사가 역학조사를 요청하는 경우
2. 「산업재해보상보험법」에 따른 근로복지공단이 고용노동부장관이 정하는 바에 따라 업무상 질병 여부의 결정을 위하여 역학조사를 요청하는 경우
3. 공단이 직업성 질환의 예방을 위하여 필요하다고 판단하여 역학조사평가위원회의 심의를 거친 경우
4. 그 밖에 직업성 질환에 걸렸는지 여부로 사회적 물의를 일으킨 질병에 대하여 작업장 내 유해요인과의 연관성 규명이 필요한 경우 등으로서 지방고용노동관서의 장이 요청하는 경우

① 사업주는 유해하거나 위험한 작업으로서 상당한 지식이나 숙련도가 요구되는 고용노동부령으로 정하는 작업의 경우 그 작업에 필요한 자격·면허·경험 또는 기능을 가진 근로자가 아닌 사람에게 그 작업을 하게 해서는 아니 된다(산안법 제140조).

② 사업주 및 근로지는 고용노동부장관이 역학조사를 실시하는 경우 적극 협조하여야 하며, 정당한 사유 없이 역학조사를 거부·방해하거나 기피해서는 아니 된다(산안법 제141조).

④ 고용노동부장관은 역학조사를 위하여 필요하면 근로자의 건강진단 결과, 「국민건강보험법」에 따른 요양급여기록 및 건강검진 결과, 「고용보험법」에 따른 고용정보, 「암관리법」에 따른 질병정보 및 사망원인 정보 등을 관련 기관에 요청할 수 있다. 이 경우 자료의 제출을 요청받은 기관은 특별한 사유가 없으면 이에 따라야 한다(산안법 제141조).

⑤ 고용노동부장관은 제1항에 따른 자격·면허의 취득 또는 근로자의 기능 습득을 위하여 교육기관을 지정할 수 있다(산안법 제140조).

24 산업안전보건법령상 산업안전지도사에 관한 설명으로 옳지 않은 것은?
① 산업안전지도사는 산업보건에 관한 조사·연구의 직무를 수행한다.
② 산업안전지도사는 유해·위험의 방지대책에 관한 평가·지도의 직무를 수행한다.
③ 산업안전지도사의 업무 영역은 기계안전·전기안전·화공안전·건설안전 분야로 구분한다.
④ 산업안전지도사가 직무를 수행하려는 경우에는 고용노동부령으로 정하는 바에 따라 고용노동부장관에게 등록하여야 한다.
⑤ 「산업안전보건법」을 위반하여 벌금형을 선고받고 1년이 지나지 아니한 사람은 산업안전지도사 직무수행을 위해 고용노동부장관에게 등록을 할 수 없다.

정답 24. ①

해설 ① [×] 산업보건지도사는 산업보건에 관한 조사·연구의 직무를 수행한다. 산업보건에 관한 조사·연구는 산업보건지도사의 직무이다(산안법 제142조).
② 산업안전지도사는 유해·위험의 방지대책에 관한 평가·지도의 직무를 수행한다(산안법 제142조).
③ 산업안전지도사의 업무 영역은 기계안전·전기안전·화공안전·건설안전 분야로 구분한다(산안령 제102조).
④ 지도사가 그 직무를 수행하려는 경우에는 고용노동부령으로 정하는 바에 따라 고용노동부장관에게 등록하여야 한다(산안법 제145조).
⑤ 산업안전보건법을 위반하여 벌금형을 선고받고 1년이 지나지 아니한 사람은 산업안전지도사 직무수행을 위해 고용노동부장관에게 등록을 할 수 없다(산안법 제145조).

25 산업안전보건법령상 유해하거나 위험한 작업에 해당하여 근로조건의 개선을 통하여 근로자의 건강보호를 위한 조치를 하여야 하는 작업을 모두 고른 것은?

> ㄱ. 동력으로 작동하는 기계를 이용하여 중량물을 취급하는 작업
> ㄴ. 갱(坑) 내에서 하는 작업
> ㄷ. 강렬한 소음이 발생하는 장소에서 하는 작업

① ㄱ   ② ㄴ   ③ ㄷ   ④ ㄱ, ㄷ   ⑤ ㄴ, ㄷ

해설 ⑤ [○] 유해하거나 위험한 작업에 해당하여 근로조건의 개선을 통하여 근로자의 건강보호를 위한 조치를 하여야 하는 작업 (산안령 제99조)
1. 갱(坑) 내에서 하는 작업
2. 다량의 고열물체를 취급하는 작업과 현저히 덥고 뜨거운 장소에서 하는 작업
3. 다량의 저온물체를 취급하는 작업과 현저히 춥고 차가운 장소에서 하는 작업
4. 라듐방사선이나 엑스선, 그 밖의 유해 방사선을 취급하는 작업
5. 유리·흙·돌·광물의 먼지가 심하게 날리는 장소에서 하는 작업
6. 강렬한 소음이 발생하는 장소에서 하는 작업
7. 착암기(바위에 구멍을 뚫는 기계) 등에 의하여 신체에 강렬한 진동을 주는 작업
8. 인력(人力)으로 중량물을 취급하는 작업
9. 납·수은·크롬·망간·카드뮴 등의 중금속 또는 이황화탄소·유기용제, 그 밖에 고용노동부령으로 정하는 특정 화학물질의 먼지·증기 또는 가스가 많이 발생하는 장소에서 하는 작업

제2과목 : 산업안전일반

26 TWI(Training Within Industry)의 교육훈련 내용이 아닌 것은?

① 작업적응훈련(JAT)　② 작업방법훈련(JMT)　③ 작업안전훈련(JST)
④ 작업지도훈련(JIT)　⑤ 인간관계훈련(JRT)

해설　① [×] TWI의 교육훈련 내용에 작업적응훈련(JAT)은 해당사항이 아니다.
② 작업방법훈련(JMT) : 작업관리능력 향상
③ 작업안전훈련(JST) : 안전관리능력 향상
④ 작업지도훈련(JIT) : 감독자의 기술지도능력 향상
⑤ 인간관계훈련(JRT) : 인간관계능력 향상

27 다음 (　)에 들어갈 것으로 옳은 것은?

> (　)는 330건의 사고가 발생하는 가운데 중상 또는 사망 1건, 경상 29건, 무상해 사고 300건의 비율로 재해가 발생한다는 법칙을 주장하였다.

① 버드(F. Bird)　② 아담스(E. Adams)　③ 시몬즈(R. Simonds)
④ 하인리히(H. Heinrich)　⑤ 콤페스(P. Compes)

해설　④ [○] 하인리히(H. Heinrich)의 재해 구성비율 → 1(중상·사망) : 29(경상) : 300(무상해 사고)
① 버드(F. Bird의 재해 구성비율) → 1(중상·폐질) : 20(경상 : 인적·물적 상해) : 30(무상해사고 : 물적손실 발생) : 600(무상해·무사고 고장 ; 위험순간, 아차사고)
② 아담스(E. Adams)는 재해발생 연쇄성 단계를 1단계 관리구조 결여, 2단계 작전적 에러, 3단계 전술적 에러, 4단계 사고, 5단계 재해로 구분하였다.

28 안전관리 조직에 관한 내용으로 옳지 않은 것은?

① 라인스태프형은 명령 계통과 조언·권고적 참여가 혼동되기 쉬운 단점이 있다.
② 라인형은 1,000명 이상의 대규모 사업장에 주로 활용된다.
③ 라인형은 안전에 대한 지시 및 전달이 비교적 신속하다.
④ 스태프형은 권한 다툼이나 조정 때문에 라인형 보다 통제수속이 복잡하며 시간과 노력이 더 소모된다.
⑤ 안전관리 조직 형태는 라인형(Line type), 스태프형(Staff type), 라인스태프형(Line-Staff type)으로 구분할 수 있다.

정답　26. ①　27. ④　28. ②

해설   ② [×] 라인형은 100명 이하의 소규모 사업장에 주로 활용된다.
① 라인스태프형은 명령 계통과 조언·권고적 참여가 혼동되기 쉬운 단점이 있다.
③ 라인형은 안전에 대한 지시 및 전달이 비교적 신속하고, 개선조치가 빠르게 진행된다.
④ 스태프형은 안전지시의 이원화로 명령계통의 혼란 초래, 라인형 보다 통제수속이 복잡하며, 시간과 노력이 더 소모된다.
⑤ 안전관리 조직 형태는 라인형(Line type), 스태프형(Staff type), 라인스태프형(Line-Staff type)으로 구분한다.

29 보호구 안전인증 고시에서 정하고 있는 추락 및 감전 위험방지용 안전모의 성능 기준에 관한 내용 중 안전모의 시험성능기준 항목이 아닌 것은?

① 내관통성   ② 충격흡수성   ③ 내약품성   ④ 턱끈풀림   ⑤ 내수성

해설   ③ [×] 안전모의 시험성능기준 (보호구 안전인증고시 별표 1)

항목	시험 성능 기준
내관통성	AE, ABE종 안전모는 관통거리가 9.5mm 이하이고, AB종 안전모는 관통거리가 11.1mm 이하이어야 한다.
충격흡수성	최고전달충격력이 4,450N을 초과해서는 안되며, 모체와 착장체의 기능이 상실되지 않아야 한다.
내전압성	AE, ABE종 안전모는 교류 20kV에서 1분간 절연파괴 없이 견뎌야 하고, 이때 누설되는 충전전류는 10mA 이하이어야 한다.
내수성	AE, ABE종 안전모는 질량증가율이 1% 미만이어야 한다.
난연성	모체가 불꽃을 내며 5초 이상 연소되지 않아야 한다.
턱끈풀림	150N 이상 250N 이하에서 턱끈이 풀려야 한다.

30 "미끄러운 기름이 흘러있는 복도 위를 걷다가 미끄러지면서 넘어져 기계에 머리를 부딪쳐서 다쳤다." 이러한 재해상황에 관한 내용으로 옳은 것은?

① 가해물 : 복도, 기인물 : 기름, 사고유형 : 추락
② 가해물 : 기름, 기인물 : 복도, 사고유형 : 끼임
③ 가해물 : 기계, 기인물 : 기름, 사고유형 : 전도
④ 가해물 : 기름, 기인물 : 기계, 사고유형 : 화재
⑤ 가해물 : 기계, 기인물 : 기름, 사고유형 : 감전

해설   ③ [○] 기계에 머리를 부딪쳐서 다쳤으므로 가해물은 기계이고, 기름에 미끄러져 넘어졌으므로 기인물은 기름이며, 넘어졌으므로 전도에 해당한다.

정답   29. ③   30. ③

31. 산업안전보건법령상 대여자 등이 안전조치 등을 해야 하는 기계·기구·설비 및 건축물 등에 해당하는 것을 모두 고른 것은?

ㄱ. 타워크레인   ㄴ. 이동식 크레인   ㄷ. 고소작업대   ㄹ. 리프트

① ㄱ, ㄴ   ② ㄷ, ㄹ   ③ ㄱ, ㄴ, ㄹ   ④ ㄴ, ㄷ, ㄹ   ⑤ ㄱ, ㄴ, ㄷ, ㄹ

해설 ⑤ [○] 대여자 등이 안전조치 등을 해야 하는 기계·기구·설비 및 건축물 등 (산안령 별표 21)

1. 사무실 및 공장용 건축물   2. 이동식 크레인
3. 타워크레인   4. 불도저
5. 모터 그레이더   6. 로더
7. 스크레이퍼   8. 스크레이퍼 도저
9. 파워 셔블   10. 드래그라인
11. 클램셸   12. 버킷굴착기
13. 트렌치   14. 항타기
15. 항발기   16. 어스드릴
17. 천공기   18. 어스오거
19. 페이퍼드래그머신   20. 리프트
21. 지게차   22. 롤러기
23. 콘크리트 펌프   24. 고소작업대
25. 그 밖에 산업재해보상보험및예방심의위원회 심의를 거쳐 고용노동부장관이 정하여 고시하는 기계, 기구, 설비 및 건축물 등

32. 공기 중 연소(폭발)범위가 가장 넓은 것은?

① 수소   ② 암모니아   ③ 프로판   ④ 에탄   ⑤ 메탄

해설 ① [○] 수소 : 4~75   ② 암모니아 : 15~28   ③ 프로판 : 2.1~9.5
④ 에탄 : 3~12.5   ⑤ 메탄 : 5~15

33. 비행기로부터 30m 떨어진 곳에서의 음압이 140dB이라면, 300m 떨어진 곳에서의 음압은 몇 dB 인가? (단, 조건은 동일하다.)

① 90   ② 100   ③ 110   ④ 120   ⑤ 130

해설 ④ [○] 소음을 내는 기계로부터 거리가 d_2 만큼 떨어진 곳의 소음

$$dB_2 = dB_1 - 20 \times \log\left(\frac{d_2}{d_1}\right) = 140 - 20 \times \log\left(\frac{300}{30}\right) = 120 dB$$

정답 31. ⑤   32. ①   33. ④

34 사업장 위험성평가에 관한 지침에서 정하고 있는 위험성평가의 절차에서 "상시근로자수가 5인 미만 사업장(총 공사금액 1억원 미만의 건설공사)의 경우"에 생략할 수 있는 절차는? (2024 개정된 고시 반영 수정)

① 평가대상의 선정 등 사전준비
② 근로자의 작업과 관계되는 유해·위험요인의 파악
③ 파악된 유해·위험요인별 위험성의 추정
④ 위험성 감소대책의 수립 및 실행
⑤ 위험성평가 실시내용 및 결과에 관한 기록

해설 ③ [○] 위험성평가의 절차 (사업장 위험성평가에 관한 지침 제8조)

사업주는 위험성평가를 다음의 절차에 따라 실시하여야 한다. 다만 상시근로자수 5인 미만 사업장(총 공사금액 1억원 미만의 건설공사)의 경우에는 제1호의 절차를 생략할 수 있다.
1. 사전준비
2. 유해·위험요인 파악
3. 위험성 추정 <"위험성의 추정" 조항 삭제 2024. 12. 18>
4. 위험성 결정
5. 위험성 감소대책의 수립 및 실행
6. 위험성평가 실시내용 및 결과에 관한 기록 및 보존
○ 고시 내용이 2024. 12. 18에 대폭 개정되었으므로 확인 요함

35 인간-기계체계의 신뢰도 유지방안 중 피드백 제어방식에 해당하는 것을 모두 고른 것은?

ㄱ. 서보 메커니즘(servo mechanism) ㄴ. 프로세스 컨트롤(process control)
ㄷ. 오토매틱 레귤레이션(automatic regulation)

① ㄱ ② ㄴ ③ ㄱ, ㄷ ④ ㄴ, ㄷ ⑤ ㄱ, ㄴ, ㄷ

해설 ⑤ [○] 피드백 제어 방식
1. 서보 메커니즘(servo mechanism) : 목표치의 임의 변화에 추종하도록 구성된 제어계
2. 프로세스 컨트롤(process control) : 컴퓨터를 이용한 공정 처리를 자동으로 관리할 수 있도록 한 제어계
3. 오토매틱 레귤레이션(automatic regulation) : 자동제어를 의미이며, 고정된 목표값에 신속히 되돌아오게 하는 것으로 미지의 외란에 대하여 안정된 출력을 유지하도록 하는 제어계

정답 34. ① 35. ⑤

36 학습평가 기본기준 4가지에 해당하지 않는 것은?

① 타당성 ② 신뢰성 ③ 객관성 ④ 실용성 ⑤ 주관성

해설 ⑤ [×] 학습평가 기본기준 4가지
1. 타당도(validity) : 평가의 도구가 무엇을 재고 있느냐의 문제인 동시에 평가의 결과와 원래 평가하려는 목표와의 관련성이 얼마나 높으냐의 문제이다. 즉 타당도는 반드시 어떤 근거 내지 준거에 일치되어야 한다는 것이 중요하다.
2. 신뢰도(reliability) : 측정하려는 것을 얼마나 안정적으로 일관성 있게 측정하였느냐의 문제로, 검사도구가 얼마나 정확하게 오차 없이 측정하였느냐의 정도를 말한다. 다시 말하면 하나의 평가도구를 가지고 몇 번을 반복해서 재든지 간에 같은 결과가 나오는 정도를 말하는 것이다.
3. 객관도(objectivity) : 측정의 결과에 대하여 여러 검사자 혹은 채점자가 어느 정도로 일치된 평가를 하느냐의 정도이다. 검사자의 신뢰도라고도 한다.
4. 실용도(usability) : 평가도구의 제작, 구성, 실시에 있어서 경비, 시간, 노력이 적게 들어야 한다는 것으로 평가도구의 경제성을 의미한다.

37 다음은 위험성평가 기법인 MORT에 관한 설명이다. ( )에 들어갈 것으로 옳은 것은?

> MORT는 ( )와(과) 동일한 논리방법을 사용하여 관리, 설계, 생산 및 보전 등의 넓은 범위에 걸친 안전 확보를 위하여 활용하는 기법으로 원자력 산업 등에 이용된다.

① HAZOP ② FTA ③ CA ④ FMEA ⑤ PHA

해설 ② [○] MORT(Management Oversight & Risk Tree)는 MORT라고 명명되는 tree를 중심으로 FTA, ETA 등과 같은 논리기법을 이용하여 관리, 설계, 생산, 보전 등에 대한 넓은 범위에 걸쳐 안전 성을 확보하려고 시도된 기법이다.

38 건구온도 42℃, 습구온도 32℃일 경우 Oxford 지수는?

① 33.5℃ ② 35.5℃ ③ 37.5℃ ④ 38.5℃ ⑤ 40.5℃

해설 ① [○] WD=0.85W+0.15D=0.85×32+0.15×42=33.5°C
○ Oxford 지수 : WD(습건) 지수라고도 하며, 습구 및 건구 온도의 가중(加重) 평균치.
$$WD = 0.85W(습구\ 온도) + 0.15D(건구\ 온도)$$

정답 36. ⑤ 37. ② 38. ①

39 CA(Criticality Analysis) 기법에서 "작업의 실패로 이어질 염려가 있는 고장"의 카테고리는?

① 카테고리-Ⅰ　　② 카테고리-Ⅱ　　③ 카테고리-Ⅲ　　④ 카테고리-Ⅳ
⑤ 카테고리-Ⅴ

해설　② [○] 고장의 위험도 분류

1. 카테고리-Ⅰ : 생명, 장비의 손상 위험
2. 카테고리-Ⅱ : 작업의 실패로 이어질 염려가 있는 고장
3. 카테고리-Ⅲ : 운용 지연 또는 손실
4. 카테고리-Ⅳ : 무시 가능한 위험

○ 치명도 분석(CA, Criticality analysis)은 고장형태에 따른 영향을 분석한 후 중요한 고장에 대해 그 피해의 크기와 고장발생률을 이용하여 치명도를 분석하는 절차이다. FMEA에서 중대고장에 대해 계량적인 분석을 하는 것이 FMECA이며, FMECA에서 CA만 부각해서 본 것이 CA이다.

1. FMEA : Failure Mode & Effect Analysis
2. FMECA : Failure Mode, Effects & Criticality Analysis
3. CA : Criticality Analysis

40 화학물질 및 물리적 인자의 노출기준에서 제시된 소음의 노출기준(충격소음 제외)에 관한 일부내용이다. ( )에 들어갈 내용으로 옳은 것은?

1일 노출시간(hr)	소음강도 dB(A)
8	(ㄱ)
4	(ㄴ)

① ㄱ : 90, ㄴ : 95　　② ㄱ : 90, ㄴ : 100　　③ ㄱ : 95, ㄴ : 100
④ ㄱ : 95, ㄴ : 105　　⑤ ㄱ : 10, ㄴ : 100

해설　① [○] 소음 노출기준(충격소음 제외) (화학물질 및 물리적 인자의 노출기준 별표 2-1)

1일 노출시간(hr)	소음강도 dB(A)
8	90
4	95
2	100
1	105
1/2	110
1/4	115

정답　39. ②　40. ①

41 브레인스토밍 기법에 관한 내용으로 옳은 것을 모두 고른 것은?

ㄱ. 타인의 아이디어를 비판하지 않을 것   ㄴ. 자유로운 분위기를 조성할 것
ㄷ. 타인의 아이디어에 내 아이디어를 덧붙여 아이디어를 제시하는 것은 금지할 것
ㄹ. 다수의 아이디어를 낼 수 있도록 할 것

① ㄱ, ㄴ   ② ㄴ, ㄷ   ③ ㄱ, ㄴ, ㄹ   ④ ㄱ, ㄷ, ㄹ   ⑤ ㄱ, ㄴ, ㄷ, ㄹ

해설 ③ [○] 브레인스토밍 4원칙 : 비판금지, 자유분방, 대량발언(질보다 양 중시), 수정발언
○ 브레인스토밍(Brainstorming)은 창의적인 아이디어를 생산하기 위한 학습 도구이자 회의 기법이다. 집단적 창의적 발상 기법으로 집단에 소속된 인원들이 자발적으로 자연스럽게 특정한 문제에 대한 해답을 찾고자 노력하는 회의를 말한다.

42 산업안전보건기준에 관한 규칙의 일부이다. ( )에 들어갈 내용으로 옳은 것은?

제8조(조도) 사업주는 근로자가 상시 작업하는 장소의 작업면 조도(照度)를 다음 각 호의 기준에 맞도록 하여야 한다. 다만, 갱내(坑內) 작업장과 감광재료(感光材料)를 취급하는 작업장은 그러하지 아니하다.
1. 초정밀작업 : (ㄱ)럭스(lux) 이상
2. 정밀작업 : (ㄴ)럭스 이상

① ㄱ : 600, ㄴ : 300   ② ㄱ : 650, ㄴ : 250   ③ ㄱ : 700, ㄴ : 200
④ ㄱ : 750, ㄴ : 300   ⑤ ㄱ : 800, ㄴ : 250

해설 ④ [○] 사업주는 근로자가 상시 작업하는 장소의 작업면 조도를 다음의 기준에 맞도록 하여야 한다. 다만, 갱내 작업장과 감광재료를 취급하는 작업장은 그러하지 아니하다 (산기규 제8조).
1. 초정밀작업 : 750Lux 이상   2. 정밀작업 : 300Lux 이상
3. 보통작업 : 150Lux 이상   4. 그 밖의 작업 : 75Lux 이상

43 일본의 의학자인 하시모토 쿠니에가 제시한 의식수준 5단계(Phase)의 의식상태와 신뢰성에 관한 내용으로 옳은 것은?

① Phase 0의 의식상태는 무의식 상태이며 신뢰성은 0.3이다.
② Phase 1의 의식상태는 실신 상태이며 신뢰성은 0.6 이상이다.
③ Phase 2의 의식상태는 의식이 둔한 상태이며 신뢰성은 0.9이다.
④ Phase 3의 의식상태는 명석한 상태이며 신뢰성은 0.99999 이상이다.
⑤ Phase 4의 의식상태는 편안한 상태이며 신뢰성은 1.0이다.

정답 41. ③   42. ④   43. ④

해설 ④ [○] 하시모토 쿠니에 제시의 의식수준 5단계(Phase)

단계	의식상태	신뢰도
0	수면 중, 무의식	0
I	졸음, 피로, 취중	0.9 이하
II	일상생활, 이완상태	0.99~0.99999
III	적극활동, 분명한 의식	0.99999 이상
IV	과긴장 상태, 당황	0.9 이하

44 다음은 푸르키네 효과(Purkinje Efect)에 관한 내용이다. ( )에 들어갈 내용으로 옳은 것은?

○ 색의 식별은 암순응과 명순응으로 나누어지고, 우리 눈의 망막에는 추상체와 간상체라는 두 종류의 시신경이 있는데, 추상체는 (ㄱ)을(를) 주로 느끼고 간상체는 (ㄴ)을(를) 주로 느낀다.
○ (ㄷ)된 눈의 최대비시감도는 약 555nm이고, (ㄹ)된 눈의 최대비시감도는 약 510nm로서 짧은 파장으로 이동한다.

① ㄱ : 색상, ㄴ : 명암, ㄷ : 명순응, ㄹ : 암순응
② ㄱ : 명암, ㄴ : 색상, ㄷ : 암순응, ㄹ : 명순응
③ ㄱ : 명암, ㄴ : 채도, ㄷ : 암순응, ㄹ : 명순응
④ ㄱ : 명암, ㄴ : 색상, ㄷ : 명순응, ㄹ : 암순응
⑤ ㄱ : 채도, ㄴ : 명암, ㄷ : 암순응, ㄹ : 명순응

해설 ① [○] 푸르키네(Purkinje) 효과는 푸르키네 현상이라고도 하며, 눈의 최고 휘도 감도가 낮은 조명 수준에서 색상 스펙트럼의 파란색 쪽으로 이동하는 경향을 말한다.
○ 푸르키네 효과의 특징
  1. 밝은 장소에서 빨간색은 선명하고, 어두워질수록 파란색에 민감해지는 현상
  2. 추상체는 밝은 곳에서 활동하고, 간상체는 어두운 곳에서 활동
  3. 눈의 최대비(比)시감도는 약 555nm이고, 암순응된 눈일 경우 약 510nm(나노미터)

45 5m 떨어진 곳에서 1.5mm 벌어진 틈을 구분 식별할 수 있는 사람의 최소가분시력은? (단, 소수점 둘째 자리에서 반올림하여 소수점 첫째 자리까지 구하시오.)

① 0.5 ② 1.0 ③ 2.0 ④ 2.5 ⑤ 3.0

해설 ② [○] 최소가분시력은 눈이 식별할 수 있는 표적의 최소공간이며, 공식 이용 계산한다.

정답 44. ① 45. ②

최소가분시력 = $\dfrac{180°}{\pi} \times 60 \times \dfrac{물체의\ 크기}{물체와의\ 거리}$ = $57.3 \times 60 \times \dfrac{1.5}{5,000}$ = $1.0314 \to 1.0$

[별해] $\tan x ≒ x \to x = \dfrac{1.5}{5,000}$

$\pi : 180° = \dfrac{1.5}{5,000} : x \to x = 0.017°$

$1° = 60분$이므로, $x = 0.017° = 0.016 \times 60 = 1.02분$

46 관리격자이론에서 "생산에 관한 관심은 대단히 높으나 인간에 대한 관심이 극히 낮은 리더십"의 유형은?

① (1.1)형 ② (1.9)형 ③ (9.1)형 ④ (9.9)형 ⑤ (5.5)형

해설 ③ [○] (9, 1)형 : 생산에 관한 관심은 대단히 높으나, 인간에 대한 관심이 극히 낮은 리더십, 과업형

① (1, 1)형 : 생산에 관한 관심은 대단히 낮고, 인간에 대한 관심도 극히 낮은 리더십, 무관심형

② (1, 9)형 : 생산에 관한 관심은 대단히 낮으나, 인간에 대한 관심이 극히 높은 리더십, 인기형(컨트리클럽형)

④ (9, 9)형 : 생산에 관한 관심은 대단히 높고, 인간에 대한 관심도 높은 리더십, 이상형(팀형)

⑤ (5, 5)형 : 생산에 관한 관심과 인간에 대한 관심이 중간인 리더십, 관리형(중도형)

○ 관리격자 이론(Managerial Grid)은 리더십 스타일을 가로축을 '생산에 대한 관심', 세로축을 '인간에 대한 관심'의 두 가지 축의 결합시켜 나타낸 행동론 관련 리더십유형이다.

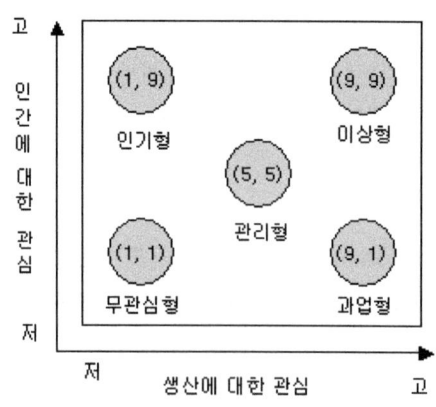

정답 46. ③

47 산업안전보건법령상 산업안전보건위원회를 구성할 수 있는 사용자위원 중 상시근로자 50명 이상 100명 미만을 사용하는 사업장에서는 제외할 수 있는 사람은?

① 해당 사업의 대표자 (같은 사업으로서 다른 지역에 사업장이 있는 경우에는 그 사업장의 안전보건관리책임자를 말한다. 이하 같다)
② 안전관리자 (제16조 제1항에 따라 안전관리자를 두어야 하는 사업장으로 한정하되, 안전관리자의 업무를 안전관리전문기관에 위탁한 사업장의 경우에는 그 안전관리전문기관의 해당 사업장 담당자를 말한다) 1명
③ 보건관리자 (제20조 제1항에 따라 보건관리자를 두어야 하는 사업장으로 한정하되, 보건관리자의 업무를 보건관리전문기관에 위탁한 사업장의 경우에는 그 보건관리전문기관의 해당 사업장 담당자를 말한다) 1명
④ 산업보건의 (해당 사업장에 선임되어 있는 경우로 한정한다)
⑤ 해당 사업의 대표자가 지명하는 9명 이내의 해당 사업장 부서의 장

해설　⑤ [○] 산업안전보건위원회의 사용자위원 구성 (산안령 제35조)
산업안전보건위원회의 사용자위원은 다음 각 호의 사람으로 구성한다. 다만, 상시근로자 50명 이상 100명 미만을 사용하는 사업장에서는 제5호에 해당하는 사람을 제외하고 구성할 수 있다.
1. 해당 사업의 대표자 (같은 사업으로서 다른 지역에 사업장이 있는 경우에는 그 사업장의 안전보건관리책임자를 말한다)
2. 안전관리자 (제16조 제1항에 따라 안전관리자를 두어야 하는 사업장으로 한정하되, 안전관리자의 업무를 안전관리전문기관에 위탁한 사업장의 경우에는 그 안전관리전문기관의 해당 사업장 담당자를 말한다) 1명
3. 보건관리자 (제20조 제1항에 따라 보건관리자를 두어야 하는 사업장으로 한정하되, 보건관리자의 업무를 보건관리전문기관에 위탁한 사업장의 경우에는 그 보건관리전문기관의 해당 사업장 담당자를 말한다) 1명
4. 산업보건의 (해당 사업장에 선임되어 있는 경우로 한정한다)
5. 해당 사업의 대표자가 지명하는 9명 이내의 해당 사업장 부서의 장

48 500명의 근로자가 근무하는 사업장에서 연간 30건의 재해가 발생하여 35명의 재해자로 인해 120일의 근로손실일수가 발생한 경우, 이 사업장의 재해통계(도수율, 강도율)로 옳은 것은? (단, 1일 8시간, 연 300일 근무하는 것으로 가정한다.)

① 도수율 : 0.25, 강도율 : 0.1　② 도수율 : 2.1, 강도율 : 0.1
③ 도수율 : 25, 강도율 : 1.0　　④ 도수율 : 0.21, 강도율 : 10
⑤ 도수율 : 25, 강도율 : 0.1

정답　47. ⑤　48. ⑤

해설 ⑤ [○] 도수율 = $\dfrac{\text{재해건수}}{\text{연근로시간수}} \times 1{,}000{,}000 = \dfrac{30}{500 \times 8 \times 300} \times 1{,}000{,}000 = 25$

강도율 = $\dfrac{\text{재해건수}}{\text{연근로시간수}} \times 1{,}000 = \dfrac{120}{500 \times 8 \times 300} \times 1{,}000 = 0.1$

49 산업안전보건법령상 안전보건표지의 색도기준 및 용도에 관한 내용으로 옳지 않은 것은? (단, 색도기준은 한국산업규격(KS)에 따른 색의 3속성에 의한 표시방법(KS A 0062 기술표준원 고시 제2008-0759)에 따른다.)

① 7.5R 4/14 : 정지신호, 소화설비 및 그 장소, 유해행위의 금지
② N9.5 : 화학물질 취급장소에서의 유해·위험 경고
③ 5Y 8.5/12 : 화학물질 취급장소에서의 유해·위험경고 이외의 위험경고, 주의표지 또는 기계방호물
④ 2.5PB 4/10 : 특정 행위의 지시 및 사실의 고지
⑤ 2.5G 4/10 : 비상구 및 피난소, 사람 또는 차량의 통행표지

해설 ② [×] 안전·보건표지의 색채, 색도기준 및 용도 (산기규 별표 8)

색채	색도기준	용도	사용 예
빨간색	7.5R 4/14	금지	정지신호, 소화설비 및 그 장소, 유해행위의 금지
		경고	화학물질 취급장소에서의 유해·위험 경고
노란색	5Y 8.5/12	경고	화학물질 취급장소에서의 유해·위험경고 이외의 위험경고, 주의표지 또는 기계방호물
파란색	2.5PB 4/10	지시	특정 행위의 지시 및 사실의 고지
녹색	2.5G 4/10	안내	비상구 및 피난소, 사람 또는 차량의 통행표지
흰색	N9.5	-	파란색 또는 녹색에 대한 보조색
검은색	N0.5	-	문자 및 빨간색 또는 노란색에 대한 보조색
(참고)	1. 허용 오차 범위 H=± 2, V=± 0.3, C=± 1 (H는 색상, V는 명도, C는 채도를 말한다) 2. 위의 색도기준은 KS에 따른 색의 3속성에 의한 표시방법에 따른다.		

50 다음 논리식을 가장 간단하게 표현한 것은?

$$\{(A+B+C)(\overline{A}+B+C)\} + AB + BC$$

① $A+B$ ② $A+\overline{B}$ ③ $B+C$ ④ $\overline{B}+\overline{C}$ ⑤ $A+\overline{B}+C$

정답 49. ② 50. ③

해설 ③ [○] 이 문제의 경우는 유도과정이 식별상 매우 혼란스러우므로, 불 대수(Boolean Algebra)와 기본 법칙을 이용하는 것 보다, 벤 다이어그램(Venn diagram)으로 해결하는 것이 보다 빠르고 정확한 추천 방법이다.

1. $(A+B+C)(\overline{A}+B+C)$ 는 $A+B+C$ 와 $\overline{A}+B+C$ 의 교집합을 구하는 것이 되며, 그 결과는 다음 그림에서와 같이 $B+C$ 이다.

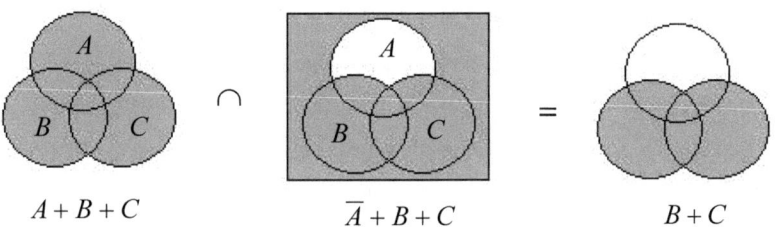

2. $B+C$, $A \cap B$ 와 $B \cap C$ 3개의 합집합은 $B+C$ 이 되며, 문제의 답이다.

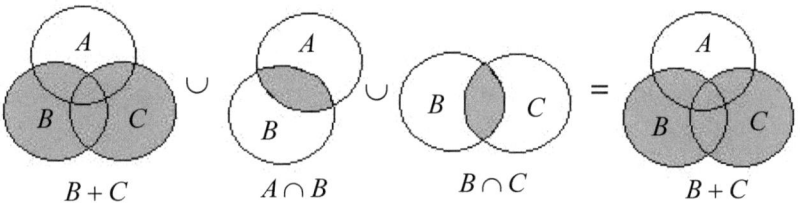

제3과목 : 기업진단 · 지도

---

51 조직구조 설계의 상황요인에 해당하는 것을 모두 고른 것은?

ㄱ. 조직의 규모 ㄴ. 표준화 ㄷ. 전략 ㄹ. 환경 ㅁ. 기술

① ㄱ, ㄴ, ㄷ ② ㄱ, ㄴ, ㄹ ③ ㄴ, ㄷ, ㅁ ④ ㄱ, ㄴ, ㄷ, ㄹ
⑤ ㄱ, ㄷ, ㄹ, ㅁ

해설 ⑤ [○] 조직구조 설계의 상황적 변수 혹은 상황적 요인(contingency factors)은 조직의 환경, 기술, 규모, 전략 및 권력과 같이 조직구조에 영향을 주는 요소들로 구성된다. 조직의 구조적 차원에 영향을 미치는 조직배경이 상황적 요인이다. 이 두 차원은 서로 상호작용하면서 조직의 목표달성에 기여하게 된다.

(ㄴ) [×] 표준화는 상황적 요인이 아닌 구조적 요인(차원)에 해당한다.

정답 51. ⑤

○ 조직구조 설계의 상황적 차원과 구조적 차원
1. 조직구조의 구조적 차원 : 공식화(표준화), 전문화, 권한계층, 집권화, 전문직화, 인원구성비
2. 조직구조의 상황적 차원 : 규모, 기술, 환경, 조직 목적과 전략, 조직문화

52 직무분석과 직무평가에 관한 설명으로 옳지 않은 것은?

① 직무분석은 인력확보와 인력개발을 위해 필요하다.
② 직무분석은 교육훈련 내용과 안전사고 예방에 관한 정보를 제공한다.
③ 직무명세서는 직무수행자가 갖추어야 할 자격요건인 인적특성 파악을 위한 것이다.
④ 직무평가 요소비교법은 평가대상 개별직무의 가치를 점수화하여 평가하는 기법이다.
⑤ 직무평가는 조직의 목표달성에 더 많이 공헌하는 직무를 다른 직무에 비해 더 가치가 있다고 본다.

해설 ④ [×] 직무평가 요소비교법은 대표가 될만한 직무들을 선정하여 기준직무로 우선 정해 놓고 각 요소별로 평가할 직무와 기준직무를 비교해 가며 점수를 부여하여 평가한다.

①, ② 직무분석은 어떤 일을 어떤 목적으로 어떤 방법에 의해 어떤 장소에서 수행하는지를 알아내고 직무를 수행하는데 요구되는 지식, 능력, 기술, 경험, 책임 등이 무엇인지를 과학적이고 합리적으로 알아내는 것이다.

③ 직무명세서는 직무 수행에 필요한 인적 요건이나 특성, 쉽게 말해 직무 수행자의 인적 요건을 명시하는 것이다. 직무명세서는 실질적인 직무분석의 정의를 의미할 정도로 직무분석의 중요한 산출물이라고 볼 수 있다

⑤ 직무평가는 각 직무 상호간의 비교에 의하여 상대가치를 결정하는 일이다.

53 프렌치(J. French)와 레이븐(B. Raven)의 권력의 원천에 관한 설명으로 옳지 않은 것은?

① 공식적 권력은 특정역할과 지위에 따른 계층구조에서 나온다.
② 공식적 권력은 해당지위에서 떠나면 유지되기 어렵다.
③ 공식적 권력은 합법적 권력, 보상적 권력, 강압적 권력이 있다.
④ 개인적 권력은 전문적 권력과 정보적 권력이 있다.
⑤ 개인적 권력은 자신의 능력과 인격을 다른 사람으로부터 인정받아 생긴다.

해설 ④ [×] 개인적 권력에는 전문적 권력과 준거적 권력이 있다. 전문적 권력은 전문성, 즉 지식이 많은 사람이 권력을 가진다는 것이다. 준거적 권력은 그 사람이 가지고 있는 인간적인 매력이 주는 힘이다.

○ 프렌치와 레이븐은 권력의 다섯 가지 형태로서 권력의 원천에 따라 합법적 권력, 보상적 권력, 강압적 권력, 전문적 권력, 준거적 권력으로 구분하여 제시하였다.

54 협상에 관한 설명으로 옳지 않은 것은?

① 협상은 둘 이상의 당사자가 희소한 자원을 어떻게 분배할지 결정하는 과정이다.
② 협상에 관한 접근방법으로 분배적 교섭과 통합적 교섭이 있다.
③ 분배적 교섭은 내가 이익을 보면 상대방은 손해를 보는 구조이다.
④ 통합적 교섭은 윈-윈 해결책을 창출하는 타결점이 있다는 것을 전제로 한다.
⑤ 분배적 교섭은 협상당사자가 전체자원(pie)이 유동적이라는 전제하에 협상을 진행한다.

해설 ⑤ [×] 분배적 교섭은 한정된 양의 자원을 서로 나누어 가지려고 하는 협상이다.
① 협상은 둘 이상의 당사자가 희소한 자원을 어떻게 분배할지 결정하는 과정으로 두 당사자간 세력이 비슷할 경우에 이루어진다.
② 협상에는 분배적 교섭과 통합적 교섭이 있다.
③ 분배적 교섭은 내가 이익을 보면 상대방은 손해를 보는 구조이다.
④ 통합적 교섭은 윈-윈 해결책을 전제로 한다.

55 노동쟁의와 관련하여 성격이 다른 하나는?

① 파업 ② 준법투쟁 ③ 불매운동 ④ 생산통제 ⑤ 대체고용

해설 ⑤ [×] 파업, 준법투쟁, 불매운동, 생산통제는 노동자의 노동쟁의 수단이고, 대체고용이나 직장폐쇄는 사용자의 노동쟁의 수단이 된다.

56 대량고객화(mass customization)에 관한 설명으로 옳지 않은 것은?

① 높은 가격과 다양한 제품 및 서비스를 제공하는 개념이다.
② 대량고객화 달성 전략의 하나로 모듈화 설계와 생산이 사용된다.
③ 대량고객화 관련 프로세스는 주로 주문조립생산과 관련이 있다.
④ 정유, 가스 산업처럼 대량고객화를 적용하기 어렵고 효과 달성이 어려운 제품이나 산업이 존재한다.
⑤ 주문접수 시까지 제품 및 서비스를 연기(postpone)하는 활동은 대량고객화 기법 중의 하나이다.

해설 ① [×] 대량고객화는 맞춤화된 상품과 서비스를 대량생산을 통해 비용을 낮춰 경쟁력을 창출하는 새로운 생산과 마케팅 방식을 말한다. 대량 맞춤(화)라고도 한다.
② 대량고객화 달성 전략으로 모듈화 설계와 생산이 사용된다.
③ 대량고객화 관련 프로세스는 주로 주문조립생산을 한다.
④ 정유, 가스 산업처럼 대량고객화를 적용이 어려운 제품이나 산업이 존재한다.
⑤ 대량고객화 기법 중 제품 및 서비스 인도 연기(postpone)활동도 있다.

정답 54. ⑤ 55. ⑤ 56. ①

57 품질경영에 관한 설명으로 옳지 않은 것은?

① 쥬란(J. Juran)은 품질삼각축(quality trilogy)으로 품질 계획, 관리, 개선을 주장했다.
② 데밍(W. Deming)은 최고경영진의 장기적 관점 품질관리와 종업원 교육훈련 등을 포함한 14가지 품질경영 철학을 주장했다.
③ 종합적 품질경영(TQM)의 과제해결 단계는 DICA(Define, Implement, Check, Act)이다.
④ 종합적 품질경영(TQM)은 프로세스 향상을 위해 지속적 개선을 지향한다.
⑤ 종합적 품질경영(TQM)은 외부 고객만족 뿐만 아니라 내부 고객만족을 위해 노력한다.

해설 ③ [×] 종합적 품질경영(TQM)의 과제 해결 단계는 PDCA(Plan-Do-Check-Action)이다. 프로세스 향상을 위해 지속적 개선을 지향하고 외부 고객만족 뿐만 아니라 내부 고객만족을 위해 노력한다.
① 쥬란(J. Juran)은 품질삼각축(quality trilogy)으로 품질계획, 품질관리, 품질개선을 주장했다.
② 데밍(W. Deming)은 최대한도로 유용성을 강조하고, 구매자가 찾는 제품을 만든다는 것을 강조하며, 최고경영진의 장기적 관점 품질관리와 종업원 교육훈련 등을 포함한 14가지 품질경영 철학을 주장하고 제시했다.

58 6시그마와 린을 비교 설명한 것으로 옳은 것은?

① 6시그마는 낭비 제거나 감소에, 린은 결점 감소나 제거에 집중한다.
② 6시그마는 부가가치 활동 분석을 위해 모든 형태의 흐름도를, 린은 가치흐름도를 주로 사용한다.
③ 6시그마는 임원급 챔피언의 역할이 없지만, 린은 임원급 챔피언의 역할이 중요하다.
④ 6시그마는 개선활동에 파트타임(겸임) 리더가, 린은 풀타임(전담) 리더가 담당한다.
⑤ 6시그마의 개선 과제는 전략적 관점에서 선정하지 않지만, 린은 전략적 관점에서 선정한다.

해설 ② [○] 6시그마는 부가가치 활동 분석을 위해 모든 형태의 흐름도(통계적 기법을 사용하여 품질향상)를, 린(Lean)은 가치흐름도(리드 타임이나 사이클 타임 감소)를 주로 사용한다.
① 6시그마는 결점 감소나 제거에, 린은 낭비 제거나 감소에 집중한다.
③ 6시그마는 임원급 챔피언의 역할을 중시하며, 린도 임원급 챔피언의 역할을 중시한다.
④ 6시그마는 개선활동에 풀타임(전담) 리더가, 린은 파트타임(겸임) 리더가 담당한다.
⑤ 6시그마의 개선 과제는 전략적 관점에서 선정하지만, 린은 전략적 관점에서 선정하지 않는다.

정답 57. ③ 58. ②

59. 생산운영관리의 최신 경향 중 기업의 사회적 책임과 환경경영에 관한 설명으로 옳은 것을 모두 고른 것은?

> ㄱ. ISO 29000은 기업의 사회적 책임에 관한 국제 인증제도이다.
> ㄴ. 포터(M. Porter)와 크래머(M. Kramer)가 제안한 공유가치창출(CSV : Creating Shared Value)은 기업의 경쟁력 강화보다 사회적 책임을 우선시 한다.
> ㄷ. 지속가능성이란 미래 세대의 니즈(needs)와 상충되지 않도록 현사회의 니즈(needs)를 충족시키는 정책과 전략이다.
> ㄹ. 청정생산(cleaner production) 방법으로는 친환경원자재의 사용, 청정 프로세스의 활용과 친환경생산 프로세스 관리 등이 있다.
> ㅁ. 환경경영시스템인 ISO 14000은 결과 중심 경영시스템이다.

① ㄱ, ㄴ ② ㄷ, ㄹ ③ ㄹ, ㅁ ④ ㄷ, ㄹ, ㅁ ⑤ ㄱ, ㄷ, ㄹ, ㅁ

해설 (ㄷ) [○] 지속가능성은 인간과 자원의 공생, 개발과 보전의 조화, 현 세대와 미래 세대 간의 형평 등을 추구한다. 지속가능성은 일반적 의미로서 특정한 과정이나 상태를 유지할 수 있는 능력을 의미한다.

(ㄹ) [○] 청정생산(cleaner production)방법은 원료의 도입에서 제품의 생산 및 폐기까지 환경오염물질 발생을 근원적으로 제거하여 인체와 환경에 미치는 위해성을 최소화하고 자원의 효율성을 극대화하는 방법이다.

(ㄱ) 기업의 사회적 책임에 관한 국제 인증제도 관련 규격은 ISO 26000이다. 이 규격은 국제표준화기구(ISO)에서 제정되어 시행되고 있는 기업의 사회적 책임(CSR : Corporate Social Responsibility)의 세계적인 표준이다. ISO 26000은 기업, 정부, NGO 등 사회를 구성하는 모든 조직이 지배구조, 인권, 노동, 환경, 소비자, 공정운영, 지역사회 참여와 발전 등 7개 핵심 주제에 대해 준수해야 할 사 항을 정리해 놓은 지침서이다.

(ㄴ) 포터(Porter)와 크래머(Kramer)가 제안한 공유가치창출(CSV : Creating Shared Value)은 기업의 경쟁력 강화와 사회적 책임을 모두 중요시 한다.

(ㅁ) 환경경영시스템인 ISO 14000은 과정과 결과 모두를 중요시 하는 경영시스템이다. ISO 14000 시리즈 표준은 본질적으로 천연 자원의 사용을 줄이고 토양, 물 및 공기에 대한 피해를 최소화하기 위한 일련의 국제표준이다. 환경 성과의 모니터링 및 지속적인 개선을 기반으로 하며 환경 요인에 대한 관련 법규 및 법률에서 정의한 조건을 준수하도록 규정하고 있다.

정답 59. ②

60 직무분석을 위해 사용되는 방법들 중 정보입력, 정신적 과정, 작업의 결과, 타인과의 관계, 직무맥락, 기타 직무특성 등의 범주로 조직화되어 있는 것은?

① 과업질문지(Task Inventory : TI)
② 기능적 직무분석(Functional Job Analysis : FJA)
③ 직위분석질문지(Position Analysis Questionnaire : PAQ)
④ 직무요소질문지(Job Components Inventory : JCI)
⑤ 직무분석 시스템(Job Analysis System : JAS)

해설 ③ [○] 직위분석질문지(Position Analysls Questionnaire : PAQ)는 직무수행자의 응답을 통해 직무에 대한 광범위한 정보를 획득할 수 있으며, 거의 대부분의 직무에 적용할 수 있어 표준화된 정보를 수집하는 대표적 직무분석 방법이다. 작업자, 활동과 관련된 187개의 항목과 임금관련 7개 항목을 포함하여 총 194개의 항목으로 구성된다.

① 과업질문지(Task Inventory : TI)는 분석하고자 하는 직무의 모든 과업을 열거하고 이를 상대적 소요 시간, 빈도, 중요성, 난이도(학습 속도) 등을 분석하도록 한다.

② 기능적 직무분석(Functional Job Analysis : FJA)은 직무를 3가지 기능적 측면에서 분석하는 기법이다. 각 직무를 자료, 사람, 사물과 관련시켜 종업원의 각 기능을 분류·비교하여 종합 분석한다.

④ 직무요소질문지(Job Components Inventoiy : JCI)는 직무요건과 근로자의 특성의 일치 여부를 판단하는 방법으로, 영국에서 개발한 방법이다.

⑤ 직무분석 시스템(Job Analysis System : JAS)은 직무전문가(통상은 재직자)에게 직무수행에 요구되는 능력과 조건들을 평가해 달라고 요구하는 방식이다. 설문지에는 52개 능력 범주들을 측정하도록 한다.

61 직업 스트레스 모델 중 종단 설계를 사용하여 업무량과 이외의 다양한 직무요구가 종업원의 안녕과 동기에 미치는 영향을 살펴보기 위한 것은?

① 요구-통제 모델(Demands-Control model)
② 자원보존 이론(Conservation of Resources theory)
③ 사람-환경 적합 모델(Person-Environment Fit model)
④ 직무 요구-자원 모델(Job Demands-Resources model)
⑤ 노력-보상 불균형 모델(Effort-Reward Imbalance model)

해설 ④ [○] 직무 요구-자원 모델(Job Demands-Resources model)은 외적요인과 내적요인이 개인적으로 스트레스 요인에 완충 역할을 한다는 이론이다.

① 요구-통제 모델(Demands-Control model)은 통제력은 요구의 부정적 효과를 줄이거나 완충해 주는 역할을 한다고 보는 이론이다. Karasek는 직무통제는 직무요구의 바람직하지 못한 효과를 감소시키는 역할을 한다고 밝혔다.

정답 60. ③   61. ④

② 자원보존 이론(Conservation of Resources theory)은 사람들이 자신의 자원을 보존하고 새로운 자원을 추구하려고 하는 기제에 관한 이론으로, 인간의 동기를 자원 보존이라는 관점에서 접근한다.

③ 사람-환경 적합 모델(Person-Environment Fit model)은 스트레스는 인간이나 환경으로부터 독립적으로 발생하는 것이 아니라는 이론이다. 인간의 행동은 사람특성과 환경특성이 결합되어 나타난다고 주장했다.

⑤ 노력-보상 불균형 모델(Effort-Reward Imbalance model)은 노력-보상 불균형은 말 그대로이다. 개인 차원에서 스트레스를 일으키는 가장 큰 원인은 본인이 지출하는 노력의 내용과 크기와 본인이 직접 체험하는 보상의 내용과 크기 간의 불균형 때문이라고 보는 이론이다.

62 터크맨(B. Tuckman)이 제안한 팀 발달의 단계 모형에서 '개별적 사람의 집합'이 '의미 있는 팀'이 되는 단계는?

① 형성기(forming) ② 격동기(storming) ③ 규범기(norming)
④ 수행기(performing) ⑤ 휴회기(adjourning)

해설 ③ [○] 규범기(norming)에는 정보를 공유하고 서로 다른 조건들을 수용하는 단계로 집단 내의 규정이나 규칙이 제정된다.

① 형성기(forming)에는 팀워크 성과보다는 개인적 노력으로 성과를 내려는 경향이 강하다. 팀원들은 안전하고 예측할 수 있는 행동에 대한 안내와 지침이 필요하기 때문에 리더에게 상당히 의지한다.

② 격동기(storming)에는 집단 내부에서 의사결정이나 소통의 문제가 발생하고, 이러한 내부 갈등이 지속되면 구성원간 대립과 긴장이 발생한다.

④ 수행기(performing)는 팀의 작업이 실질적으로 행해지는 단계이다.

63 자기결정이론(self-determination theory)에서 내적동기에 영향을 미치는 세 가지 기본욕구를 모두 고른 것은?

| ㄱ. 자율성 ㄴ. 관계성 ㄷ. 통제성 ㄹ. 유능성 ㅁ. 소속성 |

① ㄱ, ㄴ, ㄷ ② ㄱ, ㄴ, ㄹ ③ ㄱ, ㄷ, ㅁ ④ ㄴ, ㄷ, ㅁ
⑤ ㄷ, ㄹ, ㅁ

해설 ② [○] 자기결정이론(self-determination theory)에서 내적동기에 영향을 미치는 세 가지 기본욕구 : 자율성, 유능성, 관계성

정답 62. ③ 63. ②

○ 자기결정이론(self-determination theory)은 개인의 행동은 자율성 혹은 자기결정적 수준에 따라 조절되며, 그 조절의 수준에 따라 내재적 동기와 외재적 동기를 연속체로 설명하는 이론이다(Deci & Ryan).

64 반생산적 업무행동(CWB) 중 직·간접적으로 조직 내에서 행해지는 일을 방해하려는 의도적 시도를 의미하며 다음과 같은 사례에 해당하는 것은?

○ 고의적으로 조직의 장비나 재산의 일부를 손상시키기
○ 의도적으로 재료나 공급물품을 낭비하기
○ 자신의 업무영역을 더럽히거나 지저분하게 만들기

① 철회(withdrawal)
② 사보타주(sabotage)
③ 직장무례(workplace incivility)
④ 생산일탈(production deviance)
⑤ 타인학대(abuse toward others)

해설 ② [○] 사보타주(프랑스어; sabotage)는 생산 설비 및 수송 기계의 전복, 장애, 혼란과 파괴를 통해 관리자 또는 고용주를 약화시키는 것을 목적으로 하는 의도적인 행동이다.

65 스웨인(A. Swain)과 커트맨(H. Cuttmann)이 구분한 인간오류(human error)의 유형에 관한 설명으로 옳지 않은 것은?

① 생략오류(omission error) : 부분으로는 옳으나 전체로는 틀린 것을 옳다고 주장하는 오류
② 시간오류(timing error) : 업무를 정해진 시간보다 너무 빠르게 혹은 늦게 수행했을 때 발생하는 오류
③ 순서오류(sequence error) : 업무의 순서를 잘못 이해했을 때 발생하는 오류
④ 실행오류(commission error) : 수행해야 할 업무를 부정확하게 수행하기 때문에 생겨나는 오류
⑤ 부가오류(extraneous error) : 불필요한 절차를 수행하는 경우에 생기는 오류

해설 ① [×] 생략오류(omission error) : 인간이 업무를 수행하는 도중, 정해진 바에 따라 수행하여야 하는 행위를 수행하지 않아 발생한 휴먼에러를 말한다.

정답 64. ② 65. ①

66. 아래 그림에서 (a)와 (c)가 일직선으로 보이지만 실제로는 (a)와 (b)가 일직선이다. 이러한 현상을 나타내는 용어는?

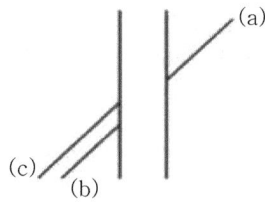

① 뮬러-라이어(Müller-Lyer) 착시현상
② 티체너(Titchener) 착시현상
③ 폰조(Ponzo) 착시현상
④ 포겐도르프(Poggendorf) 착시현상
⑤ 죌너(Zöllner) 착시현상

해설 ④ [○] 포겐도르프(Poggendorf) 착시현상 : (a)와 (c)가 일직선상으로 보이나 실제로는 (a)와 (b)가 일직선임.
① 뮬러-라이어(Müller-Lyer) 착시현상 : (a)-(b) 거리가 (c)-(d) 거리보다 길어 보이는 현상으로, 실제로는 같은 거리임.
② 티체너(Titchener) 착시현상 : 같은 크기의 원이지만 서로 달라 보이는 현상
③ 폰조(Ponzo) 착시현상 : 중간의 두 수평선부의 길이가 다르게 보이는 현상
⑤ 죌너(Zöllner)착시현상 : 짧은 선들의 영향으로 긴 선이 굽어 보이는 현상

뮬러-라이어 착시	티체너 착시	폰조 착시	포겐도르프 착시	죌너 착시
(a)(b)(c)(d)			(a)(c)(b)	

67. 조직 스트레스원 자체의 수준을 감소시키기 위한 방법으로 옳은 것을 모두 고른 것은?

> ㄱ. 더 많은 자율성을 가지도록 직무를 설계하는 것
> ㄴ. 조직의 의사결정에 대한 참여기회를 더 많이 제공하는 것
> ㄷ. 직원들과 더 효과적으로 의사소통할 수 있도록 관리자를 훈련하는 것
> ㄹ. 갈등해결기법을 효과적으로 사용할 수 있도록 종업원을 훈련하는 것

① ㄱ, ㄴ   ② ㄷ, ㄹ   ③ ㄱ, ㄴ, ㄹ   ④ ㄴ, ㄷ, ㄹ   ⑤ ㄱ, ㄴ, ㄷ, ㄹ

정답 66. ④   67. ⑤

해설 ⑤ [○] 조직 스트레스원(原) 자체의 수준을 감소시키기 위한 방법으로는 자율, 참여, 타협, 협력, 양보, 훈련, 의사소통 등이 있다.

68 산업재해이론 중 하인리히(H. Heinrich)가 제시한 이론에 관한 설명으로 옳은 것은?

① 매트릭스 모델(Matrix model)을 제안하였으며, 작업자의 긴장수준이 사고를 유발한다고 보았다.
② 사고의 원인이 어떻게 연쇄반응을 일으키는지 도미노(domino)를 이용하여 설명했다.
③ 재해는 관리부족, 기본원인, 직접원인, 사고가 연쇄적으로 발생하면서 일어나는 것으로 보았다.
④ 재해의 직접적인 원인은 불안전행동과 불안전상태를 유발하거나 방치한 전술적 오류에서 비롯된다고 보았다.
⑤ 스위스 치즈 모델(Swiss cheese model)을 제시하였으며, 모든 요소의 불안전이 겹쳐져서 사고가 발생한다고 주장하였다.

해설 ② [○] 하인리히(H. Heinrich)는 사고의 원인이 어떻게 연쇄반응을 일으키는지 도미노(domino)를 이용하여 설명하였다.
　　○ 하인리히 사고발생 도미노 5단계 : ㉠ 1단계 : 선천적 결함(사회, 환경, 유전적 결함), ㉡ 2단계 : 개인적 결함, ㉢ 3단계 : 불안전 행동(인적결함), 불안전한 상태(물적결함), ㉣ 4단계 : 사고, ㉤ 5단계 : 재해
① 매트릭스 모델(Matrix model)은 하돈(W. Haddon)이 제안하였다. 매트릭스(matrix)는 행과 열로 이루어진 두 목록들을 교차시킴으로서 자료를 시각화시키는 것을 의미한다.
③ 재해를 관리부족, 기본원인, 직접원인, 사고가 연쇄적으로 발생하면서 일어나는 것으로 보는 학자는 버드(F. Bird)이다.
　　○ 버드의 사고 연쇄성 이론 5단계 : ㉠ 1단계 : 제어부족(관리 부재), ㉡ 2단계 : 기본원인, ㉢ 3단계 : 직접원인(징후), ㉣ 4단계 : 사고(접촉), ㉤ 5단계 : 상해(손실)
④ 재해의 직접적인 원인을 불안전행동과 불안전상태를 유발하거나 방치한 전술적 오류에서 비롯된다고 본 학자는 아담스(E. Adams)이다.
　　○ 아담스의 연쇄성 이론 5단계 : ㉠ 1단계 : 관리구조, ㉡ 2단계 : 작전적 에러, ㉢ 3단계 : 전술적 에러, ㉣ 4단계 : 사고, ㉤ 5단계 : 상해
⑤ 스위스 치즈 모델(Swiss cheese model)은 리전(J. Reason)이 제시하였다. 에멘탈 치즈의 구멍이 치즈 생성 과정에서 무작위로 생기는 것과 마찬가지로 사고를 유발할 수 있는 잠재적 결함은 항상 같은 위치에 있는 것이 아니라, 다양한 위치에서 발생할 수 있다는 것을 설명하는 모델이다.

정답　68. ②

69 산업위생의 목적에 해당하는 것을 모두 고른 것은?

| ㄱ. 유해인자 예측 및 관리 | ㄴ. 작업조건의 인간공학적 개선 |
| ㄷ. 작업환경 개선 및 직업병 예방 | ㄹ. 작업자의 건강보호 및 생산성 향상 |

① ㄱ, ㄴ, ㄷ   ② ㄱ, ㄴ, ㄹ   ③ ㄱ, ㄷ, ㄹ   ④ ㄴ, ㄷ, ㄹ   ⑤ ㄱ, ㄴ, ㄷ, ㄹ

해설 ⑤ [○] 산업위생의 목적으로서 (ㄱ), (ㄴ), (ㄷ), (ㄹ) 모두 해당되는 내용이다.
  ○ 산업위생의 목적
    1. 유해인자 예측 및 관리 2. 작업환경 및 작업조건의 인간공학적 개선
    3. 작업환경개선 및 직업병의 근원적 예방 4. 작업자의 건강보호 및 생산성 향상
  ○ 산업보건의 정의 (ILO & WHO)
    1. 근로자들의 육체적, 정신적, 사회적 건강을 고도로 유지 증진한다.
    2. 산업장의 작업 조건이 근로자의 건강을 해치지 않도록 한다(질병 예방).
    3. 건강에 유해한 취업 방지, 건강의 유해인자에 폭로되지 않도록 한다.
    4. 신체적, 정신적으로 적성에 맞는 작업환경에 배치한다.
  ○ 산업보건사업의 권장 3목표 (ILO)
    1. 노동과 노동조건으로 발생하는 건강장해로부터의 근로자 보호, 직업성 질병 예방
    2. 채용 시 적성배치에 기여하여 작업능률을 발휘하며 노동의 재생산성 확보
    3. 근로자의 정신적, 육체적 안녕의 상태를 최대한으로 유지, 증진시키는데 기여

70 노출기준 설정방법 등에 관한 설명으로 옳지 않은 것은?

① 노동으로 인한 외부로부터 노출량(dose)과 반응(response)의 관계를 정립한 사람은 Pearson Norman(1972)이다.
② 노출에 따른 활동능력의 상실과 조절능력의 상실 관계는 지수형 곡선으로 나타난다.
③ 항상성(homeostasis)이란 노출에 대해 적응할 수 있는 단계로 정상조절이 가능한 단계이다.
④ 정상기능 유지단계는 노출에 대해 방어기능을 동원하여 기능장해를 방어할 수 있는 대상성(compensation) 조절기능 단계이다.
⑤ 대상성(compensation) 조절기능 단계를 벗어나면 회복이 불가능하여 질병이 야기된다.

해설 ① [×] 노동으로 인한 외부로부터 노출량(dose)과 반응(response)의 관계(또는 양-반응 관계)를 정립한 사람은 Theodore Hatch이다.
  ② 노출에 따른 활동능력의 상실과 조절능력의 상실 관계는 지수형 곡선으로 나타난다.
  ③ 항상성(homeostasis) 단계는 노출에 대해 적응할 수 있는 단계로 정상조절이 가능한 단계이다.

정답 69. ⑤   70. ①

④ 정상기능 유지단계는 노출에 대해 방어기능을 동원하여 기능장해를 방어할 수 있는 대상성(compensation) 조절기능 단계로 보상단계이다.

⑤ 대상성(compensation) 조절기능 단계를 벗어나면 회복이 불가능하여 질병이 야기되어 기관이 파괴된다.

71 공기정화장치 중 집진(먼지제거) 장치에 사용되는 방법 또는 원리에 해당하지 않는 것은?

① 세정 ② 여과(여포) ③ 흡착 ④ 원심력 ⑤ 전기 전하

해설 ③ [×] 흡착 방법은 먼지제거가 안 되는 것은 아니지만, 공기청정기의 경우에는 흡착을 통한 미세먼지 제거 기능은 효율이 낮아 일반적으로 사용되지 않는다. 흡착은 기체, 액체, 용해된 상태의 원자, 분자 또는 이온이 고체나 액체 표면에 붙는 과정을 뜻한다. 흡착이 일어나는 고체를 흡착제라고 하며, 흔히 고체인 흡착제에 기체 분자들이 달라붙는 현상을 흡착이라고 한다.

○ 공기정화장치 중 집진(먼지제거) 장치에 사용되는 방법 또는 원리에는 중력집진장치, 관성력집진장치, 원심력집진장치, 여과집진장치, 전기집진장치, 세정집진장치(벤튜리) 등이 사용된다.

72 우리나라 작업환경측정에서 화학적 인자와 시료채취 매체의 연결이 옳은 것은?

① 2-브로모프로판 - 실리카겔관 ② 디메틸포름아미드 - 활성탄관
③ 시클로헥산 - 실리카겔관 ④ 트리클로로에틸렌 - 활성탄관
⑤ 니켈 - 활성탄관

해설 ④ [○] 트리클로로에틸렌 - 활성탄관 ① 2-브로모프로판 - 활성탄관
② 디메틸포름아미드 - 실리카겔관 ③ 시클로헥산 - 활성탄관
⑤ 니켈 - 막여과지와 패드가 장착된 3단 카세트

73 산업안전보건기준에 관한 규칙상 사업주가 근로자에게 송기마스크나 방독마스크를 지급하여 착용하도록 하여야 하는 업무에 해당하지 않는 것은?

① 국소배기장치의 설비 특례에 따라 밀폐설비나 국소배기장치가 설치되지 아니한 장소에서의 유기화합물 취급업무
② 임시작업인 경우의 설비 특례에 따라 밀폐설비나 국소배기장치가 설치되지 아니한 장소에서의 유기화합물 취급업무
③ 단시간작업인 경우의 설비 특례에 따라 밀폐설비나 국소배기장치가 설치되지 아니한 장소에서의 유기화합물 취급업무

정답 71. ③ 72. ④ 73. ⑤

④ 유기화합물 취급 장소에 설치된 환기장치 내의 기류가 확산될 우려가 있는 물체를 다루는 유기화합물 취급업무
⑤ 유기화합물 취급 장소에서 청소 등으로 유기화합물이 제거된 설비를 개방하는 업무

해설 ⑤ [×] 유기화합물의 증기발산 우려가 없는 탱크는 착용 대상에서 제외된다.
○ 호흡용 보호구의 지급 등 (산기규 제450조)
① 사업주는 근로자가 다음 각 호의 어느 하나에 해당하는 업무를 하는 경우에 해당 근로자에게 송기마스크를 지급하여 착용하도록 하여야 한다.
1. 유기화합물을 넣었던 탱크(유기화합물의 증기가 발산할 우려가 없는 탱크는 제외한다) 내부에서의 세척 및 페인트칠 업무
2. 유기화합물 취급 특별장소에서 유기화합물을 취급하는 업무
② 사업주는 근로자가 다음 각 호의 어느 하나에 해당하는 업무를 하는 경우 근로자에게 송기마스크나 방독마스크를 지급하여 착용하도록 해야 한다.
1. 밀폐설비나 국소배기장치가 설치되지 아니한 장소에서의 유기화합물 취급 업무
2. 유기화합물 취급 장소에 설치된 환기장치 내의 기류가 확산될 우려가 있는 물체를 다루는 유기화합물 취급업무
3. 유기화합물 취급 장소에서 유기화합물의 증기 발산원을 밀폐하는 설비(청소 등으로 유기화합물이 제거된 설비는 제외)를 개방하는 업무

74 화학물질 및 물리적 인자의 노출기준에서 유해물질별 그 표시 내용의 연결이 옳은 것은?
① 인듐 및 그 화합물 - 흡입성
② 크롬산 아연 - 발암성 1A
③ 일산화탄소 - 호흡성
④ 불화수소 - 생식세포 변이원성 2
⑤ 트리클로로에틸렌 - 생식독성 1A

해설 ② [○] 크롬산 아연 - 발암성 1A (유해물질 및 물리적 인자의 노출기준 별표 1)
① 인듐 및 그 화합물 - 호흡성 (유해물질 및 물리적 인자의 노출기준 별표 1)
③ 일산화탄소 - 생식독성 1A (유해물질 및 물리적 인자의 노출기준 별표 1)
④ 불화수소 - Skin (유해물질 및 물리적 인자의 노출기준 별표 1)
⑤ 트리클로로에틸렌 - 발암성 1A, 생식세포 변이원성 2 (유해물질 및 물리적 인자의 노출기준 별표 1)

75 산업안전보건법 시행규칙 별지 제85호 서식(특수·배치전·수시·임시 건강진단 결과표)의 작성 사항이 아닌 것은?
① 작업공정별 유해요인 분포 실태
② 유해인자별 건강진단을 받은 근로자 현황
③ 질병코드별 질병유소견자 현황
④ 질병별 조치 현황

정답 74. ② 75. ①

⑤ 건강진단 결과표 작성일, 송부일, 검진기관명

해설 ① [×] 건강진단 결과표에 "작업공정별 유해요인 분포실태"는 해당이 없다.

○ 특수·배치전·수시·임시 건강진단 결과표 (산시규 별지 제85호 서식)

제10장

2022년 1차 기출문제

제1과목 : 산업안전보건법령 / 398

제2과목 : 산업안전일반 / 415

제3과목 : 기업진단·지도 / 426

국가기술자격 필기시험문제	2022년 산업안전지도사 1차시험	시험시간 : 90분

제1과목 : 산업안전보건법령

01 산업안전보건법령상 사업주가 근로자의 작업내용을 변경할 때에 그 근로자에게 하여야 하는 안전보건교육의 내용으로 규정되어 있지 않은 것은?

① 사고 발생 시 긴급조치에 관한 사항
② 기계·기구의 위험성과 작업의 순서 및 동선에 관한 사항
③ 표준안전 작업방법에 관한 사항
④ 직장 내 괴롭힘, 고객의 폭언 등으로 인한 건강장해 예방 및 관리에 관한 사항
⑤ 작업 개시 전 점검에 관한 사항

해설 ③ [×] 표준안전 작업방법에 관한 사항 → 관리감독자 정기교육 내용이다.
○ 채용 시 교육 및 작업방법 변경 시 교육내용 (산시규 별표 5)
  1. 산업안전 및 사고 예방에 관한 사항
  2. 산업보건 및 직업병 예방에 관한 사항
  3. 위험성 평가에 관한 사항
  4. 산업안전보건법령 및 산업재해보상보험 제도에 관한 사항
  5. 직무스트레스 예방 및 관리에 관한 사항
  6. 직장 내 괴롭힘, 고객의 폭언 등으로 인한 건강장해 예방 및 관리에 관한 사항
  7. 기계·기구의 위험성과 작업의 순서 및 동선에 관한 사항
  8. 작업 개시 전 점검에 관한 사항   9. 정리정돈 및 청소에 관한 사항
  10. 사고 발생 시 긴급조치에 관한 사항
  11. 물질안전보건자료에 관한 사항

02 산업안전보건법령상 유해하거나 위험한 기계·기구에 대한 방호조치 등에 관한 설명으로 옳은 것을 모두 고른 것은?

ㄱ. 래핑기에는 구동부 방호 연동장치를 설치해야 한다.
ㄴ. 원심기에는 압력방출장치를 설치해야 한다.
ㄷ. 작동 부분에 돌기 부분이 있는 기계는 그 돌기 부분에 방호망을 설치하여야 한다.
ㄹ. 동력전달 부분이 있는 기계는 동력전달 부분을 묻힘형으로 하여야 한다.

① ㄱ   ② ㄱ, ㄴ   ③ ㄴ, ㄷ   ④ ㄷ, ㄹ   ⑤ ㄱ, ㄷ, ㄹ

정답 01. ③   02. ①

해설 (ㄱ) [○] 래핑기(wrapping machine)는 포장기계를 말하며, 방호장치가 필요하다.

○ 유해하거나 위험한 기계 등에 대한 방호장치 및 방호조치 (산시규 제98조)
① 기계·기구에 설치해야 할 방호장치는 다음 각 호와 같다.
1. 예초기 : 날접촉 예방장치   2. 원심기 : 회전체 접촉 예방장치
3. 공기압축기 : 압력방출장치   4. 금속절단기 : 날접촉 예방장치
5. 지게차 : 헤드 가드, 백레스트(backrest), 전조등, 후미등, 안전벨트
6. 포장기계 : 구동부 방호 연동장치
② 고용노동부령으로 정하는 방호조치란 다음 각 호의 방호조치를 말한다.
1. 작동 부분의 돌기부분은 묻힘형으로 하거나 덮개를 부착할 것
2. 동력전달부분 및 속도조절부분에는 덮개를 부착하거나 방호망을 설치할 것
3. 회전기계의 물림점(롤러나 톱니바퀴 등 반대방향의 두 회전체에 물려 들어가는 위험점)에는 덮개 또는 울을 설치할 것

03 산업안전보건법령상 '대여자 등이 안전조치 등을 해야 하는 기계·기구·설비 및 건축물 등'에 규정되어 있는 것을 모두 고른 것은? (단, 고용노동부장관이 정하여 고시하는 기계·기구·설비 및 건축물 등은 고려하지 않음)

ㄱ. 어스오거   ㄴ. 산업용 로봇   ㄷ. 클램셀   ㄹ. 압력용기

① ㄱ, ㄴ   ② ㄱ, ㄷ   ③ ㄴ, ㄹ   ④ ㄱ, ㄷ, ㄹ   ⑤ ㄴ, ㄷ, ㄹ

해설 ② [○] 대여자 등이 안전조치 등을 해야 하는 기계·기구·설비 및 건축물 등 (산안령 별표 2)

1. 사무실 및 공장용 건축물   2. 이동식 크레인
3. 타워크레인   4. 불도저
5. 모터 그레이더   6. 로더
7. 스크레이퍼   8. 스크레이퍼 도저
9. 파워 셔블   10. 드래그라인
11. 클램셀   12. 버킷굴착기
13. 트렌치   14. 항타기
15. 항발기   16. 어스드릴
17. 천공기   18. 어스오거
19. 페이퍼드레인머신   20. 리프트
21. 지게차   22. 롤러기
23. 콘크리트 펌프   24. 고소작업대
25. 그 밖에 산업재해보상보험및예방심의위원회 심의를 거쳐 고용노동부장관이 정하여 고시하는 기계, 기구, 설비 및 건축물 등

정답 03. ②

04 산업안전보건법령상 관계수급인 근로자가 도급인의 사업장에서 작업을 하는 경우 도급인의 안전조치 및 보건조치에 관한 설명으로 옳지 않은 것은?

① 도급인은 같은 장소에서 이루어지는 도급인과 관계수급인의 작업에 있어서 관계수급인의 작업시기·내용, 안전조치 및 보건조치 등을 확인하여야 한다.
② 건설업의 경우에는 도급사업의 정기 안전·보건 점검을 분기에 1회 이상 실시하여야 한다.
③ 관계수급인의 공사금액을 포함한 해당 공사의 총공사금액이 20억원 이상인 건설업의 경우 도급인은 그 사업장의 안전보건관리책임자를 안전보건총괄책임자로 지정하여야 한다.
④ 도급인은 도급인과 수급인을 구성원으로 하는 안전 및 보건에 관한 협의체를 도급인 및 그의 수급인 전원으로 구성하여야 한다.
⑤ 도급인은 제조업 작업장의 순회점검을 2일에 1회 이상 실시하여야 한다.

해설 ② [×] 건설업, 선박 및 보트 건조업의 경우에는 도급사업의 정기 안전·보건 점검을 2개월에 1회 이상 실시하여야 한다(산안령 제82조).
① 도급인은 수급인에게 제공받은 안전 및 보건에 관한 정보에 따라 필요한 안전조치 및 보건조치를 하였는지를 확인하여야 한다(산안법 제65조).
③ 관계수급인의 공사금액을 포함한 해당 공사의 총공사금액이 20억원 이상인 건설업의 경우 도급인은 그 사업장의 안전보건관리책임자를 안전보건총괄책임자로 지정하여야 한다(산안령 제52조).
④ 도급인은 도급인과 수급인을 구성원으로 하는 안전 및 보건에 관한 협의체를 도급인 및 그의 수급인 전원으로 구성하여야 한다(산시규 제79조).
⑤ 도급인은 제조업 작업장의 순회점검을 2일에 1회 이상 실시하여야 한다(산시규 제80조).

05 산업안전보건법령상 안전검사에 관한 설명으로 옳지 않은 것은?

① 형 체결력(型締結力) 294킬로뉴턴(kN) 이상의 사출성형기는 안전검사대상기계 등에 해당한다.
② 사업주는 자율안전검사를 받은 경우에는 그 결과를 기록하여 보존하여야 한다.
③ 안전검사기관이 안전검사 업무를 게을리하거나 업무에 차질을 일으킨 경우 고용노동부장관은 안전검사기관 지정을 취소하거나 6개월 이내의 기간을 정하여 그 업무의 정지를 명할 수 있다.
④ 곤돌라를 건설현장에서 사용하는 경우 사업장에 최초로 설치한 날부터 6개월마다 안전검사를 하여야 한다.

정답 04. ②   05. ⑤

⑤ 안전검사대상기계 등을 사용하는 사업주와 소유자가 다른 경우에는 사업주가 안전검사를 받아야 한다.

해설 ⑤ [×] 안전검사대상기계 등을 사용하는 사업주와 소유자가 다른 경우에는 안전검사대상기계 등의 소유자가 안전검사를 받아야 한다(산안법 제93조).

① 형 체결력 294킬로뉴턴(kN) 이상의 사출성형기는 안전검사대상기계 등에 해당한다(산안령 제78조).

② 사업주는 자율안전검사를 받은 경우에는 그 결과를 기록하여 보존하여야 한다(산안법 제98조).

③ 안전검사기관이 안전검사 업무를 게을리하거나 업무에 차질을 일으킨 경우 고용노동부장관은 안전검사기관 지정을 취소하거나 6개월 이내의 기간을 정하여 그 업무의 정지를 명할 수 있다(산안법 제96조).

④ 곤돌라를 건설현장에서 사용하는 경우 사업장에 최초로 설치한 날부터 6개월마다 안전검사를 하여야 한다(산시규 제126조).

06 산업안전보건법령상 제조 또는 사용 허가를 받아야 하는 유해물질을 모두 고른 것은? (단, 고용노동부장관의 승인을 받은 경우는 제외함)

ㄱ. 크롬산 아연   ㄴ. β-나프틸아민과 그 염   ㄷ. o-톨리딘 및 그 염
ㄹ. 폴리클로리네이티드 터페닐   ㅁ. 콜타르피치 휘발물

① ㄱ, ㄴ, ㄷ ② ㄱ, ㄷ, ㅁ ③ ㄱ, ㄹ, ㅁ ④ ㄴ, ㄷ, ㄹ ⑤ ㄴ, ㄹ, ㅁ

해설 ② [○] 허가 대상 유해물질 (산안령 제88조)
1. α-나프틸아민 및 그 염   2. 디아니시딘 및 그 염
3. 디클로로벤지딘 및 그 염   4. 베릴륨
5. 벤조트리클로라이드   6. 비소 및 그 무기화합물
7. 염화비닐   8. 콜타르피치 휘발물
9. 크롬광 가공 (열을 가하여 소성 처리하는 경우만 해당한다)
10. 크롬산 아연   11. o-톨리딘 및 그 염
12. 황화니켈류
13. 제1호부터 제4호까지 또는 제6부터 제12호까지의 어느 하나에 해당하는 물질을 포함한 혼합물 (포함된 중량의 비율이 1% 이하인 것은 제외)
14. 제5호의 물질을 포함한 혼합물 (포함된 중량의 비율이 0.5% 이하인 것은 제외)
15. 그 밖에 보건상 해로운 물질로서 산업재해보상보험및예방심의위원회의 심의를 거쳐 고용노동부장관이 정하는 유해물질

07 산업안전보건법령상 중대재해에 속하는 경우를 모두 고른 것은?

> ㄱ. 사망자가 1명 발생한 재해
> ㄴ. 3개월 이상의 요양이 필요한 부상자가 동시에 2명 발생한 재해
> ㄷ. 부상자가 동시에 5명 발생한 재해
> ㄹ. 직업성 질병자가 동시에 10명 발생한 재해

① ㄱ ② ㄴ, ㄷ ③ ㄷ, ㄹ ④ ㄱ, ㄴ, ㄹ ⑤ ㄱ, ㄴ, ㄷ, ㄹ

해설 ④ [○] 중대재해의 범위 (산시규 제3조) : 다음 각 호의 어느 하나에 해당하는 재해
　　 1. 사망자가 1명 이상 발생한 재해
　　 2. 3개월 이상의 요양이 필요한 부상자가 동시에 2명 이상 발생한 재해
　　 3. 부상자 또는 직업성 질병자가 동시에 10명 이상 발생한 재해

08 산업안전보건법령상 안전인증에 관한 설명으로 옳은 것은?

① 안전인증 심사 중 유해·위험기계 등이 서면심사 내용과 일치하는지와 유해·위험기계 등의 안전에 관한 성능이 안전인증기준에 적합한지에 대한 심사는 기술능력 및 생산체계 심사에 해당한다.
② 거짓이나 그 밖의 부정한 방법으로 안전인증을 받은 사유로 안전인증이 취소된 자는 안전인증이 취소된 날부터 3년 이내에는 취소된 유해·위험기계 등에 대하여 안전인증을 신청할 수 없다.
③ 크레인, 리프트, 곤돌라는 설치·이전하는 경우뿐만 아니라 주요 구조 부분을 변경하는 경우에도 안전인증을 받아야 한다.
④ 안전인증기관은 안전인증을 받은 자가 최근 2년 동안 안전인증표시의 사용금지를 받은 사실이 없는 경우에는 안전인증기준을 지키고 있는지 3년에 1회 이상 확인해야 한다.
⑤ 안전인증대상기계 등이 아닌 유해·위험기계 등을 제조하는 자는 그 유해·위험 기계 등의 안전 성능을 평가받기 위하여 고용노동부장관에게 안전인증을 신청할 수 없다.

해설 ③ [○] 유해·위험기계기구 중 근로자의 안전 및 보건에 위해를 미칠 수 있다고 인정되어 대통령령으로 정하는 것(안전인증대상기계 등(크레인, 리프트, 곤돌라 등))을 제조하거나 수입하는 자(고용노동부령으로 정하는 안전인증대상기계 등을 설치·이전하거나 주요 구조 부분을 변경하는 자 포함)는 안전인증대상기계 등이 안전인증기준에 맞는지에 대하여 고용노동부장관이 실시하는 안전인증을 받아야 한다(산시규 제107조).
　① 안전인증 심사 중 유해·위험기계 등이 서면심사 내용과 일치하는지와 유해·위험기계 등의 안전에 관한 성능이 안전인증기준에 적합한지에 대한 심사는 제품심사에 해당한다(산시규 제110조).

② 안전인증이 취소된 자는 안전인증이 취소된 날부터 1년 이내에는 취소된 유해·위험기계 등에 대하여 안전인증을 신청할 수 없다(산안법 제86조).

④ 안전인증기관은 안전인증을 받은 자가 안전인증기준을 지키고 있는지를 2년에 1회 이상 확인해야 한다(산시규 제111조).

⑤ 안전인증대상기계 등이 아닌 유해·위험기계 등을 제조하거나 수입하는 자가 그 유·위험기계 등의 안전에 관한 성능 등을 평가받으려면 고용노동부장관에게 안전인증을 신청할 수 있다(산안법 제84조).

○ 설치·이전하는 경우 안전인증을 받아야 하는 기계·기구 (산시규 제107조)

    1. 크레인   2. 리프트
    3. 곤돌라

○ 주요 구조 부분 변경의 경우 안전인증을 받아야 하는 기계 및 설비 (산시규 제107조)

    1. 프레스   2. 전단기 및 절곡기(折曲機)
    3. 크레인   4. 리프트
    5. 압력용기   6. 롤러기
    7. 사출성형기(射出成形機) 8. 고소(高所)작업대
    9. 곤돌라

09 산업안전보건법령상 상시근로자 1000명인 A회사(「상법」제170조에 따른 주식회사)의 대표이사 甲이 수립해야 하는 회사의 안전 및 보건에 관한 계획에 포함되어야 하는 내용이 아닌 것은?

① 안전 및 보건에 관한 경영방침
② 안전·보건관리 업무 위탁에 관한 사항
③ 안전·보건관리 조직의 구성·인원 및 역할
④ 안전·보건 관련 예산 및 시설 현황
⑤ 안전 및 보건에 관한 전년도 활동실적 및 다음 연도 활동계획

해설 ② [×] 안전 및 보건에 관한 계획에 포함되어야 하는 내용 (산안령 제13조)

    1. 안전 및 보건에 관한 경영방침
    2. 안전·보건관리 조직의 구성·인원 및 역할
    3. 안전·보건 관련 예산 및 시설 현황
    4. 안전 및 보건에 관한 전년도 활동실적 및 다음 연도 활동계획

10 산업안전보건법령상 통합공표 대상 사업장 등에 관한 내용이다. ( )에 들어갈 사업으로 옳지 않은 것은?

> 고용노동부장관이 도급인의 사업장에서 관계수급인 근로자가 작업을 하는 경우에 도급인의 산업재해발생건수 등에 관계수급인의 산업재해발생건수 등을 포함하여 공표하여야 하는 사업장이란 ( )에 해당하는 사업이 이루어지는 사업장으로서 도급인이 사용하는 상시근로자 수가 500명 이상이고 도급인 사업장의 사고사망만인율보다 관계수급인의 근로자를 포함하여 산출한 사고사망만인율이 높은 사업장을 말한다. 단, 여기서 사고사망만인율은 질병으로 인한 사망재해자를 제외하고 산출한 사망만인율을 말한다.

① 제조업 ② 철도운송업 ③ 도시철도운송업 ④ 도시가스업 ⑤ 전기업

해설 ④ [○] 산업재해 발생건수 등의 통합공표 대상 사업장 (산안법 제10조, 산안령 제12조)
고용노동부장관은 도급인의 사업장(도급인이 제공하거나 지정한 경우로서 도급인이 지배·관리하는 대통령령으로 정하는 장소를 포함한다) 중 다음 제조업, 철도운송업, 도시철도운송업, 전기업의 어느 하나에 해당하는 사업이 이루어지는 사업장으로서 도급인이 사용하는 상시근로자 수가 500명 이상이고 도급인 사업장의 사고사망만인율(질병으로 인한 사망재해자를 제외하고 산출한 사망만인율을 말한다)보다 관계수급인의 근로자를 포함하여 산출한 사고사망만인율이 높은 사업장에서 관계수급인 근로자가 작업을 하는 경우에 도급인의 산업재해발생건수 등에 관계수급인의 산업재해발생건수 등을 포함하여 공표하여야 한다.

11 산업안전보건법령상 안전관리전문기관에 대해 그 지정을 취소하여야 하는 경우는?

① 업무정지 기간 중에 업무를 수행한 경우
② 안전관리 업무 관련 서류를 거짓으로 작성한 경우
③ 정당한 사유 없이 안전관리 업무의 수탁을 거부한 경우
④ 안전관리 업무 수행과 관련한 대가 외에 금품을 받은 경우
⑤ 법에 따른 관계 공무원의 지도·감독을 거부·방해 또는 기피한 경우

해설 ① [○] 고용노동부장관은 안전관리전문기관 또는 보건관리전문기관이 다음 각 호의 어느 하나에 해당할 때에는 그 지정을 취소하거나 6개월 이내의 기간을 정하여 그 업무의 정지를 명할 수 있다. 다만, 제1호 또는 제2호에 해당할 때에는 그 지정을 취소하여야 한다(산안법 제21조).
  1. 거짓이나 그 밖의 부정한 방법으로 지정을 받은 경우
  2. 업무정지 기간 중에 업무를 수행한 경우
  3. 지정 요건을 충족하지 못한 경우

4. 지정받은 사항을 위반하여 업무를 수행한 경우
5. 그 밖에 대통령령으로 정하는 사유에 해당하는 경우

12 산업안전보건법령상 공정안전보고서에 포함되어야 하는 사항을 모두 선택한 것은?

| ㄱ. 공정위험성 평가서　ㄴ. 안전운전계획　ㄷ. 비상조치계획　ㄹ. 공정안전자료 |

① ㄱ　　② ㄴ, ㄹ　　③ ㄷ, ㄹ　　④ ㄱ, ㄴ, ㄷ　　⑤ ㄱ, ㄴ, ㄷ, ㄹ

해설　⑤ [○] 공정안전보고서에 포함되어야 하는 사항 (산안령 제44조)
　　　1. 공정안전자료　2. 공정위험성 평가서　3. 안전운전계획　4. 비상조치계획
　　　5. 그 밖에 공정상의 안전과 관련하여 고용노동부장관이 필요하다고 인정하여 고시하는 사항

13 산업안전보건법령상 자율안전확인의 신고에 관한 설명으로 옳지 않은 것은?

① 자율안전확인대상기계 등을 제조하는 자가 「산업표준화법」 제15조에 따른 인증을 받은 경우 고용노동부장관은 자율안전확인신고를 면제할 수 있다.
② 산업용 로봇, 혼합기, 파쇄기, 컨베이어는 자율안전확인대상기계 등에 해당한다.
③ 자율안전확인대상기계 등을 수입하는 자로서 자율안전확인신고를 하여야 하는 자는 수입하기 전에 신고서에 제품의 설명서, 자율안전확인대상기계 등의 자율안전기준을 충족함을 증명하는 서류를 첨부하여 한국산업안전보건공단에 제출해야 한다.
④ 자율안전확인의 표시를 하는 경우 인체에 상해를 입힐 우려가 있는 재질이나 표면이 거친 재질을 사용해서는 안 된다.
⑤ 고용노동부장관은 신고된 자율안전확인대상기계 등의 안전에 관한 성능이 자율안전기준에 맞지 아니하게 된 경우 신고한 자에게 1년 이내의 기간을 정하여 자율안전기준에 맞게 시정하도록 명할 수 있다.

해설　⑤ [×] 고용노동부장관은 신고된 자율안전확인대상기계 등의 안전에 관한 성능이 자율안전기준에 맞지 아니하게 된 경우에는 신고한 자에게 6개월 이내의 기간을 정하여 자율안전확인표시의 사용을 금지하거나 자율안전기준에 맞게 시정하도록 명할 수 있다(산안법 제91조).
　　① 자율안전확인대상기계 등을 제조하는 자가 「산업표준화법」에 따른 인증을 받은 경우 고용노동부장관은 자율안전확인신고를 면제할 수 있다(산시규 제119조).
　　② 산업용 로봇, 혼합기, 파쇄기, 컨베이어는 자율안전확인대상기계 등에 해당한다(산안령 제77조).

정답　12. ⑤　13. ⑤

○ 자율안전확인대상기계 등 (산안령 제77조) : 다음 중 해당 기계 또는 설비
1. 연삭기(研削機) 또는 연마기(휴대형은 제외한다)
2. 산업용 로봇
3. 혼합기
4. 파쇄기 또는 분쇄기
5. 식품가공용 기계(파쇄·절단·혼합·제면기만 해당한다)
6. 컨베이어
7. 자동차정비용 리프트
8. 공작기계(선반, 드릴기, 평삭·형삭기, 밀링만 해당한다)
9. 고정형 목재가공용 기계(둥근톱, 대패, 루타기, 띠톱, 모떼기 기계만 해당한다)
10. 인쇄기

③ 자율안전확인대상기계 등을 수입하는 자로서 자율안전확인신고를 하여야 하는 자는 수입하기 전에 신고서에 제품의 설명서, 자율안전확인대상기계 등의 자율안전기준을 충족함을 증명하는 서류를 첨부하여 한국산업안전보건공단에 제출해야 한다(산시규 30조).

④ 자율안전확인의 표시를 하는 경우 인체에 상해를 입힐 우려가 있는 재질이나 표면이 거친 재질을 사용해서는 안 된다(산시규 별표 14).

14 산업안전보건법령상 사업장의 상시근로자 수가 50명인 경우에 산업안전보건위원회를 구성해야 할 사업은?

① 컴퓨터 프로그래밍, 시스템 통합 및 관리업
② 소프트웨어 개발 및 공급업
③ 비금속 광물제품 제조업
④ 정보서비스업
⑤ 금융 및 보험업

해설 ③ [○] '비금속 광물제품 제조업'은 50명 이상, 나머지 선지 항들은 300명 이상이다.

○ 산업안전보건위원회 구성 사업의 종류 및 사업장의 상시근로자 (산안령 별표 9)

사업의 종류	사업장의 상시근로자 수
1. 토사석 광업 2. 목재 및 나무제품 제조업; 가구 제외 3. 화학물질 및 화학제품 제조업; 의약품 제외 (세제, 화장품 및 광택제 제조업과 화학섬유 제조업은 제외한다) 4. **비금속 광물제품 제조업** 5. 1차 금속제조업 6. 금속가공제품 제조업; 기계 및 가구 제외 7. 자동차 및 트레일러 제조업 8. 기타 기계 및 장비 제조업 (사무용 기계 및 장비 제조업은 제외한다) 9. 기타 운송장비 제조업 (전투용 차량 제조업은 제외한다)	상시근로자 50명 이상

정답 14. ③

10. 농업	상시근로자 300명 이상
11. 어업	
12. 소프트웨어 개발 및 공급업	
13. 컴퓨터 프로그래밍, 시스템 통합 및 관리업	
14. 정보서비스업	
15. 금융 및 보험업	
16. 임대업; 부동산 제외	
17. 전문, 과학 및 기술 서비스업 (연구개발업은 제외한다)	
18. 사업지원 서비스업	
19. 사회복지 서비스업	
20. 건설업	공사금액 120억원 이상(토목 공사업의 경우에는 150억원 이상)
21. 제1호부터 제20호까지의 사업을 제외한 사업	상시근로자 100명 이상

15 산업안전보건법령상 사업주가 관리감독자에게 수행하게 하여야 하는 산업안전 및 보건에 관한 업무로 명시되지 않은 것은?

① 산업재해에 관한 통계의 기록 및 유지에 관한 사항
② 사업장 내 관리감독자가 지휘·감독하는 작업과 관련된 기계·기구 또는 설비의 안전·보건 점검 및 이상 유무의 확인
③ 관리감독자에게 소속된 근로자의 작업복·보호구 및 방호장치의 점검과 그 착용·사용에 관한 교육·지도
④ 해당작업에서 발생한 산업재해에 관한 보고 및 이에 대한 응급조치
⑤ 해당작업의 작업장 정리·정돈 및 통로 확보에 대한 확인·감독

해설 ① [×] 산업재해에 관한 통계의 기록 및 유지에 관한 사항은 안전보건관리책임자의 업무이다(산안법 제15조). 한편, 산업재해에 관한 통계의 유지·관리·분석을 위한 보좌 및 지도·조언은 안전관리자의 업무이다(산안령 제18조).

　○ 관리감독자의 업무 등 (산안령 제15조).
　　1. 사업장 내 관리감독자가 지휘·감독하는 작업과 관련된 기계·기구 또는 설비의 안전·보건 점검 및 이상 유무의 확인
　　2. 관리감독자에게 소속된 근로자의 작업복·보호구 및 방호장치의 점검과 그 착용·사용에 관한 교육·지도
　　3. 해당작업에서 발생한 산업재해에 관한 보고 및 이에 대한 응급조치
　　4. 해당작업의 작업장 정리·정돈 및 통로 확보에 대한 확인·감독
　　5. 사업장의 다음 어느 하나에 해당하는 사람의 지도·조언에 대한 협조
　　　가. 안전관리자 또는 안전관리자의 업무를 안전관리전문기관에 위탁한 사업장의 경우에는 그 안전관리전문기관의 해당 사업장 담당자

정답 15. ①

나. 보건관리자 또는 보건관리자의 업무를 보건관리전문기관에 위탁한 사업장의 경우에는 그 보건관리전문기관의 해당 사업장 담당자

다. 안전보건관리담당자 또는 안전보건관리담당자의 업무를 안전관리전문기관 또는 보건관리전문기관에 위탁한 사업장의 경우에는 그 안전관리전문기관 또는 보건관리전문기관의 해당 사업장 담당자

라. 산업보건의

6. 위험성평가에 관한 다음의 업무
    가. 유해·위험요인의 파악에 대한 참여
    나. 개선조치의 시행에 대한 참여

7. 그 밖에 해당작업의 안전 및 보건에 관한 사항으로 고용노동부령으로 정하는 사항

16 산업안전보건법령상 도급승인 대상 작업에 관한 것으로 "급성 독성, 피부부식성 등이 있는 물질의 취급 등 대통령령으로 정하는 작업"에 관한 내용이다. ( )에 들어갈 내용을 순서대로 옳게 나열한 것은?

○ 중량비율 (ㄱ)퍼센트 이상의 황산, 불화수소, 질산 또는 염화수소를 취급하는 설비를 개조·분해·해체·철거하는 작업 또는 해당 설비의 내부에서 이루어지는 작업. 다만, 도급인이 해당 화학물질을 모두 제거한 후 증명자료를 첨부하여 (ㄴ)에게 신고한 경우는 제외한다.

○ 그 밖에 「산업재해보상보험법」 제8조 제1항에 따른 (ㄷ)의 심의를 거쳐 고용노동부장관이 정하는 작업

① ㄱ : 1, ㄴ : 고용노동부장관, ㄷ : 산업재해보상보험및예방심의위원회
② ㄱ : 1, ㄴ : 한국산업안전보건공단 이사장, ㄷ : 산업재해보상보험및예방심의위원회
③ ㄱ : 2, ㄴ : 고용노동부장관, ㄷ : 산업재해보상보험및예방심의위원회
④ ㄱ : 2, ㄴ : 지방고용노동관서의 장, ㄷ : 산업안전보건심의위원회
⑤ ㄱ : 3, ㄴ : 고용노동부장관, ㄷ : 산업안전보건심의위원회

해설 ① [○] 도급승인 대상 작업 (산안령 제51조)

"급성 독성, 피부 부식성 등이 있는 물질의 취급 등 대통령령으로 정하는 작업"이란 다음 각 호의 어느 하나에 해당하는 작업을 말한다.

1. 중량비율 1% 이상의 황산, 불화수소, 질산 또는 염화수소를 취급하는 설비를 개조·분해·해체·철거하는 작업 또는 해당 설비의 내부에서 이루어지는 작업. 다만, 도급인이 해당 화학물질을 모두 제거한 후 증명자료를 첨부하여 고용노동부장관에게 신고한 경우는 제외한다.

2. 그 밖에「산업재해보상보험법」에 따른 산업재해보상보험및예방심의위원회의 심의를 거쳐 고용노동부장관이 정하는 작업

정답 16. ①

17 산업안전보건법령상 보건관리자에 관한 설명으로 옳지 않은 것은?

① 상시근로자 300명 이상을 사용하는 사업장의 사업주는 보건관리자에게 그 업무만을 전담하도록 하여야 한다.
② 안전인증대상기계 등과 자율안전확인대상기계 등 중 보건과 관련된 보호구(保護具) 구입시 적격품 선정에 관한 보좌 및 지도·조언은 보건관리자의 업무에 해당한다.
③ 외딴곳으로서 고용노동부장관이 정하는 지역에 있는 사업장의 사업주는 보건관리전문기관에 보건관리자의 업무를 위탁할 수 있다.
④ 보건관리자의 업무를 위탁할 수 있는 보건관리전문기관은 지역별 보건관리전문기관과 업종별·유해인자별 보건관리전문기관으로 구분한다.
⑤ 「의료법」에 따른 간호사는 보건관리자가 될 수 없다.

해설 ⑤ [×] 「의료법」에 따른 간호사는 보건관리자가 될 수 있다(산안령 별표 6).

○ 보건관리자의 자격 (산안령 별표 6)
  1. 산업보건지도사 자격을 가진 사람
  2. 「의료법」에 따른 의사
  3. 「의료법」에 따른 간호사
  4. 「국가기술자격법」에 따른 산업위생관리산업기사 또는 대기환경산업기사 이상의 자격을 취득한 사람
  5. 「국가기술자격법」에 따른 인간공학기사 이상의 자격을 취득한 사람
  6. 「고등교육법」에 따른 전문대학 이상의 학교에서 산업보건 또는 산업위생 분야의 학위를 취득한 사람 (법령에 따라 이와 같은 수준 이상의 학력이 있다고 인정되는 사람을 포함한다)

18 산업안전보건법령상 같은 유해인자에 노출되는 근로자들에게 유사한 질병의 증상이 발생한 경우에 고용노동부장관은 근로자의 건강을 보호하기 위하여 사업주에게 특정 근로자에 대해 건강진단을 실시할 것을 명할 수 있다. 이에 해당하는 건강진단은?

① 일반건강진단   ② 특수건강진단   ③ 배치전건강진단   ④ 임시건강진단
⑤ 수시건강진단

해설 ④ [○] 고용노동부장관은 같은 유해인자에 노출되는 근로자들에게 유사한 질병의 증상이 발생한 경우 등 고용노동부령으로 정하는 경우에는 근로자의 건강을 보호하기 위하여 사업주에게 특정 근로자에 대한 건강진단(임시건강진단)의 실시나 작업전환, 그 밖에 필요한 조치를 명할 수 있다(산안법 제131조).

정답   17. ⑤   18. ④

19 산업안전보건법령상 고용노동부장관이 안전관리전문기관 또는 보건관리전문기관의 지정을 취소하거나 6개월 이내의 기간을 정하여 그 업무의 정지를 명할 수 있도록 하는 규정이 준용되는 기관이 아닌 것은?

① 안전보건교육기관　② 안전보건진단기관　③ 석면조사기관
④ 역학조사 실시 업무를 위탁받은 기관　⑤ 건설재해예방전문지도기관

해설　④ [×] 역학조사 실시 업무를 위탁받은 기관은 정지명령에서 준용되는 기관이 아니다.
　　③ 석면조사기관에 관하여는 산안법 제21조 제4항 및 제5항을 준용한다. 이 경우 "안전관리전문기관 또는 보건관리전문기관"은 "석면조사기관"으로 본다(산안법 제120조).
　　⑤ 건설재해예방전문지도기관에 관하여는 산안법 제21조 제4항(고용노동부장관은 안전관리전문기관 또는 보건관리전문기관이 다음 각 호의 어느 하나에 해당할 때에는 그 지정을 취소하거나 6개월 이내의 기간을 정하여 그 업무의 정지를 명할 수 있다. 다만, 제1호 또는 제2호에 해당할 때에는 그 지정을 취소하여야 한다) 및 제5항(지정이 취소된 자는 지정이 취소된 날부터 2년 이내에는 각각 해당 안전관리전문기관 또는 보건관리전문기관으로 지정받을 수 없다)을 준용한다. 이 경우 "안전관리전문기관 또는 보건관리전문기관"은 "건설재해예방전문지도기관"으로 본다(산안법 제74조).

20 산업안전보건법령상 안전보건관리규정(이하 "규정"이라 함)에 관한 설명으로 옳은 것은?

① 안전 및 보건에 관한 관리조직은 규정에 포함되어야 하는 사항이 아니다.
② 규정 중 취업규칙에 반하는 부분에 관하여는 규정으로 정한 기준이 취업규칙에 우선하여 적용된다.
③ 산업안전보건위원회가 설치되어 있지 아니한 사업장의 사업주가 규정을 작성할 때에는 지방고용노동관서의 장의 승인을 받아야 한다.
④ 사업주가 규정을 작성할 때에는 산업안전보건위원회의 심의·의결을 거쳐야 하나, 변경할 때에는 심의만 거치면 된다.
⑤ 규정을 작성해야 하는 사업의 사업주는 규정을 작성해야 할 사유가 발생한 날부터 30일 이내에 작성해야 한다.

해설　⑤ [○] 사업의 사업주는 규정을 작성해야 할 사유가 발생한 날부터 30일 이내에 별표 3의 내용을 포함한 안전보건관리규정을 작성해야 한다. 이를 변경할 사유가 발생한 경우에도 또한 같다(산시규 제25조).
　　① 안전 및 보건 관련 관리조직은 안전보건관리규정에 포함되어야 한다(산안법 제25조).
　　② 안전보건관리규정은 단체협약 또는 취업규칙에 반할 수 없다. 이 경우 안전보건관리규정 중 단체협약 또는 취업규칙에 반하는 부분에 관하여는 그 단체협약 또는 취업규칙으로 정한 기준에 따른다(산안법 제25조).

정답　19. ④　20. ⑤

③ 산업안전보건위원회가 설치되어 있지 아니한 사업장의 사업주가 규정을 작성할 때에는 근로자대표의 동의를 받아야 한다(산안법 제26조).
④ 사업주는 안전보건관리규정을 작성하거나 변경할 때에는 산업안전보건위원회의 심의・의결을 거쳐야 한다. 다만, 산업안전보건위원회가 설치되어 있지 아니한 사업장의 경우에는 근로자대표의 동의를 받아야 한다(산안법 제26조).

21 산업안전보건법령상 사업주가 작업환경측정을 할 때 지켜야 할 사항으로 옳은 것을 모두 고른 것은?

> ㄱ. 작업환경측정을 하기 전에 예비조사를 할 것
> ㄴ. 일출 후 일몰 전에 실시할 것
> ㄷ. 모든 측정은 지역 시료채취방법으로 하되, 지역 시료채취방법이 곤란한 경우에는 개인 시료채취방법으로 실시할 것
> ㄹ. 작업환경측정기관에 위탁하여 실시하는 경우에는 해당 작업환경측정기관에 공정별 작업내용, 화학물질의 사용실태 및 물질안전보건자료 등 작업환경정에 필요한 정보를 제공할 것

① ㄱ, ㄹ   ② ㄴ, ㄷ   ③ ㄷ, ㄹ   ④ ㄱ, ㄴ, ㄹ   ⑤ ㄱ, ㄴ, ㄷ, ㄹ

[해설] ① [○] 사업주가 작업환경측정을 할 때 지켜야 할 사항 (산시규 제189조)
1. 작업환경측정을 하기 전에 예비조사를 할 것
2. 작업이 정상적으로 이루어져 작업시간과 유해인자에 대한 근로자의 노출 정도를 정확히 평가할 수 있을 때 실시할 것
3. 모든 측정은 개인 시료채취방법으로 하되, 개인 시료채취방법이 곤란한 경우에는 지역 시료채취방법으로 실시할 것. 이 경우 그 사유를 작업환경측정 결과표에 분명하게 밝혀야 한다.
4. 작업환경측정기관에 위탁하여 실시하는 경우에는 해당 작업환경측정기관에 공정별 작업내용, 화학물질의 사용실태 및 물질안전보건자료 등 작업환경측정에 필요한 정보를 제공할 것

22 산업안전보건법령상 징역 또는 벌금에 처해질 수 있는 자는?
① 작업환경측정 결과를 해당 작업장 근로자에게 알리지 아니한 사업주
② 등록하지 아니하고 타워크레인을 설치・해체한 자
③ 석면이 포함된 건축물이나 설비를 철거하거나 해체하면서 고용노동부령으로 정하는 석면해체・제거의 작업기준을 준수하지 아니한 자
④ 역학조사 참석이 허용된 사람의 역학조사 참석을 방해한 자

정답   21. ①   22. ③

⑤ 물질안전보건자료대상물질을 양도하면서 이를 양도받는 자에게 물질안전보건 자료를 제공하지 아니한 자

해설 ③ [○] 석면이 포함된 건축물이나 설비를 철거하거나 해체하면서 고용노동부령으로 정하는 석면해체·제거의 작업기준을 준수하지 아니한 자에 대하여 3년 이하의 징역 또는 3천만원 이하의 벌금에 처한다(산안법 제169조).

23 산업안전보건법령상 유해성·위험성 조사 제외 화학물질로 규정되어 있지 않은 것은? (단, 고용노동부장관이 공표하거나 고시하는 물질은 고려하지 않음)

① 「의료기기법」제2조 제1항에 따른 의료기기
② 「약사법」제2조 제4호 및 제7호에 따른 의약품 및 의약외품(醫藥外品)
③ 「건강기능식품에 관한 법률」제3조 제1호에 따른 건강기능식품
④ 「첨단재생의료 및 첨단바이오의약품 안전 및 지원에 관한 법률」제2조 제5호에 따른 첨단바이오의약품
⑤ 천연으로 산출된 화학물질

해설 ④ [×] 물질안전보건자료의 작성·제출 제외 대상 화학물질이다(산안령 제86조).

○ 유해성·위험성 조사 제외 화학물질 (산안령 제85조)
 1. 원소   2. 천연으로 산출된 화학물질
 3. 「건강기능식품에 관한 법률」에 따른 건강기능식품
 4. 「군수품관리법」 및 「방위사업법」에 따른 군수품 (통상품(通常品)은 제외한다)
 5. 「농약관리법」에 따른 농약 및 원제
 6. 「마약류 관리에 관한 법률」에 따른 마약류
 7. 「비료관리법」에 따른 비료   8. 「사료관리법」에 따른 사료
 9. 「생활화학제품 및 살생물제의 안전관리에 관한 법률」에 따른 살생물물질 및 살생물제품
 10. 「식품위생법」에 따른 식품 및 식품첨가물
 11. 「약사법」에 따른 의약품 및 의약외품   12. 「원자력안전법」따른 방사성물질
 13. 「위생용품 관리법」에 따른 위생용품   14. 「의료기기법」에 따른 의료기기
 15. 「총포·도검·화약류 등의 안전관리에 관한 법률」에 따른 화약류
 16. 「화장품법」에 따른 화장품과 화장품에 사용하는 원료
 17. 고용노동부장관이 명칭, 유해성·위험성, 근로자의 건강장해 예방을 위한 조치 사항 및 연간 제조량·수입량을 공표한 물질로서 공표된 연간 제조량·수입량 이하로 제조하거나 수입한 물질
 18. 고용노동부장관이 환경부장관과 협의하여 고시하는 화학물질 목록에 기록되어 있는 물질

정답 23. ④

24 산업안전보건법령상 작업환경측정 또는 건강진단의 실시 결과만으로 직업성 질환에 걸렸는지를 판단하기 곤란한 근로자의 질병에 대하여 한국산업안전보건공단에 역학조사를 요청할 수 있는 자로 규정되어 있지 않은 자는?

① 사업주 ② 근로자대표 ③ 보건관리자 ④ 건강진단기관의 의사
⑤ 산업안전보건위원회의 위원장

해설 ⑤ [×] 역학조사를 요청할 수 있는 자 (산시규 제222조) : 다음 중 어느 하나에 해당자
1. 작업환경측정 또는 건강진단의 실시 결과만으로 직업성 질환에 걸렸는지를 판단하기 곤란한 근로자의 질병에 대하여 사업주·근로자대표·보건관리자(보건관리전문기관을 포함한다) 또는 건강진단기관의 의사가 역학조사를 요청하는 경우
2. 「산업재해보상보험법」에 따른 근로복지공단이 고용노동부장관이 정하는 바에 따라 업무상 질병 여부의 결정을 위하여 역학조사를 요청하는 경우
3. 공단이 직업성 질환의 예방을 위하여 필요하다고 판단하여 역학조사평가위원회의 심의를 거친 경우
4. 그 밖에 직업성 질환에 걸렸는지 여부로 사회적 물의를 일으킨 질병에 대하여 작업장 내 유해요인과의 연관성 규명이 필요한 경우 등으로서 지방고용노동관서의 장이 요청하는 경우

25 산업안전보건법령상 근로의 금지 및 제한에 관한 설명으로 옳은 것은?

① 사업주가 잠수 작업에 종사하는 근로자에게 1일 6시간, 1주 36시간 근로하게 하는 것은 허용된다.
② 사업주는 알코올중독 질병이 있는 근로자를 고기압 업무에 종사하게 해서는 안 된다.
③ 사업주가 조현병에 걸린 사람에 대해 근로를 금지하는 경우에는 미리 보건관리자(의사가 아닌 보건관리자 포함), 산업보건의 또는 건강검진을 실시한 의사의 의견을 들어야 한다.
④ 사업주는 마비성 치매에 걸릴 우려가 있는 사람에 대해 근로를 금지해야 한다.
⑤ 사업주는 전염될 우려가 있는 질병에 걸린 사람이 있는 경우 전염을 예방하기 위한 조치를 한 후에도 그 사람의 근로를 금지해야 한다.

해설 ② [○] 사업주는 알코올중독의 질병이 있는 근로자를 고기압 업무에 종사하도록 해서는 안 된다(산시규 221조).
① 사업주는 유해하거나 위험한 작업으로서 잠함 또는 잠수 작업 등 높은 기압에서 하는 작업에 종사하는 근로자에게는 1일 6시간, 1주 34시간을 초과하여 근로하게 해서는 아니 된다(산안법 139조). ← 6시간/일×5일+4시간=34시간
③, ④ 사업주는 조현병, 마비성 치매에 걸린 사람은 근로를 금지해야 한다(산시규 제220조).

정답 24. ⑤   25. ②

⑤ 사업주는 전염될 우려가 있는 질병에 걸린 사람은 근로를 금지해야 한다. 다만, 전염을 예방하기 위한 조치를 한 경우는 제외한다(산시규 제220조).

○ 질병자의 근로금지 (산시규 제220조)
  ① 사업주는 다음 각 호의 어느 하나에 해당하는 사람에 대해 근로를 금지해야 한다.
    1. 전염될 우려가 있는 질병에 걸린 사람. 다만, 전염을 예방하기 위한 조치를 한 경우는 제외한다.
    2. 조현병, 마비성 치매에 걸린 사람
    3. 심장·신장·폐 등의 질환이 있는 사람으로서 근로에 의하여 병세가 악화될 우려가 있는 사람
    4. 제1호부터 제3호까지의 규정에 준하는 질병으로서 고용노동부장관이 정하는 질병에 걸린 사람
  ② 사업주는 제1항에 따라 근로를 금지하거나 근로를 다시 시작하도록 하는 경우에는 미리 보건관리자(의사인 보건관리자만 해당한다), 산업보건의 또는 건강진단을 실시한 의사의 의견을 들어야 한다.

○ 질병자 등의 근로 제한 (산시규 제221조)
  ① 사업주는 건강진단 결과 유기화합물·금속류 등의 유해물질에 중독된 사람, 해당 유해물질에 중독될 우려가 있다고 의사가 인정하는 사람, 진폐의 소견이 있는 사람 또는 방사선에 피폭된 사람을 해당 유해물질 또는 방사선을 취급하거나 해당 유해물질의 분진·증기 또는 가스가 발산되는 업무 또는 해당 업무로 인하여 근로자의 건강을 악화시킬 우려가 있는 업무에 종사하도록 해서는 안 된다.
  ② 사업주는 다음 각 호의 어느 하나에 해당하는 질병이 있는 근로자를 고기압 업무에 종사하도록 해서는 안 된다.
    1. 감압증이나 그 밖에 고기압에 의한 장해 또는 그 후유증
    2. 결핵, 급성상기도감염, 진폐, 폐기종, 그 밖의 호흡기계의 질병
    3. 빈혈증, 심장판막증, 관상동맥경화증, 고혈압증, 그 밖의 혈액 또는 순환기계의 질병
    4. 정신신경증, 알코올중독, 신경통, 그 밖의 정신신경계의 질병
    5. 메니에르씨병, 중이염, 그 밖의 이관(耳管)협착을 수반하는 귀 질환
    6. 관절염, 류마티스, 그 밖의 운동기계의 질병
    7. 천식, 비만증, 바세도우씨병, 그 밖에 알레르기성·내분비계·물질대사 또는 영양장해 등과 관련된 질병
  ③ 사업주는 다음 각 호의 어느 하나에 해당하는 경우에는 미리 보건관리자(의사인 보건관리자만 해당한다), 산업보건의 또는 건강진단을 실시한 의사의 의견을 들어야 한다. <신설 2023. 9. 27.>
    1. 제1항 또는 제2항에 따라 근로를 제한하려는 경우
    2. 제1항 또는 제2항에 따라 근로가 제한된 근로자 중 건강이 회복된 근로자를 다시 근로하게 하려는 경우

제2과목 : 산업안전일반

26. 리스크 관리의 용어 정의에 관한 지침에서 "가능성과 결과에 대한 범위를 구분하여 리스크 등급을 표시하고, 리스크 우선순위를 정하기 위한 도구"로 정의되는 용어는?

① 리스크 통합(Risk aggregation)
② 리스크 프로파일(Risk profile)
③ 리스크 수준 판정(Risk evaluation)
④ 리스크 기준(Risk criteria)
⑤ 리스크 매트릭스(Risk matrix)

해설 ⑤ [○] 리스크 매트릭스(Risk matrix) : 가능성과 결과에 대한 범위를 구분하여 리스크 등급을 표시하고, 리스크 우선순위를 정하기 위한 도구를 말한다.

① 리스크 통합(Risk aggregation) : 전체 리스크 수준을 이해하기 위해 다수의 리스크를 하나의 리스크로 통합시키는 것을 말한다.

② 리스크 프로파일(Risk profile) : 조직 또는 단체에서 관리 대상이 되는 리스크의 우선순위 및 그에 관한 설명을 말한다.

③ 리스크 수준 판정(Risk evaluation) : 리스크 또는 리스크 경감이 수용할 만한 수준인지 결정하기 위하여 주어진 리스크 기준과 리스크 분석의 결과를 비교하는 과정을 말한다. 리스크 수준 판정은 리스크 처리 결정을 위해 보조적으로 활용된다.

④ 리스크 기준(Risk criteria) : 리스크의 유의성(Significance)을 판단하기 위한 기준이 되는 조건을 의미한다.

27. 산업안전보건법령상 안전보건교육에서 다음 작업의 특별교육 교육내용이 아닌 것은? (단, 그 밖에 안전·보건관리에 필요한 사항은 고려하지 않는다.)

> 작업명 : 동력에 의하여 작동되는 프레스기계를 5대 이상 보유한 사업장에서 해당 기계로 하는 작업

① 프레스의 특성과 위험성에 관한 사항
② 방호장치 종류와 취급에 관한 사항
③ 안전작업방법에 관한 사항
④ 국소배기장치 및 안전설비에 관한 사항
⑤ 프레스 안전기준에 관한 사항

해설 ④ [×] 동력에 의하여 작동되는 프레스기계를 5대 이상 보유한 사업장에서 해당 기계로 하는 작업 (산시규 별표 5)
  1. 프레스의 특성과 위험성에 관한 사항   2. 방호장치 종류와 취급에 관한 사항
  3. 안전작업 방법에 관한 사항   4. 프레스 안전보건에 관한 사항
  5. 그 밖에 안전·보건관리에 필요한 사항

정답 26. ⑤   27. ④

28 안전교육의 단계별 과정 중 태도교육의 내용이 아닌 것은?

① 작업동작 및 표준작업방법의 습관화
② 공구·보호구 등의 관리 및 취급태도의 확립
③ 작업 전후 점검 및 검사요령의 정확화 및 습관화
④ 작업지시·전달 등의 언어·태도의 정확화 및 습관화
⑤ 작업에 필요한 안전규정 숙지

해설 ⑤ [×] 작업에 필요한 안전규정 숙지는 지식교육에 해당한다. 태도교육은 안전지식교육, 안전기능교육의 성과를 특히 체득시켜서 어떠한 경우에도 불안전행동을 취하지 않는 태도로 육성하기 위한 개인교육이다.

29 OJT(on the job training)에 비하여 Off JT(off the job training)의 장점으로 옳은 것을 모두 고른 것은?

> ㄱ. 다수의 근로자에게 조직적 훈련이 가능하다.
> ㄴ. 개개인에 적합한 지도훈련이 가능하다.
> ㄷ. 훈련에만 전념할 수 있다.　ㄹ. 전문가를 강사로 초청할 수 있다.

① ㄱ, ㄴ　② ㄴ, ㄷ　③ ㄱ, ㄷ, ㄹ　④ ㄴ, ㄷ, ㄹ　⑤ ㄱ, ㄴ, ㄷ, ㄹ

해설 (ㄴ) [×] 개개인에 적합한 지도훈련이 가능하다. → OJT에 해당
　　○ Off JT(off the job training)의 장점
　　　1. 한 번에 다수를 대상으로 일괄적·조직적으로 교육할 수 있다.
　　　2. 전문가를 강사로 초청할 수 있다.
　　　3. 교육기자재 및 특별교재나 시설을 활용할 수 있다.
　　　4. 업무와 분리되어 훈련에만 전념할 수 있다.
　　　5. 다른 분야 및 다른 직장의 경험이나 지식을 교환할 수 있다.
　　　6. 교육목표를 위하여 집단적으로 협력과 협조가 가능하다.
　　　7. 원리, 개념, 이론의 교육에 적합하다.

OJT의 특징	Off JT의 특징
- 개개인에게 적절한 훈련 가능	- 다수의 근로자 훈련 용이
- 직장의 실정에 맞는 훈련 가능	- 훈련 전념이 가능
- 효과가 즉시 업무에 연결	- 특별설비기구 이용 가능
- 업무의 계속성 유지	- 많은 지식이나 경험 교류
- 신뢰 이해도가 높음	- 집단적 노력이 흐트러질 수 있음

정답　28. ⑤　29. ③

30 학습지도원리에 해당하지 않는 것은?

① 자발성의 원리   ② 개별화의 원리   ③ 사회화의 원리
④ 도미노 이론의 원리   ⑤ 직관의 원리

해설 ④ [×] 학습지도 원리 : 자발성의 원리, 개별화의 원리, 사회화의 원리, 통합성의 원리, 직관의 원리, 목적의 원리, 과학성의 원리

31 사업장 위험성평가에 관한 지침에서 사업주는 위험성평가를 효과적으로 실시하기 위하여 위험성평가 실시규정을 작성하고 관리하여야 한다. 이때 실시규정에 포함되어야 할 사항이 아닌 것은? (2024. 12 개정 고시 적용)

① 평가의 목적 및 방법   ② 인정심사위원회의 구성·운영
③ 평가담당자 및 책임자의 역할   ④ 평가시기 및 절차
⑤ 근로자에 대한 참여·공유방법 및 유의사항

해설 ② [×] 실시규정에 포함되어야 할 사항 (사업장 위험성평가에 관한 지침 제9조)
1. 평가의 목적 및 방법
2. 평가담당자 및 책임자의 역할
3. 평가시기 및 절차
4. 근로자에 대한 참여·공유방법 및 유의사항
5. 결과의 기록·보존

32 산업안전보건법령상 고용노동부장관이 사업주에게 안전보건진단을 받아 안전보건개선계획을 수립하여 시행할 것을 명할 수 있는 사업장으로 옳지 않은 것은?

① 산업재해율이 같은 업종 평균 산업재해율의 1.5배인 사업장
② 사업주가 필요한 안전조치를 이행하지 아니하여 중대재해가 발생한 사업장
③ 직업성 질병자가 연간 2명 발생한 상시근로자 900명인 사업장
④ 직업성 질병자가 연간 3명 발생한 상시근로자 1,500명인 사업장
⑤ 작업환경 불량, 화재·폭발 또는 누출 사고 등으로 사업장 주변까지 피해가 확산된 사업장으로서 고용노동부령으로 정하는 사업장

해설 ① [×] 안전보건진단을 받아 안전보건개선계획을 수립할 대상 (산안령 제49조)
1. 산업재해율이 같은 업종 평균 산업재해율의 2배 이상인 사업장
2. 사업주가 필요한 안전조치 또는 보건조치를 이행하지 아니하여 중대재해가 발생한 사업장
3. 직업성 질병자가 연간 2명 이상(상시근로자 1천명 이상 사업장의 경우 3명 이상) 발생한 사업장
4. 그 밖에 작업환경 불량, 화재·폭발 또는 누출 사고 등으로 사업장 주변까지 피해가 확산된 사업장으로서 고용노동부령으로 정하는 사업장

정답   30. ④   31. ②   32. ①

[참고] 안전보건개선계획의 수립·시행 명령 (산안법 제49조)
1. 산업재해율이 같은 업종의 규모별 평균 산업재해율보다 높은 사업장
2. 사업주가 필요한 안전조치 또는 보건조치를 이행하지 아니하여 중대재해가 발생한 사업장
3. 대통령령으로 정하는 수 이상의 직업성 질병자가 발생한 사업장
4. 유해인자의 노출기준을 초과한 사업장

33 작업장의 도구, 부품, 조종장치 배치에서 작업의 효율성 향상을 위해 적용하는 원리가 아닌 것은?

① 일관성 원리   ② 중요도 원리   ③ 독창성 원리   ④ 사용 순서의 원리
⑤ 사용 빈도의 원리

해설 ③ [×] 작업장에서 공간배치의 원리 : 중요도 원리, 사용 빈도의 원리, 기능성의 원리, 사용 순서의 원리, 일관성 원리, 양립성의 원리, 혼잡선 회피 원리

34 인간-기계 시스템에서 표시장치(display)와 조종장치(control)의 설계에 관한 내용으로 옳지 않은 것은?

① 작업자의 즉각적 행동이 필요한 경우에 청각적 표시장치가 시각적 표시장치보다 유리하다.
② 330m 이상 정도의 장거리에 신호를 전달하고자 할 때는 청각신호 주파수를 1,000Hz 이하로 하는 것이 좋다.
③ 광삼현상으로 인해 음각(검은 바탕의 흰 글씨)의 글자 획폭(stroke width)은 양각(흰 바탕의 검은 글씨)보다 작은 값이 권장된다.
④ 조종-반응 비(C/R 비)가 작을수록 조종장치와 표시장치의 민감도가 낮아져 미세조종에 유리하다.
⑤ 공간적 양립성은 표시장치와 조종장치의 배치와 관련된다.

해설 ④ [×] 조종-반응 비(C/R 비)가 작을수록 조종장치와 표시장치의 민감도가 커서 미세조종에 유리하다.
① 청각적 표시장치는 즉각적인 행동이 필요한 경우에 적합하다.
② 330m 이상 정도의 장거리에 신호를 전달하고자 탈 때는 1,000Hz 이하의 진동수를 사용한다.
③ 광삼현상은 흰 모양이 주위의 검은 배경으로 번져 보이는 현상으로 음각(검은 바탕의 흰 글씨)의 글자 획폭(stroke width)은 양각(흰 바탕의 검은 글씨)보다 작은 값이 권장된다.

⑤ 공간적 양립성은 특정한 사물 특히 표시장치나 조종장치에서 물리적 형태나 공간적이 배치의 양립성이다.

35 인간-컴퓨터 상호작용에서 닐슨(J. Nielsen)이 정의한 사용성의 세부 속성에 해당하지 않는 것은?

① 적합성(conformity)
② 학습 용이성(learnability)
③ 기억 용이성(memorability)
④ 주관적 만족도(subjective satisfaction)
⑤ 오류의 빈도와 정도(error frequency and severity)

해설 ① [×] 사용성의 세부 속성에는 학습성, 기억성, 효율성, 주관적인 만족, 오류 등이다.

36 재해 조사 과정에서 수행해야 할 절차 내용을 순서대로 옳게 나열한 것은?

> ㄱ. 근본적 문제점 결정   ㄴ. 4M 모델에 따른 기본 원인 파악
> ㄷ. 5W1H 원칙에 따른 사실 확인
> ㄹ. 불안전 상태와 불안전 행동에 해당하는 직접 원인 파악

① ㄱ → ㄴ → ㄷ → ㄹ   ② ㄴ → ㄱ → ㄷ → ㄹ   ③ ㄷ → ㄴ → ㄹ → ㄱ
④ ㄷ → ㄹ → ㄴ → ㄱ   ⑤ ㄹ → ㄷ → ㄱ → ㄴ

해설 ④ [○] 재해 조사 과정에서 수행해야 할 절차 내용
　　1단계 : 사실의 확인
　　2단계 : 직접원인과 문제점 확인 (직접적 원인 파악, 4M 모델 활용 원인 파악)
　　3단계 : 근본적 문제점 결정
　　4단계 : 대책의 수립
○ 재해발생시 조치순서
　　* 긴급조치 → 재해조사 → 원인분석 → 대책수립 → 대책실시계획 → 실시 → 평가
　　* 긴급조치 순서 : 기계 정지 → 피해자구출 → 응급조치 → 관계자 통보 → 2차 재해 방지 → 현장보존

37 사업장 위험성평가에 관한 지침에서 위험성평가의 실시에 관한 내용으로 옳지 않은 것은?

① 위험성평가는 최초평가 및 수시평가, 정기평가로 구분하여 실시하여야 한다.
② 최초평가 및 정기평가는 전체작업을 대상으로 한다.
③ 중대산업사고 또는 산업재해(휴업 이상의 요양을 요하는 경우에 한정한다) 발생시에는 재해발생 작업을 대상으로 작업을 재개하기 전에 수시평가를 실시하여야한다.

정답　35. ①　36. ④　37. ⑤

④ 사업장 건설물의 설치·이전·변경 또는 해체 계획이 있는 경우에는 해당 계획의 실행을 착수하기 전에 수시평가를 실시하여야 한다.
⑤ 정기평가는 최초평가 후 2년에 1회 실시하여야 한다.

[해설] ⑤ [×] 정기평가는 최초평가 후 매년 정기적으로 실시한다(사업장 위험성평가에 관한 지침 제15조).
① 위험성평가는 최초평가 및 수시평가, 정기평가로 구분하여 실시하여야 한다(사업장 위험성평가에 관한 지침 제15조).
② 최초평가 및 정기평가는 전체작업을 대상으로 한다(사업장 위험성평가에 관한 지침 제15조). <본 조항은 삭제됨 2024. 12. 18>
③ 중대산업사고 또는 산업재해(휴업 이상의 요양을 요하는 경우에 한정한다) 발생시에는 재해발생 작업을 대상으로 작업을 재개하기 전에 수시평가를 실시하여야 한다(사업장 위험성평가에 관한 지침 제15조).
④ 사업장 건설물의 설치·이전·변경 또는 해체 계획이 있는 경우에는 해당 계획의 실행을 착수하기 전에 수시평가를 실시하여야 한다(사업장 위험성평가에 관한 지침 제15조).

38 2,500명의 근로자가 근무하는 사업장의 재해율(천인율)은 1.6, 도수율은 0.8, 강도율은 1.2이었다. 이 사업장의 연간 재해발생건수와 근로손실일수로 옳은 것은? (단, 1일 8시간, 연간 250일 근무하는 것으로 가정한다.)

① 재해발생건수 : 4건, 근로손실일수 : 4,000일
② 재해발생건수 : 4건, 근로손실일수 : 6,000일
③ 재해발생건수 : 6건, 근로손실일수 : 6,000일
④ 재해발생건수 : 6건, 근로손실일수 : 8,000일
⑤ 재해발생건수 : 8건, 근로손실일수 : 8,000일

[해설] ② [○] 도수율 $= \dfrac{재해건수}{연근로시간수} \times 1,000,000 = \dfrac{재해건수}{근로자수 \times 연간근로시간} \times 1,000,000$ 이므로,

$$0.8 = \dfrac{x}{2,500 \times 8 \times 250} \times 1,000,000 \rightarrow x = 4건$$

강도율 $= \dfrac{총 근로손실일수}{연근로시간수} \times 1,000 = \dfrac{총 근로손실일수}{근로자수 \times 연간근로시간} \times 1,000$ 이므로,

$$1.2 = \dfrac{x}{2,500 \times 8 \times 250} \times 1,000 \rightarrow x = 6000일$$

39 산업재해 연구에 관한 내용으로 옳은 것을 모두 고른 것은?

> ㄱ. 시몬즈(Simonds)는 평균치법을 적용해 재해손실비용을 산출하였다.
> ㄴ. 하인리히(Heinrich)는 재해손실비용의 직접비와 간접비 비율을 약 1 : 4로 제시하였다.
> ㄷ. 버드(Bird)는 1건의 중상이 발생할 때 10건의 경상, 300건의 아차사고가 발생한다고 하였다.

① ㄱ ② ㄷ ③ ㄱ, ㄴ ④ ㄴ, ㄷ ⑤ ㄱ, ㄴ, ㄷ

해설 (ㄱ) [○] 시몬즈(Simonds)는 재해손실비용 산출에 평균치 계산방식을 적용하였다.
(ㄴ) [○] 하인리히(Heinrich)는 재해손실비용의 직접비와 간접비 비율이 약 1 : 4가 된다고 하였다.
(ㄷ) 버드(Bird)는 1건의 중상·폐질이 발생할 때 10건의 경상(인적·물적 상해), 30건의 무상해사고(물적손실 발생), 600건의 무상해, 무사고 고장(위험순간)이 발생한다고 하였다.

40 시력이 1.2인 사람이 6m 떨어진 곳에서 구분할 수 있는 벌어진 틈의 최소 크기 (mm)는? (단, 소수점 둘째 자리에서 반올림하여 소수점 첫째 자리까지 구하시오.)

① 1.0 ② 1.3 ③ 1.5 ④ 1.7 ⑤ 1.9

해설 ③ [○] $\pi : 180° \times 60분/° = \dfrac{x}{600} : \dfrac{1}{1.2}$ 분 관계로부터

$$\dfrac{180 \times 60 \times x}{6,000} = \dfrac{\pi}{1.2} \rightarrow x = 1.45 ≒ 1.5\text{mm}$$

여기서, $\tan\theta ≒ \theta = \dfrac{h}{l}$, 시각(분) = $\dfrac{1}{\text{시력}}$, 1°=60분

41 근골격계부담작업 유해성 평가를 위한 인간공학적 도구에 관한 내용으로 옳지 않은 것은?

① RULA는 하지 자세를 평가에 반영한다.
② REBA는 동작의 반복성을 평가에 반영한다.
③ QEC는 작업자의 주관적 평가 과정이 포함되어 있다.
④ OWAS는 중량물 취급 정도를 평가에 반영한다.
⑤ NLE는 중량물의 수평 이동거리를 평가에 반영한다.

해설 ⑤ [×] NLE(NIOSH Lifting Equation)는 중량물의 수평 이동거리를 반영하지 않는다.

정답 39. ③   40. ③   41. ⑤

NLE는 들기 적용에 적합하며, 수평이동은 평가요소가 아니다.
① RULA(Rapid Upper Limb Analysis)는 어깨, 팔목, 손목, 목 등 상지에 초점을 맞추어서 작업자세로 인한 작업부하를 쉽고 빠르게 평가하기 위해 만들어진 기법이다.
  ⊙ 주의점으로, 하지자세는 평가에 반영한다는 점이다.
② REBA는 비정형화된 자세를 수행하는 작업자의 자세에 대한 부담정도와 유해인자에의 노출정도를 분석하기 위하여 만들어진 기법이다. EB는 Entire Body의 두문자
③ QEC는 분석자의 분석결과와 작업자의 설문결과가 조합되어 평가가 이루어지므로 작업자의 주관적 평가 과정이 포함되어 있다.
④ OWAS는 허리, 상지, 하지로 구분하고 통합적 자세평가를 수행한다.

42 신뢰도 이론의 욕조곡선(bathtub curve)을 나타낸 것으로 옳은 것은? (단, t : 시간, $h(t)$: 고장률, $f(t)$: 고장확률밀도함수, $F(t)$: 불신뢰도 기호이다.)

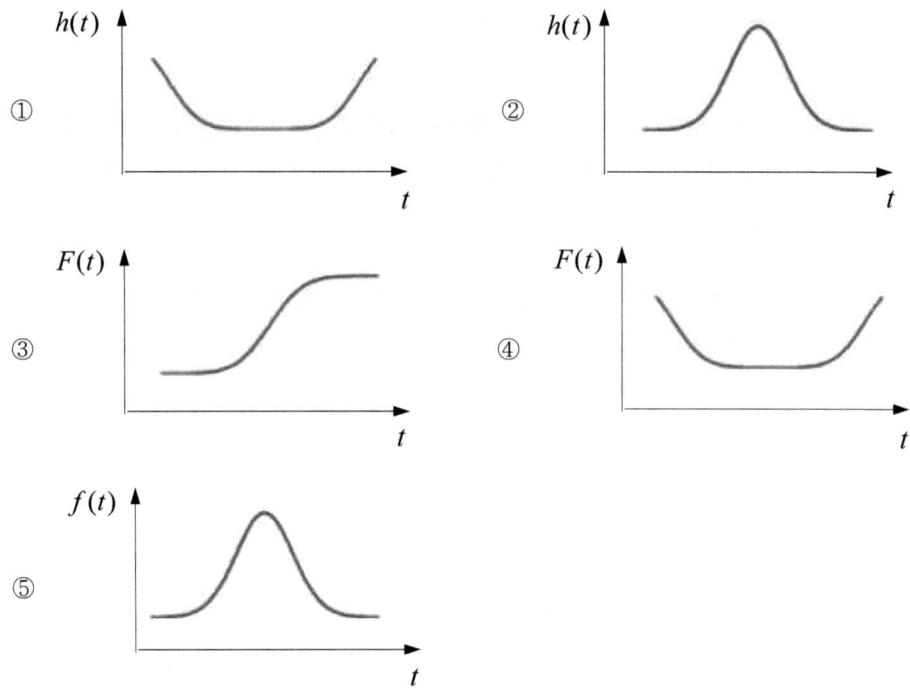

해설 ① [○] 욕조곡선(bathtub curve)은 체계, 설비 또는 아이템을 사용하기 시작하여 폐기할 때까지의 고장발생 상태를 도시한 곡선으로 고장률이 시간의 변화에 따라 높은 값에서 점차로 감소하여 일정한 값을 얼마 동안 유지한 후 점차로 높아지는 변화 양상이 욕조를 닮아서 붙여진 이름이다. 세로축은 고장률 $h(t)$ 를, 가로축은 경과시간 t 를 나타낸다.

정답 42. ①

1. 초기고장 기간(고장률 감소) : 설계나 제조상 결함 또는 불량 부품으로 인해 발생
2. 우발고장 기간(고장률 일정) : 제품 사용 조건의 우발적인 변화에 기인하여 발생
3. 마모고장 기간(고장률 증가) : 마모·노화 등의 원인에 의하여 발생

43 신뢰성 수명분포 중 지수분포에 관한 내용으로 옳은 것을 모두 고른 것은?

> ㄱ. 우발적인 고장을 다루는 데 적합하다.
> ㄴ. 무기억성(memoryless property)을 갖는다.
> ㄷ. 평균(mean)이 중앙값(median)보다 작다.

① ㄱ   ② ㄷ   ③ ㄱ, ㄴ   ④ ㄴ, ㄷ   ⑤ ㄱ, ㄴ, ㄷ

해설   ㉠ [○] 지수분포는 시간에 따라 마모나 열화가 없고, 과부하에 우발적으로 고장이 발생하는 아이템의 수명분포이다.

㉡ [○] 지수분포는 무기억성(memoryless property)을 갖는 유일한 연속확률분포이다. 무기억성이란 현재 상황에서 다음 사건이 언제 발생할지는 이전에 발생한 사건에 영향을 받지 않는다는 것이다. 마치 기계가 앞에서 t 시간 동안 사용되었다는 것을 기억하지 못하는 것과 같다고 해서 이를 무기억(memoryless) 성질이라 한다.

㉢ 지수분포의 평균 $E(T) = \frac{1}{\lambda}$, 분산 $V(T) = \frac{1}{\lambda^2}$ 으로서, 평균 $E(T)$를 중앙값으로 대비하여 판단하지는 않는다. 여기서, λ 는 고장률로서 $\lambda = 1/MTBF$ 이다.

44 라스무센(J. Rasmussen)의 SRK 모델을 근거로 리전(J. Reason)이 제안한 인적오류 분류에 관한 내용으로 옳은 것을 모두 고른 것은?

> ㄱ. 실수(slip)와 망각(lapse)은 비의도적 행동으로 분류되는 숙련기반오류이다.
> ㄴ. 잘못된 규칙을 적용하는 것은 비의도적 행동으로 분류되는 규칙기반착오(mistake)이다.
> ㄷ. 불충분한 정보로 인해 잘못된 결정을 내리는 것은 의도적 행동으로 분류되는 지식 기반 착오(mistake)이다.

① ㄱ   ② ㄴ   ③ ㄱ, ㄷ   ④ ㄴ, ㄷ   ⑤ ㄱ, ㄴ, ㄷ

해설   ㉠ [○] 실수(slip)는 의도되지 않았고 어떤 기준에 맞지 않는 행동이고, 망각(lapse)은 의도되지 않았고 기억실패에 의한 행동이다.

㉢ [○] 불충분한 정보로 인해 잘못된 결정을 내리는 것은 의도적 행동으로 분류되는 지식 기반 착오(mistake)이다.

정답   43. ③   44. ③

ⓒ 규칙 기반착오(mistake), 지식 기반 착오(mistake)는 의도적 행동에 기인한 착오이다.

[참고] 불안전한 행동의 유형

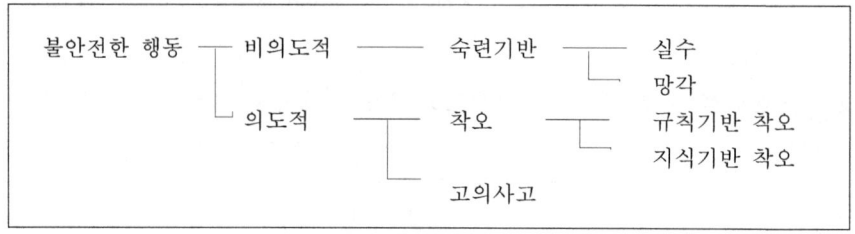

45 예방보전에 해당하지 않는 것은?

① 기회보전 ② 고장보전 ③ 수명기반보전 ④ 시간기반보전
⑤ 상태기반보전

해설 ② [×] 보전활동의 종류
1. 예방보전 : 적응보전, 상태기반보전, 시간기반보전, 기회보전, 수명기반보전
2. 사후보전 : 계획사후보전(PBM, Planned BM), 돌발사후보전(EBM, Emergency BM)

46 다음에서 설명하고 있는 위험성평가 기법은?

○ 초기 개발 단계에서 시스템 고유의 위험성을 파악하고 예상되는 재해의 위험 수준을 결정한다.
○ 시스템 내의 위험요소가 어떤 위험 상태에 있는가를 평가하는 정성적인 기법이다.

① CA ② FMEA ③ MORT ④ THERP ⑤ PHA

해설 ⑤ [○] PHA : 예비위험성분석(PHA : Preliminary Hazard Analysis)은 시스템 위험분석의 초기단계에 핵심 안전위험 부분을 확인하고 위험조건의 초기 평가와 필요한 위험조건 관리 및 후속 조치를 판단하기 위하여 수행하는 기법
① CA : 치명도 분석(CA, Criticality analysis)은 고장형태에 따른 영향을 분석한 후 중요한 고장에 대해 그 피해의 크기와 고장발생률을 이용하여 치명도를 분석하는 절차이다. FMEA에서 중대고장에 대해 계량적인 분석을 하는 것이 FMECA이며, FMECA에서 CA만 부각해서 본 것이 CA이다.
② FMEA : 실패유형 및 영향분석(FMEA : Failure Mode & Effect Analysis)은 제품개발 및 공정 프로세스 상에서 발생가능한 고장(Failure)과 이러한 고장으로 인해 야기될 수 있는 위험을 구조화하여 사전에 방지하는 기법

③ MORT : 경영소홀 및 위험수목 분석(MORT : Management Oversight & Risk Tree)는 MORT라고 명명되는 tree를 중심으로 FTA, ETA 등과 같은 논리기법을 이용하여 관리, 설계, 생산, 보전 등에 대한 넓은 범위에 걸쳐 안전성을 확보하려고 시도된 기법이다.

④ THERP : 인간 실수율 예측 기법(THERP : Technique for Human Error Rate Prediction)은 인간 신뢰도 분석에서의 HEP에 대한 예측 기법이다.

47 시스템 안전성 확보를 위한 방법이 아닌 것은?
① 위험상태 존재의 최소화　② 중복설계(redundancy)의 배제
③ 안전장치의 채용　④ 경보장치의 채택　⑤ 인간공학적 설계의 적용

[해설] ② [×] 시스템 안전성 확보를 위한 방법에는 위험 최소화 설계, 중복설계 채택, 경보장치의 채택, 안전장치 채용, 특수 수단의 개발 등을 이용한다.

48 어떤 사고의 발생건수는 연평균 1회로 포아송(Poisson)분포를 따른다. 이 사고가 3년 동안 한 건도 발생하지 않을 확률은 얼마인가? (단, 소수점 셋째 자리에서 반올림하여 소수점 둘째 자리까지 구하시오.)
① 0.05　② 0.15　③ 0.25　④ 0.33　⑤ 0.50

[해설] ① [○] 포아송분포이고, $E(x) = m = 3$ (3년 기준이며, 3년간 3회 발생이 평균값)

확률밀도함수 $p(x)$는 $P_r(X = x) = p(x) = \dfrac{e^{-m} \cdot m^x}{x!}$ 가 되므로,

$$P_r(X = 0) = p(0) = \dfrac{e^{-3} \cdot 3^0}{0!} = \dfrac{e^{-3} \times 1}{1} = e^{-3} = \dfrac{1}{e^3} = 0.05$$

49 안전성평가 종류 중 기술개발의 종합평가(technology assessment)에서 단계별 내용으로 옳지 않은 것은?
① 1단계 : 생산성 및 보전성　② 2단계 : 실현가능성
③ 3단계 : 안전성 및 위험성　④ 4단계 : 경제성　⑤ 5단계 : 종합 평가

[해설] ① [×] 생산성 및 보전성은 개발완료된 제품의 생산을 위해 필요한 평가 내용이다.
○ 기술개발의 종합평가(technology assessment) 5단계
　1단계 : 사회적 복리 기여도
　　- 기술개발이 사회 및 환경에 미치는 영향 검토
　2단계 : 실현가능성

[정답] 47. ②　48. ①　49. ①

- 기술의 잠재능력을 명확히 하여 실용화를 촉진
3단계 : 안전성 및 위험성의 비교 평가
- 합리성과 비합리성의 비교, 평가에 의한 대체 계획
4단계 : 경제성 검토
- 신제품 개발에 따른 경제적 허용성 및 경제성 검토
5단계 : 종합 평가 및 조정
- 대안으로서 가장 바람직한 것을 선택하고 그것을 실시

50 서로 독립인 기본사상 a, b, c로 구성된 아래의 결함수(Fault Tree)에서 정상사상 T에 관한 최소절단집합(minimal cut set)을 모두 구하면?

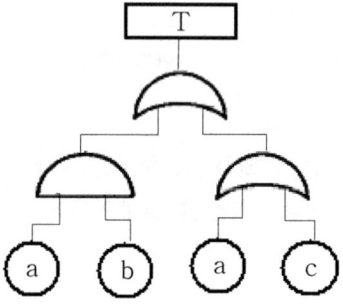

① {a} ② {a, b} ③ {a, c} ④ {a}, {b} ⑤ {a}, {c}

해설 ⑤ 좌측 AND 게이트 출력은 {a, b}, 우측 OR 게이트의 출력은 {a}, {c}이며, Top사상으로의 출력은 OR 게이트이므로 미니멀 컷셋이 조건인 T가 고장이 나는 것은 {a} 또는 {c}가 고장나면 T가 고장이 난다. 따라서 미니멀 컷셋(minimal cut set)은 {a}, {c}가 된다. 즉 a 또는 c 하나만 고장이 나도 T가 고장이 되므로 미니멀 컷셋이 되는 것이다.

───────────────
제3과목 : 기업진단 · 지도
───────────────

51 균형성과표(BSC : Balanced Score Card)에서 조직의 성과를 평가하는 관점이 아닌 것은?

① 재무 관점 ② 고객 관점 ③ 내부 프로세스 관점
④ 학습과 성장 관점 ⑤ 공정성 관점

해설 ⑤ [×] 균형성과표(BSC : Balanced Score Card) : 재무적 관점, 고객의 관점, 프로세스 관점, 학습 및 성장의 관점 → 4가지 관점에서 평가

정답 50. ⑤ | 51. ⑤

52 노사관계에서 숍제도(shop system)를 기본적인 형태와 변형적인 형태로 구분할 때, 기본적인 형태를 모두 고른 것은?

> ㄱ. 클로즈드 숍(closed shop)   ㄴ. 에이전시 숍(agency shop)
> ㄷ. 유니온 숍(union shop)   ㄹ. 오픈 숍(open shop)
> ㅁ. 프레퍼렌셜 숍(preferential shop)   ㅂ. 메인티넌스 숍(maintenance shop)

① ㄱ, ㄴ, ㄷ   ② ㄱ, ㄷ, ㄹ   ③ ㄱ, ㄷ, ㅂ   ④ ㄴ, ㄹ, ㅁ   ⑤ ㄴ, ㅁ, ㅂ

해설 ② [○] 숍제도(shop system) 기본적인 형태로는 (ㄱ), (ㄷ), (ㄹ)이 해당한다.
변형적인 형태로는 에이전시 숍(agency shop), 프레퍼렌셜 숍(preferential shop), 메인티넌스 숍(maintenance shop) 등이 있다.

(ㄱ) [○] 클로즈드 숍(closed shop) : 이해를 공통으로 하는 모든 노동자를 조합에 가입시키고 조합원임을 고용의 조건으로 하는 노사간의 협정을 말한다. 채용도 조합원에 국한하고, 조합을 탈퇴하면 해고되는 제도이다.

(ㄴ) 에이전시 숍(agency shop) : 조합원 신분은 아니더라도 모든 종업원에게 단체교섭의 당사자인 노동조합이 회비를 징수하는 제도이다.

(ㄷ) [○] 유니온 숍(union shop) : 기업이 노동자를 채용할 때에는 조합원이 아닌 노동자를 채용할 수 있지만, 일정한 기간 내에서 노동조합에 가입해야 하는 제도이다.
유니언 숍은 강한 유니온 숍과 약한 유니온 숍으로 나뉜다.

(ㄹ) [○] 오픈 숍(open shop) : 종업원 자격과 조합원 자격이 서로 무관한 것으로 조합원이나 비조합원이나 모두 고용할 수 있는 것을 말한다.

(ㅁ) 프레퍼렌셜 숍(Preferential Shop). 노동조합의 가입과 관련된 숍제도의 일종으로 채용에 있어 노동조합원에게 우선순위를 부여하는 형태를 의미한다.

(ㅂ) 메인티넌스 숍(maintenance shop) : 조합원이 되면 일정기간 동안 조합원으로서의 자격을 유지해야 한다는 제도이다.

53 홉스테드(G. Hofstede)가 국가 간 문화차이의 비교에 이용한 차원이 아닌 것은?

① 성과지향성(performance orientation)   ② 권력격차(power distance)
③ 개인주의 대 집단주의(individualism vs collectivism)
④ 불확실성 회피성향(uncertainty avoidance)
⑤ 남성적 성향 대 여성적 성향(masculinity vs feminity)

해설 ① [×] 홉스테드(G. Hofstede)의 국가 간 문화차이 분류 차원 : 권력격차, 개인주의-집단주의, 남성성-여성성(관계 지향), 불확실성 회피성향, 장기지향성((미래중시)-단기지향성(현재중시), 방종(indulgence)-절제(restraint)
여기서 사용된 용어인 '방종'은 자적으로, '절제'는 자제로 번역되어 사용되기도 한다.

54 레윈(K. Lewin)의 조직변화의 과정으로 옳은 것은?

① 점검(checking) - 비전(vision) 제시 - 교육(education) - 안정(stability)
② 구조적 변화 - 기술적 변화 - 생각의 변화
③ 진단(diagnosis) - 전환(transformation) - 적응(adaptation) - 유지(maintenance)
④ 해빙(unfreezing) - 변화(changing) - 재동결(refreezing)
⑤ 필요성 인식 - 전략수립 - 실행 - 해결 - 정착

해설 ④ [○] 레윈(K. Lewin)의 조직변화 과정 : 현재 상태를 해빙시켜 새로운 수준의 상태로 변화시키고, 새로운 수준에서 재동결시켜야 한다는 것이다.

55 하우스(R. House)의 경로-목표 이론(path-goal theory)에서 제시되는 리더십 유형이 아닌 것은?

① 지시적 리더십(directive leadership)
② 지원적 리더십(supportive leadership)
③ 참여적 리더십(participative leadership)
④ 성취지향적 리더십(achievement-oriented leadership)
⑤ 거래적 리더십(transactional leadership)

해설 ⑤ [×] 거래적 리더십(transactional leadership)의 의미로서 Bass(1985)는 변혁적 리더십과 거래적 리더십을 정의하면서 리더가 보상이나 처벌을 사용하여 부하들이 자신의 직무욕구를 충족시키도록 동기부여시키는 것을 거래적 리더십으로 정의하였다. 여기서 핵심은 부하들이 이해관계 충족 여부에 따라 그들의 동기수준을 결정한다는 점이다.

① 지시적 리더십(directive leadership) : 구체적 지침과 표준, 작업 스케줄을 제공하는 등 부하들이 과업을 계획하고 규정을 마련하여 실시할 수 있도록 적극적으로 지시·조정해 나가는 리더십이다.
② 지원적 리더십(supportive leadership) : 부하들과 상호 만족스런 인간관계를 중심으로 친밀하고 후원적인 분위기 조성에 노력하는 리더십이다.
③ 참여적 리더십(participative leadership) : 부하들과 정보를 공유하고 그들의 의견을 의사결정에 반영함으로서 팀 또는 집단 중심의 관리를 중요시하는 리더십이다.
④ 성취지향적 리더십(achievement-oriented leadership) : 높은 수준의 목표를 설정하고 이에 따른 목표달성 및 성과 개선을 강조하는 리더십이다.

56 품질경영에 관한 설명으로 옳은 것은?

① 품질비용은 실패비용과 예방비용의 합이다.
② R-관리도는 검사한 물품을 양품과 불량품으로 나누어서 불량의 비율을 관리하고자 할 때 이용한다.

정답 54. ④ 55. ⑤ 56. ④

③ ABC 품질관리는 품질규격에 적합한 제품을 만들어 내기 위해 통계적 방법에 의해 공정을 관리하는 기법이다.
④ TQM은 고객의 입장에서 품질을 정의하고 조직 내의 모든 구성원이 참여하여 품질을 향상하고자 하는 기법이다.
⑤ 6시그마운동은 최초로 미국의 애플이 혁신적인 품질개선을 목적으로 개발한 기업경영전략이다.

해설 ④ [○] TQM은 제품이나 서비스의 품질 뿐만 아니라 경영과 업무, 직장환경, 조직 구성원의 자질까지도 품질개념에 넣어 품질을 향상하고자 하는 기법이다.

① 품질비용(Quality Cost)은 품질예방비용(P-Cost), 품질평가비용(A-Cost), 품질실패비용(F-Cost)의 합인 총비용을 집계화한 것이다. 여기서, P는 Prevention(예방), A는 Appraisal(평가), F는 Failure(실패)를 각각 의미한다.

② p-관리도(부적합품률 관리도)는 제조품의 불균일을 부적합품률 p에 의해서 관리하기 위한 관리도이다. R-관리도(범위 관리도)는 데이터의 범위(최대치-최소치)를 구해 데이터의 산포를 관리하고자 할 때 이용한다. ⊙ 2009년부터 KS에서 용어 변경 : 불량률(×)→부적합품률(○), 결점수(×)→부적합수(○)로 각각 변경되어 사용중임

③ ABC 품질관리는 자재관리 등에 주로 쓰이는데, 자재를 중요도에 따라 구분하고 A급(품목수는 적으나 고가)은 중점관리, B급은 적정관리, C급(품목수는 많으나 저가)은 관리간소화 한다는 등급별로 차등관리를 하도록 하는 방법론이다. 통계적품질관리(SQC)는 품질은 품질을 통계적으로 파악하고 관리하기 위한 품질관리 방법론이다.

⑤ 6시그마운동은 최초로 미국의 모토롤라의 혁신적인 품질개선을 목적으로 개발된 기업경영전략이다.

57 재고관리에 관한 설명으로 옳은 것은?

① 재고비용은 재고유지비용과 재고부족비용의 합이다.
② 일반적으로 재고는 많이 비축할수록 좋다.
③ 경제적주문량(EOQ) 모형에서 재고유지비용은 주문량에 비례한다.
④ 1회 주문량을 Q라고 할 때, 평균재고는 Q/3이다.
⑤ 경제적주문량(EOQ) 모형에서 발주량에 따른 총 재고비용선은 역U자 모양이다.

해설 ③ [○] 경제적주문량(EOQ) 모형은 주문량 증가에 따라 주문비(감소화)와 재고유지비(증대화)의 합이 최소로 되는 주문량이므로 재고유지비는 주문량에 비례하여 커진다.

① 재고비용은 발주·구매비용, (생산)준비비용, 재고유지비용, 재고부족비용의 합이다.
② 일반적으로 재고는 적정할수록 좋다. 너무 많아도 너무 적어도 좋지 않다.
④ 1회 주문량을 Q라고 할 때, 평균재고는 Q/2이다.
⑤ 경제적주문량(EOQ) 모형에서 발주량에 따른 총재고비용선은 U자 모양이다.

정답 57. ③

58 JIT(Just In Time) 생산시스템의 특징에 해당하지 않는 것은?

① 부품 및 공정의 표준화 ② 공급자와의 원활한 협력
③ 채찍효과 발생 ④ 다기능 작업자 필요 ⑤ 칸반시스템 활용

해설 ③ [×] 채찍효과는 JIT 특징이 아니다. 채찍효과(bullwhip effect)는 하류의 고객주문 정보가 상류로 전달되면서 정보가 왜곡되고 확대되는 현상을 말한다.

○ JIT(Just In Time) 생산시스템의 특징
  1. 필요할 때 필요한 만큼 생산·공급하는 시스템
  2. 재고는 제로(0)를 추구하고, 재고비용을 최소로 함
  3. 생산준비기간 및 로트 크기의 최소화
  4. 다품종소량 생산체제 구축

59 직무분석에 관한 설명으로 옳지 않은 것은?

① 직무분석가는 여러 직무 간의 관계에 관하여 정확한 정보를 주는 정보 제공자이다.
② 작업자 중심 직무분석은 직무를 성공적으로 수행하는데 요구되는 인적 속성들을 조사함으로써 직무를 파악하는 접근 방법이다.
③ 작업자 중심 직무분석에서 인적 속성은 지식, 기술, 능력, 기타 특성 등으로 분류할 수 있다.
④ 과업 중심 직무분석 방법의 대표적인 예는 직위분석질문지(Position Analysis Questionnaire)이다.
⑤ 직무분석의 정보 수집 방법 중 설문조사는 효율적이며 비용이 적게 드는 장점이 있다.

해설 ④ [×] 과업 중심 직무분석 방법의 대표적인 예는 '과업 목록표'로서, 설문지를 이용하여 분석하고자 하는 직무의 모든 과업을 열거하고 이를 상대적 소요시간, 빈도, 중요성, 난이도, 학습의 속도 등의 차원에서 평가한다.

○ PAQ(직위분석설문지)는 과업(task) 보다는 작업행동, 작업조건 혹은 작업특성을 다루기 때문에 작업자 중심 직무분석 방법에 속한다. PAQ는 맥코믹(MaCormick) 등이 개발한 표준화된 직무분석 설문지이다.

60 업무를 수행 중인 종업원들로부터 현재의 생산성 자료를 수집한 후 즉시 그들에게 검사를 실시하여 그 검사 점수들과 생산성 자료들과의 상관을 구하는 타당도는?

① 내적 타당도(internal validity) ② 동시 타당도(concurrent validity)
③ 예측 타당도(predictive validity) ④ 내용 타당도(content validity)
⑤ 안면 타당도(face validity)

정답 58. ③ 59. ④ 60. ②

| 해설 | ② [○] 동시 타당도(concurrent validity) : 하나의 측정 방법이 동시에 다른 측정 방법과 얼마 만큼 잘 연계성이 있는가를 검증한 것이다

① 내적 타당도(internal validity) : 실험적 연구에 있어서 주어진 실험처리(experimental treatments)가 정말로 실험효과를 가져왔느냐 하는 정도를 나타내는 것이다.

③ 예측 타당도(predictive validity) : 이론적으로 기대되는 결과와 측정을 통한 미래의 결과가 얼마만큼 정확히 예측할 수 있는가를 검증하는 것이다.

④ 내용 타당도(content validity) : 검사의 문항, 질문, 목적이 측정을 위하여 규정된 내용 영역이나 전체를 얼마나 잘 대표하느냐의 정도를 말한다.

⑤ 안면 타당도(face validity) : 액면(표면, 안면) 타당도라고도 하며, 검사문항을 전문가가 아닌 일반인들이 읽고 그 검사가 얼마나 타당해 보이는지를 평가하는 낮은 수준의 타당도로서, 내용타당도와 혼용해서 사용하기도 한다.

61 작업동기 이론에 관한 설명으로 옳은 것을 모두 고른 것은?

ㄱ. 기대 이론(expectancy theory)에서 노력이 수행을 이끌어 낼 것이라는 믿음을 도구성(instrumentality)이라고 한다.

ㄴ. 형평 이론(equity theory)에 의하면 개인이 자신의 투입에 대한 성과의 비율과 다른 사람의 투입에 대한 성과의 비율이 일치하지 않는다고 느낀다면 이러한 불형평을 줄이기 위해 동기가 발생한다.

ㄷ. 목표설정 이론(goal-setting theory)의 기본 전제는 명확하고 구체적이며 도전적인 목표를 설정하면 수행동기가 증가하여 더 높은 수준의 과업수행을 유발한다는 것이다.

ㄹ. 작업설계 이론(work design theory)은 열심히 노력하도록 만드는 직무의 차원이나 특성에 관한 이론으로, 직무를 적절하게 설계하면 작업 자체가 개인의 동기를 촉진할 수 있다고 주장한다.

ㅁ. 2요인 이론(two-factor theory)은 동기가 외부의 보상이나 직무조건으로부터 발생하는 것이지 직무 자체의 본질에서 발생하는 것이 아니라고 주장한다.

① ㄱ, ㄴ, ㅁ   ② ㄱ, ㄷ, ㄹ   ③ ㄴ, ㄷ, ㄹ   ④ ㄴ, ㄹ, ㅁ   ⑤ ㄷ, ㄹ, ㅁ

| 해설 | ③ [○] 작업동기 이론에 관한 옳은 내용은 (ㄴ), (ㄷ), (ㄹ)이 해당한다.

(ㄴ) [○] 형평 이론(equity theory)은 주로 업무 조직에서 피고용자들의 업무에 대한 노력이나 성과가 높아질수록 받는 보수 역시 높아지는 것을 뜻한다.

(ㄷ) [○] 목표설정 이론(goal-setting theory)은 인간이 합리적으로 행동한다는 기본적인 가정에 기초하여, 개인이 의식적으로 얻으려고 설정한 목표가 동기와 행동에 영향을 미친다는 이론이다.

정답 61. ③

(ㄹ) [○] 작업설계 이론(work design theory)은 동기를 유발하는 근원이 개인 내에 있는 것이 아니라, 작업이 수행되는 환경에 있다는 이론이다(Hackman & Oldham).

(ㄱ) 기대 이론(expectancy theory)은 구성원 개인의 동기부여 정도가 업무에서의 행동양식을 결정한다는 이론이다. (ㄱ)항은 '기대감'에 대한 설명이다.

(ㅁ) 2요인 이론(two-factor theory)은 Hertzberg가 제시했고 동기-위생 이론이라고도 한다. 작업장에 직무 만족을 유발하는 특정 요인과 불만족을 유발하는 기타 요인이 있다고 보았다. 그들은 모두 서로 독립적으로 작동한다고 보았다. 동기요인은 성취감, 인정, 직무 자체, 성장 발전, 승진 등으로 보았다.

62 1년 중 여름에 아이스크림의 매출이 증가하고 겨울에는 스키 장비의 매출이 증가한다고 할 때, 이를 설명하는 변동은?

① 추세변동　② 공간변동　③ 순환변동　④ 계절변동　⑤ 우연변동

해설　④ [○] 계절변동(S) : 해마다 계절적 원인으로 생기는 거의 규칙적인 물가지수의 변동
① 추세변동(T) : 일방적인 경향을 지속하는 것과 같은 장시간에 걸치는 경향변동
③ 순환변동(C) : 장기적인 추세변동, 12개월 주기의 계절변동, 우발적 요인에 의해 일어나는 불규칙변동과 함께 시계열 통계에 포함되어 있는 변동
⑤ 우연변동(I) : 돌발사건 등에 의하여 일어나는 것인 불규칙변동
○ 추세예측치 $F = T \times C \times S \times I$ 에 의거 예측치 산정시 고려되는 요인인 변동들을 보인 것이다. 여기서, T는 Trend, C는 Cyclical, S는 Seasonal, I는 Irregular의 두문자이다.

63 리전(J. Reason)의 불안전행동에 관한 설명으로 옳지 않은 것은?

① 위반(violation)은 고의성 있는 위험한 행동이다.
② 실책(mistake)은 부적절한 의도(계획)에서 발생한다.
③ 실수(slip)는 의도하지 않았고 어떤 기준에 맞지 않는 것이다.
④ 착오(lapse)는 의도를 가지고 실행한 행동이다.
⑤ 불안전행동 중에는 실제 행동으로 나타나지 않고 당사자만 인식하는 것도 있다.

해설　④ [×] 망각(lapse)은 의도되지 않은 행동으로, 기억실패에 의한 망각은 숙련기반 오류이다. 망각은 lapse, 착오는 mistake이다.

64 직업 스트레스 모델에 관한 설명으로 옳지 않은 것은?

① 노력-보상 불균형 모델(Effort-Reward Imbalance Model)은 직장에서 제공하는 보상이 종업원의 노력에 비례하지 않을 때 종업원이 많은 스트레스를 느낀다고 주장한다.

정답　62. ④　63. ④　64. ②

② 요구-통제 모델(Demands-Control Model)에 따르면 작업장에서 스트레스가 가장 높은 상황은 종업원에 대한 업무 요구가 높고 동시에 종업원 자신이 가지는 업무통제력이 많을 때이다.
③ 직무요구-자원 모델(Job Demands-Resources Model)은 업무량 이외에도 다양한 요구가 존재한다는 점을 인식하고, 이러한 다양한 요구가 종업원의 안녕과 동기에 미치는 영향을 연구한다.
④ 자원보존 모델(Conservation of Resources Model)은 자원의 실제적 손실 또는 손실의 위협이 종업원에게 스트레스를 경험하게 한다고 주장한다.
⑤ 사람-환경 적합 모델(Person-Environment Fit Model)에 의하면 종업원은 개인과 환경간의 적합도가 낮은 업무 환경을 스트레스원(stressor)으로 지각한다.

해설 ② [×] 요구-통제 모델(Demands-ControI Model)은 통제력은 요구의 부정적 효과를 줄이거나 완충해 주는 역할을 한다고 보는 이론이다. Karasek는 직무통제는 직무요구의 바람직하지 못한 효과를 감소시키는 역할을 한다고 밝혔다. 종업원 자신이 가지는 업무통제력이 많을 때는 스트레스를 줄일 수 있다고 보았다.

65 산업재해의 인적 요인이라고 볼 수 없는 것은?
① 작업 환경   ② 불안전행동   ③ 인간 오류   ④ 사고 경향성
⑤ 직무 스트레스

해설 ① [×] 작업 환경은 산업재해의 환경적 요인에 해당한다.
○ 산업재해 원인
  1. 인적 요인 : 망각, 소질적 결함, 주변적 동작(의식 외의 동작으로 인한 위험성 노출), 의식의 우회, 지름길 반응, 생략행위, 억측판단, 착오(착각), 피로 등
  2. 관리적 요인 : 관리체계 미흡, 안전교육 불충분, 작업관리 불량, 채용과정 오류 등
  3. 환경적 요인 : 인간관계 요인(Man), 설비적(물적) 요인(Machine), 작업환경 요인(Media) 등

66 조명의 측정단위에 관한 설명으로 옳은 것을 모두 고른 것은?

> ㄱ. 광도는 광원의 밝기 정도이다.
> ㄴ. 조도는 물체의 표면에 도달하는 빛의 양이다.
> ㄷ. 휘도는 단위 면적당 표면에서 반사 혹은 방출되는 빛의 양이다.
> ㄹ. 반사율은 조도와 광도간의 비율이다.

① ㄱ, ㄷ   ② ㄴ, ㄹ   ③ ㄱ, ㄴ, ㄷ   ④ ㄱ, ㄷ, ㄹ   ⑤ ㄱ, ㄴ, ㄷ, ㄹ

정답 65. ①   66. ③

해설 ③ [○] 조명의 측정단위와 관련하여 옳은 내용은 (ㄱ), (ㄴ), (ㄷ)이다.
  (ㄱ) [○] 광도는 광원에서 나오는 빛의 밝기 정도이다. 광도 단위는 cd(칸델라)
  (ㄴ) [○] 조도는 물체의 표면에 도달하는 빛의 양으로 장소의 밝기를 나타낸다.
  (ㄷ) [○] 휘도는 단위 면적당 표면에서 반사 혹은 방출되는 빛의 양으로 기호는 cd/m^2 또는 sb이다. sb는 스틸브의 의미이고, $1sb = 10^4\ cd/m^2$
  (ㄹ) 반사율은 반사광의 에너지와 입사광의 에너지의 비율을 말한다. 반사율=휘도/조도

67 인간의 일반적인 정보처리 순서에서 행동실행 바로 전 단계에 해당하는 것은?
① 자극   ② 지각   ③ 주의   ④ 감각   ⑤ 결정

해설 ⑤ [○] 인간의 일반적인 정보처리 순서 : 정보입력 → 감지(정보수용) → 정보보관 → 정보처리→ 의사결정 → 행동실행

68 우리나라에서 발생한 대표적인 직업병 집단 발생 사례들이다. 가장 먼저 발생한 것부터 연도순으로 나열한 것은?

> ㄱ. 경남 소재 에어컨 부속 제조업체의 세척 작업 중 트리클로로메탄에 의한 간독성 사례
> ㄴ. 전자부품 업체의 2-bromopropane에 의한 생식독성 사례
> ㄷ. 휴대전화 부품 협력업체의 메탄올에 의한 시신경 장해 사례
> ㄹ. 노말-헥산에 의한 외국인 근로자들의 다발성 말초신경계 장해 사례
> ㅁ. 원진레이온에서 발생한 이황화탄소 중독 사례

① ㄱ → ㄴ → ㄷ → ㄹ → ㅁ
② ㄱ → ㅁ → ㄹ → ㄷ → ㄴ
③ ㄹ → ㄷ → ㄴ → ㄱ → ㅁ
④ ㅁ → ㄴ → ㄹ → ㄷ → ㄱ
⑤ ㅁ → ㄹ → ㄷ → ㄴ → ㄱ

해설 (ㅁ) 원진레이온(구리)에서 발생한 이황화탄소 중독 사례 - 1988년
  (ㄴ) 전자부품 업체(양산)의 2-bmmopropane에 의한 생식독성 사례 - 1995년
  (ㄹ) 피혁공장(부산)에서 노말-헥산에 의한 외국인 근로자들의 다발성 말초신경 장해 사례 - 2004년
  (ㄷ) 휴대전화 부품 협력업체(부천)의 메탄올에 의한 시신경 장해 사례 - 2015년
  (ㄱ) 에어컨 부속품 업체(창원, 김해)의 세척 작업 중 트리클로로메탄에 의한 간독성 사례 - 2022년

정답 67. ⑤   68. ④

69 유해인자와 주요 건강 장해의 연결이 옳지 않은 것은?

① 감압환경 : 관절 통증   ② 일산화탄소 : 재생불량성 빈혈
③ 망간 : 파킨슨병 유사 증상   ④ 납 : 조혈기능 장해   ⑤ 사염화탄소 : 간독성

해설 ② [×] 일산화탄소에 의한 급성중독은 두통, 메스꺼움, 현기증, 호흡곤란, 심근경색 등이 나타난다. 후천성 재생불량빈혈의 가장 흔한 원인은 항암제, 항생제, 벤젠 등 유기용매, 살충제나 염색제 등의 화학물질이고, X선, 방사성 동위원소 등도 원인물질이다.

70 아래의 그림에서 a에서 b까지의 선분 길이와 c에서 d까지의 선분 길이가 다르게 보이지만 실제로는 같다. 이러한 현상을 나타내는 용어는?

① 포겐도르프(Poggendorf) 착시현상   ② 뮬러-라이어(Muller-Lyer) 착시현상
③ 폰조(Ponzo) 착시현상   ④ 쵤너(Zollner) 착시현상
⑤ 티체너(Titchener) 착시현상

해설 ② [○] 뮬러-라이어(Müller-Lyer) 착시 : a-b가 c-d보다 길어 보이는 현상
① 포겐도르프(Poggendorf) 착시 : (a)-(c)가 일직선인 것처럼 보이는 현상
③ 폰조(Ponzo) 착시 : 중간의 두 수평선부의 길이가 서로 달라 보이는 현상
④ 쵤너(Zöllner) 착시 : 짧은 선들의 영향으로 긴 선이 굽어 보이는 현상
⑤ 티체너(Titchener) 착시 : 같은 크기의 원이지만 서로 달라 보이는 현상

포겐도르프 착시	뮬러-라이어 착시	폰조 착시	쵤너 착시	티체너 착시
(a)(c)(b)	a b / c d	△	(빗금무늬)	(원들)

71 수동식 시료채취기(passive sampler)에 관한 설명으로 옳지 않은 것은?

① 간섭의 원리로 채취한다.   ② 장점은 간편성과 편리성이다.
③ 작업장 내 최소한의 기류가 있어야 한다.
④ 시료채취시간, 기류, 온도, 습도 등의 영향을 받는다.
⑤ 매우 낮은 농도를 측정하려면 능동식에 비하여 더 많은 시간이 소요된다.

정답 69. ② 70. ② 71. ①

해설 ① [×] 수동식 시료채취기는 공기채취펌프가 필요없고 공기층을 통한 확산 또는 투과되는 현상을 이용하여 수동적으로 농도구배에 따라 가스나 증기를 포집한다.
② 장점은 간편성 및 편리성이다.
③ 작업장 내 최소한의 기류는 있어야 한다.
④ 시료채취시간, 기류, 온도, 습도 등의 영향을 받는다.
⑤ 매우 낮은 농도를 측정하려면 능동식에 비하여 장시간에 걸쳐 시료채취를 해야 한다.

72 국소배기장치에 관한 설명으로 옳은 것을 모두 고른 것은?

> ㄱ. 공기보다 무거운 증기가 발생하더라도 발생원보다 낮은 위치에 후드를 설치해서는 안 된다.
> ㄴ. 오염물질을 가능한 모두 제거하기 위해 필요환기량을 최대화한다.
> ㄷ. 공정에 지장을 받지 않으면 후드 개구부에 플랜지를 부착하여 오염원가까이 설치한다.
> ㄹ. 주관과 분지관 합류점의 정압 차이를 크게 한다.

① ㄱ, ㄴ   ② ㄱ, ㄷ   ③ ㄴ, ㄹ   ④ ㄷ, ㄹ   ⑤ ㄱ, ㄴ, ㄷ, ㄹ

해설 (ㄱ) [○] 공기보다 무거운 증기가 발생하더라도, 무조건 높은 위치에 후드를 설치해야 한다.
(ㄷ) [○] 공정에 지장을 받지 않으면 후드 개구부에 플랜지를 부착하여 오염원 가장 가까운 곳에 설치한다.
(ㄴ) 오염물질을 가능한 한 모두 제거하기 위해 필요환기량을 최소화한다.
(ㄹ) 덕트 내에 주관과 분지관 합류점의 정압 차이를 작게 하여 원활한 흐름이 연속되게 한다.

73 화학물질 및 물리적 인자의 노출기준에서 STEL에 관한 설명이다. ( )안의 ㄱ, ㄴ, ㄷ을 모두 합한 값은?

> "단시간노출기준(STEL)"이란 (ㄱ)분간의 시간가중평균노출값으로서 노출농도가 시간가중평균노출기준(TWA)을 초과하고 단시간노출기준 이하인 경우에는 1회 노출 지속시간이 (ㄴ)분 미만이어야 하고, 이러한 상태가 1일 4회 이하로 발생하여야 하며, 각 노출의 간격은 (ㄷ)분 이상이어야 한다.

① 15   ② 30   ③ 65   ④ 90   ⑤ 105

정답 72. ②   73. ④

해설 ④ [○] 단시간노출기준(STEL)이란 15분간의 시간가중평균노출값으로서 노출농도가 시간가중평균노출기준(TWA)을 초과하고 단시간노출기준 이하인 경우에는 1회 노출 지속시간이 15분 미만이어야 하고, 이러한 상태가 1일 4회 이하로 발생하여야 하며, 각 노출의 간격은 60분 이상이어야 한다(화학물질 및 물리적 인자의 노출기준 제2조).
→ 15+15+60=90분

74 라돈에 관한 설명으로 옳지 않은 것은?
① 색, 냄새, 맛이 없는 방사성 기체이다.   ② 밀도는 9.73g/L로 공기보다 무겁다.
③ 국제암연구기구(IARC)에서는 사람에게서 발생하는 폐암에 대하여 제한적 증거가 있는 group 2A로 분류하고 있다.
④ 고용노동부에서는 작업장에서의 노출기준으로 $600Bq/m^3$을 제시하고 있다.
⑤ 미국 환경보호청(EPA)에서는 4pCi/L를 규제기준으로 제시하고 있다.

해설 ③ [×] 국제암연구기구(IARC)에서는 사람에게서 발생하는 폐암에 대하여 제한적 증거가 있는 group 1(사람에게 확실히 암을 일으키는 물질)로 분류하고 있다.
① 색, 냄새, 맛이 없는 방사성 기체, 비활성 기체이다.
② 밀도는 9.73g/L로 공기보다 매우 무거운 기체이다.
④ 고용노동부에서는 작업장에서의 노출기준으로 $600Bq/m^3$, 캐나다 $200Bq/m^3$을 제시하고 있다. [참고] 실내 및 학교 → $148Bq/m^3$
⑤ 미국 환경보호청(EPA)에서는 4pCi/L을 규제기준으로 제시하고 있다.

75 세균성 질환이 아닌 것은?
① 파상풍(tetanus)   ② 탄저병(anthrax)   ③ 레지오넬라증(legionnaires' disease)
④ 결핵(tuberculosis)   ⑤ 광견병(rabies)

해설 ⑤ [×] 광견병은 광견병 바이러스(rabies virus)를 가지고 있는 동물에게 사람이 물려서 생기는 질병으로 급성 뇌척수염의 형태로 나타난다.
○ 세균성 질환 : 클라미디아 폐렴균, 디프테리아, 레지오넬라증, 기종저, 살모넬라증, 결핵균, 백일해, 연쇄상구균, 파상풍, 탄저병 등
○ 세균과 바이러스의 특징 및 비교
1. 세균은 하나의 독립된, 세포로 이뤄진 생물이다. 세포막과 세포벽, 핵, 단백질 등으로 구성되어 있다.
2. 바이러스는 구조가 단순하며, 중간에 유전정보가 들어있는 핵이 있고 이를 단백질이 둘러싸고 있는 것이 전부이다. 바이러스는 세포라고 볼 수 없다.

정답   74. ③   75. ⑤

3. 세균은 감염되면 바로 증상이 나타나지만, 바이러스는 복제 및 증식에 시간이 걸리기 때문에 반드시 잠복기가 있다.
4. 세균은 숙주가 없어도 스스로 증식이 가능하지만, 바이러스는 숙주가 가능한 인간, 동물, 식물, 박테리아가 없이는 증식이 불가능하다.

제11장

2023년 1차 기출문제

제1과목 : 산업안전보건법령 / 440

제2과목 : 산업안전일반 / 454

제3과목 : 기업진단·지도 / 466

| 국가기술자격 필기시험문제 | 2023년 산업안전지도사 1차시험 | 시험시간 : 90분 |

제1과목 : 산업안전보건법령

01 산업안전보건법령상 산업재해발생건수 등의 공표대상 사업장에 해당하지 않는 것은?

① 산업재해로 인한 사망자가 연간 2명 이상 발생한 사업장
② 사망만인율(死亡萬人率)이 규모별 같은 업종의 평균 사망만인율 이상인 사업장
③ 중대산업사고가 발생한 사업장
④ 사업주가 산업재해 발생 사실을 은폐한 사업장
⑤ 사업주가 산업재해 발생에 관한 보고를 최근 3년 이내 1회 이상 하지 않은 사업장

해설 ⑤ [×] 사업주가 산업재해의 발생에 관한 보고를 최근 3년 이내 2회 이상 하지 않은 사업장 (산안령 제10조)

02 산업안전보건법령상 상시근로자 100명인 사업장에 안전보건관리책임자를 두어야 하는 사업을 모두 고른 것은?

ㄱ. 식료품 제조업, 음료 제조업   ㄴ. 1차 금속 제조업   ㄷ. 농업
ㄹ. 금융 및 보험업

① ㄱ, ㄴ   ② ㄴ, ㄷ   ③ ㄷ, ㄹ   ④ ㄱ, ㄴ, ㄹ   ⑤ ㄱ, ㄴ, ㄷ, ㄹ

해설 ① [○] (ㄱ) 및 (ㄴ) → 100명 이상, (ㄷ) 및 (ㄹ) → 300명 이상 (산안령 별표 2)

03 산업안전보건법령상 사업주가 소속 근로자에게 정기적인 안전보건교육을 실시하여야 하는 사업에 해당하는 것은? (단, 다른 감면조건은 고려하지 않음)

① 소프트웨어 개발 및 공급업   ② 금융 및 보험업
③ 사업지원 서비스업   ④ 사회복지 서비스업   ⑤ 사진처리업

해설 ⑤ [○ 사진처리업은 정기교육 제외 대상이다(산안령 별표 1).
○ 다음 각 목의 어느 하나에 해당하는 사업은 정기교육을 제외한다(산안령 별표 1).
  1. 소프트웨어 개발 및 공급업   2. 컴퓨터 프로그래밍, 시스템 통합 및 관리업
  3. 정보서비스업   4. 금융 및 보험업   5. 기타 전문서비스업
  6. 건축기술, 엔지니어링 및 기타 과학기술 서비스업

정답 01. ⑤   02. ①   03. ⑤

7. 기타 전문, 과학 및 기술 서비스업 (사진처리업은 제외한다)
8. 사업지원 서비스업   9. 사회복지 서비스업

04 산업안전보건법령상 건설업체의 산업재해발생률 산출 계산식 상 사업주의 법위반으로 인한 것이 아니라고 인정되는 재해에 의한 사고사망자로서 '사고사망자 수' 산정에서 제외되는 경우를 모두 고른 것은?

> ㄱ. 방화, 근로자간 또는 타인간의 폭행에 의한 경우
> ㄴ. 태풍 등 천재지변에 의한 불가항력적인 재해의 경우
> ㄷ. 「도로교통법」에 따라 도로에서 발생한 교통사고로서 해당 공사의 공사용 차량·장비에 의한 사고에 의한 경우
> ㄹ. 야유회 중의 사고 등 건설작업과 직접 관련이 없는 경우

① ㄱ, ㄷ   ② ㄴ, ㄹ   ③ ㄱ, ㄴ, ㄷ   ④ ㄱ, ㄴ, ㄹ   ⑤ ㄱ, ㄴ, ㄷ, ㄹ

해설 ④ [○] (ㄱ), (ㄴ), (ㄹ)이 설문의 '사고사망자 수' 산정에서 제외되는 경우이다.

○ 산업재해의 사망재해자 중 다음에 해당하는 경우로 당해 사고 발생의 직접적인 원인이 사업주의 법 위반에 기인하지 아니하였다고 인정되는 재해자에 대하여는 가중치를 부여하지 아니한다(건설업체 산업재해발생률 산정기준 별표 1).
1. 교통사고, 고혈압 등 개인지병, 방화 등에 의한 경우
2. 근로자 상호간 또는 타인과의 폭행 등에 의한 경우
3. 폭풍·폭우·폭설 등 천재지변에 의한 경우
4. 당해 사고와 관련하여 법원의 판결 등에 의하여 사업주(수급인, 하수급인, 장비임대 및 설치·해체·물품납품 등에 관한 계약을 체결한 사업주를 포함한다)의 무과실이 인정되는 경우
5. 당해 건설작업과 직접 관련이 없는 제3자의 과실에 의한 경우
6. 기타 취침·운동·휴식중의 사고 등 건설작업과 직접 관련이 없는 경우

05 산업안전보건법령상 안전관리전문기관에 대하여 6개월 이내의 기간을 정하여 업무정지명령을 할 수 있는 사유에 해당하지 않는 것은?

① 지정받은 사항을 위반하여 업무를 수행한 경우
② 거짓이나 그 밖의 부정한 방법으로 지정을 받은 경우
③ 정당한 사유 없이 안전관리 또는 보건관리 업무의 수탁을 거부한 경우
④ 안전관리 또는 보건관리 업무와 관련된 비치서류를 보존하지 않은 경우
⑤ 안전관리 또는 보건관리 업무 수행과 관련한 대가 외에 금품을 받은 경우

해설 ② [×] 거짓이나 그 밖의 부정한 방법으로 지정을 받은 경우는 지정취소 사유이다.

○ 지정의 취소 등 (산안법 제15조)
① 고용노동부장관은 안전관리전문기관이 다음 각 호의 어느 하나에 해당할 때에는 그 지정을 취소하거나 6개월 이내의 기간을 정하여 그 업무의 정지를 명할 수 있다. 다만, 제1호 또는 제2호에 해당할 때에는 그 지정을 취소하여야 한다.
1. 거짓이나 그 밖의 부정한 방법으로 지정을 받은 경우
2. 업무정지 기간 중에 업무를 수행한 경우
3. 지정 요건을 충족하지 못한 경우
4. 지정받은 사항을 위반하여 업무를 수행한 경우
5. 그 밖에 대통령령으로 정하는 사유에 해당하는 경우
② 지정이 취소된 자는 지정이 취소된 날부터 2년 이내에는 안전관리전문기관으로 지정받을 수 없다.

06 산업안전보건법령상 도급인의 안전조치 및 보건조치 관련 설명으로 옳은 것은?

① 건설업의 도급인은 작업장의 정기 안전·보건점검을 분기에 1회 이상 실시해야 한다.
② 토사석 광업의 도급인은 3일에 1회 이상 작업장 순회점검을 실시하여야 한다.
③ 안전 및 보건에 관한 협의체는 도급인 및 그의 수급인 전원으로 구성해야 한다.
④ 안전 및 보건에 관한 협의체는 분기별 1회 이상 정기적으로 회의를 개최하고 그 결과를 기록·보존해야 한다.
⑤ 관계수급인의 공사금액을 포함한 해당 공사의 총공사금액이 10억원 이상인 건설업은 안전보건총괄책임자 지정 대상사업에 해당한다.

해설 ③ [○] 안전 및 보건에 관한 협의체는 도급인 및 그의 수급인 전원으로 구성해야 한다 (산시규 제79조).
① 건설업의 도급인은 작업장의 정기 안전·보건점검을 2개월에 1회 이상 실시하여야 한다(산시규 제82조).
② 토사석 광업의 도급인은 2일에 1회 이상 작업장 순회점검 해야 한다(산시규 제80조).
④ 안전 및 보건에 관한 협의체는 매월 1회 이상 정기적으로 회의를 개최하고 그 결과를 기록·보존해야 한다(산시규 제79조).
⑤ 관계수급인의 공사금액을 포함한 해당 공사의 총공사금액이 20억원 이상인 건설업은 안전보건총괄책임자 지정 대상사업에 해당한다(산안령 제52조).

07 산업안전보건법령상 안전보건관리규정의 세부 내용 중 작업장 안전관리에 관한 사항에 해당하지 않는 것은?

① 안전·보건관리에 관한 계획의 수립 및 시행에 관한 사항
② 기계·기구 및 설비의 방호조치에 관한 사항

정답 06. ③   07. 전부 정답

③ 보호구의 지급 등에 관한 사항   ④ 위험물질의 보관 및 출입 제한에 관한 사항
⑤ 안전표시·안전수칙의 종류 및 게시에 관한 사항

[해설] (출제 오류) 모두 해당되는 맞는 내용임. 최종 발표시 모두 정답 처리
○ 작업장 안전관리로서 ①, ②, ③, ④항이 규정되어 있고, 추가로 ㉠ 유해·위험기계기구 등에 대한 자율검사프로그램에 의한 검사 또는 안전검사에 관한 사항, ㉡ 중대재해 및 중대산업사고 발생, 급박한 산업재해 발생의 위험이 있는 경우 작업중지에 관한 사항 등 총 6개이다(산시규 별표 3).

08 산업안전보건법령상 타워크레인 설치·해체업의 등록 등에 관한 설명으로 옳지 않은 것은?

① 타워크레인 설치·해체업을 등록한 자가 등록한 사항 중 업체의 소재지를 변경할 때에는 변경등록을 하여야 한다.
② 타워크레인을 설치하거나 해체하려는 자가 「국가기술자격법」에 따른 비계기능사의 자격을 가진 사람 3명을 보유하였다면, 타워크레인 설치·해체업을 등록할 수 있다.
③ 송수신기는 타워크레인 설치·해체업의 장비기준에 포함된다.
④ 타워크레인 설치·해체업을 등록하려는 자는 설치·해체업 등록신청서에 관련서류를 첨부하여 주된 사무소의 소재지를 관할하는 지방고용노동관서의 장에게 제출해야 한다.
⑤ 타워크레인 설치·해체업의 등록이 취소된 자는 등록이 취소된 날부터 2년 이내에는 타워크레인 설치·해체업으로 등록받을 수 없다.

[해설] ② [×] 타워크레인을 설치하거나 해체하려는 자가 「국가기술자격법」에 따른 판금제관기능사 또는 비계기능사의 자격을 가진 사람 4명 이상을 보유하였다면, 타워크레인 설치·해체업을 등록할 수 있다(산안령 별표 22).
○ 타워크레인 설치·해체업의 등록요건 (산안령 별표 22)
  1. 인력기준 : 4명 이상
     가. 판금제관기능사 또는 비계기능사
     나. 5년 이내 지정교육이수 및 수료시험 합격자
     다. 5년 이내 보수교육 이수자
  2. 시설기준 : 사무실
  3. 장비기준
     가. 렌치류 (토크렌치, 함마렌치 및 전동임팩트렌치 등 볼트, 너트, 나사 등을 죄거나 푸는 공구)
     나. 드릴링머신 (회전축에 드릴을 달아 구멍을 뚫는 기계)
     다. 버니어캘리퍼스 (자로 재기 힘든 물체의 두께, 지름 따위를 재는 기구)

정답 08. ②

라. 트랜싯 (각도를 측정하는 측량기기로 같은 수준의 기능 및 성능의 측량기기를 갖춘 경우도 인정한다)
마. 체인블록 및 레버블록 (체인 또는 레버를 이용하여 중량물을 달아 올리거나 수직·수평·경사로 이동시키는데 사용하는 기구)
바. 전기테스터기
사. 송수신기

09 산업안전보건법 제58조(유해한 작업의 도급금지) 규정의 일부이다. ( )에 들어갈 숫자로 옳은 것은?

> 제58조(유해한 작업의 도급금지) ①~④ <생략>
> ⑤ 고용노동부장관은 제4항에 따른 유효기간이 만료되는 경우에 사업주가 유효기간의 연장을 신청하면 승인의 유효기간이 만료되는 날의 다음 날부터 ( )년의 범위에서 고용노동부령으로 정하는 바에 따라 그 기간의 연장을 승인할 수 있다. <이하 생략>

① 1 ② 2 ③ 3 ④ 4 ⑤ 5

해설 ③ [○] 고용노동부장관은 제4항에 따른 유효기간이 만료되는 경우에 사업주가 유효기간의 연장을 신청하면 승인의 유효기간이 만료되는 날의 다음 날부터 3년의 범위에서 고용노동부령으로 정하는 바에 따라 그 기간의 연장을 승인할 수 있다. 이 경우 사업주는 제3항에 따른 안전 및 보건에 관한 평가를 받아야 한다(산안법 제58조).

10 산업안전보건법령상 안전검사를 면제할 수 있는 경우에 해당하지 않는 것은?

① 「방위사업법」 제28조 제1항에 따른 품질보증을 받은 경우
② 「선박안전법」 제8조부터 제12조까지의 규정에 따른 검사를 받은 경우
③ 「에너지이용 합리화법」 제39조 제4항에 따른 검사를 받은 경우
④ 「항만법」 제26조제1항 제3호에 따른 검사를 받은 경우
⑤ 「화학물질관리법」 제24조 제3항 본문에 따른 정기검사를 받은 경우

해설 ① [×] 「방위사업법」에 따른 품질보증을 받은 경우는 안전인증 면제 대상이다.
○ 산업안전보건법령상 안전검사를 면제할 수 있는 경우 (산시규 제125조)
1. 「건설기계관리법」에 따른 검사를 받은 경우
2. 「고압가스 안전관리법」에 따른 검사를 받은 경우
3. 「광산안전법」에 따른 검사 중 광업시설의 설치·변경공사 완료 후 일정한 기간이 지날 때마다 받는 검사를 받은 경우
4. 「선박안전법」에 따른 검사를 받은 경우

5. 「에너지이용 합리화법」에 따른 검사를 받은 경우
6. 「원자력안전법」에 따른 검사를 받은 경우
7. 「위험물안전관리법」에 따른 정기점검 또는 정기검사를 받은 경우
8. 「전기사업법」에 따른 검사를 받은 경우
9. 「항만법」에 따른 검사를 받은 경우
10. 「소방시설 설치 및 관리에 관한 법률」에 따른 자체점검 등을 받은 경우 <개정 2024. 6. 28>
11. 「화학물질관리법」에 따른 정기검사를 받은 경우

11 산업안전보건법령상 주요 구조 부분을 변경하는 경우 안전인증을 받아야 하는 기계 및 설비에 해당하지 않는 것은?

① 컨베이어   ② 프레스   ③ 전단기 및 절곡기   ④ 사출성형기   ⑤ 롤러기

해설 ① [×] 안전인증대상기계 등 (산시규 제107조)
1. 설치·이전하는 경우 안전인증을 받아야 하는 기계
   가. 크레인   나. 리프트
   다. 곤돌라
2. 주요 구조 부분을 변경하는 경우 안전인증을 받아야 하는 기계 및 설비
   가. 프레스   나. 전단기 및 절곡기(折曲機)
   다. 크레인   라. 리프트
   마. 압력용기   바. 롤러기
   사. 사출성형기(射出成形機)   아. 고소(高所)작업대
   자. 곤돌라

12 산업안전보건법령상 유해하거나 위험한 기계·기구에 대한 방호조치에 관한 설명으로 옳지 않은 것은?

① 동력으로 작동하는 금속절단기에 날접촉 예방장치를 설치해야 사용에 제공할 수 있다.
② 동력으로 작동하는 기계·기구로서 속도조절 부분이 있는 것은 속도조절 부분에 덮개를 부착하거나 방호망을 설치하여야 양도할 수 있다.
③ 사업주는 방호조치가 정상적인 기능을 발휘할 수 있도록 방호조치와 관련되는 장치를 상시적으로 점검하고 정비하여야 한다.
④ 동력으로 작동하는 기계·기구의 방호조치를 해체하려는 경우 사업주의 허가를 받아야 한다.
⑤ 동력으로 작동하는 진공포장기에 구동부 방호 연동장치를 설치하지 않고 대여의 목적으로 진열한 자는 3년 이하의 징역 또는 3천만원 이하의 벌금에 처한다.

정답 11. ①   12. ⑤

해설 ⑤ [×] 동력으로 작동하는 진공포장기에 구동부 방호 연동장치를 설치하지 않고 대여의 목적으로 진열한 자는 1년 이하의 징역 또는 1천만원 이하의 벌금에 처한다(산안법 제170조).

13 산업안전보건법령상 안전보건관리책임자 등에 대한 직무교육 중 신규교육이 면제되는 사람에 관한 내용이다. ( )에 들어갈 숫자로 옳은 것은?

> 「고등교육법」에 따른 이공계 전문대학 또는 이와 같은 수준 이상의 학교에서 학위를 취득하고, 해당 사업의 관리감독자로서의 업무를 (ㄱ)년(4년제 이공계 대학 학위 취득자는 1년) 이상 담당한 후 고용노동부장관이 지정하는 기관이 실시하는 교육(1998년 12월 31일까지의 교육만 해당한다)을 받고 정해진 시험에 합격한 사람. 다만, 관리감독자로 종사한 사업과 같은 업종(한국표준산업분류에 따른 대분류를 기준으로 한다)의 사업장이면서, 건설업의 경우를 제외하고는 상시근로자 (ㄴ)명 미만인 사업장에서만 안전관리자가 될 수 있다.

① ㄱ : 2, ㄴ : 200 ② ㄱ : 2, ㄴ : 300 ③ ㄱ : 3, ㄴ : 200
④ ㄱ : 3, ㄴ : 300 ⑤ ㄱ : 5, ㄴ : 200

해설 ④ [○] 직무교육의 면제 (산시규 제30조) : 다음 각 호의 어느 하나에 해당하는 사람
1. 안전보건관리담당자
2. 고등교육법 따른 학위 취득 후 관리감독자 3년(단, 300명 미만인 사업장에서만)
3. 초·중등교육법에 따른 학교를 졸업하고 관리감독자 5년(단, 50명 이상 1천명 미만인 사업장에서만)

14 산업안전보건법령상 유해성·위험성 조사 제외 화학물질에 해당하는 것을 모두 고른 것은? (단, 고용노동부장관이 공표하거나 고시하는 물질은 고려하지 않음)

> ㄱ. 「농약관리법」 제2조 제1호 및 제3호에 따른 농약 및 원제
> ㄴ. 「마약류 관리에 관한 법률」 제2조 제1호에 따른 마약류
> ㄷ. 「사료관리법」 제2조 제1호에 따른 사료
> ㄹ. 「생활주변방사선 안전관리법」 제2조 제2호에 따른 원료물질

① ㄱ, ㄴ ② ㄷ, ㄹ ③ ㄱ, ㄴ, ㄷ ④ ㄴ, ㄷ, ㄹ ⑤ ㄱ, ㄴ, ㄷ, ㄹ

해설 ③ [○] (ㄱ), (ㄴ), (ㄷ) 항만 유해성·위험성 조사 제외 화학물질에 해당한다.
○ 유해성·위험성 조사 제외 화학물질 (산안령 제85조)
1. 원소
2. 천연으로 산출된 화학물질

정답 13. ④   14. ③

3. 「건강기능식품에 관한 법률」에 따른 건강기능식품
4. 「군수품관리법」 및 「방위사업법」에 따른 군수품 [통상품(痛常品)은 제외한다]
5. 「농약관리법」에 따른 농약 및 원제
6. 「마약류 관리에 관한 법률」에 따른 마약류
7. 「비료관리법」에 따른 비료
8. 「사료관리법」에 따른 사료
9. 「생활화학제품 및 살생물제의 안전관리에 관한 법률」에 따른 살생물물질 및 살생물제품
10. 「식품위생법」에 따른 식품 및 식품첨가물
11. 「약사법」에 따른 의약품 및 의약외품(醫藥外品)
12. 「원자력안전법」에 따른 방사성물질
13. 「위생용품 관리법」에 따른 위생용품
14. 「의료기기법」에 따른 의료기기
15. 「총포·도검·화약류 등의 안전관리에 관한 법률」에 따른 화약류
16. 「화장품법」에 따른 화장품과 화장품에 사용하는 원료
17. 고용노동부장관이 명칭, 유해성·위험성, 근로자의 건강장해 예방을 위한 조치 사항 및 연간 제조량·수입량을 공표한 물질로서 공표된 연간 제조량·수입량 이하로 제조하거나 수입한 물질
18. 고용노동부장관이 환경부장관과 협의하여 고시하는 화학물질 목록에 기록되어 있는 물질

15 산업안전보건법령상 자율안전확인의 신고에 관한 설명으로 옳지 않은 것은?

① 「산업표준화법」 제15조에 따른 인증을 받은 경우에는 자율안전확인의 신고를 면제할 수 있다.
② 롤러기 급정지장치는 자율안전확인대상기계 등에 해당한다.
③ 자율안전확인의 표시는 「국가표준기본법 시행령」 제15조의 7 제1항에 따른 표시기준 및 방법에 따른다.
④ 자율안전확인 표시의 사용 금지 공고내용에 사업장 소재지가 포함되어야 한다.
⑤ 고용노동부장관은 자율안전확인표시의 사용을 금지한 날부터 20일 이내에 그 사실을 관보 등에 공고하여야 한다.

해설 ⑤ [×] 고용노동부장관은 자율안전확인표시의 사용을 금지한 날부터 30일 이내에 그 사실을 관보 등에 공고하여야 한다(산시규 제122조).

○ 포함사항 : 자율안전확인대상기계 등의 명칭 및 형식번호, 자율안전확인번호, 제조사(수입자), 사업장 소재지, 사용금지 기간 및 사용금지 사유

15. ⑤

16 산업안전보건법령상 상시근로자 30명인 도매업의 사업주가 일용근로자를 제외한 근로자에게 실시해야 하는 안전보건교육 교육과정별 교육시간 중 채용시 교육의 교육시간으로 옳은 것은? (단, 다른 감면조건은 고려하지 않음)

① 30분 이상   ② 1시간 이상   ③ 2시간 이상   ④ 3시간 이상
⑤ 4시간 이상

해설 ⑤ [○] 일용근로자를 제외한 근로자는 8시간의 2분의 1인 4시간 이상 실시하면 된다.
○ 근로자 안전보건교육 (산시규 별표 4)

교육과정	교육대상		교육시간
가. 정기교육	1) 사무직 종사 근로자		매반기 6시간 이상
	2) 그 밖의 근로자	가) 판매업무에 직접 종사하는 근로자	매반기 6시간 이상
		나) 판매업무에 직접 종사 근로자 외 근로자	매반기 12시간 이상
나. 채용 시 교육	1) 일용근로자 및 근로계약기간이 1주일 이하인 기간제근로자		1시간 이상
	2) 근로계약기간이 1주일 초과 1개월 이하인 기간제근로자		4시간 이상
	3) 그 밖의 근로자		8시간 이상
다. 작업내용 변경시 교육	1) 일용근로자 및 근로계약기간이 1주일 이하인 기간제근로자		1시간 이상
	2) 그 밖의 근로자		2시간 이상
라. 특별교육	1) 일용근로자 및 근로계약기간이 1주일 이하인 기간제근로자 : 별표 5 제1호 라목(제39호 타워크레인 신호업무 작업은 제외한다)에 해당 작업 종사 근로자에 한정한다.		2시간 이상
	2) 일용근로자 및 근로계약기간이 1주일 이하인 기간제근로자 : 별표 5 제1호 라목 제39호에 해당하는 작업에 종사하는 근로자에 한정한다.		8시간 이상
	3) 일용근로자 및 근로계약기간이 1주일 이하인 기간제근로자를 제외한 근로자: 별표 5 제1호 라목에 해당하는 작업에 종사하는 근로자에 한정한다.		가) 16시간 이상(최초 작업 종사 전 4시간 이상 실시하고 12시간은 3개월 이내에서 분할하여 실시 가능) 나) 단기간 작업 또는 간헐적 작업인 경우 2시간 이상
마. 건설업 기초 안전·보건교육	건설 일용근로자		4시간 이상

정답 16. ⑤

◎ 채용 시 교육 : 일용근로자 및 기간제근로자를 제외한 근로자 → 8시간 이상

비고 1. 상시근로자 50명 미만의 도매업과 숙박 및 음식점업은 위 표의 가목부터 라목까지의 규정에도 불구하고 해당 교육과정별 교육시간의 2분의 1이상을 실시해야 한다.
2. 다음 각 목의 어느 하나에 해당하는 경우는 위 표의 가목부터 라목까지의 규정에도 불구하고 해당 교육과정별 교육시간의 2분의 1 이상을 그 교육시간으로 한다.
 가. 영 별표 1 제1호에 따른 사업
  1) 「광산안전법」 적용 사업 (광업 중 광물의 채광·채굴·선광 또는 제련 등의 공정으로 한정하며, 제조공정은 제외한다)
  2) 「원자력안전법」 적용 사업 (발전업 중 원자력 발전설비를 이용하여 전기를 생산하는 사업장으로 한정한다)
  3) 「항공안전법」 적용 사업 (항공기, 우주선 및 부품 제조업과 창고 및 운송 관련 서비스업, 여행사 및 기타 여행보조 서비스업 중 항공 관련 사업은 제외한다)
  4) 「선박안전법」 적용 사업 (선박 및 보트 건조업은 제외한다)
 나. 상시근로자 50명 미만의 도매업, 숙박 및 음식점업

17 산업안전보건법령상 공정안전보고서에 관한 설명으로 옳지 않은 것은?

① 원유 정제처리업의 보유설비가 있는 사업장의 사업주는 공정안전보고서를 작성하여야 한다.
② 사업주가 공정안전보고서를 작성할 때, 산업안전보건위원회가 설치되어 있지 아니한 사업장의 경우에는 근로자대표의 의견을 들어야 한다.
③ 공정안전보고서에는 비상조치계획이 포함되어야 하고, 그 세부 내용에는 주민홍보계획을 포함해야 한다.
④ 원자력 설비는 공정안전보고서의 제출 대상인 유해하거나 위험한 설비에 해당한다.
⑤ 공정안전보고서 이행상태평가의 방법 등 이행상태평가에 필요한 세부적인 사항은 고용노동부장관이 정한다.

해설 ④ [×] 원자력 설비는 공정안전보고서의 제출 대상인 유해하거나 위험한 설비로 보지 않는다(산안령 제43조).
 ○ 공정안전보고서의 제출 대상 (산안령 제43조)
  1. 원유 정제처리업 2. 기타 석유정제물 재처리업
  3. 석유화학계 기초화학물질 제조업 또는 합성수지 및 기타 플라스틱물질 제조업
  4. 질소 화합물, 질소·인산 및 칼리질 화학비료 제조업 중 질소질 비료 제조
  5. 복합비료 및 기타 화학비료 제조업 중 복합비료 제조 (단순혼합 또는 배합은 제외)
  6. 화학 살균·살충제 및 농업용 약제 제조업 (농약 원제 제조만 해당한다)
  7. 화약 및 불꽃제품 제조업

정답 17. ④

○ 공정안전보고서의 제출 대상 제외 (산안령 제43조)
1. 원자력 설비   2. 군사시설
3. 사업주가 해당 사업장 내에서 직접 사용하기 위한 난방용 연료의 저장설비 및 사용설비
4. 도매·소매시설   5. 차량 등의 운송설비
6. 「액화석유가스의 안전관리 및 사업법」에 따른 액화석유가스의 충전·저장시설
7. 「도시가스사업법」에 따른 가스공급시설
8. 그 밖에 고용노동부장관이 누출·화재·폭발 등의 사고가 있더라도 그에 따른 피해의 정도가 크지 않다고 인정하여 고시하는 설비

18 산업안전보건법령상 서류의 보존기간이 3년인 것을 모두 고른 것은?

> ㄱ. 산업보건의의 선임에 관한 서류   ㄴ. 산업재해의 발생 원인 등 기록
> ㄷ. 산업안전보건위원회의 회의록
> ㄹ. 신규화학물질의 유해성·위험성 조사에 관한 서류

① ㄱ, ㄷ   ② ㄴ, ㄹ   ③ ㄱ, ㄴ, ㄹ   ④ ㄴ, ㄷ, ㄹ   ⑤ ㄱ, ㄴ, ㄷ, ㄹ

해설 ③ [○] 서류의 보존기간이 3년인 것은 (ㄱ), (ㄴ), (ㄹ)이다.
(ㄷ) 산업안전보건위원회의 회의록은 2년 동안 보존해야 한다(산안법 제164조).

19 산업안전보건법령상 유해인자의 유해성·위험성 분류기준에 관한 설명으로 옳은 것을 모두 고른 것은?

> ㄱ. 소음은 소음성난청을 유발할 수 있는 90데시벨(A) 이상의 시끄러운 소리이다.
> ㄴ. 물과 상호작용을 하여 인화성 가스를 발생시키는 고체·액체 또는 혼합물은 물반응성 물질에 해당한다.
> ㄷ. 20℃, 표준압력(101.3kPa)에서 공기와 혼합하여 인화되는 범위에 있는 가스는 인화성 가스에 해당한다.
> ㄹ. 이상기압은 게이지 압력이 제곱센티미터당 1킬로그램 초과 또는 미만인 기압이다.

① ㄱ, ㄴ   ② ㄷ, ㄹ   ③ ㄱ, ㄴ, ㄷ   ④ ㄴ, ㄷ, ㄹ   ⑤ ㄱ, ㄴ, ㄷ, ㄹ

해설 ④ [○] 유해인자의 유해성·위험성 분류기준으로 옳은 것은 (ㄴ), (ㄷ), (ㄹ)이다.
(ㄱ) [×] 소음은 소음성난청을 유발할 수 있는 85dB(A) 이상의 시끄러운 소리이다(산기규 제512조).

정답 18. ③   19. ④

20 산업안전보건법령상 근로환경의 개선에 관한 설명으로 옳지 않은 것은?

① 도급인의 사업장에서 관계수급인 또는 관계수급인의 근로자가 작업을 하는 경우에는 도급인은 그 사업장에 소속된 사람 중 산업위생관리산업기사 이상의 자격을 가진 사람으로 하여금 작업환경측정을 하도록 하여야 한다.
② 사업주는 근로자대표가 요구하면 작업환경측정 시 근로자대표를 참석시켜야 한다.
③ 「의료법」에 따른 의원 또는 한의원은 작업환경측정기관으로 고용노동부장관의 승인을 받을 수 있다.
④ 한국산업안전보건공단은 작업환경측정 결과가 노출기준 미만인데도 직업병 유소견자가 발생한 경우에는 작업환경측정 신뢰성평가를 할 수 있다.
⑤ 사업주는 산업안전보건위원회 또는 근로자대표가 요구하면 작업환경측정 결과에 대한 설명회 등을 개최하여야 한다.

해설 ③ [×] 「의료법」에 따른 종합병원 또는 병원은 작업환경측정기관으로 고용노동부장관의 승인을 받을 수 있다(산안령 제95조).

21 산업안전보건법령상 건강진단 및 건강관리에 관한 설명으로 옳지 않은 것은?

① 사업주가 「선원법」에 따른 건강진단을 실시한 경우에는 그 건강진단을 받은 근로자에 대하여 일반건강진단을 실시한 것으로 본다.
② 일반건강진단의 제1차 검사항목에 흉부방사선 촬영은 포함되지 않는다.
③ 사업주는 특수건강진단의 결과를 근로자의 건강 보호 및 유지 외의 목적으로 사용해서는 아니 된다.
④ 일반건강진단, 특수건강진단, 배치전건강진단, 수시건강진단, 임시건강진단의 비용은 「국민건강보험법」에서 정한 기준에 따른다.
⑤ 사업주는 배치전건강진단을 실시하는 경우 근로자대표가 요구하면 근로자대표를 참석시켜야 한다.

해설 ② [×] 일반건강진단의 제1차 검사항목에 흉부방사선 촬영이 포함된다(산시규 제198조).
  ○ 일반건강진단의 제1차 검사항목
    1. 과거병력, 작업경력 및 자각·타각증상(시진·촉진·청진 및 문진)
    2. 혈압·혈당·요당·요단백 및 빈혈검사
    3. 체중·시력 및 청력   4. 흉부방사선 촬영
    5. AST(SGOT) 및 ALT(SGPT), γ-GTP 및 총콜레스테롤

정답 20. ③   21. ②

22 산업안전보건법령상 지도사 보수교육에 관한 설명이다. ( )에 들어갈 숫자로 옳은 것은?

> 고용노동부령으로 정하는 보수교육의 시간은 업무교육 및 직업윤리교육의 교육시간을 합산하여 총 (ㄱ)시간 이상으로 한다. 다만, 법 제145조 제4항에 따른 지도사 등록의 갱신기간 동안 시행규칙 제230조 제1항에 따른 지도실적이 (ㄴ)년 이상인 지도사의 교육시간은 (ㄷ)시간 이상으로 한다.

① ㄱ : 10, ㄴ : 1, ㄷ : 5 ② ㄱ : 10, ㄴ : 2, ㄷ : 10
③ ㄱ : 20, ㄴ : 1, ㄷ : 5 ④ ㄱ : 20, ㄴ : 2, ㄷ : 10
⑤ ㄱ : 20, ㄴ : 2, ㄷ : 15

해설 ④ [○] 지도사 보수교육 (산시규 제231조)
1. 지도사 보수교육의 시간은 업무교육 및 직업윤리교육의 교육시간을 합산하여 총 20시간 이상으로 한다. 다만, 지도실적이 2년 이상인 지도사의 교육시간은 10시간 이상으로 한다.
2. 공단이 보수교육을 실시하였을 때에는 그 결과를 보수교육이 끝난 날부터 10일 이내에 고용노동부장관에게 보고해야 하며, 다음 각 호의 서류를 5년간 보존해야 한다.
    가. 보수교육 이수자 명단   나. 이수자의 교육 이수를 확인할 수 있는 서류

23 산업안전보건법령상 유해위험방지계획서 제출 대상인 건설공사에 해당하지 않는 것은? (단, 자체심사 및 확인업체의 사업주가 착공하려는 건설공사는 제외함)

① 연면적 3천제곱미터 이상인 냉동·냉장 창고시설의 설비공사
② 최대 지간(支間)길이(다리의 기둥과 기둥의 중심사이의 거리)가 50미터 이상인 다리의 건설 등 공사
③ 지상높이가 31미터 이상인 건축물의 건설 등 공사
④ 저수용량 2천만톤 이상의 용수 전용 댐의 건설 등 공사
⑤ 깊이 10미터 이상인 굴착공사

해설 ① [×] 연면적 5천m² 이상인 냉동·냉장 창고시설의 설비공사가 대상이 된다.
○ 유해위험방지계획서 제출 대상 건설공사 (산안령 제42조)
1. 다음의 어느 하나에 해당하는 건축물 또는 시설 등의 건설·개조 또는 해체 공사
    가. 지상높이가 31m 이상인 건축물 또는 인공구조물
    나. 연면적 3만m² 이상인 건축물
    다. 연면적 5천m² 이상인 시설로서 다음의 어느 하나에 해당하는 시설

1) 문화 및 집회시설 (전시장 및 동물원·식물원은 제외한다)
2) 판매시설, 운수시설 (고속철도의 역사 및 집배송시설은 제외한다)
3) 종교시설   4) 의료시설 중 종합병원 5) 숙박시설 중 관광숙박시설
6) 지하도상가 7) 냉동·냉장 창고시설

2. 연면적 5천m² 이상인 냉동·냉장 창고시설의 설비공사 및 단열공사
3. 최대 지간(支間)길이(다리의 기둥과 기둥의 중심사이의 거리)가 50m 이상인 다리의 건설 등 공사
4. 터널의 건설 등 공사
5. 다목적댐, 발전용댐, 저수용량 2천만톤 이상의 용수 전용 댐 및 지방상수도 전용 댐의 건설 등 공사
6. 깊이 10m 이상인 굴착공사

24 산업안전보건법령상 안전보건진단을 받아 안전보건개선계획을 수립할 대상으로 옳은 것을 모두 고른 것은?

┌───┐
│ ㉠ 유해인자의 노출기준을 초과한 사업장
│ ㉡ 산업재해율이 같은 업종의 규모별 평균 산업재해율보다 높은 사업장
│ ㉢ 사업주가 필요한 안전조치 또는 보건조치를 이행하지 아니하여 중대재해가 발생한 사업장
│ ㉣ 상시근로자 1천명 이상 사업장으로서 직업성 질병자가 연간 3명 이상 발생한 사업장
└───┘

① ㉠, ㉡   ② ㉢, ㉣   ③ ㉠, ㉡, ㉢   ④ ㉡, ㉢, ㉣   ⑤ ㉠, ㉡, ㉢, ㉣

해설 ② [○] (ㄱ), (ㄴ)항은 안전보건개선계획의 수립·시행 명령(산안법 제49조) 대상이다.
○ 안전보건진단을 받아 안전보건개선계획을 수립할 대상 (산안령 제49조)
   1. 산업재해율이 같은 업종 평균 산업재해율의 2배 이상인 사업장
   2. 사업주가 필요한 안전조치 또는 보건조치를 이행하지 아니하여 중대재해가 발생한 사업장
   3. 직업성 질병자가 연간 2명 이상(상시근로자 1천명 이상 사업장의 경우 3명 이상) 발생한 사업장
   4. 그 밖에 작업환경 불량, 화재·폭발 또는 누출 사고 등으로 사업장 주변까지 피해가 확산된 사업장으로서 고용노동부령으로 정하는 사업장
○ 안전보건개선계획의 수립·시행 명령 대상 (산안법 제49조)
   1. 산업재해율이 같은 업종의 규모별 평균 산업재해율보다 높은 사업장
   2. 사업주가 필요한 안전조치 또는 보건조치를 이행하지 아니하여 중대재해가 발생한 사업장

정답 24. ②

3. 대통령령으로 정하는 수 이상의 직업성 질병자가 발생한 사업장
4. 유해인자의 노출기준을 초과한 사업장

25 산업안전보건법령상 산업안전지도사와 산업보건지도사의 직무에 공통적으로 해당되는 것은?

① 유해·위험의 방지대책에 관한 평가·지도
② 근로자 건강진단에 따른 사후관리 지도
③ 공정상의 안전에 관한 평가·지도
④ 작업환경의 평가 및 개선 지도
⑤ 안전보건개선계획서의 작성

해설 ⑤ [○] 안전보건개선계획서의 작성이 공통으로 해당하는 직무이다.

○ 산업안전지도사의 직무 (산안법 제142조)
  1. 공정상의 안전에 관한 평가·지도
  2. 유해·위험의 방지대책에 관한 평가·지도
  3. 제1호 및 제2호의 사항과 관련된 계획서 및 보고서의 작성
  4. 그 밖에 산업안전에 관한 사항으로서 대통령령으로 정하는 사항

○ 산업보건지도사 등의 직무 (산안법 제142조)
  1. 작업환경의 평가 및 개선 지도
  2. 작업환경 개선과 관련된 계획서 및 보고서의 작성
  3. 근로자 건강진단에 따른 사후관리 지도
  4. 직업성 질병 진단(「의료법」에 따른 의사인 산업보건지도사만 해당한다) 및 예방 지도
  5. 산업보건에 관한 조사·연구
  6. 그 밖에 산업보건에 관한 사항으로서 대통령령으로 정하는 사항

제2과목 : 산업안전일반

26 산업안전보건법령상 안전보건교육 교육대상별 교육내용에서 특별교육 대상에 해당하지 않는 작업명은?

① 전압이 75볼트 이상인 정전 및 활선작업
② 콘크리트 파쇄기를 사용하는 파쇄작업 (2미터 이상인 구축물의 파쇄작업만 해당한다)
③ 굴착면의 높이가 2미터 이상이 되는 지반 굴착(터널 및 수직갱 외의 갱 굴착은 제외한다)작업
④ 선박에 짐을 쌓거나 부리거나 이동시키는 작업
⑤ 게이지 압력을 제곱미터당 1kg 이상으로 사용하는 압력용기의 설치 및 취급작업

해설 ⑤ [×] 게이지 압력을 cm² 당 1kg 이상으로 사용하는 압력용기의 설치 및 취급작업 (산시규 별표 5)

○ 특별교육 대상 작업별 교육 → 대상 작업 (산시규 별표 5)
1. 고압실 내 작업 (잠함공법이나 그 밖의 압기공법으로 대기압을 넘는 기압인 작업실 또는 수갱 내부에서 하는 작업만 해당한다)
2. 아세틸렌 용접장치 또는 가스집합 용접장치를 사용하는 금속의 용접·용단 또는 가열작업 (발생기·도관 등에 의하여 구성되는 용접장치만 해당한다)
3. 밀폐된 장소(탱크 내 또는 환기가 극히 불량한 좁은 장소를 말한다)에서 하는 용접작업 또는 습한 장소에서 하는 전기용접 작업
4. 폭발성·물반응성·자기반응성·자기발열성 물질, 자연발화성 액체·고체 및 인화성 액체의 제조 또는 취급작업 (시험연구를 위한 취급작업은 제외한다)
5. 액화석유가스·수소가스 등 인화성 가스 또는 폭발성 물질중 가스의 발생장치 취급작업
6. 화학설비 중 반응기, 교반기·추출기의 사용 및 세척작업
8. 분말·원재료 등을 담은 호퍼(하부가 깔대기 모양으로 된 저장통)·저장창고 등 저장탱크의 내부작업
9. 다음 각 목에 정하는 설비에 의한 물건의 가열·건조작업
    가. 건조설비 중 위험물 등에 관계되는 설비로 속부피가 1m³ 이상인 것
    나. 건조설비 중 가목의 위험물 등 외의 물질에 관계되는 설비로서, 연료를 열원으로 사용하는 것 (그 최대연소소비량이 매 시간당 10kg 이상인 것만 해당) 또는 전력을 열원으로 사용하는 것(정격소비전력 10kW 이상인 경우만 해당)
10. 다음 각 목에 해당하는 집재장치(집재기·가선·운반기구·지주 및 이들에 부속하는 물건으로 구성되고, 동력을 사용하여 원목 또는 장작과 숯을 담아 올리거나 공중에서 운반하는 설비를 말한다)의 조립, 해체, 변경 또는 수리작업 및 이들 설비에 의한 집재 또는 운반 작업
    가. 원동기의 정격출력이 7.5kW를 넘는 것 ◆
    나. 지간의 경사거리 합계가 350m 이상인 것
    다. 최대사용하중이 200kg 이상인 것
11. 동력에 의하여 작동되는 프레스기계를 5대 이상 보유한 사업장에서 해당 기계로 하는 작업
12. 목재가공용 기계[둥근톱기계, 띠톱기계, 대패기계, 모떼기기계 및 라우터기(목재를 자르거나 홈을 파는 기계)만 해당하며, 휴대용은 제외한다]를 5대 이상 보유한 사업장에서 해당 기계로 하는 작업
13. 운반용 등 하역기계를 5대 이상 보유한 사업장에서의 해당 기계로 하는 작업
14. 1톤 이상의 크레인을 사용하는 작업 또는 1톤 미만의 크레인 또는 호이스트를 5대 이상 보유한 사업장에서 해당 기계로 하는 작업 (제40호의 작업은 제외한다)

15. 건설용 리프트·곤돌라를 이용한 작업
16. 주물 및 단조(금속을 두들기거나 눌러서 형체를 만드는 일) 작업
17. 전압이 75볼트 이상인 정전 및 활선작업
18. 콘크리트 파쇄기를 사용하여 하는 파쇄작업 (2m 이상 구축물 파쇄작업만 해당)
19. 굴착면의 높이가 2m 이상인 지반 굴착(터널 및 수직갱 외의 갱 굴착은 제외)작업 ◆
20. 흙막이 지보공의 보강 또는 동바리를 설치하거나 해체하는 작업
21. 터널 안에서의 굴착작업(굴착용 기계를 사용하여 하는 굴착작업 중 근로자가 칼날 밑에 접근하지 않고 하는 작업은 제외한다) 또는 같은 작업에서의 터널 거푸집 지보공의 조립 또는 콘크리트 작업
22. 굴착면의 높이가 2m 이상이 되는 암석의 굴착작업
23. 높이가 2m 이상인 물건을 쌓거나 무너뜨리는 작업 (하역기계로만 하는 작업은 제외한다)
24. 선박에 짐을 쌓거나 부리거나 이동시키는 작업 ◆
25. 거푸집 동바리의 조립 또는 해체작업 작업
27. 건축물의 골조, 다리의 상부 구조 또는 탑의 금속제의 부재로 구성되는 것(5m 이상인 것만 해당한다)의 조립·해체 또는 변경작업
28. 처마 높이가 5m 이상인 목조건축물의 구조 부재의 조립이나 건축물의 지붕 또는 외벽 밑에서의 설치작업
29. 콘크리트 인공구조물(그 높이가 2m 이상인 것만 해당한다)의 해체 또는 파괴작업 ◆
30. 타워크레인을 설치(상승작업을 포함한다)·해체하는 작업
31. 보일러(소형 보일러 및 다음 각 목의 보일러는 제외한다)의 설치 및 취급 작업
　가. 몸통 반지름이 750mm 이하이고 그 길이가 1,300mm 이하인 증기보일러
　나. 전열면적이 3m² 이하인 증기보일러
　다. 전열면적이 14m² 이하인 온수보일러
　라. 전열면적이 30m² 이하인 관류보일러 (물관 사용 가열 방식의 보일러)
32. 게이지 압력을 cm² 당 1kg 이상으로 사용하는 압력용기의 설치 및 취급작업 ◆
33. 방사선 업무에 관계되는 작업 (의료 및 실험용은 제외한다)
34. 밀폐공간에서의 작업
35. 허가 또는 관리 대상 유해물질의 제조 또는 취급작업
36. 로봇작업
37. 석면해체·제거작업
38. 가연물이 있는 장소에서 하는 화재위험작업
39. 타워크레인을 사용하는 작업시 신호업무를 하는 작업

27 교육훈련 기법에서 강의법(Lecture method)의 장점으로 옳지 않은 것은?

① 수강자의 학습참여도가 높고 적극성과 협조성을 부여하는 데 효과적이다.
② 오래된 전통 교수방법이며 안전지식의 전달방법으로 유용하다.
③ 시간과 장소의 제약이 비교적 적다.
④ 수업의 도입이나 초기단계에 적용이 효과적이다.
⑤ 많은 인원을 대상으로 교육할 수 있다.

해설 ① [×] 수강자의 학습참여도가 높고 적극성과 협조성을 부여하는데 효과적인 것은 토의법이다.

28 원인결과분석(CCA)기법에 관한 기술지침상 원인결과분석의 평가절차를 순서대로 옳게 나열한 것은?

| ㄱ. 안전요소의 확인 | ㄴ. 최소컷세트 평가 | ㄷ. 사건수의 구성 |
| ㄹ. 평가할 사건의 선정 | ㅁ. 결과의 문서화 | ㅂ. 결함수의 구성 |

① ㄱ → ㄹ → ㄷ → ㅂ → ㄴ → ㅁ
② ㄱ → ㄹ → ㅂ → ㄴ → ㄷ → ㅁ
③ ㄷ → ㅂ → ㄴ → ㄹ → ㄱ → ㅁ
④ ㄹ → ㄱ → ㄷ → ㅂ → ㄴ → ㅁ
⑤ ㄹ → ㄱ → ㅂ → ㄴ → ㄷ → ㅁ

해설 ④ [○] 수행절차 : 평가할 사건의 선정 → 안전요소의 확인 → 사건수의 구성 → 결함수의 구성 → 최소컷세트 평가 → 결과의 문서화

○ 원인결과 분석기법(CCA : Cause Consequence Analysis)

○ 사건수 분석기법 및 결함수 분석기법을 결합한 것으로 잠재된 사고의 결과 및 근본적인 원인을 찾아내고, 사고결과와 원인 사이의 상호관계를 예측하며, 리스크를 정량적으로 평가하는 리스크 평가기법

[출처] 고용노동부 위험성평가 지침(고용노동부 고시) 해설서, 주요위험성평가 기법 소개

29 안전관리 활동을 통해서 얻을 수 있는 긍정적인 효과가 아닌 것은?

① 근로자의 사기 진작
② 생산성 향상
③ 손실비용 증가
④ 신뢰성 유지 및 확보
⑤ 이윤 증대

해설 ③ [×] 손실비용 감소가 긍정적 효과이다. 이런 문제는 상식문제이므로 절대 틀리지 않도록 유의한다.

정답 27. ① 28. ④ 29. ③

30 산업안전보건법상 산업안전보건위원회의 심의·의결 사항으로 옳은 것을 모두 고른 것은?

> ㄱ. 산업재해에 관한 통계의 기록 및 유지에 관한 사항
> ㄴ. 사업장의 산업재해 예방계획의 수립에 관한 사항
> ㄷ. 작업환경측정 등 작업환경의 점검 및 개선에 관한 사항
> ㄹ. 유해하거나 위험한 기계·기구·설비를 도입한 경우 안전 및 보건 관련 조치에 관한 사항

① ㄱ   ② ㄴ, ㄹ   ③ ㄷ, ㄹ   ④ ㄱ, ㄴ, ㄷ   ⑤ ㄱ, ㄴ, ㄷ, ㄹ

해설 ⑤ [○] 산업안전보건위원회의 심의·의결 사항 (산안법 제24조, 제15조)
   1. 사업장의 산업재해 예방계획의 수립에 관한 사항
   2. 안전보건관리규정의 작성 및 변경에 관한 사항
   3. 안전보건교육에 관한 사항
   4. 작업환경측정 등 작업환경의 점검 및 개선에 관한 사항
   5. 근로자의 건강진단 등 건강관리에 관한 사항
   6. 산업재해에 관한 통계의 기록 및 유지에 관한 사항
   7. 중대재해에 관한 사항
   8. 유해·위험한 기계·기구·설비를 도입한 경우 안전 및 보건 조치 관련 사항
   9. 그 밖에 해당 사업장 근로자의 안전 및 보건 유지·증진을 위하여 필요한 사항

31 제조물 책임법에 관한 내용으로 옳지 않은 것은?
① "제조업자"란 제조물의 제조·가공 또는 수입을 업(業)으로 하는 자를 말한다.
② 동일한 손해에 대하여 배상할 책임이 있는 자가 2인 이상인 경우에는 연대하여 그 손해를 배상할 책임이 있다.
③ "제조물"이란 제조되거나 가공된 동산(다른 동산이나 부동산의 일부를 구성하는 경우를 포함한다)을 말한다.
④ "설계상의 결함"이란 제조업자가 합리적인 설명·지시·경고 또는 그 밖의 표시를 하였더라면 해당 제조물에 의하여 발생할 수 있는 피해나 위험을 줄이거나 피할 수 있었음에도 이를 하지 아니한 경우를 말한다.
⑤ 제조업자는 제조물의 결함으로 생명·신체 또는 재산에 손해(그 제조물에 대하여만 발생한 손해는 제외한다)를 입은 자에게 그 손해를 배상하여야 한다.

해설 ④ [×] "표시상의 결함"이란 제조업자가 합리적인 설명·지시·경고 또는 그 밖의 표시를 하였더라면 해당 제조물에 의하여 발생할 수 있는 피해나 위험을 줄이거나 피할 수 있었음에도 이를 하지 아니한 경우를 말한다(제조물 책임법 제2조).

○ 제조물책임 용어 (제조물 책임법 제2조)
"결함"이란 해당 제조물에 제조상·설계상 또는 표시상의 결함이 있거나 그 밖에 통상적으로 기대할 수 있는 안전성이 결여되어 있는 것을 말한다.

◇ 제조물책임 배상액 정할 때 고려사항 (제조물 책임법 제3조)
1. 고의성의 정도
2. 해당 제조물의 결함으로 인하여 발생한 손해의 정도
3. 해당 제조물의 공급으로 인하여 제조업자가 취득한 경제적 이익
4. 해당 제조물의 결함으로 인하여 제조업자가 형사처벌 또는 행정처분을 받은 경우 그 형사처벌 또는 행정처분의 정도
5. 해당 제조물의 공급이 지속된 기간 및 공급 규모
6. 제조업자의 재산상태
7. 제조업자가 피해구제를 위하여 노력한 정도

◇ 제조물책임 면책사유 (제조물 책임법 제4조)
1. 제조업자가 해당 제조물을 공급하지 아니하였다는 사실
2. 제조업자가 해당 제조물을 공급한 당시의 과학·기술 수준으로는 결함의 존재를 발견할 수 없었다는 사실
3. 제조물의 결함이 제조업자가 해당 제조물을 공급한 당시의 법령에서 정하는 기준을 준수함으로써 발생하였다는 사실
4. 원재료나 부품의 경우에는 그 원재료나 부품을 사용한 제조물 제조업자의 설계 또는 제작에 관한 지시로 인하여 결함이 발생하였다는 사실

32. 현장이나 직장에서 직속상사가 부하직원에게 일상 업무를 통하여 지식, 기능, 문제해결능력 및 태도 등을 교육 훈련하는 방법으로 개별교육에 적합한 것은?
① TWI(Training Within Industry)
② OJT(On the Job Training)
③ ATP(Administration Training Program)
④ MTP(Management Training Program)
⑤ Off JT(Off the Job Training)

해설 ② OJT(On the Job Training)는 "직장 내 교육훈련"이라고도 불리며, 직무를 수행하는 과정에서 부서 내 직속 상사나 선배들에게 직접적으로 직무교육을 받는 것이 특징이다.

33. 재해의 통계적 원인분석 방법에 해당하지 않는 것은?
① 파레토도 ② 특성요인도 ③ 소시오메트리도 ④ 클로즈분석도 ⑤ 관리도

해설 ③ [×] 소시오메트리(sociometry)는 정신과 의사 모레노(Jacob Moreno)에 의해 고안된 것으로, 인간관계의 그래프나 조직망을 추적하는 이론이다.

정답 32. ② 33. ③

34 제어시스템에서의 안전무결성 등급(SIL)에 관한 일부 내용이다. ( )에 들어갈 것으로 옳은 것은?

안전무결성 등급	목표평균 고장확률
(ㄱ)	10^{-5} 이상 ~ 10^{-4} 미만
(ㄴ)	10^{-2} 이상 ~ 10^{-1} 미만

① ㄱ : 1, ㄴ : 4   ② ㄱ : 1, ㄴ : 5   ③ ㄱ : 4, ㄴ : 1
④ ㄱ : 5, ㄴ : 1   ⑤ ㄱ : 5, ㄴ : 2

해설 ③ [○] 안전무결성 수준 (IEC 61508) : SIL(Safety Integrity Level)

안전무결성 등급	목표평균 고장확률
4	10^{-5} 이상 ~ 10^{-4} 미만
3	10^{-4} 이상 ~ 10^{-3} 미만
2	10^{-3} 이상 ~ 10^{-2} 미만
1	10^{-2} 이상 ~ 10^{-1} 미만

35 산업재해발생의 기본 원인 4M에 해당하지 않는 것은?

① Man   ② Method   ③ Machine   ④ Media   ⑤ Management

해설 ② [×] Method(방법)는 제조공정관리의 4요소인 Man, Machine, Material, Method의 하나이다.

36 공정안전성 분석(K-PSR)기법에 관한 기술지침상 "위험형태"에 해당하는 것을 모두 고른 것은?

ㄱ. 누출   ㄴ. 화재·폭발   ㄷ. 공정 트러블   ㄹ. 상해

① ㄱ, ㄴ   ② ㄱ, ㄷ   ③ ㄴ, ㄷ   ④ ㄱ, ㄴ, ㄷ   ⑤ ㄱ, ㄴ, ㄷ, ㄹ

해설 ⑤ [○] "위험형태"라 함은 사업장에서 발생한 사고로 인하여 직·간접적으로 인적, 물적, 환경적 피해를 입히는 원인이 될 수 있는 잠재적인 위험의 종류를 말하며, 본 지침에서는 누출, 화재·폭발, 공정 트러블 및 상해 등 4가지로 표현된다.
(KOSHA Guide P-111-2021 공정안전성 분석(K-PSR)기법에 관한 기술지침)

정답 34. ③   35. ②   36. ⑤

37 인간공학적 동작경제원칙에 관한 내용으로 옳지 않은 것은?

① 양손은 동시에 시작하고 동시에 끝나지 않도록 한다.
② 양팔의 동작은 동시에 서로 반대방향으로 대칭적으로 움직이도록 한다.
③ 손과 신체동작은 작업을 원만하게 수행할 수 있는 범위 내에서 가장 낮은 동작등급을 사용하도록 한다.
④ 족답장치를 활용하여 양손이 다른 일을 할 수 있도록 한다.
⑤ 휴식시간을 제외하고는 양손이 동시에 쉬지 않도록 한다.

해설 ① [×] 양손은 동시에 시작하고 동시에 끝나도록 한다.

38 인간-기계시스템 설계과정 6단계를 순서대로 옳게 나열한 것은?

| ㄱ. 시스템 정의 | ㄴ. 목표 및 성능명세 결정 | ㄷ. 기본설계 |
| ㄹ. 인터페이스 설계 | ㅁ. 촉진물, 보조물 설계 | ㅂ. 시험 및 평가 |

① ㄱ → ㄴ → ㄷ → ㄹ → ㅁ → ㅂ
② ㄱ → ㄴ → ㄹ → ㄷ → ㅁ → ㅂ
③ ㄱ → ㄷ → ㄴ → ㅁ → ㄹ → ㅂ
④ ㄴ → ㄱ → ㄷ → ㄹ → ㅁ → ㅂ
⑤ ㄴ → ㄷ → ㄱ → ㅁ → ㄹ → ㅂ

해설 ④ [○] 시스템(체계) 설계의 주요 과정
1. 시스템 목표 및 성능 명세 결정
2. 시스템 정의(체계의 정의)
3. 기본설계 : 작업설계, 직무분석, 기능할당
4. 계면설계(인터페이스 설계) : 작업공간, 표시장치, 조종장치
5. 촉진물 설계 : 인간 성능 증진, 보조물 설계
6. 시험 및 평가

39 부품 신뢰도가 A인 동일한 4개의 부품을 병렬로 연결하였을 때 전체시스템의 신뢰도는 0.9984가 되었다. 이 부품 신뢰도 A는 얼마인가?

① 0.5 ② 0.6 ③ 0.7 ④ 0.8 ⑤ 0.9

해설 ④ [○] 병렬설계시 전체시스템 신뢰도 $R_S = 1-(1-R)^4 = 0.9984$ → $R = 0.8$

40 안전성평가 6단계에서 단계별 내용으로 옳지 않은 것은?

① 2단계 : 정성적 평가 ② 3단계 : 정량적 평가 ③ 4단계 : 안전대책
④ 5단계 : 재해정보에 의한 재평가 ⑤ 6단계 : ETA에 의한 재평가

해설 ⑤ [×] 6단계 : FTA에 의한 재평가

○ 안전성평가 6단계 : 제1단계(관계자료의 정비 검토) → 제2단계(정성적 평가) → 제3단계(정량적 평가) → 제4단계(안전대책) → 제5단계(재해정보에 의한 재평가) → 제6단계(FTA에 의한 재평가)

41 A부품의 고장확률 밀도함수는 평균고장률이 시간당 10^{-2} 인 지수분포를 따르고 있다. 이 부품을 180분 작동시켰을 때의 불신뢰도는? (단, 소수점 셋째 자리에서 반올림하여 소수점 둘째 자리까지 구하시오.)

① 0.03 ② 0.05 ③ 0.95 ④ 0.97 ⑤ 0.99

해설 ① [○] $F(t) = 1 - R(t) = 1 - e^{-\lambda t} = 1 - e^{-10^{-2} \times 3} = 1 - e^{-0.03} = 1 - \dfrac{1}{e^{0.03}} = 1 - 0.97 = 0.03$

42 산업안전보건기준에 관한 규칙상 공기압축기를 가동하기 전에 관리감독자가 하여야 하는 작업시작 전 점검사항으로 옳지 않은 것은?

① 슬라이드 또는 칼날에 의한 위험방지 기구의 기능
② 압력방출장치의 기능
③ 언로드밸브(unloading valve)의 기능
④ 회전부의 덮개
⑤ 드레인밸브(drain valve)의 조작 및 배수

해설 ① [×] 슬라이드 또는 칼날에 의한 위험방지 기구의 기능은 프레스 관련 사항이다.

43 사고피해 예측 기법에 관한 기술지침상 위험 기준의 정립에 관한 내용이다. ( )에 들어갈 것으로 옳은 것은?

○ 화재(복사열) : 화구 등과 같이 짧은 시간동안 발생하는 강렬한 복사열에 의한 위험 또는 증기운 화재, 고압분출 화재, 액면 화재 등에 의한 장시간의 복사열에 의하여 근로자 또는 주변 기기에 미치는 영향을 판단할 수 있는 기준은 (ㄱ) kW/m² 의 복사열이 미치는 거리로 한다.

○ 폭발(과압) : 증기운 폭발 등과 같은 폭발 사고시 주변 기기 및 근로자 등에 미치는 영향을 판단할 수 있는 기준은 (ㄴ) kPa의 과압이 도달하는 거리로 한다.

① ㄱ : 1, ㄴ : 0.07 ② ㄱ : 1, ㄴ : 6.9 ③ ㄱ : 5, ㄴ : 0.07
④ ㄱ : 5, ㄴ : 6.9 ⑤ ㄱ : 10, ㄴ : 0.07

정답 41. ① 42. ① 43. ④

해설 ④ [○] 위험 기준의 정립(사고피해 예측기법에 관한 기술지침 (KOSHA Guide P-102)
1. 화재(복사열) : 화구 등과 같이 짧은 시간동안 발생하는 강렬한 복사열에 의한 위험 또는 증기운 화재, 고압분출 화재, 액면 화재 등에 의한 장시간의 복사열에 의하여 근로자 또는 주변 기기에 미치는 영향을 판단할 수 있는 기준은 $5kW/m^2$ ($1,585Btu/hr/ft^2$)의 복사열이 미치는 거리로 한다.
2. 폭발(과압) : 증기운 폭발 등과 같은 폭발 사고시 주변 기기 및 근로자 등에 미치는 영향을 판단할 수 있는 기준은 $0.07kgf/cm^2$ ($6.9kPa$, $1psi$)의 과압이 도달하는 거리로 한다.

44 재해사례연구의 진행단계에 관한 내용이다. 진행단계를 순서대로 옳게 나열한 것은?

> ㄱ. 재해와 관계가 있는 사실 및 재해요인으로 알려진 사실을 객관적으로 확인한다.
> ㄴ. 재해의 중심이 된 근본적인 문제점을 결정한 후 재해원인을 결정한다.
> ㄷ. 재해 상황을 파악한다.
> ㄹ. 파악된 사실로부터 문제점을 파악한다.
> ㅁ. 동종재해와 유사재해의 예방대책 및 실시계획을 수립한다.

① ㄱ → ㄷ → ㄴ → ㄹ → ㅁ
② ㄱ → ㄷ → ㄹ → ㄴ → ㅁ
③ ㄴ → ㄷ → ㄱ → ㄹ → ㅁ
④ ㄷ → ㄱ → ㄴ → ㄹ → ㅁ
⑤ ㄷ → ㄱ → ㄹ → ㄴ → ㅁ

해설 ⑤ [○] 재해사례연구 순서 5단계 : 전제조건(재해 상황의 파악) → 제1단계(사실의 확인)→ 제2단계(문제점 발견) → 제3단계(근본 문제점 결정) → 제4단계(대책수립)

45 암실 내에서 정지된 작은 빛을 응시하고 있으면 그 빛이 움직이는 것처럼 보이는 것을 자동운동이라고 한다. 자동운동이 생기기 쉬운 조건으로 옳은 것은?
① 광점이 클 것
② 광의 강도가 작을 것
③ 시야의 다른 부분이 밝을 것
④ 대상이 복잡할 것
⑤ 광의 눈부심과 조도가 클 것

해설 ② [○] 광의 강도가 작을 것 → 자동운동이 생기기 쉬운 조건으로 옳은 내용이다.
○ 자동운동이 생기기 쉬운 조건
1. 광점이 작을 것
2. 광의 강도가 작을 것
2. 시야의 다른 부분이 어두울 것
4. 대상이 단순할 것
5. 광의 눈부심과 조도가 작을 것 등

정답 44. ⑤   45. ②

46 통전경로별 위험도가 큰 순서대로 옳게 나열한 것은?

ㄱ. 오른손 → 가슴   ㄴ. 왼손 → 한발 또는 양발   ㄷ. 왼손 → 가슴
ㄹ. 왼손 → 오른손

① ㄱ > ㄴ > ㄷ > ㄹ   ② ㄴ > ㄷ > ㄱ > ㄹ   ③ ㄷ > ㄱ > ㄴ > ㄹ
④ ㄹ > ㄱ > ㄴ > ㄷ   ⑤ ㄹ > ㄱ > ㄷ > ㄴ

해설 ③ [○] (ㄱ) 오른손→가슴(1.3), (ㄴ) 왼손→한발 또는 양발(1.0), (ㄷ) 왼손→가슴(1.5), (ㄹ) 왼손→오른손(0.4)

○ 통전 경로별 위험도

통전경로	위험도	통전경로	위험도
왼손 → 가슴	1.5	왼손 → 등	0.7
오른손 → 가슴	1.3	한손 또는 양손 → 앉은 자리	0.7
왼손 → 한발 또는 양발	1.0	왼손 → 오른손	0.4
양손 → 양발	1.0	오른손 → 등	0.3
오른손 → 한발 또는 양발	0.8		

47 반지름 30cm의 조종구를 20° 움직였을 때 표시계기의 지침이 2cm 이동하였다면, 이 계기의 통제표시비는?

① 약 4.12   ② 약 5.23   ③ 약 7.34   ④ 약 8.42   ⑤ 약 10.46

해설 ② [○] $C/R \text{ ratio} = \dfrac{\dfrac{\alpha}{360} \times 2\pi R}{2} = \dfrac{\dfrac{20}{360} \times 2\pi \times 30}{2} = 5.23$

48 시몬즈(Simonds)의 재해손실비 평가방법에 관한 내용이다. ( )에 들어갈 것으로 옳은 것은?

○ 총 재해비용 = 산재보험비용 + (ㄱ)비용
○ (ㄱ)비용 = 휴업상해건수×A + (ㄴ)건수×B + (ㄷ)건수×C + 무상해 사고건수×D
  (여기서, A, B, C, D는 장해 정도별 비보험비용의 평균치임)

① ㄱ : 비보험, ㄴ : 입원상해, ㄷ : 유족상해
② ㄱ : 간접, ㄴ : 입원상해, ㄷ : 비응급조치

정답 46. ③   47. ②   48. ③

③ ㄱ : 비보험, ㄴ : 통원상해, ㄷ : 응급조치
④ ㄱ : 간접, ㄴ : 통원상해, ㄷ : 중상해
⑤ ㄱ : 비보험, ㄴ : 물적손실, ㄷ : 비응급조치

해설 ③ [○] 총재해비용=산재보험비용+비보험비용
비보험비용=휴업상해건수×A+ 통원상해건수×B+ 응급조치건수×C+ 무상해사고건수×D
여기서, A, B, C, D는 장해 정도별 비보험비용의 평균치

49 산업안전보건기준에 관한 규칙에서 정하고 있는 "충격소음작업" 정의의 일부내용이다. ( )에 들어갈 것으로 옳은 것은?

> "충격소음작업"이란 소음이 1초 이상의 간격으로 발생하는 작업으로서 다음 각목의 어느 하나에 해당하는 작업을 말한다.
> 가. 120데시벨을 초과하는 소음이 1일 (ㄱ)회 이상 발생하는 작업
> 나. (ㄴ)데시벨을 초과하는 소음이 1일 1천회 이상 발생하는 작업

① ㄱ : 1천, ㄴ : 125   ② ㄱ : 3천, ㄴ : 125   ③ ㄱ : 5천, ㄴ : 125
④ ㄱ : 8천, ㄴ : 130   ⑤ ㄱ : 1만, ㄴ : 130

해설 ⑤ [○] "충격소음작업"이란 소음이 1초 이상의 간격으로 발생하는 작업으로서 다음 각목의 어느 하나에 해당하는 작업을 말한다(산기규 제512조).
1. 120dB를 초과하는 소음이 1일 1만회 이상 발생하는 작업
2. 130dB를 초과하는 소음이 1일 1천회 이상 발생하는 작업
3. 140dB를 초과하는 소음이 1일 1백회 이상 발생하는 작업

50 매슬로우(Maslow)의 동기부여 이론(욕구5단계 이론)에 관한 내용으로 옳지 않은 것은?

① 제1단계 : 생리적 욕구 (생명유지의 기본적 욕구)
② 제2단계 : 도전 욕구 (새로운 것에 대한 도전 욕구)
③ 제3단계 : 사회적 욕구 (소속감과 애정 욕구)
④ 제4단계 : 존경 욕구 (인정받으려는 욕구)
⑤ 제5단계 : 자아실현 욕구 (잠재적 능력의 실현 욕구)

해설 ② [×] 제2단계 : 안전 욕구 (안전할 것에 대한 욕구)

정답 49. ⑤   50. ②

제3과목 : 기업진단·지도

51 인사평가의 방법을 상대평가법과 절대평가법으로 구분할 때 상대평가법에 속하는 기법을 모두 고른 것은?

> ㄱ. 서열법 ㄴ. 쌍대비교법 ㄷ. 평정척도법 ㄹ. 강제할당법 ㅁ. 행위기준척도법

① ㄱ, ㄴ, ㄷ ② ㄱ, ㄴ, ㄹ ③ ㄱ, ㄷ, ㄹ ④ ㄴ, ㄷ, ㅁ ⑤ ㄴ, ㄹ, ㅁ

[해설] ② [○] 상대평가(선별형 인사평가)의 평가기법에는 서열법, 쌍대비교법, 강제할당법이 있고, 절대평가(육성형 인사평가)의 평가기법에는 평정척도법, 체크리스트법, 중요사건기술법 등이 있다.

52 기능별 부문화와 제품별 부문화를 결합한 조직구조는?

① 가상조직(virtual organization)
② 하이퍼텍스트조직(hypertext organization)
③ 애드호크라시(adhocracy)
④ 매트릭스조직(matrix organization)
⑤ 네트워크조직(network organization)

[해설] ④ [○] 매트릭스 조직은 계층적인 기능식 조직에 수평적인 사업부제 조직을 결합한 부문화의 형태로 양자간의 균형을 추구하는 것이다. 매트릭스 조직은 복수의 보고라인이 있는 조직이며, 일반적으로 조직 기능과 사업 분야를 교차시켜 구성된 조직 형태이다.

② 하이퍼텍스트 조직은 기존의 관료제 조직과 프로젝트 팀 혹은 태스크 포스와 같은 조직구조의 장점만을 모은 조직이라고 볼 수 있다. 즉, 창조성과 효율성이라는 두 가지 상반되는 원리가 양립하면서도 기능교체가 역동적으로 이루어지는 조직이다. 구성원이 자신들이 속한 부서에만 매여있는 것이 아니라 자유롭게 다시 부서를 구성할 수 있는 창조적 조직이다. 하이퍼텍스트 조직은 Nonaka와 Takeuchi가 미들업다운 관리에 적합한 조직이론으로 제시한 이론이다.

③ 애드호크라시(adhocracy)는 기존의 관료제에서 탈피하여 다양한 분야의 전문가들로 구성된 융통적·적응적·혁신적 사회조직을 말한다.

53 부당노동행위 중 근로자가 어느 노동조합에 가입하지 아니할 것 또는 탈퇴할 것을 고용조건으로 하거나 특정한 노동조합의 조합원이 될 것을 고용조건으로 하는 행위는?

① 불이익대우
② 단체교섭거부
③ 지배·개입 및 경비원조
④ 황견계약
⑤ 정당한 단체행동참가에 대한 해고 및 불이익대우

정답 51. ② 52. ④ 53. ④

해설 ④ [○] 황견계약(黃犬契約, yellow dog contract)은 차별대우를 교환조건으로 노동조합에 가입하지 않고 쟁의에도 참가하지 않거나 조합으로부터 탈퇴한다는 등의 조건을 내용으로 노동자가 개별적으로 사용자와 맺는 고용계약을 말한다. 노동자의 단결권, 단체교섭권, 단체행동권을 침해하는 것으로, 대한민국에서는 이를 부당노동행위로 규정하여 금지하고 있다.

54 아담스(J. Adams)의 공정성이론에서 투입과 산출의 내용 중 투입이 아닌 것은?
① 시간 ② 노력 ③ 임금 ④ 경험 ⑤ 창의성

해설 ③ [×] 아담스(J. Adams)의 공정성이론은 조직 내 구성원들이 서로를 비교하는 습성이 있다는 데 주목하여 조직구성원 간 처우의 공정성(형평성)에 대한 인식이 동기부여에 영향을 미친다는 공정성이론을 제시하였다. 즉, 개인의 투입-산출비용이 타인의 것과 비교했을 때 불공정하다고 인식되면 개인은 불공정성을 감소시켜 공정성을 유지하기 위하여 동기가 유발된다는 것이다. 형평성이론, 공평성이론, 균형이론, 사회적 교환이론이라고도 한다.

55 집단의사결정기법에 관한 설명으로 옳지 않은 것은?
① 델파이법(Delphi technique)은 의사결정 시간이 짧아 긴박한 문제의 해결에 적합하다.
② 브레인스토밍(brainstorming)은 다른 참여자의 아이디어에 대해 비판할 수 없다.
③ 프리모텀(premortem) 기법은 어떤 프로젝트가 실패했다고 미리 가정하고 그 실패의 원인을 찾는 방법이다.
④ 지명반론자법은 악마의 옹호자(devil's advocate) 기법이라고도 하며, 집단사고의 위험을 줄이는 방법이다.
⑤ 명목집단법은 참여자들 간에 토론을 하지 못한다.

해설 ① [×] 델파이법(Delphi technique)은 어떠한 문제에 관하여 전문가들의 견해를 유도하고 종합하여 집단적 판단으로 정리하는 일련의 절차라고 정의할 수 있다. 전문가들이 직접 모이지 않고 주로 우편이나 전자 메일을 통한 통신수단으로 의견을 수렴하여 도출된 의견을 내놓는다는 것이 주된 특징이다. 합의도출 과정에서 의견조정작업, 합의 도출, 중재, 반복수행을 하므로 시간이 많이 걸린다.

56 식스 시그마(Six Sigma) 분석도구 중 품질 결함의 원인이 되는 잠재적인 요인들을 체계적으로 표현해 주며, Fishbone Diagram으로도 불리는 것은?
① 린 차트 ② 파레토 차트 ③ 가치흐름도 ④ 원인결과 분석도
⑤ 프로세스 관리도

정답 54. ③ 55. ① 56. ④

해설 ④ [○] Fishbone Diagram은 생선뼈 그림, 특성요인도, 원인과 결과의 관계도, 이시카와 다이어그램이라고도 한다. 대표적 명칭은 특성요인도이며, 특성(일의 결과나 문제점)과 要因(원인)이 어떻게 관계하고 있는가를 한 눈으로 알아보기 쉽게 작성한 그림이다.

57 재고량에 관한 의사결정을 할 때 고려해야 하는 재고유지 비용을 모두 고른 것은?

> ㄱ. 보관설비 비용   ㄴ. 생산준비 비용   ㄷ. 진부화 비용   ㄹ. 품절 비용
> ㅁ. 보험 비용

① ㄱ, ㄴ, ㄷ   ② ㄱ, ㄴ, ㄹ   ③ ㄱ, ㄷ, ㅁ   ④ ㄱ, ㄹ, ㅁ   ⑤ ㄴ, ㄷ, ㄹ

해설 ③ [○] 재고유지비용은 재고를 보유함으로써 발생하는 비용으로서, (ㄱ), (ㄷ), (ㅁ)이 해당한다. 재고유지비용에는 이자, 보험료, 세금, 감가상각비, 진부화비용, 손상비용, 도난비용, 파손비용, 입고비 등과 같이 품목을 보관하는 것과 관련된 비용을 합한 비용이다.

58 수요를 예측하는데 있어 과거 자료보다는 최근 자료가 더 중요한 역할을 한다는 논리에 근거한 지수평활법을 사용하여 수요를 예측하고자 한다. 다음 자료의 수요 예측값(F_t)은?

> ○ 직전 기간의 지수평활 예측값(F_{t-1})=1,000   ○ 평활 상수(α)=0.05
> ○ 직전 기간의 실제값(A_{t-1})=1,200

① 1,005   ② 1,010   ③ 1,015   ④ 1,020   ⑤ 1,200

해설 ② 차기예측치 $F_t = F_{t-1} + \alpha(A_{t-1} - F_{t-1}) = 1,000 + 0.05(1,200 - 1,000) = 1,010$

[주의] 여기서, 직전이란 차기의 직전이란 의미이며, '차기의 직전=당기'란 의미이다.

59 서비스 수율관리(yield management)가 효과적으로 나타나는 경우가 아닌 것은?
① 변동비가 높고 고정비가 낮은 경우
② 재고가 저장성이 없어 시간이 지나면 소멸하는 경우
③ 예약으로 사전에 판매가 가능한 경우
④ 수요의 변동이 시기에 따라 큰 경우
⑤ 고객특성에 따라 수요를 세분화할 수 있는 경우

정답   57. ③   58. ②   59. ①

해설 ① [×] 변동비가 높고 고정비가 낮은 경우에는 서비스 수율관리가 필요하다.

○ 서비스 수율관리(yield management)
수율관리는 다른 업종에 비해 서비스업에서 더 강조되는 개념이다. 그 이유는 서비스업의 특징 때문인데, 예를 들어 항공사의 빈 좌석은 비행기 출발과 함께 소멸되는 속성을 가지기 때문이다. 즉, 서비스업은 상대적으로 ① 고정된 서비스 능력, ② 생산과 소비의 동시성, ③ 심한 수요 변동과 같은 특징을 가지고 있기 때문에 서비스 수율관리가 필요하다.

60 오건(D. Organ)이 범주화한 조직시민행동의 유형에서 불평, 불만, 험담 등을 하지 않고, 있지도 않은 문제를 과장해서 이야기 하지 않는 행동에 해당하는 것은?

① 시민덕목(civic virtue)　　② 이타주의(altruism)
③ 성실성(conscientiousness)　　④ 스포츠맨십(sportsmanship)
⑤ 예의(courtesy)

해설 ④ [○] 스포츠맨십(sportmanship)은 조직 내에서 불평·불만스런 상황을 기꺼이 감내하거나 조직내 사건에 대해서 악담하는 등의 행위를 하지 않는 것으로 조직에 대해 불평하지 않거나, 사소한 고충이나 불편을 감내하는 경우를 들 수 있다. 또한 스포츠맨십(sportsmanship)은 조직 내에서 발생하는 불평·고충 등을 잘 견디며 규칙이나 판정에 승복하는 자발적인 행동을 의미하기도 한다.

① 시민덕목(civic virtue)은 시민행동이라고도 하며, 조직생활에 대해 책임의식을 가지고 참여하는 개인행동으로 조직 내 다양한 구성원들과 친목활동을 가지는 등의 변화주도적인 활동을 의미한다.

⑤ 예의성(courtesy)은 자신의 의사결정이나 참여에 따라 다른 이들이 영향을 받게 될 경우 미리 조치를 강구하여 문제를 사전에 예방하려는 행동을 의미한다.

61 직업 스트레스에 관한 설명으로 옳지 않은 것은?

① 비르(T. Beehr)와 프랜즈(T. Franz)는 직업 스트레스를 의학적 접근, 임상·상담적 접근, 공학심리학적 접근, 조직심리학적 접근 등 네 가지 다른 관점에서 설명할 수 있다고 제안하였다.
② 요구-통제 모델(Demands-Control Model)은 업무량 이외에도 다양한 요구가 존재한다는 점을 인식하고, 이러한 다양한 요구가 종업원의 안녕과 동기에 미치는 영향을 연구한다.
③ 자원보존 이론(Conservation of Resources Theory)은 종업원들은 시간에 걸쳐 자원을 축적하려는 동기를 가지고 있으며, 자원의 실제적 손실 또는 손실의 위협이 그들에게 스트레스를 경험하게 한다고 주장한다.

정답 60. ④　61. ②

④ 셀리에(H. Selye)의 일반적 적응증후군 모델은 경고(alarm), 저항(resistance), 소진(exhaustion)의 세 가지 단계로 구성된다.
⑤ 직업 스트레스 요인 중 역할 모호성(role ambiguity)은 종업원이 자신의 직무기능과 책임이 무엇인지 불명확하게 느끼는 정도를 말한다.

해설 ② [×] 요구-통제 모델(Demands-Control Model)은 직무요구와 직무통제력을 측정하여 개인의 안녕(well-being)과 동기부여를 측정할 수 있다는 이론이다.
○ Karasek(1979)은 직무요구와 통제라는 두 개의 중요한 환경적 요인에 초점을 맞추어 직무와 관련된 스트레스와 동기부여를 예측하기 위해 JD-C model을 개발했다. 직무요구는 개인에게 부과하는 업무 양 또는 작업 과부하, 대인간 갈등, 직무 불안정 등을 말하고, 통제는 직원 스스로 자신의 직무 활동을 어느 정도 통제할 수 있는지를 의미한다.

62 직무만족을 측정하는 대표적인 척도인 직무기술 지표(Job Descriptive Index : JDI)의 하위 요인이 아닌 것은?

① 업무   ② 동료   ③ 관리 감독   ④ 승진 기회   ⑤ 작업 조건

해설 ⑤ [×] 직무만족의 측정을 위한 가장 많이 사용하는 직무만족 척도에는 직무기술 지표(Job Descriptive Index : JDI ; Smith 등)가 있다. 이 척도는 업무, 관리감독, 급여, 동료, 승진기회 등 5개의 단면들을 평가한다.

63 브룸(V. Vroom)의 기대 이론(expectancy theory)에서 일정 수준의 행동이나 수행이 결과적으로 어떤 성과를 가져올 것이라는 믿음을 나타내는 것은?

① 기대(expectancy)   ② 방향(direction)   ③ 도구성(instrumentality)
④ 강도(intensity)   ⑤ 유인가(valence)

해설 (출제 오류) 확정답안 발표시 ①, ③을 정답 처리
①, ③ [○] 브룸(V. Vroom)의 기대 이론은 동기 부여에 관해 기대 이론을 적용하여, 구성원이 직무에 열심히 하도록 하는 조건에 관한 이론이다. 브룸은 3가지 요인인 기대감, 수단성, 유의성이 동기 부여를 결정하며 경영자는 이 요소들을 극대화시켜야 한다고 주장하였다. 그는 동기 부여를 3요소의 곱으로 나타낼 수 있다고 주장했다.
동기 부여(Motivational Force)=기대감×수단성×유의성
여기서, $0 \leq 기대감 \leq 1$, $-1 \leq 수단성 \cdot 유의성 \leq 1$

정답 62. ⑤   63. ①, ③

64 라스무센(J. Rasmussen)의 수행수준 이론에 관한 설명으로 옳은 것은?

① 실수(slip)의 기본적인 분류는 3가지 주제에 대한 것으로 의도형성에 따른 오류, 잘못된 활성화에 의한 오류, 잘못된 촉발에 의한 오류이다.

② 인간의 행동을 숙련(skill)에 바탕을 둔 행동, 규칙(rule)에 바탕을 둔 행동, 지식(knowledge)에 바탕을 둔 행동으로 분류한다.

③ 오류의 종류로 인간공학적 설계오류, 제작오류, 검사오류, 설치 및 보수오류, 조작오류, 취급오류를 제시한다.

④ 오류를 분류하는 방법으로 오류를 일으키는 원인에 의한 분류, 오류의 발생결과에 의한 분류, 오류가 발생하는 시스템 개발단계에 의한 분류가 있다.

⑤ 사람들의 오류를 분석하고 심리수준에서 구체적으로 설명할 수 있는 모델이며 욕구체계, 기억체계, 의도체계, 행위체계가 존재한다.

해설 ② [○] 라스무센(J. Rasmussen)은 휴먼에러를 숙련기반에러, 규칙기반에러, 지식기반에러로 분류하였다. 라스무센은 정보처리 3단계(사다리) 모형을 제시했다.

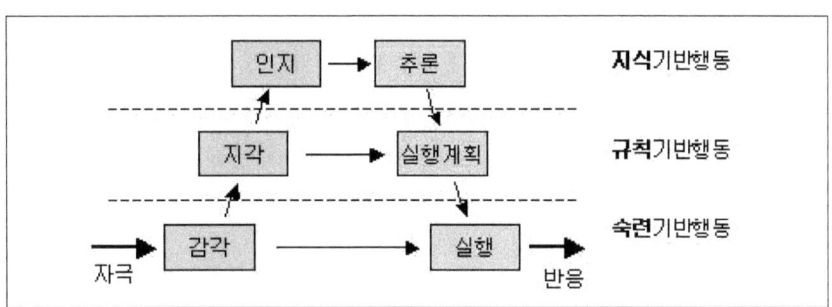

65 착시를 크기 착시와 방향 착시로 구분하는 경우, 동일한 물리적인 길이와 크기를 가지는 선이나 형태를 다르게 지각하는 크기 착시에 해당하지 않는 것은?

① 뮐러-라이어(Muller-Lyer) 착시 ② 폰조(Ponzo) 착시
③ 에빙하우스(Ebbinghaus) 착시 ④ 포겐도르프(Poggendorf) 착시
⑤ 델뵈프(Delboeuf) 착시

해설 ④ [×] 포겐도르프 착시(Poggendorff illusion)는 (a)와 (b)가 실제로는 일직선이지만 마치 (a)와 (c)가 일직선으로 보이는 착시이다.

① 뮐러-라이어(Müller-Lyer) 착시는 a-b가 c-d 보다 더 길어 보이는 착시
② 폰조(Ponzo) 착시 : 중간의 두 수평선부의 길이가 서로 다르게 보이는 착시
③ 에빙하우스 착시 또는 티체너 착시는 같은 크기 원이 달라 보이는 착시이다.
⑤ 델뵈프(Delboeuf) 착시는 3개의 검은 원은 동일 크기이지만 가운데 원이 가장 크게 보이는 착시이다.

정답 64. ② 65. ④

뮐러-라이어 착시	폰조 착시	에빙하우스 착시	포겐도르프 착시	델뵈프 착시
a b c d	/\ — —	●● ● ● ● ●	(a) (c) (b)	● ● ●

66 해크만(J. Hackman)과 올드햄(G. Oldham)의 직무특성 이론은 5개의 핵심 직무특성이 중요 심리상태라고 불리는 다음 단계와 직접적으로 연결된다고 주장하는데, '일의 의미감(meaningfulness) 경험'이라는 심리상태와 관련있는 직무특성을 모두 고른 것은?

> ㄱ. 기술 다양성 ㄴ. 과제 피드백 ㄷ. 과제 정체성 ㄹ. 자율성
> ㅁ. 과제 중요성

① ㄱ, ㄷ   ② ㄱ, ㄷ, ㅁ   ③ ㄴ, ㄹ, ㅁ   ④ ㄷ, ㄹ, ㅁ   ⑤ ㄴ, ㄷ, ㄹ, ㅁ

해설 ② [○] 해크만과 올드햄의 직무특성화이론에서 5가지 직무특성은 기술다양성, 직무정체성, 직무중요성, 자율성, 피드백이다. 일의 의미감과 관련되는 것은 (ㄱ) 기술다양성, (ㄷ) 직무(과제)정체성, (ㅁ) 과제(직무)중요성 3개이다.

○ 해크만과 올드햄의 직무특성화이론

1. 해크만(R. Hackman)과 올드햄(G. Oldham)은 직무 내 요소들이 어떻게 조직되는냐에 따라 노력을 증가시키거나 감소시킬 수 있다는 직무특성이론을 제시하였다. 즉, 직무특성이 종업원의 심리상태에 영향을 주어 동기부여, 직무만족, 작업성과, 이직률과 결근률에 영향을 미친다고 보았다.

2. 직무특성이론의 체계는 5가지 직무특성, 3가지 심리상태 변수들, 4가지 성과변수들로 구성되어 있다.

5대 핵심 직무특성	직무수행자의 심리적 상태	성과
기술다양성	직무에 대해 느끼게 되는 의미성	작업의 질 상승 내재적 동기의 상승 높은 만족도 이직율과 결근율의 저하
직무정체성		
직무중요성		
자율성	직무에 대한 책임감	
피드백	직무수행 결과에 대한 지식	

3. 해크만과 올드햄은 5가지 직무특성들이 서로 어떠한 작용을 하면서 동기부여효과를 산출하는지를 잠재적 동기지수(Motivating Potential Score : MPS)를 가지고 설명하였다.

정답 66. ②

$$\text{MPS} = \frac{\text{기술다양성} + \text{직무정체성} + \text{직무중요성}}{3} \times \text{자율성} \times \text{피드백}$$

67 집단(팀)에 관한 다음 설명에 해당하는 모델은?

○ 집단이 발전함에 따라 다양한 단계를 거친다는 가정을 한다.
○ 집단발달의 단계로 5단계(형성, 폭풍, 규범화, 성과, 해산)를 제시하였다.
○ 시간의 경과에 따라 팀은 여러 단계를 왔다 갔다 반복하면서 발달한다.

① 캠피온(Campion)의 모델　　② 맥그래스(McGrath)의 모델
③ 그래드스테인(Gladstein)의 모델　　④ 해크만(Hackman)의 모델
⑤ 터크만(Tuckman)의 모델

[해설] ⑤ [○] Bruce Tuckman은 집단발달의 단계로 5단계를 제시하고 각 단계별로 팀리더의 스타일을 안내하고 있다. ㉠ 형성기(Forming)에는 지시형 리더십 스타일, ㉡ 격동기(Storming)에는 : 코치형 리더십 스타일, ㉢ 규범기(Norming)에는 참여형 리더십 스타일, ㉣ 성과기(Performing)에는 위임형 리더십 스타일, ㉤ 해지기(Adjourning)에는 특별한 리더십 스타일이 요구된다고 하기보다는 Lesson Learned를 통해 프로젝트를 수행하면서 겪었던 성공과 실패, 프로세스 지식 등을 정리하고 평가를 수행하며, 이러한 경험이 쌓여 다음 프로젝트에 경험적 지식으로 활용된다고 제시했다.

68 산업재해이론 중 아담스(E. Adams)의 사고연쇄 이론 관련 설명으로 옳은 것은?

① 관리구조의 결함, 전술적 오류, 관리기술 오류가 연속적으로 발생하게 되며 사고와 재해로 이어진다.
② 불안전상태와 불안전행동을 어떻게 조절하고 관리할 것인가에 관심을 가지고 위험해결을 위한 노력을 기울인다.
③ 긴장수준이 지나치게 높은 작업자가 사고를 일으키기 쉽고 작업수행의 질도 떨어진다.
④ 작업자의 주의력이 저하하거나 약화될 때 작업의 질은 떨어지고 오류가 발생해서 사고나 재해가 유발되기 쉽다.
⑤ 사고나 재해는 사고를 낸 당사자나 사고발생 당시의 불안전행동, 그리고 불안전행동을 유발하는 조건과 감독의 불안전 등이 동시에 나타날 때 발생한다.

[해설] (문제 오류) 확정답안 발표시 ①, ②를 정답 처리

① 아담스(E. Adams)의 사고연쇄 이론은 5단계로 이루어 진 이론이다.
　　1단계 - 관리구조
　　2단계 - 작전적 에러 (관리자나 감독자에 의해 만들어진 에러)

3단계 – 전술적 에러 (불안전한 행동, 불안전한 상태)
4단계 – 사고 (무상해사고, 물적손실사고)
5단계 – 상해 또는 손해 (대인, 대물)

69 다음은 산업위생을 연구한 학자이다. 누구에 관한 설명인가?

- 독일 의사
- "광물에 대하여(De Re Metallica)" 저술
- 먼지에 의한 규폐증 기록

① Alice Hamilton   ② Percival Pott   ③ Thomas Percival
④ Georgius Agricola   ⑤ Pliny the Elder

해설 ④ [○] 아그리콜라(Georgius Agricola)는 독일의 광산학자(1494~1555)이고, 광물의 형태적 분류를 처음으로 행하여 야금(冶金) 기술을 연구하였다.
① Alice Hamilton : 미국 여의사, 최초 산업의학자, 납공장 조사 등 직업병 예방에 기여
② Percival Pott : 영국 외과의사, 직업성 암을 최초로 보고, 검댕에서 발생하는 음낭암 발견
③ Thomas Percival : 영국에서 산업보건에 관한 효과를 거둔 최초의 법인 공장법 제정
⑤ Pliny the Elder : 실내에서 땔감을 태워서 발생하는 오염물질에 의한 호흡기 이상 증세 기술

70 화학물질 및 물리적 인자의 노출기준에 관한 설명으로 옳지 않은 것은?

① "최고노출기준(C)"이란 근로자가 1일 작업시간동안 잠시라도 노출되어서는 아니 되는 기준이다.
② 노출기준을 이용할 경우에는 근로시간, 작업의 강도, 온열조건, 이상기압도 고려하여야 한다.
③ "Skin" 표시 물질은 피부자극성을 뜻하는 것은 아니며, 점막과 눈 그리고 경피로 흡수되어 전신 영향을 일으킬 수 있는 물질이다.
④ 발암성 정보물질의 표기는 화학물질의 분류·표시 및 물질안전보건자료에 관한 기준에 따라 1A, 1B, 2로 표기한다.
⑤ "단시간노출기준(STEL)"이란 15분간의 시간가중평균노출값으로서 노출농도가 시간가중평균노출기준(TWA)을 초과하고 단시간노출기준(STEL) 이하인 경우에는 1회 노출 지속시간이 15분 미만이어야 하고, 이러한 상태가 1일 3회 이하로 발생하여야 하며, 각 노출의 간격은 45분 이상이어야 한다.

정답 69. ④   70. ⑤

해설 ⑤ [×] "단시간노출기준(STEL)"이란 15분간의 시간가중평균노출값으로서 노출농도가 시간가중평균노출기준(TWA)을 초과하고 단시간노출기준(STEL) 이하인 경우에는 1회 노출 지속시간이 15분 미만이어야 하고, 이러한 상태가 1일 4회 이하로 발생하여야 하며, 각 노출의 간격은 60분 이상이어야 한다(화학물질 및 물리적 인자의 노출기준, 고용노동부고시 제2018-62호).

71 근로자건강진단 실무지침에서 화학물질에 대한 생물학적 노출지표의 노출기준 값으로 옳지 않은 것은?

① 노말-헥산 : [소변 중 2,5-헥산디온, 5mg/L]
② 메틸클로로포름 : [소변 중 삼염화초산, 10mg/L]
③ 크실렌 : [소변 중 메틸마뇨산, 1.5g/g crea]
④ 톨루엔 : [소변 중 o-크레졸, 1mg/g crea] ⑤ 인듐 : [혈청 중 인듐, 1.2μg/L]

해설 ④ [×] 톨루엔 : [소변 중 o-크레졸, 0.3mg/g crea]이 옳은 노출기준 값이다.
[출처] 근로자건강진단 실무지침(한국산업안전보건공단), 부록 IV 생물학적 노출지표
<2023년 개정>

72 후드 개구부 면에서 제어속도(capture velocity)를 측정해야 하는 후드 형태에 해당하는 것은?

① 외부식 후드   ② 포위식 후드   ③ 리시버(receiver)식 후드
④ 슬롯(slot) 후드   ⑤ 캐노피(canopy) 후드

해설 ② [○] 포위식(Enclosing) 후드는 발생원이 후드 안에 있는 경우로서, 오염원을 가능한 최대로 포위하여 오염물질이 후드 밖으로 누출되는 것을 막고 필요한 공기량을 최소한으로 줄일 수 있는 후드이다. 제어속도(capture velocity)는 후드로부터 떨어진 제어하고자 하는 거리(X)에서 발생된 오염된 공기를 후드로 유도하기 위한 속도로서, 후드 개구부 면에서 제어속도(capture velocity)를 측정한다.

73 카드뮴 및 그 화합물에 대한 특수건강진단 시 제1차 검사항목에 해당하는 것은? (단, 근로자는 해당 작업에 처음 배치되는 것은 아니다.)

① 소변 중 카드뮴   ② 베타 2 마이크로글로불린   ③ 혈중 카드뮴
④ 객담세포검사   ⑤ 단백뇨정량

해설 ③ [○] 카드뮴 및 그 화합물에 대한 특수건강진단 시 제1차 검사항목은 혈중 카드뮴, 2차 검사항목은 소변 중 카드뮴, 소변 중 베타 2 마이크로글로불린이다.

정답 71. ④   72. ②   73. ③

[출처] 근로자건강진단 실무지침, 제2권 유해인자별 특수건강진단 방법 (한국산업안전보건공단) <2023 개정>

74 근로자 건강진단 실시기준에서 유해요인과 인체에 미치는 영향으로 옳지 않은 것은?

① 니켈 – 폐암, 비강암, 눈의 자극증상
② 산화바나듐 – 천식, 폐부종, 피부습진
③ 베릴륨 – 기침, 호흡곤란, 폐의 육아종 형성
④ 카드뮴 – 만성 폐쇄성 호흡기 질환 및 폐기종
⑤ 망간 – 접촉성 피부염, 비중격 점막의 괴사

해설 ⑤ [×] 크롬 – 접촉성 피부염, 비중격 점막의 괴사
      망간 – 신경손상, 파킨슨증후군(보행장해, 손발저림, 손떨림 등)

75 작업환경측정 대상 유해인자에는 해당하지만 특수건강진단 대상 유해인자는 아닌 것은?

① 디에틸아민   ② 디에틸에테르   ③ 무수프탈산   ④ 브롬화메틸
⑤ 피리딘

해설 ① [×] 특수건강진단 대상 유해인자 중 유기화합물 관련은 109종이 있으며, 제시된 문항 중 ② 디에틸에테르, ③ 무수프탈산, ④ 브롬화메틸, ⑤ 피리딘 만 해당된다.
작업환경측정 대상 유해인자 유기화합물 119종이 있으며, 제시된 문항 ①~⑤ 전부 작업환경측정 대상이 된다(산시규 제201조, 제186조).

[출처] 특수건강진단 대상 유해인자 (산시규 제201조 관련 별표 22)
       작업환경측정 대상 유해인자 (산시규 제186조 관련 별표 21)

정답 74. ⑤   75. ①

제12장

2024년 1차 기출문제

제1과목 : 산업안전보건법령 / 478

제2과목 : 산업안전일반 / 494

제3과목 : 기업진단·지도 / 506

국가기술자격 필기시험문제	2024년 산업안전지도사 1차시험	시험시간 : 90분

제1과목 : 산업안전보건법령

01 산업안전보건법령상 산업안전보건위원회에 관한 내용으로 옳지 않은 것은?

① 사업주는 사업장의 안전 및 보건에 관한 중요 사항을 심의·의결하기 위하여 사업장에 근로자위원과 사용자위원이 같은 수로 구성되는 산업안전보건위원회를 구성·운영하여야 한다.
② 사업주는 공정안전보고서를 작성할 때 산업안전보건위원회가 설치되어 있지 아니한 사업장의 경우에는 근로자대표의 의견을 들어야 한다.
③ 산업안전보건위원회의 회의는 근로자위원 및 사용자위원 각 과반수의 출석으로 개의(開議)하고 출석위원 과반수의 찬성으로 의결한다.
④ 사업주는 산업안전보건위원회 또는 근로자대표가 요구하면 작업환경측정 결과에 대한 설명회 등을 개최하여야 한다.
⑤ 사업주는 산업안전보건위원회가 요구할 때에는 개별 근로자의 건강진단 결과를 본인의 동의가 없어도 공개할 수 있다.

해설 ⑤ [×] 사업주는 산업안전보건위원회가 요구할 때에는 개별 근로자의 건강진단 결과를 본인의 동의가 없는 경우 공개할 수 없다.
○ 건강진단에 관한 사업주의 의무 (산안법 제132조) : 사업주는 산업안전보건위원회 또는 근로자대표가 요구할 때에는 직접 또는 건강진단을 한 건강진단기관에 건강진단 결과에 대하여 설명하도록 하여야 한다. 다만, 개별 근로자의 건강진단 결과는 본인의 동의없이 공개해서는 아니 된다.

02 산업안전보건법령상 산업재해 발생에 관한 설명으로 옳지 않은 것은?

① 고용노동부장관은 산업재해로 인한 사망자가 연간 2명 이상 발생한 사업장의 경우 산업재해를 예방하기 위하여 산업재해발생건수 등을 공표하여야 한다.
② 중대재해가 발생한 사실을 알게 된 사업주가 사업장 소재지를 관할하는 지방고용노동관서의 장에게 보고하는 방법에는 전화·팩스가 포함된다.
③ 사업주는 산업재해조사표에 근로자대표의 확인을 받아야 하지만, 근로자대표가 없는 경우에는 재해자 본인의 확인을 받아 산업재해조사표를 제출할 수 있다.
④ 고용노동부장관은 중대재해가 발생하였을 때에는 그 원인 규명 또는 산업재해예방대책 수립을 위하여 그 발생 원인을 조사할 수 있다.

정답 01. ⑤ 02. ⑤

⑤ 사업주는 산업재해로 사망자가 발생한 경우에는 지체 없이 산업재해조사표를 작성하여 한국산업안전보건공단에 제출해야 한다.

해설 ⑤ [×] 산업재해 발생 보고 등 (산시규 제73조) : 사업주는 산업재해로 사망자가 발생하거나 3일 이상의 휴업이 필요한 부상을 입거나 질병에 걸린 사람이 발생한 경우에는 해당 산업재해가 발생한 날부터 1개월 이내에 별지 제30호서식의 산업재해조사표를 작성하여 관할 지방고용노동관서의 장에게 제출(전자문서로 제출하는 것을 포함한다)해야 한다.

03 산업안전보건법령상 상시 근로자 수가 200명인 경우에 안전보건관리규정을 작성해야 하는 사업의 종류에 해당하는 것은?

① 농업   ② 정보서비스업   ③ 부동산 임대업   ④ 금융 및 보험업
⑤ 사업지원 서비스업

해설 ③ [○] 부동산 임대업은 상시근로자 100명 이상이 안전보건관리규정 작성 대상 사업에 해당된다.

○ 안전보건관리규정 작성 대상 사업의 종류 및 상시근로자 수 (산시규 제25조 별표 2)

사업의 종류	상시근로자 수
1. 농업 2. 어업 3. 소프트웨어 개발 및 공급업 4. 컴퓨터 프로그래밍, 시스템 통합 및 관리업 5. 정보서비스업 6. 금융 및 보험업 7. 임대업 : 부동산 제외 8. 전문, 과학 및 기술 서비스업 (연구개발업은 제외한다) 9. 사업지원 서비스업 10. 사회복지 서비스업	300명 이상
11. 제1호부터 제10호까지의 사업을 제외한 사업	100명 이상

04 산업안전보건법령상 근로자의 안전 및 보건에 유해하거나 위험한 작업으로서 사업주가 이를 도급하여 자신의 사업장에서 수급인의 근로자가 그 작업을 하도록 해서는 아니 되는 작업을 모두 고른 것은? (단, 제시 내용 외의 다른 상황은 고려하지 않음)

> ㄱ. 도금작업
> ㄴ. 수은을 제련, 주입, 가공 및 가열하는 작업
> ㄷ. 카드뮴을 제련, 주입, 가공 및 가열하는 작업
> ㄹ. 망간을 제련, 주입, 가공 및 가열하는 작업

① ㄱ   ② ㄹ   ③ ㄱ, ㄴ, ㄷ   ④ ㄴ, ㄷ, ㄹ   ⑤ ㄱ, ㄴ, ㄷ, ㄹ

정답 03. ③   04. ③

해설 ③ [○] 유해한 작업의 도급금지 (산안법 제58조) : 사업주는 근로자의 안전 및 보건에 유해하거나 위험한 작업으로서 다음 각 호의 어느 하나에 해당하는 작업을 도급하여 자신의 사업장에서 수급인의 근로자가 그 작업을 하도록 해서는 아니 된다.
1. 도금작업
2. 수은, 납 또는 카드뮴을 제련, 주입, 가공 및 가열하는 작업
3. 허가대상물질을 제조하거나 사용하는 작업

05 산업안전보건법령상 안전보건표지에 관한 설명으로 옳은 것은?

① 지시표지의 색채는 바탕은 파란색, 관련 그림은 흰색으로 한다.
② 방사성 물질 경고의 경고표지는 바탕은 무색, 기본모형은 빨간색으로 한다.
③ 안전보건표지의 성질상 설치하거나 부착하는 것이 곤란한 경우에도 해당 물체에 직접 도색할 수 없다.
④ 「외국인근로자의 고용 등에 관한 법률」 제2조에 따른 외국인근로자를 사용하는 사업주는 안전보건표지를 고용노동부장관이 정하는 바에 따라 해당 외국인 근로자의 모국어와 영어로 작성하여야 한다.
⑤ 안전보건표지의 표시를 명확히 하기 위하여 필요한 경우에는 그 안전보건표지의 주위에 표시사항을 글자로 덧붙여 적을 수 있으며, 이 경우 그 글자는 검정색 바탕에 노란색 한글고딕체로 표기해야 한다.

해설 ① [○] 안전보건표지의 종류별 용도, 설치·부착 장소, 형태 및 색채 (제38조 제1항, 제39조 제1항 및 제40조 제1항 관련) (산안법 시행규칙, 별표 7)
② [×] 방사성 물질 경고의 경고표지는 바탕은 노란색, 기본모형은 검은색으로 한다(산시규 별표 7).
③ [×] 안전보건표지의 성질상 설치하거나 부착하는 것이 곤란한 경우에도 해당 물체에 직접 도색할 수 있다(산시규 제39조).
④ [×] 「외국인근로자의 고용 등에 관한 법률」 제2조에 따른 외국인근로자를 사용하는 사업주는 안전보건표지를 고용노동부장관이 정하는 바에 따라 해당 외국인 근로자의 모국어로 작성하여야 한다(산안법 제37조).
⑤ [×] 안전보건표지의 표시를 명확히 하기 위하여 필요한 경우에는 그 안전보건표지의 주위에 표시사항을 글자로 덧붙여 적을 수 있으며, 이 경우 그 글자는 흰색 바탕에 검은색 한글고딕체로 표기해야 한다(산시규 제38조).

06 산업안전보건법령상 안전보건관리책임자에 관한 설명으로 옳지 않은 것은?

① 안전보건관리책임자는 안전관리자와 보건관리자를 지휘·감독한다.

② 사업주가 안전보건관리책임자에게 총괄하여 관리하도록 하여야 하는 사항에는 해당 사업장의 「산업안전보건법」 제36조(위험성평가의 실시)에 따른 위험성평가의 실시에 관한 사항도 포함된다.
③ 상시 근로자 수가 100명인 1차 금속 제조업의 사업장에는 안전보건관리책임자를 두어야 한다.
④ 건설업의 경우 공사금액이 10억원인 사업장에는 안전보건관리책임자를 두어야 한다.
⑤ 사업주는 안전보건관리책임자의 선임에 관한 서류를 3년 동안 보존하여야 한다.

해설 ④ [×] 건설업의 경우 공사금액이 20억원인 사업장에는 안전보건관리책임자를 두어야 한다(산시규 제14조).
○ 안전보건관리책임자를 두어야 하는 사업의 종류 및 사업장의 상시근로자수 (제14조 제1항 관련) (산안령 별표 2)

07 산업안전보건법령상 안전관리자 및 보건관리자 등에 관한 설명으로 옳지 않은 것은?

① 지방고용노동관서의 장은 보건관리자가 질병으로 1개월 이상 직무를 수행할 수 없게 된 경우에는 사업주에게 보건관리자를 정수 이상으로 증원하게 할 것을 명할 수 있다.
② 건설업을 제외한 사업으로서 상시근로자 300명 미만을 사용하는 사업장의 사업주는 안전관리전문기관에 안전관리자의 업무를 위탁할 수 있다.
③ 전기장비 제조업 중 상시근로자 300명 이상을 사용하는 사업장의 사업주는 보건관리자에게 보건관리자의 업무만을 전담하도록 하여야 한다.
④ 식료품 제조업 중 상시근로자 300명 이상을 사용하는 사업장의 사업주는 안전관리자에게 안전관리자의 업무만을 전담하도록 하여야 한다.
⑤ 안전관리자와 보건관리자가 수행하는 업무에는 산업안전보건위원회 또는 안전 및 보건에 관한 노사협의체에서 심의·의결한 업무도 포함된다.

해설 ① [×] 지방고용노동관서의 장은 보건관리자가 질병으로 3개월 이상 직무를 수행할 수 없게 된 경우에는 사업주에게 보건관리자를 정수 이상으로 증원하게 할 것을 명할 수 있다(산시규 제12조).
○ 안전관리자 등의 증원·교체임명 명령 (산시규 제12조) : 지방고용노동관서의 장은 다음 각 호의 어느 하나에 해당하는 사유가 발생한 경우에는 사업주에게 안전관리자·보건관리자 또는 안전보건관리담당자를 정수 이상으로 증원하게 하거나 교체하여 임명할 것을 명할 수 있다. 다만, 제4호에 해당하는 경우로서 직업성 질병자 발생 당시 사업장에서 해당 화학적 인자(因子)를 사용하지 않은 경우에는 그렇지 않다.
1. 해당 사업장의 연간재해율이 같은 업종의 평균재해율의 2배 이상인 경우

2. 중대재해가 연간 2건 이상 발생한 경우. 다만, 해당 사업장의 전년도 사망만인율이 같은 업종의 평균 사망만인율 이하인 경우는 제외한다.
3. 관리자가 질병이나 그 밖의 사유로 3개월 이상 직무를 수행할 수 없게 된 경우
4. 화학적 인자로 인한 직업성 질병자가 연간 3명 이상 발생한 경우. 이 경우 직업성 질병자의 발생일은 「산업재해보상보험법 시행규칙」에 따른 요양급여의 결정일로 한다.

08 산업안전보건법령상 관계수급인 근로자가 도급인의 사업장에서 작업을 하는 경우 도급인이 이행해야 하는 사항에 해당하는 것을 모두 고른 것은?

> ㄱ. 작업장 순회점검
> ㄴ. 관계수급인이 「산업안전보건법」 제29조(근로자에 대한 안전보건교육) 제1항에 따라 근로자에게 정기적으로 하는 안전보건교육을 위한 장소 및 자료의 제공 등 지원
> ㄷ. 도급인과 수급인을 구성원으로 하는 안전 및 보건에 관한 협의체의 구성 및 운영
> ㄹ. 작업 장소에서 발파작업을 하는 경우에 대비한 경보체계 운영과 대피방법 등 훈련

① ㄱ ② ㄴ, ㄹ ③ ㄷ, ㄹ ④ ㄱ, ㄴ, ㄷ ⑤ ㄱ, ㄴ, ㄷ, ㄹ

해설 ⑤ [○] 도급에 따른 산업재해 예방조치 (산안법 제64조) : 도급인은 관계수급인 근로자가 도급인의 사업장에서 작업을 하는 경우 다음 각 호의 사항을 이행하여야 한다.
1. 도급인과 수급인을 구성원으로 하는 안전 및 보건에 관한 협의체의 구성 및 운영
2. 작업장 순회점검
3. 관계수급인이 근로자에게 하는 안전보건교육을 위한 장소 및 자료의 제공 등 지원
4. 관계수급인이 근로자에게 하는 안전보건교육의 실시 확인
5. 다음 각 목의 어느 하나의 경우에 대비한 경보체계 운영과 대피방법 등 훈련
   가. 작업 장소에서 발파작업을 하는 경우
   나. 작업 장소에서 화재·폭발, 토사·구축물 등 붕괴 또는 지진 등이 발생한 경우
6. 위생시설 등 고용노동부령으로 정하는 시설의 설치 등을 위하여 필요한 장소의 제공 또는 도급인이 설치한 위생시설 이용의 협조
7. 같은 장소에서 이루어지는 도급인과 관계수급인 등의 작업에 있어서 관계수급인 등의 작업시기·내용, 안전조치 및 보건조치 등의 확인
8. 제7호에 따른 확인 결과 관계수급인 등의 작업 혼재로 인하여 화재·폭발 등 대통령령으로 정하는 위험이 발생할 우려가 있는 경우 관계수급인 등의 작업시기·내용 등의 조정

정답 08. ⑤

09 산업안전보건법령상 주요 구조 부분을 변경하는 경우 안전인증을 받아야 하는 기계 및 설비에 해당하지 않는 것은? (단, 안전인증을 면제받는 경우는 고려하지 않음)

① 원심기 ② 프레스 ③ 롤러기 ④ 압력용기 ⑤ 고소작업대

해설 ① [×] 원심기는 안전인증대상기계 등에 해당하지 않는다.

○ 안전인증대상기계 등 (산시규 제107조)
1. 설치·이전하는 경우 안전인증을 받아야 하는 기계
   가. 크레인 나. 리프트 다. 곤돌라
2. 주요 구조 부분을 변경하는 경우 안전인증을 받아야 하는 기계 및 설비
   가. 프레스 나. 전단기 및 절곡기(折曲機) 다. 크레인
   라. 리프트 마. 압력용기 바. 롤러기 사. 사출성형기
   아. 고소(高所)작업대 자. 곤돌라

10 산업안전보건법령상 용어의 정의로 옳은 것은?

① "작업환경측정"이란 작업환경 실태를 파악하기 위하여 해당 근로자 또는 작업장에 대하여 사업주가 유해인자에 대한 측정계획을 수립한 후 시료(試料)를 채취하고 분석·평가하는 것을 말한다.
② "중대재해"란 근로자가 사망하거나 부상을 입을 수 있는 설비에서의 누출·화재·폭발 사고를 말한다.
③ "건설공사발주자"란 건설공사를 도급하는 자로서 건설공사의 시공을 주도하여 총괄·관리하는 자를 말한다.
④ "산업재해"란 근로자가 업무에 관계되는 건설물·설비·원재료·가스·증기·분진 등에 의하거나 작업 또는 그 밖의 업무로 인하여 사망 또는 3일 이상의 휴업이 필요한 질병에 걸리는 것을 말한다.
⑤ "위험성평가"란 산업재해를 예방하기 위하여 잠재적 위험성을 발견하고 그 개선대책을 수립할 목적으로 조사·평가하는 것을 말한다.

해설 ② [×] 중대재해"란 산업재해 중 사망 등 재해 정도가 심하거나 다수의 재해자가 발생한 경우로서 고용노동부령으로 정하는 재해를 말한다(산안법 제2조).

○ 중대재해의 범위 (산시규 제3조) : 법 제2조 제2호에서 "고용노동부령으로 정하는 재해"란 다음 각 호의 어느 하나에 해당하는 재해를 말한다.
1. 사망자가 1명 이상 발생한 재해
2. 3개월 이상의 요양이 필요한 부상자가 동시에 2명 이상 발생한 재해
3. 부상자 또는 직업성 질병자가 동시에 10명 이상 발생한 재해

③ [×] "건설공사발주자"란 건설공사를 도급하는 자로서 건설공사의 시공을 주도하여 총괄·관리하지 아니하는 자를 말한다. 다만, 도급받은 건설공사를 다시 도급하는 자는 제외한다(산안법 제2조).

④ [×] "산업재해"란 노무를 제공하는 사람이 업무에 관계되는 건설물·설비·원재료·가스·증기·분진 등에 의하거나 작업 또는 그 밖의 업무로 인하여 사망 또는 부상하거나 질병에 걸리는 것을 말한다(산안법 제2조).

⑤ [×] "위험성평가"란 사업주가 스스로 유해·위험요인을 파악하고 해당 유해·위험요인의 위험성 수준을 결정하여, 위험성을 낮추기 위한 적절한 조치를 마련하고 실행하는 과정을 말한다(사업장 위험성평가에 관한 지침 제3조).

11 산업안전보건법령상 유해하거나 위험한 기계·기구에 대한 방호조치 등에 관한 설명으로 옳은 것을 모두 고른 것은?

> ㄱ. 진공포장기·래핑기를 제외한 포장기계에는 구동부 방호 연동장치를 설치해야 한다.
> ㄴ. 회전기계에 물체 등이 말려 들어갈 부분이 있는 기계는 물림점을 묻힘형으로 하여야 한다.
> ㄷ. 예초기 및 금속절단기에는 날접촉 예방장치를 설치해야 하고, 원심기에는 회전체 접촉 예방장치를 설치해야 한다.
> ㄹ. 근로자가 방호조치를 해제하려는 경우에는 사업주의 허가를 받아야 한다.

① ㄱ   ② ㄱ, ㄴ   ③ ㄴ, ㄷ   ④ ㄷ, ㄹ   ⑤ ㄱ, ㄷ, ㄹ

해설 (ㄱ) [×] 진공포장기·래핑기에 한정된 포장기계에는 구동부 방호 연동장치를 설치해야 한다(산안령 별표 20).

(ㄴ) [×] 회전기계에 물체 등이 말려 들어갈 부분이 있는 기계의 물림점은 덮개나 울을 설치하여야 한다(산시규 제98조).

○ 유해·위험 방지 방호조치가 필요한 기계·기구 (제70조 관련) (산안령 별표 20)
  1. 예초기   2. 원심기   3. 공기압축기   4. 금속절단기   5. 지게차
  6. 포장기계(진공포장기, 래핑기로 한정한다).

○ 방호조치 (산시규 제98조)
  ① 법 제80조 제1항에 따라 영 제70조 및 영 별표 20의 기계·기구에 설치해야 할 방호장치는 다음 각 호와 같다.
     1. 예초기 : 날접촉 예방장치
     2. 원심기 : 회전체 접촉 예방장치
     3. 공기압축기 : 압력방출장치
     4. 금속절단기 : 날접촉 예방장치

정답 11. ④

5. 지게차 : 헤드 가드, 백레스트(backrest), 전조등, 후미등, 안전벨트
6. 포장기계 : 구동부 방호 연동장치

② 법 제80조 제2항에서 "고용노동부령으로 정하는 방호조치"란 다음 각 호의 방호조치를 말한다.
1. 작동 부분의 돌기부분은 묻힘형으로 하거나 덮개를 부착할 것
2. 동력전달부분 및 속도조절부분에는 덮개를 부착하거나 방호망을 설치할 것
3. 회전기계의 물림점(롤러나 톱니바퀴 등 반대방향의 두 회전체에 물려 들어가는 위험점)에는 덮개 또는 울을 설치할 것

12 산업안전보건법 시행규칙의 일부이다. ( )에 들어갈 숫자로 옳은 것은?

□ 산업안전보건법 시행규칙 [별표 4]
안전보건교육 교육과정별 교육시간 (제26조 제1항 등 관련)
1. 근로자 안전보건교육 (제26조 제1항, 제28조 제1항 관련)

교육과정	교육대상	교육시간
마. 건설업 기초안전·보건교육	건설 일용근로자	( )시간 이상

① 1   ② 2   ③ 4   ④ 6   ⑤ 8

해설 ③ [○] 건설업 기초 안전·보건교육 교육시간 → 건설 일용근로자 → 4시간 이상
○ 근로자 안전보건교육 (산시규 제26조 제1항, 제28조 제1항 관련) (산시규 별표 4)

13 산업안전보건법령상 보건관리자에 대한 직무교육에 관한 내용이다. ( )에 들어갈 내용을 순서대로 옳게 나열한 것은? (단, 직무교육을 면제받는 경우는 고려하지 않음)

사업주가 보건관리자에게 안전보건교육기관에서 직무와 관련한 안전보건교육을 이수하도록 해야 하는 경우 의사인 보건관리자는 해당 직위에 선임된 후 (ㄱ) 이내에 직무를 수행하는 데 필요한 신규교육을 받아야 하며, 신규교육을 이수한 후 매 (ㄴ)이 되는 날을 기준으로 전후 (ㄷ)사이에 고용노동부장관이 실시하는 안전보건에 관한 보수교육을 받아야 한다.

① ㄱ : 3개월, ㄴ : 1년, ㄷ : 3개월
② ㄱ : 3개월, ㄴ : 1년, ㄷ : 6개월
③ ㄱ : 3개월, ㄴ : 2년, ㄷ : 6개월
④ ㄱ : 1년, ㄴ : 1년, ㄷ : 3개월
⑤ ㄱ : 1년, ㄴ : 2년, ㄷ : 6개월

정답 12. ③   13. ⑤

해설 ⑤ [○] 안전보건관리책임자 등에 대한 직무교육 (산시규 제29조) : 다음 각 호의 어느 하나에 해당하는 사람은 해당 직위에 선임(위촉의 경우를 포함한다. 이하 같다)되거나 채용된 후 3개월(보건관리자가 의사인 경우는 1년을 말한다) 이내에 직무를 수행하는 데 필요한 신규교육을 받아야 하며, 신규교육을 이수한 후 매 2년이 되는 날을 기준으로 전후 6개월 사이에 고용노동부장관이 실시하는 안전보건에 관한 보수교육을 받아야 한다.
1. 안전보건관리책임자
2. 안전관리자 (「기업활동 규제완화에 관한 특별조치법」에 따라 안전관리자로 채용된 것으로 보는 사람을 포함한다)
3. 보건관리자
4. 안전보건관리담당자
5. 안전관리전문기관 또는 보건관리전문기관에서 안전관리자 또는 보건관리자의 위탁업무를 수행하는 사람
6. 건설재해예방전문지도기관에서 지도업무를 수행하는 사람
7. 지정받은 안전검사기관에서 검사업무를 수행하는 사람
8. 지정받은 자율안전검사기관에서 검사업부를 수행하는 사람
9. 석면조사기관에서 석면조사 업무를 수행하는 사람

14 산업안전보건법령상 기계 등을 대여받은 자가 그 설치·해체 작업이 이루어지는 동안 작업과정 전반(全般)을 영상으로 기록하여 대여기간 동안 보관하여야 하는 기계 등에 해당하는 것은?

① 파워 셔블 ② 타워크레인 ③ 고소작업대 ④ 버킷굴착기 ⑤ 콘크리트 펌프

해설 ② [○] 기계 등을 대여받는 자의 조치(산시규 제101조 제2항) : 타워크레인을 대여받은 자는 다음 각 호의 조치를 해야 한다.
1. 타워크레인을 사용하는 작업 중에 타워크레인 장비 간 또는 타워크레인과 인접 구조물 간 충돌위험이 있으면 충돌방지장치를 설치하는 등 충돌방지를 위하여 필요한 조치를 할 것
2. 타워크레인 설치·해체 작업이 이루어지는 동안 작업과정 전반(全般)을 영상으로 기록하여 대여기간 동안 보관할 것

15 산업안전보건법령상 안전검사대상기계 등에 대해 안전검사를 면제할 수 있는 경우가 아닌 것은?

① 「고압가스 안전관리법」 제17조 제2항에 따른 검사를 받은 경우
② 「원자력안전법」 제22조 제1항에 따른 검사를 받은 경우
③ 「에너지이용 합리화법」 제39조 제4항에 따른 검사를 받은 경우

정답 14. ②   15. ④

④ 「전기용품 및 생활용품 안전관리법」 제8조에 따른 안전검사를 받은 경우
⑤ 「위험물안전관리법」 제18조에 따른 정기점검 또는 정기검사를 받은 경우

해설 ④ [×] 「전기용품 및 생활용품 안전관리법」 제8조에 따른 안전검사를 받은 경우는 안전검사 면제 대상이 아니다.

○ 안전검사 (산안법 제93조 제2항) : 안전검사대상기계 등이 다른 법령에 따라 안전성에 관한 검사나 인증을 받은 경우로서 고용노동부령으로 정하는 경우에는 안전검사를 면제할 수 있다.

○ 안전검사의 면제 (산시규 제125조) <개정 2024. 6. 28>
1. 「건설기계관리법」에 따른 검사를 받은 경우 (안전검사 주기에 해당하는 시기의 검사로 한정한다)
2. 「고압가스 안전관리법」에 따른 검사를 받은 경우
3. 「광산안전법」에 따른 검사 중 광업시설의 설치·변경공사 완료 후 일정한 기간이 지날 때마다 받는 검사를 받은 경우
4. 「선박안전법」의 규정에 따른 검사를 받은 경우
5. 「에너지이용 합리화법」에 따른 검사를 받은 경우
6. 「원자력안전법」에 따른 검사를 받은 경우
7. 「위험물안전관리법」에 따른 정기점검 또는 정기검사를 받은 경우
8. 「전기안전관리법」에 따른 검사를 받은 경우
9. 「항만법」에 따른 검사를 받은 경우
10. 「소방시설 설치 및 관리에 관한 법률」에 따른 자체점검을 받은 경우
11. 「화학물질관리법」에 따른 정기검사를 받은 경우

16 산업안전보건법령상 일반건강진단을 실시한 것으로 보는 건강진단에 해당하지 않는 것은?

① 「선원법」에 따른 건강진단
② 「학교보건법」에 따른 건강검사
③ 「항공안전법」에 따른 신체검사
④ 「국민건강보험법」에 따른 건강검진
⑤ 「교육공무원법」에 따른 신체검사

해설 ⑤ [×] 「교육공무원법」에 따른 신체검사는 해당되지 않는다.

○ 일반건강진단 (산안법 제129조 제1항) : 사업주는 상시 사용하는 근로자의 건강관리를 위하여 건강진단(이하 "일반건강진단"이라 한다)을 실시하여야 한다. 다만, 사업주가 고용노동부령으로 정하는 건강진단을 실시한 경우에는 그 건강진단을 받은 근로자에 대하여 일반건강진단을 실시한 것으로 본다.

○ 일반건강진단 실시의 인정 (산시규 제196조)
1. 「국민건강보험법」에 따른 건강검진
2. 「선원법」에 따른 건강진단

3. 「진폐의 예방과 진폐근로자의 보호 등에 관한 법률」에 따른 정기 건강진단
4. 「학교보건법」에 따른 건강검사 5. 「항공안전법」에 따른 신체검사
6. 그 밖에 일반건강진단의 검사항목을 모두 포함하여 실시한 건강진단

17 산업안전보건법령상 자율안전확인대상기계 등에 해당하는 것을 모두 고른 것은?

ㄱ. 용접용 보안면	ㄴ. 고정형 목재가공용 모떼기 기계
ㄷ. 롤러기 급정지장치	ㄹ. 추락 및 감전 위험방지용 안전모
ㅁ. 휴대형 연마기	ㅂ. 차광 및 비산물 위험방지용 보안경

① ㄱ, ㅁ   ② ㄴ, ㄷ   ③ ㄱ, ㄹ, ㅁ, ㅂ   ④ ㄴ, ㄷ, ㄹ, ㅂ
⑤ ㄱ, ㄴ, ㄷ, ㄹ, ㅁ, ㅂ

해설 ② [○] (ㄴ)은 자율안전확인대상 기계, (ㄷ)은 자율안전확인대상 방호장치에 해당한다.

○ 자율안전확인대상기계 등 (산안령 제77조 제1항)
 1. 다음 각 목의 어느 하나에 해당하는 기계 또는 설비
  가. 연삭기(研削機) 또는 연마기 (휴대형은 제외한다)
  나. 산업용 로봇
  다. 혼합기
  라. 파쇄기 또는 분쇄기
  마. 식품가공용 기계 (파쇄·절단·혼합·제면기만 해당한다)
  바. 컨베이어
  사. 자동차정비용 리프트
  아. 공작기계 (선반, 드릴기, 평삭·형삭기, 밀링만 해당한다)
  자. 고정형 목재가공용 기계 (둥근톱, 대패, 루타기, 띠톱, 모떼기 기계만 해당)
  차. 인쇄기
 2. 다음 각 목의 어느 하나에 해당하는 방호장치
  가. 아세틸렌 용접장치용 또는 가스집합 용접장치용 안전기
  나. 교류 아크용접기용 자동전격방지기
  다. 롤러기 급정지장치
  라. 연삭기 덮개
  마. 목재 가공용 둥근톱 반발 예방장치와 날 접촉 예방장치
  바. 동력식 수동대패용 칼날 접촉 방지장치
  사. 추락·낙하 및 붕괴 등의 위험 방지 및 보호에 필요한 가설기자재(안전인증대상기계 등의 가설기자재는 제외한다)로서 고용노동부장관이 정하여 고시하는 것
 3. 다음 각 목의 어느 하나에 해당하는 보호구
  가. 안전모 (안전인증대상기계 등의 안전모는 제외한다)

정답 17. ②

나. 보안경 (안전인증대상기계 등의 보안경은 제외한다)

다. 보안면 (안전인증대상기계 등의 보안면은 제외한다)

18 산업안전보건법령상 유해인자의 유해성·위험성 분류기준 중 물리적 인자의 분류기준으로 옳지 않은 것은?

① 소음 : 소음성난청을 유발할 수 있는 85데시벨(A) 이상의 시끄러운 소리
② 진동 : 착암기, 손망치 등의 공구를 사용함으로써 발생되는 백랍병·레이노 현상·말초순환장애 등의 국소 진동 및 차량 등을 이용함으로써 발생되는 관절통·디스크·소화장애 등의 전신 진동
③ 방사선 : 직접·간접으로 공기 또는 세포를 전리하는 능력을 가진 알파선·베타선·감마선·엑스선·중성자선 등의 전자선
④ 에어로졸 : 재충전이 가능한 금속·유리 또는 플라스틱 용기에 압축가스·액화가스 또는 용해가스를 충전하고 내용물을 가스에 현탁시킨 고체나 액상입자로, 액상 또는 가스상에서 폼·페이스트·분말상으로 배출되는 분사장치를 갖춘 것
⑤ 이상기온 : 고열·한랭·다습으로 인하여 열사병·동상·피부질환 등을 일으킬 수 있는 기온

해설 ④ [×] "에어로졸"이라 함은 재충전이 불가능한 금속·유리 또는 플라스틱 용기에 압축가스·액화가스 또는 용해가스를 충전하고, 내용물을 가스에 현탁시킨 고체나 액상입자로, 액상 또는 가스상에서 폼·페이스트·분말상으로 배출하는 분사장치를 갖춘 것을 말한다(물질안전보건자료 작성 지침, KOSHA Guide W-15-2020).

19 산업안전보건법령상 제조 등이 금지되는 유해물질로서 대체물질이 개발되지 아니하여 고용노동부장관의 허가를 받아서 제조·사용할 수 있는 '허가대상 유해물질'에 해당하는 것은? (단, 제시된 내용 외의 다른 상황은 고려하지 않음)

① β-나프틸아민[91-59-8]과 그 염(β-Naphthylamine and its salts)
② 4-니트로디페닐[92-93-3]과 그 염(4-Nitrodiphenyl and its salts)
③ 염화비닐(Vinyl chloride; 75-01-4)
④ 폴리클로리네이티드 터페닐(Polychlorinated terphenyls; 61788-33-8 등)
⑤ 황린[12185-10-3] 성냥(Yellow phosphorus match)

해설 ③ [○] 염화비닐을 제외한 나머지 항들은 금지 대상 유해물질이다(산안령 제87조).

○ 허가 대상 유해물질 (산안령 제88조)
1. α-나프틸아민 및 그 염   2. 디아니시딘 및 그 염
3. 디클로로벤지딘 및 그 염   4. 베릴륨
5. 벤조트리클로라이드   6. 비소 및 그 무기화합물

7. 염화비닐 8. 콜타르피치 휘발물
9. 크롬광 가공 (열을 가하여 소성 처리하는 경우만 해당한다)
10. 크롬산 아연 11. o-톨리딘 및 그 염
12. 황화니켈류
13. 제1호부터 제4호까지 또는 제6호부터 제12호까지의 어느 하나에 해당하는 물질을 포함한 혼합물 (포함된 중량의 비율이 1퍼센트 이하인 것은 제외한다)
14. 제5호의 물질을 포함한 혼합물 (포함된 중량의 비율이 0.5퍼센트 이하인 것은 제외한다)
15. 그 밖에 보건상 해로운 물질로서 산업재해보상보험 및 예방심의위원회의 심의를 거쳐 고용노동부장관이 정하는 유해물질

20 산업안전보건법령상 휴게실 설치·관리기준 준수대상 사업장에 관한 규정의 일부이다. [ ]에 들어갈 숫자를 옳게 나열한 것은?

> 시행령 제96조의 2(휴게시설 설치·관리기준 준수 대상 사업장의 사업주), 법 제128조의 2 제2항에서 "사업의 종류 및 사업장의 상시 근로자 수 등 대통령령으로 정하는 기준에 해당하는 사업장"이란 다음 각 호의 어느 하나에 해당하는 사업장을 말한다.
> 1. 상시근로자 (관계수급인의 근로자를 포함한다. 이하 제2호에서 같다)
>   [ㄱ]명 이상을 사용하는 사업장 (건설업의 경우에는 관계수급인의 공사금액을 포함한 해당 공사의 총공사금액이 [ㄴ]억원 이상인 사업장으로 한정한다)

① ㄱ : 10, ㄴ : 20
② ㄱ : 10, ㄴ : 120
③ ㄱ : 20, ㄴ : 10
④ ㄱ : 20, ㄴ : 20
⑤ ㄱ : 20, ㄴ : 120

해설 ④ [○] 휴게시설 설치·관리기준 준수 대상 사업장의 사업주 (산안령 제96조의 2)
1. 상시근로자(관계수급인의 근로자를 포함한다. 이하 제2호에서 같다) 20명 이상을 사용하는 사업장 (건설업의 경우에는 관계수급인의 공사금액을 포함한 해당 공사의 총공사금액이 20억원 이상인 사업장으로 한정한다)
2. 다음 각 목의 어느 하나에 해당하는 직종(「통계법」에 따라 통계청장이 고시하는 한국표준직업분류에 따른다)의 상시근로자가 2명 이상인 사업장으로서 상시근로자 10명 이상 20명 미만을 사용하는 사업장 (건설업은 제외한다)
   가. 전화 상담원   나. 돌봄 서비스 종사원
   다. 텔레마케터   라. 배달원
   마. 청소원 및 환경미화원   바. 아파트 경비원
   사. 건물 경비원

정답 20. ④

21 산업안전보건법령상 작업환경측정기관으로 지정받을 수 있는 자에 해당하지 않는 것은?

① 지방자치단체의 소속기관
② 「의료법」에 따른 종합병원
③ 「고등교육법」 제2조 제1호에 따른 대학
④ 작업환경측정 업무를 하려는 법인
⑤ 산업안전보건법」에 따라 자격증을 취득한 산업보건지도사

해설 ⑤ [×] 작업환경측정기관의 지정 요건 (산안령 제95조) : 작업환경측정기관으로 지정받을 수 있는 자는 다음 각 호의 어느 하나에 해당하는 자로서 작업환경측정기관의 유형별로 산안령 별표 29에 따른 인력·시설 및 장비를 갖추고 고용노동부장관이 실시하는 작업환경측정기관의 측정·분석능력 확인에서 적합 판정을 받은 자로 한다.
1. 국가 또는 지방자치단체의 소속기관
2. 「의료법」에 따른 종합병원 또는 병원
3. 「고등교육법」의 규정에 따른 대학 또는 그 부속기관
4. 작업환경측정 업무를 하려는 법인
5. 작업환경측정 대상 사업장의 부속기관 (해당 부속기관이 소속된 사업장 등 고용노동부령으로 정하는 범위로 한정하여 지정받으려는 경우로 한정한다)

22 산업안전보건법령상 1일 6시간을 초과하여 근무할 수 없는 작업은?

① 갱(抗) 내에서 하는 작업
② 잠함(潛函) 또는 잠수 작업 등 높은 기압에서 하는 작업
③ 현저히 덥고 뜨거운 장소에서 하는 작업
④ 강렬한 소음이 발생하는 장소에서 하는 작업
⑤ 라듐방사선이나 엑스선 그 밖의 유해 방사선을 취급하는 작업

해설 ② [○] 잠함(潛函) 또는 잠수 작업 등 높은 기압에서 하는 작업이 해당된다.
○ 유해·위험작업에 대한 근로시간 제한 등 (산안법 제139조)
① 사업주는 유해하거나 위험한 작업으로서 높은 기압에서 하는 작업 등 대통령령으로 정하는 작업에 종사하는 근로자에게는 1일 6시간, 1주 34시간을 초과하여 근로하게 해서는 아니 된다(산안법 제139조). "높은 기압에서 하는 작업 등 대통령령으로 정하는 작업"이란 잠함(潛函) 또는 잠수 작업 등 높은 기압에서 하는 작업을 말한다(산안령 제99조 제1항).
② 사업주는 대통령령으로 정하는 유해하거나 위험한 작업에 종사하는 근로자에게 필요한 안전조치 및 보건조치 외에 작업과 휴식의 적정한 배분 및 근로시간과 관련된 근로조건의 개선을 통하여 근로자의 건강 보호를 위한 조치를 하여야 한다.

정답 21. ⑤   22. ②

23 산업안전보건법령상 1년 이하의 징역 또는 1천만원 이하의 벌금에 처해 질 수 있는 자는?

① 물질안전보건자료 대상물질을 양도하면서 양도받는 자에게 물질안전 보건자료를 제공하지 아니한 자
② 자격대여행위의 금지를 위반하여 다른 사람에게 지도사자격증을 대여한 사람
③ 중대재해 발생 사실을 보고하지 아니하거나 거짓으로 보고한 사업주
④ 정당한 사유 없이 역학조사를 거부·방해하거나 기피한 근로자
⑤ 물질안전보건자료의 일부 비공개 승인 신청 시 영업비밀과 관련되어 보호사유를 거짓으로 작성하여 신청한 자

해설 ② [○] 자격대여행위의 금지를 위반하여 다른 사람에게 지도사자격증을 대여한 사람은 1년 이하의 징역 또는 1천만원 이하의 벌금에 처해 질 수 있다.

① 10만원, ③ 3,000만원, ④ 5만원, ⑤ 500만원 등이 각각의 해당 벌금에 해당한다.

○ 벌칙 (산안법 제170조) : 다음 각 호의 어느 하나에 해당하는 자는 1년 이하의 징역 또는 1천만원 이하의 벌금에 처한다.

1. 고객의 폭언 등으로 인한 건강장해 예방조치 등(제41조 제3항)을 위반하여 해고나 그 밖의 불리한 처우를 한 자
2. 중대재해 원인조사 등(제56조 제3항)을 위반하여 중대재해 발생 현장을 훼손하거나 고용노동부장관의 원인조사를 방해한 자
3. 산업재해 발생 은폐 금지 및 보고 등(제57조 제1항)을 위반하여 산업재해 발생 사실을 은폐한 자 또는 그 발생 사실을 은폐하도록 교사(敎唆)하거나 공모(共謀)한 자
4. 도급인의 안전 및 보건에 관한 정보 제공 등(제65조 제1항), 유해하거나 위험한 기계·기구에 대한 방호조치(제80조 제1항, 제2항, 제4항), 안전인증의 표시 등(제85조 제2항, 제3항), 자율안전확인대상기계 등의 제조 등의 금지 등(제92조 제1), 역학조사(제141조 제4) 또는 비밀 유지(제162조)를 위반한 자
5. 안전인증의 표시 등(제85조 제4항) 또는 자율안전확인대상기계 등의 제조 등의 금지 등(제92조 제2항)에 따른 명령을 위반한 자
6. 성능시험 등(제101조)에 따른 조사, 수거 또는 성능시험을 방해하거나 거부한 자
7. 자격대여행위 및 대여알선행위 등의 금지(제153조 제1항)을 위반하여 다른 사람에게 자기의 성명이나 사무소의 명칭을 사용하여 지도사의 직무를 수행하게 하거나 자격증·등록증을 대여한 사람
8. 자격대여행위 및 대여알선행위 등의 금지(제153조 제2항)을 위반하여 지도사의 성명이나 사무소의 명칭을 사용하여 지도사의 직무를 수행하거나 자격증·등록증을 대여받거나 이를 알선한 사람

정답 23. ②

24 산업안전보건법령상 근로감독관 등에 관한 설명으로 옳지 않은 것은?

① 근로감독관은 기계·설비 등에 대한 검사에 필요한 한도에서 무상으로 제품·원재료 또는 기구를 수거할 수 있다.
② 근로감독관은 「산업안전보건법」에 따른 명령의 시행을 위하여 근로자에게 출석을 명할 수 있다.
③ 근로자는 사업장의 「산업안전보건법」 위반 사실을 근로감독관에게 신고할 수 있다.
④ 한국산업안전보건공단 소속 직원이 지도업무 등을 하였을 때에는 그 결과를 근로감독관 및 사업주에게 즉시 보고하여야 한다.
⑤ 「의료법」에 따른 한의사는 5일의 입원치료가 필요한 부상이 환자의 업무와 관련성이 있다고 판단할 경우 치료과정에서 알게 된 정보를 고용노동부장관에게 신고할 수 있다.

해설 ④ [×] 안전보건공단 소속 직원이 지도업무 등을 하였을 때에는 그 결과를 고용노동부장관에게 보고해야 한다.
○ 공단 소속 직원의 검사 및 지도 등 (산안법 제156조)
① 고용노동부장관은 권한 등의 위임·위탁(제165조 제2항)에 따라 공단이 위탁받은 업무를 수행하기 위하여 필요하다고 인정할 때에는 공단 소속 직원에게 사업장에 출입하여 산업재해 예방에 필요한 검사 및 지도 등을 하게 하거나, 역학조사를 위하여 필요한 경우 관계자에게 질문하거나 필요한 서류의 제출을 요구하게 할 수 있다.
② 제1항에 따라 공단 소속 직원이 검사 또는 지도업무 등을 하였을 때에는 그 결과를 고용노동부장관에게 보고하여야 한다.
③ 공단 소속 직원이 제1항에 따라 사업장에 출입하는 경우에는 근로감독관의 권한(제155조 제4항)을 준용한다. 이 경우 "근로감독관"은 "공단 소속 직원"으로 본다.

25 산업안전보건법령상 지도사의 위반행위에 대해서 지도사 등록을 필수적으로 취소하여야 하는 경우를 모두 고른 것은?

ㄱ. 부정한 방법으로 갱신 등록을 한 경우
ㄴ. 업무정지 기간 중에 업무를 수행한 경우
ㄷ. 업무 관련 서류를 거짓으로 작성한 경우
ㄹ. 직무의 수행과정에서 고의로 인하여 중대재해가 발생한 경우
ㅁ. 보증보험에 가입하지 아니하거나 그 밖에 필요한 조치를 하지 아니한 경우

① ㄱ, ㅁ   ② ㄷ, ㄹ   ③ ㄱ, ㄴ, ㄷ   ④ ㄴ, ㄹ, ㅁ   ⑤ ㄱ, ㄴ, ㄷ, ㄹ, ㅁ

정답 24. ④   25. ③

해설 ③ [○] 등록의 취소 등 (산안법 제154조) : 고용노동부장관은 지도사가 다음 각 호의 어느 하나에 해당하는 경우에는 그 등록을 취소하거나 2년 이내의 기간을 정하여 그 업무의 정지를 명할 수 있다. 다만, 제1호부터 제3호까지의 규정에 해당할 때에는 그 등록을 취소하여야 한다.
1. 거짓이나 그 밖의 부정한 방법으로 등록 또는 갱신등록을 한 경우
2. 업무정지 기간 중에 업무를 수행한 경우
3. 업무 관련 서류를 거짓으로 작성한 경우
4. 산업안전지도사 등의 직무(제142조)에 따른 직무의 수행과정에서 고의 또는 과실로 인하여 중대재해가 발생한 경우
5. 지도사의 등록(제145조) 제3항 제1호부터 제5호까지의 규정 중 어느 하나에 해당하게 된 경우
6. 손해배상의 책임(제148조) 제2항에 따른 보증보험에 가입하지 아니 하거나 그 밖에 필요한 조치를 하지 아니한 경우
7. 품위유지와 성실의무 등(제150조) 제1항을 위반하거나 같은 조 제2항에 따른 기명・날인 또는 서명을 하지 아니한 경우
8. 금지 행위(제151조), 자격내여행위 및 대여알선행위 등의 금지(제153조) 제1항 또는 비밀 유지(제162조)를 위반한 경우

제2과목 : 산업안전일반

26 안전보건교육규정에서 정의하는 교육에 관한 내용으로 옳지 않은 것은?
① "비대면 실시간교육"이란 정보통신매체를 활용하여 강사와 교육생이 쌍방향으로 실시간 소통하면서 이루어지는 교육을 말한다.
② "인터넷 원격교육"이란 정보통신매체를 활용하여 교육이 실시되고 훈련생관리 등이 웹상으로 이루어지는 교육을 말한다.
③ "현장교육"이란 사업장의 생산시설 또는 근무장소에서 실시하는 교육을 말한다.
④ "안전보건관리담당자 양성교육"이란 안전보건총괄책임자 자격을 부여하기 위한 양성교육을 말한다.
⑤ "전문화교육"이란 직무교육기관이 근로자 등 및 직무교육대상자의 전문성을 높이기 위해 업종 또는 관련 분야별로 개발・운영하는 교육을 말한다.

해설 ④ [×] 안전보건관리담당자 양성교육은 안전보건관리담당자의 선임 등(산업안전보건법 시행령 제24조 제2항 3호)에 따른 자격요건을 갖추기 위한 교육을 말한다.
○ 안전보건관리담당자의 선임 등 (산안령 제24조)

정답 26. ④

① 다음 각 호의 어느 하나에 해당하는 사업의 사업주는 상시근로자 20명 이상 50명 미만인 사업장에 안전보건관리담당자를 1명 이상 선임해야 한다.
  1. 제조업 2. 임업 3. 하수, 폐수 및 분뇨 처리업
  4. 폐기물 수집, 운반, 처리 및 원료 재생업
  5. 환경 정화 및 복원업
② 안전보건관리담당자는 해당 사업장 소속 근로자로서 다음 각 호의 어느 하나에 해당하는 요건을 갖추어야 한다.
  1. 안전관리자의 자격(산안령 제17조)에 따른 안전관리자의 자격을 갖추었을 것
  2. 보건관리자의 자격(산안령 제21조)에 따른 보건관리자의 자격을 갖추었을 것
  3. 고용노동부장관이 정하여 고시하는 안전보건교육을 이수했을 것

27 산업안전보건법령상 안전보건개선계획서에 관한 내용으로 옳지 않은 것은?

① 안전보건개선계획서에는 시설, 안전보건관리체제, 안전보건교육, 산업재해 예방 및 작업환경의 개선을 위하여 필요한 사항이 포함되어야 한다.
② 사업주는 안전보건개선계획서 수립·시행 명령을 받은 날부터 60일 이내에 관할 지방고용노동관서의 장에게 해당 계획서를 제출해야 한다.
③ 지방고용노동관서의 장이 안전보건개선계획서를 접수한 경우에는 접수일부터 30일 이내에 심사하여 사업주에게 그 결과를 알려야 한다.
④ 지방고용노동관서의 장은 안전보건개선계획서의 적정 여부 확인을 공단 또는 지도사에게 요청할 수 있다.
⑤ 고용노동부장관은 산업재해 예방을 위하여 종합적인 개선조치를 할 필요가 있다고 인정되는 사업장의 사업주에게 고용노동부령으로 정하는 바에 따라 그 사업장, 시설, 그 밖의 사항에 관한 안전 및 보건에 관한 개선계획을 수립하여 시행할 것을 명할 수 있다.

해설 ③ [×] 지방고용노동관서의 장이 안전보건개선계획의 제출 등(산시규 제61조)에 따른 안전보건개선계획서를 접수한 경우에는 접수일부터 15일 이내에 심사하여 사업주에게 그 결과를 알려야 한다(산시규 제62조).

28 버드(F. Bird)의 재해 구성비율에 해당하는 것은?

① 1 : 20 : 200   ② 1 : 29 : 300   ③ 1 : 10 : 29 : 300
④ 1 : 10 : 30 : 600   ⑤ 1 : 10 : 40 : 600

해설 ④ [○] 버드의 재해구성 비율은 1(중상 또는 폐질) : 10(경상) : 30(무상해 사고) : 600(무상해·무사고 고장)의 비율을 말한다.

29 산업안전보건법령상 안전보건관리담당자의 업무가 아닌 것은?

① 산업재해에 관한 통계의 유지·관리·분석을 위한 보좌 및 지도·조언
② 위험성평가에 관한 보좌 및 지도·조언
③ 작업환경 측정 및 개선에 관한 보좌 및 지도·조언
④ 안전보건교육 실시에 관한 보좌 및 지도·조언
⑤ 산업 안전·보건과 관련된 안전장치 및 보호구 구입 시 적격품 선정에 관한 보좌 및 지도·조언

해설 ① [×] 산업재해에 관한 통계의 유지·관리·분석을 위한 보좌 및 지도·조언은 안전관리자의 업무이다.
○ 안전보건관리담당자의 업무 (산안령 제25조)
  1. 안전보건교육 실시에 관한 보좌 및 지도·조언
  2. 위험성평가에 관한 보좌 및 지도·조언
  3. 작업환경측정 및 개선에 관한 보좌 및 지도·조언
  4. 건강진단에 관한 보좌 및 지도·조언
  5. 산업재해 발생의 원인 조사, 산업재해 통계의 기록 및 유지를 위한 보좌 및 지도·조언
  6. 산업 안전·보건과 관련된 안전장치 및 보호구 구입 시 적격품 선정에 관한 보좌 및 지도·조언

30 안전보건교육 방법에서 하버드학파의 5단계 교수법의 순서를 옳게 나열한 것은?

ㄱ. 준비시킨다(Preparation)	ㄴ. 총괄시킨다(Generalization)
ㄷ. 교시한다(Presentation)	ㄹ. 연합시킨다(Association)
ㅁ. 응용시킨다(Application)	

① ㄱ→ㄴ→ㄷ→ㄱ→ㅁ ② ㄱ→ㄴ→ㄹ→ㄷ→ㅁ ③ ㄱ→ㄷ→ㄹ→ㄴ→ㅁ
④ ㄱ→ㄷ→ㄹ→ㅁ→ㄴ ⑤ ㄱ→ㄹ→ㄷ→ㅁ→ㄴ

해설 ③ [○] 하버드학파의 5단계 교수법을 순서대로 옳게 나열한 것이다.

31 다음에서 설명하고 있는 안전관리의 생산성 측면 효과로 옳지 않은 것은?

안전관리란 생산성의 향상과 손실(Loss)의 최소화를 위하여 행하는 것으로 비능률적 요소인 사고가 발생하지 않는 상태를 유지하기 위한 활동이다.

① 근로자의 사기진작 ② 사회적 신뢰성 유지 및 확보 ③ 이윤 증대
④ 비용 절감 ⑤ 생산시설의 고급화 및 다양화

정답 29. ① 30. ③ 31. ⑤

해설 ⑤ [×] "생산시설의 안전화 및 고생산성화"오 되어야 옳은 내용이다.

32 안전교육의 지도원칙으로 옳지 않은 것은?
① 피교육자 중심 교육   ② 동기부여   ③ 어려운 부분에서 쉬운 부분으로 진행
④ 오관(감각기관) 활용   ⑤ 기능적 이해

해설 ③ [×] "쉬운 부분에서 어려운 부분으로 진행"이 되어야 옳다.
  ○ 교육지도의 원칙
    1. 피교육자 중심교육(상대방 입장에서 교육) 2. 동기부여
    3. 쉬운 부분에서 어려운 부분으로 진행 4. 한 번에 하나씩 교육
    5. 시청각 활용(인상의 강화) 6. 5관의 활용 7. 반복 8. 기능적 이해

33 안전보건교육규정에서 정하고 있는 "직무교육의 방법"의 일부 내용이다. ( )에 들어갈 것으로 옳은 것은?

교육형태 : 다음 각 목에 따른 교육형태 중 어느 하나 또는 혼합한 방식으로 할 것. 다만, 총 교육시간의 (ㄱ)분의 (ㄴ) 이상을 가목이나 나목 또는 (ㄷ)목의 형태로 할 것
  가. 집체교육 나. 현장교육 다. 인터넷 원격교육 라. 비대면 실시간교육

① ㄱ : 2, ㄴ : 1, ㄷ : 다   ② ㄱ : 2, ㄴ : 1, ㄷ : 라
③ ㄱ : 3, ㄴ : 1, ㄷ : 다   ④ ㄱ : 3, ㄴ : 2, ㄷ : 다
⑤ ㄱ : 3, ㄴ : 2, ㄷ : 라

해설 ⑤ [○] 근로자 등 안전보건교육의 방법 (안전보건교육규정 고시 제15조(직무교육의 방법) 제2항)

34 제조물책임법상 결함에 해당되는 것을 모두 고른 것은?

ㄱ. 제조상 결함 ㄴ. 배송상 결함 ㄷ. 설계상 결함 ㄹ. 표시상 결함

① ㄱ, ㄴ   ② ㄷ, ㄹ   ③ ㄱ, ㄷ, ㄹ   ④ ㄴ, ㄷ, ㄹ   ⑤ ㄱ, ㄴ, ㄷ, ㄹ

해설 ③ [○] 제품결함의 정의 (제조물 책임법 제2조) : "결함"이란 해당 제조물에 다음 각 목의 어느 하나에 해당하는 제조상·설계상 또는 표시상의 결함이 있거나 그 밖에 통상적으로 기대할 수 있는 안전성이 결여되어 있는 것을 말한다.
  가. "제조상의 결함"이란 제조업자가 제조물에 대하여 제조상·가공상의 주의의무를 이행하였는지에 관계없이 제조물이 원래 의도한 설계와 다르게 제조·가공됨으로써 안전하지 못하게 된 경우를 말한다.

정답 32. ③ 33. ⑤ 34. ③

나. "설계상의 결함"이란 제조업자가 합리적인 대체설계(代替設計)를 채용하였더라면 피해나 위험을 줄이거나 피할 수 있었음에도 대체설계를 채용하지 아니하여 해당 제조물이 안전하지 못하게 된 경우를 말한다.

다. "표시상의 결함"이란 제조업자가 합리적인 설명·지시·경고 또는 그 밖의 표시를 하였더라면 해당 제조물에 의하여 발생할 수 있는 피해나 위험을 줄이거나 피할 수 있었음에도 이를 하지 아니한 경우를 말한다.

35 재해조사의 1단계(사실 확인)에 포함되는 활동을 모두 고른 것은?

> ㄱ. 재해 발생 작업의 지휘·감독 상황 조사
> ㄴ. 재해 발생의 직접 원인(불안전 상태와 불안전 행동) 판단
> ㄷ. 재해 발생 기계·설비의 위험방호설비 확인

① ㄱ   ② ㄴ   ③ ㄱ, ㄷ   ④ ㄴ, ㄷ   ⑤ ㄱ, ㄴ, ㄷ

해설 (ㄴ) [×] 재해 발생의 직접 원인(불안전 상태와 불안전 행동) 판단은 2단계에 해당한다.

○ 재해조사 순서 5단계
  1) 제0단계 : (전제조건이 되며) 재해상황의 파악
  2) 제1단계 : 사실의 확인
  3) 제2단계 : 직접원인(물적원인, 인적원인)과 문제점 발견
  4) 제3단계 : 기본원인(4M)과 근본적 문제점 결정
  5) 제4단계 : 동종 및 유사재해 예방대책의 수립

○ 재해조사 방법 5가지
  1) 재해조사는 재해발생 직후에 실시한다. (현장보존)
  2) 현장의 물리적 흔적(증거)을 수집 및 보관한다.
  3) 재해현장의 상황을 기록하고 사진을 촬영한다.
  4) 목격자 및 현장 관계자의 진술을 확보한다.
  5) 재해 피해자와 면담 (사고 직전의 상황청취 등)

○ 재해조사 시 유의사항
  1) 사실을 수집한다. (이유와 원인은 뒤에 확인)
  2) 목격자 등이 증언하는 사실이외의 추측이나 본인의 의견 등은 분리하고 참고로만 한다.
  3) 조사는 신속히 실시하고, 2차재해 방지를 위한 안전조치를 한다.
  4) 인적, 물적 요인에 대한 조사를 병행한다.
  5) 객관적인 입장에서 2인 이상 실시한다.
  6) 책임추궁보다 재발방지에 역점을 둔다.
  7) 피해자에 대한 구급조치를 우선한다.
  8) 위험에 대비해 보호구를 착용한다.

정답 35. ③

36 재해 통계에 관한 내용으로 옳은 것은?

① 강도율 계산 시 사망 재해의 경우 10,000일의 근로손실일수를 산정한다.
② 도수율(빈도율)은 연 근로시간 100,000시간당 재해발생건수를 의미한다.
③ 재해율(천인율)은 연 평균 근로자 1,000명당 재해발생건수를 의미한다.
④ 종합재해지수(FSI)는 도수율과 강도율을 곱한 값이다.
⑤ 안전성 비교(Safety T Score)는 현재의 안전성을 과거와 비교한 것으로서 -2이하인 경우 과거에 비해 안전성이 개선된 것을 의미한다.

해설 ① [×] 강도율 계산 시 사망 재해의 경우 7,500일의 근로손실일수를 산정한다.
② [×] 도수율(빈도율)은 연 근로시간 1,000,000시간당 재해발생건수를 의미한다.
도수율=(재해건수/연근로시간수)×1,000,000
③ [×] 재해율(천인율)은 연 평균 근로자 1,000명당 재해발생자수를 의미한다.
④ [×] 종합재해지수(FSI)는 도수율과 강도율을 곱한 값의 제곱근이다.

종합재해지수(FSI)=$\sqrt{도수율 \times 강도율}$

⑤ [○] 안전성 비교(Safety T Score)는 현재의 안전성을 과거와 비교한 것으로서 -2이하인 경우 과거에 비해 안전성이 개선된 것을 의미한다. +2.0이상은 과거보다 심각하다. -2.0~+2.0는 과거와 차이가 없음을 각각 의미한다.

37 재해 발생 시 조치사항으로 옳지 않은 것은?

① 재해 피해자 구출과 응급조치를 가장 먼저 실시한다.
② 재해조사를 위하여 현장을 보존하고 촬영 등의 기록을 실시한다.
③ 재해조사 담당 인력에 안전관리자를 포함시킨다.
④ 재해조사는 2차 재해 발생 우려가 없는지 확인 후 가능하면 신속히 실시한다.
⑤ 빠른 복구를 위해 재해조사는 재해발생 현장으로 대상 범위를 한정하여 실시한다.

해설 ⑤ [×] 빠른 복구를 위해 재해조사는 재해발생 현장으로 대상 범위를 집중하여 실시하되 주변의 영향인자에 대한 조사도 병행하여 실시한다.

38 인간-기계 시스템에 관한 설명으로 옳은 것은?

① 인간-기계 인터페이스는 인간-기계 시스템을 구성하는 요소이다.
② 인간-기계 시스템에서 표시장치는 인간의 반응을 표시하는 장치를 의미한다.
③ 작업자가 전동 공구를 사용하여 제품을 조립하는 과정은 인간-기계 시스템에 해당하지 않는다.
④ 인간의 주관적 반응은 인간-기계 시스템의 평가기준 중 시스템 기준(system descriptive criteria)에 해당한다.

정답 36. ⑤   37. ⑤   38. ①

⑤ 인간-기계 시스템을 평가할 때 심박수는 인간 성능에 관한 척도(performance measure)에 해당한다.

해설 ① [○] 인간-기계 인터페이스는 인간-기계 시스템을 구성하는 요소이다.
1. 1단계 : 시스템의 목표와 성능명세 결정
2. 2단계 : 시스템의 정의   3. 3단계 : 기본설계   4. 4단계 : 인터페이스 설계
5. 5단계 : 보조물 설계   6. 6단계 : 시험 및 평가

② [×] 인간-기계 시스템에서 표시장치는 기계의 반응을 표시하는 장치를 의미한다.

③ [×] 작업자가 전동 공구를 사용하여 제품을 조립하는 과정은 인간-기계 시스템에 해당한다.

④ [×] 인간의 주관적 반응은 인간-기계 시스템의 평가기준 중 인간 기준에 해당한다.

⑤ [×] 인간-기계 시스템을 평가할 때 심박수는 생리학적 지표에 해당한다.

○ 인간기준(human criteria)
1. 인간 성능 척도 : 여러 가지 감각활동, 정신활동, 근육활동 등에 의해서 판단된다.
2. 생리학적 지표 : 혈압, 맥박수, 분당호흡수, 뇌파, 혈당량, 혈액의 성분, 피부온도, 전기피부반응(galvanic skin response)이 척도가 있다.
3. 주관적인 반응 : 개인성능의 평점(rating), 체계설계면의 대안들의 평점, 체계에 사용되는 여러 가지 다른 유형의 정보에 대한 판단된 중요도 평점, 의자의 안락도 평점 등이 있다.
4. 사고 빈도 : 어떤 목적을 위해서는 사고나 상해 발생빈도가 적절한 기준이 될 수가 있다.

39 산업안전보건기준에 관한 규칙상 소음 및 진동에 의한 건강장해의 예방에 관한 내용으로 옳지 않은 것은?

① 1일 8시간 작업을 기준으로 85데시벨의 소음이 발생한 작업은 소음작업에 해당한다.
② 105데시벨의 소음이 1일 30분 발생하는 작업은 강렬한 소음작업에 해당한다.
③ 임팩트 렌치(impact wrench)를 사용하는 작업은 진동작업에 속한다.
④ 1초 간격 125데시벨 소음이 1일 1만회 발생하는 작업은 충격소음작업에 해당한다.
⑤ 청력보존 프로그램 시행 대상 사업장에서는 소음의 유해성과 예방에 관한 교육과 정기적 청력검사를 실시해야 한다.

해설 ② [×] 105데시벨의 소음이 1일 1시간 발생하는 작업은 강렬한 소음작업에 해당한다.
① 종래의 90데시벨에서 85데시벨로 강화 개정이 되었다. <개정 2024. 6. 28>
○ 정의 (산기규 제512조) : "강렬한 소음작업"이란 다음 각목의 어느 하나에 해당하는 작업을 말한다.

정답 39. ②

1. 90데시벨 이상의 소음이 1일 8시간 이상 발생하는 작업
2. 95데시벨 이상의 소음이 1일 4시간 이상 발생하는 작업
3. 100데시벨 이상의 소음이 1일 2시간 이상 발생하는 작업
4. 105데시벨 이상의 소음이 1일 1시간 이상 발생하는 작업
5. 110데시벨 이상의 소음이 1일 30분 이상 발생하는 작업
6. 115데시벨 이상의 소음이 1일 15분 이상 발생하는 작업

40 인간의 시각 기능에 관한 설명으로 옳지 않은 것은?
① 명순응은 암순응에 비해 시간이 짧게 걸린다.
② 암순응 과정에서 원추세포와 간상세포의 순으로 순응 단계가 진행된다.
③ 눈에서 물체까지의 거리가 멀어질수록 수정체의 두께를 두껍게 하여 초점을 맞춘다.
④ 최소가분시력(minimum separable acuity)은 일정 거리에서 구분할 수 있는 표적의 최소 크기에 따라 정해진다.
⑤ 가장 민감한 빛의 파장은 간상세포가 원추세포에 비해 짧다.

해설 ③ [×] 눈에서 물체까지의 거리가 멀어질수록 수정체의 두께를 얇게 하여 초점을 맞춘다. 이렇게 하여 원거리의 물체를 잘 볼 수 있게 한다.

41 제품 설계에 인체 측정치를 적용하는 절차를 순서대로 옳게 나열한 것은?

ㄱ. 설계에 필요한 인체치수 선택   ㄴ. 적절한 인체측정 자료 선택
ㄷ. 필요한 여유치 결정   ㄹ. 인체측정 자료 응용 원리 결정

① ㄱ→ㄴ→ㄹ→ㄷ   ② ㄱ→ㄹ→ㄴ→ㄷ   ③ ㄴ→ㄱ→ㄷ→ㄹ   ④ ㄴ→ㄷ→ㄱ→ㄹ
⑤ ㄹ→ㄴ→ㄱ→ㄷ

해설 ② [○] 인체측정치의 제품설계 적용절차
1. 설계에 필요한 인체치수의 결정
2. 설비를 사용할 집단을 정의 : 성인, 아동
3. 적용할 인체자료 응용원리를 결정 : 조절식, 극단치, 평균치
4. 적절한 인체측정자료의 선택 : 평균과 표준편차를 이용하여 %tile 결정
5. 특수복장 착용에 대한 적절한 여유 고려
6. 설계할 치수의 결정
7. 모형을 제작하여 모의실험

42 산업안전보건기준에 관한 규칙상 근골격계부담작업으로 인한 건강장해 예방과 관련된 내용으로 옳지 않은 것은?

정답 40. ③   41. ②   42. ①

① 근골격계질환 예방과 관련하여 노사간 이견(異見)이 없는 근로자 수 80명인 사업장에서 연간 업무상 질병으로 인정받은 근골격계질환자가 5명 발생한 경우에 근골격계질환 예방관리 프로그램을 수립 및 시행해야 한다.
② 근로자가 근골격계부담작업을 하는 경우에 해당 작업에 대해 3년마다 유해요인조사를 실시하여야 한다.
③ 근골격계부담작업에 해당하는 새로운 작업·설비를 도입한 경우에는 지체 없이 유해요인조사를 실시해야 한다.
④ 5킬로그램 이상의 중량물을 들어올리는 작업을 하는 경우에는 취급하는 물품의 중량과 무게중심에 대해 작업장 주변에 안내표시를 하여야 한다.
⑤ 근골격계부담작업 유해요인조사를 실시할 때 작업과 관련된 근골격계질환 징후와 증상 유무를 조사해야 한다.

해설 ① [×] "80명×0.1=8명" 이상 발생한 경우 근골격계질환 예방관리 프로그램을 수립 및 시행 대상이 된다.

○ 근골격계질환 예방관리 프로그램 시행 (산기규 제662조) : 사업주는 다음 각 호의 어느 하나에 해당하는 경우에 근골격계질환 예방관리 프로그램을 수립하여 시행하여야 한다.
1. 근골격계질환으로 「산업재해보상보험법 시행령」에 따라 업무상 질병으로 인정받은 근로자가 연간 10명 이상 발생한 사업장 또는 5명 이상 발생한 사업장으로서 발생 비율이 그 사업장 근로자 수의 10퍼센트 이상인 경우
2. 근골격계질환 예방과 관련하여 노사 간 이견(異見)이 지속되는 사업장으로서 고용노동부장관이 필요하다고 인정하여 근골격계질환 예방관리 프로그램을 수립하여 시행할 것을 명령한 경우

43 근골격계 질환 예방을 위한 유해요인 평가방법에 관한 설명으로 옳은 것은?
① REBA는 손으로 물체를 잡을 때 손잡이 조건을 평가에 반영한다.
② NLE의 LI는 값이 클수록 안전한 작업이다.
③ REBA는 보행 동작을 평가에 반영한다.
④ NLE는 중량물의 수평 운반거리를 평가에 반영한다.
⑤ OWAS는 팔꿈치 각도를 평가에 반영한다.

해설 ① [○] REBA는 손으로 물체를 잡을 때 손잡이 조건을 평가에 반영한다.
REBA(Rapid Entire Body Assessment)는 근골격계질환과 관련한 위해인자에 대한 개인작업자의 노출정도를 평가하기 위한 목적으로 개발되었으며, 크게 신체부위별 작업자세를 나타내는 4개의 배점표로 구성되어 있다.

정답 43. ①

② [×] NLE의 LI는 값이 작을수록 안전한 작업이다. 들기작업지수(Lifting Index)를 계산하는데 LI는 실제 작업물의 무게와 권장무게한계의 비율이며, LI값이 1.0보다 작아야 안전하다.
③ [×] REBA는 전신작업을 평가하며, 동작의 반복성을 평가에 반영한다.
④ [×] NLE는 중량물의 수평 운반거리는 평가에 반영하지 않는다.
⑤ [×] OWAS는 중량물의 취급정도를 평가에 반영하며, 팔꿈치 각도를 평가에 반영하지 않는다. OWAS(Ovako Working posture Analysis System) 평가도구는 근력을 발휘하기에 부적절한 작업자세를 구별해 내기 위한 목적으로 개발되었다.

44) 정상 청력을 가진 성인이 느끼는 소리의 크기를 비교할 때, 1,000Hz 순음에서 80dB의 소리는 60dB의 소리에 비해 얼마나 더 크게 들리는가?
① 약 1.3배 ② 약 2배 ③ 약 2.6배 ④ 약 4배 ⑤ 약 8배

해설 ④ [○] 소리 크기는 sone이고, $sone = 2^{\frac{phon-40}{10}}$ 의 관계를 이용하여 구한다.

80dB이면 $2^{\frac{phon-40}{10}} = 2^{\frac{80-40}{10}} = 16\,sone$ 이고, 60dB은 $2^{\frac{phon-40}{10}} = 2^{\frac{60-40}{10}} = 2^2 = 4\,sone$ 이다. 16sone÷4sone=4(배)

45) 산업안전보건법령상 유해위험방지계획서 제출 대상인 공사를 모두 고른 것은?

ㄱ. 지상높이 25미터 건축물 건설 ㄴ. 연면적 2만제곱미터 건축물 해체
ㄷ. 연면적 6천제곱미터 판매시설 건설 ㄹ. 깊이 12미터 굴착공사

① ㄴ ② ㄱ, ㄹ ③ ㄴ, ㄷ ④ ㄷ, ㄹ ⑤ ㄱ, ㄷ, ㄹ

해설 ④ [○] 유해위험방지계획서 제출 대상 (산안령 제42조)
1. 다음 각 목의 어느 하나에 해당하는 건축물 또는 시설 등의 건설·개조 또는 해체(이하 "건설 등"이라 한다) 공사
   가. 지상높이가 31미터 이상인 건축물 또는 인공구조물 ◆
   나. 연면적 3만제곱미터 이상인 건축물 ◆
   다. 연면적 5천제곱미터 이상인 시설로서 다음의 어느 하나에 해당하는 시설
      1) 문화 및 집회시설 (전시장 및 동물원·식물원은 제외한다)
      2) 판매시설, 운수시설 (고속철도의 역사 및 집배송시설은 제외한다) ◆
      3) 종교시설 4) 의료시설 중 종합병원
      5) 숙박시설 중 관광숙박시설 6) 지하도상가
      7) 냉동·냉장 창고시설
2. 연면적 5천제곱미터 이상인 냉동·냉장 창고시설의 설비공사 및 단열공사

3. 최대 지간(支間)길이(다리의 기둥과 기둥의 중심사이의 거리)가 50미터 이상인 다리의 건설 등 공사
4. 터널의 건설 등 공사
5. 다목적댐, 발전용댐, 저수용량 2천만톤 이상의 용수 전용 댐 및 지방상수도 전용 댐의 건설 등 공사
6. 깊이 10미터 이상인 굴착공사 ◈

46 서로 독립인 기본사상 a, b, c로 구성된 아래의 결함수(Fault Tree)에서 정상사상 T에 관한 최소절단집합(minimal cut set)을 모두 구하면?

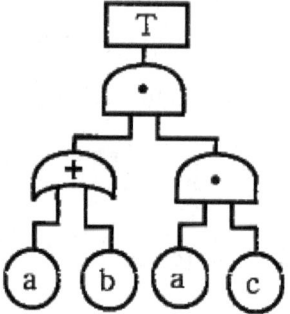

① {a, b} ② {a, c} ③ {b, c} ④ {a, b, c} ⑤ {a, c}, {a, b, c}

해설 ② [○] $T = \begin{Bmatrix} a \\ b \end{Bmatrix} \times \{a, c\} = \{a, a, c\}, \{a, b, c\} = \{a, c\}, \{a, b, c\} = \{a, c\}$

47 신뢰도가 A인 동일한 부품 3개를 그림과 같이 직렬 및 병렬로 연결하였을 때 전체시스템의 신뢰도는 0.8309이다. 이 부품의 신뢰도 A는 얼마인가?

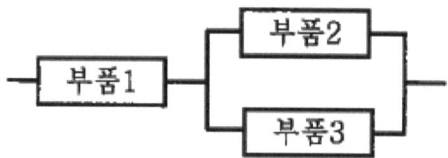

① 0.70 ② 0.75 ③ 0.80 ④ 0.85 ⑤ 0.90

해설 ④ [○] $R_S = R_A \times [1-(1-R_A)(1-R_A)] = 2R_A^2 - R_A^3 = 0.8309$

R_A값은 인수분해로는 구해지지 않으므로 시행착오법을 활용하며, 위의 선지 값들 중 $R_A = 0.85$를 대입하면 0.8309가 구해진다.

정답 46. ② 47. ④

48) 정성적, 귀납적인 시스템안전 분석기법으로 시스템에 영향을 미치는 모든 요소의 고장을 형태별로 분석하여 그 영향을 검토하는 기법은?

① ETA ② FMEA ③ THERP ④ FTA ⑤ PHA

해설 ② [○] FMEA(실패유형 및 영향분석) : 시스템 안전분석에 이용되는 전형적인 정성적 귀납적 분석방법으로 시스템에 영향을 미치는 전체 요소의 고장을 유형별로 분석하여 시스템에 미치는 영향을 검토하는 것이다

○ ① ETA는 사건수분석, ③ THERP은 인간과오율예측기법, ④ FTA은 고장나무분석, ⑤ PHA는 예비위험분석을 각각 의미한다.

49) A부품의 고장확률밀도함수는 지수분포를 따르며 평균수명은 10^4 시간이다. 이 부품을 10^3 시간 작동시켰을 때의 신뢰도는 얼마인가? (단, 소수점 셋째 자리에서 반올림하여 소수점 둘째 자리까지 구한다.)

① 0.05 ② 0.10 ③ 0.15 ④ 0.85 ⑤ 0.90

해설 ⑤ [○] $R(t) = e^{-\lambda t} = e^{-t/MTBF} = e^{-10^3/10^4} = e^{-0.1} = 1/e^{0.1} = 0.9048$

50) 사업장 위험성평가에 관한 지침에 따라 위험성평가 실시규정을 작성할 때 반드시 포함되어야 할 사항이 아닌 것은?

① 평가의 목적 및 방법 ② 결과의 기록·보존
③ 위험성평가 인정신청서 작성방법 ④ 근로자에 대한 참여·공유방법 및 유의사항
⑤ 평가담당자 및 책임자의 역할

해설 ③ [×] 사전준비 (사업장 위험성평가에 관한 지침 제9조) : 사업주는 위험성평가를 효과적으로 실시하기 위하여 최초 위험성평가시 다음 각 호의 사항이 포함된 위험성평가 실시규정을 작성하고, 지속적으로 관리하여야 한다.
1. 평가의 목적 및 방법
2. 평가담당자 및 책임자의 역할
3. 평가시기 및 절차
4. 근로자에 대한 참여·공유방법 및 유의사항
5. 결과의 기록·보존

정답 48. ② 49. ⑤ 50. ③

제3과목 : 기업진단·지도

51 테일러(F. Taylor)의 과학적 관리법(scientific management)에 관한 설명으로 옳은 것을 모두 고른 것은?

> ㄱ. 고임금 고노무비　ㄴ. 개방체계　ㄷ. 차별성과급 제도　ㄹ. 시간연구
> ㅁ. 작업장의 사회적 조건　ㅂ. 과업의 표준

① ㄱ　② ㄴ, ㅁ　③ ㄱ, ㄷ, ㅂ　④ ㄴ, ㄹ, ㅁ　⑤ ㄷ, ㄹ, ㅂ

해설　⑤ [○] 테일러시스템은 시간연구와 동작연구를 통하여 합리적인 개인별 과업량을 설정하고, 그 성과에 따라 차등임금을 지불하는 경영방식을 말한다. 테일러는 이를 위해 정신혁명의 필요성을 강조하였다.

　　　○ (ㄱ) 고임금, 저노무비가 포드시스템에 해당하고, (ㄴ) 개방체계 및 (ㄹ) 작업장의 사회적 조건은 호손공장실험과 가깝다.

52 조직에서 생산적 행동(Productive behavior)과 반생산적 행동(Counterproductive work behavior : CWB)에 관한 설명으로 옳지 않은 것은?

① 조직시민행동(Organizational Citizenship Behavior : OCB)은 생산적 행동에 속한다.
② OCB는 친사회적 행동이며 역할 외 행동이라고도 한다.
③ 일탈행동(Deviance)은 CWB에 속하지만 조직에 해로운 행동은 아니다.
④ 조직시민행동은 OCB-I(Individual)와 OCB-O(Organizational)로 분류되기도 한다.
⑤ CWB는 개인적 범주와 조직적 범주로 분류할 수 있다.

해설　③ [×] 일탈행동(Deviance)은 CWB에 속하고, 조직에 해로운 행동이 된다.

53 직무평가에 관한 설명으로 옳은 것을 모두 고른 것은?

> ㄱ. 직무평가 대상은 직무 자체임　　ㄴ. 다른 직무들과의 상대적 가치를 평가
> ㄷ. 직무수행자를 평가　　　　　　　ㄹ. 종업원의 기업목표달성 공헌도 평가
> ㅁ. 직무의 중요성, 난이도, 위험도의 반영

① ㄱ, ㄷ　② ㄱ, ㄴ, ㄹ　③ ㄱ, ㄴ, ㅁ　④ ㄷ, ㄹ, ㅁ　⑤ ㄴ, ㄷ, ㄹ, ㅁ

해설　③ [○] (ㄱ), (ㄴ), (ㅁ) 3개만 옳은 내용이다.
　　　(ㄷ) [×] 직무수행자를 평가하는 것은 능력평가이다.
　　　(ㄹ) [×] 종업원의 기업목표달성 공헌도 평가는 MBO에 의한 평가이다.

정답　51. ⑤　52. ③　53. ③

54 노동쟁의조정에 관한 설명으로 옳지 않은 것은?

① 노동쟁의조정은 노동위원회가 담당한다.
② 노동쟁의조정은 조정, 중재, 긴급조정 등이 있다.
③ 노동쟁의조정 방법에 있어서 임의조정제도는 허용되지 않는다.
④ 확정된 중재내용은 단체협약과 동일한 효력을 갖는다.
⑤ 노동쟁의조정 중 조정은 노동위원회에서 조정안을 작성하여 관계당사자들에게 제시하는 방법이다.

해설 ③ [×] 노동쟁의조정 방법에 있어서 임의조정제도는 법으로 정해져 있고, 허용된다.

55 조직설계에 영향을 미치는 기술유형을 학자들이 제시한 것이다. ( )에 들어 갈 내용으로 옳은 것은?

> ○ 우드워드(J. Woodward) : 소량단위 생산기술, (ㄱ), 연속공정생산기술
> ○ 페로우(C. Perrow) : 일상적 기술, 비일상적 기술, (ㄴ), 공학적 기술
> ○ 톰슨(J. Thompson) : (ㄷ), 연속형 기술, 집약형 기술

① ㄱ : 대량생산기술, ㄴ : 장인기술,   ㄷ : 중개형 기술
② ㄱ : 대량생산기술, ㄴ : 중개형 기술, ㄷ : 장인기술
③ ㄱ : 중개형 기술,   ㄴ : 장인기술,   ㄷ : 대량생산기술
④ ㄱ : 장인기술,   ㄴ : 중개형 기술, ㄷ : 대량생산기술
⑤ ㄱ : 장인기술,   ㄴ : 대량생산기술, ㄷ : 중개형 기술

해설 ○ 우드워드(Woodward)에 따르면 연속공정생산기술은 산출물에 대한 예측가능성이 높고 기술의 복잡성이 높다.
○ 페로우(Perrow)에 따르면 장인(craft)기술을 사용하는 부서는 과업의 다양성이 낮으며 발생하는 문제가 비일상적이고 문제의 분석가능성이 낮다. 공학적(engineering) 기술을 사용하는 부서는 과업의 다양성이 높고 잘 짜여진 공식과 기법에 의해서 문제의 분석가능성이 높다. 비일상적(nonroutine) 기술을 사용하는 부서는 과업의 다양성이 높고 문제의 분석가능성이 낮다.
○ 톰슨(Thompson)에 따르면 집합적(pooled) 상호의존성은 집약형 기술을 사용하여 부서 간 상호조정의 필요성이 높고 표준화, 규정, 절차보다는 팀웍이 중요하다.

56 수요예측 방법 중 주관적(정성적) 접근방법에 해당하지 않는 것은?

① 델파이법   ② 이동평균법   ③ 시장조사법   ④ 자료유추법
⑤ 판매원의견종합법

정답 54. ③   55. ①   56. ②

해설 ② 수요예측을 위한 이동평균법은 정량적 접근방법에 해당한다.

○ 이동평균법 (moving average method)의 특징
* 이동평균법은 평균의 계산기간을 순차로 한 개 항씩 이동시켜 가면서 기간별 평균을 계산하여 경향치를 구하는 방법이다.
* 여기서는 가장 오래된 데이터는 제거시키고 가장 최근의 데이터로부터 평균예상치를 구한다.
* 이 방법은 물가변동을 완화하여 평균화하는 장점이 있으나, 매입횟수가 빈번하면 계산의 복잡성과 계산공수가 많아지는 단점이 있다.

57 총괄생산계획 기법 중 휴리스틱 계획기법에 해당하지 않는 것은?

① 선형계획법　② 매개변수에 의한 생산계획　③ 생산전환 탐색법
④ 서어치 디시즌 룰(search decision rule)　⑤ 경영계수이론

해설 ① [×] 선형계획법은 휴리스틱(어림짐작) 기법이 아닌 입력변수의 데이터 기반으로 목적함수의 최대 혹은 최소값을 구하는 정량적 기법이다.

○ 총괄생산계획 기법에는 도시(圖示)적 방법, 수송계획법, 선형계획법, 선형의사결정법(LDR), 발견적 의사결정법, 탐색의사결정법(SDR), 메기의 수정된 반응모델, 계산표를 활용한 총괄계획 등이 있다.

58 다음은 신 QC 7가지 도구 중 무엇에 관한 설명인가?

> 문제를 해결하는 활동에 필요한 실시사항을 시계열적인 순서에 따라 네트워크로 나타낸 화살표 그림을 이용하여 최적의 일정계획을 위한 진척도를 관리하는 방법

① 친화도　② 계통도　③ PDPC법(Process Decision Program Chart)
④ 애로우 다이어그램　⑤ 매트릭스 다이어그램

해설 ④ [○] 애로다이어그램법(Arrow diagram) : PERT/CPM에서 쓰이는 일정계획을 위한 네트워크 그림으로 최적의 일정계획을 세워 효율적으로 진척을 관리하는 방법이다.

① [×] 친화도법(Affinity diagram) : 미지·미경험의 분야 등 혼돈된 상태 가운데서 사실·의견발상 등의 언어데이터를 친화법에 바탕하여 친화도가 큰 것끼리 묶어서 정리함으로써 문제 본질을 파악하고 문제해결과 발상을 도출하는 방법이다.

② [×] 계통도법(Tree diagram) : 목적·목표를 달성하기 위한 수단·방책을 계통적으로 전개함으로써 문제의 전모에 대하여 일람성(visibility)을 부여하고, 그 문제의 중점을 명확히 하는 것으로, 목표·목적을 달성하기 위한 최적의 수단·방책을 추구해 가는 방법이다.

③ [×] PDPC법(Process Decision Program Chart) : 신제품개발이나 제품책임문제의 예방 등과 같이 최초의 시점에서는 최종결과까지의 행방을 충분히 짐작할 수 없는 문제에 대하여 그 진보과정에서 얻어지는 정보에 따라 차례로 시행되는 계획의 정도를 높여 적정한 판단을 내림으로써 사태를 바람직한 방향으로 이끌어 가거나 중대사태를 회피하는 방책을 얻게 되는 방법이다.

⑤ [×] 매트릭스 다이어그램(Matrix diagram) : 문제가 되는 사상 가운데서 짝이 되는 요소를 찾아서 이것을 행과 열로 배치하고, 그 교점에 각 요소간의 연관 유무나 관련 정도를 표시하여 ㉠ 이원적인 배치 가운데서 문제의 소재나 문제의 형태를 탐색, ㉡ 이원적인 관계 가운데서 문제해결에의 착상을 얻는다.

59 도요타 생산방식의 주축을 이루는 JIT(Just In Time) 시스템의 장점에 해당되지 않는 것은?

① 한정된 수의 공급자와 친밀한 유대관계를 구축한다.
② 미래의 수요예측에 근거한 기본일정계획을 달성하기 위해 종속품목의 양과 시기를 결정한다.
③ JIT생산으로 원자재, 재공품, 제품의 재고수준을 줄인다.
④ 유연한 설비배치와 다기능공으로 작업자 수를 줄인다.
⑤ 생산성의 낭비제거로 원가를 낮추고 생산성을 향상시킨다.

[해설] ② [×] 미래의 수요예측에 근거한 기본일정계획을 달성하기 위해 종속품목의 양과 시기를 결정하는 것은 MRP(자재소요계획)에 해당한다.

60 유용성이 높은 인사선발 도구에 관한 설명으로 옳지 않은 것은?

① 예측변인(predictor)의 타당도가 커질수록 전체 집단의 평균적인 준거수행(criterion)에 비해 합격한 집단의 평균적인 준거수행은 높아진다.
② 선발률(selection ratio)이 낮을수록 예측변인의 가치는 커진다.
③ 기초율(base rate)이 높을수록 사용한 선발 도구의 유용성 수준은 높아진다.
④ 선발률과 기초율의 상관은 0이다.
⑤ 예측변인의 점수와 준거수행으로 이루어진 산점도(scatter plot)가 1사분면은 높고 3사분면은 낮은 타원형을 이룬다.

[해설] ③ [×] 기초율(base rate)이 높을수록 사용한 선발 도구의 유용성 수준은 낮아진다. 기초율이 100%라면 새로운 선발도구의 사용은 의미가 없다.

④ [×] 선발률과 기초율의 상관은 유관하다. 선발률이 낮을수록, 기초율이 낮을수록 선발 도구의 유용성 수준(효과성)은 커진다.

정답 59. ②   60. ③, ④

61 집단 또는 팀(team)에 관한 설명으로 옳지 않은 것은?

① 교차기능팀(cross functional team)은 조직 내의 다양한 부서에 근무하는 사람들로 이루어진 팀이다.
② '남만큼만 하기 효과(sucker effect)'는 사회적 태만(social loafing)의 한 현상이다.
③ 제니스(Janis)의 모형에서 집단사고(groupthink)의 선행요인 중 하나는 구성원들 간 낮은 응집성과 친밀성이다.
④ 다른 사람의 존재가 개인의 성과에 부정적 영향을 미치는 것을 사회적 억제(social inhibition)라고 한다.
⑤ 높은 집단 응집성은 그 집단에 긍정적 효과와 부정적 효과를 준다.

해설 ③ [×] 제니스(Janis)의 모형에서 집단사고(groupthink)의 선행요인 중 하나는 구성원들 간 높은 응집성과 친밀성이다. 이와는 달리 낮은 응집성은 집단극화를 유발시킨다.

62 내적(intrinsic) 동기와 외적(extrinsic) 동기의 특징과 관계를 체계적으로 다루는 동기이론으로 옳은 것은?

① 앨더퍼(Alderler)의 ERG이론
② 아담스(Adams)의 형평이론(equity theory)
③ 로크(Locke)의 목표설정이론(goal-setting theory)
④ 맥클래랜드(McClelland)의 성취동기이론(need for achievement theory)
⑤ 리안(Ryan)과 디시(Deci)의 자기결정이론(self-determination theory)

해설 ⑤ [○] Deci와 Ryan(1985)은 "자기결정성은 자기 선택의 경험으로 인간의 지각된 내적 경험을 포함하는 인간의 자질이고, 보상이나 처벌 등의 외적 요인에 의해서 강요된 것이 아닌 스스로 선택할 수 있는 능력을 가지고 있고 자신의 행동을 자의적으로 결정하는 것을 가리킨다."라고 정의했다.

○ 자기결정성 이론(Self-determination theory : SDT)은 개인들이 어떤 활동을 내재적인 이유와 외재적인 이유에 의해 참여하게 되었을 때 발생하는 결과는 전혀 다른 결과가 나타남을 바탕으로 수립한 이론을 일컫는다.

자기결정성 이론을 구성하는 네 개의 미니이론으로는 인지평가이론, 유기적 통합이론, 인과지향성이론(Causality Orientation Theory : COT), 기본심리욕구이론(Basic Psychological Needs Theory : BPNT)이 있다. 네 개의 미니이론들은 각각 자기결정성 이론의 논리를 보충해 주는 역할을 하고 있다.

정답 61. ③ 62. ⑤

63 산업심리학의 연구방법에 관한 설명으로 옳은 것은?

① 내적타당도는 실험에서 종속변인의 변화가 독립변인과 가외변인(extraneous variable)의 영향에 따른 것이라고 신뢰하는 정도이다.
② 검사-재검사 신뢰도를 구할 때는 역균형화(counterbalancing)를 실시한다.
③ 쿠더 리차드슨 공식 20(Kuder-Richardson formula 20)은 검사 문항들 간의 내적 일관성 정도를 알려 준다.
④ 내용타당도와 안면타당도는 동일한 타당도이다.
⑤ 실험실 실험(laboratory experiment)보다 준실험(quasi-experiment)에서 통제를 더 많이 한다.

해설 ③ [○] 쿠더 리차드슨 공식 20(Kuder-Richardson formula 20)은 검사 문항들 간의 내적 일관성 정도(신뢰도)를 알려 준다.

○ 문항 내적 일관성 신뢰도 (internal consistency reliability)
문항 내적 일관성 신뢰도는 검사를 구성하고 있는 문항간의 일관성을 측정하므로 검사도구가 얼마나 오차 없이 정확하게 측정하고자 하는 속성을 측정하였느냐 하는 문제이다.
내적일관성 신뢰도에는 반분검사 신뢰도, Kuder-Richardson 20, Kuder-Richardson 21, Hoyt 신뢰도, Cronbach α 등이 있다.
내적 일관성 신뢰도 가운데 검사를 한 번 실시하여 양분하지 않고 문항 간의 일치 정도를 추정하는 방법은 KR-20, KR-21, Hoyt 신뢰도, Cronbach α 계수 등이 있다. 이 가운데 가장 널리 사용되는 방법은 Cronbach 알파(α)계수이다

64 라스무센(Rasmussen)의 인간행동 분류에 관한 설명으로 옳은 것을 모두 고른 것은?

ㄱ. 숙련기반행동(skill-based behavior)은 사람이 충분히 습득하여 자동적으로 하는 행동을 말한다.
ㄴ. 지식기반행동(knowledge-based behavior)은 입력된 정보를 그때마다 의식적이고 체계적으로 처리해서 나타난 행동을 말한다.
ㄷ. 규칙기반행동(rule-based behavior)은 친숙하지 않은 상황에서 기억속의 규칙에 기반한 무의식적 행동을 말한다.
ㄹ. 수행기반행동(commission-based behavior)은 다수의 시행착오를 통해 학습한 행동을 말한다.

① ㄱ, ㄴ　② ㄴ, ㄹ　③ ㄷ, ㄹ　④ ㄱ, ㄴ, ㄷ　⑤ ㄱ, ㄷ, ㄹ

해설 ① [○] 라스무센(Rasmussen)의 인간행동 분류에 관한 설명으로 옳은 것은 (ㄱ), (ㄴ)이다.

정답 63. ③　64. ①

(ㄷ) [×] 규칙기반행동(rule-based behavior)은 친숙한 상황에서 기억속의 규칙에 기반한 무의식적 행동을 말한다.

(ㄹ) [×] 수행기반행동(commission-based behavior)은 정규의 수행실적을 통해 학습한 행동을 말한다.

65 스웨인(Swain)이 분류한 휴먼에러 유형에 해당하는 것을 모두 고른 것은?

> ㄱ. 조작에러(performance error)　ㄴ. 시간에러(time error)
> ㄷ. 위반에러(violation error)

① ㄱ　② ㄴ　③ ㄱ, ㄷ　④ ㄴ, ㄷ　⑤ ㄱ, ㄴ, ㄷ

해설　② [○] 심리적(독립행동) 인간오류 분류 (A. D. Swain)

1. 생략오류(Omission Error) : 필요한 작업 내지 단계를 수행하지 못한 에러
2. 실행오류(Commission Error) : 작업 및 단계를 수행했지만 실수한 에러
3. 과잉행동오류(Extraneous error) : 불필요한 작업 내지 행동을 함으로써 발생하는 에러
4. 순서오류(Sequential Error) : 순서 착오로 인한 에러
5. 시간오류(Time Error) : 소정 절차 수행의 지연으로 인한 에러

(ㄱ) [×] 조작에러(performance error)는 실행오류(Commission Error)와는 별도의 차별화되는 용어로서, 성과오류나 성능오류로 번역 사용되는 용어이다.

(ㄷ) [×] 위반에러(violation error)는 Reason이 분류한 에러 중 하나이다.

66 인간의 뇌파에 관한 설명으로 옳지 않은 것은?

① 델타(δ)파는 무의식 실신 상태에서 주로 나타나는 뇌파이다.
② 세타(θ)파는 피로나 졸림 등의 상태에서 주로 나타나는 뇌파이다.
③ 알파(α)파는 편안한 휴식 상태에서 주로 나타나는 뇌파이다.
④ 베타(β)파는 적극적으로 활동할 때 주로 나타나는 뇌파이다.
⑤ 오메가(ω)파는 과도한 집중과 긴장 상태에서 주로 나타나는 뇌파이다.

해설　⑤ [×] 감마(γ)파는 과도한 집중과 긴장 상태에서 주로 나타나는 뇌파이다.

67 면적에 관련한 착시현상으로 옳은 것은?

① 뮐러-라이어(Müller-Lyer) 착시　② 폰조(Ponzo) 착시
③ 포겐도르프(Poggendorl) 착시　④ 에빙하우스(Ebbinghaus) 착시
⑤ 쵤너(Zöllner) 착시

정답　65. ②　66. ⑤　67. ④

해설 ④ [○] 에빙하우스 착시 또는 티체너 착시는 같은 크기 원이 달라 보이는 착시이다.

① [×] 뮐러-라이어(Müller-Lyer) 착시는 a-b가 c-d 보다 더 길어 보이는 착시
② [×] 폰조(Ponzo) 착시 : 중간의 두 수평선부의 길이가 서로 다르게 보이는 착시
③ [×] 포겐도르프 착시(Poggendorff illusion)는 (a)와 (b)가 실제로는 일직선이지만 마치 (a)와 (c)가 일직선으로 보이는 착시이다.
⑤ [×] 쵤너(Zöllner) 착시현상 : 짧은 선들의 영향으로 긴 선이 굽어 보이는 착시이다.

뮐러-라이어 착시	폰조 착시	포겐도르프 착시	에빙하우스 착시	쵤너 착시

68 신체와 환경의 열교환 종류에 관한 설명으로 옳지 않은 것은?

① 대류(convection)는 피부와 공기의 온도 차이로 생긴 기류를 통해서 열을 교환하는 것이다.
② 반사(reflection)는 피부에서 열이 혼합되면서 열전달이 발생하는 것이다.
③ 증발(evaporation)은 땀이 피부의 열로 가열되어 수증기로 변하면서 열교환이 발생하는 것이다.
④ 복사(radiation)는 전자파에 의해 물체들 사이에서 일어나는 열전달 방법이다.
⑤ 전도(conduction)는 신체가 고체나 유체와 직접 접촉할 때 열이 전달되는 방법이다.

해설 ② [×] 반사(reflection)는 피부에서 열이 혼합되지 않고 반사되면서 열전달이 발생하는 것이다.

69 산업안전보건기준에 관한 규칙에서 정하고 있는 특별관리물질이 아닌 것은?

① 디메틸포름아미드(68-12-2), 벤젠(71-43-2), 포름알데히드(50-00-0)
② 납(7439-92-1) 및 그 무기화합물, 1-브로모프로판(106-94-5), 아크릴로니트릴(107-13-1)
③ 아크릴 아미드(79-06-1), 포름아미드(75-12-7), 사염화탄소(56-23-5)
④ 트리클로로에틸렌(79-01-6), 2-브로모프로판(75-26-3), 1,3-부타디엔(106-99-0)
⑤ 니트로글리세린(55-63-0), 트리에틸아민(121-44-8), 이황화탄소(75-15-0)

해설 ⑤ [×] 니트로글리세린(55-63-0), 트리에틸아민(121-44-8), 이황화탄소(75-15-0)는 관리대상 유해물질의 종류에는 속하나 특별관리물질은 아니다(산기규, 별표 12).

정답 68. ② 69. ⑤

○ 정의 (산기규 제420조 제6호) : "특별관리물질"이란 「산업안전보건법 시행규칙」 별표 18 제1호 나목에 따른 발암성 물질, 생식세포 변이원성 물질, 생식독성(生殖毒性) 물질 등 근로자에게 중대한 건강장해를 일으킬 우려가 있는 물질로서 산업안전보건기준에 관한 규칙 별표 12에서 물질명 말미에 (특별관리물질)로 첨기된 물질을 말한다.

70 화학물질 및 물리적 인자와 노출기준에서 노출기준 사용상의 유의사항으로 옳지 않은 것은?

① 각 유해인자의 노출기준은 해당 유해인자가 단독으로 존재하는 경우의 노출기준이다.
② 노출기준은 1일 8시간 작업을 기준으로 하여 제정된 것이다.
③ 노출기준은 직업병진단에 사용하거나 노출기준 이하의 작업환경이라는 이유만으로 직업성질병의 이환을 부정하는 근거 또는 반증자료로 사용하여서는 아니 된다.
④ 노출기준은 대기오염의 평가 또는 관리상의 지표로 사용하여서는 아니 된다.
⑤ 상승작용을 하는 화학물질이 2종 이상 혼재하는 경우에는 유해인자별로 각각 독립적인 노출기준을 사용하여야 한다.

해설 ⑤ [×] 상승작용을 하는 화학물질이 2종 이상 혼재하는 경우에는 각 유해인자의 상가작용으로 유해성이 증가할 수 있으므로 유해인자별로 각각 독립적인 노출기준이 아닌 혼합물 노출기준을 사용하여야 한다.

71 작업환경측정 및 정도관리 등에 관한 고시에서 정하는 용어의 정의로 옳지 않은 것은?

① "정확도"란 일정한 물질에 대해 반복측정·분석을 했을 때 나타나는 자료 분석치의 변동크기가 얼마나 작은가 하는 수치상의 표현을 말한다.
② "직접채취방법"이란 시료공기를 흡수, 흡착 등의 과정을 거치지 아니하고 직접 채취대 또는 진공채취병 등의 채취용기에 물질을 채취하는 방법을 말한다.
③ "호흡성분진"이란 호흡기를 통하여 폐포에 축적될 수 있는 크기의 분진을 말한다.
④ "흡입성분진"이란 호흡기의 어느 부위에 침착하더라도 독성을 일으키는 분진을 말한다.
⑤ "고체채취방법"이란 시료공기를 고체의 입자층을 통해 흡입, 흡착하여 해당 고체입자에 측정하려는 물질을 채취하는 방법을 말한다.

해설 ① [×] "정확도"란 분석치가 참값에 얼마나 접근하였는가 하는 수치상의 표현을 말한다. 한편 "정밀도"란 일정한 물질에 대해 반복측정·분석을 했을 때 나타나는 자료 분석치의 변동크기가 얼마나 작은가 하는 수치상의 표현을 말한다(작업환경측정 및 정도관리 등에 관한 고시, 제2조(정의)).

72 작업환경측정 및 정도관리 등에 관한 고시에서 정하는 시료채취에 관한 설명으로 옳은 것은?

① 8명이 있는 단위작업 장소에서는 평균 노출근로자 2명 이상에 대하여 동시에 개인 시료채취 방법으로 측정한다.
② 개인 시료채취 시 동일 작업근로자수가 20명을 초과하는 경우에는 매 5명당 1명 이상 추가하여 측정하여야 한다.
③ 개인 시료채취 시 동일 작업 근로자수가 50명을 초과하는 경우에는 최대 시료채취 근로자수를 10명으로 조정할 수 있다.
④ 지역 시료채취 방법으로 측정을 하는 경우 단위작업장소 내에서 1개 이상의 지점에 대하여 동시에 측정하여야 한다.
⑤ 지역 시료채취 시 단위작업 장소의 넓이가 50평방미터 이상인 경우에는 매 30평방미터마다 1개 지점 이상을 추가로 측정하여야 한다.

해설
⑤ [○] 지역 시료채취 방법으로 측정을 하는 경우 단위작업장소 내에서 2개 이상의 지점에 대하여 동시에 측정하여야 한다. 다만, 단위작업 장소의 넓이가 50평방미터 이상인 경우에는 매 30평방미터마다 1개 지점 이상을 추가로 측정하여야 한다.
○ 시료채취 근로자수 (작업환경측정 및 정도관리 등에 관한 고시, 제19조)
① 단위작업 장소에서 최고 노출근로자 2명 이상에 대하여 동시에 개인 시료채취 방법으로 측정하되, 단위작업 장소에 근로자가 1명인 경우에는 그러하지 아니하며, 동일 작업근로자수가 10명을 초과하는 경우에는 매 5명당 1명 이상 추가하여 측정하여야 한다. 다만, 동일 작업근로자수가 100명을 초과하는 경우에는 최대 시료채취 근로자수를 20명으로 조정할 수 있다.
② 지역 시료채취 방법으로 측정을 하는 경우 단위작업장소 내에서 2개 이상의 지점에 대하여 동시에 측정하여야 한다. 다만, 단위작업 장소의 넓이가 50평방미터 이상인 경우에는 매 30평방미터마다 1개 지점 이상을 추가로 측정하여야 한다.

73 다음 설명에 해당하는 중금속은?

○ 중독의 임상증상은 급성 복부 산통의 위장계통 장해, 손처짐을 동반하는 팔과 손의 마비가 특정인 신경근육계통의 장해, 주로 급성 뇌병증이 심한 중추신경계통의 장해로 구분할 수 있다.
○ 적혈구의 친화성이 높아 뼈조직에 결합된다.
○ 중독으로 인한 빈혈증은 heme의 생합성 과정에 장해가 생겨 혈색소량이 감소하고 적혈구의 생존기간이 단축된다.

① 크롬 ② 수은 ③ 납 ④ 비소 ⑤ 망간

정답 72. ⑤ 73. ③

해설 ③ [○] 납 중독이 신경계에 이상을 일으키면 정신 이상, 신체 마비, 빈혈, 구토 등의 증상이 나타난다. 신경계 증상이 나타나면 회복이 힘들며, 심한 흥분과 정신착란, 경련, 발작 등을 동반할 수 있다.

① [×] 크롬 : 크롬중독은 '비중격천공'이 특징이다. 비중격천공은 콧속의 가운데 물렁뼈가 손상되어 구멍이 생긴 것을 말한다.

② [×] 수은 : 구강염증, 진전(떨림), 정신적 변화가 특징이다

④ [×] 비소 : 구토, 설사, 복통 등이 특징이다.

⑤ [×] 망간 : 동작완만, 수지진전, 자세불안정 등이 특징이다.

74 포름알데히드에 관한 설명으로 옳은 것을 모두 고른 것은?

> ㄱ. 자극성 냄새가 나는 무색 기체이다.
> ㄴ. 호흡기를 통해 빠르게 흡수되고 피부접촉에 의한 노출은 극히 적다.
> ㄷ. 대사경로는 "포름알데히드 → 포름산 → 이산화탄소"이다.
> ㄹ. 생물학적 모니터링을 위한 생체지표가 많이 존재하며 발암성은 없다.

① ㄱ, ㄹ ② ㄴ, ㄷ ③ ㄱ, ㄴ, ㄷ ④ ㄱ, ㄷ, ㄹ
⑤ ㄱ, ㄴ, ㄷ, ㄹ

해설 ③ [○] 포름알데히드 실태조사 보고서 (안전보건공단 보건분야 KOSHA 기술 보고서, 2007) : 국제암연구소(IARC)에서 발암성 등급 1, 한국 및 미국, 일본 등에서는 인체 발암의심 물질로 정해져 있으며, 감작 반응 및 알러지 반응에 의한 직업성 천식 등 직업병을 유발하고 있어 주요 관심물질로 다루어지고 있다.

(ㄹ) [×] 생물학적 모니터링을 위한 생체지표가 많이 존재하며 발암성이 있다.

■ 최종정답으로서 공단에서 제시된 답은 ①, ②, ③, ④, ⑤로서 5개 전부 맞는 정답으로 제시되어 있으나, 필자의 문헌조사에 의한 바로는 ③이 정답으로 판단된다.

75 산업안전보건법령상 근로자 건강진단의 종류가 아닌 것은?

① 특수건강진단 ② 배치전건강진단 ③ 건강관리카드 소지자 건강진단
④ 종합건강진단 ⑤ 임시건강진단

해설 ④ [×] 종합건강진단은 종합건강검진으로 알려져 있고 검진항목이 종합적인 검진이다.

○ 산업안전보건법령상 건강진단의 종류에는 일반건강진단, 배치전건강진단, 수시건강진단, 임시건강진단, 특수건강진단으로서 총 5가지를 규정하고 있다(산안법 제129조~제132조).

정답 74. ③ 75. ④

제13장

2025년 1차 기출문제

제1과목 : 산업안전보건법령 / 518

제2과목 : 산업안전일반 / 534

제3과목 : 기업진단·지도 / 545

| 국가기술자격 필기시험문제 | 2025년 산업안전지도사 1차시험 | 시험시간 : 90분 |

제1과목 : 산업안전보건법령

01 산업안전보건법령상 용어에 관한 설명으로 옳지 않은 것은?

① 「국가유산수리 등에 관한 법률」에 따른 국가유산 수리공사는 "건설공사"에 해당한다.
② 근로자의 과반수로 조직된 노동조합이 없는 경우 근로자의 과반수를 대표하는 자가 "근로자대표"이다.
③ "관계수급인"이란 도급이 여러 단계에 걸쳐 체결된 경우에 각 단계별로 도급받은 사업주 전부를 말한다.
④ 도급받은 건설공사를 다시 도급하는 자는 "건설공사발주자"가 아니다.
⑤ 건설공사발주자는 "도급인"에 해당한다.

해설 ⑤ [×] "건설공사발주자"란 건설공사를 도급하는 자로서 건설공사의 시공을 주도하여 총괄·관리하지 아니하는 자를 말한다. 다만, 도급받은 건설공사를 다시 도급하는 자는 제외한다. "도급인"이란 물건의 제조·건설·수리 또는 서비스의 제공, 그 밖의 업무를 도급하는 사업주를 말한다. 다만, 건설공사발주자는 제외한다(산안법 제2조).
① 「국가유산수리 등에 관한 법률」에 따른 국가유산 수리공사는 "건설공사"에 해당한다(산안법 제2조).
② "근로자대표"란 근로자의 과반수로 조직된 노동조합이 있는 경우에는 그 노동조합을, 근로자의 과반수로 조직된 노동조합이 없는 경우에는 근로자의 과반수를 대표하는 자를 말한다(산안법 제2조).
③ "관계수급인"이란 도급이 여러 단계에 걸쳐 체결된 경우에 각 단계별로 도급받은 사업주 전부를 말한다(산안법 제2조).
④ 도급받은 건설공사를 다시 도급하는 자는 "건설공사발주자"에서 제외한다.

02 산업안전보건법령상 산업재해 중 중대재해에 해당하는 것을 모두 고른 것은?

ㄱ. 사망자가 1명 이상 발생한 재해
ㄴ. 직업성 질병자가 동시에 5명 이상 발생한 재해
ㄷ. 3개월 이상의 요양이 필요한 부상자가 동시에 2명 이상 발생한 재해

① ㄱ ② ㄴ ③ ㄱ, ㄷ ④ ㄴ, ㄷ ⑤ ㄱ, ㄴ, ㄷ

정답 01. ⑤ 02. ③

해설 (ㄴ) [×] 부상자 또는 직업성 질병자가 동시에 10명 이상 발생한 재해

○ 중대재해의 범위 (산시규 제3조) : 다음 각 호의 어느 하나 해당하는 경우
1. 사망자가 1명 이상 발생한 재해
2. 3개월 이상의 요양이 필요한 부상자가 동시에 2명 이상 발생한 재해
3. 부상자 또는 직업성 질병자가 동시에 10명 이상 발생한 재해

03 산업안전보건법령상 산업재해 발생건수 등의 공표대상 사업장이 아닌 것은?
① 사망재해자가 연간 1명 발생한 사업장
② 「산업안전보건법」 제44조 제1항 전단에 따른 중대산업사고가 발생한 사업장
③ 「산업안전보건법」 제57조 제1항을 위반하여 산업재해 발생 사실을 은폐한 사업장
④ 사망만인율(死亡萬人率)이 규모별 같은 업종의 평균 사망만인율 이상인 사업장
⑤ 「산업안전보건법」 제57조 제3항에 따른 산업재해의 발생에 관한 보고를 최근 3년 이내 2회 하지 않은 사업장

해설 ① [×] 사망재해자가 연간 2명 발생한 사업장이 옳은 내용이다.

○ 산업재해 관련 공표대상 사업장 (산안령 제10조) : 다음 각 호의 어느 하나에 해당하는 사업장
1. 산업재해로 인한 사망자가 연간 2명 이상 발생한 사업장
2. 사망만인율이 규모별 같은 업종의 평균 사망만인율 이상인 사업장
3. 중대산업사고가 발생한 사업장
4. 산업재해 발생 사실을 은폐한 사업장
5. 산업재해 발생에 관한 보고를 최근 3년 이내 2회 이상 하지 않은 사업장

04 산업안전보건법령상 안전보건관리책임자에 관한 설명으로 옳은 것은?
① 안전보건교육에 관한 사항 중 안전에 관한 기술적인 사항에 관하여 안전관리자가 지도·조언하는 경우 안전보건관리책임자는 이에 상응하는 적절한 조치를 하여야 한다.
② 안전장치 및 보호구 구입 시 적격품 여부 확인에 관한 사항은 안전보건관리책임자의 업무가 아니다.
③ 안전보건관리책임자가 있는 경우 「건설기술진흥법」에 따른 안전관리책임자 및 안전관리담당자를 각각 둔 것으로 본다.
④ 안전관리자와 보건관리자는 안전보건관리책임자의 지휘·감독을 받지 아니한다.
⑤ 안전 및 보건에 관하여 사업주를 보좌하고 관리감독자에게 지도·조언하는 업무를 수행하는 것은 안전보건관리책임자의 업무에 해당한다.

정답 03. ① 04. ①

해설 ① [○] 안전관리자 등의 지도·조언 (산안법 제20조) : 사업주, 안전보건관리책임자 및 관리감독자는 다음 각 호의 어느 하나에 해당하는 자가 안전 또는 보건에 관한 기술적인 사항에 관하여 지도·조언하는 경우에는 이에 상응하는 적절한 조치를 하여야 한다.
　1. 안전관리자　2. 보건관리자　3. 안전보건관리담당자
　4. 안전관리전문기관 또는 보건관리전문기관(해당 업무를 위탁받은 경우에 한정한다)

② 안전장치 및 보호구 구입 시 적격품 여부 확인에 관한 사항은 안전보건관리책임자의 업무이다(산안법 제15조).

③ 관리감독자가 있는 경우에는 「건설기술 진흥법」 제64조에 따른 안전관리책임자 및 안전관리담당자를 각각 둔 것으로 본다(산안법 제16조).

④ 안전관리자와 보건관리자는 안전보건관리책임자의 지휘·감독을 받는다(산안법 제15조).

⑤ 안전 및 보건에 관하여 사업주를 보좌하고 관리감독자에게 지도·조언하는 업무를 수행하는 것은 안전관리자의 업무에 해낭한다(산안법 제17조).

05 산업안전보건법령상 산업안전보건위원회에 관한 설명으로 옳은 것은?

① 명예산업안전감독관이 위촉되어 있는 사업장의 경우 근로자대표가 지명하는 1명 이상의 명예산업안전감독관을 포함하여 사용자위원을 구성할 수 있다.

② 해당 사업장에 선임되어 있지 않은 산업보건의도 사용자위원이 될 수 있다.

③ 상시근로자 50명을 사용하는 사업장에서는 '해당사업의 대표자가 지명하는 9명 이내의 해당 사업장 부서의 장'을 제외하고 사용자위원을 구성할 수 있다.

④ 산업안전보건위원회는 취업규칙에 구속받지 않고 심의·의결할 수 있다.

⑤ 산업재해에 관한 통계의 기록 및 유지에 관한 사항은 산업안전보건위원회의 심의·의결사항이 아니다.

해설 ③ [○] 상시근로자 50명 이상 100명 미만을 사용하는 사업장에서는 '해당사업의 대표자가 지명하는 9명 이내의 해당 사업장 부서의 장'을 제외하고 사용자위원을 구성할 수 있다(산안령 제35조).

① 명예산업안전감독관이 위촉되어 있는 사업장의 경우 근로자대표가 지명하는 1명 이상의 명예산업안전감독관을 근로자위원으로 구성한다(산안령 제35조).

② 산업보건의(해당 사업장에 선임되어 있는 경우로 한정한다)는 사용자위원이 될 수 있다.

④ 산업안전보건위원회는 이 법, 이 법에 따른 명령, 단체협약, 취업규칙 및 안전보건관리규정에 반하는 내용으로 심의·의결해서는 아니 된다(산안법 제24조).

정답　05. ③

⑤ 산업재해에 관한 통계의 기록 및 유지에 관한 사항은 산업안전보건위원회의 심의·의결사항이다(산안법 제24조, 제15조).

06 산업안전보건법령상 관계수급인 근로자가 도급인의 사업장에서 작업을 하는 경우 도급인이 이행하여야 할 사항이 아닌 것은?

① 작업장 순회점검
② 보호구 착용의 지시 등 관계수급인 근로자의 작업행동에 관한 직접적인 조치
③ 작업 장소에서 지진 등이 발생한 경우에 대비한 경보체계 운영과 대피방법 등 훈련
④ 관계수급인이 근로자에게 하는 「산업안전보건법」 제29조 제3항에 따른 안전보건교육의 실시 확인
⑤ 같은 장소에서 이루어지는 도급인과 관계수급인 등의 작업에 있어서 관계수급인 등의 작업시기·내용, 안전조치 및 보건조치 등의 확인

해설 ② [×] 도급인의 안전조치 및 보건조치 (산안법 제63조) : 도급인은 관계수급인 근로자가 도급인의 사업장에서 작업을 하는 경우에 자신의 근로자와 관계수급인 근로자의 산업재해를 예방하기 위하여 안전 및 보건 시설의 설치 등 필요한 안전조치 및 보건조치를 하여야 한다. 다만, 보호구 착용의 지시 등 관계수급인 근로자의 작업행동에 관한 직접적인 조치는 제외한다.

○ 도급에 따른 산업재해 예방조치 (산안법 제64조)
① 도급인은 관계수급인 근로자가 도급인의 사업장에서 작업을 하는 경우 다음 각 호의 사항을 이행하여야 한다. <개정 2021. 5. 18.>
1. 도급인과 수급인을 구성원으로 하는 안전 및 보건에 관한 협의체의 구성 및 운영
2. 작업장 순회점검
3. 관계수급인이 근로자에게 하는 안전보건교육을 위한 장소 및 자료의 제공 등 지원
4. 관계수급인이 근로자에게 하는 안전보건교육의 실시 확인
5. 다음 각 목의 어느 하나의 경우에 대비한 경보체계 운영과 대피방법 등 훈련
   가. 작업 장소에서 발파작업을 하는 경우
   나. 작업 장소에서 화재·폭발, 토사·구축물 등의 붕괴 또는 지진 등이 발생한 경우
6. 위생시설 등 고용노동부령으로 정하는 시설의 설치 등을 위하여 필요한 장소의 제공 또는 도급인이 설치한 위생시설 이용의 협조
7. 같은 장소에서 이루어지는 도급인과 관계수급인 등의 작업에 있어서 관계수급인 등의 작업시기·내용, 안전조치 및 보건조치 등의 확인

정답 06. ②

8. 제7호에 따른 확인 결과 관계수급인 등의 작업 혼재로 인하여 화재·폭발 등 대통령령으로 정하는 위험이 발생할 우려가 있는 경우 관계수급인 등의 작업시기·내용 등의 조정

07 산업안전보건법령상 도급인과 수급인을 구성원으로 안전 및 보건에 관한 협의체에 관한 설명으로 옳은 것은?

① 도급인 및 그의 수급인 대표로 구성해야 한다.
② 수급인 상호 간의 작업공정의 조정은 협의사항이다.
③ 사업주와 수급인 간의 연락 방법은 협의사항이 아니다.
④ 작업의 시작 시간은 협의사항이 아니다.
⑤ 분기별 1회 이상 정기적으로 회의를 개최하고 그 결과를 기록·보존해야 한다.

> 해설 ② [○] 수급인 상호 간의 작업공정의 조정은 협의사항이다(산시규 제79조).
> ○ 협의체의 구성 및 운영 (산시규 제79조)
> ① 안전 및 보건에 관한 협의체는 도급인 및 그의 수급인 전원으로 구성해야 한다.
> ② 협의체는 다음 각 호의 사항을 협의해야 한다.
>   1. 작업의 시작 시간   2. 작업 또는 작업장 간의 연락방법
>   3. 재해발생 위험이 있는 경우 대피방법
>   4. 작업장에서의 법 제36조에 따른 위험성평가의 실시에 관한 사항
>   5. 사업주와 수급인 또는 수급인 상호 간의 연락 방법 및 작업공정의 조정
> ③ 협의체는 매월 1회 이상 정기적으로 회의를 개최하고 그 결과를 기록·보존해야 한다.

08 산업안전보건법령상 안전관리전문기관 또는 보건관리전문기관의 지정을 취소하여야 하는 경우는?

① 지정받은 사항을 위반하여 업무를 수행한 경우
② 안전관리 또는 보건관리 업무와 관련된 비치서류를 보존하지 않은 경우
③ 정당한 사유 없이 안전관리 또는 보건관리 업무의 수탁을 거부한 경우
④ 업무정지 기간 중에 업무를 수행한 경우
⑤ 안전관리 또는 보건관리 업무 수행과 관련한 대가 외에 금품을 받은 경우

> 해설 ④ [○] 안전관리전문기관 등 (산안법 제21조) : ④ 고용노동부장관은 안전관리전문기관 또는 보건관리전문기관이 다음 각 호의 어느 하나에 해당할 때에는 그 지정을 취소하거나 6개월 이내의 기간을 정하여 그 업무의 정지를 명할 수 있다. 다만, 제1호 또는 제2호에 해당할 때에는 그 지정을 취소하여야 한다.

정답 07. ②   08. ④

1. 거짓이나 그 밖의 부정한 방법으로 지정을 받은 경우
2. 업무정지 기간 중에 업무를 수행한 경우
3. 제1항에 따른 지정 요건을 충족하지 못한 경우
4. 지정받은 사항을 위반하여 업무를 수행한 경우
5. 그 밖에 대통령령으로 정하는 사유에 해당하는 경우

○ 안전관리전문기관 등의 지정 취소 등의 사유 (산안령 제28조) : 산안법 제21조 제4항 제5호에서 "대통령령으로 정하는 사유에 해당하는 경우"란 다음 각 호의 경우를 말한다.
 1. 안전관리 또는 보건관리 업무 관련 서류를 거짓으로 작성한 경우
 2. 정당한 사유 없이 안전관리 또는 보건관리 업무의 수탁을 거부한 경우
 3. 위탁받은 안전관리 또는 보건관리 업무에 차질을 일으키거나 업무를 게을리한 경우
 4. 안전관리 또는 보건관리 업무를 수행하지 않고 위탁 수수료를 받은 경우
 5. 안전관리 또는 보건관리 업무와 관련된 비치서류를 보존하지 않은 경우
 6. 안전관리 또는 보건관리 업무 수행과 관련한 대가 외에 금품을 받은 경우
 7. 법에 따른 관계 공무원의 지도·감독을 거부·방해 또는 기피한 경우

09 산업안전보건법령상 안전보건교육에 관한 설명으로 옳지 않은 것은?

① 사업주는 소속 근로자에게 고용노동부령으로 정하는 바에 따라 정기적으로 안전보건교육을 하여야 한다.
② 건설 일용근로자에 대한 건설업 기초안전보건교육의 교육시간은 4시간 이상이다.
③ 사업주가 건설업 기초안전보건교육을 이수한 건설 일용근로자를 채용하는 경우에는 해당 작업에 필요한 안전보건교육을 하지 않아도 된다.
④ 사업주가 근로자에 대한 안전보건교육을 자체적으로 실시하는 경우에 해당 사업장의 산업보건의는 교육을 할 수 있는 사람에 해당되지 않는다.
⑤ 관리감독자에 대한 안전보건교육 중 정기교육의 교육시간은 연간 16시간 이상이다.

해설 ④ [×] 사업주가 근로자에 대한 안전보건교육을 자체적으로 실시하는 경우에 해당 사업장의 산업보건의는 교육을 할 수 있는 사람에 해당된다(산시규 제26조).

○ 교육시간 및 교육내용 등 (산시규 제26조) : ③ 사업주가 안전보건교육을 자체적으로 실시하는 경우에 교육을 할 수 있는 사람은 다음 각 호의 어느 하나에 해당하는 사람으로 한다.
 1. 다음 각 목의 어느 하나에 해당하는 사람
  가. 안전보건관리책임자 나. 관리감독자
  다. 안전관리자(안전관리전문기관에서 안전관리자의 위탁업무를 수행하는 사람을 포함한다)

정답 09. ④

라. 보건관리자(보건관리전문기관에서 보건관리자의 위탁업무를 수행하는 사람을 포함한다)
마. 안전보건관리담당자(안전관리전문기관 및 보건관리전문기관에서 안전보건관리담당자의 위탁업무를 수행하는 사람을 포함한다)
바. 산업보건의
2. 공단에서 실시하는 해당 분야의 강사요원 교육과정을 이수한 사람
3. 산업안전지도사 또는 산업보건지도사
4. 산업안전보건에 관하여 학식과 경험이 있는 사람으로서 고용노동부장관이 정하는 기준에 해당하는 사람

10 산업안전보건법령상 안전보건교육기관에 관한 설명으로 옳은 것은?

① 보건관리자가 고용노동부장관이 정하여 고시하는 안전·보건에 관한 교육을 이수한 경우에는 직무교육 중 신규교육을 면제한다.
② 안전보건교육기관이 해당 업무를 폐지한 경우 지체 없이 근로자안전보건교육기관 등록증 또는 직무교육기관 등록증을 지방고용노동청장에게 반납해야 한다.
③ 고용노동부장관은 안전보건교육기관이 등록한 사항을 위반하여 업무를 수행한 경우에는 그 등록을 취소하여야 한다.
④ 지방고용노동관서의 장은 건설업 기초안전·보건교육기관 등록 취소 등을 한 경우에는 그 사실을 한국산업안전보건공단에 통보해야 한다(산시규 제34조).
⑤ 안전보건교육기관 등록이 취소된 자는 등록이 취소된 날부터 3년 이내에는 해당 안전보건교육기관으로 등록할 수 없다.

해설 ② [○] 안전보건교육기관이 해당 업무를 폐지하거나 등록이 취소된 경우 지체 없이 근로자안전보건교육기관 등록증 또는 직무교육기관 등록증을 지방고용노동청장에게 반납해야 한다(산시규 제36조 제6항).

① 보건관리자가 고용노동부장관이 정하여 고시하는 안전·보건에 관한 교육을 이수한 경우에는 직무교육 중 보수교육을 면제한다(산시규 제30조).
③ 고용노동부장관은 안전보건교육기관이 등록한 사항을 위반하여 업무를 수행한 경우에는 그 지정을 취소하거나 6개월 이내의 기간을 정하여 그 업무의 정지를 명할 수 있다.
○ 안전관리전문기관 등(산안법 제21조) : ④ 고용노동부장관은 안전관리전문기관 또는 보건관리전문기관이 다음 각 호의 어느 하나에 해당할 때에는 그 지정을 취소하거나 6개월 이내의 기간을 정하여 그 업무의 정지를 명할 수 있다. 다만, 제1호 또는 제2호에 해당할 때에는 그 지정을 취소하여야 한다.
1. 거짓이나 그 밖의 부정한 방법으로 지정을 받은 경우
2. 업무정지 기간 중에 업무를 수행한 경우

정답 10. ②

3. 제1항에 따른 지정 요건을 충족하지 못한 경우
4. 지정받은 사항을 위반하여 업무를 수행한 경우
5. 그 밖에 대통령령으로 정하는 사유에 해당하는 경우

④ 지방고용노동관서의 장은 건설업 기초안전·보건교육기관 등록 취소 등을 한 경우에는 그 사실을 한국산업인력공단에 통보해야 한다.

⑤ 안전보건교육기관 등록이 취소된 자는 등록이 취소된 날부터 2년 이내에는 해당 안전보건교육기관으로 등록할 수 없다(산안법 제15조).

11 산업안전보건법령상 유해·위험 방지를 위한 방호조치가 필요한 기계·기구가 아닌 것은?

① 절곡기(折曲機) ② 공기압축기 ③ 지게차 ④ 금속절단기 ⑤ 원심기

해설 ① [×] 절곡기(折曲機)는 안전인증을 받아야 하는 기계·기구 등에 해당한다(산안령 제74조, 산시규 제107조)

○ 방호조치가 필요한 기계·기구 등 (산시규 제98조)
1. 예초기 : 날접촉 예방장치   2. 원심기 : 회전체 접촉 예방장치
3. 공기압축기 : 압력방출장치   4. 금속절단기 : 날접촉 예방장치
5. 지게차 : 헤드 가드, 백레스트(backrest), 전조등, 후미등, 안전벨트
6. 포장기계 : 구동부 방호 연동장치

12 산업안전보건법령상 '대여자 등이 안전조치 등을 해야 하는 기계·기구·설비 및 건축물 등'에 해당하는 것을 모두 고른 것은? (단, 고용노동부장관이 정하여 고시하는 기계·기구·설비 및 건축물 등은 고려하지 않음)

ㄱ. 압력용기   ㄴ. 어스드릴   ㄷ. 사출성형기(射出成形機)   ㄹ. 파워 셔블

① ㄱ, ㄷ   ② ㄱ, ㄹ   ③ ㄴ, ㄹ   ④ ㄱ, ㄴ, ㄷ   ⑤ ㄴ, ㄷ, ㄹ

해설 ③ [○] 대여자 등이 안전조치 등을 해야 하는 기계·기구·설비 및 건축물 등 (산안령 별표 21)

1. 사무실 및 공장용 건축물   2. 이동식 크레인   3. 타워크레인
4. 불도저   5. 모터 그레이더   6. 로더
7. 스크레이퍼   8. 스크레이퍼 도저 9. 파워 셔블
10. 드래그라인   11. 클램셸   12. 버킷굴착기
13. 트렌치   14. 항타기   15. 항발기
16. 어스드릴   17. 천공기   18. 어스오거

정답 11. ①   12. ③

19. 페이퍼드래그머신　　20. 리프트　　　　　21. 지게차
22. 롤러기　　　　　　 23. 콘크리트 펌프　　24. 고소작업대
25. 그 밖에 산업재해보상보험및예방심의위원회 심의를 거쳐 고용노동부장관이 정하여 고시하는 기계, 기구, 설비 및 건축물 등

13 산업안전보건법령상 유해성·위험성 조사 제외 화학물질이 아닌 것은? (단, 고용노동부장관이 공표하거나 고시하는 물질은 고려하지 않음)

① 천연으로 산출된 화학물질
② 「마약류 관리에 관한 법률」 제2조 제1호에 따른 마약류
③ 「군수품관리법」 제3조에 따른 통상품
④ 「총포·도검·화약류 등의 안전관리에 관한 법률」 제2조 제3항에 따른 화약류
⑤ 「약사법」 제2조 제4호 및 제7호에 따른 의약품 및 의약외품(醫藥外品)

해설　③ [×] 「군수품관리법」 및 「방위사업법」에 따른 군수품 중 통상품은 유해성·위험성 조사 대상 화학물질이다(산안령 제85조).

○ 유해성·위험성 조사 제외 화학물질 (산안령 제85조)
  1. 원소　 2. 천연으로 산출된 화학물질
  3. 「건강기능식품에 관한 법률」에 따른 건강기능식품
  4. 「군수품관리법」 및 「방위사업법」에 따른 군수품(통상품(痛常品)은 제외한다)
  5. 「농약관리법」에 따른 농약 및 원제
  6. 「마약류 관리에 관한 법률」에 따른 마약류
  7. 「비료관리법」에 따른 비료　 8. 「사료관리법」에 따른 사료
  9. 「생활화학제품 및 살생물제의 안전관리에 관한 법률」에 따른 살생물물질 및 살생물제품
  10. 「식품위생법」에 따른 식품 및 식품첨가물
  11. 「약사법」에 따른 의약품 및 의약외품
  12. 「원자력안전법」 따른 방사성물질
  13. 「위생용품 관리법」에 따른 위생용품
  14. 「의료기기법」에 따른 의료기기
  15. 「총포·도검·화약류 등의 안전관리에 관한 법률」에 따른 화약류
  16. 「화장품법」에 따른 화장품과 화장품에 사용하는 원료
  17. 고용노동부장관이 명칭, 유해성·위험성, 근로자의 건강장해 예방을 위한 조치 사항 및 연간 제조량·수입량을 공표한 물질로서 공표된 연간 제조량·수입량 이하로 제조하거나 수입한 물질
  18. 고용노동부장관이 환경부장관과 협의하여 고시하는 화학물질 목록에 기록되어 있는 물질

정답　13. ③

14 산업안전보건법령상 유해인자의 유해성·위험성 분류기준 중 물리적 위험성 분류기준에 관한 설명으로 옳지 않은 것은?

① 자연발화성 고체는 적은 양으로도 공기와 접촉하여 5분 안에 발화할 수 있는 고체이다.
② 20℃, 200킬로파스칼(kPa) 이상의 압력 하에서 용기에 충전되어 있는 가스는 고압가스에 해당한다.
③ 20℃, 표준압력(101.3kPa)에서 공기와 혼합하여 인화되는 범위에 있는 가스는 인화성 가스에 해당한다.
④ 유기과산화물은 2가의 -O-O- 구조를 가지고 5개의 수소 원자가 유기라디칼에 의하여 치환된 과산화수소의 유도체를 포함한 고체 유기물질이다.
⑤ 인화성 액체는 표준압력(101.3kPa)에서 인화점이 93℃ 이하인 액체이다.

해설 ④ [×] 유기과산화물은 1개 혹은 2개의 수소 원자가 유기라디칼에 의하여 치환된 과산화수소의 유도체인 2가의 -O-O- 구조를 가지는 액체 또는 고체 유기물을 말한다(산시규 별표 18).

○ 유해인자의 유해성·위험성 분류기준(산시규 제141조 관련) (산시규 별표 18)

15 산업안전보건법령상 자율안전확인에 관한 설명으로 옳지 않은 것은?

① 자율안전확인의 표시를 하는 경우 인체에 상해를 입힐 우려가 있는 재질이나 표면이 거친 재질을 사용해서는 안 된다.
② 「농업기계화촉진법」 제9조에 따른 검정을 받은 경우에도 자율안전확인의 신고를 하여야 한다.
③ 한국산업안전보건공단은 자율안전확인대상기계 등에 대한 자율안전확인의 신고를 받은 날부터 15일 이내에 자율안전확인 신고증명서를 신고인에게 발급해야 한다.
④ 연구·개발을 목적으로 자율안전확인대상기계 등을 제조·수입하는 경우에는 자율안전확인의 신고를 면제할 수 있다.
⑤ 자동차정비용 리프트와 컨베이어는 자율안전확인대상기계 등에 해당한다.

해설 ② [×] 다른 법령에 따라 안전성에 관한 검사나 인증을 받은 경우로서 고용노동부령으로 정하는 경우에는 "자율안전확인 신고의 면제"에 해당한다(산안법 제89조).

○ 자율안전확인 신고의 면제 (산시규 제119조) : 산업법 제89조(자율안전확인의 신고)에서 "고용노동부령으로 정하는 경우"란 다음 각 호의 어느 하나에 해당하는 경우를 말한다.
  1. 「농업기계화촉진법」에 따른 검정을 받은 경우
  2. 「산업표준화법」에 따른 인증을 받은 경우

정답 14. ④ 15. ②

3. 「전기용품 및 생활용품 안전관리법」에 따른 안전인증 및 안전검사를 받은 경우

4. 국제전기기술위원회의 국제방폭전기기계·기구 상호인정제도에 따라 인증을 받은 경우

16 산업안전보건법령상 안전인증에 관한 설명으로 옳지 않은 것은?

① 프레스 및 전단기 방호장치는 안전인증대상기계 등에 해당한다.
② 안전인증을 받은 유해·위험기계 등을 제조·수입·양도·대여하는 자는 안전인증표시를 임의로 변경하거나 제거해서는 아니 된다.
③ 안전인증이 취소된 자는 안전인증이 취소된 날부터 1년 이내에는 취소된 유해·위험기계 등에 대하여 안전인증을 신청할 수 없다.
④ 곤돌라는 설치·이전하는 경우뿐만 아니라 주요 구조 부분을 변경하는 경우에도 안전인증을 받지 않아도 된다.
⑤ 제품심사의 경우 처리기간 내에 심사를 끝낼 수 없는 부득이한 사유가 있을 때에는 안전인증기관은 15일의 범위에서 심사기간을 연장할 수 있다.

해설 ④ [×] 곤돌라는 설치·이전하는 경우뿐만 아니라 주요 구조 부분을 변경하는 경우에도 안전인증을 받아야 한다(산시규 제107조).

○ 안전인증대상기계 등 (산시규 제107조)

1. 설치·이전하는 경우 안전인증을 받아야 하는 기계
   가. 크레인   나. 리프트   다. 곤돌라

2. 주요 구조 부분을 변경하는 경우 안전인증을 받아야 하는 기계 및 설비
   가. 프레스   나. 전단기 및 절곡기(折曲機)   다. 크레인
   라. 리프트   마. 압력용기   바. 롤러기   사. 사출성형기
   아. 고소(高所)작업대   자. 곤돌라

17 산업안전보건법령상 안전검사대상기계 등에 대한 안전검사를 면제할 수 있는 경우를 모두 고른 것은?

ㄱ. 「광산안전법」에 따른 검사 중 광업시설의 설치·변경공사 완료 후 일정한 기간이 지날 때마다 받는 검사를 받은 경우
ㄴ. 「소방시설 설치 및 관리에 관한 법률」에 따른 자체점검을 받은 경우
ㄷ. 「화학물질관리법」에 따른 정기검사를 받은 경우
ㄹ. 「위험물안전관리법」에 따른 정기점검 또는 정기검사를 받은 경우

① ㄱ, ㄴ   ② ㄷ, ㄹ   ③ ㄱ, ㄴ, ㄷ   ④ ㄴ, ㄷ, ㄹ   ⑤ ㄱ, ㄴ, ㄷ, ㄹ

정답 16. ④   17. ⑤

해설 ⑤ [○] 산업안전보건법령상 안전검사를 면제할 수 있는 경우 (산시규 제125조)
1. 「건설기계관리법」에 따른 검사를 받은 경우
2. 「고압가스 안전관리법」에 따른 검사를 받은 경우
3. 「광산안전법」에 따른 검사 중 광업시설의 설치·변경공사 완료 후 일정한 기간이 지날 때마다 받는 검사를 받은 경우
4. 「선박안전법」에 따른 검사를 받은 경우
5. 「에너지이용 합리화법」에 따른 검사를 받은 경우
6. 「원자력안전법」에 따른 검사를 받은 경우
7. 「위험물안전관리법」에 따른 정기점검 또는 정기검사를 받은 경우
8. 「전기사업법」에 따른 검사를 받은 경우
9. 「항만법」에 따른 검사를 받은 경우
10. 「소방시설 설치 및 관리에 관한 법률」에 따른 자체점검 등을 받은 경우 <개정 2024. 6. 28>
11. 「화학물질관리법」에 따른 정기검사를 받은 경우

18 산업안전보건법령상 작업환경측정 및 작업환경측정기관에 관한 설명으로 옳은 것은?

① 사업주는 작업환경측정 중 시료의 분석만을 작업환경측정기관에 위탁할 수는 없다.
② 사업주는 근로자대표가 요구하더라도 작업환경측정의 예비조사에 그를 참석시키지 아니할 수 있다.
③ 사업주는 작업환경측정 결과에 대한 신뢰성을 평가한 후 그 결과를 관할 지방고용노동관서의 장에게 보고하여야 한다.
④ 「의료법」에 따른 병원이 종합병원이 아닌 경우 작업환경측정기관으로 지정받을 수 없다.
⑤ 작업환경측정기관에 대한 평가는 서면조사 및 방문조사의 방법으로 실시한다.

해설 ⑤ [○] 작업환경측정기관에 대한 평가는 서면조사 및 방문조사의 방법으로 실시한다(산시규 제17조).
① 사업주는 작업환경측정 중 시료의 분석만을 작업환경측정기관에 위탁할 수는 있다(산안법 제125조).
② 사업주는 근로자대표(관계수급인의 근로자대표를 포함한다)가 요구하면 작업환경측정 시 근로자대표를 참석시켜야 한다(산안법 제125조).
③ 사업주는 작업환경측정 결과를 기록하여 보존하고 고용노동부령으로 정하는 바에 따라 고용노동부장관에게 보고하여야 한다. 다만, 사업주로부터 작업환경측정을 위탁받은 작업환경측정기관이 작업환경측정을 한 후 그 결과를 고용노동부령으로

정답 18. ⑤

정하는 바에 따라 고용노동부장관에게 제출한 경우에는 작업환경측정 결과를 보고한 것으로 본다(산안법 제125조).

④ 「의료법」에 따른 종합병원 또는 병원은 작업환경측정기관으로 지정받을 수 있다(산안령 제95조).

○ 작업환경측정기관의 지정 요건 (제95조) : 작업환경측정기관으로 지정받을 수 있는 자는 다음 각 호의 어느 하나에 해당하는 자로서 작업환경측정기관의 유형별로 별표 29에 따른 인력·시설 및 장비를 갖추고 고용노동부장관이 실시하는 작업환경측정기관의 측정·분석능력 확인에서 적합 판정을 받은 자로 한다.
   1. 국가 또는 지방자치단체의 소속기관
   2. 「의료법」에 따른 종합병원 또는 병원
   3. 「고등교육법」의 규정에 따른 대학 또는 그 부속기관
   4. 작업환경측정 업무를 하려는 법인
   5. 작업환경측정 대상 사업장의 부속기관(해당 부속기관이 소속된 사업장 등 고용노동부령으로 정하는 범위로 한정하여 지정받으려는 경우로 한정한다)

19 산업안전보건법령상 상시근로자 수 300명 이상의 사업 중 안전보건관리규정을 작성해야 하는 사업이 아닌 것은?

① 부동산임대업　② 정보서비스업　③ 금융 및 보험업
④ 사업지원 서비스업　⑤ 사회복지 서비스업

해설　① [×] 부동산임대업은 상시근로자 100명 이상일 경우 안전보건관리규정 작성 대상 사업에 해당된다.

○ 안전보건관리규정 작성 대상 사업의 종류 및 상시근로자 수 (산시규 제25조 별표 2)

사업의 종류	상시근로자 수
1. 농업　2. 어업　3. 소프트웨어 개발 및 공급업 4. 컴퓨터 프로그래밍, 시스템 통합 및 관리업 5. 정보서비스업　6. 금융 및 보험업 7. 임대업 : 부동산 제외 8. 전문, 과학 및 기술 서비스업 (연구개발업은 제외한다) 9. 사업지원 서비스업　10. 사회복지 서비스업	300명 이상
11. 제1호부터 제10호까지의 사업을 제외한 사업	100명 이상

20 특수건강진단의 시기 및 주기에 관한 산업안전보건법 시행규칙 [별표 23]의 일부이다. ( )에 들어 갈 숫자로 옳은 것은? (단, 특수건강진단 주기의 예외 규정은 고려하지 않음)

해답　19. ①　20. ②

대상 유해인자	시기 (배치 후 첫 번째 특수건강진단)	주기
벤젠	(ㄱ)개월 이내	6개월
석면, 면 분진	12개월 이내	(ㄴ)개월

① ㄱ : 1, ㄴ : 12   ② ㄱ : 2, ㄴ : 12   ③ ㄱ : 2, ㄴ : 24
④ ㄱ : 3, ㄴ : 12   ⑤ ㄱ : 3, ㄴ : 24

해설 ② [○] 특수건강진단의 시기 및 주기 (산시규 별표 23)

구분	대상 유해인자	시기(배치후 첫 번째 특수건강진단)	주기
1	N,N-디메틸아세트아미드 N,N-디메틸포름아미드	1개월 이내	6개월
2	벤젠	2개월 이내	6개월
3	1,1,2,2-테트라클로로에탄, 사염화탄소, 아크릴로니트릴, 염화비닐	3개월 이내	6개월
4	석면, 면분진	12개월 이내	12개월
5	광물성분진, 목재분진, 소음 및 충격소음	12개월 이내	24개월
6	1부터 5까지의 규정의 대상 유해인자를 제외한 별표 22의 모든 대상 유해인자	6개월 이내	12개월

21 산업안전보건법령상 작업환경측정 또는 건강진단의 실시 결과만으로 직업성 질환에 걸렸는지를 판단하기 곤란한 근로자의 질병에 대하여 한국산업안전보건공단에 역학조사를 요청할 수 있는 자로 규정되어 있지 않은 자는?

① 사업주   ② 근로자대표   ③ 건강진단기관의 의사
④ 역학조사평가위원회 위원장   ⑤ 보건관리자(보건관리전문기관 포함)

해설 ④ [×] 역학조사의 대상 및 절차 등 (산시규 제222조) : ① 공단은 다음 각 호의 어느 하나에 해당하는 경우에는 역학조사를 할 수 있다.
1. 작업환경측정 또는 건강진단의 실시 결과만으로 직업성 질환에 걸렸는지를 판단하기 곤란한 근로자의 질병에 대하여 사업주·근로자대표·보건관리자(보건관리전문기관을 포함한다) 또는 건강진단기관의 의사가 역학조사를 요청하는 경우
2. 「산업재해보상보험법」에 따른 근로복지공단이 고용노동부장관이 정하는 바에 따라 업무상 질병 여부의 결정을 위하여 역학조사를 요청하는 경우
3. 공단이 직업성 질환의 예방을 위하여 필요하다고 판단하여 역학조사평가위원회의 심의를 거친 경우

정답 21. ④

4. 그 밖에 직업성 질환에 걸렸는지 여부로 사회적 물의를 일으킨 질병에 대하여 작업장 내 유해요인과의 연관성 규명이 필요한 경우 등으로서 지방고용노동관서의 장이 요청하는 경우

22 산업안전보건법령상 산업안전지도사(이하 '지도사'라 함)에 관한 설명으로 옳지 않은 것은?

① 산업안전에 관한 사항으로서 안전보건개선계획서의 작성은 지도사의 직무에 해당한다.
② 직무 수행을 위하여 지도사 등록을 한 자는 5년마다 등록을 갱신하여야 한다.
③ 지도사는 직무 수행과 관련하여 보증보험금으로 손해배상을 한 경우에는 그 날부터 15일 이내에 다시 보증보험에 가입해야 한다.
④ 금고 이상의 실형을 선고받고 그 집행이 끝난 날부터 2년이 지나지 아니한 사람은 지도사 등록을 할 수 없다.
⑤ 지도사가 직무의 조직적·전문적 수행을 위하여 설립하는 법인에 관하여는 「상법」 중 합명회사에 관한 규정을 적용한다.

[해설] ③ [×] 지도사는 직무 수행과 관련하여 보증보험금으로 손해배상을 한 경우에는 그 날부터 10일 이내에 다시 보증보험에 가입해야 한다(산안령 제108조).

23 산업안전보건법령상 질병자의 근로 금지·제한 및 유해·위험작업에 대한 근로시간 제한에 관한 설명으로 옳은 것을 모두 고른 것은?

> ㄱ. 사업주는 마비성 치매에 걸린 사람에 대해서 「의료법」에 따른 의사의 진단에 따라 근로를 금지해야 한다.
> ㄴ. 사업주는 「의료법」에 따른 의사의 진단에 따라 정신신경증의 질병이 있는 근로자를 고기압 업무에 종사하도록 해서는 안 된다.
> ㄷ. 사업주는 유해하거나 위험한 작업으로서 잠함(潛函) 또는 잠수 작업 등 높은 기압에서 하는 작업에 종사하는 근로자에게는 1일 6시간, 1주 30시간을 초과하여 근로하게 해서는 아니 된다.

① ㄱ   ② ㄷ   ③ ㄱ, ㄴ   ④ ㄴ, ㄷ   ⑤ ㄱ, ㄴ, ㄷ

[해설] ③ [○] (ㄱ)은 질병자의 근로금지(산시규 제220조), (ㄴ)은 질병자 등의 근로 제한(산시규 제221조)으로 규정되어 있다. (ㄷ)은 유해·위험작업에 대한 근로시간 제한 등(산안법 제139조)에 의거 "1일 6시간, 1주 34시간을 초과"로 되어야 옳은 내용이다.

○ 질병자의 근로금지 (산시규 제220조) : ① 사업주는 다음 각 호의 어느 하나에 해당하는 사람에 대해서는 근로를 금지해야 한다.
1. 전염될 우려가 있는 질병에 걸린 사람. 다만, 전염예방 조치를 한 경우는 제외

2. 조현병, 마비성 치매에 걸린 사람
3. 심장·신장·폐 등의 질환이 있는 사람으로서 근로에 의하여 병세가 악화될 우려가 있는 사람
4. 제1호부터 제3호까지의 규정에 준하는 질병으로서 고용노동부장관이 정하는 질병에 걸린 사람

○ 질병자 등의 근로 제한 (산시규 제221조) : ② 사업주는 다음 각 호의 어느 하나에 해당하는 질병이 있는 근로자를 고기압 업무에 종사하도록 해서는 안 된다.
1. 감압증이나 그 밖에 고기압에 의한 장해 또는 그 후유증
2. 결핵, 급성상기도감염, 진폐, 폐기종, 그 밖의 호흡기계의 질병
3. 빈혈증, 심장판막증, 관상동맥경화증, 고혈압증, 그 밖의 혈액 또는 순환기계의 질병
4. 정신신경증, 알코올중독, 신경통, 그 밖의 정신신경계의 질병
5. 메니에르씨병, 중이염, 그 밖의 이관(耳管)협착을 수반하는 귀 질환
6. 관절염, 류마티스, 그 밖의 운동기계의 질병
7. 천식, 비만증, 바세도우씨병, 그 밖에 알레르기성·내분비계·물질대사 또는 영양장해 등과 관련된 질병

24 산업안전보건법령상 공정안전보고서에 포함해야 할 비상조치계획의 세부내용으로 규정된 것은?

① 주민홍보계획
② 변경요소 관리계획
③ 도급업체 안전관리계획
④ 자체감사 및 사고조사계획
⑤ 각종 건물·설비의 배치도

해설 ① [○] 공정안전보고서의 세부 내용 등 (산시규 제50조) : ① 산안령 제44조에 따라 공정안전보고서 중 '비상조치계획'에 포함해야 할 세부내용은 다음 각 호와 같다.
1. 비상조치를 위한 장비·인력 보유현황
2. 사고발생 시 각 부서·관련 기관과의 비상연락체계
3. 사고발생 시 비상조치를 위한 조직의 임무 및 수행 절차
4. 비상조치계획에 따른 교육계획   5. 주민홍보계획
6. 그 밖에 비상조치 관련 사항

25 산업안전보건법령상 위반행위에 대한 과태료 금액이 다른 하나는? (단, 가중 및 감경 규정은 고려하지 않음)

① 「산업안전보건법」 제137조 제3항을 위반하여 건강관리카드를 타인에게 양도하거나 대여한 경우
② 「산업안전보건법」 제17조 제1항을 위반하여 안전관리자를 선임하지 않은 경우

정답 24. ①   25. ⑤

③ 「산업안전보건법」 제68조 제1항을 위반하여 안전보건조정자를 두지 않은 경우
④ 「산업안전보건법」 제109조 제1항에 따른 유해성·위험성 조사 결과 또는 유해성·위험성 평가에 필요한 자료를 제출하지 않은 경우
⑤ 「산업안전보건법」 제10조 제3항 후단을 위반하여 관계수급인에 관한 자료를 거짓으로 제출한 경우

해설 ⑤ [O] 과태료 (산안법 제175조) : ① 500만원 이하, ② 500만원 이하, ③ 500만원 이하, ④ 500만원 이하, ⑤ 1천만원 이하

제2과목 : 산업안전일반

26 다음에서 설명하고 있는 안전교육 방법은?

> ○ 스스로 자신의 성장과 향상의욕을 고취하고 주도적으로 학습하는 방법
> ○ 장점 : 자율적으로 필요한 시간에 개인의 관심, 흥미, 능력, 환경 등에 적합하게 수행할 수 있고 학습참여와 내용 선택에서도 높은 자율성이 부여됨

① 시범법 ② 토의법 ③ 실연법 ④ 반복법 ⑤ 프로그램 학습법

해설 ⑤ [O] 프로그램 학습법 내용이며, 교육 내용이 프로그램으로 고정되어 진행된다. 단점은 여러 가지 수업 매체를 동시에 다양하게 활용할 수 없다는 점이다.

27 "학습자가 지니고 있는 각자의 요구와 능력 등에 알맞은 학습활동의 기회를 마련해 주어야 한다"는 학습지도원리에 해당하는 것은?

① 직관의 원리 ② 개별화의 원리 ③ 자발성의 원리 ④ 목적의 원리
⑤ 통합의 원리

해설 ② [O] 개별화의 원리는 학습자에게 요구되는 능력에 맞게 교육해야 한다는 원리이다.
○ 학습지도의 원리
  1. 자기활동의 원리 : 학습자 스스로 학습에 참여해야 한다는 원리
  2. 개별화의 원리 : 학습자에게 요구되는 능력에 맞게 교육해야 한다는 원리
  3. 사회화의 원리 : 공동학습을 통해 협력과 사회화에 기여한다는 원리
  4. 통합의 원리 : 학습을 종합적으로 지도하는 것으로 학습자의 능력을 조화롭게 발달시키는 원리
  5. 직관의 원리 : 구체적인 사물을 제시하거나 경험 등을 통해 학습효과를 거둘 수 있는 원리

정답 26. ⑤ 27. ②

28) 제조물책임법상 손해배상책임을 지는 자가 사실을 입증한 경우에 손해배상책임을 면(免)하는 사유에 해당하지 않는 것을 모두 고른 것은?

> ㄱ. 제조업자가 해당 제조물을 공급하지 아니하였다는 사실
> ㄴ. 제조업자가 해당 제조물을 공급한 당시의 과학·기술 수준으로는 결함의 존재를 발견할 수 있었다는 사실
> ㄷ. 제조물의 결함이 제조업자가 해당 제조물을 공급한 당시의 법령에서 정하는 기준을 준수함으로써 발생하였다는 사실
> ㄹ. 원재료나 부품의 경우에는 그 원재료나 부품을 사용한 제조물 제조업자의 설계 또는 제작에 관한 지시로 인하여 결함이 발생하였다는 사실

① ㄱ ② ㄴ ③ ㄱ, ㄴ ④ ㄴ, ㄷ ⑤ ㄱ, ㄴ, ㄷ, ㄹ

해설 (ㄴ) [×] "제조업자가 해당 제조물을 공급한 당시의 과학·기술 수준으로는 결함의 존재를 발견할 수 없었다는 사실"이 손해배상책임을 면(免)하는 사유이다(제조물책임법 제4조).

29) 적응기제에 관한 내용이다. ( )에 들어갈 것으로 옳은 것은?

> ○ (ㄱ) : 어떤 행동이 억압되었을 때 그 행동이 사회적으로 용납할 수 있는 이유를 설명함으로써 자아를 보호하는 행동
> ○ (ㄴ) : 현실적으로 도저히 만족할 수 없는 욕구나 소원을 상상의 세계에서 얻으려고 하는 행동
> ○ (ㄷ) : 억압당한 욕구가 사회적, 문화적으로 가치 있는 목적으로 향하여 노력함으로써 욕구를 충족시키는 것

① ㄱ : 동일시, ㄴ : 고립, ㄷ : 보상
② ㄱ : 동일시, ㄴ : 백일몽, ㄷ : 승화
③ ㄱ : 합리화, ㄴ : 고립, ㄷ : 승화
④ ㄱ : 합리화, ㄴ : 백일몽, ㄷ : 승화
⑤ ㄱ : 합리화, ㄴ : 백일몽, ㄷ : 보상

해설 ④ [○] 적응기제 : 욕구불만, 갈등을 합리적으로 해결할 수 없을 때 욕구충족을 위해 비합리적인 방법을 취하는 것
1. 방어기제 : 보상, 합리화, 승화, 동일화, 투사, 치환, 반동형성
2. 도피기제 : 고립, 퇴행, 억압, 백일몽, 고착, 거부, 부정
3. 공격기제 : 직접적 공격기제, 간접적 공격기제

30) 산업안전보건법령상 다음과 같은 기계 등을 보유하여 작업하는 사업장의 사업주가 특별교육을 실시하여야 하는 대상 작업에 해당하는 것을 모두 고른 것은?

정답 28. ② 29. ④ 30. ①

┌───┐
│ ㄱ. 정격하중 2.8톤 천장주행크레인 1대, 정격하중 0.5톤 호이스트 5대를 보유하 │
│   여 사용한 작업   │
│ ㄴ. 3톤 지게차 1대를 보유하여 사용한 작업   │
│ ㄷ. 고정식인 둥근톱기계, 띠톱기계, 대패기계 및 모떼기계를 각 1대씩 보유하 │
│   여 사용한 작업   │
└───┘

① ㄱ   ② ㄴ   ③ ㄱ, ㄷ   ④ ㄴ, ㄷ   ⑤ ㄱ, ㄴ, ㄷ

해설 ① [○] (ㄴ)은 5대 이상, (ㄷ)은 5대 이상이 특별교육 대상이다(산시규 별표 5).

○ 특별교육 대상 작업별 교육 → 대상 작업 (산시규 별표 5) : 총 39가지 작업
  1. 1톤 이상의 크레인을 사용하는 작업 또는 1톤 미만의 크레인 또는 호이스트를 5대 이상 보유한 사업장에서 해당 기계로 하는 작업(제40호의 작업은 제외)
  2. 운반용 등 하역기계를 5대 이상 보유한 사업장에서의 해당 기계로 하는 작업
  3. 목재가공용 기계[둥근톱기계, 띠톱기계, 대패기계, 모떼기기계 및 라우터기(목재를 자르거나 홈을 파는 기계)만 해당하며, 휴대용은 제외한다]를 5대 이상 보유한 사업장에서 해당 기계로 하는 작업

31 재해발생 원인에 관한 휴의 이론 중 다음에서 설명하는 요인에 해당하는 것은?

┌───┐
│ 무리한 행동, 안전작업에 대한 소홀, 신체적 특성을 고려하지 못한 작업 배치,│
│ 자동화 기기와 일반기계와의 속도차이, 단순작업이 계속될 경우의 권태감·무력│
│ 감, 작업자의 신체 기능의 변화, 정보처리능력의 변화 등으로 스트레스가 증가하│
│ 여 재해가 발생할 수 있다.   │
└───┘

① 심리적 요인   ② 기계적 요인   ③ 인위적 요인   ④ 기술적 요인
⑤ 환경적 요인

해설 ③ [○] 휴(Huh)는 재해발생 요인에 대해 ㉠ 작업자의 심리적 불안 등을 야기하는 심리적 요인, ㉡ 안전 보호장치 미흡 등의 기계적 요인, ㉢ 청소 불량 등으로 인한 환경적 요인, ㉣ 기계 배치를 적절하게 배치하지 않아 위험성이 있는 기술적 요인, ㉤ 무리한 행동에 의한 인위적 요인에 의해 발생한다는 이론을 정립하였다.

32 T.B.M(Tool Box Meeting)의 실시순서 5단계를 옳게 나열한 것은?

┌───┐
│ ㄱ. 작업지시   ㄴ. 도입   ㄷ. 점검 및 정비   ㄹ. 확인   ㅁ. 위험예측 │
└───┘

① ㄱ→ㄴ→ㄷ→ㄹ→ㅁ   ② ㄱ→ㄴ→ㄹ→ㄷ→ㅁ   ③ ㄴ→ㄱ→ㄷ→ㅁ→ㄹ
④ ㄴ→ㄷ→ㄱ→ㅁ→ㄹ   ⑤ ㄴ→ㄹ→ㄷ→ㄱ→ㅁ

정답 31. ③   32. ④

| 해설 | ④ [○] TBM은 Tool Box Meeting의 약어이며, 5단계로 진행된다.
　　　1단계 : 도입 (직장체조, 무재해기원, 상호인사, 안전연설, 목표제창)
　　　2단계 : 점검정비 (건강, 복장, 보호구, 사용기기 등)
　　　3단계 : 작업지시 (금일 혹은 명일에 있을 작업 사항 간단하게 전달)
　　　4단계 : 위험예측 (작업관련 위험에 관한 것을 예측)
　　　5단계 : 확인 (위험에 대한 팀원의 확인 touch and call)

33 산업안전보건법령상 산업안전보건위원회의 심의·의결을 거쳐야 하는 사항이 아닌 것은? (그 밖에 근로자의 유해·위험 방지조치에 관한 사항으로서 고용노동부령으로 정하는 사항은 제외함)

① 사업장의 산업재해 예방계획의 수립에 관한 사항
② 안전보건관리규정의 작성 및 변경에 관한 사항
③ 안전장치 및 보호구 구입 시 적격품 여부 확인에 관한 사항
④ 작업환경측정 등 작업환경의 점검 및 개선에 관한 사항
⑤ 안전보건교육에 관한 사항

| 해설 | ③ [×] 안전장치 및 보호구 구입 시 적격품 여부 확인에 관한 사항은 안전보건관리책임자의 업무이다(산안법 제15조).
　　○ 산업안전보건위원회의 심의·의결을 거쳐야 하는 사항 (산안법 제24조)
　　　1. 사업장의 산업재해 예방계획의 수립에 관한 사항
　　　2. 안전보건관리규정의 작성 및 변경에 관한 사항
　　　3. 안전보건교육에 관한 사항
　　　4. 작업환경측정 등 작업환경의 점검 및 개선에 관한 사항
　　　5. 근로자의 건강진단 등 건강관리에 관한 사항
　　　6. 산업재해에 관한 통계의 기록 및 유지에 관한 사항　　7. 중대재해에 관한 사항
　　　8. 유해하거나 위험한 기계·기구·설비를 도입한 경우 안전 및 보건 관련 조치에 관한 사항
　　　9. 그 밖에 해당 사업장 근로자의 안전 및 보건을 유지·증진을 위한 필요한 사항

34 위험성평가기법에 관한 설명으로 옳지 않은 것은?

① FMEA는 각 요소의 고장유형과 그 고장이 미치는 영향을 분석하는 방법으로 귀납적 분석기법이다.
② PHA는 시스템 내의 위험요소가 어떤 위험 상태에 있는가를 평가하는 기법이다.
③ MORT는 FTA와 동일한 논리방법을 사용하여 관리, 설계, 생산 및 보전 등의 넓은 범위에 걸친 안전성 확보를 위하여 활용하는 기법이다.

정답　33. ③　34. ⑤

④ HEA는 운전원, 보수반원, 기술자 등의 불안전행동으로 발생할 수 있는 피해에 대해서 그 원인을 파악·추적하여 문제점을 개선하기 위한 평가기법이다.
⑤ HAZOP은 잠재된 사고의 결과 및 근본적인 원인을 찾아내고 사고결과와 원인 사이의 상호관계를 예측하며 리스크를 평가하는 기법이다.

[해설] ⑤ [×] HAZOP 기법은 '위험과 운전분석'을 말하며, 가이드워드(guide word)와 공정의 파라미터(parameter)를 결합하여 위험요소와 운전상의 문제점을 도출하고 분석하는 기법이다. 제시된 내용은 CCA(Cause Consequence Analysis)에 대한 내용이며, CCA는 원인결과 분석기법으로서 잠재된 사고의 결과 및 근본적인 원인을 찾아내고 사고 결과와 원인 사이의 상호관계를 예측하며 리스크를 평가하는 기법이다.

35 산업안전보건법령에서 정하고 있는 안전보건관리책임자를 두어야 하는 사업의 종류 및 사업장의 상시근로자 수의 연결로 옳지 않은 것은?
① 의료용 물질 및 의약품 제조업 - 50명 이상
② 금융 및 보험업 - 300명 이상
③ 해체, 선별 및 원료 재생업 - 50명 이상
④ 소프트웨어 개발 및 공급업 - 50명 이상
⑤ 정보서비스업 - 300명 이상

[해설] ④ [×] 소프트웨어 개발 및 공급업은 상시근로자 300명 이상인 경우에 해당한다.
○ 안전보건관리책임자를 두어야 하는 사업의 종류 및 사업장의 상시근로자수 (산안령 제14조 관련 별표 2)

36 서로 독립인 기본사상 $X_1 \sim X_5$로 구성된 다음의 결함수(Fault Tree)에서 정상사상 T에 관한 최소절단집합(minimal cut set)을 모두 구한 것은?

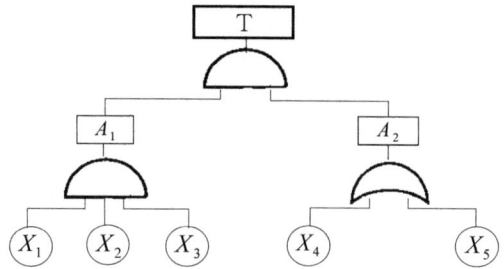

① $(X_1, X_2, X_3), (X_1, X_4, X_5)$
② $(X_1, X_2, X_3, X_4), (X_1, X_2, X_3, X_5)$
③ $(X_1, X_2, X_4), (X_1, X_3, X_5), (X_2, X_3, X_5)$
④ $(X_1, X_2, X_4), (X_1, X_2, X_5), (X_1, X_4, X_5)$
⑤ $(X_1, X_4, X_5), (X_2, X_4, X_5), (X_3, X_4, X_5)$

[정답] 35. ④ 36. ②

해설 ② [○] 미니멀 컷셋(minimal cut set)을 구하기 위한 방법으로서 퍼셀(Fussell) 알고리즘을 이용하면 계산이 용이하다

$$T = A_1 \times A_2 = (X_1, X_2, X_3) \times \binom{X_4}{X_5} = (X_1, X_2, X_3, X_4), (X_1, X_2, X_3, X_5)$$

37. 신뢰성 척도에 관한 함수 중 옳은 것을 모두 고른 것은? (단, $F(t)$: 고장분포함수, $f(t)$: 고장밀도함수, $R(t)$: 신뢰도함수, $h(t)$: 고장률함수, t: 시간이다.)

ㄱ. $F(t) = 1 - R(t)$　　ㄴ. $f(t) = \dfrac{d}{dt}F(t)$　　ㄷ. $h(t) = \dfrac{f(t)}{1 - F(t)}$

ㄹ. $h(t) = \dfrac{df(t)/dt}{1 - F(t)}$

① ㄱ, ㄹ　② ㄱ, ㄴ, ㄷ　③ ㄱ, ㄷ, ㄹ　④ ㄴ, ㄷ, ㄹ　⑤ ㄱ, ㄴ, ㄷ, ㄹ

해설 ② [○] $R(t) + F(t) = 1$, $F(t) = \int_0^t f(t)dt$, $h(t)[= \lambda(t)] = \dfrac{f(t)}{R(t)}$ 의 관계

38. HAZOP 기법에서 적용되는 가이드 워드(guide word)의 의미가 옳지 않은 것은?

① part of : 성질상의 증가
② more/less : 양의 증가 혹은 감소
③ reverse : 설계 의도의 논리적인 역
④ other than : 완전한 대체
⑤ no/not : 설계 의도의 완전한 부정

해설 ① [×] part of : 성질상의 감소

○ HAZOP(위험 및 운전성 검토)의 유인어 종류
1. No 또는 Not : 완전한 부정　2. More 또는 Less : 양의 증가 또는 감소
3. As Well As : 성질상의 증가　4. Part of : 성질상의 감소
5. Reverse : 논리적인 역　6. Other than : 완전한 대체

39. FMEA에 따라 평가한 결과 위험우선순위점수(Risk Priority Number)가 가장 높은 고장유형은? (단, S는 Severity, O는 Occurrence, D는 Detection rating이다.)

① S : 5, O : 6, D : 3　② S : 6, O : 5, D : 4　③ S : 7, O : 4, D : 3
④ S : 8, O : 3, D : 2　⑤ S : 9, O : 3, D : 4

해설 ② [○] 위험우선순위점수(RPN)=심각도(심각성)×발생도(빈도)×검출도=6×5×4=120으로서, 선지 항들 중 가장 큰 값이다.

정답　37. ②　38. ①　39. ②

40 다음은 각 부품의 신뢰도가 a, b인 시스템의 신뢰성 블록도(Block Diagram)이다. 이 시스템의 신뢰도로 옳은 것은?

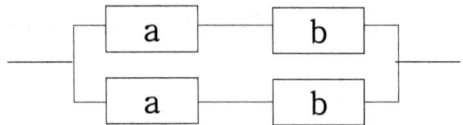

① $1-(ab)^2$ ② $\{1-(1-a)(1-b)\}^2$ ③ $(1-ab)^2$ ④ $1-(1-a)(1-b)$ ⑤ $1-(1-ab)^2$

해설 ⑤ [○] $R_S = 1-(1-a\times b)(1-a\times b) = 1-(1-a\times b)^2 = 1-(1-ab)^2$

41 사업장 위험성평가에 관한 지침에서 사업주가 위험성평가를 실시할 때 해당 작업에 종사하는 근로자를 참여시켜야 하는 경우로 옳은 것을 모두 고른 것은?

> ㄱ. 위험성 감소대책을 수립하여 실행하는 경우
> ㄴ. 위험성 감소대책 실행 여부를 확인하는 경우
> ㄷ. 해당 사업장의 유해·위험요인을 파악하는 경우
> ㄹ. 유해·위험요인의 위험성이 허용 가능한 수준인지 여부를 결정하는 경우

① ㄱ, ㄹ ② ㄱ, ㄴ, ㄷ ③ ㄱ, ㄴ, ㄹ ④ ㄴ, ㄷ, ㄹ ⑤ ㄱ, ㄴ, ㄷ, ㄹ

해설 ⑤ [○] 근로자 참여 (사업장 위험성평가에 관한 지침 제6조) : 사업주는 위험성평가를 실시할 때, 다음 각 호에 해당하는 경우 해당 사업에 종사하는 근로자를 참여시켜야 한다.
1. 유해·위험요인의 위험성 수준을 판단하는 기준을 마련하고, 유해·위험요인별로 허용 가능한 위험성 수준을 정하거나 변경하는 경우
2. 해당 사업장의 유해·위험요인을 파악하는 경우
3. 유해·위험요인의 위험성이 허용 가능한 수준인지 여부를 결정하는 경우
4. 위험성 감소대책을 수립하여 실행하는 경우
5. 위험성 감소대책 실행 여부를 확인하는 경우

42 다음 논리식을 가장 간단하게 표현한 것은?

$$\overline{A}\,\overline{B}\,\overline{C}+\overline{A}\,B\,\overline{C}+A\,\overline{B}\,\overline{C}+A\,\overline{B}\,C+A\,B\,\overline{C}+A\,B\,C$$

① $A+\overline{C}$ ② $AB+\overline{C}$ ③ $A\overline{B}+C$ ④ $\overline{B}C+\overline{C}$ ⑤ $A+\overline{B}$

정답 40. ⑤   41. ⑤   42. ①

해설 ① [○] 이 문제의 경우는 유도과정이 식별상 매우 혼란스러우므로, 불 대수(Boolean Algebra)와 기본 법칙을 이용하는 것 보다, 벤 다이어그램(Venn diagram)으로 해결하는 것이 객관식 문제에서는 보다 빠르고 정확한 파악 방법이다.

"$\overline{A}\,\overline{B}\,\overline{C} + \overline{A}\,B\,\overline{C} + A\,\overline{B}\,\overline{C} + A\,\overline{B}\,C + A\,B\,\overline{C} + A\,B\,C$"는 6개의 합집합을 구하는 것이 되며, 그 결과는 다음 그림에서와 같이 6개의 합집합인 $A + \overline{C}$ 이다.

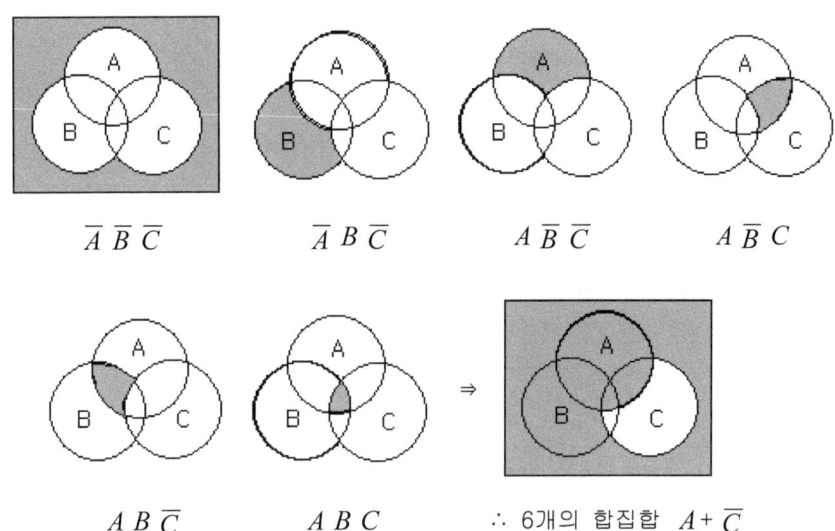

43. 인간공학을 기업에 작용함에 따른 기대효과로 옳은 것은?
① 생산성 감소 ② 직무만족도 저하 ③ 노사간 신뢰 구축
④ 산재손실비용의 증가 ⑤ 이직률 증가

해설 ③ [○] 인간공학은 인간의 신체적, 정신적 특성을 고려하여 제품, 작업, 환경을 설계하는 응용학문이다. 인간공학은 인간과 시스템의 상호작용을 연구하고, 인간을 위해 사용되는 물체, 시스템, 환경을 사용하기 편하게 만드는 것을 목표로 한다.
○ 이런 문제는 일반상식 문제이므로 절대 틀리지 않도록 해야 한다.

44. 산업안전보건법령상 "고용노동부령으로 정하는 안전인증대상기계 등"에 해당하는 기계 및 설비 중 설치·이전하는 경우와 주요 구조 부분을 변경하는 경우에는 안전인증을 받아야 한다. 두 가지 모두의 경우에 안전인증을 받아야 하는 기계 및 설비로 옳은 것은?
① 프레스 ② 압력용기 ③ 리프트 ④ 롤러기 ⑤ 고소작업대

정답 43. ③ 44. ③

해설 ③ [○] 안전인증대상기계 등이란 다음 각 호의 기계 및 설비를 말한다(산시규 제107조).
1. 설치・이전하는 경우 안전인증을 받아야 하는 기계
   가. 크레인   나. 리프트   다. 곤돌라
2. 주요 구조 부분을 변경하는 경우 안전인증을 받아야 하는 기계 및 설비
   가. 프레스   나. 전단기 및 절곡기(折曲機)   다. 크레인
   라. 리프트   마. 압력용기   바. 롤러기   사. 사출성형기
   아. 고소(高所)작업대   자. 곤돌라

45 재해조사 시 유의사항으로 옳은 것을 모두 고른 것은?

> ㄱ. 책임추궁보다 재발방지를 우선하는 태도를 가지고 조사한다.
> ㄴ. 재해조사자는 항상 주관적인 입장에서 공정하게 조사하여야 한다.
> ㄷ. 목격자의 추측적인 말은 참고로 한다.
> ㄹ. 재해조사는 발생후 가능한 한 빨리 현장이 변형되지 않은 상태에서 실시한다.

① ㄱ, ㄷ   ② ㄴ, ㄷ   ③ ㄷ, ㄹ   ④ ㄱ, ㄴ, ㄷ   ⑤ ㄱ, ㄷ, ㄹ

해설 (ㄴ) [×] 재해조사자는 항상 객관적인 입장에서 공정하게 조사하여야 한다.
○ 재해조사 시 유의사항
1) 사실을 수집한다. (이유와 원인은 뒤에 확인)
2) 목격자 등이 증언하는 사실이외의 추측이나 본인의 의견 등은 분리하고 참고로만 한다.
3) 조사는 신속히 실시하고, 2차재해 방지를 위한 안전조치를 한다.
4) 인적, 물적 요인에 대한 조사를 병행한다.
5) 객관적인 입장에서 2인 이상 실시한다.
6) 책임추궁보다 재발방지에 역점을 둔다.
7) 피해자에 대한 구급조치를 우선한다.
8) 위험에 대비해 보호구를 착용한다.

46 재해사례연구의 순서에서 제3단계에 해당하는 것은?

① 근본적 문제점의 결정   ② 문제점의 발견   ③ 재해상황의 파악
④ 대책수립   ⑤ 사실의 확인

해설 ① [○] 재해사례연구의 진행단계
1. 전제조건(5단계일 때) : 재해상황의 파악
2. 제1단계 : 사실의 확인   3. 제2단계 : 문제점의 발견
4. 제3단계 : 근본 문제점의 결정   5. 제4단계 : 대책 수립

정답 45. ⑤   46. ①

47) 연평균 근로자 400명이 작업하는 A제조공장에서 연간 5건의 재해가 발생하였다. 이로 인해 사망 1명, 신체장애등급 11급 3명, 나머지 1명은 휴업일수 50일을 초래하였다. 강도율은 약 얼마인가? (단, 1일 8시간, 연간 285일 작업하며, 결근율은 7%이다.)

① 9.70　② 9.93　③ 10.02　④ 10.30　⑤ 10.62

해설 ④ [○] 강도율을 구하기 위해 근로손실일수를 알고, 식을 이용하여 구한다.

$$강도율 = \frac{근로손실일수}{연근로시간수} \times 1{,}000 = \frac{7{,}500 + 400 \times 3 + 50 \times \frac{285}{365}}{400 \times 8 \times 285 \times (1 - 0.07)} \times 1{,}000 = 10.30$$

○ 근로손실일수 : 문제에 이 값들이 주어지지 않는 경우가 많으므로 암기요함

구분	사망	신체 장해등급 1~14등급											
		1~3	4	5	6	7	8	9	10	11	12	13	14
근로손실일수	7,500	7,500	5,500	4,000	3,000	2,200	1,500	1,000	600	400	200	100	50

○ 사망 및 1, 2, 3급의 근로손실일수7,500일 근거
25년×300일=7,500일 (단, 근로손실년수 : 25년, 1년 근로손실일수 300일 기준임)

48) 인간공학적 의자설계 시 일반원칙에 관한 내용으로 옳지 않은 것은?

① 척추의 요부전만을 유지한다.　② 디스크가 받는 압력을 감소시킨다.
③ 정적 자세고정을 증가시킨다.　④ 등근육의 정적 부하를 감소시킨다.
⑤ 조정이 용이해야 한다.

해설 ③ [×] 정적 자세고정을 감소시켜야 한다.

○ 의자설계의 일반원리
1. 요추의 전만곡선을 유지　2. 디스크 압력 줄임　3. 자세 고정 줄임
4. 등근육의 정적부하 감소　5. 쉽게 조절할 수 있도록 설계

49) 근골격계부담작업의 범위 및 유해요인조사 방법에 관한 고시에서 정하고 있는 근골격계부담작업에 해당하지 않는 것은? (단, 단기작업 또는 간헐적인 작업은 제외한다.)

① 하루에 5시간 이상 집중적으로 자료입력 등을 위해 키보드나 마우스를 조작하는 작업
② 하루에 3시간 이상 목, 어깨, 팔꿈치, 손목 또는 손을 사용하여 같은 동작을 반복하는 작업

정답 47. ④　48. ③　49. ⑤

③ 하루에 2시간 이상 쪼그리고 앉거나 무릎을 굽힌 자세에서 이루어지는 작업
④ 하루에 12회 이상 25kg 이상의 물체를 드는 작업
⑤ 하루에 총 1시간 이상 분당 2회 이상 2.5kg 이상의 물체를 드는 작업

해설 ⑤ [×] 하루에 총 1시간 이상 분당 2회 이상 4.5kg 이상의 물체를 드는 작업

○ 근골격계부담작업 (근골격계부담작업의 범위 및 유해요인조사 방법에 관한 고시 제3조 : 산안법 제39조 관련 고용노동부고시)
 1. 하루에 4시간 이상 집중적으로 자료입력 등을 위해 키보드 또는 마우스를 조작하는 작업
 2. 하루에 총 2시간 이상 목, 어깨, 팔꿈치, 손목 또는 손을 사용하여 같은 동작을 반복하는 작업
 3. 하루에 총 2시간 이상 머리 위에 손이 있거나, 팔꿈치가 어깨위에 있거나, 팔꿈치를 몸통으로부터 들거나, 팔꿈치를 몸통뒤쪽에 위치하도록 하는 상태에서 이루어지는 작업
 4. 지지되지 않은 상태이거나 임의로 자세를 바꿀 수 없는 조건에서, 하루에 총 2시간 이상 목이나 허리를 구부리거나 트는 상태에서 이루어지는 작업
 5. 하루에 총 2시간 이상 쪼그리고 앉거나 무릎을 굽힌 자세에서 이루어지는 작업
 6. 하루에 총 2시간 이상 지지되지 않은 상태에서 1kg 이상의 물건을 한 손의 손가락으로 집어 옮기거나, 2kg 이상에 상응하는 힘을 가하여 한 손의 손가락으로 물건을 쥐는 작업
 7. 하루에 총 2시간 이상 지지되지 않은 상태에서 4.5kg 이상의 물건을 한 손으로 들거나 동일한 힘으로 쥐는 작업
 8. 하루에 10회 이상 25kg 이상의 물체를 드는 작업
 9. 하루에 25회 이상 10kg 이상의 물체를 무릎 아래에서 들거나, 어깨위에서 들거나, 팔을 뻗은 상태에서 드는 작업
 10. 하루에 총 2시간 이상, 분당 2회 이상 4.5kg 이상의 물체를 드는 작업
 11. 하루에 총 2시간 이상 시간당 10회 이상 손 또는 무릎을 사용하여 반복적으로 충격을 가하는 작업

50 청각적표시장치의 일반원리에 해당하지 않는 것은?
 ① 근사성   ② 검약성   ③ 분리성   ④ 변동성   ⑤ 양립성

해설 ④ [×] 청각적표시장치의 일반원리에 변동성은 해당하지 않는다.

○ 청각적표시장치의 일반원리
 ① 양립성 : 긴급용 신호일 때는 낮은 주파수를 사용하는 것이다.
 ② 검약성 : 조작자에 대한 입력신호는 꼭 필요한 정보만을 제공하는 것이다.
 ③ 근사성 : 복잡한 정보를 나타내고자 할 때 2단계의 신호를 고려하는 것이다.

정답 50. ④

④ 분리성 : 두 가지 이상의 채널을 듣고 있다면 각 채널의 주파수가 분리되어 있어야 하는 것이다.

제3과목 : 기업진단·지도

51 해크만과 올드햄(J. Hackman & G. Oldham)이 제시한 직무특성모형에서 작업성과에 대한 경험적 책임(experienced responsibility)에 영향을 미치는 핵심직무차원은?

① 자율성   ② 피드백   ③ 과업정체성   ④ 과업의 결합   ⑤ 종업원의 성장욕구

해설 ① [○] 해크만과 올드햄의 직무특성화이론

1. 해크만(R. Hackman)과 올드햄(G. Oldham)은 직무 내 요소들이 어떻게 조직되느냐에 따라 노력을 증가시키거나 감소시킬 수 있다는 직무특성이론을 제시하였다. 즉, 직무특성이 종업원의 심리상태에 영향을 주어 동기부여, 직무만족, 작업성과, 이직률과 결근률에 영향을 미친다고 보았다.
2. 직무특성이론의 체계는 5가지 직무특성, 3가지 심리상태 변수들, 4가지 성과변수들로 구성되어 있다.

5대 핵심 직무특성	직무수행자의 심리적 상태	성과
기술다양성	직무에 대해 느끼게 되는 의미성	작업의 질 상승 내재적 동기의 상승 높은 만족도 이직율과 결근율의 저하
직무정체성		
직무중요성		
자율성	직무에 대한 책임감	
피드백	직무수행 결과에 대한 지식	

52 인력의 수요와 공급을 예측하는 기법들 중에서 수요예측기법을 모두 고른 것은?

ㄱ. 회귀분석   ㄴ. 기능목록 분석   ㄷ. 대체도 분석   ㄹ. 델파이법

① ㄱ, ㄴ   ② ㄱ, ㄷ   ③ ㄱ, ㄹ   ④ ㄴ, ㄷ   ⑤ ㄴ, ㄹ

해설 (ㄴ) [×] 기능목록 분석은 문제를 체계적으로 해결하기 위해, 관심의 대상이 되는 시스템을 구성하는 구성요소와 상호작용을 파악하여, 문제 해결의 방향을 결정하는 분석 활동이다.

(ㄷ) [×] 대체도 분석은 특정 직무가 공석이 될 때, 대체 투입이 가능한 인력을 도표로 나타내어 분석하는 것이다.

정답   51. ①   52. ③

○ 수요예측 기법의 분류
① 정성적 기법(질적 기법) → 델파이(Delphi)법, 시장조사, 전문가의견
② 시계열분석 기법 → 이동평균법, 지수평활법, 박스·젠킨스법, X-Ⅱ법, 추세예측법
③ 인과형 기법 → 계량경제모형(회귀분석기법 포함), 선도지표방법

53 단체교섭의 유형 중 특정 기업 또는 사업장 단위로 조직된 노동조합이 해당 기업의 사용자 대표와 교섭하는 것은?

① 통일교섭　② 공동교섭　③ 집단교섭　④ 대각선 교섭　⑤ 기업별 교섭

해설　⑤ [○] 기업별 교섭은 (기업 : 기업노조) 교섭 방식이다.
① 통일교섭은 (사용자 단체 : 산별 노조) 교섭 방식이다.
② 공동교섭은 (기업 : 기업노조+상위노조) 교섭 방식이다.
③ 집단교섭은 (복수의 기업 : 복수기업의 노조) 교섭 방식이다.
④ 대각선교섭이란 기업별 노동조합으로 구성된 상급단체인 산업별 노동조합이 개별 사용자와 교섭하는 형태이다. 사용자가 단독의 힘으로 전국직 노조와 대결할 수 있다고 믿는 경우에 실시되고 있다.

54 민츠버그(H. Mintzberg)가 제시한 조직의 5가지 구성부문(parts)으로 옳지 않은 것은?

① 핵심운영 부문(operating core)　② 매트릭스 부문(matrix)
③ 전략 부문(strategic apex)　④ 기술전문가 부문(technostructure)
⑤ 지원스탭 부문(support staff)

해설　② [×] 민츠버그는 조직의 5가지 유형에 대해서 조직의 기본적인 부문으로는 전략경영층, 생산핵심부문, 중간관리부문, 일반지원부문, 기술지원부문의 5가지로 구분하고, 이 5개의 기본적인 부문 중 강조되는 부문에 따라 적합한 조직구조가 달라진다고 주장하였다.

55 피들러(F. Fiedler)의 상황적합이론에 관한 설명으로 옳지 않은 것은?

① 상황요인 3가지는 리더-부하관계, 과업구조, 리더의 직위권력이다.
② LPC(least preferred coworker) 척도는 함께 일하기가 가장 싫었던 동료를 평가하는 것이다.
③ 리더에게 호의적인 상황에서는 과업지향적 리더십이 효과적이다.
④ LPC 점수가 낮으면 관계지향적 리더로 여겨진다.
⑤ 상황에 따라 효과적인 리더십 스타일이 다를 수 있음을 보여 준다.

정답　53. ⑤　54. ②　55. ④

해설 ④ [×] LPC점수가 높으면 관계지향형, 낮으면 과업지향형을 의미하는 척도가 된다.

○ Fiedler의 상황이론에서 LPC 점수가 높다는 것은 관계지향적(종업원지향적), 낮다는 것은 과업지향형 리더십 스타일을 보유하고 있음을 의미한다.
Fiedler 모형에서 LPC(Least Preferred Coworker, 가장 싫어하는 동종작업자) 점수는 리더십의 스타일을 구분하는 기준이 된다. 그러므로 상황이 우호적인지의 여부와는 관계가 없다.

56) 수요예측 기법에 관한 설명으로 옳지 않은 것은?

① 시계열분석법은 수요의 과거 패턴이 미래에도 그대로 지속된다는 가정에 근거를 두는 정량적 기법이다.
② 시계열분석법의 4가지 변동요소는 추세(trend), 주기(cycle), 계절성(seasonality), 불규칙성(randomness)이다.
③ 자료유추법은 유사제품의 수요를 참고하여 예측하는 정량적 기법이다.
④ 인과형 예측법은 수요에 영향을 미치는 원인변수를 분석하여 예측값을 추정하는 정량적 기법이다.
⑤ 델파이법은 전문가의 식견과 경험을 기초로 하는 정성적 기법이다.

해설 ③ [×] 자료유추법은 유사제품의 수요를 참고하여 예측하는 정성적 기법이다.

○ 자료유추법(史的유추법, Historical Analogy) : 기존 데이터가 없는 신제품의 미래를 예측하는데 활용되는 수요예측기법이다. 신제품과 유사한 기존제품의 과거자료를 참고로 신제품의 미래를 유추한다.

57) 자재소요계획(material requirement planning)의 입력 자료를 모두 고른 것은?

ㄱ. 자재명세서(bill of material)   ㄴ. 계획발주량(planned order release)
ㄷ. 주생산일정계획(master production scheduling)
ㄹ. 재고기록철(inventory record file)   ㅁ. 예외보고서(exception report)

① ㄱ, ㄴ, ㅁ   ② ㄱ, ㄷ, ㄹ   ③ ㄱ, ㄹ, ㅁ   ④ ㄴ, ㄷ, ㄹ   ⑤ ㄴ, ㄷ, ㅁ

해설 ② [○] MRP시스템으로의 3대 입력자료는 대일정계획(MPS), 자재명세서(BOM), 재고기록철(IRF) 등이다(여기서, 대일정계획은 주(主)일정계획이라고도 한다). 여기에다 리드타임(조달기간)이 3대 입력자료 외에 추가로 필요하다.

58) 6시그마에 관한 설명으로 옳지 않은 것은?

① 품질수준을 높이기 위해 공정의 산포보다 평균에 더 초점을 맞춘다.

정답 56. ③   57. ②   58. ①

② 6시그마의 시그마는 데이터의 산포를 나타내는 표준편차를 의미한다.
③ 통계기법을 사용하여 품질혁신을 달성하기 위한 전사적 품질경영 활동이다.
④ 추진 로드맵은 정의(define), 측정(measure), 분석(analyze), 개선(improve), 통제(control)의 5단계로 구성된다.
⑤ 제조업 중심으로 개발된 기법이나 서비스업에도 적용 가능하다.

해설　① [×] 품질수준을 높이기 위해 평균보다 공정의 산포에 더 초점을 맞춘다.

○ 6시그마(six sigma)는 기업에서 전략적으로 완벽에 가까운 제품이나 서비스를 개발하고 제공하려는 목적으로 미국의 모토롤라사에서 처음 시작하여 정립된 후, GE의 획기적인 성공사례를 거쳐 한국 등 전세계적으로 퍼져 나갔던 품질경영혁신 활동이다. 6σ는 100만 개의 제품 중 3~4개의 불량만을 허용하는 3~4ppm 달성의 경영을 추구하는 품질혁신 활동을 말한다. 통계학에서 σ는 산포의 척도인 표준편차를 의미하며, 6시그마는 산포를 줄이는 것을 중시한다.

59 공급사슬관리에 관한 설명으로 옳은 것은?

① 채찍효과(bullwhip effect)는 수요변동이 공급사슬의 상류(공급자)에서 하류(최종소비자)로 이동하면서 증폭되는 현상이다.
② 크로스도킹(cross-docking)은 물류창고에 입고되는 상품을 장기간 보관하여 소매점에 배송하는 물류시스템이다.
③ 공급자 재고관리(vendor managed inventory)는 공급자의 재고 보충책임을 구매자에게 이전하는 전략이다.
④ CPFR(Collaborative Planning, Forecasting and Replenishment)은 공급자와 구매자가 제품의 수요예측과 판매 및 재고 보충계획까지 함께 수립하는 방법이다.
⑤ 지연 차별화(delayed differentiation)는 제품의 세부사양을 결정짓는 부품을 먼저 생산한 다음 공통부품을 생산하는 전략이다.

해설　④ [○] CPFR(협력적 계획, 예측 및 보충)이란 공급망관리의 일종으로 제조업체와 유통업체가 신속하고 효율적인 상품 공급을 위해 공동 운영하는 업무 프로세스이다.

① 채찍효과(bullwhip effect)는 수요변동이 공급사슬의 하류(최종소비자)에서 상류(공급자)로 이동하면서 증폭되는 현상이다.
② 크로스도킹(cross-docking)은 물류센터로 입고되는 상품을 수령하는 즉시 중간 저장 단계가 거의 없거나 전혀 없이 재고 분류만 한 후 배송 지점으로 배송하는 시스템이다.
③ 공급자 재고관리(vendor managed inventory)는 구매자의 재고 보충책임을 공급자에게 이전하는 전략이다.

정답　59. ④

⑤ 지연 차별화(delayed differentiation)는 "기업이 재고를 획기적으로 줄이는 동시에 고객 서비스를 개선할 수 있도록 하는 적응형 공급망 전략"이다. 이는 자재가 최종 제품에 투입되는 시점을 지연시켜 불확실한 환경에서 효율적인 자산 활용을 통제할 수 있도록 한다.

60 직업 스트레스 과정을 여러 개의 요소(facet)로 나눌 수 있다고 제안한 비어와 뉴먼(T. Beehr & J. Newman) 모델의 구성 요소가 아닌 것은?

① 개인 요소(personal facet)
② 시간 요소(time facet)
③ 환경 요소(environment facet)
④ 과정 요소(process facet)
⑤ 경제 요소(economy facet)

[해설] ⑤ [×] Beehr와 Newman의 측면 모형은 직업 스트레스 과정이 연구되는 스트레스 범인 범주를 대표하는 여러 측면으로 나누어질 수 있다고 제안한 모형이다.

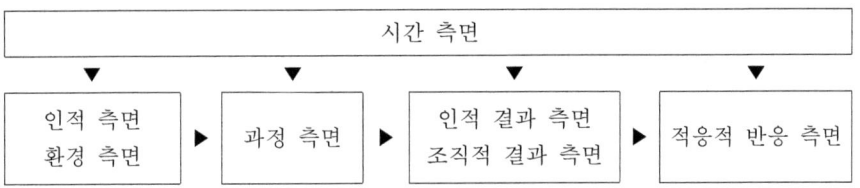

61 직무분석에서 사용하는 직위분석 설문지(Position Analysis Questionnaire)의 주요 차원이 아닌 것은?

① 신체 과정(body processes)
② 정보 입력(information input)
③ 타인과의 관계(relationships with other persons)
④ 작업 결과(work output)
⑤ 직무 맥락(job context)

[해설] ① [×] PAQ의 질문지 항목들은 6개의 범주로서 ① 정보의 투입, ② 정신적인 과정, ③ 작업의 성과, ④ 타인과의 관계, ⑤ 직무 맥락(직무 환경 및 상황), ⑥ 기타 직무특성으로 구분된다.

○ 직위분석 질문지법(Position Analysis Questionnaire : PAQ)
맥코믹(McCormick) 등에 의해서 개발되었고, 작업자 활동 관련 187개 항목과 임금관련 7개 항목을 포함하여 총 194개 항목으로 구성된 질문지로서 작업에 대한 표준화된 정보를 수집하는 대표적 방법이다.

62 동기에 관한 이론적 접근 중에서 앨더퍼(C. Alderfer)의 ERG 이론이 해당되는 것은?

① 행동적 이론(behavioral theory)
② 인지과정 이론(cognitive process theory)

정답 60. ⑤ 61. ① 62. ③

③ 욕구기반 이론(need-based theory) ④ 자기결정 이론(self-determination theory)
⑤ 직무기반 이론(job-based theory)

해설 ③ [○] ERG이론은 1972년 심리학자 C. Alderfer가 인간의 욕구에 대해 매슬로우의 욕구단계설을 발전시켜 주장한 이론이다. ERG 의미는 생존욕구(Existence), 관계욕구(Relatedness), 성장욕구(Growth)를 의미한다. ERG이론에서는 한 시점에 낮은 단계와 높은 단계의 욕구가 동시에 발생할 수 있다고 보는 것이 특징이다.

63 다음의 질문 문항들이 측정하고자 하는 것은?

> ㄱ. 조직은 나에게 개인적 의미를 많이 부여해 준다.
> ㄴ. 가까운 미래에 이 조직을 그만두게 된다면 이는 나에게 비용이 너무 많이 드는 일이다.
> ㄷ. 내가 지금 이 조직을 그만둔다면 죄책감을 느끼게 될 것이다.

① 직무 만족(job satisfaction)   ② 조직 몰입(organizational commitment)
③ 조직 정의(organizational justice) ④ 조직 동일시(organizational identification)
⑤ 조직지지 지각(perceived organizational support)

해설 ② [○] 조직몰입은 조직에 대해 구성원이 가질 수 있는 동일시, 몰입, 일체감, 애착 등의 사고 방식을 나타내는 것으로 조직목표의 수용, 조직을 위해 헌신하려는 마음, 좋지 못한 조건임에도 불구하고 조직의 구성원으로 남아 있으려는 의지 등을 의미한다.

① 직무 만족(job satisfaction)은 자신이 하는 작업역할에 대해서 느끼는 호불호의 감정을 의미한다(Spector, 1997). 직무만족은 근로자들의 조직·직무태도 중에서 독특하게 근로생활의 질을 직접적으로 측정하는 대표적인 변수이다.

③ 조직 정의(organizational justice)는 조직 공정성(organizational justice)이라고도 하며, 이는 자신이 속한 조직 내의 직무 환경 하에서 종업원들이 경험하게 되는 다양한 공정성 지각의 차원들을 반영하기 위해 도입된 개념이며, 조직 내에서 실시되고 있는 모든 제도 및 의사결정이 어느 정도 공정하게 실시되고 있는가에 대한 개념이다.

④ 조직동일시(organizational identification)는 사회적 동일시의 한 가지 형태로 볼 수 있으며, 개인이 속한 조직에 근거해서 자신의 정체성을 정의하는 것을 의미한다.

⑤ 조직지지 지각(perceived organizational support)은 조직 지원 인식 또는 조직 후원 인식이라고도 하며, 조직이 종업원의 조직에 대한 기여도와 종업원의 복지를 가치있게 여기는 정도에 대한 종업원의 전반적인 인식을 의미한다.

정답 63. ②

64 다음 그림이 제시하는 집단효과성 모델은?

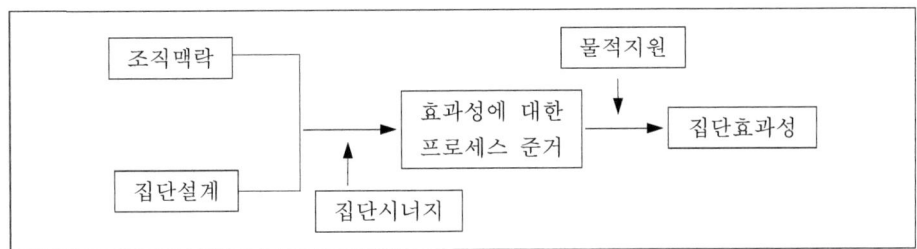

① 캠피온(Campion) 모델
② 그래드스테인(Gladstein) 모델
③ 터크만(Tuckman) 모델
④ 맥그래스(McGrath) 모델
⑤ 해크만(Hackman) 모델

해설 ⑤ [○] 해크만(Hackman)의 팀 효과성 모델(1987)에 대한 요약도이다.

○ 해크만(Hackman)의 팀 효과성 모델

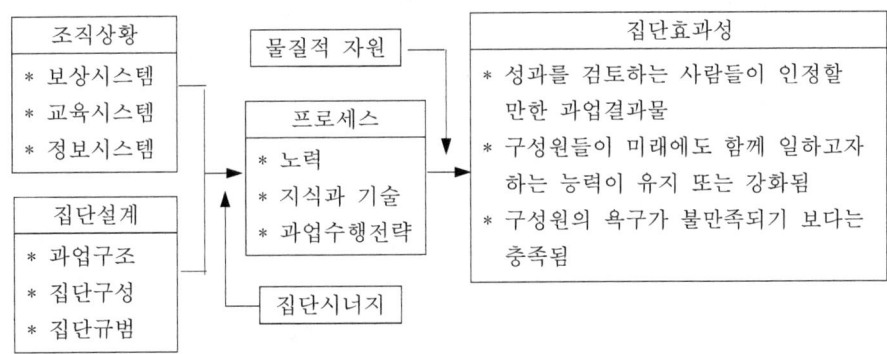

65 제니스(I. Janis)가 제시한 집단사고(groupthink)가 발생할 가능성이 높은 상황을 모두 고른 것은?

| ㄱ. 집단이 외부로부터 고립되어 있을 때 | ㄴ. 리더가 민주적일 때 |
| ㄷ. 집단의 응집력이 낮을 때 | ㄹ. 외부로부터 위협이 있을 때 |

① ㄱ, ㄴ   ② ㄱ, ㄹ   ③ ㄷ, ㄹ   ④ ㄱ, ㄴ, ㄷ   ⑤ ㄴ, ㄷ, ㄹ

해설 ② [○] 제니스(Janis)는 집단의 응집력이 강하거나, 폐쇄적(고립적)인 집단이거나, 집단이 결정을 내릴 시간이 촉박한 경우 집단사고가 발생할 가능성이 높다고 보았다.

○ 집단사고는 리더가 자기 확신이 강하거나, 전문가에게 지나치게 의존하거나, 응집성이 강하거나, 외부로부터 위협이 있을 경우이거나, 유대감이 강한 조직일수록 집단사고에 빠지기 쉽다고 했다. 한편 주의점으로서 집단극화(예, 집단양극화)는 집단응집성이 약할 때 발생한다.

정답 64. ⑤   65. ②

66 위험감수성(Danger Sensitivity)에 영향을 미치는 주된 요인으로 옳지 않은 것은?

① 체험적 경험　② 인지적 정보　③ 지각적 경험　④ 교육적 정보
⑤ 정서적 경험

해설　④ [×] Zimolong과 Trimpop 등은 위험감수성에 대한 4가지 구성 요인으로서 ㉠ 체험 및 관찰적 경험과 정보, ㉡ 인지적 경험과 정보, ㉢ 지각적 경험과 정보, ㉣ 정서적 경험과 정보를 제시했다.

○ 위험 감수성은 조직이 목표를 추구하기 위해 감수할 준비가 된 위험 수준이다. 위험을 줄이기 위한 조치가 필요하다고 간주되기 전에 인지가 필요하다. 이는 혁신의 잠재적 이점과 변화가 불가피하게 가져오는 위협 간의 균형을 나타낸다.

67 특정 상황과 부분적으로 결합되는 친근한 정보에 사로잡히면서 발생하는 인간 오류는?

① 포획 오류(capture error)　② 양식 오류(mode error)
③ 연합 오류(associative error)　④ 완료후 오류(post-completion error)
⑤ 연상활성화 오류(association activation error)

해설　① [○] 포획 오류(capture error)는 특정 상황과 부분적으로 결합되는 친근한 정보에 사로잡히면서 발생하는 오류이다.

② 양식 오류(mode error)는 사용방식 오류(mode error)를 말한다. 사용방식 오류(mode error)는 적당하지 않은 행위가 뒤따라 발생하면서 나타나는 오류이다.

③ 연합 오류(associative error)는 수동기어 변환장치가 되어 있는 자동차를 자동기어 변환장치가 된 자동차처럼 운전하게 되는 실수가 그 예이다.

④ 완료후 오류(post-completion error)는 완료후에 발생하는 오류이다.

⑤ 연상활성화 오류(association activation error)는 정보에 사로잡힌 형태에서 발생하는 실수(slip)인 오류이다.

○ 이 문제의 오류들은 Norman의 스키마 지향성 이론(1990)에 나오는 오류 유형들이다.

68 노만(D. Norman)의 스키마 이론에서 실수(slip)의 기본적 분류에 해당하는 것을 모두 고른 것은?

| ㄱ. 의도형성에 따른 오류 | ㄴ. 잘못된 활성화에 의한 오류 |
| ㄷ. 제어방식에 기인한 오류 | ㄹ. 잘못된 촉발에 의한 오류 |

① ㄱ, ㄷ　② ㄴ, ㄹ　③ ㄱ, ㄴ, ㄷ　④ ㄱ, ㄴ, ㄹ　⑤ ㄴ, ㄷ, ㄹ

정답　66. ④　67. ①　68. ④

해설 ④ [○] 노만(D. Norman)의 스키마 이론에서 실수(slip)의 기본적 분류로는 ㉠ 의도형성에 따른 오류, ㉡ 잘못된 활성화에 의한 오류, ㉢ 잘못된 촉발에 의한 오류 3가지를 제시했다.

(ㄷ) [×] 제어방식(Control mode)에 기인한 오류는 현재 작업이 요구하는 제어방식 안에 있지 않을 때 발생하는 오류이다(Reason, 1984).

69 현재 국내 작업환경측정 대상이면서 물리적 유해인자로 옳은 것은?
① 분진   ② 고열   ③ 진동   ④ 전리방사선   ⑤ 미스트(mist)

해설 ② [○] 고열은 작업환경측정 대상 물리적 유해인자이다(산시규 별표 21).
① 분진은 작업환경측정 대상 유해인자이다(산시규 별표 21).
③ 진동, ④ 전리방사선, ⑤ 미스트(mist) 등은 물리적 유해인자이다.
○ 작업환경측정 대상이면서 물리적 유해인자로는 2종이 있다(산시규 별표 21).
  1. 8시간 시간가중평균 80dB 이상의 소음
  2. 안전보건규칙 제558조에 따른 고열

70 산업안전보건기준에 관한 규칙상 관리대상 유해물질에 관한 물질상태, 후드 형식, 제어풍속이 옳게 연결된 것은?
① 가스 - 외부식 측방흡인형 - 0.4m/sec 이상
② 가스 - 외부식 상방흡인형 - 0.8m/sec 이상
③ 입자 - 포위식 포위형 - 0.6m/sec 이상
④ 입자 - 외부식 상방흡인형 - 1.2m/sec 이상
⑤ 가스 - 외부식 하방흡인형 - 0.4m/sec 이상

해설 ④ [○] 관리대상 유해물질 관련 국소배기장치 후드의 제어풍속 (산기규 별표 13)

물질의 상태	후드 형식		제어풍속(m/sec)
가스 상태	포위식 포위형		0.4
	외부식 측방흡인형	→	0.5
	외부식 하방흡인형	↓	0.5
	외부식 상방흡인형	↑	1.0
입자 상태	포위식 포위형		0.7
	외부식 측방흡인형	→	1.0
	외부식 하방흡인형	↓	1.0
	외부식 상방흡인형	↑	1.2

71 고용노동부 고시에 따른 화학물질의 노출기준(TWA)으로 옳지 않은 것은?

① 납 및 그 무기화합물 : 0.05mg/m³   ② 니켈(불용성 무기화합물) : 0.2mg/m³
③ 망간 및 무기 화합물 : 1mg/m³   ④ 인듐 및 그 화합물 : 0.5mg/m³
⑤ 주석(유기화합물) : 0.1mg/m³

해설 ④ [×] 인듐 및 그 화합물(일련번호 488) : 0.01mg/m³ (화학물질의 노출기준 : 화학물질 및 물리적 인자의 노출기준 별표 1)

○ 화학물질의 노출기준으로서 총 731개가 제시됨 (화학물질 및 물리적 인자의 노출기준 별표 1)

72 암모니아를 작업환경측정·분석 기술지침에 따라 측정을 실시할 때 분석 기기와 검출기로 옳은 것은?

① GC - 불꽃이온화검출기   ② GC - 전자포획검출기   ③ HPLC - 자외선검출기
④ HPLC - 전기화학검출기   ⑤ IC - 전도도검출기

해설 ⑤ [○] IC(이온 크로마토그래피-전도도검출기는 용액시료를 이온교환 수지가 들어있는 분리관에 통과시켜 각각의 이온을 분리하여 전기전도도를 측정하는 검출기이다. 암모니아는 작업환경 중의 대상물질을 매체에 채취하여 탈착용액으로 탈착한 후 일정량을 이온크로마토그래피-전도도검출기에 주입하여 정량한다(KOSHA 가이드 A-176).

① GC 불꽃이온화검출기 : 불꽃이온화 검출기(FID)는 가스크로마토그래피(GC)에서 가장 널리 사용되는 검출기이며 석유화학, 제약 및 천연가스 부문에서 탄소 기반 유기화합물을 분석하는데 사용되는데 사용된다.

② GC-전자포획검출기 : GC-ECD(기체크로마토그래프-전자포획검출기)는 유기할로겐화합물, 니트로화합물, 유기금속화합물 등을 분석하는 데 사용된다. 환경분석, 특히 폐수 중의 오염물질을 검출하는 데 주로 사용된다.

③ HPLC-자외선검출기 : HPLC(고속액체크로마토그래피)에 사용되는 자외선 검출기는 특정 발색단을 가진 유기화합물이 빛을 받아 흡수하는 원리를 이용해 농도를 측정하는 데 사용된다.

④ HPLC-전기화학검출기 : HPLC(고속액체크로마토그래피)에 사용되는 전기화학 검출기는 정전위 전기분해가 가능한 화합물을 선택적으로 검출하는 데 사용된다.

정답 71. ④   72. ⑤

73 화학물질 및 물리적 인자의 노출기준에서 정보물질의 표기 내용에 해당하는 물질은?

○ 시험동물에서 발암성 증거가 충분히 있거나, 시험동물과 사람 모두에서 제한된 발암성 증거가 있는 물질
○ 생식세포 변이원성(1B)에 해당하는 물질

① 2-부톡시에탄올   ② 디메틸포름아미드   ③ 불화수소   ④ 1,2-에폭시프로판
⑤ 벤조트리클로라이드

해설 ④ [○] 1,2-에폭시프로판(일련번호 415) : [75-56-9] 발암성 1B, 생식세포 변이원성 1B (화학물질의 노출기준 : 화학물질 및 물리적 인자의 노출기준 별표 1)

74 국소배기장치에서 후드 개구면 속도를 균일하게 분포시키는 방법으로 옳지 않은 것은?

① 피토관(pitot tube) 사용
② 경사접합부(taper)와 플레넘(plenum) 사용
③ 차폐막(baffle) 사용
④ 슬롯(slot) 사용
⑤ 분리날개(splitter vanes) 설치

해설 ① [×] 피토 튜브(Pitot tube)는 풍속계에서 풍동과 비행 중인 항공기에서 대기 속도를 측정하는 데 사용된다. 또한 액체 흐름을 측정하는 데에도 사용된다
○ 국소배기장치에서 후드 개구면 속도를 균일하게 분포시키는 것은, 오염물질을 효율적으로 포집하고 배출하기 위해 중요하다. 후드 개구면 속도를 균일하게 분포시키는 방법에는 테이퍼 부착, 플레넘(plenum) 사용, 분리날개 설치, 슬롯 사용, 차폐막 사용 등이 이용된다. 여기서, "플레넘(plenum, 공기충만실)"이란 공기의 흐름을 균일하게 유지시켜 주기 위한 후드나 덕트의 큰 공간을 말한다.

75 화학물질 및 물리적 인자의 노출기준에서 용어 정의 및 노출기준에 관한 설명으로 옳지 않은 것은?

① "노출기준"이란 근로자가 유해인자에 노출되는 경우 노출기준 이하 수준에서는 거의 모든 근로자에게 건강상 나쁜 영향을 미치지 아니하는 기준을 말한다.
② "최고노출기준(C)"이란 근로자가 1일 작업시간동안 잠시라도 노출되어서는 아니 되는 기준을 말한다.
③ 가스 및 증기의 노출기준 표시단위는 ppm이다.

정답 73. ④   74. ①   75. ⑤

④ 노출기준은 1일 작업시간동안의 시간가중평균노출기준(TWA), 단시간노출기준(STEL), 최고노출기준(C)으로 표시한다.

⑤ 내화성세라믹섬유의 노출기준 표시단위는 mg/m³ 이다.

해설 ⑤ [×] 석면 및 내화성세라믹섬유 노출기준 표시단위는 세제곱센티미터당 개수(개/cm³)를 사용한다.

○ 표시단위 (화학물질 및 물리적 인자의 노출기준 제11조)
  ① 가스 및 증기의 노출기준 표시단위는 피피엠(ppm)을 사용한다.
  ② 분진 및 미스트 등 에어로졸(Aerosol)의 노출기준 표시단위는 세제곱미터당 밀리그램(mg/m³)을 사용한다. 다만, 석면 및 내화성세라믹섬유의 노출기준 표시단위는 세제곱센티미터당 개수(개/cm³)를 사용한다.
  ③ 고온의 노출기준 표시단위는 습구흑구온도지수(이하 "WBGT"라 한다)를 사용하며 다음 각 호의 식에 따라 산출한다.
    1. 태양광선이 내리쬐는 옥외 장소 : WBGT(°C)=0.7×자연습구온도+0.2×흑구온도+0.1×건구온도
    2. 태양광선이 내리쬐지 않는 옥내 또는 옥외 장소 : WBGT(°C)=0.7×자연습구온도+0.3×흑구온도

산업안전지도사 1차대비
최신 기출문제풀이집

2025년 5월 1일 개정2판 1쇄 발행

저 자 권 오 운
펴낸이 이 병 덕
펴낸곳 도서출판 정일
등록날짜 1989년 8월 25일
등록번호 제 3-261호
주 소 경기도 파주시 한빛로 11
전 화 031) 946-9152(대)
팩 스 031) 946-9153
도서 내용 문의 jungilb@naver.com, kwonohw@naver.com
www.atpm.co.kr

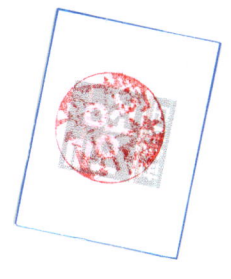

잘못된 책은 구입하신 서점이나 본사에서 교환해 드립니다.

저작권 : 도서출판 정일에서는 저작권법에 따른 저작권을 준수하고 있습니다.
본 도서 내용 중 저작권자나 발행인의 승인없이 무단복제나 인용할 수 없습니다.

저작권법 : 제97조의5(권리의침해죄) 저작재산권 그 밖의 이 법에 의하여 보호되는 재산적 권리를 복제·공연·방송·전시·전송·배포·2차적 저작물 작성의 방법으로 침해한 자는 5년 이하의 징역 또는 5천만원 이하의 벌금에 처하거나 이를 병과할 수 있다.